Homo Sapiens und Homo Faber

Homo Sapiens und Homo Faber

Epistemische und technische Rationalität in Antike und Gegenwart

Festschrift für Jürgen Mittelstraß

Herausgegeben von
Gereon Wolters und Martin Carrier

Walter de Gruyter · Berlin · New York

Gedruckt mit Unterstützung der Schering AG, Berlin.

Gedruckt auf säurefreiem Papier,
das die US-ANSI-Norm über Haltbarkeit erfüllt.

ISBN 3-11-017885-0

Bibliografische Information Der Deutschen Bibliothek

Die Deutsche Bibliothek verzeichnet diese Publikation in der Deutschen Nationalbibliografie; detaillierte bibliografische Daten sind im Internet über <http://dnb.ddb.de> abrufbar.

Printed in Germany
Satz: Claudia Wild, Stuttgart
Einbandgestaltung: Christopher Schneider, Berlin

Einleitung

Martin Carrier und Gereon Wolters

Das Schlagwort von der *Wissensgesellschaft* soll zum Ausdruck bringen, dass wissenschaftliches Wissen zum Gestaltungsprinzip der Gesellschaft und zur Grundlage gesellschaftlichen Wandels geworden ist. Die Wissenschaft durchzieht alle Lebensbereiche; eine Vielzahl von Alltagsproblemen und Politikfeldern unterliegt einem Prozess der Verwissenschaftlichung. Deshalb ist auch die Reflexion über Wissenschaft und Forschung von erheblicher Bedeutung; sie zählt zu den herausragenden Aufgaben der Philosophie der Gegenwart. Auf diese Aufgabe konzentriert sich das Werk Jürgen Mittelstraß'. Drei Aspekte seien stellvertretend genannt, nämlich der Zusammenhang von Handeln und Verstehen, die Wesensmerkmale des Wissens und die disziplinäre Organisation der Wissenschaft.

Erstens hängen für Mittelstraß Wissen und Tun eng miteinander zusammen; Wissenschaft ist mit Technik untrennbar verbunden. Dies besagt nicht einfach, wie verbreitet – und durchaus zu Recht – anerkannt wird, dass sich technisches Können auf wissenschaftliches Verstehen stützt. Für Mittelstraß besagt es vielmehr (und in erster Linie), dass Wissen durch den tätigen Eingriff in die Natur gewonnen wird: »in den Händen liegt ein gut Stück Klugheit des Menschen« (Mittelstraß, 1992, S. 13). Der *homo faber* und der *homo sapiens* gehören zusammen. Diese systematische Lehre spiegelt sich in der historischen Entwicklung wider. Wie Mittelstraß hervorhebt, ist die neuzeitliche Wissenschaft bei Galilei wesentlich aus der Verbindung von akademischer Theorie mit der Praxis der Werkstätten erwachsen. Die Botschaft ist, dass der Mensch versteht, indem er handelt.

Darüber hinaus ist auch die Welt der Wissenschaft, die Welt, die wir erforschen, eine technische Welt, von Menschen gemacht. Tatsächlich spielt in der Laborwissenschaft der Gegenwart die unberührte Natur kaum noch eine Rolle. In dieser nämlich stößt man nur selten auf Transistoren oder Laser. Und manche Teilchenreaktion, die heute in Beschleunigern untersucht wird, ist in der freien Natur letztmalig kurz nach dem Urknall aufgetreten. In diesem Sinn spricht Mittelstraß von unserer Welt als einer »Leonardo-Welt«: die Welt, der wir uns erkennend nähern, ist in wichtiger Hinsicht von uns produziert, ist ein Artefakt (ebd., S. 14, 18).

Mit dieser Entwicklung ist das Problem einer Verselbständigung wissenschaftlich-technischer Rationalitäten verbunden. Der Mensch läuft Gefahr, von seinen eigenen Schöpfungen gleichsam vereinnahmt zu werden; er sieht sich den Sachzwängen wissenschaftlich-technischer Rationalitäten ausgeliefert, die ihm, wie vormals Naturzustände, als ein vom Menschen Getrenntes mit einer Eigendynamik ausgestattet entgegentreten. Daraus erwächst die Herausforderung, wie Mittelstraß deutlich macht, dem technischen Verstand nicht das Feld zu überlassen. Vielmehr ist dieser an die praktische Vernunft zu binden, an ethische und politische Randbedingungen. Die Verwissenschaftlichung und Technisierung bedeutet nämlich keineswegs schon deren Humanisierung. Diese verlangt vielmehr, ethische Imperative zum Tragen zu bringen. An dieser Stelle ist die Philosophie in besonderer Weise gefordert, das Verfügungswissen der Naturwissenschaften durch ein Orientierungswissen zu ergänzen (ebd., S. 19–20, 28).

Ein zweiter Schwerpunkt in Mittelstraß' Werk ist der näheren Bestimmung des Wissens gewidmet. Es geht dabei unter anderem um die Beziehung von Information und Wissen oder um die Klärung der Voraussetzungen von Verstehen. Die schier unbegrenzten technischen Möglichkeiten der Informationsbeschaffung sind nämlich keineswegs gleichbedeutend mit einer Vertiefung des Wissens. Vielmehr bergen diese Möglichkeiten die Gefahr einer Fragmentierung der Kenntnisse in sich, die die Orientierung des Menschen zunehmend beeinträchtigt. »Auf den Strömen der Information entfernen wir uns immer weiter von den Quellen, die das Wissen sind« (ebd., S. 234). Der unbeschränkte Zugriff auf gewaltige Informationsmengen führt zu einer Partikularisierung des Wissens und zur Orientierungslosigkeit des im Informationsstrom dahintreibenden Menschen. Die Wissensgesellschaft, so lautet die nur vordergründig paradoxe Diagnose, ist durch den Verlust des Wissens gekennzeichnet, durch die Preisgabe des Wissens zugunsten bloßer Information, die ohne sinnstiftenden Zusammenhang und ohne interne Kohärenz bedeutungslos bleibt. Erst durch Einbindung und Verknüpfung dieser Informationspartikel entsteht Wissen.

Einen dritten Schwerpunkt von Mittelstraß' Arbeiten bildet die Organisation der Wissenschaft. Mittelstraß rückt hier zu Recht den artifiziellen Charakter der Disziplinenstruktur in den Vordergrund und weist darauf hin, dass sich die drängenden Probleme unserer Zeit nicht nach Maßgabe des disziplinären Zugriffs präsentieren. Diese Probleme überschreiten vielmehr solche menschengemachten Ordnungsgefüge und verlangen interdisziplinäre oder sogar transdisziplinäre Forschungsansätze. Transdisziplinarität zeichnet sich durch eine tief greifende Verschränkung der Disziplinen aus, die über deren bloße Addition weit hinaus geht.

Allen diesen Themen nähert sich Mittelstraß nach Möglichkeit mit einem doppelten, historisch-systematischen Zugriff. Für Sachzusammenhänge sucht er nach historischen Belegen. Das drückt sich etwa in dem genannten ersten Themenschwerpunkt aus, in dem Mittelstraß die These der inneren Verknüpfung von Wissen und Tun (wie angedeutet) durch die Galileische Wende der Verbindung von Wissenschaft und Technik illustriert und untermauert. Trotz der primär systematischen Stoßrichtung seines Denkens besitzt Mittelstraß daher auch einen klaren Blick für die geistesgeschichtlichen Linien und die philosophiehistorischen Bögen.

Mittelstraß macht darauf aufmerksam, dass die Gestaltung der Zukunft eine gemeinsame Anstrengung von Wissenschaft und Politik erfordert. Über diese Anstrengung hat sich Mittelstraß nicht nur in philosophischer Reflexion geäußert, er hat sie selbst erbracht. Die in philosophischer Hinsicht betonte Verbindung von Wissen und Handeln hat Mittelstraß nachdrücklich in praktisches Tun umgesetzt. Es hat ihm nie gereicht, Einsichten zu artikulieren; es ging ihm stets auch darum, diese in der Praxis wirksam werden zu lassen. Mittelstraß hat *vita contemplativa* und *vita activa* stets miteinander verschlungen gesehen. Handeln ohne Nachdenken ist sicher blind, aber umgekehrt bleibt nachdenkendes Betrachten ohne Handeln leer. Bessere Einsicht muss zu besserem Tun führen. Wie die Wissenschaft immer auch auf die Lösung praktischer Aufgaben gerichtet war, so muss auch die philosophische Reflexion der Bewältigung der konkreten Herausforderungen der Zeit dienen. In der Aufklärung wurde der Ausdruck *Weltweisheit* als Übersetzung von *Philosophie* vorgeschlagen. Das Wort hat sich nicht durchgesetzt. Aber für Mittelstraß hätte es gepasst. In ihm ist die Einsicht inkarniert, dass sich die Philosophie aktiv in der Welt entfalten muss, wenn sie Frucht bringen soll.

Mittelstraß' doppeltes Interesse an der Geschichte der Versuche, sich die Welt durch Denken anzueignen, und an den Herausforderungen der Gegenwart spiegelt sich auch in dem vorliegenden Band wider. Die nachstehend gesammelten Beiträge von Schülern, Freunden und Weggefährten gliedern sich in einen historischen und einen systematischen Teil. Dass der Schwerpunkt des historischen Teils auf der Antike liegt, ist kein Zufall, sondern hat mit den philosophischen Leidenschaften von Jürgen Mittelstraß zu tun.

Die Beiträge dieser Festschrift nehmen auf Mittelstraß' Werk Bezug. Sie zielen in aller Regel auf eine inhaltliche Auseinandersetzung mit den in diesem vertretenen Thesen und Interpretationen. Der vorliegende Band dient nicht allein der Ehrung dieses umtriebigen Denkers aus Anlass seiner Emeritierung, sondern verfolgt darüber hinaus wesentlich den Zweck, im Dialog mit diesem Werk das Streben nach Wahrheit und Begründung in der Philosophie voranzutreiben.

Literaturverzeichnis

Mittelstraß, Jürgen, 1992, *Leonardo-Welt. Über Wissenschaft, Forschung und Verantwortung*, Frankfurt/M: Suhrkamp.

Inhaltsverzeichnis

A. Philosophiegeschichte

Rekonstruieren, was es nie gab? Gedanken über Phantasie und Methode in der Mathematikgeschichte

Christian Thiel

Rekonstruiert im Sinne des Wiederherstellens haben die Menschen immer schon, beispielsweise wenn sie durch Erdbeben zerstörte Tempel in der alten Gestalt wieder aufbauten. Das Bedeutungsspektrum dieses Ausdrucks jedoch erstreckt sich heute von diesem praktisch-handwerklichen Sinn fast kontinuierlich bis zu seiner inzwischen vorherrschenden metaphorischen Verwendung. Rekonstruiert wird also alles mögliche: Archäologen rekonstruieren Pfahlbauten aufgrund weniger aufgefundener Reste, Bibelwissenschaftler die Arche Noah nach Gestalt und Maßen aufgrund alttestamentlicher Texte, Technikhistoriker alte Mess- und Beobachtungsinstrumente allein anhand lückenhafter Beschreibungen, schon im 19. Jahrhundert haben historische Sprachwissenschaftler eine indogermanische Ursprache und Entwicklungsverläufe einzelner Sprachen oder Sprachfamilien rekonstruiert. In den achtziger Jahren des 20. Jahrhunderts wurde in Nürnberg die im Zweiten Weltkrieg zerstörte Holztonnendecke des alten Rathaussaals nach den Konzeptionen Albrecht Dürers und Willibald Pirckheimers rekonstruiert, und soeben haben Gerd Grasshoff und Timm Lampert die Text- und Druckgeschichte des Wittgensteinschen *Tractatus* rekonstruiert.

Doch der Sprachgebrauch der Historiker, nach dem schon Mitte des 19. Jahrhunderts »die Tätigkeit des Historikers, der aus den Zeugnissen der Vergangenheit eine sinnvolle Ergänzung der Ereignisabfolge erarbeitet«,[1] als Rekonstruktion bezeichnet wird, legt eine noch weitere Ausdehnung des metaphorischen Gebrauchs nahe, bei deren Vollzug sich nach einer von J. Mittelstraß 1981 gestellten Diagnose »in der Rede von ›Rekonstruktion‹, zum Unwillen mancher professioneller Historiker und Philologen, ein ungewohnter philosophischer Ton breitgemacht«[2] hat. Zwei Beispiele mögen genügen:

Nachdem R. Carnap 1928 die im Konstitutionssystem seines *Aufbaus* »in rationalisierender oder schematisierender Weise« vorgenommenen Nachbildungen wirklicher Erkenntnisprozesse »rationale Nachkonstruktionen« genannt hatte,[3] fand dieser Terminus, durch Übersetzung zur *rational reconstruction* transmutiert, in der empiristischen und analytischen Philosophie des angelsächsischen Sprachraums

1 Scholtz, 1992, als Kurzcharakteristik der Auffassung Droysens.

2 Mittelstraß, 1981, S. 89.

3 Carnap, 1928, S. 10, S. 74, S. 115 u. ö.

und nach dem Zweiten Weltkrieg auch im Alten Europa Eingang. Entsprechend dem jeweiligen Verwendungskontext – vor allem Heuristik, Wissenschaftspsychologie, Wissenschaftsgeschichte oder Theoriendynamik – wechselt die genauere Bedeutung bei Popper, Lakatos, Stegmüller und anderen, die gegenüber den oft wildwüchsigen Forschungs- und Erkenntnisprozessen an einer rationalen Begründung der Ergebnisse interessiert sind, aber anders als Carnap im *Aufbau* doch zugleich Interpretationen der faktischen historischen Abläufe mitliefern möchten. Insofern Rekonstruktionen Muster liefern, wie die jeweiligen Ergebnisse auf wohlbegründete Weise hätten gewonnen werden können oder sollen, ist die Idee solcher Rekonstruktionen normativ – auch wenn man den Wissenschaften um Himmels willen nicht hineinreden möchte. Meines Wissens hat nur Carnap (etwas lakonisch) festgestellt, dass »die Konstitution nicht die Form des wirklichen Erkenntnisprozesses wiederzugeben hat, sondern nur als rationale Nachkonstruktion zu demselben Ergebnis zu führen braucht« (Carnap, 1928, S. 115).

Eine Art Tieferlegung der Fundamente eines an jeder Stelle kontrollierbaren Aufbaus zunächst der wissenschaftlichen Sprache versuchten dann im sog. »Methodischen Konstruktivismus« W. Kamlah und P. Lorenzen, indem sie für alle Termini der aufzubauenden Disziplin eine nur von problemlosen Teilen der Umgangssprache Gebrauch machende »fiktive Neu-Einführung« verlangten, so dass wir selbst Sprachhandlungen, die zum Umgang mit solchen Termini längst etabliert sind, doch »*rekonstruieren* können in einer Weise, die uns zu der Zuversicht berechtigt, daß wir gleichsam nachträglich ihrer Geburtsstunde beigewohnt haben«.[4] Ich habe diese Idee, nachdem sie sowohl hinsichtlich der Details als auch ihrer Durchführbarkeit zu m.E. überflüssigen Kontroversen geführt hatte, selbst noch einmal ausführlicher wie folgt formuliert:[5]

> Auch bei längst vertrauten Wörtern und Wendungen können sich also Zweifel einstellen, ob sie im Hinblick auf das Ziel ausreichender Verständlichkeit so erfolgreich verwendet werden, *als ob* sie irgendwann einmal streng eingeführt worden wären. In einem solchen Falle empfiehlt es sich, eine Präzisierung dadurch vorzunehmen, daß die *methodische Fiktion* gemacht wird, die bislang unhinterfragt verwendeten Wörter würden erst jetzt streng eingeführt. Diese Fiktion erfolgt unter Angabe eines Vorschlags zu einer solchen Einführung – fiktiv ist daran also nur, daß dies die *erste* Bereitstellung dieser Wörter sei und wir sie dabei erstmals kennenlernten. Die Zweifel an der Zuverlässigkeit der tatsächlich erfolgten Bereitstellung (der umgangs- oder bildungssprachlichen Erlernung) der Wörter wird behoben durch diese fiktive Neueinführung und den von der betroffenen Gruppe von Sprechern zu fassenden Entschluß, von diesen Wörtern künftig nur noch in der Weise Gebrauch zu machen, die bei der fiktiven Neueinführung festgesetzt wurde. Obwohl bei dieser nicht alle Verwendungsweisen beibehalten werden, die ein

4 Kamlah/Lorenzen, 1973, S. 25.
5 Thiel, 1973, S. 100 f.

> Wort bis dahin hatte, ist es üblich, das Verfahren einer fiktiven Neueinführung als eine ›Rekonstruktion‹ der Wortverwendung zu bezeichnen. – Für welche Wörter oder Wendungen eine solche Rekonstruktion erforderlich sein wird, läßt sich auf keine Weise antizipieren; je nach den Zielen, die wir unter Beiziehung sprachlicher Hilfsmittel verfolgen, und je nach den Situationen, in die wir dabei geraten, werden jeweils andere sprachliche Mittel zu verwenden sein und von ihnen wieder jeweils andere problematisch werden.

Es konnte kaum ausbleiben, dass nun auch Argumentationen für die Geltung mit solchen sprachlichen Mitteln formulierter Aussagen und Normen sowie ganzer Theorien und Normensysteme rekonstruiert wurden. Gatzemeier verwendet 1973 »Rekonstruktion« mit Bezug auf Wortgebrauch, aber auch auf Beweisgänge,[6] Schwemmer spricht 1974 von einem »Rekonstruktionsversuch des Terminus ›Dialektik‹«,[7] bezeichnet allgemein als »kritische Rekonstruktion« von Texten

> deren Neuschreibung in einer methodisch aufgebauten Interpretationssprache [...] unter Angabe und Beurteilung eines jeden Schrittes, der – nach Meinung des Interpreten – für den Argumentationsgang erforderlich ist bzw., wenn er im Text selbst nicht gemacht wird, gewesen wäre,[8]

und gelangt 1976 zu einem kulturwissenschaftlichen Erklärungsbegriff, nach dem eine Handlung dadurch erklärt wird, dass man die »relativen, also sinnrationalen, Begründungsschritte zu ihr rekonstruiert«,[9] sowie zu einer »genetische[n] Rekonstruktion« ganzer Normensysteme.[10]

Diese Erweiterung verlangte eine Rückbesinnung auf den inzwischen ziemlich facettenreichen Rekonstruktionsbegriff einerseits, einen Vergleich mit den Gedanken zur rationalen Rekonstruktion in der analytischen Wissenschaftstheorie andererseits. Diesen beiden Aufgaben hat sich gleich in mehreren Arbeiten J. Mittelstraß gewidmet, zuerst mit dem Blick auf die Geschichtsschreibung der exakten Wissenschaften (wobei er schon hier eine die Wirkungsgeschichte ergänzende »Gründegeschichte« konzipierte), dann allgemeiner für die »Rekonstruktionen von *Argumenten*, *Theorien* und (Wissenschafts-) *Geschichte*«.[11] Freilich ist die vorgeschlagene Ergänzung nicht bloß additiv, sondern gibt dem wissenschaftshistorischen Unternehmen eine ganz neue Wendung, denn in einer »konstruktiven Theorie der Wissenschaftsgeschichte« (wie es jetzt heißt) dienen historische Rekonstruktionen »dem Ziel einer Reorganisation der bestehenden wissenschaftlichen Praxis unter dem Gesichtspunkt ihrer konstruktiven Begründung« (Mittelstraß, 1974, S. 143). Eine auf dieses Ziel gerichtete Wissenschaftsgeschichtsschreibung geht (ebd., S. 143 f.)

---

6 Gatzemeier, 1973, S. 305, S. 306.
7 Schwemmer, 1974, S. 149 Anm. 2.
8 Ebd., S. 152 f., Anm. 4.
9 Schwemmer, 1976, S. 139.
10 Ebd., S. 198.
11 Mittelstraß, 1981, S. 101; vgl. auch ders. 1965, 1974 und 1985.

von der Möglichkeit eines methodischen Aufbaus von Wissenschaft einschließlich ihrer Rechtfertigung über gerechtfertigte Anwendungen aus und sucht historische Entwicklungen in Form einer Gründegeschichte darzustellen. Sie muß deswegen auf eine Rekonstruktion wirkungsgeschichtlicher Zusammenhänge nicht verzichten, sieht diese aber unter dem Gesichtspunkt der Folgen.

Begriffene historische Erfahrung setzt dann Rekonstruktionen voraus, die sich »auf konstruktive Entwürfe vernünftiger Verhältnisse und kritische Beurteilungen faktischer Verhältnisse zu stützen vermögen«, und hat bezüglich der Geschichte »eine begründungsorientierte Beurteilung wissenschaftlicher Genese zum Ziele« (Mittelstraß, 1985, S. 78). Natürlich birgt dies die Gefahr, dass (etwa wenn die untersuchten historischen Entwicklungen selbst gar nicht begründungsorientiert waren, oder aber die Begründungen ihrer Ergebnisse krass verfehlt wurden) die Wissenschaftsgeschichtsschreibung den Kontakt mit der historischen Wirklichkeit verliert. Da ich mich dazu schon einmal ausführlich geäußert habe (Thiel, 1992), soll hier nicht nochmals auf diese Problematik eingegangen werden.

Merkwürdig ist, dass bei allem Bemühen um die Fruchtbarmachung des neuen Rekonstruktionsbegriffs für die Wissenschaftsgeschichte und trotz seiner erfolgreichen Anwendung auf die thaletische Geometrie durch Mittelstraß selbst ein recht umfänglicher Anwendungsbereich von Rekonstruktionen bisher kaum Aufmerksamkeit erfahren hat: die voreuklidische Arithmetik. Natürlich eignen sich frühgriechische und vorgriechische Mathematik als Tummelplätze für Rekonstrukteure ganz besonders, da hier die Quellen für die Herleitung überlieferter Ergebnisse (Sätze oder Beweise) ebenso spärlich sind wie verlässliche Zeugnisse für deren Datierung – eine Notlage, die zur Ausbildung einer Tugend plausibler Rekonstruktionsversuche geradezu zwingt.

Ein besonders prägnantes Beispiel hierfür bilden die sog. Psephoi-Beweise. »Psephoi« sind kleine polierte Kieselsteine, die als Mosaiksteine, einzeln aber auch für Abstimmungen, als Spielsteine in Brettspielen, für magisch-mantische Zwecke und als Rechensteine im frühen Griechenland, und nach neueren Belegen sogar schon in vorgriechischer Zeit im Orient Verwendung fanden.[12] In neupythagoreisch-neuplatonischen Traktaten zur elementaren Arithmetik (Nikomachos von Gerasa, Theon von Smyrna, Iamblichos im 1. bis 4. Jh. n. Chr.) finden sich Veranschaulichungen arithmetischer Sachverhalte mit Hilfe von Psephoi, deren geeignete Anordnung als *figurierte Zahlen* unmittelbare Einsicht in den jeweiligen Sachverhalt verschafft, ohne eine Deduktion aus bereits bekannten anderen arithmetischen Sätzen zu erfordern. Legt man eine Anzahl n von Steinchen statt in einer einzigen geraden Linie in zwei Dimensionen in Dreiecks-, Quadrat- oder Rechtecksform aus, so werden manche Eigenschaften von n sichtbar, welche die

12 Vgl. Schmandt-Besserat, 1979, Waschkies, 1989.

heutige Zahlentheorie durch Formeln ausdrückt, die i. a. mit dem Beweisprinzip der vollständigen Induktion bewiesen werden müssen. Z. B. *zeigt* die Quadratanordnung, besonders deutlich bei Verwendung verschiedenfarbiger Steinchen, dass jede Quadratzahl n^2 die Summe aller ungeraden Zahlen von 1 bis $2n - 1$ ist; die Rechtecksanordnung einer Zahl $n \times (n + 1)$ zeigt, dass diese Zahl das Doppelte der Dreieckszahlen $1 + 2 + \ldots + n$, also $2 \times \frac{1}{2} (n \times (n + 1))$ ist, so dass sich die Summe der Zahlen von 1 bis n als $\frac{1}{2} (n \times (n + 1))$ ergibt, und ähnliches mehr.

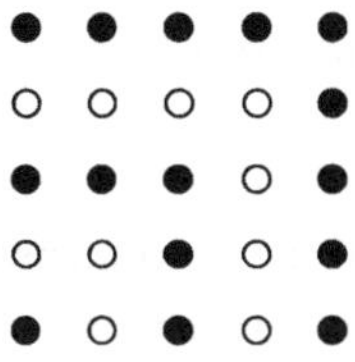

Abb. 1

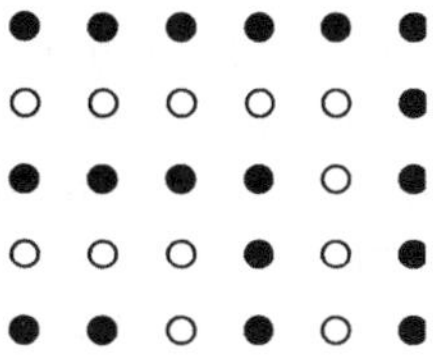

Abb. 2

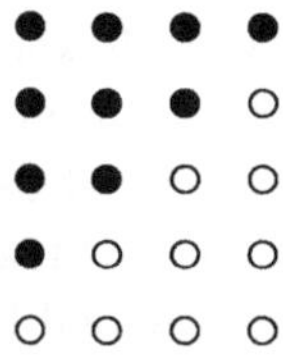

Abb. 3

Die neupythagoreischen Autoren behaupten, dass solche Überlegungen (alt-)pythagoreischen Ursprungs sind, doch haben wir dafür keine (jenen Autoren vielleicht noch zugänglichen) Belege außer einigen wenigen Anspielungen auf mathematisches »Steinchenlegen« in einer Komödie des Epicharmos,[13] bei Platon und bei Aristoteles.[14] Nachdem diese Verfahren lange Zeit als bloße Veranschaulichungen von Einzelfällen angesehen wurden, die keine allgemeine Geltung eines arithmetischen *Gesetzes* (wie es eine moderne zahlentheoretische Formel ausdrückt) begründen könnten, hat in neuerer Zeit die Auffassung der Psephoi-Beweise als Veranschaulichungen nicht einzelner Sachverhalte, sondern einer allgemeinen Regel zur Herstellung einer Psephoi-Figur Boden gewonnen.[15] Implizit war dies wohl von vielen Historikern der antiken Mathematik so gesehen worden, denn die Suche nach Psephoi-Beweisen für elementare arithmetische Sachverhalte, seien sie nun bei Euklid verzeichnet oder nicht, wurde in der Art attraktiver Denksportaufgaben populär, nachdem Oskar Becker 1936 sozusagen ein Durchbruch gelungen war.

Becker befasste sich mit der Frage, weshalb am Ende des (arithmetischen) IX. Buches von Euklids *Elementen* nach dem berühmten Satz vom Nichtabbrechen der Primzahlenreihe (IX, 20, mit selbst nur loser Verbindung zu den vorhergehenden Sätzen) auf einmal Sätze über die Eigenschaften und gegenseitigen Beziehungen

---

13 Epicharmos, Fragment 23 [alt: 13] b 2 (170 b), in: Diels, 1951, S. 196.

14 Z. B. Platon, *Theaitetos* 198a, *Gorgias* 453e – 454a, *Nomoi* 819d – 820d; Aristoteles, *Met.* 1092b.

15 Vgl. Thiel, 1995, Waschkies, 1989.

von geraden und ungeraden Zahlen auftauchen, deren letzter ein ebenfalls berühmter Satz über vollkommene Zahlen ist – ein krasser Abbruch der vorausgehenden deduktiven Argumentation oder Herleitung. Becker fragte (Becker, 1936, S. 534), »ob hier nicht eine Verdunkelung des ursprünglichen Gedankenaufbaus stattgefunden hat. [...] Sollte [...] nicht ursprünglich der Satz von den vollkommenen Zahlen das Ziel und Ende der ›Lehre vom Geraden und Ungeraden‹ gebildet haben?« Und als bejahende Antwort liefert er (ebd.) »eine Rekonstruktion des ursprünglichen Zusammenhangs der Sätze [Euklid] IX, 21 – 36 [...] mit der ferneren Absicht, ein Stück stilistisch sehr alter griechischer Mathematik wieder ans Licht zu ziehen.«

Beckers »Rekonstruktion« einer altpythagoreischen Lehre vom Geraden und Ungeraden ist mehr als ein bloßes Kabinettsstückchen und bietet m.W. erstmals einen nachvollziehbaren Vorschlag zum Verständnis der beiden Stellen in Aristoteles' *Analytica priora* (41a26, 50a37), nach denen aus der Annahme der Kommensurabilität von Seite und Diagonale des Quadrats folgen würde, dass die geraden Zahlen den ungeraden Zahlen gleich seien, was absurd ist. Während daher schon auf logischer Ebene zu Tage liegt, dass hier auf einen damals offenbar in Kreisen der Gebildeten bekannten indirekten Beweis der Inkommensurabilität von Seite und Diagonale des Quadrats angespielt wird, legt Becker konkret dar, worin die dabei benutzte Absurdität material-arithmetisch bestehen könnte. Die Chronologie bereitet ihm dabei keinerlei Skrupel: »Daß das Operieren mit ψῆφοι oder πεττοί eine ›altpythagoreische‹ Methode ist, ist [...] seit langem bekannt und hier nicht von neuem zu beweisen« (Becker, 1936, S. 546, im Original z.T. hervorgehoben). So scheint die Interpretation nicht nur tatsächlich »die ursprüngliche Form eines später in die systematische Gesamtdarstellung Euklids einbezogenen Satzgefüges wiederher[zu]stellen« (ebd., S. 534 f.); Becker ist, darüber hinausgehend, überzeugt, er habe

> ein Stück ältester griechischer Arithmetik wiederhergestellt und zwar ein solches von wirklichem *mathematischen* Wert; denn weder der Satz über die vollkommenen Zahlen noch der von der ›Unmeßbarkeit‹ der Quadratdiagonale mit ihrer Seite ist mathematisch trivial. Die aus Platon wohlbekannte ›Lehre vom Geraden und Ungeraden‹ [vgl. Platon, *Theait.* und *Nomoi* 737e – 738a, C.T.] hat damit über ihren etwas nebelhaften ›philosophischen‹ einen genau faßbaren *mathematischen* Sinn gewonnen und ihre allein erhaltenen Trümmer haben sich zu einem sinnvollen Ganzen, das nicht ohne Anmut ist, zusammenfügen und ergänzen lassen. (ebd., S. 545)

Man kann darüber streiten, ob damit eine historische Behauptung verbunden ist, zumal sich Becker in späteren Schriften zu dieser Frage eher vorsichtig und zurückhaltend äußert. Die Lehre von den figurierten Zahlen ist jetzt nur mehr eine »als altpythagoreisch überlieferte Lehre« (Becker, 1957, S. 13), Zeitpunkt und Urheber der Entdeckung des Irrationalen liegen »nicht dokumentarisch fest; trotzdem kann man darüber begründete Vermutungen anstellen« (ebd., S. 71), und gleich am Anfang seiner Darstellung der griechischen Mathematik in (Becker/Hofmann, 1951, S. 42) weist Becker den Leser auf die Schwierigkeit hin, die in

> dem fast völligen Fehlen unmittelbarer Quellen [liegt]. Wenige Fragmente und zwar zahlreiche, aber unzuverlässige spätere Berichte stehen zur Verfügung; daraus muß das geschichtliche Bild rekonstruiert werden.

Trotzdem lassen sich etwa für die thaletische Geometrie des 6. Jahrhunderts v. Chr. manche Beweise durchaus »mit einer gewissen Wahrscheinlichkeit rekonstruieren« (Becker, 1954, S. 22), denn oft sind »Rückschlüsse auf Früheres aus manchen Stellen der vorsokratischen Philosophen, des *Platon* und des *Aristoteles* und Späterer und auch aus *Euklid* selbst möglich« (ebd.). So bleibt nicht nur Beckers Glanzstück von 1936 in der Diskussion, ausdrücklich wird auch auf Dijksterhuis' Rekonstruktion mancher »Möndchen«-Quadraturen des Hippokrates von Chios (Becker, 1957, S. 60 Anm.) und auf J. E. Hofmanns Psephoi-Rekonstruktion der Auffindung der Summe der ersten *n* Quadratzahlen schon in der babylonischen, also vorgriechischen Mathematik (Becker, 1954, S. 36 Anm.) als gelungene Wiederherstellungen verwiesen.

Dass dies nicht naive Gläubigkeit verrät, sondern eine besondere, ganz bewusste Einstellung zu den Aufgaben der Mathematikgeschichtsschreibung dokumentiert, sieht man an Beckers in seinem letzten Lebensjahr geäußerter Einschätzung im Vorwort zu dem von ihm herausgegebenen Sammelband (Becker, 1965, S. XIII f.), wo er auf den Gegensatz, aber auch die gegenseitige Ergänzung von »sachlicher Aufklärung« und historisch-hermeneutischer Interpretation in der Mathematikgeschichtsschreibung hinweist und erklärt, dem schließe sich

> eine weitere mögliche Fragestellung an, die allerdings vielleicht nicht mehr zur Mathematik-Geschichte im strengen Sinn zu rechnen ist, sondern eine Art weitergehender, jedoch unter Umständen sehr reizvoller Spekulation darstellt. Man kann nämlich manchmal fragen: Was hätte mit den in einem bestimmten Zeitpunkt nachweislich schon erworbenen Mitteln in einem bestimmten Felde erreicht werden können? Das kann man auch dann fragen, wenn keine oder auch nur eine sehr schwache Andeutung in dieser Richtung in unseren Quellen vorliegt.

Solche Spekulation kann man reizvoll finden und den belassenen großen Freiraum nutzen, um sich die unterschiedlichsten Szenarien auszudenken, wie dies z. B. Árpád Szabó für die voreuklidische Mathematik tut, wenn er die Begriffsgeschichte der zentralen mathematischen Termini der Antike rekonstruiert mit dem Ergebnis, dass die Methode des indirekten Beweises und die Entdeckung inkommensurabler Größen auf die eleatische Dialektik zurückgehen (Szabó, 1969); dies führt ihn dann zu einer ganz anderen Rekonstruktion der frühgriechischen Mathematik als bei Becker, obwohl Szabó keineswegs auf mehr oder auf andere Belege zurückgreifen konnte als dieser (worauf insbesondere Waschkies, 1989 hingewiesen hat). Man kann auf derlei Spekulationen aber auch gereizt reagieren, wie angesichts der von

Frank, van der Waerden und Becker unternommenen Rekonstruktionen Walter Burkert, der wohl beste Kenner der Pythagorastradition. Die Geschichte der Mathematik, schreibt er (Burkert, 1962, S. 382), verlocke

> noch mehr als jede andere historische Disziplin zum Rekonstruieren; da in der Mathematik jede Einzelheit in ein Netz von Beziehungen fest und notwendig eingefügt ist, läßt sich zuweilen auf Grund einer kurzen und zufälligen Notiz ein ganzes Gedankengebäude aufbauen.

Burkert schwebt dabei als (gelungenes?) Musterbeispiel die Rekonstruktion des Eudoxischen Planetenmodells vor. Doch ebenso wie sie, leidet auch Beckers »Wiederherstellung« der pythagoreischen Arithmetik unter der allgemeinen Problematik wissenschaftsgeschichtlicher Rekonstruktionen (ebd., S. 383):

> Der logische Rückschluß kann nie eine individuelle Zuweisung des Erschlossenen an Zeit, Ort, Person bestimmen; so exakt sich feststellen läßt, welche Sätze Hippokrates von Chios als bewiesen voraussetzt, so wenig folgt daraus, daß Pythagoras oder Pythagoreer diese Sätze gefunden und bewiesen haben; in diesem Punkt treten an Stelle logisch exakten Schließens die Probleme der historischen Quellenkritik.

Diese hat die Pythagorastradition entmythisiert, ja aufgelöst, und hat die Frage, »inwieweit die eingehenden Darstellungen bei Theon, Nikomachos, Iamblich als Zeugnisse altpythagoreischer Mathematik gelten dürfen« (ebd., S. 407), eindeutig negativ beantwortet. Schon die Annahme, dass der pythagoreischen Zahlenphilosophie »eine Mathematik in wissenschaftlich-deduktiver Form vorausging, ist eine Rekonstruktion des Aristoteles, die für uns unverbindlich ist« (ebd., S. 392), und man versteht angesichts des Fehlens authentischer Zeugnisse das von den Neupythagoreern bis zu den Mathematikhistorikern des 20. Jahrhunderts erkennbare »Bemühen [...], durch Rekonstruktion und Uminterpretation eine offenbar als erstaunlich empfundene Lücke zu schließen« (ebd.). Vergebens – selbst an Beckers »Wiederherstellung« der Lehre vom Geraden und Ungeraden zeigt sich, dass »der scheinbar so fest gefügte Bau Risse [enthält], die die Rekonstruktion zum Einsturz bringen« (ebd., S. 410). Denn ein Psephoi-Beweis

> ist seinem Wesen nach induktiv und anschaulich; er kann, nach dem Grundsatz der vollständigen Induktion, als stringent gelten, aber er setzt nicht andere Sätze voraus, jeder Sachverhalt wird für sich evident. Damit aber entfällt die Notwendigkeit des systematischen Aufbaus, entfällt das Wesen der deduktiven Mathematik. Gewiß wußten die Pythagoreer, daß Ungerade und Ungerade eine gerade, Ungerade und Gerade eine ungerade Zahl ergibt, sie haben sich dies sicher auch an ψῆφοι-Figuren klargemacht; aber sie sahen darin eben die Kraft des ungeraden, ›männlichen‹ Prinzips, das ›zeugungskräftig‹ ist und aus sich darum Gerade wie Ungerade hervorbringen kann, und das im Zusammentreffen mit dem geraden, ›weiblichen‹ Prinzip sich als das stärkere erweist. (ebd., S. 411)

Dass die solcherart auf Zahlenmystik und Zahlenspekulation fixierten Pythagoreer die Sätze IX, 21 – 34 von Euklids *Elementen* durch deduktive Beziehungen verknüpft und den Satz IX, 36 hergeleitet, ja sogar (wie Becker plausibel machen wollte) schon die Unlösbarkeit der Gleichung $2x^2 = z^2$ in ganzen Zahlen erkannt hätten, hält Burkert schlechterdings für unmöglich.

Der Blick auf eine ebenso ernstzunehmende Gegenkritik mag diese selektive Durchmusterung des historischen Hintergrundes und der neueren Diskussion beschließen. Sie stammt von Hans-Joachim Waschkies, dem wir eine sehr interessante neue Hypothese über die Entdeckung der Inkommensurabilität durch Psephoi-Verfahren verdanken[16] und der die Vorgeschichte dieser Verfahren bis in das alte Mesopotamien zurückverfolgt hat (Waschkies, 1989). Waschkies wehrt sich entschieden gegen Burkerts Gleichsetzung der »vorplatonische[n] ψῆφοι-Arithmetik in toto mit einem Teilbereich der stark spekulativen Zahlenlehre [...], die von den Pythagoreern vorgetragen wurde« (Waschkies, 1989, S. 278). Schon Aristoteles hatte in *Met.* 1092b10 – 13 die mit figurierten Zahlen arbeitenden Mathematiker gerade von Pythagoreern wie dem (an dieser Stelle veralberten) Eurytos unterschieden, wozu Waschkies den Hinweis nachschiebt, dass ja manche zu spekulativen Zahlendeutungen neigende Pythagoreer sogar ganz ausgezeichnete Mathematiker gewesen seien, wie z. B. Hippasos von Metapont und Archytas von Tarent. In der Tat hat die grundsätzliche Ablehnung von mathematikhistorischen Rekonstruktionen selbst bei so dürftiger Quellenlage wie im Fall der voreuklidischen Arithmetik nicht die behauptete Durchschlagskraft, wenn nicht mehr dahinter steht als der Hinweis auf die Lücke, und dass man »Dunkelmännern« wie den Pythagoreern weder Interesse noch Fähigkeit zu mathematischen Beweisen zutrauen könne. Doch steht diese Meinungsverschiedenheit nicht im Zentrum unserer Überlegungen und wir wollen hier nicht versuchen, sie zu entscheiden.

Was aber ist rückblickend unter systematischem Gesichtspunkt, d. h. aus der Sicht einer Methodologie der Wissenschaftsgeschichtsschreibung, zu »Rekonstruktionen« der erörterten Art zu sagen? Darf sich der Mathematikhistoriker, um es scharf zu formulieren, der Gefahr aussetzen, etwas zu »rekonstruieren«, was es möglicherweise niemals gegeben hat? Denn es wird sich nicht leugnen lassen, dass wir z. B. mit der voreuklidischen Arithmetik in einer ganz anderen Lage sind als bei der Rekonstruktion eines verderbten alten Textes, der sich durch plausible Konjekturen über zu eliminierende Kopierfehler, frühere Interpolationen u.ä. glaubhaft wiederherstellen lässt, oder bei der Restauration eines antiken Mosaikfußbodens, Fälle übrigens, in denen Phantasie und Spekulation oft ebenfalls im Spiel sind. Lässt sich

16 Waschkies, 1970/71, wo sich Waschkies auch zustimmend zu älteren Rekonstruktionsversuchen dieses Typs äußert, z. B. zu Treutlein, 1883, der seinerseits auf Nesselmann, Hankel, M. Cantor und anderen fußt.

für das Rekonstruieren vorgriechischer und frühgriechischer Diskussionskontexte im allgemeinen, und gewisser Beweisverfahren oder Argumentationen im einzelnen, ein Sinn für die Mathematikgeschichtsschreibung aufzeigen, der über den eines Denksports für hochrangige Experten hinausführt?

Becker war davon überzeugt, sogar in der zitierten (auch selbstkritischen) Äußerung von 1965, wo er mathematikhistorische Rekonstruktionen als Antworten auf die Frage begreift, was »mit den in einem bestimmten Zeitpunkt nachweislich schon erworbenen Mitteln in einem bestimmten Felde [hätte] erreicht werden können« (Becker, 1965, S. XIII f.). Sicher kann es passieren, dass hin und wieder ein Beweis »rekonstruiert« wird, der in Wahrheit an dieser Stelle zum ersten Mal geführt wird. Auch wenn die Rede von »Rekonstruktion« oder »Wiederherstellung« in einem solchen Falle das damit üblicherweise Gemeinte verfehlt, so sind solche Versuche wissenschaftlich doch keineswegs nutzlos. Sie haben nämlich eine wichtige heuristische Funktion (ein Aspekt, den ich andernorts einmal ironisch als »spekulative Hermeneutik« bezeichnet habe), indem sie oft Wertvolles zum Entwurf eines historischen Gesamtbildes beisteuern, in dem ganz andere Stellen einer Prüfung sehr wohl zugänglich sind und bei der angestrebten Bestätigung oder Widerlegung des Ganzen ihre Funktion haben.

Dies wird besonders deutlich, wenn man sich klarmacht, dass Wissenschaftsgeschichte (als Ganze, aber auch als Disziplingeschichte einzelner Wissenschaftszweige) nicht nur Geschichte der wissenschaftlichen Erkenntnisse – also der Tatsachen, der Funde, »Sätze« oder übergreifender Zusammenhänge – sein soll und will, sondern auch Geschichte der wissenschaftlichen Methoden. Und hier scheint es mir für die Mathematikgeschichtsschreibung eine geradezu befreiende Einsicht zu sein, dass es zur Gewinnung mathematischer Erkenntnisse nicht nur die (im Verlauf des 20. Jahrhunderts nahezu allein herrschend gewordene) deduktiv-axiomatische Methode des Beweisens gibt, sondern auch kombinatorische, operative und andere (etwa, wie wir gesehen haben, auf Psephoi-Anordnungen beruhende) Methoden. Unter den Mathematikhistorikern haben diesen erweiterten Horizont schon im 19. Jahrhundert Moritz Cantor und Peter Treutlein gehabt,[17] die bei den Pythagoreern die Freude am »mathematische[n] Experiment« feststellten und erwogen, ob nicht in der frühgriechischen Mathematik »das arithmetische Experimentiren sogar noch als das dem geometrischen vorausgehende und das letztere erst bedingende« gesehen werden müsse.[18] Sicher gehörte Phantasie und vielleicht Spekulation dazu, sich bei so dürftiger Quellenlage derartiges auszumalen, und sicher kann man im Einzelfall ganz leicht über das Rechtfertigbare hinausschießen. So wäre z. B. die Frage kaum sinnvoll, ob schon die Pythagoreer den Fall $n = 3$ des großen Fermat-

17 Cantor, 1863; Treutlein, 1883.

18 Cantor, 1863, S. 105, bzw. Treutlein, 1883, S. 211.

schen Satzes durch einen geeigneten räumlichen Psephoi-Beweis hätten »erledigen« können, denn die Antike hatte nach allem, was wir wissen, noch nicht einmal diese Frage (sondern allenfalls das *Delische Problem*) gestellt. Dennoch wird man nicht auf die seit M. Cantors Zeiten gewonnenen Einsichten in Erkenntnisstand und Methoden der vorgriechischen Arithmetik verzichten wollen, auch wenn die Gewinnung dieser Einsichten ein gehöriges Maß an Phantasie und Spekulation erforderte. Aber ohne Phantasie und Spekulation – über die systematische Kompetenz hinaus – wird man nicht einmal den »Knackpunkt« des modernen Abstraktionsverfahrens in Freges *Grundlagen der Arithmetik* entdecken, deren Text uns vollständig im Original (und nicht etwa nur durch unzuverlässige *Neo-Fregeans*) überliefert ist und die sich eines Autors erfreuen können, an dessen historischer Existenz zumindest bislang niemand gezweifelt hat.

Literaturverzeichnis

Becker, Oskar, 1936, »Die Lehre vom Geraden und Ungeraden im neunten Buch der Euklidischen Elemente. (Versuch einer Wiederherstellung in der ursprünglichen Gestalt)«, in: Neugebauer, O./Stenzel, J./Toeplitz, O. (Hrsg.), *Quellen und Studien zur Geschichte der Mathematik, Astronomie und Physik, Abt. B: Studien*, Bd. 3, Berlin: Julius Springer, S. 533–553.

Becker, Oskar (Hrsg.), 1954, *Grundlagen der Mathematik in geschichtlicher Entwicklung*, Freiburg/München: Karl Alber.

Becker, Oskar, 1957, *Das mathematische Denken der Antike*, Göttingen: Vandenhoeck & Ruprecht.

Becker, Oskar (Hrsg.), 1965, *Zur Geschichte der griechischen Mathematik*, Darmstadt: Wissenschaftliche Buchgesellschaft.

Becker, Oskar/Hofmann, Joseph Ehrenfried, 1951, *Geschichte der Mathematik*, Bonn: Athenäum-Verlag

Burkert, Walter, 1962, *Weisheit und Wissenschaft. Studien zu Pythagoras, Philolaos und Platon*, Nürnberg: Hans Carl.

Cantor, Moritz, 1863, *Mathematische Beiträge zum Kulturleben der Völker*, Halle: H.W. Schmidt.

Carnap, Rudolf, 1928, *Der logische Aufbau der Welt*, Berlin-Schlachtensee: Weltkreis-Verlag.

Diels, Hermann, 1951, *Die Fragmente der Vorsokratiker. Griechisch und Deutsch*, Band 1, Kranz, Walter (Hrsg.), 6. Aufl., Berlin: Weidmann.

Euklid, 1975, *Die Elemente. Buch I-XIII*, Thaer, Clemens (Hrsg.), Darmstadt: Wissenschaftliche Buchgesellschaft.

Gethmann, Carl Friedrich, 1992, »Universelle praktische Geltungsansprüche. Zur philosophischen Bedeutung der kulturellen Genese moralischer Überzeugungen«, in: Janich, Peter (Hrsg.), *Entwicklungen der methodischen Philosophie*, Frankfurt a. M.: Suhrkamp, S. 148–175.

Gatzemeier, Matthias, 1973, »Methodische Schritte einer Textinterpretation in philosophischer Absicht«, in: Kambartel, Friedrich/Mittelstraß, Jürgen (Hrsg.), *Zum normativen Fundament der Wissenschaft*, Frankfurt a. M.: Athenäum, S. 281 – 317.

Kamlah, Wilhelm/Lorenzen, Paul, 1973, *Logische Propädeutik. Vorschule des vernünftigen Redens*, 2., verb. u. erw. Auflage, Mannheim/Wien/Zürich: Bibliographisches Institut – B.I. Wissenschaftsverlag.

Lakatos, Imre, 1971, »History of Science and Its Rational Reconstructions«, in: Buck, Roger C./Cohen, Robert S. (Hrsg.), *PSA 1970. In Memory of Rudolf Carnap. Proceedings of the 1970 Biennial Meeting Philosophy of Science Association*, Dordrecht: D. Reidel, S. 91 – 136.

Lorenzen, Paul/Inhetveen, Rüdiger, 1973, »Die Einheit der Wissenschaften«, in: Kambartel, Friedrich/Mittelstraß, Jürgen (Hrsg.), *Zum normativen Fundament der Wissenschaft*, Frankfurt a. M.: Athenäum, S. 70 – 78.

Mittelstraß, Jürgen, 1965, »Die Entdeckung der Möglichkeit von Wissenschaft«, in: *Archive for History of Exact Sciences*, 2, S. 410 – 435.

Mittelstraß, Jürgen, 1974, *Die Möglichkeit von Wissenschaft*, Frankfurt a. M.: Suhrkamp.

Mittelstraß, Jürgen, 1980, »What does ›reconstruction‹ mean in the analysis of science and its history?«, in: *Communication & Cognition*, 13, S. 223 – 236.

Mittelstraß, Jürgen, 1981, »Rationale Rekonstruktion der Wissenschaftsgeschichte«, in: Janich, Peter (Hrsg.), *Wissenschaftstheorie und Wissenschaftsforschung*, München: C.H. Beck, S. 89 – 111.

Mittelstraß, Jürgen, 1985, »Über den Begriff der Rekonstruktion«, in: *Ratio*, 27, S. 71 – 82.

Popper, Karl R., 1966, *Logik der Forschung*, Zweite, erweiterte Auflage, Tübingen: J.C.B. Mohr.

Schmandt-Besserat, Denise, 1979, »Reckoning before Writing«, in: *Archaeology*, 32, S. 22 – 31.

Scholtz, Gunter, 1992, »Rekonstruktion«, in: *Historisches Wörterbuch der Philosophie*, Band 8, Basel: Schwabe & Co., Sp. 570 – 578.

Schwemmer, Oswald, 1974, »Appell und Argumentation. Aufgaben und Grenzen einer praktischen Philosophie. Versuch einer Antwort auf die »Kritik der praktischen Philosophie der Erlanger Schule«, in: Kambartel, Friedrich (Hrsg.), *Praktische Philosophie und konstruktive Wissenschaftstheorie*, Frankfurt a. M.: Suhrkamp, S. 148 – 211.

Schwemmer, Oswald, 1976, *Theorie der rationalen Erklärung. Zu den methodischen Grundlagen der Kulturwissenschaften*, München: C.H. Beck.

Szabó, Árpád, 1969, *Anfänge der griechischen Mathematik*, München/Wien: R. Oldenbourg.

Thiel, Christian, 1973, »Was heißt ›wissenschaftliche Begriffsbildung‹?«, in: Harth, Dietrich (Hrsg.), *Propädeutik der Literaturwissenschaft*, München: Wilhelm Fink, S. 95 – 125.

Thiel, Christian, 1992, »Neuere Überlegungen zur Geschichtsschreibung einzelwissenschaftlicher Disziplinen«, in: Janich, Peter (Hrsg.), *Entwicklungen der methodischen Philosophie*, Frankfurt a. M.: Suhrkamp, S. 125 – 147.

Thiel, Christian, 1995, »Psephoi«, in: *Enzyklopädie Philosophie und Wissenschaftstheorie*, Bd. 3, S. 390 – 391.

Treutlein, Josef Peter, 1883, »Ein Beitrag zur Geschichte der griechischen Geometrie«, in: *Zeitschrift für Mathematik und Physik. Historisch-literarische Abteilung*, 28, S. 209 – 226.

van der Waerden, Bartel Leendert, 1956, *Erwachende Wissenschaft. Ägyptische, babylonische und griechische Mathematik*. Basel/Stuttgart: Birkhäuser.

Waschkies, Hans-Joachim, 1970/71, »Eine neue Hypothese zur Entdeckung der inkommensurablen Größen durch die Griechen«, in: *Archive for History of Exact Sciences*, 7, S. 325–353.

Waschkies, Hans-Joachim, 1989, *Anfänge der Arithmetik im Alten Orient und bei den Griechen*, Amsterdam: B.R. Grüner.

»Saving the phenomena« between Eudoxus and Eudemus

Leonid Zhmud'

> Eudoxus of Cnidus, as Eudemus reports in the second book of his *History of Astronomy* and as Sosigenes repeats on the authority of Eudemus, is said to have been the first of the Greeks to deal with this type of hypothesis. For Plato, Sosigenes says, set this problem for students of astronomy: ›By the assumption of what uniform and ordered motions can the apparent motions of the planets be accounted for?‹.[1]

This much discussed passage, the first part of which goes back to Aristotle's student Eudemus, and the second to the Peripatetic of the late second century A.D. Sosigenes, was analyzed in great detail by J. Mittelstraß, who came to a well-founded conclusion: the mentioning of Plato belongs not to Eudemus, but to Sosigenes.[2] Thus Simplicius (sixth century A.D.), to whom Eudemus' *History of Astronomy* was still available, could not find anything in it relating to Plato. In my recent paper I discussed this and similar evidence, trying to show that they all go back to the Academic legendary tradition on Plato as an »architect of science«, a tradition that does not find support in the reliable evidence of the classical period.[3] The author of the idea »saving the phenomena« was Eudoxus of Cnidus (c. 390 – 337 B.C.), a brilliant mathematician and astronomer. As for Plato, nothing points out that he knew of this idea or shared Eudoxus' intentions.

In this paper I would like to clarify some points related to the early history of the notion »saving the phenomena«. Before going back to Eudemus' testimony, we have to look into the origin of two notions which are important to Plato and his students – namely, of the uniform circular movement of the planets, and of their divine nature, to which they owe the perfect circularity of their orbits.[4] A still more detailed argumentation for the divine nature of heavenly bodies is to be found in the *Epinomis* (986 e 9 f.), written by Philip of Opus. Aristotle, discussing the circular movement of heavenly bodies, also used a combination of metaphysical and theological arguments,[5] which were to be repeated until the end of Antiquity.

---

1 Καὶ πρῶτος τῶν `Ελλήνων Εὔδοξος, ὁ Κνίδιος ὡς Εὔδημός τε ἐν τῷ δευτέρῳ τῆς ἀστρολογικῆς ἱστορίας ἀπεμνημόνευσε καὶ Σωσιγένης παρὰ Εὐδήμου τοῦτο λαβών, ἅψασθαι λέγεται τῶν τοιούτων ὑποθέσεων, Πλάτωνος, ὥς φησι Σωσιγένης, πρόβλημα τοῦτο ποιησαμένου τοῖς περὶ ταῦτα ἐσπουδακόσι, τίνων ὑποτεθεισῶν ὁμαλῶν καὶ τεταγμένων κινήσεων διασωθῇ τὰ περὶ τὰς κινήσεις τῶν πλανωμένων φαινόμενα (Simpl. *In Arist. De caelo comm.*, p. 488.18 f. Heiberg = Eudem. fr. 148 Wehrli).

2 Mittelstraß, 1963, pp. 149 ff. See also: Krafft, 1965; Knorr, 1990.

3 Zhmud, 1998.

4 See, e. g. *Crat.* 397 c-d; *Leg.* 885 e, 886 e, 887 e.

5 *Met.* 1072 a 6 f., 1073 a 36 – 39; *Cael.* 269 a 3- 270 b 30; *Mete.* 339 b 20 – 27; fr. 12 Rose.

The idea of the uniform circular movement is attested first in Philolaus, but goes back to the earlier Pythagorean astronomy.[6] As a matter of fact, the circular movement of all heavenly bodies follows from their order as established by the Pythagoreans (Eudem. fr. 146 Wehrli), which is based on the period of their revolution around the Earth: Moon, Sun, Venus, Mercury, Mars, Jupiter, Saturn. According to Geminus,

> the hypothesis underlying the whole astronomy is that the Sun, the Moon and the five planets circulate at uniform speeds in the direction opposite to that of the heavenly sphere. The Pythagoreans were the first to approach such questions, and they assumed that the motions of the Sun, the Moon and the five planets are circular and uniform.[7]

Ascribing the circular movement, postulated by Anaximander for the Sun and the Moon, to the planets as well, the early Pythagoreans must have aspired to bring the movement of all heavenly bodies under the same principle, rather than to do justice to empirical observations. The circle being at the time the only figure that could account for the movements of the planets from a *geometrical* point of view, their numerous deviations from circular orbits were simply ignored. The same geometrical logic demanded that this circular movement had to be uniform, since even at the time of Eudoxus one could not conceive of an irregular movement otherwise as reducing it to a combination of several uniform movements.[8]

When Anaximander, in his turn, postulated the circular movement of the Sun and the Moon, he did not argue from its special divine nature. The main factors for him were, first, the uniform circular movement of the stars, which, unlike the circular movement of the planets, is an *empirically observed* fact, and second, the natural logic of the cinematic model, which does not allow for conceiving of a continuous movement differently.[9] To professional astronomers, empirical observations and mathematical arguments must have been of still greater importance. It is to them that Euclid refers in his preface to the *Phaenomena*:

> Since the fixed stars are always seen to rise from the same place and to set at the same place, and those which rise at the same time are seen always to rise at the same time and those which set at the same time are seen always to set at the same time and these stars in their courses from rising to setting remain always at the same distances from one another, while this can only happens with objects moving with circular motion [...] we must assume that the [fixed] stars move circularly, and are fastened in one body, while

6 Zhmud, 1997, pp. 254 f., 258 f.

7 *Eisag*. I, 19. It is unlikely that Geminus should have projected on the Pythagoreans what Eudemus ascribed to Eudoxus (Mittelstraß, 1963, pp. 156 f.), by the Pythagoreans he might have meant the system of Philolaus.

8 See: Mendell, 2000, p. 65.

9 Cf.: Rozhansky, 1988, p. 229.

> the eye is equidistant from the circumferences of the poles [...][10] For all these reasons, the universe must be spherical in shape, and revolve uniformly about its axis [...][11]

It is revealing that the opinion of Ptolemy as to how the ancients came to this idea is very similar:

> They were, however, led to the view of a spherical heaven chiefly by the observed circular movement described about one and the same center by those stars that are always above the horizon [...] And so from these phenomena alone they first conceived the aforesaid idea, and then from the consideration of its consequences they adopted the other ideas that follow from it, since all the phenomena without qualification refuted the alternative hypotheses.[12]

While the notion of the uniform circular movement emerged as a result of the observation of stars and was later applied to other heavenly bodies, the notion of the divine origin of the planets had a different source. Absent from traditional Greek religion[13] and not found in the Ionian physics (cf. 59 A 79 DK), it was attested, among the Pythagoreans, only in Alcmaeon (24 A 12 DK).[14] Explicitly it was first formulated by Plato,[15] who associated it with the spherical shape of the Universe and the circular movement of heavenly bodies. The Pythagorean saying calls the circle and the sphere »the most beautiful«,[16] with Plato these shapes become »the most perfect«, therefore they belong to heavenly bodies (*Tim.* 33 b – 34 a). This doctrine was obviously projected by Plato onto the contemporary astronomy that brought together heavenly bodies which from the point of view of religion were absolutely heterogeneous: the Sun and the Moon, on the one hand, the stars and the planets, on the other. Acquaintance with Pythagorean astronomy, ascribing uniform circular

10 Follows a number of other considerations and observations of a mathematical character.

11 Tr. by T. L. Heath (1913).

12 *Alm.* I, 3, p. 10.20 – 11.13 Heiberg, tr. by T. L. Heath (1913). The divine nature of the heavenly bodies is mentioned by Ptolemy in the very end of the chapter, after the major astronomical arguments have already been exposed.

13 In the 6th – 5th centuries B.C. the Sun and the Moon did not belong to popular deities; they figured in very few myths and had no cults dedicated to them. They were, of course, regarded as deities, but not of a higher rank than, e. g., a god of wind or a goddess of dawn. Stars, let alone planets, were not regarded as deities; the very word »planet«, which means a vagrant star, was very far from suggesting a uniform circular movement. The planets did not have any divine names; these were borrowed from the Babylonians and first mentioned in Plato's *Timaeus* (38 d) and later in the *Epinomis* (986 e – 987 a). See: Cumont, 1935. Plato himself noted that many of the barbarians believe in the divinity of heavenly bodies (*Crat.* 397 c-d).

14 Archytas, unlike Plato, considered the circular movement to be characteristic of nature as a whole (ἡ φυσικὴ κίνησις, 47 A 23a DK), not of heavenly bodies alone. For the founder of a mechanics which reduced the action of different mechanisms to the principle of the unequal concentric circles this idea is only natural.

15 Nilsson, 1967, pp. 839 ff.

16 Diog. Laert. VIII, 35. See: Burkert, 1972, pp. 168 n. 18, 169 n. 23, 171 n. 41.

movement to all heavenly bodies without exception, could strengthen Plato's belief in the divine origin of the planets but could hardly serve as its source.

Motives that were significant for Plato could not have played any important role in the development of the astronomical system of Eudoxus, which deliberately abstracted itself from the »nature« of heavenly bodies, no matter physical or divine. Eudoxus was not preoccupied with the question of whether the movement of heavenly bodies was circular or not – astronomy had found the answer to it long before. The problem was different: it was important to find a mathematically correct model that would reduce the apparently irregular planetary movements to their *true* circular movement. That is actually what Simplicius says when he approaches the problem of »saving the phenomena«: in spite of all observable anomalies in the behavior of the planets (their halts, retrogressions, etc.), their true movement is orderly, uniform and circular.[17] That is why the astronomers were trying to find out what hypotheses of the uniform, ordered and circular movement could »save the phenomena« relating to the movement of the planets.

The supposed part of Plato in formulating this problem has been already discussed in my earlier paper.[18] In Plato's dialogues the expression σῴζειν τὰ φαινόμενα, as well as the very idea that a mathematical model has to be verified by empirical observations, are totally absent. In Aristotle, on the contrary, expressions similar in meaning, though not identical (ἀποδιδόναι τὰ φαινόμενα, ὁμολογεῖν τοῖς φαινομένοις, ὁμολογούμενα λέγειν τοῖς φαινομένοις), occur quite often,[19] whereas the conviction which underlies them belongs to the fundamentals of his philosophy. Eudemus, no doubt, also knew and shared the scientific principle expressed by the formula σῴζειν τὰ φαινόμενα. But does it really mean that the principle goes back to Aristotle and Eudemus, rather than to Eudoxus and Callippus?

Let us specify here that what we are discussing is not the general thesis, shared both by many Presocratics[20] and by Aristotle, that phenomena are the visible aspect of hidden things (ὄψις ἀδήλων τὰ φαινόμενα), but rather a more specific theory which explained the movements of heavenly bodies by reducing their apparent variety to a limited number of mathematical regularities. This astronomical theory was anticipated by the mechanics of Archytas, which reduced the action of various tools and devices, such as oar, balance, lever, windlass, pulley, etc., to the principle of un-

---

17 *In Arist. De Cael. comm.*, p. 488.10 f. Heiberg.

18 Zhmud, 1998.

19 *An. Post.* 89 a 5, *De Cael.* 306 a 7, 309 a 26, *GC* 325 a 26, *GA* 760 b 33, *Met.* 1073 b 36, *EE* 1236 a 26. Cf. »inversed« formulas: βιάζεσθαι τὰ φαινόμενα, ἐναντία λέγειν πρὸς τὰ φαινόμενα (*De Cael.* 315 a 4, *EE* 1236 b 22).

20 Anaxagoras (59 B 21A DK), Democritus (68 A 111 DK). See: Regenbogen, 1961, pp. 141 ff.; Diller, 1932.

even concentrical circles and provided the mathematical analysis of their movement, of linear and angular speeds in particular.[21] Another parallel to this theory can be found in the mathematical harmonic of the same Archytas.[22] It is worth noting that the Peripatetic Aristoxenus criticized the mathematical treatment of music by the Pythagoreans, reproaching them for their neglect of phenomena.[23] Similar to his was the criticism by Theophrastus (fr. 716 FHSG). Hence, the principle ὁμολογεῖν τοῖς φαινομένοις does not necessarily imply the *mathematical* interpretation of phenomena – moreover, the very concept of φαινόμενα is much wider in Aristotle than in Eudoxus.[24]

As a result, the formula σῴζειν τὰ φαινόμενα became associated not with the explication of phenomena in general, but rather with the astronomical program, so it was very likely related to Eudoxus' theory from the very beginning.[25] It is revealing that the expression ἀποδιδόναι τὰ φαινόμενα appears twice in that very passage of the *Metaphysics* where the modifications introduced into Eudoxus' theory by Callippus are discussed.[26] The nature of these modifications could have been explained to Aristotle and Eudemus by Callippus himself.[27] One of the fragments of Eudemus' *History of Astronomy* ascribes the principle of »saving the phenomena« to Eudoxus (fr. 148 Wehrli), another fragment cites this formula as pronounced by Callippus in person (fr. 149 Wehrli). Since none of the earlier astronomers appears to be associated with this principle,[28] Eudemus must have been fully aware of the radical difference between the system of Eudoxus and the theories of his predecessors. Moreover, this difference could not have escaped Eudoxus himself. It is in full awareness that the author of the astronomical treatise entitled Φαινόμενα must

21 Krafft, 1970, pp. 3 f., 144 f.

22 See Zhmud, 1997, pp. 216 f.

23 Καὶ τούτων ἀποδείξεις πειρώμεθα λέγειν ὁμολογουμένας τοῖς φαινομένοις, οὐ καθάπερ οἱ ἔμπροσθεν, οἱ [...] νοητάς [...] κατασκευάζοντες αἰτίας [...], πάντων ἀλλοτριωτάτους λόγους λέγοντες καὶ ἐναντιωνάτους τοῖς φαινομένοις (*Harm.* I, 32, p. 41.17 f. Da Rios). See: Mittelstraß, 1963, pp. 144 f.; Barker, 1991.

24 In *De Caelo* Aristotle quite often assimilates planets to animals and plants, e. g.: δεῖ νομίζειν καὶ τὴν τῶν ἄστρων πρᾶξιν εἶναι τοιαύτην οἵα περ ἡ τῶν ζῴων καὶ φυτῶν (292 b 1 f.).

25 Mittelstraß, 1963, pp. 141 ff.

26 *Met.* 1073 b 36, 1074 a 1. It is generally assumed that Aristotle inserted chapter Λ 8 into his *Metaphysics* after 330 B.C.

27 According to Jaeger, 1948, p. 343 n. 1, the imperfect used by Aristotle in his story of Eudoxus and Callippus (*Met.* 1073 b 17 f.), corresponds to the situation of a personal talk. See also: Düring, 1966, pp. 148 f.

28 Simplicius mentions several times the »saving of phenomena« by Heraclides Ponticus, Eudoxus' contemporary: *In Arist. De Cael. comm.*, p. 444.33 f. Heiberg = Her. Pont. fr. 106 Wehrli (Heraclides and Aristarchus), p. 519.10 = fr. 108 Wehrli; *In Arist. Phys. comm.*, p. 292 Diels = fr. 110 Wehrli (from Geminus). About the astronomy of Heraclides, see Zhmud, 1998, pp. 238–239. – The fact that Sosigenes, contrary to Eudemus, ascribed the formulation of this problem to Plato, only shows that he attempted to find its »real« author, as opposed to mere »assistants« mentioned by Eudemus.

have suggested the principle of »saving the phenomena«, which was soon to become the most important scientific principle of astronomy.[29]

It is significant that the history of the formula σῴζειν τὰ φαινόμενα can be traced from Simplicius back nearly to the time of Eudoxus himself. It is often found in Sosigenes,[30] before him in Plutarch and Theon,[31] and still earlier in Geminus[32] – the latter, however, preferring similar expressions as ἀποδιδόναι τὰ φαινόμενα and, in particular, συμφωνεῖν τοῖς φαινομένοις.[33] Related expressions are to be found in the commentary of Hipparchus on the *Phaenomena* by Aratus and Eudoxus.[34] Our formula, however, occurs also in Hipparchus, as well as in his older contemporary Attalus, who also commented on Aratus.[35] Both of them seem to take the principle of »saving the phenomena« for granted, which betrays the influence of the astronomy of Eudoxus, rather than of the *History of Astronomy* by Eudemus.

A detailed description of Eudoxus' system of homocentric spheres based on his treatise *On Speeds*[36] must have occupied the larger part of the second book of Eudemus' *History of Astronomy*. Simplicius cites it in shortened, yet extensive enough, exposition by Sosigenes.[37] Only in two cases does Simplicius refer to the text of Eudemus directly. In one of them he points out a disagreement between Sosigenes and Eudemus as to whether the program of »saving the phenomena« belongs to Eudoxus or to Plato (fr. 148 Wehrli). In the second case the explanation of reasons for the introduction of additional spheres by Callippus, which interests Simplicius, happens to be absent from Sosigenes (fr. 149 Wehrli).[38] As to the rest of the material, Simpli-

29 Düring, 1966, pp. 142 ff., 152 f.

30 Simpl. *In Arist. De Cael. comm.*, pp. 488.23, 492.28. 30, 493.3 f., 497.21, 499.15, 501.24 (ἀποδιδόναι τὰ φαινόμενα), 502.9, 504.18 f., 505.18, 509.16, 510.31 Heiberg.

31 Plut. *De facie* 923 A; Theon Smyrn. *Expos.*, pp. 180.9, 198.14 Hiller.

32 Simpl. *In Arist. Phys. comm.*, p. 292 Diels = Her. Pont. fr. 110 Wehrli = Posid. fr. 18 Edelstein-Kidd.

33 *Eisag.*, pp. 10.20, 118.26, 122.9 – 11. 23, 142.14 Manitius. Cf.: ἐπιμαρτυρεῖν τοῖς φαινομένοις (p. 178.4).

34 συμφωνεῖν τοῖς φαινομένοις, διαφωνεῖν πρὸς τὰ φαινόμενα, συμφώνως ἀποδιδόναι τῷ φαινομένῳ, etc. (Hipparch. *Comm. in Arat. et Eudox. Phaenom.*, pp. 4.9. 13, 24.10. 15, 34.9, 70.6, 106.6, 128.18 – 20, 138.21 – 22 Manitius).

35 Hipparch. *Comm. in Arat. et Eudox. Phaenom.*, p. 176.10 Manitius; Attalus, fr. 28, p. 23.38 Maass.

36 It is not clear why Mendell, 2000, pp. 65 and 97, changes the commonly accepted title of Eudoxus' book *On speeds* (Περὶ ταχῶν) for that of the *Book on Fast Things* (τὸ περὶ ταχῶν), which, a dozen of pages further, turns into the *book On Fast Things* (περὶ τάχεων)! The author himself does not provide any explanation for it.

37 *In Arist. De Cael. comm.*, pp. 493.11 – 497.8 Heiberg. See: Schramm, 1961, pp. 36 ff. The preference he gives to the text of Sosigenes is accounted for, in particular, by the fact that Sosigenes' book was used by Simplicius as a source for a large section devoted to the discussion of different astronomical theories (pp. 492.31 – 510.23).

38 Sosigenes did not enter into a detailed description of the modifications introduced by Callippus, because they had not, according to him, improved the ability of the theory of homocentric spheres to

cius must have found the exposition of Sosigenes perfectly adequate. It is worth noting, however, that Simplicius' understanding of Eudoxus' system seems to be superficial compared to that of Eudemus. That, at least, is the opinion shared by the majority of scholars who tried to reconstruct the system of Eudoxus, basing themselves on the text of Simplicius.

Attempts at such a reconstruction have been made since the beginning of the 19th century.[39] It is an Italian astronomer Schiaparelli, who proved the most successful: his reconstruction has been considered exemplary throughout the 20th century.[40] Heath, however, was probably wrong to maintain that in the absence of new evidence the reconstruction of Schiaparelli will be acknowledged by future historians as the final exposition of Eudoxus' system.[41] Recently it has been criticized by two historians of Greek astronomy.[42] Though I am not qualified to participate in this discussion, I still venture to hope that its results will not change the traditional opinion of Eudemus as a trustworthy and competent historian of early Greek astronomy and mathematics.

Bibliography

Barker, Anthony, 1991, »Aristoxenus' harmonics and Aristotle's theory of science«, in: Bowen, A. C. et al. (eds.), *Science and philosophy in classical Greece*, New York: Garland Press, pp. 188 – 226.

Burkert, Walter, 1972, *Lore and science in ancient Pythagoreanism*, Cambridge (Mass.): Harvard UP.

Cumont, Franz, 1935, »Les noms des planets et l'astrolâtrie chez les Grecs«, in: *Antiquité Classique*, 4, pp. 5 – 43.

Diller, Hans, 1932, »Ὄψις ἀδήλων τὰ φαινόμενα«, in: *Hermes*, 67, pp. 14 – 42.

Düring, Ingemar, 1966, *Aristoteles: Darstellung und Interpretation seines Denkens*, Heidelberg: Winter.

Heath, Tomas L., 1913, *Aristarchus of Samos*, Oxford: Oxford UP.

Jaeger, Werner, 1948, *Aristotle: Fundamentals of the history of his development*, 2nd ed., Oxford: Clarendon Press.

explain the phenomena (*In Arist. De Cael. comm.*, p. 504.17 f. Heiberg). See: Schramm, 1961, p. 46.

39 Heath, 1913, p. 194 n. 1 – 2, points in this connection to works by Ideler (1828 – 1830) and E. F. Appelt (1849).

40 Schiaparelli, 1877, pp. 3 – 112.

41 Heath, 1913, p. 194.

42 Yavetz, 1998; Mendell, 1998; Mendell, 2000. – New evidence since the time of Schiaparelli have not appeared. What has appeared, however, is new computer programs, allowing to model the astronomical phenomena easily. It is these programs, as Mendell points out, that become a major factor in the revision of Schiaparelli's reconstruction (Mendell, 2000, p. 59).

Knorr, Willbur R., 1990, »Plato and Eudoxus on the Planetary Motions«, in: *Journal of the History of Astronomy*, 21, pp. 313–329.

Krafft, Fritz, 1965, »Der Mathematikos und der Physikos. Bemerkungen zu der angeblichen Platonischen Aufgabe, die Phänomene zu retten«, in: *Beiträge zur Geschichte der Wissenschaft und Technik*, 5, pp. 5–24.

Krafft, Fritz, 1970, *Dynamische und statische Betrachtungsweise in der antiken Mechanik*, Wiesbaden: Steiner.

Mendell, Henry, 1998, »Reflections on Eudoxus, Callippus and their curves: hippopedes and callipedes«, in: *Centaurus*, 40, pp. 177–275.

Mendell, Henry, 2000, »The trouble with Eudoxus«, in: Suppes, Patrick et al. (eds.), *Ancient and medieval traditions in the exact sciences. Essays in memory of Willbur Knorr*, Stanford: Center for the Study of Language and Information, pp. 59–138.

Mittelstraß, Jürgen, 1963, *Die Rettung der Phänomene*, Berlin: Walter de Gruyter.

Nilsson, Martin P., 1967, *Geschichte der griechischen Religion*, 3. Aufl., Bd. 1, München: C.H. Beck.

Regenbogen, Otto, 1961, »Eine Forschungsmethode Antiker Wissenschaft«, in: id., *Kleine Schriften*, Dirlmeier, Franz (ed.), München: C.H. Beck.

Rozhansky, Ivan D., 1988, *The history of natural science in the Hellenistic and Roman periods*, Moscow: Nauka (*in Russian*).

Schiaparelli, G. V., 1877, »Die homocentrischen Sphären des Eudoxos, des Kallippus und des Aristoteles«, in: *Abhandlungen zur Geschichte der Mathematik*, 1, pp. 101–198.

Schramm, Matthias, 1961, *Ibn al-Haythams Weg zur Physik*, Wiesbaden: Steiner.

Yavetz, I., 1998, »On the homocentric spheres of Eudoxus«, in: *Archive for the history of exact sciences*, 51, pp. 221–278.

Zhmud, Leonid, 1997, *Wissenschaft, Philosophie und Religion im frühen Pythagoreismus*, Berlin: Akademie Verlag.

Zhmud, Leonid, 1998, »Plato as Architect of Science?«, in: *Phronesis* 43, pp. 211–244.

Die Rettung der Phänomene: Zu den Wandlungen eines antiken Forschungsprinzips

Martin Carrier

Es zählt zu den Leitmotiven von Jürgen Mittelstraß' philosophischer Arbeit, dass Philosophie praktisches Wirken in der Welt einschließt. So greift er mehrfach die Darstellung Platons im *Theaitetos* auf, Thales, einer der Weisen der Alten Welt, sei bei seinen astronomischen Erkundungen zu Fall gekommen und habe bei all seinem Schaden auch noch den Spott einer dabeistehenden thrakischen Magd auf sich gezogen. Dem Thales nämlich, der, wie Platon berichtet, den Blick fest auf die Sterne gerichtet, in einen Brunnen gefallen sei, wurde von der bodenständigen Magd vorgehalten, dass ihm bei dem Versuch zu ergründen, was sich am Himmel befände, unbekannt bleibe, was zu seinen Füßen läge (Platon, 1970, 174a–b). Auch Mittelstraß ist sich bewusst, dass man über dem Blick ins Weite und Ferne nicht übersehen darf, was einem am nächsten liegt, dass also Philosophie und Wissenschaft auch den konkreten Herausforderungen der Zeit Beachtung schenken müssen.

Dies konkretisiert sich bei Mittelstraß zu dem Grundsatz, dass in der Wissenschaft Theorie und Praxis eng aufeinander bezogen sind und dass insbesondere die Galileische Wende am Auftakt der Wissenschaftlichen Revolution als Anschluss der akademischen Theoriebildung an die technische Praxis zu werten ist (Mittelstraß, 1972, S. 35–37). Diese anhaltende, das Werk prägende Orientierung kündigt sich in Mittelstraß' 1962 erschienener Dissertation *Die Rettung der Phänomene. Ursprung und Geschichte eines antiken Forschungsprinzips* nachdrücklich an. Dort nämlich steht gerade die Verknüpfung von Erkenntnis und Erfahrung im Mittelpunkt. Es soll deutlich werden, dass es eine besondere Herausforderung und Verpflichtung darstellt, die Probleme der Praxis und die Axiome der Theorie miteinander in Verbindung zu bringen.

Ich möchte Mittelstraß' Rekonstruktion der Entwicklung des Forschungsprinzips der Rettung der Phänomene um einen Aspekt ergänzen, der in seiner Darstellung nur eine Nebenrolle spielt. Dabei geht es um die Frage von Instrumentalismus und Realismus, darum also, ob die erfolgreiche Rettung der Phänomene das Urteil zu begründen vermag, die betreffenden Prinzipien der Natur*erklärung* gäben die wirkliche Beschaffenheit der Naturvorgänge wieder, seien also auch Prinzipien der Natur*erkenntnis*.

1. Der Gegensatz von Wahrheit und Schein

In seiner Arbeit zu den antiken Ursprüngen des Prinzips der Rettung der Phänomene macht Mittelstraß darauf aufmerksam, dass der heute selbstverständliche Anspruch, die Wissenschaft habe den Beobachtungen gerecht zu werden, eine post-Platonische Innovation darstellt. Zuvor war der Anspruch, die wahre Welt hinter den Erscheinungen zu erkennen, keineswegs daran gebunden gewesen, diesen Erscheinungen Rechnung zu tragen. Die Sinne trügen, und unzuverlässigen Wegweisern zu folgen, führt den Wahrheitssucher in die Irre. Platons Höhlengleichnis soll verdeutlichen, dass nur derjenige die Beschaffenheit der Wirklichkeit ergründen wird, der sich nicht von täuschenden Schattenbildern ablenken lässt und statt dessen unter Absehen von den Trugbildern der Sinne durch die Kraft des Denkens dem Weltgefüge auf die Spur kommt. In der Ideenlehre hebt Platon die völlige Verschiedenheit von Ideen und den Sinnendingen hervor. Das Prinzip der »Rettung der Phänomene« besagt statt dessen, dass sich die Welt der Erfahrungen folgerichtig aus der Beschaffenheit der Wirklichkeit ergibt. Bei der Rettung der Phänomene soll also das Wahre im Scheinhaften sichtbar werden (Mittelstraß, 1962, S. 6).

Gegenstand der Auseinandersetzung um die Rettung der Phänomene ist die Astronomie. Für Platon ist die Astronomie nur insoweit von Belang, als sie die Vernunft auf den Weg zur Wahrheit bringt. Mittelstraß rückt Platons Unterscheidung zwischen einer empirischen und einer wahren Astronomie in den Blickpunkt. Jene dient der Erstellung eines Kalenders, ist aber ohne epistemische Relevanz; diese kehrt sich ab von den wahrnehmbaren Himmelsbewegungen, die als bunte Bilder und Verzierungen bloßer Schein sind. Die wahren Bewegungen der Gestirne bleiben dem Auge verborgen und sind allein für die Vernunft erschließbar (Mittelstraß, 1962, S. 119–121).

> Von einer Rettung der Phänomene kann in diesem ›Programm‹ sicher keine Rede sein. Platons apriorische Bewegungskonstruktionen sollen nicht wieder mit den erscheinenden Bewegungen der Gestirne zusammengebracht werden, sondern sollen diese Bewegungen nun ganz vergessen machen (Mittelstraß, 1962, S. 122).

Für Platon können demnach astronomische Beobachtungen die Erkenntnis der wirklichen Himmelsbewegungen nicht befördern. Dahinter steht der angenommene schroffe Kontrast zwischen den erkannt geglaubten wahren Bewegungen der Himmelskörper und deren beobachteten Bewegungen. Platon hielt es für fraglos richtig, dass alle Himmelskörper auf gleichförmig durchlaufenen Kreisbewegungen das Zentrum des Universums umrunden (Platon, 1972, 38c–39e). Die Bewegung der Fixsterne stand mit diesen Annahmen gut in Einklang, nicht aber die Jahresbewegung der Planeten. Deren ostwärts gegen die Sterne gerichtete Verschiebung verläuft im Jahresgang unterschiedlich schnell. Diese sog. erste Ungleichheit spricht offenbar gegen das Gleichförmigkeitspostulat. Zudem treten gelegentliche Intervalle rückläufiger oder retrograder Bewegung auf, bei der der Planet relativ zu den Fixsternen eine schleifenförmige Bahn beschreibt. Diese sog. zweite Ungleichheit stellt auch das Kreisförmigkeitspostulat in Zweifel.

In den Erscheinungen der Sternbewegung finden sich also klare Abweichungen von diesen Vorgaben, und Platon nimmt diese zunächst zum Anlass, die Erscheinungen gänzlich beiseite zu stellen und die wahre Astronomie vom Blendwerk der wahrgenommenen Himmelsbewegungen zu trennen. Die trügerischen Beobachtungen können den Betrachter nicht zu den wahren Bewegungen führen. »So wird gerade am Beispiel der Astronomie deutlich, daß Platon die Bedeutung des *Zusammenhanges von Vernunft und Erfahrung* für eine Wissenschaft noch nicht kennt« (Mittelstraß, 1962, S. 122).

Der von Mittelstraß herausgearbeitete Kontrast von Erkenntnis und Erfahrung ist nicht auf Platon beschränkt, sondern findet sich ähnlich bei den Eleaten. Auf Parmenides geht die Vorstellung zurück, die Wirklichkeit bilde eine ungeteilte und invariante Gesamtheit. Weder Vielfalt noch Veränderung existieren. Parmenides lässt sich dabei von einem rationalistischen Verständnis von Erkenntnis und von der sprachphilosophischen Ansicht leiten, Urteile seien Namen von Dingen und wahre Urteile bezeichneten entsprechend tatsächlich existierende Gegenstände.

Folglich kann man nicht wahrheitsgemäß über das Nicht-Seiende urteilen, und aus der rationalistischen Erkenntnistheorie folgt dann, dass es das Nicht-Seiende auch nicht gibt. Parmenides identifiziert darüber hinaus Sein mit Raumerfüllung und entsprechend Nicht-Sein mit dem leeren Raum, so dass das Universum zur Gänze mit Materie angefüllt sein muss und keinen leeren Raum enthalten kann. Folglich kann es keine Zwischenräume geben, und eine Vielheit der Dinge ist entsprechend unmöglich. Ebenso verlangt Bewegung leeren Raum, und da jener nicht existiert, ist auch diese und mithin jede Veränderung ausgeschlossen. Das Universum ist homogen und unwandelbar.

Auffallend ist, dass weder für Parmenides selbst noch für seinen Schüler Zenon von Elea eine Anstrengung überliefert ist, die Ergebnisse dieser Deduktion aus Vernunftprinzipien mit dem Erscheinungsbild der Sinnenwelt zu verknüpfen. Tatsächlich sind in dieser ja Vielfalt und Wandel mit Händen zu greifen. Auch die Zenonschen Paradoxien (Thiel, 1995) leisten keinen Beitrag zu einer solchen Verknüpfung, sondern sollen nur die Kraft der Parmenideischen Deduktion durch Aufweis der Absurdität der Positionen der Gegner steigern. Nichts wird unternommen, um den Anschein von Vielfalt und Wandel zu erklären. Das herangezogene Begründungsprinzip ist also der indirekte Beweis oder die *Reductio ad absurdum*, nicht aber die Rettung der Phänomene.

Für Platon und die Eleaten ist demnach eine methodologische Haltung charakteristisch, die Maß- und Sorglosigkeit in Erkenntnisdingen miteinander verbindet. Die Megalomanie des Erkenntnisanspruchs dokumentiert sich darin, dass für die jeweils angenommenen Grundsätze Zuverlässigkeit und Wirklichkeitstreue beansprucht wird; der Prozess der Wahrheitssuche ist bereits an sein Ende gelangt. Zugleich gilt umgekehrt die theoretische Erschließung der Erfahrungswelt als undurchführbar. Die der Sache nach unmögliche Rückführung der von Vielfalt und Wandel überquellenden Erscheinungen auf die postulierte einheitliche und unwandelbare Wirklichkeit wird als gar nicht erforderlich abgewiesen. Statt dessen soll es ausreichen, die Sinnenwelt zum Trugbild und zur Illusion zu erklären. Ein solch eklatanter Mangel an epistemischer Sorgfalt wird später durch die Verpflichtung auf die Rettung der Phänomene behoben.

2. Eudoxos, Apollonius und die Rettung der Phänomene

Bei Mittelstraß rückt Eudoxos von Knidos (ca. 408 – 355 v. Chr.) an den Anfang einer fundamentalen methodologischen Umorientierung, die den zuvor für uneinlösbar gehaltenen Anspruch aufnimmt, Sein und Schein miteinander zu verbinden. Diese Umorientierung ist zunächst auf die Gestirne beschränkt, deren regelmäßiger Lauf dem ordnenden Zugriff des Verstandes weit besser zugänglich ist als die Wechselhaftigkeit des irdischen Geschehens. Eudoxos geht dabei von der bei Platon durch die Vernunft ausgezeichneten gleichförmigen Kreisbewegung aus und ist der Urheber der Forderung, die beobachtete Ungleichförmigkeit der Himmelserscheinungen auf gleichförmig-kreisförmige Bewegungen zurückzuführen (Mittelstraß, 1962, S. 4, 145).

Der Ansatz des Eudoxos sah vor, ungleichförmige Bewegungen als Überlagerung einer Mehrzahl von gleichförmigen Bewegungen aufzuweisen. Dessen *homozentrisches* System ordnete jedem Planeten zwei bis vier Kugelschalen unterschiedlicher Drehachse und unterschiedlichen Drehsinns zu, deren Zentrum stets die Erde bildete. Aus der Überlagerung der gleichförmigen Bewegungen einer Vielzahl solcher Kugelschalen gelang Eudoxos die grobe Wiedergabe der beiden Ungleichheiten, also des Anscheins wechselnder Drehgeschwindigkeit und Rückläufigkeit (Kuhn, 1981, S. 56 – 59; Pedersen, 1993, S. 63 – 66).

Das homozentrische System des Eudoxos ist unhandlich und in seiner konkreten Gestalt schwer zu verdeutlichen. Ich möchte daher die Rückführung ungleichförmiger auf gleichförmige Bewegungen anhand des um 200 v. Chr. von Apollonius von Perge (ca. 240 – 170 v. Chr.) eingeführten Systems von Exzentern und Epizykeln skizzieren. Das Apollonische System ist durchsichtiger und empirisch treffsicherer als das Eudoxische und bestimmt die Gestalt der astronomischen Theorie bis in die Zeit Keplers.

Zur Erklärung der Veränderlichkeit der scheinbaren Geschwindigkeit, setzt Apollonius die Rotation des Planeten exzentrisch an. Der Mittelpunkt des Planetenumlaufs soll also aus dem Zentrum des Kosmos (und der Erde) herausgerückt sein.

Aus diesem Grund ist der Planet zu verschiedenen Zeiten unterschiedlich weit von der Erde entfernt, und deshalb erscheint seine faktisch gleichförmige Bewegung von wechselnder Schnelligkeit. Dem zeitweisen Auftreten retrograder Bewegung trug Apollonius durch Beifügung einer weiteren Kreisbewegung Rechnung. Ein Planet bewegt sich zunächst gleichförmig auf einem Deferenten oder Tragekreis, auf welchem ein Epizykel oder Aufkreis ebenfalls gleichförmig rotiert. Die von der Erde aus beobachtete Bewegung des Planeten stellt sich als Überlagerung dieser beiden gleichförmigen Kreisbewegungen dar. Durch geeignete Wahl von Drehsinn und -geschwindigkeit lässt sich erreichen, dass die resultierende Bewegung eine schleifenförmige Gestalt annimmt – wie es den Beobachtungen entspricht (Carrier, 2001, S. 42–43).

Eudoxos' Erklärung der Ungleichheiten kam für Platon überraschend und hatte zur Folge, dass dieser in den späteren Dialogen die Astronomie doch mit den Erfahrungen der Himmelsbewegungen in Verbindung brachte (Mittelstraß, 1962, S. 9, 132, 135). Bis Eudoxos hatte Platon geglaubt, dass der Himmel der wahren Astronomie mit dem sichtbaren Sternenhimmel nichts zu tun hatte.

> Sein Interesse galt den ›Formen und Zahlen‹ (Tim. 53B), nach denen der Demiurg die Planetenbewegungen an seinem Himmel bestimmte, und nun muß er sich von Eudoxos überzeugen lassen, daß dieser Himmel des Demiurgen ebenderselbe Himmel ist, der sich auch über Athen wölbt (Mittelstraß, 1962, S. 135).

Platon akzeptiert also die astronomischen Konstruktionen des Eudoxos und erkennt die Rettung der Phänomene als fruchtbare Aufgabe für die Astronomie an (Mittelstraß, 1962, S. 9). Platon ist sich über die scheinbaren Irregularitäten der Planetenbewegung im klaren; er bezieht sich auf die Retrogression (Platon, 1972, S. 40c). Aber mit Blick auf die Eudoxische Erklärungsleistung formulierte er die seit Simplikios häufig zu Unrecht Platon selbst zugerechnete Konstruktionsaufgabe, die Planetenbewegungen aus gleichförmigen Kreisbewegungen zusammenzusetzen. Dieses Forschungsprinzip der Rettung der Phänomene sah vor, die beobachteten Himmelsbewegungen auf die Überlagerung gleichförmiger Kreisbewegungen zurückzuführen und entsprechend die scheinbaren Bewegungen der Himmelskörper als Folge ihrer wahren Bewegungen aufzuweisen. Durch Eudoxos kehren die wahren Bewegungen in die Erfahrungswelt zurück. Zwar bleibt die Polarität von Sein und Schein erhalten, aber das Sein drückt sich im Schein aus; es erscheint in der Erfahrungswelt (Mittelstraß, 1962, S. 138–142, 156–161).

3. Rettung der Phänomene und Preisgabe des Wirklichkeitsanspruchs

In Mittelstraß' Darstellung wird das Prinzip der Rettung der Phänomene mit dem Anspruch der Wirklichkeitserkenntnis verknüpft. Eudoxos will die wahren Bewegungen aus den scheinbaren hervortreten lassen. Allerdings tritt dieser realistische

Anspruch im Verlauf der weiteren historischen Entwicklung zunehmend in den Hintergrund. Seit der Spätantike wird der Terminus der Rettung der Phänomene in einem instrumentalistisch geprägten Sinn gebraucht, der die Eudoxische Verbindung zwischen Erklärungserfolg und Wirklichkeitserkenntnis stark einschränkt. Auch Mittelstraß erwähnt die hier zugrunde liegende Trennung von mathematischer Astronomie und physikalischer Kosmologie (Mittelstraß, 1962, S. 165 – 171). Aber Grund und Tragweite dieser Umorientierung verdienen eine ausführlichere Erörterung. Tatsächlich handelt es sich dabei um einen tief greifenden Bruch in der methodologischen Tradition, der sich – wie die Formulierung des Prinzips der Rettung der Phänomene – an Entwicklungen in der Astronomie anschließt. Erst bei Nicolaus Copernicus (1473 – 1543), Christoph Clavius (1538 – 1612) und Johannes Kepler (1571 – 1630) gewinnt das realistische Verständnis wieder die Oberhand.

Das homozentrische System des Eudoxos wurde von Aristoteles aufgenommen und fortentwickelt; es bildete den Kern der antiken und mittelalterlichen Kosmologie. Danach rotieren die Planeten in konzentrischen Kugelschalen, die die Planeten jeweils einfassen und mit den angrenzenden Schalen in Berührung stehen (Aristoteles, 1983, S. 287a, 289b; 1978, S. 1073b). Die Kugelschalen bilden einen wesentlichen Bestandteil der akzeptierten Kosmologie; sie werden auch von Copernicus beibehalten und erst von Brahe aufgegeben.

Hingegen stützt sich das astronomische System des Claudius Ptolemäus (ca. 100 – 170) auf die Epizykel und Exzenter des Apollonius. Zwar setzt auch Ptolemäus auf Kugelschalen, ordnet diesen aber unterschiedliche Mittelpunkte zu. Einer der wesentlichen Vorzüge des Apollonischen Ansatzes bestand darin, der wechselnden Helligkeit der Planeten Rechnung tragen zu können. Das homozentrische System versagte dabei; schließlich sollten sich danach die Planeten stets im gleichen Abstand von der Erde befinden. Ptolemäus gelang durch geschickte Kombination von Exzentern und Epizykeln, unter Beifügung des später berüchtigten sog. Äquanten, eine theoretische Erfassung sämtlicher Himmelsbewegungen.

> Wenn wir uns die Aufgabe gestellt haben, auch für die fünf Wandelsterne, wie für die Sonne und für den Mond, den Nachweis zu führen, daß ihre scheinbaren Anomalien [Ungleichheiten] alle vermöge gleichförmiger Bewegungen auf Kreisen zum Ausdruck gelangen, weil nur diese Bewegungen der Natur der göttlichen Wesen entsprechen, während Regellosigkeit und Ungleichförmigkeit ihnen fremd sind, so darf man wohl das glückliche Vollbringen eines solchen Vorhabens als eine Großtat bezeichnen, ja in Wahrheit als das Endziel der auf philosophischer Grundlage beruhenden mathematischen Wissenschaft (Ptolemäus, 1963, Bd. II, S. 94).

Ptolemäus verstand es als erster, die Phänomene der Himmelsbewegungen vollständig und mit einer als befriedigend eingestuften Genauigkeit zu retten, also auf die »philosophische Grundlage« der gleichförmigen Kreisbewegung zu stellen.

Es besteht demnach ein Bruch zwischen der homozentrischen Anordnung des Eudoxos und dem System der Exzenter und Epizykel bei Ptolemäus. Seit der Spätantike wurde dieser Gegensatz durch eine instrumentalistische Deutung der Ptolemäischen Astronomie zu entschärfen gesucht. Die Beschaffenheit des Kosmos sollte durch die Abfolge erdzentrierter Kugelschalen wiedergegeben werden, während die Epizykel und Exzenter bloß der mathematischen Behandlung der Himmelsbewegungen dienten. Diese Mechanismen existierten in Wirklichkeit nicht; sie dienten bloß der Rettung der Phänomene. Tatsächlich war es nicht allein die Autorität des Aristoteles, die den Ptolemäischen Ansatz (durchaus im Gegensatz zu den Absichten seines Urhebers) ontologisch neutralisierte. Ein spezifisches Argument ergab sich aus dem Jahresumlauf der Sonne. Die Jahreszeiten sind nämlich nicht gleich lang, und diesen scheinbaren Wechsel der Umlaufgeschwindigkeit der Sonne hatte Apollonius durch eine exzentrische Lage der Sonnenbahn erklärt. Zugleich hatte Apollonius deutlich gemacht, dass man statt eines Exzenters auch einen konzentrischen Kreis mit einem Epizykel passend gewählter Umlaufgeschwindigkeit für diesen Zweck heranziehen kann. Beide Ansätze sind begrifflich verschieden, aber empirisch äquivalent. Die Sonnenbewegung lässt sich demnach durch zwei verschiedenartige Ansätze in gleicher Weise erfassen (vgl. Ptolemäus, 1963, Bd. I, S. 152, 166; Neugebauer, 1983, S. 313).

Diese Äquivalenz von exzentrischer und epizyklischer Theorie der Sonnenbewegung sprach spezifisch gegen die realistische Interpretation astronomischer Theorien. Die Erscheinungen können durch unterschiedliche Überlagerungen gleichförmiger Kreisbewegungen gerettet werden, und diese empirische Gleichwertigkeit hat zur Folge, dass die Gültigkeit der beteiligten Ansätze nicht anhand der Erfahrung allein beurteilt werden kann. Astronomische Theorien vermögen daher beweisbar nicht zur wahren Beschaffenheit der Phänomene vorzudringen, und aus diesem Grund bilden die Exzenter und Epizykel der Ptolemäischen Astronomie keinen Bestandteil des Weltenbaus (Duhem, 1908, S. 16–27, 136–140).

Als Instrumentalismus wird in heutiger Terminologie eine Position bezeichnet, der zufolge wissenschaftliche Theorien lediglich übersichtliche Zusammenstellungen der Phänomene umfassen, aber keinen Wirklichkeitsanspruch erheben können. Theorien sind nichts als *Instrumente* zur *denkökonomischen* Erfassung und Vorhersage von Erfahrungen. Dieser moderne Begriff kann retrospektiv zur Charakterisierung der zwischen Spätantike und früher Neuzeit vorherrschenden Auffassung von der Tragweite der Astronomie herangezogen werden. Danach beschränkt sich der Erkenntnisanspruch der Astronomie auf die Angabe und Vorhersage der Positionen der Himmelskörper; die dafür angesetzten Partialbewegungen (wie die epizyklischen Umläufe) stellen keine wirklichen Bewegungen der Himmelskörper dar. Seit der Spätantike wird der Terminus der Rettung der Phänomene zur Bezeichnung der Rückführung der Himmelserscheinungen auf explizit hypothetische Konstruktionen verwendet. Die Astronomie rettet lediglich die Phänomene, ohne doch zu den wahren Bewegungen vorstoßen zu können (Krafft, 1973, S. 253–260; Krafft, 1994, S. 106).

Diese seit der Spätantike vorherrschende nicht-realistische Sichtweise akzentuiert Simplikios im 6. Jahrhundert besonders markant, indem er die Beliebigkeit der astronomischen Hypothesen über die Himmelsbewegungen hervorhebt:

> Denn es ist überhaupt nicht die Aufgabe des Astronomen, zu erkennen, warum etwas von Natur ruht und welcher Art das Bewegliche ist, sondern er untersucht nur, indem er als Hypothesen einführt, daß das eine ruht und das andere sich bewegt, welchen Hypothesen die Himmelserscheinungen folgen werden (Simplikios, in: Krafft, 1973, S. 255).

Allerdings will Simplikios die Willkür des Astronomen durch die Bindung an die Prinzipien der (Aristotelischen) Physik eingeschränkt wissen. Dies beinhaltet die Verpflichtung auf gleichförmige Kreisbewegungen, auf Kugelschalen, die die Planeten um den Mittelpunkt des Kosmos führen, sowie auf Ruhe und Zentralstellung der Erde. Nur den Einzelheiten der zur Rettung der Phänomene angesetzten Bewegungen fehlt der Wirklichkeitsanspruch.

Diese instrumentalistische Auffassung der Astronomie ist weit verbreitet und findet in der frühen Neuzeit ihren Weg in die einsetzenden populären Darstellungen. Allesandro Piccolomini (1508–1578) äußert sich in seiner 1558 erschienenen *Planetentheorie* wie folgt über die Möglichkeiten und Beschränkungen der astronomischen Theorie:

> Deren [der Astronomen] Absicht besteht nämlich nur darin, irgendeinen Weg zu finden, durch den sich die Erscheinungen der Planeten retten lassen, um sie berechnen und von Zeit zu Zeit voraussagen zu können. [...] Den [...] Astronomen reicht es, wenn ihre Darstellungen den Erscheinungen der Himmelskörper gerecht werden, wenn sie also damit deren Bewegungen und Örter berechnen können. Ob sie nun wahr sind oder nicht, spielt keine Rolle, denn sie sind erfundene Darstellungen, welche die Erscheinungen zu retten vermögen (Piccolomini, 1558, S. 22^r-22^v; vgl. Suter, 1969, S. 212).

Der Terminus der Rettung der Phänomene beinhaltete damit auch eine Beschränkung der Astronomie auf empirische Adäquatheit und die Aufgabe eines eigenständigen Wahrheitsanspruchs. Legitime Behauptungen zur Wirklichkeit von Bewegungen und zur Realität von Ursachen können sich nur auf die *Naturphilosophie* stützen, also die Aristotelische Physik und Kosmologie. Der Grund dieser methodologischen Beschränkung besteht in der angegeben empirischen Äquivalenz unterschiedlicher Überlagerungen von Partialbewegungen. Zum Beispiel verlangt Jacopo Zabarella (1533–1589), der führende Kopf des Paduaner Aristotelismus, für die *resolutio*, die Ermittlung von Ursachen, dass zunächst die möglichen Ursachen einem Prozess des Sichtens und Aussiebens unterzogen werden, bis durch den Ausschluss der nicht-wirklichen Ursachen eine einzige übrig bleibt, die dann den tatsächlichen Grund des beobachteten Effekts bilden muss. Dieser Befund wird durch die *com-*

positio, die Ableitung des Effekts aus der gefundenen Ursache, bestätigt (Randall, 1940, S. 196–202; Barker/Goldstein, 1998, S. 243–248).

Der Nachteil der Astronomie besteht darin, dass sich aufgrund der Beschränktheit des menschlichen Beobachtungsstandpunkts die Mehrdeutigkeit des Rückschlusses von der Wirkung auf die Ursache nicht beheben lässt. Es sind eben nachweislich stets mehrere unterschiedliche Bewegungsformen für die Ableitung der Himmelsbewegungen geeignet. Ein Schluss auf die wahre Beschaffenheit von Bewegungen oder die wirkliche Ursache müsste sich hingegen mit Eindeutigkeit ergeben. Bei einem Wahrheitsanspruch darf für die Wahl des Menschen kein Raum bleiben. Deshalb ist die Astronomie für die Wirklichkeitserkenntnis ungeeignet.

4. Die Rückgewinnung der Wirklichkeitsanspruchs der Astronomie

Bei Eudoxos ist die Rettung der Phänomene eine anspruchsvolle Leistung, die zur Erkenntnis der wahren Bewegungen in den scheinbaren befähigt. Mit dem Fortschritt von geometrischer Konstruktion und astronomischer Theorie von Apollonius bis Ptolemäus wird zunehmend deutlich, dass die Rettung der Phänomene auf mehrerlei Weise möglich und damit zu einfach ist, um allein als Ausweis gelungener Wirklichkeitserkenntnis zu taugen. Mit dem instrumentalistischen Verständnis des Prinzips der Rettung der Phänomene ist entsprechend dieser Erkenntnisanspruch preisgegeben. Die erfolgreiche Rettung der Phänomene mag für praktische Zwecke von Belang sein, Aufschluss über die Beschaffenheit des Kosmos verschafft sie nicht. Ich will jetzt einige Aspekte der Wiedergewinnung der kosmologischen Tragweite der Astronomie vorstellen.

Die Spaltung der Lehre von den Himmelsbewegungen war tatsächlich keineswegs so ubiquitär wie bislang nahe gelegt. Ptolemäus nämlich hatte durchaus kosmologische Ansprüche mit seiner astronomischen Theorie verbunden und Anordnungen von Kugelschalen entworfen, die die mathematischen Konstruktionen in die Wirklichkeit der Himmelsbewegungen umzusetzen vermochten. Allerdings waren die *Planetenhypothesen*, in denen Ptolemäus die realistische Tragweite seiner Konstruktionen entfaltete, im Abendland verloren gegangen; das Buch und mit ihm das realistische Selbstverständnis blieben allein in der arabischen Überlieferung präsent. In dieser wurde entsprechend die Ptolemäische Astronomie keineswegs auf ein bloß mathematisches Exerzitium reduziert und aus deren Gegensatz zur aristotelischen Kosmologie ein Reformprogramm für die Astronomie abgeleitet. Zwar verfehlte auch im Verständnis der arabischen Reformer die Ptolemäische Astronomie nicht selten das Ziel, die wirklichen Bewegungen der Himmelskörper wiederzugeben. Aber der Grund wurde nicht in generellen Beschränkungen der Astronomie gesucht, sondern in Unzulänglichkeiten der Ptolemäischen Konstruktionen. Als besonders sperrig galt die Äquantenkonstruktion, die eine ungleichförmige Rotation um die Drehachse der betreffenden Kugelschale beinhaltete, für die kein plausibler physikalischer Mechanismus angegeben werden konnte. Alhazen (Ibn al-Haytham, 965 – 1040) leitete daraus die Forderung ab, die mathematische Beschreibung der Himmelsbewegungen in stärkeren Einklang mit den Prinzipien der Aristotelischen Physik zu bringen und wurde dadurch zum Urheber des arabischen Physikalisierungsprogramms der Astronomie.

Allerdings zerfiel das Lager der arabischen Physikalisierer in zwei Fraktionen. Die radikale, von Averroës (Ibn-Rushd, 1126 – 1198) begründete Tradition übernahm buchstabengenau das Eudoxisch-Aristotelische System und hielt entsprechend weder exzentrische noch epizyklische Bewegungen für zulässig. Die Gemäßigten folgten Alhazen und strebten lediglich die Ersetzung physikalisch besonders fragwürdiger Konstruktionen des Ptolemäus an. In dieser Traditionslinie fanden arabische Mathematiker Ersatzkonstruktionen, die die Gleichförmigkeit der Himmelsbewegungen auf eine auch physikalisch akzeptable Weise bewahrten (und die später von Copernicus für die gleichen Zwecke übernommen wurden). Der Averroistische Fundamentalismus blieb dagegen empirisch weitgehend erfolglos (Carrier, 2001, S. 54 – 58).

Ab dem 13. Jahrhundert öffnete sich Europa dem arabischen Einfluss, und damit trat das Physikalisierungsprogramm in seiner doppelten Gestalt in den Gesichtskreis der europäischen Astronomie. Im 16. Jahrhundert war Physikalisierung die astronomische Losung der Epoche. Die fachliche Kontroverse betraf die Frage, ob man sich mit der Ersetzung der besonders problematischen Konstruktionen begnügen konnte oder ob die Verwendung von Epizykeln und Exzentern insgesamt illegitim war. Diese Streitfrage bildet auch den erst kürzlich aufgeklärten historischen Kontext für die Formulierung des heliozentrischen Ansatzes. Copernicus ging es darum, durch eine überzeugende gemäßigte Physikalisierung dem radikalen Averroismus den Wind aus den Segeln zu nehmen und den Kern der Ptolemäischen Behandlungsweise zu bewahren. Copernicus' einzige Abweichung von der Linie der gemäßigten Physikalisierung betrifft die Vertauschung der Positionen von Erde und Sonne. Konzeptionell betritt Copernicus damit insofern Neuland, als er die Anordnungen der Himmelskörper für eine Lösung der Problems der Gleichförmigkeit der Planetenbewegungen heranzieht. Kein anderer Astronom hatte zuvor das Physikalisierungsprogramm durch die Bewegung der Erde umzusetzen versucht. Das heliozentrische Weltsystem lag im 16. Jahrhundert nicht in der Luft. Dies macht die Originalität des Copernicus aus (Carrier, 2001, S. 58 – 62, 88).

Die Rückgewinnung des kosmologischen Anspruchs für die Astronomie war ein Anliegen, das sich aus dem weithin geteilten Physikalisierungsprogramm ergab. Zu diesem Zweck wurde eine Mehrzahl von Strategien verfolgt. Copernicus setzte auf die *Erklärungskraft*, Clavius führte *Vorhersageerfolge* an, und Kepler stützte sich auf die Identifikation von *Ursachen* der Himmelsbewegungen.

Copernicus warb für seine neue Konzeption unter Verweis auf deren Erklärungskraft. Aus der heliozentrischen Reihung der Planeten ergaben sich nämlich ohne weiteres viele Aspekte der Himmelserscheinungen, denen man im geozentrischen Rahmen nur durch Einführung zusätzlicher Hypothesen gerecht werden konnte. Ein Beispiel ist die Retrogression, deren Erklärung geozentrisch die Annahme von Hilfsbewegungen verlangte (wie die Epizykel des Apollonius), die sich jedoch heliozentrisch ohne jede Auxiliarannahme daraus ergibt, dass die Erde einen äußeren Planeten überholt oder von einem inneren Planeten überholt wird. Es ist das Fehlen von Willkür und Beliebigkeit, in der sich die Wohlordnung des heliozentrisch strukturierten Planetensystems ausdrückt. Sind die Grundsätze einmal angenommen, so stellt sich alles weitere von selbst und mit Notwendigkeit ein (Copernicus, 1990, S. 73, 133 – 139; Rheticus, 1990, S. 171 – 173).

Allerdings bleibt der realistische Anspruch des Copernicus verhalten und war für einen zeitgenössischen Leser von *De revolutionibus* nur schwer erkennbar. Erst Galilei hebt ihn im Rückblick hervor und diagnostiziert bei Copernicus die Bruchlinie zur traditionellen, instrumentalistischen Rettung der Phänomene. Zuvor nämlich bestand das Ziel der Astronomen lediglich darin, den Erscheinungen am Himmel gerecht zu werden.

> Um diese und die Bewegungen der Gestirne zu erklären, suchen sie einen passenden Aufbau durch Zusammensetzung von Kreisen herzustellen, derart dass die auf Grund einer solchen Annahme gewonnenen Rechnungsergebnisse Bewegungen liefern, die mit den Erscheinungen selbst übereinstimmen, wobei ihnen wenig darauf ankommt, irgend welche ganz ungeheuerliche Hypothese zu benutzen, die thatsächlich aus anderen Rücksichten Anstoss erregend sein könnte. Kopernikus selbst schreibt, er habe bei seinen ersten Studien die astronomische Wissenschaft auf Grund der unveränderten Voraussetzungen des Ptolemäus neu zu gestalten gesucht [...]; da sei daraus ein Ungetüm, eine Chimäre entsprungen, zusammengesetzt aus den ungleichartigsten, völlig unvereinbaren Gliedern, sodass zwar die Aufgabe des rechnenden Fachastronomen eine befriedigende Lösung gefunden habe, nicht aber habe der Astronom als Philosoph sich daran genügen lassen können (Galilei, 1982, S. 356).

Galilei bezieht sich dabei auf die Vorrede von *De Revolutionibus*, wo der Ptolemäischen Theorie – und weniger den eigenen frühen Reformbemühungen des Copernicus – vorgehalten wird, sie bringe es zu der einen oder anderen Erklärung der Himmelserscheinungen, diese passten aber nicht zusammen (Copernicus, 1990, S. 73).

Copernicus hingegen, so diagnostiziert Galilei treffsicher, beansprucht eine Erklärung der Himmelserscheinungen »auf Grund wirklich zutreffender Voraussetzungen« (Galilei, 1982, S. 356). Ihm ging es nicht mehr um bloße Kalkulationsschemata oder die Kombination von Hypothesen, die physikalisch widersinnig (oder »ungeheuerlich«) sind. Ziel ist statt dessen die Entschlüsselung der wahren Ursachen der Himmelserscheinungen. Der Graben zwischen instrumentalistischer

Astronomie und realistischer Naturphilosophie soll zugeschüttet werden. Die Astronomie erhebt einen realistischen Anspruch; der Astronom wird Naturphilosoph.

Weit deutlicher als Copernicus erhebt Clavius einen Wirklichkeitsanspruch für die Astronomie:

> Nichts anderes nämlich erstreben die Astronomen, als alle Erscheinungen am Himmel auf vorteilhafteste Weise zu retten, sei es mittels exzentrischer Kugelschalen und Epizykel, sei es auf andere Weise. Und weil bislang kein vorteilhafterer Weg gefunden wurde als derjenige, der alles durch Exzenter und Epizykel bewahrt, so ist sicher anzunehmen, daß die Himmelssphären aus solchen Schalen bestehen (Clavius, 1596, S. 451).

Clavius argumentiert hier für die Richtigkeit der ptolemäischen Astronomie angesichts ihrer Averroistischen Herausforderung. Der empirische Erfolg, der durch Exzenter und Epizykel zu erreichen ist, rechtfertigt deren realistische Deutung. Die besonders vorteilhafte Rettung der Phänomene begründet einen Wahrheitsanspruch.

Dabei setzt Clavius dem herkömmlichen Einwand der Mehrdeutigkeit des Schlusses von der Wirkung auf die Ursache unter anderem den Verweis auf den Vorhersageerfolg entgegen. Die Ptolemäische Theorie erklärt nicht allein vergangene Beobachtungen, sondern erlaubt auch die Prognose künftiger Himmelserscheinungen. Solche Vorhersageleistungen sind auf der Basis bloß fiktiver Konstruktionen nicht zu erbringen; wir können die Himmel nicht zwingen, sich nach Maßgabe unserer Vorstellungen zu bewegen (Clavius, 1596, S. 450–452). Solange also kein ähnlich erfolgreicher alternativer Mechanismus der Himmelsbewegungen tatsächlich angegeben werden kann, besteht der Wirklichkeitsanspruch der Theorie zu Recht.

Bei Kepler schließlich ist es der Anspruch der kausalen Erklärbarkeit der Himmelsbewegungen, der den Wirklichkeitsanspruch der Astronomie untermauern soll. Kepler schreibt der Astronomie die beiden Ziele zu, »die Phänomene zu retten und die wahre Gestalt des Weltgebäudes zu betrachten« (Kepler, 1995, S. 12). Letzteres wird durch eine »Himmelsphysik« bewerkstelligt, in der »die Form und die Eigenschaften des Weltgefüges und die wahren Ursachen der Bewegungen« aufgewiesen werden (Kepler, 1995, S. 13). Kepler sieht in der Rotation der Sonne um ihre Achse den Antrieb des Planetensystems und will den von ihm selbst formulierten Gesetzen der Planetenbewegungen durch die Prinzipien der irdischen Physik Rechnung tragen (Kepler, 1995, S. 54–55; Carrier/Mittelstraß, 1989, S. 144–149). Bei Kepler hat die Astronomie endgültig ihre vormaligen Grenzen gesprengt. Ihr wird das Vermögen zugestanden, die Täuschungen der Sinne abzuschütteln und die Ursachen offen zu legen (Kepler, 1995, S. 14).

Mit Kepler also ist der Eudoxische Anspruch zurück gewonnen, durch die Phänomene der Himmelsbewegungen hindurch zum Kausalgefüge des Universums vorzudringen. Bei Kepler sollen die astronomischen Erscheinungen wieder unzweideutig Ausdruck der wahren Bewegungen der Himmelskörper sein. Zwar gelingt Kepler wegen der Unzulänglichkeit der von ihm herangezogenen physikalischen

Theorie die Einlösung dieses Anspruchs nur unvollkommen. Erst als Isaac Newton (1642–1727) Keplers Projekt einer Himmelsphysik nicht mehr auf der Basis der Impetusphysik, sondern seiner eigenen Bewegungsgesetze verfolgt, wird die neue Tragweite der Astronomie allgemein anerkannt. Newton nämlich deduziert die Beschaffenheit des Planetensystems aus dem Gravitationsgesetz und den Bewegungsgesetzen. Aus diesen ergibt sich, dass sich der Mittelpunkt des Planetensystems in dessen Schwerpunkt befindet und dass dieser in der Nähe des Sonnenzentrums liegt (Newton, 1962, S. 420). Auf diese Weise werden am Ende die heliozentrische Struktur des Planetensystems und die wahre Natur der Himmelsbewegungen zu Konsequenzen der Himmelsphysik – wie es Kepler vorschwebte.

5. Schluss

Mittelstraß stuft Kepler ganz zu Recht als den Dreh- und Angelpunkt der neueren begrifflichen Entwicklung der Astronomie ein. Kepler gab die gleichförmigen Kreisbewegungen zugunsten ungleichförmig durchlaufener Ellipsen auf und befreite das Prinzip der Rettung der Phänomene dadurch von den Fesseln seiner antiken Beschränkung. Durch seine Umformulierung machte Kepler dieses antike Forschungsprinzip fruchtbar für die neuzeitliche Naturwissenschaft, deren übergreifende Herausforderung es ist, die theoretischen Prinzipien mit den Erfahrungsbefunden zu verbinden (Mittelstraß, 1962, S. 219). Darüber hinaus verknüpfte Kepler wieder ausdrücklich, was über Jahrhunderte getrennt gewesen war und sich zu Keplers Zeit allmählich und implizit einander näherte. Kepler ist es nämlich, der die Astronomie in aller Deutlichkeit wieder auf den doppelten Anspruch des Eudoxos verpflichtete, die Phänomene zu retten und die Ursachen der Bewegung zu erkennen, also die wahren Bewegungen in den scheinhaften hervortreten zu lassen. Eine Theorie, die auf diese Weise die Brücke zur Praxis schlägt, könnte wohl auch die Billigung der thrakischen Magd finden.

Literaturverzeichnis

Aristoteles, 1983, *Vom Himmel*, Gigon, Olof (Hrsg.), München: dtv.

Aristoteles, 1978, *Metaphysik*, Bonitz, Hermann (Hrsg.), Hamburg: Meiner.

Barker, Peter/Goldstein, Bernard R., 1998, »Realism and Instrumentalism in Sixteenth Century Astronomy: A Reappraisal«, in: *Perspectives on Science*, 6, S. 232–258.

Carrier, Martin, 2001, *Nikolaus Kopernikus*, München: Beck.

Carrier, Martin, 2004, »Auf dem Weg zur Himmelsphysik: Naturphilosophische Leitmotive bei Copernicus«, in: *Philosophiegeschichte und logische Analyse*, 7, S. 51–77.

Carrier, Martin/Mittelstraß, Jürgen, 1989, »Johannes Kepler«, in: Böhme, Gernot (Hrsg.), *Klassiker der Naturphilosophie*, München: Beck, S. 137 – 157, 407 – 410.

Claudius Ptolemäus, 1963, *Handbuch der Astronomie I-II*, Manitius, Karl (Hrsg.), Leipzig: Teubner.

Clavius, Christoph, 1596, *In Sphaeram Ioannis de Sacro Bosco Commentarius*, Venedig.

Copernicus, Nicolaus, 1990, »De revolutionibus orbium coelestium Liber primus« (1543), in: Zekl, Hans Günter (Hrsg.), *Nicolaus Copernicus. Das neue Weltbild*, Hamburg: Meiner, S. 59 – 153.

Duhem, Pierre, 1908, *ΣΩΖΕΙΝ ΤΑ ΦΑΙΝΟΜΕΝΑ*. Essai sur la notion de théorie physique, Paris: Hermann.

Galilei, Galileo, 1982, *Dialog über die beiden hauptsächlichsten Weltsysteme* (1632), Strauss, Emil (Hrsg.), Stuttgart: Teubner.

Kepler, Johannes, 1995, *Epitome of Copernican Astronomy & Harmonies of the World* (1621), Amherst N.Y.: Prometheus.

Kuhn, Thomas S., 1981, *Die kopernikanische Revolution*, Braunschweig: Vieweg.

Krafft, Fritz, 1973, »Physikalische Realität oder mathematische Hypothese? Andreas Osiander und die physikalische Erneuerung der antiken Astronomie durch Nicolaus Copernicus«, in: *Philosophia naturalis*, 14, S. 243 – 275.

Krafft, Fritz, 1994, »Hypothese oder Realität«, in: Wolfschmidt, Gudrun (Hrsg.), *Nicolaus Copernicus. Revolutionär wider Willen*, Stuttgart: GNT-Verlag, S. 103 – 115.

Mittelstraß, Jürgen, 1962, *Die Rettung der Phänomene. Ursprung und Geschichte eines antiken Forschungsprinzips*, Berlin: de Gruyter.

Mittelstraß, Jürgen, 1972, *Das praktische Fundament der Wissenschaft und die Aufgabe der Philosophie*, Konstanz: Universitätsverlag.

Neugebauer, Otto, 1983, »Apollonius' Planetary Theory«, in: ders., *Astronomy and History. Selected Essays*, New York: Springer, S. 311 – 318.

Newton, Isaac, 1726, »The System of the World«, in: *Sir Isaac Newton's Mathematical Principles of Natural Philosophy and His System of the World*, Bd. 2, Motte, Andrew/Cajori, Florian (Hrsg.), Berkeley: University of California Press, 1962.

Pedersen, Olaf, 1993, *Early Physics and Astronomy. A Historical Introduction*, Cambridge: Cambridge University Press.

Piccolomini, Allesandro, 1558, *La prima Parte delle Theoriche, overo Speculazioni de i Pianeti*, Venedig: Giovanni Varisco & Paganino Paganini.

Platon, 1970, *Theaitetos*, in: *Werke VI*, Eigler, Gunther (Hrsg.), Darmstadt: Wissenschaftliche Buchgesellschaft.

Platon, 1972, *Timaios*, in: *Werke VII*, Eigler, Gunther (Hrsg.), Darmstadt: Wissenschaftliche Buchgesellschaft.

Randall, John. H. Jr., 1940, »The Development of Scientific Method in the School of Padua«, in: *Journal of the History of Ideas*, 1, S. 177 – 206.

Rheticus, Georg J., 1990, »Narratio prima (Auswahl)« (1540), in: Zekl, Hans Günter (Hrsg.), *Nicolaus Copernicus. Das neue Weltbild*, Hamburg: Meiner, S. 155 – 198.

Suter, Rufus, 1969, »The Scientific Work of Allesandro Piccolomini«, in: *ISIS*, 60, S. 210 – 222.

Thiel, Christian, 1995, »Paradoxien, zenonische,« in: Mittelstraß, Jürgen (Hrsg.), *Enzyklopädie Philosophie und Wissenschaftstheorie*, Bd. 3, Stuttgart: Metzler, S. 42 – 45.

Philosophie und Wissenschaften im Dialog bei Platon

Eva-Maria Engelen

Nach Platon *vermittelt* die Philosophie als Kunst der Dialektik durch Dialog zwischen Begriffen und Disziplinen. Um dies zu zeigen, wird hier eine Lektüre von Platons *Symposion* vorgestellt, in der das Verhältnis der Disziplinen mit Wissens- und Erziehungsanspruch in Platons Zeit beleuchtet wird. Jede Rede des *Symposions* ist wie eine Stellungnahme in einem Dialog zu verstehen, so dass das Gesamtwerk als sieben Reden zu lesen sind, die dialogisch aufeinander verweisen.[1]

Die Grundannahme dieser Lektüre besagt, dass den einzelnen Reden verschiedene Wissenschaften oder Künste zuzuordnen sind, die einen Wissens- und Erziehungsanspruch vertreten, und dass der in der Rede vorgestellte und verteidigte Liebesbegriff jeweils der dieser Disziplin entsprechende ist.[2] Die unterschiedlichen Begriffsbestimmungen in den einzelnen Wissenschaften und Künsten nehmen indirekt aufeinander Bezug, widersprechen sich und ergänzen sich.

Die Fragen, welche Platon im *Symposion* diskutiert, betreffen nicht nur die Erkenntnistheorie, die Ideenlehre, die Rolle des Dialogs für die Philosophie, Fragen der Erziehung und der Kreativität, sondern auch ein Problem, das sich durch die bereits in Platons Zeiten aufkommende Ausdifferenzierung der Disziplinen und Wissenschaften ergibt. Welcher der Disziplinen mit Wissens- und Erziehungsanspruch kommt der Führungsanspruch in Bezug auf die Jugend und damit die Gesellschaft sowie das Wissen zu?

Das Angebot Platons, diese Frage zu beantworten und die unterschiedlichen Begriffsbestimmungen und Begriffsangebote zu vereinen, besteht in einer komplizierten Konstruktion. Ein Teil der Antwort bezieht die Philosophie (Eros, Sokrates) und den philosophischen Dialog, für den der Eros unabdingbar ist, direkt mit ein. Im philosophischen Dialog sollen die Begriffsmerkmale ausfindig gemacht werden, die für einen Begriff und seine Bedeutung unabdingbar sind. Dieser Dialog wird aber nicht ausschließlich zwischen Diotima und Sokrates geführt. Er hat ebenso wie die dialogisch aufeinander bezogenen Reden der gesamten Schrift eine Vorbildfunktion. Dieser indirekte Dialog, der durch Abstimmung der Reden aufeinander *geführt* wird, enthält einen weiteren Teil der Antwort. Der eigentliche *Dialog* muss aber schließlich zwischen der Leserin und dem *Symposion* stattfinden.

---

1 In der bisherigen Forschung ist die Interpretation der Symposions-Reden von Rainer Thiel (Thiel, 2002) der hier vorgelegten Interpretation wohl am verwandtesten.

2 Dass die Verwendung des Begriffs *Disziplin* hier vollständig berechtigt ist, lässt sich einsehen, wenn man bedenkt, dass die mit den Reden vorgestellten Bedeutungen aus Bereichen kommen, die einen Wissens- und *Erziehungs*anspruch vertreten.

Das besondere an dieser Vorgehensweise Platons ist, dass der zu bestimmende Begriff insofern Teil des Lösungsangebotes ist, als der Eros ein notwendiges Element eines philosophischen Dialoges ist, wie er uns im Diotima-Sokrates-Dialog ebenso vorgeführt wird wie indirekt in der Rede des Alkibiades.[3]

Im ersten Teil dieses Aufsatzes werden die Liebesbegriffe der einzelnen Reden und damit der einzelnen Disziplinen herausgearbeitet. Die Architektur und die Bedeutung der dialogischen Verweistechnik bei Platon wird dann im zweiten Teil deutlich, wenn gezeigt wird, wie die einzelnen Begriffe und damit letztlich auch die angeführten Disziplinen von Platon aufeinander bezogen sind.

Im *Symposion* werden sieben Reden gehalten. In jeder der Reden wird ein anderer Liebesbegriff als Antwort auf die im Dialog zu entscheidende Streitfrage, was der Eros, die Liebe sei, angeboten. Die damit gegebenen Begriffsangebote ergänzen und widersprechen sich.

Für die Beantwortung der Frage, welche Begriffe im *Symposion* vorgestellt werden, folge ich der Reihenfolge der im *Symposion* gehaltenen Reden.

Mit der Rede des Phaidros wird zu Beginn des *Symposions* ein funktionaler Liebesbegriff vorgestellt. Funktional nenne ich ihn, weil die Liebesverhältnisse der heranwachsenden jungen Männer für Phaidros eine gewichtige Funktion für eine Gesellschaft und damit für das Gelingen des Zusammenlebens in einer Gesellschaft und damit für den Staat (*Symp.* 178d – e) haben. Sie dienen damit letztlich auch dem guten Leben und der Eudaimonie (*Symp.* 180b). Dieser Liebesbegriff ist in disziplinärer Sicht somit leicht als einer der praktischen Philosophie und der Vernunft zu erkennen. Denn Eros führt sowohl zum Zusammenhalt einer Gesellschaft als auch über die funktionierenden gesellschaftlichen Bedingungen zur gedeihlichen Lebensentfaltung und Lebensplanung des Einzelnen.[4]

In der darauf folgenden Rede des Pausanias wird der erotische Liebesbegriff präsentiert. Pausanias hält eine Lobrede auf die Päderastie. Er legt dar, dass die jüngeren Geliebten von den älteren Liebhabern Weisheit und Wissen (*Symp.* 184c – d) vermittelt bekommen. Da die erotische Kraft zu dauerhaften persönlichen Beziehungen (*Symp.* 184b) sowie zur Förderung der rhetorischen Fähigkeiten und des Selbstbewusstseins führe und damit die politische Betätigung mittels der freien Rede gestärkt werde, hebt auch Pausanias die positive Wirkung des Eros für die Ge-

---

3 Siehe dazu: Engelen, 2003, S. 25 – 41; sowie Engelen, 2001. In diesen Arbeiten findet auch eine stärkere Auseinandersetzung mit der Sekundärliteratur statt, als es hier möglich ist. In vorliegendem Aufsatz wird vornehmlich die dort nicht berücksichtigte Sekundärliteratur zitiert.

4 Zwar teilt erst Aristoteles die Philosophie explizit in praktische und theoretische Philosophie ein, inhaltlich allerdings findet man in den Aussagen in der Phaidros-Rede alle Elemente vorweggenommen, die Aristoteles für die Bestimmung der praktischen Philosophie anführt: vollendetes Leben von freien Gleichen in einer politischen Gemeinschaft, deren Struktur durch die praxisorientierten Tugenden bestimmt ist; sowie *Eudamonia*.

sellschaft (*Symp.* 182c) hervor. In disziplinärer Sicht wäre die Pausanias-Rede somit gleichfalls der praktischen Philosophie und Staatsführung zuzuordnen. Dagegen spricht jedoch, dass es sich vom Ansatz her um eine Dionysische Rede handelt. Nahe liegender ist daher eine Interpretation, nach welcher hier die traditionelle Bedeutung des Eros unterstrichen wird.[5]

Unser heutzutage stark empirisch geprägtes Wissenschaftsverständnis findet in der Rede des Arztes und Naturphilosophen Eryximachos den stärksten Widerhall. Sie folgt auf ein erstes Intermezzo zwischen dem Komödiendichter Aristophanes und Eryximachos. In ihr wird im Zusammenhang mit medizinischen Ausführungen (*Symp.* 186c) letztlich ein Kraftbegriff (*Symp.* 188a–b) vertreten. Die Liebe als Kraft sorgt für das Gleichgewicht und die Ausgewogenheit zwischen Körper und Seele. Der Begriff der Harmonie (*Symp.* 187c), der im Verhältnis von Körper und Seele zu erreichen ist, verweist indirekt auch auf die Harmonie des Kosmos sowie die biologische Triebkraft (*Symp.* 186a) und somit auf die Naturphilosophie oder Naturwissenschaft. Eryximachos spricht als Arzt und Naturphilosoph. Als Arzt referiert er im wesentlichen die altpythagoreische Therapeutik, die Musik als Therapieinstrument einschließt. Diese Therapeutik ist durch eine enge Verbindung von Diätetik und Ethik gekennzeichnet, welche eine strenge Selbstkontrolle und Selbstreflexion beinhaltet. Und sie ist durch die Parallelisierung von Körper und Seele charakterisiert.

Der Eros wird von Eryximachos dann aber im wesentlichen als physiologische Kraft bestimmt, die als guter Eros dafür sorgt, dass die Säfte im Körper des Menschen, aber auch der Tiere und in den Pflanzen (*Symp.* 186a) im Gleichgewicht bleiben. Der schlechte Eros, die Krankheit, will sie ins Ungleichgewicht bringen. Bezogen auf die Musik (*Symp.* 187c) bewirkt der gute Eros Harmonie und Rhythmus. Das Hauptaugenmerk wird mit diesem Erosbegriff also nicht auf den Eros gelegt, der zwischen den Menschen und damit im Bereich des Gesellschaftlichen wirkt, sondern auf den in der Natur wirkenden Eros. Dem widerspricht nicht, dass der Eros beim Menschen Körper und Geist betrifft, denn der gute Eros hält auch das Gleichgewicht in der Seele, indem etwa die Gemütszustände in Balance gehalten werden. Das heißt, es geht darum, was der Eros im Menschen bewirkt.

In der auf ein weiteres Intermezzo zwischen Aristophanes und Eryximachos folgenden Rede des Komödiendichters Aristophanes wird ein mythologischer Vereinigungsbegriff (*Symp.* 191d, 192e) vorgestellt; er verweist auf die mythologischen Erzählungen als Quellen der Wahrheit. Das Motiv der Erinnerung an einen eigentlichen oder ursprünglichen Zustand wird hier eingeführt. Der Eros wird als eine vereinigende Kraft geschildert, die zu einem menschlichen Urzustand (*Symp.* 193c) zurückführt. Fragen der Staatslehre, der praktischen Philosophie, der Gesell-

5 So auch Thiel, 2002, S. 10.

schaft, Medizin oder Naturphilosophie werden nicht berührt. Dennoch spricht Aristophanes von einer Heilung. Gemeint ist die Heilung einer Wunde, die ihre Ursache in einer Strafe hat. Während in der Eryximachos-Rede der Mensch als Arzt wirkt, wirkt in der Aristophanes-Rede ein Gott als Arzt. Im Mythos, der in dieser Rede, wenn auch in lächerlicher Weise (z. B. *Symp.* 190a) beschworen wird, kommt das Göttliche zum Menschen hinab. Die Götter sollen also nicht, wie implizit in der Rede des Eryximachos geschehen, durch natürliche Wirkmechanismen ersetzt werden. In der Rede des Komödiendichters, der hier fast zum Tragödiendichter wird, wird Liebe als Ergebnis göttlichen Wirkens geschildert und somit eine Gegenrede zu der des Eryximachos gehalten.

Die nahe liegende Annahme, Kunst sei der disziplinäre Hintergrund dieser Rede und dieses Liebesbegriffs, kann daher nur eingeschränkt vertreten werden. Zwar gibt es deutliche Hinweise auf Tragödie und Komödie mit deren unausweichlichen Festlegungen für das Geschick des Menschen. Letztlich verweist das aber ebenso wie der Mythos auf die Unausweichlichkeit der Widerfahrnisse für den Menschen und ist somit auch eine Rede gegen die Autonomie des Menschen wie sie in verschiedenen Reden (wie der des Pausanias und der der Diotima/des Sokrates) als Erziehungsziel vertreten wird. Die Existenz des Menschen kann in der Vereinigung zweier Hälften und damit Harmonie (erneuter Verweis auf die naturphilosophische Rede des Eryximachos) enden, aber auch in Lächerlichkeit, Tragik und Verfehlung.

Mit dieser Rede wird sowohl der zu Platons Zeiten noch vorhandene intellektuelle Führungsanspruch der Dichtung zum ersten Mal im *Symposion* karikiert als auch die Überzeugungskraft mythologischer Erklärungen.

In der Rede des Agathon, die nach einem kurzen Dialog zwischen Sokrates und Agathon folgt, wird ein Liebesbegriff stark gemacht, der als ein zentraler Begriff des künstlerischen Schaffens anzusehen ist. Damit steht das Verhältnis von Kunst beziehungsweise Dichtung und Wahrheit letztlich im thematischen Mittelpunkt dieser Rede. Dichtung als Schöpfung tugendhafter, heldenhafter Vorbilder, denen die Jugend nacheifern soll, tritt in unmittelbare Konkurrenz zur Philosophie als Lehrerin der Tugend und der Wahrheit.

Die Ankunft des Agathon wird umständlich mit einigem Vorgeplänkel geschildert, was darauf hinweist, dass wir es hier mit einer der Hauptreden zu tun haben. Auch der Umstand, dass vor und nach dieser Rede eine kurzer Dialog zwischen Sokrates und Agathon eingeschoben ist, zeigt die Bedeutung dieser Rede an. In ihr wird Eros als Gott gelobt. Ihm werden Eigenschaften zugesprochen, die dann mit den Wirkungen des Eros in Verbindung gebracht werden. Dabei handelt es sich um: Schönheit (*Symp.* 195a, 195e, 196a – b, 197b), Jugend (*Symp.* 195c), Zartheit, Güte, Gerechtigkeit (*Symp.* 196b), Tapferkeit, Besonnenheit, Weisheit (*Symp.* 196c – e) und Schöpferkraft (*Symp.* 196e). Der Hinweis auf die Schöpferkraft lässt sich sowohl auf die der Kunst beziehen als auch auf das Entstehen und Wachsen von Lebensformen, denn die Wirkungen des Eros zeigen sich laut Agathon in Freundschaften und gelebtem Frieden (*Symp.* 195c).

Indirekt lernen wir Eros hier und nicht erst in der Figur des Sokrates, der als älterer Lehrer in der Alkibiades-Rede mit Eros gleichgesetzt wird, als Lehrer (*Symp.* 197a) kennen, der uns zu Frieden und Freundschaften führt. Aber dennoch ist diese Rede die zentrale Gegenrede gegen die Diotima-Sokrates-Rede. Das wird auch schon gegen Ende der Agathon-Rede in Form der Einwände des Sokrates gegen diese Rede sichtbar. Der Hauptgegensatz, der hier aufgebaut wird, ist der zwischen Dichtung/Rhetorik (den Disziplinen, die mit dem Wort hantieren) und Wahrheit, Schönheit und Notwendigkeit.

Sokrates lehnt die Rede des Agathon ab, weil sie schön ist (*Symp.* 198b). Sie betört auf Grund ihrer Schönheit, nicht auf Grund ihres Wahrheitsgehaltes und letzterer ist es, der Sokrates interessiert. Sokrates will nicht schön, sondern wahr reden (*Symp.* 199b). Das Verhältnis zwischen Wahrheit und Eros wird stellvertretend für das zwischen Wahrheit und Schönheit oder Hässlichkeit oder Wahrheit und Dichtung/Rhetorik. Während Eros auf das gerichtet ist, was ihm fehlt, weil man nur das begehrt, an was es einem mangelt, also: Schönheit, das Gute, das Wahre, das Weibliche usw. (*Symp.* 201c), ist die Wahrheit ein Zwang, eine Notwendigkeit, der man nicht widersprechen kann, der man also folgen muss (*Symp.* 200b und 201c).

Eros wird von Agathon zunächst (*Symp.* 195c) als ein Gegenpol zur Göttin Ananke und damit zu Zwang, Notwendigkeit und Gewalt eingeführt, die er mit dem Hässlichen und Schlechten verbindet. Bis Sokrates ihm zeigt, dass Eros selbst von einem Zwang, einer Notwendigkeit (*Symp.* 200b) beherrscht wird, nämlich der des Begehrens, und er zeigt ihm, dass die Wahrheit selbst ein Zwang ist (*Symp.* 201c), dem man nicht sich nicht entziehen kann. Wahrheit und Eros werden hier also in der Erwiderung des Sokrates durch die Betonung ihrer Unausweichlichkeit angenähert.

Das damit diskutierte Verhältnis von Dichtung/Rhetorik und Wahrheit bleibt ebenso wie im *Phaidros* bei Platon ambivalent.[6] Einerseits wird heftig gegen die Dichtung als Vermittlerin und Lehrerin gelungener Vorbilder argumentiert, weil sie nicht zur Wahrheit führt (Agathon muss am Ende gegenüber Sokrates zugeben, dass er nicht versteht, wovon er redet) und nicht sagen kann, warum das eine Modell besser ist als ein anderes. Andererseits wird in der Diotima-Rede der schaffende Dichter als Synonym für den Kreator schlechthin angeführt und der Dichtung und den Dichtern damit auch die (göttliche) Fähigkeit der Schöpfung zugesprochen.

6 Siehe zu dieser Ambivalenz in Platons Werk insbesondere: Murray, 1996, S. 4, 5, 16, 18; sowie Büttner, 2000, S. 217, 218, 220, 222; und Westermann, 2002, S. 5.

Die Rede der Diotima aus dem Munde des Sokrates ist die am besten bekannte der Symposions-Reden. Die platonische Liebe als Mittel der Selbstvervollkommnung und der aufsteigende Weg zur Wahrheit und zu den Ideen als Ablösung von der Sinnlichkeit sind die beiden Themen, die lange als Kernaussagen dieser Rede galten.

Die Fragen, welche Sokrates am Beginn dieser Rede stellt: Wer und wie ist Eros? Was sind seine Werke? sind auch Fragen nach der Erkenntnis: Was ist Erkenntnis und wie ist sie zu erreichen? Was sind ihre Werke?

Eros (und damit das Erkenntnisstreben) wird als eine Mitte beschrieben, als eine Mitte zwischen Weisheit und Dummheit, Wissen und Unwissenheit, denn wer Weisheit und Wissen besitzt, bedarf nicht mehr der Erkenntnis und wer dumm und unwissend ist, wird nicht nach ihr streben. So ist auch Eros der Dämon zwischen dem Göttlichen und dem Sterblichen, dem Hässlichen und dem Schönen, dem Göttlichen und dem Menschlichen und nur weil er das eine und das andere nicht hat, ist er ein vermittelndes Streben zwischen den Extremen.

Eben diese Mittlerrolle hat die Philosophie sowohl für die Wissenschaften als auch für die Wahrheit Suchenden und Sokrates für die (Wahrheits-)Liebenden. So wie die Philosophie zwischen Wahrnehmung, konkretem Ding und Ideen vermittelt, so vermittelt sie auch zwischen den konkreten Bedeutungen eines Begriffs und damit zwischen den Wissenschaften und Disziplinen, die ihn vertreten. Die in den Symposions-Reden vorgestellten Begriffe im Kontext des Eros werden insofern *vermittelt*, als sie alle zur Klärung der Frage, was der Eros ist, beitragen.[7]

Als Mittlerin für die (Wahrheits-)Liebenden wird die Philosophie schließlich auch in der letzten Rede, der Alkibiades-Rede vorgestellt.

Alkibiades ist der Liebende. Er liebt Sokrates (*Symp.* 215e), den erotischen Mittler, den Liebhaber der Weisheit. Es ist die konkrete, die persönliche Liebe des Menschen zum Menschen, die hier als die ungenügende[8] Liebe dargestellt wird, weil sie nicht vom Konkreten zum Begriff vordringt, sondern in der Empfindung und den damit verbundenen Schmerzen der Zurückweisung, der Versklavung (*Symp.* 215e) und der Scham (*Symp.* 216b) sowie der Kränkung (*Symp.* 222b) verharrt. Das Bedürfnis nach Sokrates wird bei Alkibiades nicht zu einem Bedürfnis nach Weisheit. Alkibiades verfehlt daher die eigentliche Bedeutung des Begriffs.

Sokrates, der in dieser Rede als Inkarnation des Eros geschildert wird, erreicht immerhin, dass Alkibiades seine Rolle als passiver, empfangender jugendlicher Geliebter aufgibt und ein aktiv Liebender wird. Das bedeutet, dass er erwachsen wird und Sokrates als dem Eros ähnelnder Philosoph ein Erziehungsziel erreicht hat. Zwar hat Alkibiades nicht das letztgültige Ziel, seine Autonomie, erlangt, weil er ein

7 So auch Thiel, 2002, S. 8, der die Vorbereitungsfunktion der Reden vor der Diotima-Rede herausarbeitet.

8 Entgegen der Verteidigung dieser Liebeskonzeption durch Martha Nussbaum (Nussbaum, 1986).

Sklave dieser unerfüllten Liebe bleibt,[9] aber Alkibiades merkt, dass er das Leben eines Sklaven führt und es beschämt ihn (*Symp.* 216b). Damit hat er zumindest eine Stufe der Selbstreflexion erklommen.

Um meine Hauptthese, nach welcher die Philosophie als Kunst der Dialektik mittels des Dialogs zwischen diesen Begriffen und ihren Bedeutungen *vermittelt*, weiter zu belegen, werden nun die Reden und damit die in ihnen vertretenen Liebes-Begriffe und Disziplinen in ein Verhältnis zueinander gesetzt.

Mit Dialektik wird in dem Werk *Phaidros* genau dasjenige Vorgehen bezeichnet, das Sokrates in seiner zweiten erotischen Rede dort als die menschliche Fähigkeit zur Begriffsbildung bezeichnet hat. Die Dialektiker zerlegen Begriffe und bilden neue; eine Fähigkeit, die Sokrates für eine Voraussetzung des Denkens hält. (*Phaidr.* 270b) Denn um sprechen und denken zu können, müssten die von Natur gegebenen Einheiten und Vielheiten erfasst werden und man müsse entsprechend in der Lage sein, zu analysieren und neue Begriffe zu bilden.

Dieselben Begriffe werden in unterschiedlichen Kontexten allerdings unterschiedlich verwendet, so dass die Begriffsklärung Aufgabe des Dialektikers oder Philosophen ist. Im *Symposion* hat Platon auf eine besondere Weise vorgeführt, wie diese Aufgabe zu lösen ist. Wir als Lesende müssen die verschiedenen Begriffsverwendungen und Bestimmungen des Eros erfassen, vergleichen und zu einer umfassenden Bedeutung fortschreiten. Ein Vorbild dafür wird uns in der Rede der Diotima/des Sokrates gegeben. Zuvor werden uns die unterschiedlichen disziplinären Bedeutungen in den Reden vorgestellt. Dass diese Reden und damit die Begriffe auch aufeinander bezogen sind, bleibt noch genauer zu zeigen, als bisher geschehen.

Für die Rede des Phaidros, in der uns ein funktionaler Liebesbegriff vorgestellt wird, der zum Zusammenhalt in einer Gemeinschaft führen soll, ist die Rede des Alkibiades die Gegenrede und der in ihr vorgestellte Begriff der Gegenbegriff. Denn in der Alkibiades-Rede wird die Liebe eines Individuums in einem Dionysischen Lobgesang geschildert, in dem die Gemeinschaft keines Gedankens wert ist. Die Auszeichnung des Einzelnen, nicht der Wert der Gemeinschaft wie in der Phaidros-Rede, wird in der Alkibiades-Rede betont. Die jeweiligen Liebesbegriffe enthalten mithin unterschiedliche Ausrichtungen der sozialen Wirkung und der Betroffenheit.

Zum Lob der Päderastie in der Pausanias-Rede, dem erotischen Begriff der Alltagssprache, gibt es gleich zwei Gegenreden und damit zwei Liebesbegriffe, deren Konzeption anders ist. Die philosophische Rede von Diotima/Sokrates und letztlich auch wieder die Alkibiades-Rede stellen die Gegenreden zur Pausanias-Rede dar. Denn indirekt macht die Alkibiades-Rede deutlich, dass der Jüngere (Alkibiades) nicht einfach vom Älteren (Sokrates) mit Wissen oder Einsicht gefüttert werden

9 Nussbaum, 1986, S. 197.

kann. Die Tragik des Alkibiades liegt gerade darin, dass er die Lehre des Sokrates nicht verstehen kann. Dies vorgeführte Scheitern, das dem Alkibiades allerdings bewusst ist, zeigt, dass das Liebhaber-Geliebter-Modell der Lehr- und Liebesgemeinschaft[10] so nicht funktionieren kann, wenn die begehrende Liebe zu starke Triebkräfte und dabei ausschließlich sexuelle freisetzt. Unter solchen Gegebenheiten ist die Lehr- und Liebesgemeinschaft kein gutes Modell, weil die geistige Selbstwerdung beeinträchtigt wird.

Der mythischen Erzählung in der Aristophanes-Rede ist, wie gesagt, der Kraft-Begriff in der Rede des Naturphilosophen Eryximachos gegenübergestellt und die Anspielungen auf Tragödie und Komödie mit ihrer wichtigen Rolle für die Erziehung der Jugend und deren Charakterbildung sind dem philosophischen Erziehungsmodell, das zu Wahrheit und Erkenntnis führen soll, entgegengesetzt. Dieses Modell wird in den Lehrgesprächen des Sokrates vorgestellt.

Der Kunstbegriff im Lobgesang des Agathon enthält, wie gleichfalls bereits erwähnt, mit dem Begriff der Schönheit nicht einfach nur einen Gegenbegriff zu dem der Wahrheit. Denn in dieser Rede wird Eros auch als Schöpfer vorgestellt und damit das Moment der Kreativität des Eros betont. Dieses Moment ist aber auch ein Moment des Sokratischen Dialogs und der Dialektik, denn sie bringen gleichfalls neues (Wissen) aus dem Bekannten hervor.

Zur Diotima-Sokrates-Rede und ihrem erkenntnistheoretischen Liebesbegriff wurden die Gegenreden bereits genannt. Das ist zum einen der traditionelle homoerotische Begriff der Pausanias-Rede und zum anderen der mythische Liebesbegriff der Aristophanes-Rede, aber auch die rhetorische Rede des Agathon enthält eine Entgegensetzung, weil er nicht zu Wissen gelangt, ebenso wenig wie es Alkibiades mit seiner persönlichen Hingabe an Sokrates gelingt, zu Wissen zu gelangen.

Der eigentliche Gegenbegriff zur Alkibiades-Rede ist also der theoretische Begriff der Diotima-Sokrates-Rede, der vom Konkreten zum Abstrakten, vom Individuellen zum Allgemeinen führen soll. Die zweite Gegenrede zur Alkibiades-Rede ist die Phaidros-Rede, weil der Funktion des Eros für die Gesellschaft, das individuelle Empfinden und Handeln gegenübergestellt wird.

Zu jeder Rede gibt es mithin mindestens eine Gegenrede und damit zu jedem Begriff auch einen Gegenbegriff. Gibt es aber auch eine Rede (und damit einen Begriff), in der wir eine Synthese der sechs gehaltenen Reden finden? Zum einen erfüllt diese Funktion die Diotima-Sokrates-Rede, die einen philosophischen Liebesbegriff zum Gegenstand hat. Dass es sich hier um eine zentrale Rede handelt, sieht man auch daran, dass sie den am häufigsten vorkommenden Gegenpart zu anderen

10 Der ältere Liebhaber bietet dem jüngeren Geliebten ethische und intellektuelle Erkenntnisse sowie Weisheit für dessen jugendlichen Körper. Der jüngere Geliebte erhält, wenn er sich auf den Liebhaber einlässt, Wissen und Einführung in die Tugendlehre, Staatsführung und andere Disziplinen.

Reden darstellt. Zum anderen muss allerdings jeder Lesende die Synthese der einzelnen Reden letztlich im Dialog mit den sechs Reden selbst ausmachen.

Damit gelingt Platon das fast Unmögliche, er als Lehrer führt den Lernenden, der ein Lesender ist, über die Lektüre zur nicht angelesenen Einsicht, wenn er denn in der Lage ist, diese Einsicht zu vollziehen. Dem kommt der erkenntnistheoretische Liebesbegriff der Diotima-Sokrates-Rede am nächsten. Das deutet darauf hin, dass auch mittels dieses Begriffs die Synthese selbst nicht vollständig gelingt, sondern nur das Bild einer Synthese angegeben wird.

Diese Synthese wird von Platon auch in anderer Hinsicht vorbereitet. Es gibt nämlich nicht nur zu jeder Rede eine Gegenrede und damit zu jedem Begriff einen Gegenbegriff. Es gibt zu jedem Liebes-Begriff, der in einer der Reden vorgestellt wird, einen diesen ergänzenden oder übereinstimmenden Aspekt in einer oder in mehreren weiteren Reden. Und diesen Ergänzungen und Übereinstimmungen möchte ich mich abschließend widmen.

Die Liebesverhältnisse haben laut der Phaidros-Rede nicht nur eine wichtige gesellschaftliche Funktion und dienen damit dem gedeihlichen Zusammenleben, sie dienen zudem dem guten Leben überhaupt und damit der Eudaimonie. Auch in der Pausanias-Rede wird über den erotischen Liebesbegriff auf die positive Wirkung für die Gesellschaft hingewiesen, wenn der ältere Liebhaber den Jüngeren in Kenntnis und Wissen führt. Denn die feste dauerhafte Beziehung zwischen den beiden hat gleichfalls eine positive Wirkung für die Gesellschaft. Außerdem wird der Einzelne in Rhetorik und Selbstbewusstsein geschult, was zumindest verspricht, dass er zu einem nützlichen Mitglied der Gesellschaft werden wird. Die Diotima-Sokrates-Rede ist nicht nur eine Gegenrede zur Pausanias-Rede, sondern ergänzt sie auch, denn insofern der Eros auch zum Aufstellen von Gesetzen im Staatswesen führt und deren genauerem Studium, hat selbst der theoretische Liebesbegriff der Diotima-Rede eine Funktion für die Gesellschaft.

In der Phaidros-Rede wird zudem ebenso wie in der Aristophanes-Rede auf den mythischen Aspekt des Eros hingewiesen (*Symp.* 178c), denn während in der Aristophanes-Rede Wahrheit und Mythos ins Verhältnis gesetzt werden, wird das mythische Alter des Eros in der Phaidros-Rede immerhin erwähnt.

In der Agathon-Rede wird ein direkter rhetorischer Lobgesang auf die Kunst angestimmt, während in der Pausanias-Rede die Förderung der Rhetorik nur indirekt als Ergebnis einer geglückten Liebesbeziehung zwischen einem Älteren und einem Jüngeren genannt wird.

Das Moment der Autonomie als Erziehungsziel wird, wie erwähnt, in mehreren Reden thematisiert. Denn die Förderung des Selbstbewusstseins als Ergebnis der geglückten Liebesbeziehung wird als positives Resultat des Eros in der Pausanias-Rede ebenso genannt, wie in der Diotima-Sokrates-Rede der Aufstieg von der Unselbständigkeit zur Selbständigkeit und damit zur Stärkung des Selbst.

Weitere Parallelen lassen sich hinsichtlich des Harmoniebegriffs als Bestandteil des Liebesbegriffs ausmachen. So wird in der Eryximachos-Rede auf das Gleichgewicht verwiesen, für das die Liebe zwischen Körper und Seele sorgt und auf den medizinischen Effekt eines solchen Gleichgewichts. In der Aristophanes-Rede wird gleichfalls auf die Harmonie und Einheit hingewiesen, in der das menschliche Leben enden kann, so man die fehlende Hälfte für das eigene Leben findet.

Der Kraft-Begriff, der in der Eryximachos-Rede eine zentrale Rolle spielt, findet in der Diotima-Sokrates-Rede ein Pendant in der Betonung der Antriebsfunktion des Eros. Aber auch in der Alkibiades-Rede; denn dass Alkibiades unter einem starken, vielleicht allzu starken Trieb steht, wird offensichtlich.

Das Moment der Tragik, der Verfehlung und des Scheiterns wird uns gleichfalls in zwei der sechs Reden vorgestellt: in der Aristophanes-Rede, in der die erfolgte Vereinigung als lächerliche Vorstellung absurder Wesen evoziert wird, und in der Alkibiades-Rede, in der die Scham des Alkibiades über seine verfehlte Liebe zu Sokrates benannt wird, mit der er sich samt seiner Hingabe der Lächerlichkeit preisgibt.

Ein größerer Kontrast im gleichstimmigen Hinweis auf das Moment der Vereinigung als zwischen der Aristophanes-Rede und der Diotima-Sokrates-Rede lässt sich wohl nicht denken. Während in der Aristophanes-Rede die getrennten Wesen zu lächerlichen unbeweglichen geschlechtlichen Gesamtwesen zusammenfinden, wird die Vereinigung zwischen Diotima und Sokrates im Gespräch von jeder Geschlechtlichkeit befreit. Das Lehrer-Schüler-Verhältnis, das hier vorgeführt wird, ist auch im Gegensatz zu dem, welches hinter dem Liebesbegriff der Pausanias-Rede steht, keines, das auf Geschlechtlichkeit bezogen ist. Die Vereinigung wird in der Aristophanes-Rede und der Pausanias-Rede als eine konkret vollzogene gedacht, während sie im Falle der Diotima-Sokrates-Rede abstrakt auf Erkenntnis bezogen ist.

Mit der Vereinigung zwischen Mann und Frau, auf die durch Diotima und Sokrates zumindest indirekt hingewiesen wird, ist auch die Frage der Kreativität angesprochen, als Kreator tritt der Eros aber auch in der Agathon-Rede auf. Während in der Agathon-Rede die dichterische Kreativität allein angesprochen ist, wird der Dichter in der Diotima-Rede zwar als ein Propädeut des Philosophen geschildert, aber als einer, der kein Wissen von dem hat, was er der Jugend vermittelt.[11] Da es eine wichtige Rolle der Dichtung war, Rollenmodelle tugendhaften Verhaltens für die Jugend bereit zu halten, ist ein Hinweis auf das mimetische Moment, das dieser Konzeption des Lernens zugrunde lag, von Bedeutung.

Erforderlich war die Mimesis nämlich sowohl für den lernenden Zuhörer oder Zuschauer als auch für den lehrenden Dichter. Für den Lernenden, weil er das Vorbild nachahmen musste, wenn er ihm nacheifern wollte; für den Lehrenden, weil er

11 Siehe hierzu Büttner, 2000, S. 220.

emotional empfinden musste, was er darstellen wollte.[12] Beides lehnt Platon ab, die reine Nachahmung des Lernenden, der so nicht versteht, was er lernt, und das mimetische Einfühlen des Darstellenden, der so gleichfalls nicht weiß, was er darstellt. Das Ein- und Nachfühlen muss nach Platon durch Liebe zur Weisheit und Wahrheit ersetzt werden, denn nur so kommt man auch zu Wissen darüber, was es nachzuahmen gilt, und damit zur Einsicht, dass es richtig ist, dies und nichts anderes nachzuahmen.

Damit ist ein letztes Moment des Eros genannt, das in zwei Reden angeführt wird. Die Liebe als Mittel zum eigenständigen Leben und Erkennen. Dieses Moment durchzieht das gesamte Motiv der Diotima-Sokrates-Rede und die anschließende Alkibiades-Rede. Denn die Verweigerung des Alkibiades, seine Rolle als Schüler anzunehmen, der allein lernt, zur Erkenntnis und zu Wissen zu gelangen, und auf seiner ihn abhängig machenden Empfindung und Empfindlichkeit beharrt, ist die Rückseite der Medaille, die uns Platon mit dem Lehrer-Schüler-Verhältnis in der Diotima-Sokrates-Rede zu sehen gibt. Dort wird gezeigt, wie Sokrates zu einem Liebhaber der Weisheit wird, als der er in der Alkibiades-Rede dann in Gestalt des Eros auftritt.

Die Lektüre von Platons *Symposion*, in der das Verhältnis der Disziplinen mit Wissens- und Erziehungsanspruch in Platons Zeit beleuchtet wurde, ist im hier gesetzten Rahmen nun abgeschlossen. Inwiefern die sieben Reden dialogisch aufeinander verweisen, wurde ebenso herausgearbeitet, wie die mit den Reden verbundenen Wissens- und Erziehungsansprüche der verschiedenen Künste und Disziplinen. Gezeigt werden sollte damit nicht nur, dass die Reden und damit die in ihnen vertretenen Wissens- und Bildungsansprüche tatsächlich dialogisch aufeinander bezogen sind, sondern auch, dass es nach Platon nur der Philosophie gelingen kann, die unterschiedlichen Wissens- und Bildungsansprüche zu vereinen.

Literaturverzeichnis

Büttner, Stefan, 2000, *Die Literaturtheorie bei Platon und ihre anthropologische Begründung*, Tübingen/Basel: Francke.

Engelen, Eva-Maria, 2001, »Zum Begriff der Liebe in Platons Symposion oder Warum ist Diotima eine Frau?«, in: *Bochumer Philosophisches Jahrbuch für Antike und Mittelalter*, 6, S. 1–20.

Engelen, Eva-Maria, 2003, *Erkenntnis und Liebe. Zur fundierenden Rolle des Gefühls bei den Leistungen der Vernunft*, Göttingen: Vandenhoeck&Ruprecht.

Murray, Penelope (Hrsg.), 1996, *Plato on Poetry. Ion; Republic 376e – 398b9; Republic 595 – 608b10*, Cambridge: Cambridge University Press.

12 Murray, 1996, S. 27.

Nussbaum, Martha, 1986, »The Speech of Alcibiades. A Reading of the Symposion«, in: Nussbaum, Martha (Hrsg.), *The Fragility of Goodness. Luck and Ethics in Greek Tragedy and Philosophy*, Cambridge: Cambridge University Press, S. 165 – 199.

Thiel, Rainer, 2002, »Irrtum und Wahrheitsfindung. Überlegungen zur Argumentationsstruktur des platonischen Symposions«, in: Matuschek, Stefan (Hrsg.), *Wo das philosophische Gespräch ganz in Dichtung übergeht. Platons Symposion und seine Wirkung in der Renaissance, Romantik und Moderne*, Heidelberg: Winter, S. 5 – 16.

Westermann, Hartmut, 2002, *Die Intention des Dichters und die Zwecke der Interpreten*, Berlin: Walter de Gruyter.

Gab es eine *geschriebene* ungeschriebene Lehre Platons? Oskar Beckers Rekonstruktion des 2. Teils des *Parmenides*

Gereon Wolters

I. Vorbemerkung

Es ist ungefähr zwanzig Jahre her, als mit der tatkräftigen Unterstützung von Jürgen Mittelstraß die Gründung eines philosophischen Archivs an der Universität Konstanz in Angriff genommen wurde. Die ersten Archivalien waren eine Kopie der wissenschaftlich relevanten Teile des Nachlasses von Hugo Dingler,[1] meine eigene Sammlung von Kopien aus dem Nachlass Ernst Machs, sowie ein kleines Päckchen mit dem, was Mittelstraß mir als »Nachlaß Oskar Becker« überreichte.

Bis allerdings der wirkliche Nachlass Oskar Becker im Juni 1999 in Konstanz eintraf, sollten noch viele Jahre vergehen. Inzwischen war das *Philosophische Archiv an der Universität Konstanz* zum größten Archiv seiner Art in Europa herangewachsen. Das wäre ohne Mittelstraß' Enthusiasmus und ohne die beträchtlichen eigenen Forschungsmittel, die er dem Aufbau des Archivs zukommen ließ, nicht möglich gewesen.

Was war nun in jenem braunen Päckchen mit der Aufschrift »Nachlaß Oskar Becker«? – Nun, es war nicht der Nachlass Becker, wohl aber eine von Becker selbst noch zur Publikation zusammengestellte Aufsatzsammlung, die bis auf eine Ausnahme aus Sonderdrucken der jeweiligen Erstpublikationen bestand.[2] Von dieser Ausnahme, dem Nachlasskonvolut mit dem Titel *Über den Platonischen Dialog Parmenides* und dem rätselhaften Untertitel: *Urfassung und metaphysische Deutung* (Signatur: OB 6), soll im folgenden die Rede sein. Es besteht aus drei Teilen. Der erste Teil ist der eigentliche Aufsatz und besteht aus zwei Abschnitten: *I. Metaphysische*

---

1 Vgl. dazu Wolters/Schroeder, 1979.

2 Ursprünglich scheint Becker eine Publikation seiner *Wissenschaftlichen Abhandlungen* aus verschiedenen Gebieten geplant zu haben. Die Unterabteilungen waren *A. Zur Mathematikgeschichte, B. Zu den Grundlagen der Mathematik, C. Philologica, D. Philosophica, E. Zur Logik der Modalitäten, F. Varia* (OB 6 – 2 – 3). Dieses umfassende Projekt hatte sich offenbar nicht realisieren lassen. Die meisten der für die Abteilung *Philosophica* vorgesehenen Arbeiten erschienen als Becker, 1963. – Das erwähnte Konvolut »Nachlaß Becker« war für eine Publikation als *Gesammelte wissenschaftliche Abhandlungen* vorgesehen. Ein Vorwort Beckers dazu vom Oktober 1964 (er starb am 13. November 1964) ist vorhanden (OB 1 – 1c – 4). – Die Siglen beziehen sich auf den Nachlass Oskar Becker im *Philosophischen Archiv der Universität Konstanz*. Ich danke der Archivarin, Dr. Brigitte Parakenings, für ihre wie immer tatkräftige Unterstützung. – Mein ganz besonderer Dank gilt Emidio Spinelli (Rom), einem ausgewiesenen Fachmann der antiken Philosophie, ohne dessen fachkundigen Rat ich nicht gewagt hätte, mich zu einem so schwierigen Thema ausserhalb meiner engeren Arbeitsgebiete zu äussern.

Deutung des zweiten Teils des platonischen Dialogs ›Parmenides‹ und *II. Die Urfassung des zweiten Teils des platonischen Dialogs ›Parmenides‹*.[3] Den beiden übrigen Teilen werden wir uns ganz zum Schluss zuwenden.

II. Parmenides-Probleme

Platons *Parmenides* gilt als ein sehr schwieriger Dialog. Die Probleme, die er bietet, lassen sich in zwei Gruppen einordnen: inhaltliche und formal-literarische.

Bevor wir uns hier Einzelheiten zuwenden, ein Wort zur Chronologie, in der Platon seine Dialoge geschrieben hat – zur fiktiven, d. h. in den Dialogen selbst inszenierten, wie auch zur realen, d. h. die tatsächliche Reihenfolge betreffend. In der fiktiven Chronologie der Dialoge ist der *Parmenides* der früheste.[4] In der realen Chronologie der Werke Platons, die man in frühe, mittlere und späte einteilt, handelt es sich beim Parmenides jedoch um ein Spätwerk, wohl kurz nach 370 v. Chr. geschrieben[5], dem »insbesondere *Phaidon*, *Symposion* und *Republik* voraus« gingen und dem – durch Bezugnahmen gesichert – u. a. *Theaitet*, *Sophistes* und *Politikos* nachfolgen (von Kutschera, 1995, S. 1), wobei sich freilich in dieser Abfolge keine Entwicklung des platonischen Denkens zeigt. Der *Parmenides* bildet vielmehr mit den drei auf ihn folgenden Dialogen eine kompositorische Einheit (Guthrie, 1978, Bd. V, S. 33).

Die *formalen* Probleme haben vor allem damit zu tun, dass der Dialog aus zwei auf den ersten Blick sehr heterogenen Teilen besteht. Im ersten Teil wird über ein Gespräch berichtet, das der »sehr junge« (127c5 f.) Sokrates u. a. mit dem alten Parmenides und dessen Schüler Zenon geführt habe. Zu dessen Besonderheiten gehört, dass Parmenides dem Sokrates, nachdem dieser mit einer Befragung Zenons begonnen hatte, bald einmal die Gesprächsführung aus der Hand nimmt. Er macht Sokrates in der Folge auf eine Reihe von Paradoxien aufmerksam, die mit dessen Auffassung von Ideen verbunden sind.[6] Der junge Sokrates aber kann diese Paradoxien

3 Die Paginierung der beiden Abschnitte ist nicht einheitlich, da sie aus einem grösseren Zusammenhang herausgenommen wurden. Im folgenden wird der erste Abschnitt des ersten Teils als AI + Seitenzahl zitiert, der zweite als AII + Seitenzahl. Die beiden übrigen Teile mit B bzw. C.

4 Der *Phaidon*, der uns Sokrates im Gefängnis kurz vor seiner Hinrichtung zeigt, ist in der fiktiven Chronologie naturgemäss der letzte.

5 Dies ist die Auffassung von Brisson, 1994, S. 14.

6 Ich vermeide das Wort »Ideenlehre«. Damit folge ich der wegweisenden Platon-Studie von Wolfgang Wieland:

> Eine Ideelehre, die diesen Namen verdiente und die Aussagen über den logischen, den ontologischen und den axiologischen Status der Idee in systematischem Zusammenhang begründete, sucht man im Platontext jedoch vergebens. Selbst ein griechisches Äquivalent für den uns so vertrauten Ausdruck ›Ideenlehre‹ fehlt im Bereich der unzweifelhaft echten Schriften Platons« (Wieland, 1999, S. 96).

nicht auflösen und bekennt seine Ratlosigkeit (135 c7). Parmenides hält ihm schließlich vor, dass er zu früh, d. h. vor gehöriger Übung (πρὶν γυμνασθῆναι), sich über die Ideen ausgelassen habe (135 c8). Allseits dazu aufgefordert, erklärt sich Parmenides schließlich bereit, eine Probe solcher logisch-dialektischer »Gymnastik« zu liefern – und eben darin besteht der zweite Teil des Dialogs. Erfolgreiches Absolvieren der »Gymnastik« soll – so scheint es Becker zu sehen – die für die Meisterung der Ideenkonzeption erforderlichen Kompetenzen bereitstellen oder doch wenigstens üben.

Über den Zusammenhang bzw. Nicht-Zusammenhang der beiden Teile und damit über den systematischen Stellenwert der Intellektualgymnastik des zweiten ist – ohne schlüssiges Resultat – in der Forschung viel gerätselt worden. Der gerade skizzierte erste Teil zeigt den für viele Dialoge uns vertrauten, lebhaften, humorvollen und sorgsam inszenierten Austausch von Argumenten. Der zweite hingegen »consists of almost thirty Stephanus pages of unadorned argument. Yet when deciding what, exactly, the character of each part is and how they fit together to make up a whole, scholars still express doubts« (Meinwald, 1991, S. 3). Wie sollen diese beiden literarisch so disparaten Teile eine Einheit bilden?

Aber auch hinsichtlich des Inhalts gibt es viele Meinungen. Kutschera (1995, S. 12) stellt, nach einer Auflistung der wichtigsten Interpretationsansätze lakonisch fest: »Soweit ich sehe, gibt es bisher keine wirklich befriedigende Interpretation des *Parmenides*«.[7]

Als Becker an der Jahreswende 1942/43 seinen Parmenides-Artikel verfasste,[8] war die Lage nicht viel anders. Den Anstoß zu seiner Arbeit hatte die Parmenides-Interpretation von Max Wundt gegeben (Wundt, 1935).[9] Becker schließt sich »im Großen und Ganzen« (AI, S. 1) der Wundtschen »metaphysischen« Deutung des *Parmenides* an und beschränkt seine Überlegungen – wie auch Wundt selbst – auf den zweiten Teil des Dialogs. Die »metaphysische Deutung« des Parmenides verfolgt – damals wie heute[10] – bei allen Unterschieden im einzelnen eine Interpretationslinie, die von den Neuplatonikern begründet wurde und in der ontologisch-dialektischen Deutung Hegels ihren vorläufigen Höhepunkt erreichte. Sie besteht darin, »die großartige Dialektik im zweiten Teil des *Parmenides* wirklich in ihrer

Über die vielfach neu gesehene Stellung der Ideenkonzeption orientieren u. a. Gonzalez (Hrsg.), 1995, und Vegetti, 2003.

7 Hierin stimmen ihm vermutlich alle Interpreten bei.

8 Das Manuskript trägt die Aufschrift *Bonn, Dez. 1942 – Jan. 1943.*

9 Max Wundt war im Übrigen, aufbauend auf einer frühen *völkischen* Orientierung, – ohne Parteimitglied zu sein – einer der prononciertesten Vertreter einer Naziphilosophie. Als Naziphilosoph ist (wenigstens zeitweise) auch Becker einzustufen. Vgl. Wolters, 2002.

10 Eine neuere Vertreterin der metaphysischen Deutung ist I. Schudoma. Sie selbst spricht von »ontologisch-systematische[r] Interpretation« (z. B. Schudoma, 2001, S. 10).

Tiefe, als Ausdruck der wahren metaphysischen Überzeugungen Platons« zu deuten (Wundt, 1935, S. 27).[11]

Becker, dessen eigene Version der metaphysischen Deutung im nächsten Abschnitt behandelt wird, sieht jedoch

> die Entwicklung seines metaphysischen Systems nicht als die einzige Aufgabe an [...], die sich Platon im *Parmenides* stellt. Auch die Durcharbeitung der Dialektik des Einen ist Selbstzweck, in Verbindung mit der Weiterführung und schliesslichen Selbstaufhebung des eleatischen Ansatzes, wie sie im *Sophistes* dann vollendet wird (AI, S. 24).

Was nun die Form des *Parmenides* betrifft, vertritt Becker mit nicht geringem Aufwand eine überraschende, um nicht zu sagen kühne These: der zweite Teil des *Parmenides* war ursprünglich ein nicht dialogisierter, interner Lehrtext der Akademie, dem Platon dann eine, allerdings nur oberflächliche Dialogform gegeben und – etwas gewaltsam – mit dem ersten Teil verbunden hat. In Abschnitt IV wird genaueres berichtet.

III. Beckers metaphysische Deutung

Der zweite Teil des *Parmenides* besteht aus acht so genannten »Hypothesen«,[12] aus denen dann Schlussfolgerungen gezogen werden. Der Aufbau des Ganzen ist streng symmetrisch. Platon (oder Parmenides) geht aus von zwei Basishypothesen: (I) wenn das Eine ist (εἰ ἕν ἐστιν, 137c4) und (II) wenn das Eine nicht ist (εἰ δὲ δὴ μὴ ἔστι τὸ ἕν, 160b5). Die beiden Basishypothesen werden in einem ersten Schritt je zweifach aufgefächert: (1) Folgerungen aus (I) für das Eine (A); (2) Folgerungen aus (I) für vom Eins verschiedenes Andere (B). Entsprechend für (II): (1) Folgerungen aus (II) für das Eine; (2) Folgerungen aus (II) für vom Einen verschiedenes Andere. Schließlich werden diese vier »Hypothesen« je zweifach aufgefächert und zwar so, dass in jedem der vier Fälle untersucht wird, was sich ergibt, wenn dem Einen bzw. dem Anderen alle Bestimmungen zu- oder abgesprochen werden. Das ergibt insgesamt die acht »Hypothesen«, vier »positive« und vier »negative«, irgendwie *subjektive*, die nach Becker einander entsprechen müssen.

Im Dialog folgen sie so aufeinander:[13]

I. wenn das Eine ist:

A 1:	Erste Folgerung für das Eine	1. Hypothese
A 2:	Zweite Folgerung für das Eine	2. Hypothese

11 Die wichtigste Alternative zur metaphysischen Deutung in ihren unterschiedlichen Varianten ist die logische Deutung, vgl. z. B. von Kutschera, 1995.

12 Die Forschung ist sich im Übrigen uneins darüber, ob acht oder neun »Hypothesen« erörtert werden. Becker schliesst sich Wundts (1935, S. 26, S. 41 ff.) Auffassung an, dass es acht seien. Er tut dies allerdings weniger aus historisch-philologischen als systematisch-logischen Gründen.

13 nach dem Schema bei Wundt (1935, S. 29).

B 1: Erste Folgerung für das Andere 3. Hypothese
B 2: Zweite Folgerung für das Andere 4. Hypothese

II. Wenn das Eine nicht ist
A 1: Erste Folgerung für das Eine 5. Hypothese
A 2: Zweite Folgerung für das Eine 6. Hypothese
B 1: Erste Folgerung für das Andere 7. Hypothese
B 2: Zweite Folgerung für das Andere 8. Hypothese

Die metaphysische Deutung verlangt nun, dass den *positiven* Hypothesen (d. h. wenn das Eine ist) Stufen des Seins entsprechen. Becker schließt sich hier mit Wundt den spätantiken, neuplatonisch orientierten Kommentatoren an: absolut Eines – Idee – materielle Dinge – Materie sind die entsprechenden Seinsstufen.[14] Schwieriger sind die Zuweisungen zu den *negativen* Hypothesen. Bezüglich der fünften und sechsten folgt Becker Wundt. In der fünften wird

> wieder die Idee dar(gestellt), aber in negativer Hinsicht – als nicht seiende oder *andere*, d. h. im Gegensatz gegen andere Ideen stehende. Das Eine im Sinne der zweiten Hypothese (das ἓν ὄν) also *bezüglich* gesetzt, ist nicht seiend (abwesend), genauer *nicht so* seiend wie *andere* Einheiten. [...] Die 6. Hypothese zielt dagegen auf das unbezügliche (absolute oder höchste) Eine, ebenfalls als nicht seiendes (abwesendes), also negativ betrachtet. Im Ergebnis unterscheidet sie sich nicht von der 1. Hypothese, da das höchste »transzendente« Eine über den Gegensatz von Sein und Nichtsein hinaus ist – bekanntlich ein westlicher und östlicher Mystik gemeinsamer Satz (AI, S. 25).

Was hier auffällt ist, dass die fünfte, die erste *negative* Hypothese nicht etwa der ersten *positiven* entspricht, sondern der zweiten. Entsprechend besteht eine Zuordnung der zweiten *negativen* zur ersten *positiven* Hypothese.[15]

Die 7. Hypothese ist »das genaue Gegenstück zur Dritten« (AI, S. 26) und auf die Erscheinungen, sowohl »ihre Erscheinungsweisen in der Wahrnehmung«, aber auch – gegen Wundt – »Spiegelbilder und Schatten, perspektivische Gemälde, optische Täuschungen, Traumphantasien und Gespenster, [...] also die gesamte Welt der εἰκασία« (AI, S. 27).

---

14 Becker fügt (AI, 25) bei »Materie« in Klammern hinzu: »die dem Raum nahe steht«. Er bezieht sich damit offenbar auf Platons Theorie der χώρα im *Timaios* (48e2 ff.). Hier wird die χώρα als »dritte Gattung« (τρίτον γένος) neben dem »durch Denken Erfassbaren und immer an sich seienden« (νοητὸν καὶ ἀεὶ κατά ταὐτα ὄν) und dem »Werdenden und sichtbaren« (γένεσιν ἔχον καὶ ὁρατόν) (48e4 ff.) etabliert. Näherhin wird die »dritte Gattung« durch ihre Funktion charakterisiert: ein selbst formloses Wesen, in dem alle Materialität Gestalt annimmt. (Platon spricht (49a6) von ihr als »der Aufnehmerin und Amme allen Werdens« (πάσης εἶναι γενέσεως ὑποδοχὴν αὐτὴν οἷον τιθήνην)). Diese Funktionsbestimmung der χώρα wurde von den Interpreten teils als Raum, teils als Materie oder auch beides gedeutet.

15 Becker gibt dafür eine ausführliche Begründung, die hier nicht dargestellt werden kann.

Zur Bestimmung der mit der achten Hypothese verbundenen Seinsstufe verwendet Becker, einer der bedeutendsten Erforscher der antiken Proportionenlehre, eine Proportionalüberlegung. Danach sollten »bei der Neigung Platons zu *analogischem* architektonischen Aufbau« (AI, S. 26 f.) folgende Proportionen bestehen:
(1) 3. Hypothese: 4. Hypothese = 7. Hypothese: 8. Hypothese
(2) 3. Hypothese: 7. Hypothese = 4. Hypothese: 8. Hypothese
Wenn man nun »den noch unbekannten Gegenstand der 8. Hypothese mit X bezeichnet« (AI, S. 27) ergibt sich:
(1) Ding: Materie = Erscheinung: X
(2) Ding: Erscheinung = Materie: X
Becker resümiert:

> Nach der ersten Proportion ist also X *die Materie der Erscheinung, Shakespeares* ›Stoff aus dem die Träume gemacht sind‹ (›Der Sturm‹, IV. Akt, 1. Szene), nach der zweiten die *Erscheinung der Materie,* ›Rauches Schatten‹ (καπνοῦ σκιά) wie das griechische Sprichwort sagt. Das ist aber in beiden Fällen eine Beschreibung des *Nichts.* Denn Phantasmen, bloße Erscheinungen sind stofflos (vgl. Aristoteles, *de anima* III, 8; p. 432a9) und andererseits gibt es keine Erscheinung der letzten Materie, da diese dem Raume gleichzusetzen ist. Denn der leere Raum ist für sich nicht wahrnehmbar, ist kein Phänomen oder Phantasma.

Becker fügt noch die interessante Beobachtung an, dass »die mathematischen Gebilde (worunter auch die idealen Himmelskörper und musikalischen Töne zu verstehen sind) hier im *Parmenides* nicht als besondere Seinsstufe auftreten.«[16]

IV. Platons *geschriebene* »ungeschriebene Lehre«

Was den inhaltlichen Zusammenhang der beiden Teile betrifft, ist Becker, obwohl er viele Bezüge sieht, skeptisch: »im ganzen ist doch im zweiten Teil keine befriedigende Lösung der Problematik des ersten zu erblicken« (AII, S. 2).[17] Eine Reihe von weiteren, in der Literatur längst benannten Gründen haben es sodann für Becker »wahrscheinlich gemacht, daß der zweite Teil zunächst selbständig war« (AII, S. 3). Wenn man nun weiterhin bedenke, dass dem zweiten Teil die Dialogform irgendwie künstlich auferlegt zu sein scheine, stelle sich die Frage nach der Möglichkeit,

16 In einer überzeugenden Auslegung des so genannten Liniengleichnisses in Platons *Staat* kommt Wieland (1999, 201 ff.) zum gleichen Resultat: »In der Gedankenwelt des Liniengleichnisses ist für die Annahme spezifisch mathematischer Gegenstände kein Platz.« – Diese Auffassung teilt Becker für das Liniengleichnis jedoch nicht, wie sich aus einem dann doch nicht für die Veröffentlichung vorgesehenen Teil des ursprünglichen Manuskripts ergibt (OB 1 – 1c – 7, S. 37).

17 Eine solche beansprucht wiederum u. a. von Kutschera, 1995, S. 137 ff. für seine auf der mereologischen Logik beruhende logische Deutung des *Parmenides*.

> diesen zweiten Teil in seiner ursprünglichen Fassung, als eigene ›Schrift‹ [...] wiederherzustellen. Wenn es sich nur um ein bloßes Scheingespräch handelt, ist dann nicht der dialogischen Fassung eine andere in zusammenhängender Rede vorausgegangen? Und hätten wir nicht, wenn eine solche Wiederherstellung der Urfassung gelänge, ein Beispiel einer echten platonischen *Lehrschrift* vor uns, eine für den inneren Kreis der Akademie gedachte Belehrung oder Vorlesung? So wissen wir ja auch von den Ausführungen Platons ›Über das Gute‹, die mehrfach (u. a. von Aristoteles) nachgeschrieben wurden, aber bis auf wenige, nicht einmal wörtlich überlieferte Fragmente verloren gingen. [...] niemand ist anscheinend bisher auf den Gedanken gekommen, eine solche Lehrschrift aus dem Material der platonischen Dialoge selbst wiederzugewinnen.

Mit diesen Worten betritt Becker – möglicherweise ohne es bemerkt zu haben[18] – ein vermintes Gelände: das Feld der *ungeschriebenen Lehre* Platons. Becker wird nämlich von Verfechtern einer dem inneren Kreis der platonischen Akademie vorbehaltenen »esoterischen Sonderlehre Platons« gelegentlich zu den Vorläufern der so genannten Tübinger Schule (insbesondere Konrad Gaiser und Hans Joachim Krämer) gezählt (Gaiser, 1968, S. 21).

Jürgen Mittelstraß gehört zu den pointiertesten Kritikern dieses Ansatzes, der unter anderem eine »inhaltliche Eigenart und (den) Vorrang der esoterischen Lehre Platons« impliziert (Krämer, 1967, S. 23).[19] Speziell mit Blick auf Krämer bemerkt Mittelstraß, dass dieser »in einer sorgfältigen Rekonstruktion der Systementwürfe Speusipps [...] und Xenokrates' [...] den innerakademischen Ursprung neuplatonischer Lehren nachgewiesen« habe,

> wobei nun diese Rekonstruktion, wenngleich auch vom Autor selbst so sicherlich nicht beabsichtigt, zeigt, in welch phantastischen Spekulationen sich platonisches Denken alsbald verliert. Besonders deutlich wird diese Entwicklung wieder in dem Versuch einer theoretischen Fundierung der praktischen Philosophie [...], der nunmehr anscheinend konkurrenzlos das akademische Denken beherrscht. Man wird deshalb auch Krämers [und Gaisers] weiterer These, daß dieses Denken seinen Rückhalt schon in Platons (esoterischem) Philosophieren selbst findet [...], kaum vorbehaltlos zustimmen können, denn hier wird wieder auf den Kopf gestellt, was sich als Einsicht in die Ordnung von theoretischer und praktischer Philosophie für Platons (exoterisches) Philosophieren im allgemeinen nachweisen läßt. Jener von Krämer und Gaiser schon als Platonisch bezeichnete ›innerakademische‹ Entwurf überragt zwar alles Schriftliche, das wir von Platon besitzen, an spekulativer Geschlossenheit, läßt aber umgekehrt jene methodische Durchsichtigkeit vermissen, die [...] gerade die Höhe des platonischen Philosophierens ausmacht. [...] Wer darum auch die antike Geschichte des Platonismus über Xenokrates und Speusipp hinaus unmittelbar auf Platons authentische Lehrmeinung zurückführen will, der muß zunächst einmal die philosophische Glaubwürdigkeit der ›geschriebenen‹

18 In Beckers veröffentlichten Arbeiten, aber auch im Nachlass, soweit er im Konstanzer »Philosophischen Archiv« erhalten ist, findet sich kein Hinweis darauf, dass er die »Tübinger Schule« noch zur Kenntnis genommen hätte.

19 Vgl. Mittelstraß, 1967, besonders S. 34 ff.; Mittelstraß, 1970, S. 70 f.

> Platonischen Lehre, sofern sie jener ›ungeschriebenen‹ Lehre nicht entspricht, entkräften. So lange dies nicht gelingt, bleibt dieser Platonismus von Speusipp bis hin zu Plotin in seiner spekulativen Gestalt ein Stück Metaphysik, dessen Verfasser gewissermaßen in der falschen Vorlesung Platons gesessen haben (Mittelstraß, 1970, S. 71).

Gegen die hier angesprochene »hellenistische Desorientierung der Vernunft«, die in der neuplatonischen Platondeutung sichtbar werde, macht Mittelstraß (1970, S. 65 ff.) darauf aufmerksam, dass es Platon wie Aristoteles um die Begründung »vernünftiger Selbständigkeit« gehe, und dass im Zentrum ihres Denkens *auch* die Reflexion auf die »methodischen Voraussetzungen« jener Selbständigkeit stehe (Mittelstraß, 1970, S. 50).

Obwohl Becker sich *verbal* zur metaphysischen Interpretation des *Parmenides* bekennt, finden wir bei ihm *der Sache nach* merkwürdigerweise nichts wesentlich anderes als eine Ausarbeitung jener von Mittelstraß angesprochenen methodologischen Reflexion. Freilich handelt es sich dabei um eine methodologische Reflexion auf die Entstehung metaphysischer Aussagen über die Ordnung des Seienden bei Platon.

Becker ist im übrigen davon überzeugt, dass genau dies den platonischen Texten gerecht werde. In seinem Aufsatz *Der pythagoreische Gedanke* liegt ihm sehr daran, Platon vom Pythagoreismus abzurücken – trotz aller inhaltlichen Nähe. Der Grund dafür ist methodologisch: pythagoreisches Denken sei – ungeachtet der Faszination seiner Resultate – für Platon unmethodologische Spekulation: »Man darf aber auch Platon nicht völlig als Pythagoreer auffassen; denn er ist und bleibt, auch in der Spätzeit, ein *kritischer* Philosoph« (Becker, 1959, 14).[20] Und genau darauf, auf die methodenkritische Reflexion Platons, sind Beckers Ausführungen zu Platon in der Regel konzentriert. Beckers besondere Leistung besteht darin, in Platons Philosophie wieder jene mathematischen Methoden herausgearbeitet zu haben, die ihren zentralen methodologischen Antrieb bilden. Zweifellos am bekanntesten ist Beckers heute weithin akzeptierte Rekonstruktion der Ideenzahlenlehre (Becker, 1957). In unserer Abhandlung zum *Parmenides* hingegen sind Proportional- und Symmetrieüberlegungen leitend. *Mutatis mutandis* kann auch aus Beckers Sicht gelten, was Mittelstraß (1970, S. 37) am Beispiel der Geometrie über die methodische Ordnung in Platons Denken sagt: »Vieles spricht [...] dafür, daß die gesamte Konzeption der (klassischen) Ideenlehre bereits [...] (einer) sehr speziellen Einsicht im

20 Als Beleg für diese These führt Becker unter anderem die Unterscheidung von Wahrheit und Mythos im *Timaios* sowie den auf der Unterscheidung von Modell und Wirklichkeit beruhenden idealen Charakter der Astronomie an. Mittelstraß (1962, S. 117 ff.) unterstreicht im übrigen diese ideale Konzeption, indem er nachweist, dass das empirieorientierte Programm einer »Rettung der Phänomene«, d. h. die Erklärung der beobachteten astronomischen Verhältnisse unter Rekurs auf ideale Theorien »auch in seinem speziellen astronomischen Sinn *unplatonisch* ist« (S. 139).

geometrischen Bereich[21] folgt und nicht etwa umgekehrt diese Einsicht erst ermöglicht hat.«

Zurück zur ungeschriebenen Lehre. Beckers Stellung dazu entspricht voll und ganz seiner nüchternen methodologischen Orientierung. Obwohl er gelegentlich das Wort »Geheimlehre« verwendet, ist das, was er darüber zu sagen hat, eher das Dementi einer solchen.

Schon die Idee, aus dem zweiten Teil des *Parmenides* einen innerakademischen, »esoterischen« Lehrtext von Platons eigener Hand zu rekonstruieren, läuft der üblichen Auffassung zuwider, es handle sich bei der ungeschriebenen Lehre um schriftlich gar nicht zu auszudrückende Arcana, die von der geschriebenen Lehre grundverschieden, »wertvoller«[22] als diese und eben nur wenigen Eingeweihten zugänglich seien.[23]

Becker gibt mit seiner Rekonstruktion des zweiten Teils des *Parmenides* der ungeschriebenen Lehre eine unaufgeregte Deutung, die nirgendwo etwas »hineingeheimnist«. Der Gedanke, einen akademischen Schultext zu rekonstruieren, scheint mir im übrigen sehr gut zu Wielands (1999) Deutung zu passen, wonach Platons Schriftkritik im Kern darauf hinauslaufe, dass die allem propositionalen Wissen zugrunde liegenden Inhalte nicht-propositionalen Wissens nicht in Aussagen (und damit Texten), d. h. propositional darstellbar seien.[24] Damit ist freilich in Wielands (1999, S. 17) Augen »keineswegs eine pauschale Entwertung alles Schriftlichen bezweckt«. Es gehe Platon vielmehr darum, vor dem »Irrglauben« zu warnen, mit einem Text »auch das bereits zu wissen und zu verstehen, wovon er handelt«. Er ist nur ein »Werkzeug«, das den für ein Verständnis notwendigen »Realkontext« nicht darstellen kann.[25] »Wissen läßt sich [...] nicht in der Weise mitteilen, in der Dinge übergeben oder ausgetauscht werden« (Wieland, 1999, S. 21). Und weiter: »Die Wirkung des geschriebenen Wortes kann von seinem Urheber nicht in gleicher Weise wie die des gesprochenen Wortes kontrolliert werden. [...]

21 Gemeint ist die Unterscheidung von zeichnerisch realisierten geometrischen Gebilden und den idealen Formen der Geometrie, welche die gezeichneten Gebilde darstellen sollen.

22 So Platon selbst (278d) in seiner Schriftkritik am Schluss des *Phaidros*.

23 Wieland (1999, §2) liefert eine umfassende und überzeugende Kritik an der »Tübinger« Rekonstruktion der ungeschriebenen Lehre. Nicht zuletzt falle an ihr auf, dass die »mit einem grossen Aufwand an Scharfsinn erzielten Resultate [...] inhaltlich nun einmal von extremer Dürftigkeit und Simplizität« seien (S. 43).

24 Wieland (1999, 230) zählt hierzu »Fähigkeiten, Fertigkeiten, Kompetenzen und bewusstes Können, Urteilskraft, Gebrauchswissen und Erfahrung«. Er bemerkt weiter: »Durch alle diese Gestalten des Wissens wird ihrem Inhaber Welt und Wirklichkeit erschlossen. Über alle kann mit Hilfe von Aussagen geredet und argumentiert werden. Doch der Inhalt keiner dieser Wissensformen lässt sich in Gestalt von Aussagen präsentieren und einem anderen mitteilen.«

25 Die Dialogform kann als ein fiktiver Realkontext aufgefasst werden.

Erst die Kompetenz zur Explikation und zur Verteidigung aber zeigt das Vorliegen wirklichen Wissens an.«

Unter diesen Prämissen lässt sich die Becker'sche Rekonstruktion als gut platonisch verstehen: Platon schreibt für seinen Unterricht einen Text, der erst im realen Frage- und Antwortspiel der Schule über deiktische Mitteilungen und kontrollierte eigene Erfahrung des Schülers wirkliches Wissen zu vermitteln imstande ist.

Gibt es noch andere platonische Texte, die sich als innerschulische Übungsschriften verstehen lassen? Becker verneint diese Frage. Die zusammenhängenden Prosastücke der Briefe (nicht zu reden von den Problemen ihrer Echtheit) seien sowieso an externe Empfänger gerichtet. Die *Apologie* sei kein Lehrstück, sondern solle einen Bericht liefern, der *Timaios* »behält immer die Art eines weitausgesponnenen Mythos« (Becker AII, S. 22 f.) usw.[26]

> Vergleichbar müßte dagegen die verlorene Vorlesung ›über das Gute‹ sein, die aber leider nicht mehr in einer einigermaßen zuverlässigen Fassung zu rekonstruieren ist. Denn die bei Sextus Empiricus, Alexander von Aphrodisias, Simplicius u. a. erhaltenen angeblichen Fragmente sind im günstigsten Fall *aristotelisch*, aus der ›Nachschrift‹, in Wahrheit der *Bearbeitung* der platonischen Vorlesung durch Aristoteles stammend (Becker, AII, S. 23).

Das ist ein wenig ermutigender Hinweis für die kämpferischen Verfechter der ungeschriebenen Lehre: sie rekonstruieren allenfalls des *Aristoteles* Auffassungen von Platons Vorlesung *Über das Gute*.[27] Becker schließt (AII, S. 23) mit einem für ein angemessenes Verständnis Platons extrem wichtigen, aber gelegentlich nicht beachteten Hinweis darauf, dass das, was »man gemeinhin als Lehre Platons bezeichnet, [...] allenfalls das Ergebnis von Rekonstruktionsversuchen auf der Grundlage dieses Werks«[28] darstellt und dass der »wirkliche« Platon auf eine merkwürdige Weise verborgen bleibt:

> Aber selbst wenn eine *wortgetreue* Nachschrift der platonischen Ausführungen auf uns gekommen wäre, würde man vielleicht erkennen müssen, daß ihre Ähnlichkeit mit der Urfassung des zweiten Teils des *Parmenides* nicht allzu groß ist. Denn aller Wahrscheinlichkeit nach waren die Erörterungen über das Gute schlicht dogmatische Darlegungen ohne den für den *Parmenides* so kennzeichnenden dialektischen Einschlag. So ›pythagoreisch‹ περὶ τἀγαθοῦ gewesen sein dürfte, so ›eleatisch' ist die Urfassung des *Parmenides*. Beide aber sind ›Masken‹ des dionysischen Philosophen, der so selten im eigenen Namen redet.

---

26 Merkwürdigerweise zieht Becker den *Sophistes* nicht als weiteres mögliches Beispiel einer »dialogisierten« Lehrschrift in betracht. Die dialogische Rolle des Theaitetos im *Sophistes* scheint sich auf den ersten Blick nicht allzu sehr von der des Aristoteles im *Parmenides* zu unterscheiden.

27 Wie sehr eingebettet ins eigene Philosophieren und wie wenig verlässlich damit die *Philosophiegeschichte* des Aristoteles ist, hat seit den 30er Jahren bereits Harold Cherniss gezeigt. Neuerdings hat L. Zhmud, 1997, überzeugend nachgewiesen, dass die allgemein Pythagoras und dem frühen Pythagoreismus zugeschriebene *Zahlenmetaphysik* einzig und allein auf dem Zeugnis des Aristoteles beruht. Nach den weniger *interessierten* Quellen ist dieses aber mehr als unwahrscheinlich.

28 Wieland, 1999, S. 50.

V. »Vorschrift« und »Urfassung«

Im zweiten Abschnitt des ersten Teils seiner Abhandlung erörtert Becker ausführlich die Aufgaben, die sich einer nicht willkürlichen Elimination der Dialogform stellen. Der Anfang ist einfach:

> Es müssen die – nichtssagenden – Antworten des Aristoteles im Gespräch sämtlich gestrichen werden. Das ist in der Tat ausführbar [...] ohne daß ein einziger Gedanke verloren geht, denn ein solcher ist in den Äußerungen des Aristoteles nicht enthalten (AII, 4).[29]

Nach einer zweiten Regel sind rhetorische Fragesätze in »*sinngleiche* gewöhnliche Aussagesätze zurückzuverwandeln und das ohne Willkür«. Eine andere befasst sich mit rhetorischen Fragen, die eine negative Antwort erwarten, die dann natürlich die Einfügung einer Negation in der betreffenden Aussage verlangen, wobei freilich nicht immer festgelegt ist, wo sie einfügt werden soll oder welche der beiden griechischen Formen der Verneinung anzuwenden ist. Nicht frei von einer gewissen Willkür ist die Behandlung von Doppelfragen oder auch der Frage »wieso?« (πῶς;). Im letzteren Fall hat »die Antwort des Parmenides einen *begründenden* Sinn, der bei der Umwandlung in fortlaufende Rede nicht verloren gehen darf und etwa durch ein an geeigneter Stelle eingeschobenes γάϱ erhalten werden muß« (AII, 5).

Der zweite Teil der Beckerschen Abhandlung (*Vorschrift für die Umwandlung der Dialogform in die Urfassung*) enthält nun nichts anderes als eine Auflistung aller Stellen des zweiten Teils des *Parmenides*, an denen Dialogelemente eliminiert wurden. Der dritte Teil schließlich besteht in einer (vollständigen),[30] säuberlich von Hand ausgeführten Reinschrift der auf die oben angegebene Weise rekonstruierten »Urfassung« des zweiten Teils des *Parmenides* (137c4 bis zum Schluss).

Es ist zu wünschen, dass mit der geplanten Veröffentlichung des Beckerschen Nachlasses, die Diskussion um die ungeschriebene Lehre angesichts eines – wenn Becker Recht hat – *geschriebenen* Stücks neue Perspektiven erhalten wird.[31] Es könnte ja beispielsweise so sein, dass Platon darauf verzichten wollte, besonders komplizierte Texte (und der zweite Teil des *Parmenides* ist gewiss hoch kompliziert) an eine Öffentlichkeit zu bringen, die sie ohnehin nicht verstanden und sich daher – zum Schaden der weithin verständlichen Texte – eher darüber mokiert hätte. Vielleicht wird sich einmal ergeben, dass die Unterschiede zwischen der exoterischen und esoterischen Lehre Platons nicht viel tief greifender sind als diejenigen, die in

29 Schudoma (2001, S. 46) freilich glaubt resümieren zu können, »dass die kurzen Antworten des Aristoteles nicht ganz bedeutungslos sind«.

30 Merkwürdigerweise hat Becker im zweiten Abschnitt des ersten Teils (AII, S. 6) den Satz stehen gelassen: »Aus Raumgründen kann hier nicht der ganze Text des zweiten Teils des *Parmenides* umgeschrieben vorgelegt werden«.

31 Die geplante Herausgabe steht unter der Federführung von Annemarie Gethmann-Siefert (Hagen).

den zwanziger Jahren des vorigen Jahrhunderts zwischen den, nur Spezialisten zugänglichen, hochprofessionellen und technischen Diskussionen in der beginnenden analytischen Philosophie und Wissenschaftstheorie im *Wiener Kreis* einerseits und deren popularisierender Verbreitung in den Schriften und öffentlichen Vorträgen des *Vereins Ernst Mach* andererseits bestanden haben.

Literaturverzeichnis

Becker, Oskar, 1957, »Zum Problem der platonischen Idealzahlen (eine Retraktation)«, in: ders., *Zwei Untersuchungen zur antiken Logik*, Wiesbaden: Otto Harrasowitz, S. 1 – 22.

Becker, Oskar, 1959, *Größe und Grenze der mathematischen Denkweise*, Freiburg/München: Karl Alber.

Becker, Oskar, 1963, *Dasein und Dawesen: Gesammelte philosophische Aufsätze*, Pfullingen: Neske.

Brisson, Luc (Hrsg.), 1994, *Parménide, traduction inédite, introduction et notes*, Paris: GF-Flammarion

Gaiser, Konrad, 1968, *Platons ungeschriebene Lehre. Studien zur systematischen und geschichtlichen Begründung der Wissenschaften in der Platonischen Schule*, 2. Aufl., Stuttgart: Ernst Klett, [1. Auflage 1963].

Gonzalez, Franciso J. (Hrsg.), 1995, *The Third Way. New Directions in Platonic Studies*, London: Rowman & Littlefield.

Guthrie, W. K. C., 1978, *A History of Greek Philosophy*, Vol. V (The Later Plato and the Academy), Cambridge: Cambridge University Press.

Kutschera, Franz von, 1995, *Platons ›Parmenides‹*, Berlin/New York: Walter de Gruyter.

Meinwald, Constance C., 1991, *Plato's Parmenides*, New York/Oxford: Oxford University Press.

Mittelstraß, Jürgen, 1962, *Die Rettung der Phänomene. Ursprung und Geschichte eines antiken Forschungsprinzips*, Berlin: Walter de Gruyter.

Mittelstraß, Jürgen, 1967, »Ontologia more geometrico demonstrata«, in: *Philosophische Rundschau*, 14, S. 27 – 40.

Mittelstraß, Jürgen, 1970, *Neuzeit und Aufklärung. Studien zur Entstehung der neuzeitlichen Wissenschaft und Philosophie*, Berlin/New York: Walter de Gruyter.

Schudoma, Ingeborg, 2001, *Platons Parmenides. Kommentar und Deutung*, Würzburg: Königshausen und Neumann.

Vegetti, Mario, 2003, »›Solo Platone non c'era‹«, in: *Paradigmi*, 62, S. 261 – 277.

Wieland, Wolfgang, 1999, *Platon und die Formen des Wissens*, 2., durchgesehene und um einen Anhang und ein Nachwort erweiterte Auflage, Göttingen: Vandenhoeck & Ruprecht [Erstauflage 1982].

Wolters, Gereon, 2002, »Philosophie im Nationalsozialismus: der Fall Oskar Becker«, in: Mittelstraß, Jürgen/Gethmann-Siefert; Annemarie (Hrsg.), *Die Philosophie und die Wissenschaften. Zum Werk Oskar Beckers*, München: W. Fink, S. 27 – 64.

Wolters, Gereon/Schroeder(-Heister), Peter, 1979, *Der wissenschaftliche Nachlass von Hugo Dingler (1881 – 1954) – Verzeichnis – mit einer Bibliographie der Schriften Dinglers*, Konstanz: Universität [als Manuskript gedruckt].

Wundt, Max, 1935, *Platons Parmenides*, Stuttgart/Berlin: W. Kohlhammer.

Zhmud', Leonid, 1997, *Wissenschaft, Philosophie und Religion im frühen Pythagoreismus*, Berlin: Akademie Verlag.

Aristoteles' *Ergon*-Argument in der *Nikomachischen Ethik*

Peter Stemmer

EN I, 6. 1097 b 22 – 1098 a 20:

> Vermutlich findet man es unkontrovers, zu sagen, das höchste Gute (*to ariston*) sei das Glück (*eudaimonia*); aber es steht noch aus, deutlicher zu bestimmen, was es ist. Dies dürfte gelingen, wenn man die charakteristische Hervorbringung (*to ergon*) des Menschen ins Auge faßt. Denn wie bei einem Flötenspieler, einem Bildhauer und jedem Fachmann und überhaupt bei allen, die eine charakteristische Hervorbringung und Handlung haben, das Gute (*to agathon*) und das Auf-gute-Weise (*to eu*) nach allgemeiner Ansicht im Bereich der charakteristischen Hervorbringung liegen, so wird es wohl auch beim Menschen sein, wenn es denn eine charakteristische Hervorbringung des Menschen gibt. Gibt es also charakteristische Hervorbringungen und Handlungen des Schreiners und des Schusters, aber nicht des Menschen? Ist er vielmehr von Natur aus untätig? Oder wird man, wie offenbar ein Auge, eine Hand, ein Fuß und überhaupt jedes Körperteil eine charakteristische Hervorbringung hat, so auch beim Mensch neben all dem eine charakteristische Hervorbringung annehmen?
>
> Was also könnte sie sein? Das Leben ist offenbar etwas mit den Pflanzen Gemeinsames, wir suchen aber das Eigene. Das Leben des Sich-Ernährens und Wachsens muß man folglich beiseite lassen. Das nächste, das in Frage kommt, ist ein Leben der Wahrnehmung, aber auch das teilt der Mensch offensichtlich mit den Pferden, den Rindern und allen Tieren. Es bleibt also nur ein tätiges Leben dessen (im Menschen), das Vernunft (*logos*) hat. Von diesem hat der eine Teil Vernunft in der Weise, daß er der Vernunft gehorcht, und der andere in der Weise, daß er Vernunft hat und denkt. Da ›Leben‹ auch hier eine zweifache Bedeutung hat, muß man festhalten, daß wir Leben im Sinne des Tätigseins verstehen. Denn dies scheint die eigentlichere Bedeutung des Wortes zu sein.
>
> Wenn aber die charakteristische Hervorbringung des Menschen das Tätigsein der Seele gemäß der Vernunft oder nicht ohne Vernunft ist und wenn wir sagen, die charakteristische Hervorbringung des So-und-so und des guten So-und-so sei der Art nach dieselbe, wie die des Kitharaspielers und des guten Kitharaspielers, und genauso auch in allen anderen Fällen, in denen das Plus des Gutseins (*aretē*) zu der charakteristischen Hervorbringung hinzugefügt wird – denn die charakteristische Hervorbringung des Kitharaspielers ist das Kitharaspielen, die des guten das Auf-gute-Weise –, wenn dies so ist und wir annehmen, die charakteristische Hervorbringung des Menschen sei ein bestimmtes Leben, nämlich das Tätigsein und die Handlungen der Seele mit Vernunft, die des guten Menschen aber, dies auf gute und lobenswerte Weise zu tun, und wenn sich jedes Auf-gute-Weise gemäß dem jeweiligen Gutsein vollzieht, – wenn dies so ist, dann erweist sich das menschliche Gute als Tätigsein der Seele gemäß dem Gutsein. Und wenn es mehrere Formen des Gutseins gibt, gemäß der besten und vollkommensten.
>
> Ferner ist noch hinzuzufügen: in einem ganzen Leben. Denn eine Schwalbe macht noch keinen Sommer, und auch nicht ein Tag. So macht auch ein Tag oder eine kurze Zeit niemanden glücklich. (Übersetzung P. S.)

I.

Die Grundfrage der antiken Ethik war die Frage, wie man leben soll. Da jeder Mensch ein gutes oder, wie die Griechen auch sagten, glückliches Leben leben will, fragt diese Frage danach, welche Lebensweise das gesuchte glückliche Leben realisiert oder einfach was das glückliche Leben ist. Warum diese Frage so besonders wichtig war und die Philosophen sich ihrer mit solcher Intensität annahmen, ist leicht zu sagen: Jeder Mensch beschäftigt sich auf die eine oder andere Weise mit ihr. Jeder Mensch muss seinem Leben eine Richtung und Gestalt geben, es so oder so führen. Und er tut dies geleitet von einer mehr oder weniger bestimmen Vorstellung davon, was das angestrebte Glück ausmacht. Die Frage, was das Glück für den Menschen ist, entspringt also der Konkretion und Spontaneität des Lebens; die Philosophie bringt sie nicht aus sich heraus hervor, sie greift sie nur auf und versucht sie mit ihren Mitteln, methodisch und argumentativ, anzugehen.

Hinzu kommt freilich, wenn wir auf Platon und Aristoteles blicken, noch ein spezielleres Motiv für die Frage nach dem Glück. Es hat mit der Sophistik zu tun. Einige Sophisten hatten behauptet, sich moralisch zu verhalten, sei nicht glückszuträglich und deshalb nicht vernünftig, im Gegenteil. Denn wer sich moralisch verhalte, lebe ein Leben der Selbstbegrenzung und des Verzichts, statt seine Neigungen und Wünsche ohne Einschränkung auszuleben. Deshalb sei es vernünftig, sich nur dann moralisch zu verhalten, wenn externe Faktoren wie sozialer Druck und Strafen dazu nötigen, ansonsten aber seine eigenen Ziele auch auf Kosten anderer zu verfolgen. Das Idealbild des Glücklichen ist für diese Philosophen der Tyrann, der ohne Rücksicht auf andere tun und lassen kann, was er will. – Platon und Aristoteles teilen mit der Sophistik die Annahme, moralisches Verhalten sei nur dann vernünftig, wenn es glückszuträglich sei. Deshalb wurde es für sie zwingend, zu fragen, was das Glück für den Menschen in Wahrheit ist. Ist es das, was die Sophisten dafür halten, oder etwas anderes? Die Thematisierung des Glücks steht bei Platon und Aristoteles also von vornherein auch im Kontext der Moralbegründung. Es gilt zu zeigen, dass das Glück von der Art ist, dass, moralisch zu sein, glückszuträglich ist.

Überblicken wir unter diesem Gesichtspunkt die Theorien Platons und Aristoteles', können wir eine signifikante Verschiedenheit erkennen. Bei Platon ist die Auseinandersetzung mit der Sophistik explizit, man denke nur an Sokrates' Diskussionen mit Kallikles und Thrasymachos im *Gorgias* und in der *Politeia*. In diesen Dialogen wird sehr deutlich, dass die Auseinandersetzung über die Frage, ob man gerecht und insgesamt moralisch sein soll, auf die Frage zuläuft, was denn das Glück für den Menschen ist. Aber bei Platon wird weniger deutlich, wie das Glück inhaltlich zu bestimmen ist. In der *Politeia* verschlingt sich die Frage, was das Glück ist, auf undurchsichtige Weise mit der Frage nach der Idee des Guten.[1] Bei Aristoteles ist es anders: die Auseinandersetzung mit der Sophistik ist weniger greifbar; der

Fundierungszusammenhang der Fragen nach Glück und Moral bleibt bei ihm eher verdeckt, obwohl er ihn im Auge hat und es, wie wir sehen werden, für das Verständnis seiner Glücksbestimmung wichtig ist, diesen Zusammenhang vor Augen zu haben. Die Frage, was das Glück ist, und die Bestimmung des Glücks sind hingegen bei Aristoteles ganz explizit. In seinen beiden Ethiken, der *Eudemischen* und der *Nikomachischen Ethik*, ist die Frage nach dem Glück die Themafrage.

II.

In der *Nikomachischen Ethik* fällt zunächst auf, dass Aristoteles – anders als in der früheren *Eudemischen Ethik* – nicht mit dem Begriff der *eudaimonia*, sondern mit dem des *to agathon* einsetzt. *To agathon*, das Gute (oder auch: das Gut) ist das, wonach etwas strebt, also das Erstrebte oder auch das Ziel[2], wobei der bestimmte Artikel *to* hier eine heraushebende, singularisierende Funktion hat, so wie wenn man sagt, das Gipfeltreffen sei *das* politische Ereignis des Jahres gewesen. *To agathon* bedeutet also: das besonders oder das letztlich Erstrebte, das höchste und letzte Ziel. Aristoteles spezifiziert die Singularität, indem er sagt, das *agathon* sei das, um dessentwillen alles andere erstrebt werde, also das höchste Gute: *to ariston*.[3] In der *Nikomachischen Ethik* ist die Frage, was das *agathon* für den Menschen ist, nicht in einer bestimmten beruflichen oder sonstigen Tätigkeit, sondern *als Mensch*.[4] Was ist das höchste Ziel, um dessentwillen der Mensch alles andere erstrebt?

Es gibt freilich nicht nur das höchste Gute für den Menschen, es gibt auch das *agathon* eines Arztes, eines Bildhauers, eines Politikers und auch das eines Tieres und einer Pflanze. Ein Arzt erstrebt in allem, was er als Arzt tut, ein höchstes Gut, eben das spezifische *agathon* des Arztes; genauso tut es ein Bildhauer. Der Arzt erstrebt die Gesundheit seiner Patienten, der Bildhauer das Gelingen seiner Arbeiten, der Politiker die Etablierung und Sicherung der *eunomia*, der guten Verfassung des Staates.[5] Aber nur das höchste Gute für den Menschen wird als *eudaimonia* bezeich-

1 Vgl. hierzu Stemmer, 1992, § 12.

2 Vgl. EN I, 1. 1094 a 3 f., I, 5. 1097 a 21.

3 EN I, 1. 1094 a 18–22, I, 5. 1097 a 28, I, 6. 1097 b 22. – Tugendhat, 1993, S. 107, hat gemeint, Aristoteles habe *to agathon* erstmals in dieser Bedeutung gebraucht, bei Platon finde sich der Ausdruck so noch nicht. Tatsächlich finden wir dieselbe Verwendung bei Platon sehr häufig, und Platon hat auch bereits gesagt, das höchste Gute (*to agathon*) sei für den Menschen die *eudaimonia*. Vgl. hierzu im einzelnen Stemmer, 1992, S. 160 ff. Man kann sogar darin, dass Aristoteles in der *Nikomachischen Ethik* im Unterschied zur *Eudemischen Ethik* mit dem Begriff des Guten und nicht mit dem des Glücks einsetzt, eine größere Nähe zur platonischen Ethik sehen. So m.E. zu Recht Kenny, 1978, S. 203.

4 Vgl. die Formulierung *to anthrōpinon agathon* EN I, 1. 1094 b 7, I, 6. 1098 a 16, I, 13. 1102 a 14 f.

5 Vgl. EN I, 5. 1097 a 15–22, III, 5. 1112 b 12 ff., I, 1. 1094 a 8, auch EE I, 8. 1218 a 31 ff.

net (wenn wir im Moment von den Göttern absehen). *To agathon* ist also der weitere Begriff, der nicht auf das menschliche höchste Gute beschränkt ist. Und hierin dürfte zumindest ein wesentlicher Grund dafür liegen, dass Aristoteles in der *Nikomachischen Ethik* den Begriff des *agathon* und nicht den der *eudaimonia* als Ausgangspunkt wählt.[6] Denn im *Ergon*-Argument in EN I, 6 erreicht er seine Bestimmung des spezifisch menschlichen *agathon*, indem er mit einer allgemeinen Aussage über das höchste Gute in den verschiedenen Gegenstandsklassen, in denen es ein solches *agathon* gibt, beginnt und dann schließt, was allgemein so-und-so sei, werde wohl auch speziell beim Menschen so sein. Er schließt hier vom Allgemeinen aufs Spezielle. Und natürlich kann er so nur vorgehen, wenn er zuvor den allgemeinen Begriff des *agathon* eingeführt hat. Für die Vorgehensweise des *Ergon*-Arguments der *Nikomachischen Ethik* ist der Begriff des *agathon* also zentral. Und es ist aufschlussreich, dass sich dieser Schritt von dem, was für das *agathon* generell gilt, zur Bestimmung des spezifisch menschlichen *agathon* im *Ergon*-Argument der *Eudemischen Ethik* nicht findet.

Es ist wichtig, noch auf eine wesentliche Prämisse der aristotelischen Frage nach dem *agathon* für den Menschen aufmerksam zu machen. Ein *agathon* ist immer das höchste Ziel für *alle* Exemplare der jeweiligen Gegenstandsklasse. Die Gesundheit der Patienten ist das *agathon* für alle Ärzte, nicht nur für einzelne, während andere ein anderes *agathon* haben. Wenn Aristoteles nach dem *agathon* für den Menschen fragt, fragt er also nach dem einen höchsten Ziel für alle Menschen. Alle Menschen kommen – das ist die Voraussetzung seiner Frage – darin überein, ein und dasselbe letzte Ziel zu haben. Nun übersieht Aristoteles nicht, dass die Menschen faktisch nicht alle dasselbe als letztes Ziel anstreben; die einen halten die Lust für das höchste Gut, andere die Ehre, und wieder andere den Reichtum. Dies bedeutet, dass *to agathon* nicht das faktisch angestrebte letzte Ziel meint, sondern das letzte Ziel, das jeder anstrebt, wenn er sich über das, was das Gute ist, nicht täuscht. Aristoteles nimmt diese Präzisierung seines Begriffs des *to agathon* explizit erst in EN III, 6 vor; er spricht hier von dem, was »in Wahrheit« letztes Ziel des Strebens ist[7], dem von Natur aus Guten.[8]

6 Auf einen weiteren möglichen Grund verweist Wolf, 2002, S. 31 f.

7 EN III, 6. 1113 a 23 f.

8 EN III, 6. 1113 a 21, IX, 9. 1170 a 21.

III.

Was also ist nun das in Wahrheit Gute für den Menschen? Eine Antwort, auf die sich die meisten schnell einigen können, ist: das Glück, die *eudaimonia*. Doch das ist eigentlich nur ein anderes Wort, das Wort der natürlichen Sprache für das, was die Philosophen »das Gute für den Menschen« nennen. Dennoch ist mit der Einführung des Glücksbegriffs etwas erreicht. Denn glücklich zu sein, bedeutet nach allgemeiner, von Aristoteles geteilter Auffassung, dass man gut lebt und es gut geht (*eu zēn kai eu prattein*).[9] Damit ist immerhin etwas Wichtiges gewonnen, nämlich dass das höchste Gute, das der Mensch letzten Endes anstrebt, eine bestimmte Art des Lebens ist. Das Glück ist, so sagt Aristoteles in der *Metaphysik* ausdrücklich, ein Leben bestimmter Art.[10] Freilich besteht kein Konsens darüber, ein Leben welcher Art das Glück ist. Deshalb sagt Aristoteles zu Beginn von EN I, 6, man finde es vermutlich unkontrovers, dass das höchste Gute das Glück sei, aber es sei noch deutlicher zu bestimmen, was das Gute sei.[11] – Wie sieht nun seine Bestimmung und der Weg zu ihr im *Ergon*-Argument aus?

IV.

Aristoteles setzt ein, indem er sagt, die Bestimmung dessen, was das Gute für den Menschen ist, dürfte gelingen, wenn man das *ergon* des Menschen thematisiere. Denn bei allem, was ein *ergon* (und eine *praxis*) habe, liege das *agathon* (und das *eu*) nach allgemeiner Ansicht im Bereich des *ergon*, und deshalb werde es wohl auch beim Menschen so sein.[12] Das ist ohne Zweifel eine etwas vage Formulierung: es liegt im Bereich des *ergon*.[13] Wie ist sie zu verstehen? Zunächst müssen wir sehen, was das ist, das *ergon* von etwas.

---

9 EN I, 2. 1095 a 18 ff.; vgl. auch I, 8. 1098 b 20 ff., IX, 9. 1169 b 30 f.

10 Met. IX, 8. 1050 b 1 f.

11 EN I, 6. 1097 b 22 ff.

12 EN I, 6. 1097 b 24–28.

13 Viele Übersetzer und Interpreten verstehen ἐν τῷ ἔργῳ… τἀγαθὸν εἶναι καὶ τὸ εὖ (1097 b 26 f.) so, als sage Aristoteles hier, das Gute (und das Auf-gute-Weise) *sei* das *ergon*. Im Deutschen findet man die Übersetzung, das Gute »liege im« *ergon* (so Rolfes, 1985; Gigon, 1967; Dirlmeier, 1983), im Englischen, das Gute »resides in the *ergon*« (so Ross/Urmson, 1984; Rowe, 2002; auch Kenny, 1992, S. 144). Ricken, 1976, S. 23, 26, meint, Aristoteles behaupte, »das Gut des Menschen bestehe in seinem Ergon«, und er versteht dies eindeutig in dem Sinne, dass das Gut das *ergon* ist. Aus sprachlichen und sachlichen Gründen ist dieses Verständnis des Textes meines Erachtens nicht richtig. Zunächst steht im Text nicht, dass das *agathon* das *ergon* ist; denn dann müsste statt ἐν τῷ ἔργῳ einfaches (τὸ) ἔργον stehen. Eine parallele Formulierung mit ἐν c. dat. findet sich in EN IX, 9. 1169 b 30 f., wo es heißt, τὸ εὐδαιμονεῖν ἐστὶν ἐν τῷ ζῆν καὶ ἐνεργεῖν. Auch hier sagt Aristoteles nicht, das Glücklichsein sei das Leben und das Tätigsein, vielmehr liegt es im Bereich des Lebens und des Tätigseins.

Aristoteles führt den Begriff des *ergon* nicht ausdrücklich ein, aber es ist klar, dass er ihn so versteht, wie ihn Platon am Ende des 1. Buches der *Politeia* erläutert hat. Zieht man die verschiedenen Formulierungen, die Platon hier bietet, zusammen, kommt man zu folgender Definition: Das *ergon* einer Gegenstandsklasse X ist das, was ein x (ein Exemplar dieser Klasse), und zwar *nur* ein x oder aber ein x *am besten*, hervorbringt, entweder bei seinem Gebrauch oder auch aus sich heraus. Ein Beispiel Platons ist ein Auge. Nach der Definition ist das *ergon* eines Auges das, was ein Auge, und zwar nur ein Auge oder aber ein Auge am besten, hervorbringt, entweder bei seinem Gebrauch oder aus sich heraus. Das, was nur ein Auge hervorbringt, ist das Sehen. Das *ergon* eines Auges ist also das Sehen. Ein zweites Beispiel Platons ist eine Rebschere: Das *ergon* einer Rebschere ist das, was nur eine Rebschere oder aber eine Rebschere am besten hervorbringt. Das ist naturgemäß das Reben-Schneiden. Das *ergon* einer Rebschere ist also das Reben-Schneiden. Und hier haben wir den Fall, dass man Reben zwar auch mit anderen Schneidewerkzeugen schneiden kann, aber am besten natürlich mit einer eigens zu diesem Zweck erfundenen Rebschere. – Wir können kurz sagen: Das *ergon* eines x ist die für ein x charakteristische Hervorbringung.[14]

Diese Erläuterung zeigt, dass *to ergon* genauso wie *to agathon* ein logisch attributiver Begriff ist: was das *ergon* jeweils ist, ist relativ auf eine Gegenstandsklasse, und das *ergon* der einen Gegenstandsklasse ist etwas anderes als das einer anderen Gegenstandsklasse. Das *ergon* eines Auges ist das Sehen, das einer Seele das Leben, das eines Schusters die Schuhe. Innerhalb einer Gegenstandsklasse haben indes alle Exemplare ein und dasselbe *ergon*. Festzuhalten ist auch, dass der bestimmte Artikel *to* in dem Ausdruck *to ergon* erneut hervorhebend und singularisierend verwandt ist. Es gibt viele Hervorbringungen, zu denen man eine Rebschere verwenden kann, aber nur das Rebenschneiden ist *die* Hervorbringung, nämlich die eine für Rebscheren charakteristische Hervorbringung.[15] Deshalb definiert man durch diese eine

Es ist eben eine besondere Weise des Lebens und Tätigseins. Das führt schon zum sachlichen Argument: Aristoteles ist nicht der Meinung, dass das *agathon* des Menschen sein *ergon* ist. Das *ergon* des Menschen ist sein vernunftgemäßes Tätigsein, und sein *agathon* ist die gute Realisierung dieses *ergon* oder, wie man auch sagen kann, die Realisierung dieses *ergon* gemäß der *aretē*. Das *agathon* liegt also im Bereich des vernunftgemäßen Tätigseins, es ist aber nicht dieses Tätigsein, vielmehr eine bestimmte Art dieses Tätigseins. – Irwin, 1985, erläutert den Text zutreffend (S. 305), übersetzt aber wenig überzeugend mit: »the good… seems to depend on its function« (S. 15 f.).

14 Vgl. Platon, Rep. 352 d – 354 a 4. – Der Platon-Text lässt sehr schön erkennen, dass *ergon* sich von den Verben *ergazesthai* und *apergazesthai* ableitet und dass Platon die Bedeutung des Wortes aus diesem Zusammenhang bestimmt; vgl. Rep. I, 353 a 10 f., b 14 f., c 6 f., 10, e 2.

15 Vgl. hierzu das *idion* in Aristoteles, EN I, 6. 1097 b 34 und Platon, Rep. I, 353 d 7, sowie Aristoteles' Formulierung *to ergon to oikeion* in EN VI, 2. 1139 a 17. – Selbst wenn Platon sagt (oder Sokrates und Thrasymachos sagen lässt), dass eine Seele mehrere *erga* habe (Rep. I, 353 d 3 – e 3), sind dies nicht irgendwelche Hervorbringungen der Seele, sondern nur solche, die für sie charakteristisch, die ihr eigen (*idia*) sind. Das Gegenwort zu *idion* ist *koinon*; vgl. EN I, 6. 1097 b 33, 1098 a 2.

charakteristische Hervorbringung, was eine Rebschere ist. Aristoteles verbindet den Begriff des *ergon* mit dem des Wesens. Was etwas ist, ist, so sagt er, durch das jeweilige *ergon* bestimmt.[16] Ein Schuster ist seinem Wesen nach jemand, der Schuhe macht, die Seele das, wodurch alles Lebendige lebt, das Auge das, womit man sieht. Und deshalb ist ein Auge, mit dem man nicht sehen kann, in Wahrheit kein Auge, und es sollte auch nicht so bezeichnet werden, es sei denn in uneigentlicher Weise.[17] Hieraus ergibt sich die für Aristoteles wesentliche Idee, dass in der Realisierung des eigenen *ergon* die Verwirklichung und Entfaltung des eigenen Wesens liegt.

To ergon wird häufig mit »die Funktion« übersetzt und in großen Teilen der Aristoteles-Interpretation in diesem Sinne verstanden.[18] Wie einige andere Interpreten halte ich diese Übersetzung für irreführend.[19] Sie passt an einigen Stellen sehr gut, aber an anderen nicht, und deshalb ist sie auch dort, wo sie passt, problematisch. Diese Übersetzungsfrage ist von besonderer Bedeutung, weil das *Ergon*-Argument, versteht man *ergon* als »Funktion«, eine Reihe schwerwiegender Einwände auf sich zieht, die hinfällig werden, wenn man, wie hier vorgeschlagen, »charakteristische Hervorbringung« oder eine ähnliche Formulierung für die angemessenere Wiedergabe hält. Ich muss mich auf einige Bemerkungen beschränken. – Im *Ergon*-Argument der *Eudemischen Ethik* (EE II, 1) sagt Aristoteles, das *ergon* könne eine Tätigkeit oder auch das Ergebnis einer solchen, also das von der Tätigkeit abgelöste Produkt sein. So seien das *ergon* der Baukunst die Häuser, nicht das Bauen der Häuser, das *ergon* der Medizin die Gesundheit der Patienten, nicht die ärztliche Behandlung, das *ergon* der Schuhmacherei die Schuhe, nicht deren Herstellung. Während das *ergon* des Auges oder des Sehvermögens das Sehen sei und das der mathematischen Wissenschaft die Tätigkeit der Theorie.[20] Nun ist klar, dass man nicht sagen kann, die Häuser seien die Funktion der Baukunst, die Schuhe die Funktion der Schuhmacherei. Man könnte sagen, das Herstellen der Schuhe sei die Funktion des Schusters, aber dies ist, wie Aristoteles ausdrücklich sagt, nicht das *ergon*. Die Übersetzung von *ergon* mit »Funktion« ist hier also unmöglich.[21] Sie

16 Vgl. Meter. IV, 12. 390 a 10 f.; Pol. I, 2. 1253 a 23.

17 Vgl. Meter. IV, 12. 390 a 11 – 14; Pol. I, 2. 1253 a 20 – 25; de part. an. I, 1. 640 b 34 – 641 a 6.

18 So übersetzen in EN I, 6 Ross/Urmson, 1984; Thomson, 1976; Irwin, 1985; Rowe, 2002; Tricot, 1967. Die deutschen Übersetzungen ziehen andere Formulierungen vor; Rolfes, 1985, übersetzt mit »eigentümliche Tätigkeit«, Gigon, 1967, und Dirlmeier, 1983, mit »eigentümliche Leistung«.

19 Kenny, 1977 (zuerst 1965/66), S. 27, hat schon früh dafür votiert, *ergon* nicht mit »function«, sondern mit »characteristic activity« zu übersetzen. – Besonders wichtig ist hier der (in diesem Kontext bisweilen übersehene) Aufsatz von Adkins, 1991. Adkins zeigt anhand ausführlicher Textanalysen (S. 80 – 92), warum er die Übersetzung von *ergon* mit »Funktion« für inadäquat hält.

20 EE II, 1. 1219 a 13 – 17.

21 Buddensiek, 1999, S. 104 f. übersetzt *to ergon* in EE II, 1 durchgängig mit »das Funktionieren«, was dann zu der Merkwürdigkeit führt, dass Schuhe das Funktionieren des Schusters sind, Häuser das Funktionieren der Bauleute oder der Baukunst.

passt allenfalls in den Fällen, in denen das *ergon* eine Tätigkeit ist. Aristoteles spricht aber in beiden Fällen vom *ergon*, und es ist leicht zu verstehen, warum. Es gibt in beiden Fällen etwas Gemeinsames: eine für die jeweiligen Gegenstände charakteristische Hervorbringung. Schuhe sind die charakteristischen Hervorbringungen eines Schusters und das Sehen die charakteristische Hervorbringung eines Auges. Man sollte deshalb im Deutschen in beiden Fällen mit demselben Wort übersetzen und so die Gemeinsamkeit, die Aristoteles im Auge hat, sichtbar machen.[22]

Selbst wenn man die Übersetzung mit »Funktion« auf die Fälle beschränken wollte, in denen das *ergon* eine Tätigkeit ist, geriete man in Schwierigkeiten. Die Seele hat, so heißt es in EE II, 1. 1219 a 23 f., das *ergon*, Leben zu machen (*zēn poiein*) oder einfach zu leben. Ist es die Funktion der Seele, Leben zu machen? Etwas hat eine Funktion immer innerhalb eines systematischen Ganzen, das auf einen Zweck gerichtet ist. So hat ein Anlasser in einem Auto eine Funktion, und das Zusammenspiel der verschiedenen Autoteile zielt darauf, dass das Auto fährt. Ein Ruderer hat auf einem Schiff eine bestimmte Funktion, und das Zusammenspiel der verschiedenen Seeleute (und ihrer verschiedenen Funktionen) zielt darauf, das Schiff sicher zum Zielort zu steuern. Und ein Auge hat innerhalb eines Organismus eine bestimmte Funktion, und das Zusammenspiel der Organe »zielt« darauf, dass das Lebewesen lebens- und überlebensfähig ist. Was aber ist der übergeordnete Zweck, dem die Seele und die Erfüllung ihrer Funktion dient? Was ist der Zweck, dem das Leben dient? Hatte Aristoteles die Vorstellung, dass das Leben der Lebewesen einem höheren Zweck dient? Wohl kaum.[23] Man sieht hier schnell, wie voraussetzungsreich die Rede von einer Funktion ist und dass wir diese Voraussetzungen nicht machen, wenn wir sagen, dass eine Seele das Leben hervorbringt. – Schauen wir auch kurz auf den Kitharaspieler, von dem Aristoteles in EN I, 6. 1098 a 9 ff. spricht. Sein *ergon* ist das Kitharaspielen. Aber ist es auch seine Funktion, dies zu tun? Das könnte man sagen, wenn er einen Chorgesang begleitet oder zusammen mit anderen Musikern ein Musikstück aufführt. Aber man spielt die Kithara auch für sich oder an der Wiege seines kleinen Kindes, und dann bringt man sehr wohl etwas hervor, aber man hat keine Funktion.

Diese Beispiele zeigen meines Erachtens auch, dass die gegenüber »Funktion« schwächere Übersetzung »Aufgabe« ebenfalls noch zu stark ist.[24] Ist es die Aufgabe einer Seele, Leben zu machen? Eine Aufgabe ist etwas, was Personen und auch Dingen in einer bestimmten Absicht zugeteilt wird. So kann man sagen, ein Messer

22 Diese Überlegung spricht offenkundig auch gegen die Übersetzungen »characteristic activity« und »eigentümliche Tätigkeit«.

23 Vgl. hierzu Kullmann, 1979, S. 19 f.

24 »Task« ist die von Adkins bevorzugte Übersetzung. Daneben gibt er *ergon* auch mit »work«, »job«, »role« wieder. Vgl. Adkins, 1991, S. 81 ff. Auch Gauthier/Jolif, 1970, verstehen *ergon* in diesem Sinne und übersetzen mit »tâche«.

habe die Aufgabe, zu schneiden, weil Messer für diesen Zweck hergestellt werden. Aber wer hat der Seele die Aufgabe zugewiesen, Leben zu machen? Will ein außermenschliches Wesen oder die personifizierte Natur, dass es Leben gibt, und hat sie den Seelen die Aufgabe zugewiesen, es hervorzubringen? Aristoteles macht keine dieser Annahmen. *ergon* mit »Aufgabe« zu übersetzen, erweist sich also gleichfalls als zu voraussetzungsreich.

Man denke auch daran, dass Aristoteles von der *aretē* oder dem Gutsein eines Diebes spricht.[25] Dies impliziert, wie wir noch sehen werden, dass es das *ergon* eines Diebes gibt. Hat aber die Spezies der Diebe eine bestimmte Funktion oder eine bestimmte Aufgabe? Wohl kaum. Ein Dieb bringt aber durchaus etwas Bestimmtes hervor, etwas, das ihn als Dieb charakterisiert und an dem man erkennen kann, ob er ein guter oder schlechter Dieb ist. – Aus den angeführten Gründen empfiehlt es sich, wie ich meine, *to ergon* in der Passage des *Ergon*-Argumentes wie auch sonst wörtlich mit »die charakteristische Hervorbringung« oder einer ähnlichen Formulierung zu übersetzen, so wie es der Zusammenhang mit den Verben *ergazesthai* und *apergazesthai* ohnehin nahelegt.[26]

V.

Das *agathon* liegt, so hatte Aristoteles gesagt, im Bereich des *ergon*. Eines seiner Beispiele ist ein Flötenspieler. Sein *ergon* ist das Flötenspielen. Das *agathon* eines Flötenspielers liegt also im Bereich des Flötenspiels. Wie sollte es anders sein? Wie sollte das höchste und letzte Ziel, um dessentwillen jemand in seiner Eigenschaft als Flötenspieler alles tut, außerhalb des Flötenspiels liegen? Was genau das höchste Ziel ist, lässt sich leicht vermuten: Es ist das auf gute Weise Spielen, das so gut wie möglich Spielen. Dies ist es, was ein Flötenspieler als sein höchstes Gut anstrebt. Es scheint also, als sei der Zusammenhang zwischen *agathon* und *ergon* derart, dass das *agathon* die gute Realisierung des *ergon* ist. Dass es tatsächlich so ist, signalisiert Aristoteles sehr deutlich, indem er in 1097 b 27 von *to agathon kai to eu* spricht.[27] *To eu* ist eine der typisch aristotelischen Substantivierungen, ein elliptischer Ausdruck, in dem das Verb, dem das Adverb *eu* zugeordnet ist, nicht genannt wird, weil es von Gegenstandsklasse zu Gegenstandsklasse variiert. Das *eu* eines Flötenspielers ist das *eu aulein*, das *eu* eines Kitharaspielers das *eu kitharizein*.[28] Das *agathon* eines

25 Met. V, 16. 1021 b 16–20.

26 Vgl. oben Anm. 14. – Eine gute Übersetzung ist m. E. auch »Werk«; für sie plädiert Müller, 1982, S. 57, 288. Allerdings scheint mir »Werk« eher mit einem Produkt als mit einer Tätigkeit assoziiert zu werden. Aber das gilt für *ergon* und »Hervorbringung« vielleicht genauso.

27 Vgl. auch EN II, 6. 1107 a 7 f., wo Aristoteles die Formulierung *to ariston kai to eu* wählt. Aufschlussreich ist auch die Formulierung *kat' aretēn kai to eu* in Met. V, 16. 1021 b 15.

x, so ergibt sich, ist das *eu*, die gute Realisierung der Tätigkeit, die das *ergon* eines x ausmacht. Wenn das *ergon* eines Flötenspielers das Flötenspielen ist, dann ist sein *agathon* die gute Realisierung, das *eu* dieser Tätigkeit.

Interessant und für das Verständnis und die Beurteilung des *Ergon*-Arguments wichtig ist nun, dass Aristoteles nicht etwa dafür argumentiert, dass das *agathon* das *eu* ist, er setzt es, indem er die Formulierung *to agathon kai to eu* gebraucht und die beiden Ausdrücke zusammenstellt, bereits voraus. Es wird als etwas Offensichtliches in das Argument eingeführt. Genauso wird für die Aussage, das *agathon* liege im Bereich des *ergon*, nicht argumentiert; dass es so ist, wird ebenfalls als etwas Offensichtliches und allgemein Anerkanntes vorausgesetzt. Hierin also liegt nicht die eigentliche Aussage des Satzes in 1097 b 25 – 28. Seine eigentliche Aussage ist, dass es, wenn es beim Flötenspieler, beim Bildhauer und überhaupt bei allen, die ein *ergon* haben, so ist, wohl auch beim Menschen so sein werde.

Als Zweites ist bemerkenswert, dass damit, dass man sich das begriffliche Zueinander von *to agathon*, *to eu* und *to ergon* klarmacht, die Frage, um die es geht, in gewisser Weise schon beantwortet ist. Das *agathon* eines Menschen, das lässt sich jetzt schon sagen, ist die gute Realisierung, das *eu* seines *ergon*. Zu klären sind nur noch zwei Fragen: erstens, ob ein Mensch überhaupt ein *ergon* hat, und zweitens, wenn ja, welches. Und genau dies sind die Fragen, denen sich Aristoteles im Folgenden zuwendet.

VI.

Die Frage, ob der Mensch ein *ergon* habe, hält Aristoteles für eine bloß rhetorische Frage. Der Mensch hat in bestimmten Rollen, so als Zimmermann oder als Schuster, ein *ergon*, und die Teile seines Körpers, Auge, Hand, Fuß, haben ebenfalls *erga*. Sollte es da so sein, dass der Mensch als solcher kein *ergon* hat und nichts für ihn Charakteristisches hervorbringt? Nein.[29]

Dieser Schritt vom *ergon* des Zimmermanns und Schusters oder Auges und Fußes zum *ergon* des Menschen ist problematisch, wenn man *ergon* als Funktion oder Aufgabe versteht. So ist dieser Schritt häufig als unerlaubt kritisiert worden. Mit ihm werde fälschlich unterstellt, der Mensch habe eine Funktion oder eine Aufgabe, und sie sei ihm von außen zugewiesen. Diese Kritik beruht, das ergibt sich aus dem zuvor Gesagten, auf einem verengten *ergon*-Begriff. Das *ergon* eines x ist die für ein x charakteristische Hervorbringung, und es liegt auf der Hand, dass es etwas gibt, was nur ein Mensch oder aber ein Mensch am besten hervorbringt. – Der Übergang vom

28 Vgl. EN I, 6. 1098 a 11 f.
29 Vgl. EN I, 6. 1097 b 28 – 33.

Zimmermann und Schuster zum Menschen ist übrigens nicht der alleinige und nicht einmal der stärkste Grund, den Aristoteles für die Annahme hat, auch der Mensch habe ein *ergon*. Der sicherlich wichtigste Grund, der dies ganz unfraglich macht, liegt darin, dass die Griechen selbstverständlich vom Gutsein (und Schlechtsein) eines Menschen sprechen. Man kann aber, wie Aristoteles annimmt und wie wir noch sehen werden, von einem x nur dann sagen, es sei gut, wenn es ein *ergon* hat.

Was also ist das *ergon* eines Menschen? Das Leben ist es nicht, denn andere Lebewesen leben auch. Es ist aber ein spezifisches Leben, ein Leben, das den für den Menschen charakteristischen *Logos*-Besitz verwirklicht. Pflanzen und Tiere haben, so nimmt Aristoteles an, keinen *logos*, sie haben nicht die Fähigkeit, zu überlegen. Ein Leben, das den *Logos*-Besitz realisiert, ist also die charakteristische Hervorbringung des Menschen. In einem Leben dieser Art verwirklicht und entfaltet der Mensch sein Wesen. Aristoteles betont, was er auch sonst immer wieder hervorhebt: das *ergon* eines Menschen liegt nicht im Besitz des *logos*, sondern in einem Leben, das diesen Besitz in Tätigkeit umsetzt und auf diese Weise realisiert. Deshalb sagt er auch, das *ergon* des Menschen sei das Tätigsein der Seele (*psychēs energeia*) gemäß dem *logos* oder nicht ohne *logos*.[30]

VII.

Nachdem hiermit inhaltlich bestimmt ist, was das *ergon* eines Menschen ist, können wir jetzt sagen, was das *agathon* für den Menschen ist. Es liegt ja, wie gesehen, im Bereich seines *ergon*, und es ist die gute Realisierung (das *eu*) der Tätigkeit, die das *ergon* ausmacht. Das *agathon* für den Menschen ist folglich ein Leben, das den *Logos*-Besitz nicht nur irgendwie, sondern auf gute Weise realisiert. Wem es gelingt, in dieser Weise zu leben, der erlangt das *agathon* des Menschen, und das heißt, dass er das erreicht, was er letzten Endes anstrebt, das Glücklichsein.

Damit ist die Frage, was das *agathon* für den Menschen ist, beantwortet. Über den Begriff des *ergon* und die inhaltliche Bestimmung des spezifisch menschlichen *ergon* hat Aristoteles dieses Ergebnis erreicht. Der Gedankengang könnte in 1098 a 7 abgeschlossen werden, und Aristoteles könnte nach einer zusammenfassenden Formulierung des Ergebnisses zu den Fragen übergehen, die die erreichte Glücksbestimmung noch offen lässt, nämlich was man sich genauer unter dem *Logos*-Besitz und seiner Verwirklichung vorzustellen hat und was es heißt, diese Begabung nicht nur irgendwie, sondern auf gute Weise zu realisieren. Tatsächlich aber

30 Vgl. EN I, 6. 1097 b 33 – 1098 a 8. – Dass Aristoteles in 1098 a 8 den Begriff der Seele einführt, hat seinen Grund darin, dass die Seele das »Subjekt« des Lebens ist und das *ergon* des Menschen eben eine bestimmte Art des Lebens ist.

tut Aristoteles im *Ergon*-Argument noch einen Schritt: Er bringt in der Passage 1098 a 7 – 17 einen weiteren Begriff ins Spiel, den Begriff der *aretē*.

VIII.

Ich will kurz skizzieren, wie. Zunächst führt er den Begriff des attributiven Guten ein,[31] wenn er sagt, das *ergon* eines x und das *ergon* eines guten x seien der Art nach dasselbe. So sei das *ergon* eines Kitharaspielers das Kitharaspielen, das *ergon* eines guten Kitharaspielers das *eu*, also das auf gute Weise Kitharaspielen. Dasselbe gelte für den Menschen. Sein *ergon* sei ein bestimmtes Leben, nämlich das Tätigsein der Seele mit *logos*, das eines guten Menschen das *eu* (*kai kalōs*) dieses Tätigseins.[32]

Es überrascht vielleicht, dass Aristoteles hier dem guten Kitharaspieler (generell den guten x) ein eigenes *ergon* zuschreibt und es von dem aller Kitharaspieler unterscheidet. Man hätte eher erwartet, dass alle Kitharaspieler, seien sie gut, schlecht oder durchschnittlich, nur ein gemeinsames *ergon* haben und dass die guten von den anderen dadurch abgehoben sind, dass sie die Fähigkeit haben, dieses eine, allen gemeinsame *ergon* auf gute Weise zu realisieren. Ich vermute, dass Aristoteles zwischen diesen beiden Arten, das Phänomen zu beschreiben, keinen großen Unterschied gesehen hätte. Dennoch ist, dass er den guten Kitharaspielern ein eigenes *ergon* zuspricht, aufschlussreich. Kann man hierin doch einen weiteren Hinweis darauf sehen, dass Aristoteles das Wort *ergon* von seiner Grundbedeutung her im Sinne von »Hervorbringung« versteht. Versteht man *ergon* in dieser Weise, ist es ja ganz plausibel, das, was gute (oder auch schlechte) Kitharaspieler hervorbringen, von der für Kitharaspieler allgemein charakteristischen Hervorbringung zu unterscheiden. Wollte man *ergon* hingegen als Funktion oder Aufgabe verstehen, würde sich diese Plausibilität nicht einstellen. Denn man wird kaum sagen können, dass gute, schlechte, durchschnittliche Rebscheren oder gute, schlechte, durchschnittliche Augen verschiedene Funktionen oder Aufgaben haben.

Will man, wie es Aristoteles in 1098 a 10 f. tut, über die Eigenschaft sprechen, die dem guten Kitharaspieler, dem guten Menschen und auch sonst allen guten Dingen gemeinsam ist, eben über die Eigenschaft des Gutseins, greift man normalerweise zu dem entsprechenden abstrakten Nomen. Doch in diesem Fall ist das nicht möglich. Denn das Griechische kennt kein von *agathos* abgeleitetes abstraktes

---

31 Attributiv wird »gut« z. B. in den Ausdrücken »ein gutes Messer«, »ein gutes Auto«, »ein guter Mensch«, »ein guter Schuster« verwandt, nicht attributiv, sondern prädikativ hingegen, wenn man sagt, regelmäßig zu schwimmen, sei gut oder, seine Versprechen zu halten, sei gut.

32 EN I, 6. 1098 a 8 – 15. – Dass Aristoteles in a 9, 12 und 14 *spoudaios* und nicht *agathos* verwendet, enthält keine Schwierigkeit. *Spoudaios* wird häufig und so auch hier als Synonym von *agathos* verwandt.

Nomen. Es müsste *agathōsynē*, *agathotēs* oder *agathia* lauten. Doch keines dieser Wörter gibt es im klassischen Griechisch.[33] In diese Lücke ist *aretē* eingerückt, das Aristoteles in 1098 a 11 auch verwendet. *Aretē* steht zu *agathos* wie *dikaiosynē* zu *dikaios* und *sophia* zu *sophos*. Dieser Funktion entspricht seine Bedeutung. Interessanterweise gibt es auch im Deutschen kein von »gut« abgeleitetes abstraktes Nomen. »Gutheit« gibt es nicht, »Güte« hat eine speziellere Bedeutung. Man muss sich deshalb mit dem substantivierten Infinitiv »das Gutsein« behelfen. Dieser Ausdruck nimmt im Deutschen genau den Platz ein, den *aretē* im Griechischen einnimmt, und deshalb wird *aretē* am besten mit »das Gutsein« übersetzt. Wobei – das ist wichtig – das attributive, nicht das prädikative Gutsein gemeint ist. Die Übersetzung von *aretē* mit »Gutsein« erweist sich auch deshalb als angemessen, weil Platon und Aristoteles wie von guten Mänteln, Messern, Rebscheren, Schiffen, Häusern, Pferden ganz selbstverständlich auch von der *aretē* von Mänteln, Messern, Pferden etc. sprechen. Die geläufige Übersetzung mit »Tugend« passt hier offenkundig nicht, sie hat ohnehin den Nachteil, eine Reihe fehlgehender Assoziationen anzuziehen.[34]

Ist der Begriff der *aretē* soweit eingeführt, ist es wichtig, sich noch einen Punkt vor Augen zu bringen. Die *aretē*, das Gutsein von etwas bemisst sich immer an dem *ergon* der entsprechenden Gegenstandsklasse. Aristoteles formuliert dies in der für ihn typischen Knappheit: ἡ ἀρετὴ [ἐστὶ] πρὸς τὸ ἔργον τὸ οἰκεῖον.[35] So hat ein Kitharaspieler *aretē*, wenn er so beschaffen ist, dass er das *ergon* eines Kitharaspielers, das Kitharaspielen, auf gute Weise realisieren kann. Ein Auge hat *aretē*, wenn es so beschaffen ist, dass man mit ihm gut sehen kann.[36] Dasselbe gilt für den Menschen. Auch seine *aretē* bemisst sich an seinem *ergon*. Folglich hat ein Mensch *aretē*, wenn er so beschaffen ist, dass er das menschliche *ergon* gut realisieren kann, wenn er also seine *Logos*-Begabung nicht nur irgendwie, sondern in besonderer Weise zu verwirklichen vermag.[37] Platon hat diese begriffliche Verknüpfung von *aretē* und *ergon* in der schon erwähnten Passage am Ende des 1. Buches der *Politeia* klar entfaltet,[38] und Aristoteles setzt diese Analyse in seinem *Ergon*-Argument voraus.

Man kann diesen Zusammenhang von *aretē* und *ergon* auch so fassen, dass man sagt: Wer sein *ergon* auf gute Weise vollzieht, der realisiert seine *aretē*, sein Gutsein.[39] Oder auch, um die aristotelische Formulierung im *Ergon*-Argument zu gebrauchen: Wer sein *ergon* auf gute Weise vollzieht, der ist gemäß der *aretē* tätig. Das

---

33 Die Wortbildungen *agathōsynē* und *agathotēs* finden sich vereinzelt in der Septuaginta und gelegentlich später.

34 Vgl. hierzu eingehender Stemmer, 1998, bes. Sp. 1532 f.

35 EN VI, 2. 1139 a 16 f.

36 Vgl. EN I, 6. 1098 a 8 – 12. Siehe auch EN II, 5. 1106 a 15 – 21; EE II, 1. 1219 a 2 – 6.

37 Vgl. EN I, 6. 1098 a 12 – 15. Siehe auch EN II, 5. 1106 a 21 – 24.

38 Rep. I, 353 b 2 – d 2.

39 Vgl. hierzu Platon, Rep. I, 353 b 14 – d 2.

Tätigsein gemäß der *aretē* ist die gute Realisierung, das *eu* des *ergon*. Aristoteles sagt es wiederum kurz und knapp: ἕκαστον εὖ κατὰ τὴν οἰκείαν ἀρετὴν ἀποτελεῖται.[40]

Wenn dies klar ist, kann Aristoteles den letzten Schritt tun. Er hatte das *agathon* von etwas als die gute Realisierung, als das *eu* des *ergon* bestimmt. Jetzt kann er statt dessen auch sagen: Das *agathon* ist das Tätigsein gemäß der *aretē*. Denn wer gemäß der *aretē* tätig ist, der vollzieht sein *ergon*, und zwar nicht irgendwie, sondern auf gute Weise, und genau hierin liegt sein *agathon*. Das menschliche *agathon* kann Aristoteles folglich als das Tätigsein der Seele gemäß der *aretē* bestimmen. Und genau dies ist seine abschließende Bestimmung des *agathon* für den Menschen: τὸ ἀνθρώπινον ἀγαθὸν ψυχῆς ἐνέργεια γίνεται κατ' ἀρετήν.[41] Mit ihr findet die Frage des *Ergon*-Arguments, was das höchste Gute, das Glück für den Menschen sei, ihre Antwort.[42]

IX.

An diesem Ergebnis des *Ergon*-Arguments fällt vor allem zweierlei auf. *Erstens*: Die abschließende Glücksbestimmung ist rein formal. Man kann sie durch das bloße Aufdecken des begrifflichen Zusammenhangs von *to agathon*, *to ergon*, *to eu* und *aretē* erreichen. Diesen Zusammenhang offen zu legen und argumentativ zu nutzen, ist gewiss eine der Leistungen des Arguments, und die vielleicht wichtigste Aussage in diesem Kontext ist, dass das *agathon* jeweils im Bereich des *ergon* liegt. Aber die andere wichtige Leistung des *Ergon*-Arguments, die inhaltliche Bestimmung des menschlichen *ergon*, geht gar nicht in die Definition ein. Vom *Logos*-Besitz und seiner Realisierung als der charakteristischen Hervorbringung eines Menschen ist nicht die Rede. Wer nur die abschließende Glücksbestimmung kennt, weiß also noch nichts Inhaltliches über das menschliche Glück. Jemand, dem diese Antwort auf seine Frage nach dem menschlichen *agathon* gegeben wird, könnte sagen: »Das ist mir schon klar, ich weiß schon, wie die Begriffe *to agathon*, *to ergon*, *to eu* und *aretē* miteinander verknüpft sind. Aber mich interessiert ja, wie das alles beim Menschen inhaltlich zu bestimmen ist.« Das *Ergon*-Argument gibt auf diese Frage durchaus eine Antwort, wenn auch eine, die noch der Entfaltung bedarf.

---

40 EN I, 6. 1098 a 15.

41 EN I, 6. 1098 a 16 f.

42 Auf die beiden Zusätze, die Aristoteles in 1098 a 17–20 noch anfügt, gehe ich nicht ein: 1. Wenn es mehrere *aretai*, also mehrere Formen des menschlichen Gutseins gebe, dann sei das menschliche *agathon* das Tätigsein gemäß der besten und vollkommensten *aretē*. Und 2. Es reiche nicht, punktuell oder zeitweise in dieser Weise tätig zu sein, man müsse, um das Glück zu erlangen, seinen *Logos*-Besitz über ein ganzes Leben gemäß der *aretē* verwirklichen.

Das *Zweite*, das auffällt, ist dies: Ich hatte gesagt, Aristoteles hätte das Argument, nachdem er das menschliche *ergon* inhaltlich bestimmt hat, in 1098 a 7 abschließen können. Mit dieser Bestimmung und dem Wissen, dass das *agathon* im *eu* des *ergon* besteht, war eine Glücksdefinition erreicht. Und tatsächlich führt die noch folgende Einführung des Begriffs der *aretē* (also die Passage 1098 a 7 – 17) sachlich nicht weiter. Ob man sagt, das *agathon* bestehe im *eu* des *ergon* oder im Tätigsein gemäß der *aretē*, bleibt sich gleich. Wer die begriffliche Vernetzung der Begriffe kennt, weiß, dass die Formulierungen ineinander übersetzbar sind. Was Aristoteles im letzten Schritt seines Argumentes erreicht, ist also nur eine *Umformulierung*. Er formuliert die *Ergon*-Formel in die *Aretē*-Formel um. Womit er im Übrigen von einem basaleren Begriff zu einem weniger basalen übergeht. Denn man kann zwar bestimmen, was das *ergon* von etwas ist, ohne zu wissen, was seine *aretē* ist, aber man kann nicht bestimmen, was die *aretē* von etwas ist, ohne zu wissen, was sein *ergon* ist. Wenn es also nur eine Umformulierung ist, warum liegt Aristoteles so daran, sie vorzunehmen und das *agathon* des Menschen im Bezug auf seine *aretē* zu bestimmen?

X.

Ich möchte drei Motive nennen, von denen ich glaube, dass sie für Aristoteles wichtig waren.

Erstens: Dass der glücklich ist, der die *aretē* besitzt, ist eine traditionelle Vorstellung. Und alle Philosophen, die sich vor Aristoteles mit Fragen der Ethik beschäftigt haben, waren sich darin einig, dass, *aretē* zu haben, ein Mittel zum Glück oder ein Konstituens oder gar das Ganze des Glücks sei. Aristoteles hat diese Auffassung in I, 3 schon kurz diskutiert.[43] Indem er das menschliche Glück nun selbst in Bezug auf die *aretē* bestimmt, demonstriert er Kontinuität mit dem, was andere gedacht haben. Und daran liegt ihm immer. In I, 9 sagt er dann ausdrücklich, dass er mit denen übereinstimme, die annehmen, das Glück sei die oder eine *aretē*. Nur unterscheide er – das geht vor allem gegen Speusipp – das bloße Haben der *aretē* und das Tätigsein gemäß der *aretē*.[44]

Zweitens: Die Frage, worin die *aretē* des Menschen bestehe, was also einen guten Menschen ausmache, wurde zu Aristoteles' Zeit bereits seit Generationen diskutiert. In der Welt Homers besaß derjenige *aretē*, der im Kampf, besonders im Krieg Erfolg hat, der über Stärke, Tatkraft, Tapferkeit und intelligente Voraussicht verfügt und

43 EN I, 3. 1095 b 28 – 1096 a 4.

44 Vgl. EN I, 9. 1098 b 30 – 1099 a 7. – Vgl. zu Speusipp Tarán, 1981, frg. 77 mit Erläuterungen S. 434 – 437; auch Tarán, 1975, S. 360 f.

sich gegen Gegner und Widrigkeiten durchsetzt. Die *aretē* des Homerischen Helden hatte nichts mit kooperativen Eigenschaften, auch nichts mit intellektuellen, theoretischen Fähigkeiten zu tun. In der Folgezeit wurde dann immer mehr der politische Nutzen zum Kriterium der *aretē*. Gut ist, wer sich erfolgreich für die Polis einsetzt, wer im Krieg tapfer kämpft und sich in Friedenszeiten klug und besonnen für die Belange der Polis engagiert. Tapferkeit, Klugheit, Besonnenheit wurden so zu wesentlichen Elementen der *aretē*. Hinzu kam neben anderem die Gerechtigkeit im Sinne des Gehorsams gegenüber den Gesetzen und Normen der Polis und generell im Sinne kooperativen Verhaltens anderen gegenüber. Man hat die menschliche *aretē* also naheliegenderweise mehr und mehr von den Notwendigkeiten des gemeinsamen Lebens in der Polis her bestimmt. Und es ist klar, dass dann kooperative oder, wie man vielleicht auch sagen kann, moralische Dispositionen und das entsprechende Verhalten besonders wichtig wurden. So war es für die Hörer der aristotelischen Vorlesung über Ethik ganz natürlich, seine Rede von *aretē* mit diesen Vorstellungen inhaltlich zu füllen und *aretē* wohl nicht nur, aber auch als moralisches Gutsein zu verstehen. Indem Aristoteles den Begriff des Glücks mit dem der *aretē* verbindet, evoziert er also leicht antisophistische Assoziationen; seine Glücksbestimmung erweckt den Eindruck, als behaupte er einen Zusammenhang von Moral und Glück, als behaupte er, moralisches Gutsein – als zumindest ein wesentliches Element der *aretē* – sei eine Conditio für die Erlangung des Glücks. Viele Leser der *Nikomachischen Ethik* sind dieser Suggestion erlegen und loben Aristoteles dafür, Moral und Glück verbunden zu haben. Ich nehme an, dass Aristoteles dieser Eindruck nicht unwillkommen war und dass der geläufige und von seinen Hörern und Lesern assoziierte Sinn von *aretē* für ihn ein Motiv war, die *Ergon*-Formel in die *Aretē*-Formel umzuformulieren. Man muss jedoch klar sagen, dass es sich hierbei um eine bloße Suggestion handelt. Die *aretē* ist im *Ergon*-Argument zunächst formal die Disposition, die es ermöglicht, das *ergon* gut zu realisieren. Und inhaltlich ist sie im Falle des Menschen durch die Bestimmung seines *ergon* als *logos*-gemäßes Tätigsein als die Disposition spezifiziert, die es ermöglicht, die *Logos*-Begabung auf gute Weise zu praktizieren. Worin diese Praxis besteht, darüber hat Aristoteles kein Wort verloren. Wenn er ein antisophistisches Argument präsentieren wollte, müsste er zeigen, dass die gute *Logos*-Praxis, die das Glück des Menschen ausmacht, darin besteht oder zum Teil darin besteht, sich gerecht und insgesamt moralisch zu verhalten. Mit einem solchen Argument hätte er die gesuchte Verbindung von Moral und Glück dargetan, er hätte gezeigt, dass, sich moralisch zu verhalten, glücklich macht. Ein solches Argument findet sich indes im ersten Buch der *Nikomachischen Ethik* und auch in den anderen Büchern nicht.

Dass mit dem *Ergon*-Argument gegen die sophistische Herausforderung nichts gewonnen ist, wird auch klar, wenn man überlegt, was Thrasymachos zu den einzelnen Schritten des Arguments gesagt hätte. Thrasymachos ist der Sophist, mit dem

Sokrates im ersten Buch der *Politeia* über die Gerechtigkeit diskutiert und der hier die These vertritt, es sei vernünftig, da glückszuträglich, ungerecht zu sein, hingegen unvernünftig, da glücksabträglich, gerecht zu sein.[45] Es zeigt sich schnell, dass Thrasymachos allen Schritten des aristotelischen Arguments zustimmen könnte, ohne seine ethische Überzeugung aufgeben zu müssen. Er würde die formale Bestimmung der *aretē* ohne Zweifel für richtig halten. Und er könnte ebenso der Bestimmung des menschlichen *ergon* als Realisierung der Überlegensfähigkeit zustimmen und damit auch der inhaltlichen Bestimmung der *aretē*. Nur würde Thrasymachos sagen, dass, wer richtig überlegt, wer seine *Logos*-Fähigkeit in richtiger Weise gebraucht und sich nicht einfach vom Hergebrachten bestimmen lässt, sich eben nicht gerecht, sondern ungerecht verhalten wird. Wer sich *ungerecht* verhält, ist der Kluge und Vernünftige. Thrasymachos nennt konsequenterweise die Ungerechtigkeit und nicht die Gerechtigkeit eine *aretē* und die Ungerechten, nicht die Gerechten *agathoi*.[46]

Wir sehen, Aristoteles' Überlegungen im *Ergon*-Argument enthalten kein antisophistisches Argument. Die Glücksbestimmung mit Hilfe der *Aretē*-Formel erweckt möglicherweise diesen Eindruck. Aber er ist irreführend. Es ist für Aristoteles' Ethik insgesamt charakteristisch, dass er sie nicht in Auseinandersetzung mit skeptischen Positionen entwickelt. Platon hatte die moralkritischen Auffassungen einiger Sophisten in den ersten beiden Büchern der *Politeia* mit äußerster Radikalität entfaltet und anschließend eine weit ausgreifende Widerlegung versucht. Einen ähnlichen Versuch hat Aristoteles nicht unternommen.

Drittens: Nach der *Ergon*-Formel besteht das Glück in der guten Realisierung des *Logos*-Besitzes. Wenn Aristoteles im Ausgang von dieser Formel spezifizieren wollte, worin diese gute Realisierung konkret besteht, wie müsste er dann vorgehen? Wie würde er jemandem antworten, der fragt, welches nun konkret die Handlungsweisen sind, durch die man den *Logos*-Besitz gut realisiert und durch die man folglich glücklich wird? Es wäre nicht hilfreich, konkrete Handlungssituationen zu analysieren und zu diskutieren, was in ihnen zu tun wäre. Denn es gibt ja unendlich

---

45 Vgl. Rep. I, 344 a 2–6; auch 344 b 1–c 2, 347 e 2–4, 352 d 2–4.

46 Rep. I, 348 c 2–349 a 3; vgl. zur genaueren Interpretation der Passage Stemmer, 1992, S. 19–23. – Eine ähnliche Auffassung wie Thrasymachos zu *aretē* und *eudaimonia* vertritt Kallikles in Platons *Gorgias* 492 b 1–c 8. – Die Diagnose, dass das *Ergon*-Argument nichts enthält, was die Position Thrasymachos' widerlegte, teilen Adkins, 1991, S. 79; Broadie, 1991, S. 42; Vasiliou, 1996, S. 783, 787; Lawrence, 2001, S. 448, 473. Scott, 2000, neigt zur entgegengesetzten Interpretation, seine Auffassung bleibt aber etwas unentschieden (vgl. S. 242 ff., 248 ff.). Er sieht in EN II, 5. 6 eine direkte Fortsetzung des *Ergon*-Arguments (S. 235) und glaubt, durch die hier entfaltete Lehre von der *aretē* als Mitte werde die Konzeption des Thrasymachos (und Kallikles) widerlegt (S. 237 f.). Beide Annahmen sind meines Erachtens nicht überzeugend. Die zweite überzeugt, zumindest was Thrasymachos angeht, schon deshalb nicht, weil Aristoteles in II, 6 selbst sagt, die *mesotēs*-Lehre passe nicht auf die Gerechtigkeit (1107 a 8–27).

viele Situationen und unendlich verschiedene. Genauso wäre es nicht hilfreich, nur zu sagen, dass man eben in jeder Situation neu überlegen müsse, welche Handlungswahl vernünftig sei, und dass mehr dazu nicht gesagt werden könne. Mit beidem wäre dem Frager offenkundig nicht geholfen, er hätte nur die abstrakte Glücksformel, aber keine konkretere Anleitung für die Praxis.

Aristoteles würde ihm indes helfen, wenn er überlegte, wie ein Mensch beschaffen sein muss, damit er in Situationen verschiedener Art überlegt handelt. Welche Eigenschaften muss ein Mensch ausbilden, die dazu disponieren, so zu handeln? Wir bilden ja im Laufe des Lebens unweigerlich bestimmte Dispositionen aus, aufgrund deren wir in verschiedenen Handlungsbereichen so oder so handeln, so etwa angesichts gefährlicher Situationen die Disposition der Feigheit oder der Tollkühnheit oder der Tapferkeit. Da wir glücklich sein wollen, kommt es darauf an, genau die Seinsweisen auszubilden, die uns zu den Handlungen disponieren, die das Glück ausmachen, die also dazu disponieren, das *eu* des menschlichen *ergon* zu realisieren. Diese Seinsweisen sind die verschiedenen Formen des Gutseins des Menschen, die *aretai*. Wie wir wissen, geht Aristoteles genau diesen Weg im Hauptteil der *Nikomachischen Ethik*. Er legt dar, welche Dispositionen uns helfen, angesichts verschiedenartiger Situationen überlegt zu handeln. Mit der *Aretē*-Formel wird also bereits die Perspektive für die Erörterung der *aretai* in den folgenden Büchern eröffnet. Und hierin liegt ein weiteres wichtiges Motiv, die *Ergon*-Formel in die *Aretē*-Formel zu übersetzen.

XI.

Zum Schluss nach den Erläuterungen zum Verständnis des *Ergon*-Arguments wenigstens noch eine Bemerkung zu seiner Beurteilung. Wir haben am Beispiel des Thrasymachos gesehen, dass man allen Schritten des Arguments zustimmen und möglicherweise doch zu einer ganz anderen konkreteren Bestimmung des menschlichen Glücks gelangen kann, als Aristoteles sie von I, 13 an entwickelt. Das gründet darin, dass das Argument noch offen lässt, was die *Logos*-Fähigkeit des Menschen genau ist und wie ein Leben aussieht, das diese Fähigkeit auf erfolgreiche Weise verwirklicht. Hierin liegt keine Schwäche des Arguments; es zeigt freilich, dass Aristoteles mit dem *Ergon*-Argument nur einen ersten Schritt tut, mit dem noch keine vollständige Konzeption des glücklichen Lebens erreicht ist. – Was aber zu der Schrittfolge des *Ergon*-Arguments selbst? Seine entscheidende Annahme ist, dass das *agathon* jeweils im Bereich des *ergon* liegt und das *eu* des *ergon* ist. Aristoteles führt dies, wie wir sahen, ohne Begründung als etwas Offensichtliches in das Argument ein. Und tatsächlich ist es in Fällen wie dem des Flötenspielers oder des Bildhauers offensichtlich so. Aber beim Menschen ist es fraglich. Man kann Aristoteles darin zustimmen, dass die Menschen etwas für sie Charakteristisches hervorbringen, und man kann ihm auch darin zustimmen, dass dies etwas mit ihrer *Logos*-Begabung zu tun hat. Aber warum liegt das höchste Ziel, das Glück für den Menschen gerade darin, diese *Logos*-Fähigkeit in besonderer Weise zu realisieren? Liegt es nicht viel näher, diese Fähigkeit instrumentell zu nutzen und sie zur möglichst weitgehenden Verwirklichung anders bestimmter Glücksziele zu gebrauchen? Ein Maximum an sinnlicher Lust, Ehre, Macht, Unabhängigkeit sind Ziele, die zu erlangen unter Umständen in erheblichem Umfang Überlegung, Abwägung, Planung, Klugheit und Urteilsfähigkeit voraussetzt, die aber nicht selbst in einer besonderen Realisierung der *Logos*-Fähigkeit bestehen. Warum also ist gerade der Vollzug dessen, was ihn auszeichnet, höchstes und letztes Ziel des Menschen? Dass es beim Flötenspieler so ist, ist hierfür keine ausreichende Begründung.[47]

Es scheint, als müsse sich die Plausibilität dieser Annahme für Aristoteles auch aus anderen Quellen speisen. Ich will auf einen Gedankenzusammenhang hinweisen, der hier offenkundig eine wichtige Rolle spielt. Wir haben gesehen, dass Aristoteles eine objektivistische Konzeption des höchsten Guten vertritt: Was das *agathon* für den Menschen »in Wahrheit« ist, ist von Natur aus bestimmt, unabhängig davon, was die Menschen dafür halten und was sie als solches anstreben. Was aber macht es plausibel, dass die gute Realisierung der *Logos*-Fähigkeit das »in Wahrheit« Gute ist? Aristoteles sagt in EN I, 3, die, die das Glück in der sinnlichen Lust suchen, lebten das Leben des Viehs.[48] Im 10. Buch heißt es dann, das vollkommene Glück bestehe darin, die höchste Form des *logos*-gemäßen Tätigseins, die zweckfreie Theorie, auf gute Weise zu praktizieren. Wer dies tue, lebe ein göttliches oder gottähnliches Leben.[49] In diesen Aussagen wird so etwas wie eine objektive Axiologie von Lebensformen sichtbar. Die eine Lebensform, die den *Logos*-Besitz in der bestmöglichen Weise verwirklicht, ist gottähnlich und deshalb objektiv höher stehend und wertvoller als die anderen Lebensformen, nicht nur als die, die dem Leben des Viehs ähnelt, sondern auch als die, die die anderen Formen des menschlichen Gutseins realisiert.[50] Diese objektive Hierarchie der Lebensformen korrespondiert einer ebenso objektiven Axiologie der Vermögen und Tätigkeiten des Menschen. Die *Logos*-Fähigkeit und hier speziell die Fähigkeit zur Theorie ist das Beste in uns, Aristoteles spricht von »etwas Göttlichem« oder »dem Göttlichsten in uns«.[51] Und nur sofern ein Lebewesen durch diese Fähigkeit etwas Göttliches in sich hat und so am Göttlichen teilhat, kann es überhaupt als glücklich (oder unglücklich) bezeichnet

47 Das betont auch Ricken, 1976, S. 29.

48 EN I, 3. 1095 b 20: *boskēmatōn bios*; siehe dazu Platon, Rep. IX, 586 a 1 – b 6.

49 EN X, 7. 1177 b 30 f.: bios theios, b 21 – 27.

50 Vgl. EN X, 7. 1177 b 31 – 1178 a 2.

51 EN X, 7. 1177 a 15 f., b 28, 30; vgl. auch a 13, 19 f., 34. – Vgl. zum platonischen Hintergrund von EN X, 7 in *Timaios* 90 Sedley, 2000.

werden. Bei Pflanzen und Tieren kann man aus diesem Grund nicht von Glück sprechen.[52] Aristoteles geht in diesen Überlegungen sehr deutlich auf den Gedanken zu, dass von *eudaimonia* eigentlich nur bei den Göttern die Rede sein könne und bei den Menschen nur deswegen, weil sie durch die Fähigkeit zur Theorie etwas Göttliches in sich haben und, wenn sie diese Fähigkeit auf die richtige Weise realisieren, selbst ein gottähnliches Leben leben.[53] Bereits im 1. Buch findet sich wiederholt die Aussage, die *eudaimonia* sei etwas Göttliches[54], und ebenfalls im 1. Buch sagt Aristoteles, dass wir die Götter glücklich preisen und auch »die Göttlichsten unter den Menschen«.[55] Die, die das theoretische Leben leben, tun es damit den Göttern gleich. Und nur wo die eigentlich göttliche, aber eben auch den Menschen zumindest temporär mögliche Theorie, da das Glück.[56] Wir sehen, das Glück für den Menschen liegt deshalb in der bestmöglichen Realisierung seiner *Logos*-Fähigkeit, weil er hiermit nicht nur das Beste seiner selbst verwirklicht, sondern etwas Göttliches tut. Dies ist der oder zumindest ein Grund, warum diese Lebensform die objektiv höchststehende und wertvollste und damit das »in Wahrheit« Gute ist.

Es scheint klar, dass wir keinen Grund haben, eine objektive Axiologie von Lebensformen für gegeben zu halten. Es gibt unabhängig von unserem Wollen nichts objektiv Werthaftes, also auch keine Lebensformen, die objektiv wertvoller sind als andere. Dennoch kann uns die Vorstellung ansprechen, dass ein glückliches Leben in der Verwirklichung der höchsten Fähigkeiten, über die ein Mensch verfügt, liegt. Vielen leuchtet diese Vorstellung ein. Aber wenn sie ihr Leben an ihr auszurichten versuchen, folgen sie einem persönlichen Ideal, einer persönlichen Sichtweise, nicht einer Einsicht in eine objektiv vorgegebene Hierarchie des Besser und Schlechter. Es mag sein, dass andere, die anders leben, in ihren Augen ein weniger attraktives Leben führen. Und vielleicht ist deren Leben tatsächlich weniger befriedigend und angenehm. Aber selbst dann könnte man nicht sagen, dass sie gemessen an einem objektiven Maßstab ein falsches Leben führen.

Literaturverzeichnis

Adkins, A. W. H., 1991, »The Connection between Aristotle's Ethics and Politics« (zuerst 1984), in: Keyt, D./Miller, F. D. (Hrsg.), *A Companion to Aristotle's Politics*, Oxford: Blackwell, S. 75–93.

Broadie, Sarah, 1991, *Ethics with Aristotle*, Oxford: Oxford U.P.

52 EN X, 8. 1178 b 24–28; ähnlich EE I, 7. 1217 a 21–29.

53 Vgl. EN X, 8. 1178 b 25 ff.; auch b 8 ff.

54 EN I, 10. 1099 b 16, 17 f., I, 12. 1101 b 25 ff., 1102 a 4.

55 EN I, 12. 1101 b 23 ff.

56 Vgl. hierzu EN X, 8. 1178 b 28 f.: ἐφ' ὅσον δὴ διατείνει ἡ θεωρία, καὶ ἡ εὐδαιμονία.

Buddensiek, Friedemann, 1999, *Die Theorie des Glücks in Aristoteles' Eudemischer Ethik*, Göttingen: Vandenhoeck und Ruprecht.

Dirlmeier, Franz, 1983, *Aristoteles: Nikomachische Ethik*, übersetzt und kommentiert von F. Dirlmeier, 8. Aufl., Berlin: Akademie-Verlag.

Gauthier, Rene Antoine/Jolif, Jean Yves, 1970, *Aristote: L'éthique à Nicomaque*. Introduction, traduction et commentaire, 2. ed., tome 1,2, Louvain: Publications Universitaires.

Gigon, Olaf, 1967, *Aristoteles: Die Nikomachische Ethik*, übersetzt von O. Gigon, Zürich: Artemis.

Irwin, Terence, 1985, *Aristotle: Nicomachean Ethics*, translated by T. Irwin, Indianapolis: Hackett.

Kenny, Anthony, 1977, »Aristotle on Happiness« (zuerst 1965/66), in: Barnes, J./Schofield, M./Sorabji, R. (Hrsg.), *Articles on Aristotle*, vol. 2, London: Duckworth, S. 25 – 32.

Kenny, Anthony, 1978, *The Aristotelian Ethics*, Oxford: Oxford U. P.

Kenny, Anthony, 1992, *Aristotle on the Perfect Life*, Oxford: Oxford U. P.

Kullmann, Wolfgang, 1979, *Die Teleologie in der aristotelischen Biologie*, Heidelberg: Carl Winter.

Lawrence, Gavin, 2001, »The Function of the Function Argument«, in: *Ancient Philosophy*, 21, S. 445 – 475.

Müller, Anselm Winfried, 1982, *Praktisches Folgern und Selbstgestaltung nach Aristoteles*, Freiburg/München: Karl Alber.

Ricken, Friedo, 1976, *Der Lustbegriff in der Nikomachischen Ethik des Aristoteles*, Göttingen: Vandenhoeck und Ruprecht.

Rolfes, Eugen, 1985, *Aristoteles: Nikomachische Ethik*. Auf der Grundlage der Übersetzung von E. Rolfes (zuerst 1911) hg. von G. Bien, 4. Aufl., Hamburg: Felix Meiner.

Ross, W. D./Urmson, J. O., 1984, *Aristotle: Nicomachean Ethics*, translated by W. D. Ross, revised by J. O. Urmson, in: Barnes, J. (Hrsg.): *The Complete Works of Aristotle*, vol. 2, Princeton: Princeton UP.

Rowe, Christopher, 2002, *Aristotle: Nicomachean Ethics*, Translation by Chr. Rowe, Philosophical Introduction and Commentary by S. Broadie, Oxford: Oxford U. P.

Scott, Dominic, 2000, »Aristotle and Thrasymachus«, in: *Oxford Studies in Ancient Philosophy*, 19, S. 225 – 252.

Sedley, David, 2000, »The Ideal of Godlikeness«, in: Fine, G. (Hrsg.), *Plato*, Oxford: Oxford U. P., S. 791 – 810.

Stemmer, Peter, 1992, *Platons Dialektik*, Berlin/New York: Walter de Gruyter.

Stemmer, Peter, 1998, »Tugend (Antike)«, in: *Historisches Wörterbuch der Philosophie*, Bd. 10, Basel: Schwabe, Sp. 1532 – 1548.

Tarán, Leonardo, 1975, *Academica: Plato, Philip of Opus and the Pseudo-Platonic Epinomis*, Philadelphia: American Philosophical Society.

Tarán, Leonardo, 1981, *Speusippus of Athens*, Leiden: Brill.

Thomson, J. A. K., 1976, *The Ethics of Aristotle: The Nicomachean Ethics*, translated by J. A. K. Thomson (first published 1953), Notes and Appendices by H. Tredennick, Introduction and Bibliography by J. Barnes, Harmondsworth: Penguin Books.

Tricot, J., 1967, *Aristote: Ethique Nicomaque*, traduction avec introduction, notes et index, 2. ed., Paris: Libraire Philosophique.

Tugendhat, Ernst, 1993, *Vorlesungen über Ethik*, Frankfurt: Suhrkamp.

Vasiliou, Iakovos, 1996, »The Role of Good Upbringing in Aristotle's Ethics«, in: *Philosophy and Phenomenological Research*, 56, S. 771 – 797.

Wolf, Ursula, 2002, *Aristoteles' ›Nikomachische Ethik‹*, Darmstadt: Wissenschaftliche Buchgesellschaft.

Getting a Science Going: Aristotle on Entry Level Kinds[†]

James G. Lennox

Abstract

Aristotle's *Posterior Analytics* opens with a set of concerns that originate in Plato's *Meno*. The so-called »Meno paradox«, typically considered a paradox about knowledge, is in fact a paradox about how to begin an inquiry. So understood, it is the second book of the *Posterior Analytics* that should face it head on. This paper argues that the *Posterior Analytics* is silent concerning a critical question about initiating inquiry, namely how does one go about selecting and identifying the kinds one needs to get a systematic study of a subject going? As is so often the case, however, Aristotle faces this question head on it the first book of his *Parts of Animals*. By a careful analysis of key passages in chapters 1 to 4 of that book, we get a sophisticated theory of how to grasp entry level kinds, as I call them. I support the interpretation of these passages by arguing that the practice of the *History of Animals* and the *Parts of Animals* is precisely what one would expect, if Aristotle is applying the theory I attribute to him.

I. Introduction: Starting a Science

Aristotle devoted an enormous amount of time and effort to gathering and organizing information into a theoretical science of animals, which is perhaps the thematic center of his science of nature. But how does one start such a science?

For Aristotle, this question raised a nest of philosophical puzzles, familiar to him, as to us, from Plato's *Meno*:

> *Meno*: How will you look for virtue, Socrates, when you do not know at all what it is? How will you aim to inquire into something you do not know at all? If you should meet with it, how will you know that this is the thing that you did not know?
> *Socrates*: I know what you want to say, Meno. Do you realize what a debater's argument you are bringing up, that a man cannot inquire either into what he knows or into what

† It is both a great pleasure and an honor to offer this small token of my esteem to Jürgen Mittelstraß in recognition of his many and varied contributions to philosophy. During my years as director of the Center for Philosophy of Science in Pittsburgh I have over and again been reminded of the inestimable value of the relationship that he helped create between Pittsburgh and Konstanz. And long before that, like so many others I was the beneficiary of his important contributions to the history of philosophy.

> he does not know? He cannot inquire about what he knows – since he knows it, there is no need to inquire – nor what he does not know, for he does not know what he is inquiring after. (80d5 – e5)

Usually presented as a standard epistemic paradox, it is more narrowly a paradox of inquiry (ζήτησις). An intelligent inquiry seems to require familiarity with its object – but that very familiarity appears to render further inquiry pointless.

Famously, it is with this very paradox that Aristotle opens his investigation of scientific knowledge, the *Posterior Analytics* (*APo*; see I.1 71a29 – 31). There, however, Aristotle only insists that all teaching and theoretical study involves preexistent knowledge, leaving aside the epistemologically prior question of how we are to engage in an inquiry aimed at *acquiring* that preexistent knowledge. That is the issue with which the second book of the *Posterior Analytics* begins:

> The objects of inquiry are equal in number to those we understand. We inquire into four things – the fact (τὸ ὅτι), the reason why (τὸ διότι), whether something exists (εἰ ἔστι), and what it is (τί ἐστιν). (89b23 – 4)

Aristotle arranges these four inquiries into pairs, as follows:

(i) Is it the case that S is P? → Why is it the case that S is P?

(ii) Are there S's (or P's)? → What are S's (or P's)?

Lying behind this apparently straightforward, sensible division of investigations are Academic puzzles that the rest of *APo* II is devoted to sorting out. Perhaps the most important of these concerns the ways in which these two pairs of inquiries and their respective results definition and demonstration mesh with one another (Lennox, 1991; Charles, 2000, pp. 69 – 77).

The *Meno* paradox assumes that an inquiry about virtue could not get off the ground unless one knew from the outset what virtue was *in the strongest sense*, i. e. knew the *nature* of virtue itself. This assumption, moreover, would seem to rest on another – that there is no weaker knowledge of virtue, sufficient to ground further inquiry. In the *Analytics* Aristotle rejects these assumptions. Prior to inquiring *what* something is there needs to be a preliminary inquiry to establish *that* it is; and even with this preliminary inquiry settled, there is a deeper inquiry that lies ahead.[1]

1 These are the second and third stages of what David Charles refers to as Aristotle's Three Stage View of Enquiry in Charles, 2000, chs. 2 & 3, a discussion from which I have learned much. However, though it is clear that Aristotle discusses three sorts of definitions, corresponding to different levels of knowledge of a subject; and that he thinks that an inquiry into a subject may proceed even though we have only *nominal* definitions of some of the important terms of that domain, I am doubtful that Aristotle thinks of the pursuit of these *signifying accounts* of the meanings of terms as a preliminary stage of inquiry. It will be noticed that such an inquiry is not among those discussed in *APo* II.1 – 2. In discussing a sort of *knowing* involving only *what the term signifies* I believe Aristotle

This, however, is at best a provisional solution. The fundamental problem behind the *Meno* Paradox is still present – how will you know you have succeeded in grasping *that* something is, in fact, an S, if you don't have a reliable way of identifying Ss? And how can you do that unless you know what the kind, S, is?

Aristotle faces this retrenched form of the paradox head on in *APo* II.2, and seeks to disarm it by reducing the *two* pairs of inquiry to a *single* pair.
(iii) Is there a middle term for S-P → What is the middle term (M) for S-P?

But such a reduction poses a problem for fundamental natural kinds – the γένη constituting the domain of a science – a problem which Aristotle discreetly avoids in *APo* II. The depth of this problem can be illustrated by means of a botanical example that appears later in *APo* II, during a long discussion of how one moves from rather common place questions about familiar kinds to more fundamental inquiries.

In ch. 16, Aristotle imagines such inquiry might begin with questions such as »Why do fig trees and grape vines lose their leaves?« The model answer is »Because they are both broad-leafed.« That is, the inquiry seeks some other feature, common to both kinds, which might be causally related to the target of inquiry, the seasonal loss of leaves. Chapter 17 picks up the example, in the context of arguing that basic scientific inquiry seeks, wherever possible, *co-extensive* predications, which the above are not. The candidate explanatory premise of ch. 16 – Whatever is broad-leafed loses its leaves – does involve co-extensive properties, however. That co-extensive predication now becomes the *explanandum*, and »broad-leafed« becomes, without fanfare, a label for a subject-kind, all and only the members of which lose their leaves. Thus, the middle term of the more preliminary explanation becomes the *subject* of a more basic predication. The cause of broad-leafed trees losing their leaves is said to be sap-coagulation, which can thus serve as the middle term in a causal explanation of this fact. But it will also serve as part of a definition of leaf loss.

> The middle is the account of the first major term (i. e. the predicate in the conclusion), for which reason all the sciences come about through definition. (*APo* II.17 99a22–23)

We are told next to nothing in the *Analytics* about how an investigator would go about identifying such basic natural kinds. In the terms of chapter two's pair of inquiries – we are not told how to grasp that there are such kinds, prior to knowing what they are. Indeed, as David Charles has shown convincingly, the arguments of *APo* II.13–18 regularly pre-suppose that such kinds have been identified, while saying nothing explicitly about the inquiry leading to their identification (Charles, 2000, pp. 234–243).

---

is not identifying an early stage of scientific inquiry into a subject, but is concerned with other epistemic issues, issues related to proof more than inquiry.

The example above, however, suggests a possibility – if leaf-loss is one of a number of features which appear to be co-extensive with broad leaves, this might *ground belief* in the existence of a kind, prior to understanding why these features are always found together, and hence, prior to knowing the true nature of broad-leafed trees.

There is evidence that Aristotle realizes he has not directly addressed how the theory applies to what I shall call entry-level kinds in the *Posterior Analytics* itself.[2] But he does face it directly in the philosophical prolegomenon to his scientific study of animals, *De Partibus Animalium* (*PA*) I. As with so many other questions about the applicability of the *Analytics* theory of science to living nature, that is where we must turn for an answer (Lennox, 2001c).

II. The Biological Solution

The question of how to identify kinds for further inquiry is, I suggest, part of the philosophical background to the very first problem Aristotle raises for discussion in *Parts of Animals* I. In translation, it asks:

> ...should one take each substantial being singly and define it independently, e. g. taking up one by one the nature of mankind, lion, ox, and any other animal as well; or should one first establish, according to something common, the attributes common to all? (639a15 – 20)

Unlike every other question dealt with in *PA* I, this one is not answered immediately after it is stated. No answer is provided, in fact, until chapter four, after the two chapters devoted to the critique and revision of Platonic division. It will be my con

2 The evidence I have in mind is as follows: *APo* II.2 89b36 – 90a11 distinguishes »partial« from »unqualified« existential inquiries, the latter referring to inquiries about such things as whether there is or is not a moon, as opposed to whether the moon suffers eclipse, or waxes and wanes. And the cause of something's being a certain substance is said, as much as the cause of something having this or that feature, to be »the middle«. (I see no reason, textual or otherwise, to omit τὴν οὐσίαν from the text at 90a10, as recommended by Barnes.) This claim is repeated and reinforced at 90a31 – 34. This is bound to be a central question throughout *APo* II, since a central issue is whether there is any sense to the claim that one can demonstrate, as well as define, what something is. So again in chapter 8, at 93a22 – 25, what man is, and what soul is, are listed with thunder and eclipse as objects of the same sort of inquiry. Finally, a reasonable interpretation of the enigmatic chapter 9 is that the items that do not have »some other cause« will include the substances within the γένος under investigation. In addition to this internal evidence, there is the further evidence of *Metaphysics* Z.17, which considers how one might reasonably talk about an inquiry into what man is – the corresponding demonstration appears to be one in which the soul's character explains why a certain sort of body counts as a human being. The examples (thunder, human being), the language of unqualified and partial *what* inquiries, and the idea that one must somehow convert the *explanandum* into a predicative relation to get a demonstration, show a close link between this passage and *APo* II. 2 – 8. It is worth recalling that *Metaphysics* Z.12 also began by a reference to *APo* II, and questions left unsettled there about division and definition.

tention that Aristotle's own account of division as a scientific method is essential background to this problem, and this is why its answer is put off. But first, a better understanding of the question is needed.

Aristotle is proposing a demonstrative science of a domain of generally familiar objects, objects already described by a fairly rich network of concepts in place in his culture. But this conceptual network – even if its beliefs are true – is poorly organized for the purposes of demonstrative understanding of the domain. Recall that for Aristotle science takes the form of systematically organized causal explanations, explanations that are deductively representable and which rest on essence-revealing definitions.

Thus he raises a fundamental question of starting point – his culture had identified by name all sorts of kinds. Do we begin with these? And if so, which ones? The choice he offers us, interestingly is between particular kinds and common *attributes*, rather than particular kinds and common *kinds*. But this is hardly surprising if the first step in the inquiry is to identify the appropriate entry-level kinds for a demonstrative science – recall that the group »broad-leafed plants« is identified by noting a *common attribute* of the plants that shed their leaves.

Aristotle indicates that these common attributes belong to the animals they do in virtue of something common. That is, there is a hint here that behind the common attributes there is a common nature. As we will see shortly, Aristotle does think that, in exactly two cases, appropriate animal kinds with such common natures have been recognized in the conceptual network of his culture. Part of his strategy for making progress on this problem is to scrutinize what it is about those cases that make them especially appropriate for scientific investigation.

But we are getting well ahead of Aristotle. At this point, early in chapter one, he is merely raising a question about whether research requires kinds of a more general level. If so, then it must begin by looking across more limited kinds for common attributes, and Aristotle continues by distinguishing two sorts of common attribute. Some common attributes, like sleep, breathing and death, he immediately notes, are the same in different animals: while the animals are differentiated, these attributes are not (cf. 639a16–20). By contrast, he next observes, other common attributes – his example being locomotion – though designated by the same predicate, nonetheless are formally differentiated (διαφέρειν δὲ τῇ κατ' εἶδος διαφορᾷ); flying, swimming, walking and creeping differ formally from each other, though all are referred to as »locomotion«. I think it likely that Aristotle chose this example precisely because each of these differentiae cuts across common-sense groups; for example, some, but not all, birds, insects and mammals fly. (Lennox, 2001b, pp. 122–123)

By focusing from the start on common attributes, Aristotle can approach the issue of initial identification of these wider kinds, without prejudging what those kinds will be (Lennox, 1990; cf. Charles, 1990). The question regarding the preliminary identification of such kinds is transformed. The question is: Can we find *loci* of co-extensive, common attributes in the domain of animals?. If so, it will be scientifically valuable to identify these loci of co-extensive predication, and use them to organize inquiry into that domain. Why Aristotle finds this scientifically valuable will be discussed shortly. Moreover, the contrast between the two types of common attribute introduces the idea that some of these will be general differentiae that are the starting points of divisions, while others will not be. This is one central theme in the lengthy discussions of division in chapters 2 and 3.

The first step in such an activity will be to establish the links among universal or general differentiae. This will gradually move you toward what I will call a *predicate profile*, which will ground strong claims regarding the existence of a kind, i. e. a group of animals with a common nature, but only weak claims regarding what the kind is. This would be precisely that preliminary stage of inquiry into what these general kinds are that Aristotle's proposed solution to the *Meno* paradox requires. At this level of understanding one may lack entirely an understanding of the causal relationships and priorities among the predicates in the profile, which is what would be needed to complete the next stage of inquiry – modally qualified demonstration based on an understanding of the kind's essence. I am about to argue that it is Aristotle's view that such a preliminary grasp of natural kinds is both possible and necessary in order to move on to that next stage (Lennox, 1990; compare Charles, 2000, chs. 9, 12).

Aristotle's *Historia Animalium* (*HA*) is the organized presentation of information acquired by means of division and the noting of correlations among the features in different divisions (for the evidence, see Lennox, 1987; Gotthelf, 1988). As Aristotle tells us in a number of his other zoological treatises, the animal *historiae* tell us *that* there are certain differentiae and attributes and *that* those differentiae and attributes belong to certain kinds of animals – while the goal of the other biological treatises is to explain *why* these attributes belong to the kinds they do (e. g. *De Incessu Animalium* 1. 704b5 – 10; *PA* II.1 646a8 – 12; *HA* I.6 491a7 – 14). But it does much more than that; the entire treatise is focused on the *divisional* presentation of differences and the identification of *networks of correlated differentiae*. Following David Balme, I want to stress that I see this mode of presentation as subserving the goal of causal demonstrations (Balme, 1987, pp. 85 – 89). But as David Charles has argued, for the Aristotle of *APo* II this goal is intimately related to that of identifying kinds and their essences (Charles, 2000, chs. 9, 12). Thus in presenting its information in this highly structured manner the *HA* will also serve to ground beliefs about the existence of basic natural kinds, independently of knowing what the natural kinds are, i. e. knowing their defining natures.[3]

3 It was Charles 1990 that convinced me that Aristotle's concern with explanation would have to include a concern for kind identification. A quite different way of reading the *Historia Animalium*

III. Evidence

But while the *Historia Animalium* appears to be engaged in the tasks I have just mentioned, and to do an admirable job of achieving the goals I have outlined, it is not the best place to look for a philosophical *defense* of its methods. And it leaves a crucial question unanswered, though we can see by his procedure that he has some sort of answer. That crucial question is: how do we determine the general kinds that the method of division seems to presuppose? Where do we look for an articulation of a method for identifying the appropriate kinds for divisional and demonstrative investigations? As I mentioned, Aristotle appears to raise this problem on the first page of *PA* I, but does not provide a solution until chapter 4 (cf. Lennox, 2001b, pp. 121, 127). That discussion suggests that in order to begin an inquiry into the natures of animal kinds we will require a method for grasping kinds through their common attributes and their differences, prior to actually knowing their essential natures. For Aristotle it is clear that the method of division can only help with this task, if we have already identified appropriate starting points for division. That is one of the reasons, why the kinds are presuppositions for a demonstrative science. A study of Platonic division has taught Aristotle that the proper practice of division requires that we begin with a multitude of general differences as our starting point.

Plato's discussions of division are clearly the background of Aristotle's many critical considerations of division. *PA* I.2–4 has an extensive discussion of division, one subtext of which concerns finding a method of division that recognizes the natural kinships among animals. *PA* I.2, for example, criticizes the method of dividing by only one difference at a time in »the written divisions«. This procedure forces us to divide in such a way that groups like Bird and Fish are broken up, part of the kind falling on one side of the division, part on the other. Lest we misunderstand his point, Aristotle insists here that sharing a common name is *not* a necessary condition for a group of animals to constitute a kind (γένος) (later he will insist that it is also insufficient):

> Now this similarity has an established name, ›bird‹, and another has ›fish‹. Other similarities are nameless, e. g. the blooded and the bloodless; there is no one established name for either of these. If, then, nothing alike in kind should be torn apart, division into two

was developed by David Balme, according to which Aristotle's scientific focus has shifted away from essence-based definition as the ultimate goal of inquiry and toward demonstrations. Of course this was never an exclusive alternative for Aristotle – the *Analytics* view is that a scientific demonstration is at once essence revealing. I imagine what Balme may have had in mind was the idea that in a given explanatory context, a certain differentia will be explanatory relative to others, but that the interest in finding kinds with unitary essences is not necessary, and perhaps harmful, to achieving the goal of such explanations.

> is worthless. For people who divide in this manner necessarily separate kinds and tear them apart... (642b10–20)

This passage seems to presuppose that there is a reasonably clear »similarity« among the objects referred to by terms such as »bird« and »fish« that gives them precedence over groups such as land-dweller and water-dweller. It also supposes that there are other *networks of similarity* that may or may not have been noticed, but at any rate do not have the status of being *named* kinds (For further discussion, cf. Lennox, 2001b, pp. 152–158).

But the Platonist, whether ancient or modern, will reply, »Why privilege ›bird‹ or ›fish‹? Simply because popular culture has chosen to name them?«. It is not uncommon to see Aristotle's method presented in a way that suggests he believed that any referring expression embedded in common usage represents a reasonable classification of things. On this interpretation Aristotle's criticism of dichotomous division in these chapters reflects a simple-minded acceptance of common language as a touchstone for grouping animals into kinds. But it can be shown that this interpretation of Aristotle's remarks is wrong.

What he here claims, but does not argue for, is that it is a certain likeness among the members of a group that is important, not the mere fact that they have a common name. Indeed, it is the *likeness* to which he claims the name applies, not the group members. So this passage warns us off a procedure that would rent asunder groups with a basic similarity, such as »fish«, and also asserts that there are groups with such similarities that have not been named.

But, the Platonist repeats, »Still, why privilege ›bird‹ over ›water-dweller‹? Admittedly, it is hard to give up the old ways – but science – i. e. dialectical division requires us to do so. Yes, tuna, dolphins and ducks end up members of the same natural kind while ducks, eagles and herons do not – but that is progress.« Is Aristotle simply the conservative defender of the linguistic practices of the average Athenian against the progressive recommendations of the Academy?

This Platonic rejoinder to Aristotle's criticisms of Platonic division will have a good deal of bite until the vague notion of »similarity« he deploys here is given more precise content. The first step in doing so occurs during his most basic revision of Platonic division in these chapters. In order to avoid divisions that tear the natural world apart in all the wrong places you must, Aristotle argues, list *many general attributes* of your subject, and carry out *simultaneous* divisions of each general attribute (644a6–11).

The embedding into language of names, i. e. conventional singular expressions, for the birds and fish is here praised by Aristotle, not because it is common sense, but because these names pick out what I earlier referred to as *predicate profiles* – loci of co-extensive differentiae at the same level of generality (αἱ καθόλου διαφοραὶ, 642b24; πολλαὶ διαφοραὶ, 643b12–13).

Continuing this theme, chapter 4 opens with a rhetorical question: if your goal is to group animals on the basis of universal similarities, why not go for a kind embracing both the water-dwellers and the flyers? »For there are some affections common both to these and to all the other animals« (644a12 – 16), he points out – he has mentioned »sleep« and »growth« earlier, for example. Without further constraints on the rule of using shared differentiae for kind identification, Aristotle's method will produce bedfellows at least as strange as Platonic division. If all that is required is the possession of a set of common attributes, what after all is wrong with water-dweller? On the other hand, since true being resides in the indivisible particular, perhaps it would be better if we proceeded in the other direction, focusing our inquiry on the indivisible forms that have been named (644a23 – 33). It will be recalled that these are precisely the options for inquiry placed in dialectical tension in the first chapter; now, however, they take the form of the horns of a dilemma: if we want maximal generality, why stop at »bird« or »fish«; if we want a science of beings, why pursue generality at all? How does Aristotle propose that we escape it? By noting that there are tools for identifying what I will call *entry level* kinds that avoid the unattractive features of the two extreme options. Here in chapter four is how he introduces the entry level option.

> ...those kinds that differ by degree and by the more and the less, have been brought together under one kind, while those that are analogous have been kept apart. I mean, for example, that bird differs from bird by the more or by degree (for one has long feathers, another short feathers), while fish differs from bird by analogy (for what is feather in the one is scale in the other). (644a17 – 20)

When, then, should we speak »of some affections in common by kinds«, to use the initial formula of chapter one? Aristotle answers:

> Perhaps, then, the right course is this. In some cases – wherever kinds are spoken of by people in a clearly defined manner and have both a single common nature and forms in them not too distant – we should speak in common according to kinds, like bird and fish and any other there may be that, though it is unnamed, embraces, like a kind, the forms within it. But whenever they are not such as this, we should speak one by one, e. g. about mankind and any other such kind. (644b1 – 7)

But how do we go about doing this?

> Roughly speaking, it is by the figures of the parts and of the whole body that kinds have been defined, when they bear a likeness – e. g. members of the bird kind are so related to each other, as are those of the fish kind, the soft-bodied animals, and the hard-shelled animals. For their parts differ not by analogous likeness, as bone in mankind is related to fish-spine in fish, but rather by bodily affections, e. g. by large/small, soft/hard, smooth/rough, and the like – speaking generally, by the more and less. (644b8 – 14)

Notice that Aristotle mentions those already named kinds he has been discussing, but also two that do not have popular names. I have used quite literal translations, but these are two groups that Aristotle does, throughout his zoological writings treat as *entry level* kinds for the investigation of animals. The »soft-bodied animals« are the equivalent of our cephalopods, grouping the squids, sepiae and octopuses; and »the hard-shelled animals« refer to the animals we group as testacean mollusks. Both, of course, are considered mollusks today, the cephalopods simply having lost their outer shells; and Aristotle recognizes that their actual systems of organs are very similar. The terms he uses to »name« these kinds are derived from adjectives for certain obvious perceptual features. Nevertheless, like the first two groups, all the animals so designated are said to differ only »by the more and the less«, or by »excess and deficiency«, i. e. by continuous variations of perceptible properties of shared parts. In identifying kinds that can serve as the appropriate basis for the articulation of forms through the process of multiple differentiae division, as articulated in chapters 2 and 3, these are the critical concepts. It is these concepts by which Aristotle hopes to spell out the appropriate sorts of similarities and differences needed by our *entry level* kinds. Moreover, this machinery provides the axes of differentiation for our divisions. If all birds have beaks, and all beaks differ only in degree or more and less with respect to things such as length, breadth, depth, curvature, hardness, color, etc., then we can provide divisions of beaks along such axes (cf. Lennox, 2001b, pp. 166–172).

Before proceeding any further, then, we need to be as clear as we can be about what Aristotle means by this idea of differing by more and less or excess and deficiency, and how he conceives of our ability to grasp conceptually the unity of things which differ from each other in this way. For it looks as if he has a view that grasping that a group of organisms constitutes a kind is a matter of recognizing that they have parts that fall within a range of similarity denoted by these expressions, and that are similar to those of other kinds, if at all, by virtue of analogy.

There are a number of key passages in Aristotle's investigations of animals that can help us understand these ideas, the most important being the opening chapter of the *Historia Animalium*. That this topic is central to that work's opening chapter tells us something about Aristotle's sense of its importance to the inquiries reported on in that work. From that text we can begin to see that this concept is one part of a general theory of sameness or likeness. His categories of likeness or sameness are: sameness in number, sameness in form, sameness in kind, and sameness by analogy or proportion (cf. *Metaphysics* V.6 1016b31–1017a3; V.9, 1018a12–15). The opening page of the *Historia Animalium* presupposes this general framework in the discussion of how to group animals according to likenesses of these kinds. The *HA* is, in fact, a comprehensive application of that theory to a study of the similarities and differences of animals, which in turn is imbedded in his theory of *differential division* (Gotthelf, 1988; Lennox, 1980). Each of these tools serves the goal of organizing information in the zoological domain in a form suitable for the discovery and presentation of causal explanations of these similarities and differences. It does not presuppose such knowledge. To put it differently, it is an account of how to group animals in kinds in advance of understanding the causal essences that explain these groupings. Here is the critical extended discussion at the beginning of the *Historia Animalium.*

> Some animals have all their parts the same as one another, while some have their parts different. Some of the parts are the same in form, as the nose and eye of one human and that of another, or the flesh and bone of one in comparison with another; and the same is true of horses and of the other animals, so long as we say they are the same as one another in form –for just as the whole animal is alike to the whole, so too is each of the parts alike to each. Others – those for which the kind is the same – while the same, differ *according to excess or deficiency.* And by ›kind‹ I mean such things as bird and fish; for each of these differs according to kind, and there are many forms of fishes and birds.
> Most of the parts in these animals (those that are the same in kind) differ by way of the oppositions of their characteristics, such as their color and shape, *the same parts being affected in some cases to a greater and in some cases to a lesser degree, and again by being more or fewer in number, or greater and smaller in size, and generally by excess and deficiency.* For some of them will have soft flesh and some hard flesh, a long beak or a short beak, many feathers or few feathers. Moreover, some differ from others in a part that belongs to one not belonging to the other, as for example some birds having spurs and others not, and some having crests and others not. But speaking generally, the majority of the parts from which the entire body is constituted are *either the same, or differ by opposition, i.e. by excess and deficiency; for we may posit the more and less to be a sort of excess and deficiency.*
> The parts of some animals, however, are *neither the same in form nor according to excess and deficiency, but are the same according to analogy,* such as the way bone is characterized in comparison to fish-spine, nail in comparison to hoof, hand to claw or feather to scale; for what is feather in bird is scale in fish. (486a15-b22).

He goes on to note (486b22 – 487a13) that you can make similar differentiations regarding the *position* of a part; apply the same theory of sameness and difference to the uniform parts, or *tissues*, generally; and indeed to all the important characteristics of animals, such as their ways of life (aquatic, avian, terrestrial), activities or functions (modes of locomotion, feeding, reproduction), and their character-traits (social, predatory, aggressive).

It is precisely these measurable variations in shared characteristics for which scientific explanations are sought. In what follows I will quickly run through a rather typical example, from *On the Parts of Animals*, in which Aristotle moves from noting such *more and less* correlations to the search for an explanation for them. It will be noticed, in this discussion, that Aristotle first discusses the observable similarities and differences of their parts and notes correlations among them, treating these as sufficient grounds for the groupings mentioned. He then notes that the modes of life *(bioi)* of the different birds accounts for these differences and for the correlations among them. To take this step is go beyond what is accomplished in the *Historia Animalium*; it is to step into the realm of causal explanation and essence. In fact, the discussion opens by stressing the centrality of more and less differentiation to the articulation of the kind under study.

> Among birds, differentiation of one from another is *by means of excess and deficiency of their parts, i. e. according to the more and less*. That is, some of them are long-legged, some short-legged, some have a broad tongue, others a narrow one, and likewise too with the other parts. (*PA* IV.12, 692b3 – 6)

He next notes that all birds have feathers differing *by more and less*, but that these are *analogous* to scales in other kinds of animals. He goes on to make the same point about beaks:

> Birds also have, on their head, the ›beak‹, an odd and distinctive feature in comparison with other animals; while in elephants there is a trunk in place of hands, and in some of the insects a tongue in place of a mouth, in the birds there is a bony beak in place of teeth and lips. (692b15 – 18)

Beaks differ from each other in measurable, quantitative ways, and have analogues in other animals such as the elephant's trunk and the insect's proboscis. When he moves on to discuss the neck, he begins to note correlations among the variations in all of these parts, and then offers a single, functional explanation for the correlated variations of parts.

> Birds have a neck that is by nature stretchable, and owing to the same cause that other animals do; and in some birds it is short, in others long, *generally following the legs* in most cases. That is, *those that are long-legged have a long neck, while those that are short-legged have a short one* – setting aside those with webbed feet; for if the neck were short in those with long legs, the neck would not be of service to them for eating food off the ground; nor if it were long in those with short legs. *Again for those that eat flesh a long neck would be contrary to their way of life*; while for these animals their way of life is based on overpowering prey. That is why none of the crook-taloned birds have a long neck. (692b19 – 693a6)

The crook-taloned birds *do*, however, have a type of beak that is correlated with talons, and he moves on to explain both by reference to their predatory way of life.

> Their beaks too differ in accordance with their ways of life. Some have a straight beak, others a curved one; straight, those that have it for the sake of nourishment, curved, those that are carnivores; for such a beak is useful for overpowering prey... But all birds whose way of life includes swamp-dwelling and plant-eating have a flat beak; for such a beak is useful both for digging up and cropping off their nourishment. (693a10 – 17)

Here in the *De Partibus Animalium*, then, and in contrast to the *Historia Animalium*, the focus is on the search for causal, and especially functional, explanations of the more and less variations within the kind »bird«.

IV. Conclusion.

The *Posterior Analytics* is silent concerning a critical question about initiating inquiry, namely how does one go about selecting and identifying the kinds one needs to get a systematic study of a subject off the ground? Not surprisingly, since he is attempting to get zoology off the ground, Aristotle faces this question head on in the first book of his *On the Parts of Animals*. By a careful analysis of key passages in chapters 1 to 4 of that book, we get a sophisticated theory of how to grasp entry level kinds, as I call them. The interpretation of these passages I have defended is supported by the fact that the practice of the *History of Animals* and the *Parts of Animals* is precisely what one would expect if Aristotle is applying the theory I have attributed to him.

Growing out of a critique of Platonic Division as practiced in the *Sophist* and *Statesman*, Aristotle in *PA* I.2–4 develops three conditions for a collection of animals constituting a kind, conditions that will allow one to identify a kind without yet having grasped what is most essential in its nature.

The three conditions that ground preliminary identification of such a kind are:

1. All members must share many co-extensive differences.
2. These shared, co-extensive differences must vary along a continuum in their perceptual features – in Aristotle's terms, by excess and deficiency, or the more and less.
3. The members of such kinds must group into forms that are »not very distant«.

I suspect, though Aristotle never makes this explicit, that if a collection of animals meets condition 2. with respect to its *differences*, it will by that fact meet condition 3. with respect to its forms. It all depends, of course, on how Aristotle proposes to measure »distance« between forms. My suspicion is that if all the divisions of a kind stay within the bounds dictated by more and less variation, the forms in the kind will meet Aristotle's primary condition for being »not too distant«.

When a group of different animals meets these conditions, this constitutes reasonable grounds for belief in the existence of a kind with a common nature, prior to knowing, and serving the aim of knowing, what the common nature is. For it must be remembered that the other central thread of *PA* I is a sustained argument for three other claims: (i) that it is the organized biological capacities of an animal, its »soul«, that constitute its form and being; (ii) that the soul is that for the sake of which the differentiated tissues and organs of an animal exist; and (iii) that there is a special sort of necessity, »conditional necessity«, that grounds teleological demonstrations relating differences in parts to differences in living function. To have identified a kind by the standards we have just discussed is a far cry from knowing why there is a kind so constituted, or what the nature of that kind is. Moreover, much of the work of biological investigation has to do with what I have called the divisional articulation of these basic kinds into their differentiated sub-kinds and forms. But none of this can be accomplished without the preliminary task of fixing the entry-level kinds being completed. It is that preliminary task I have been focused on in this essay.

Bibliography

Balme, David M., 1987, »Aristotle's Use of Division and Differentiae«, in: Gotthelf/Lennox, 1987, pp. 69 – 89.

Devereux, Daniel/Pellegrin, Pierre (eds.), 1990, *Biologie, Logique et Métaphysique chez Aristote*, Paris: Éditions du CNRS.

Charles, David, 1990, »Aristotle on Meaning, Natural Kinds and Natural History«, in: Devereux/Pellegrin, 1990, pp. 145 – 168.

Charles, David, 2000, *Aristotle on Meaning and Essence*, Oxford: Oxford University Press.

Gotthelf, Allan, 1988, »Historiae I: Animalium et Plantarum«, in: Fortenbaugh, W. W. (ed.), *Theophrastean Studies*, New Brunswick: Rutgers University Press, pp. 100 – 135.

Gotthelf, Allan/Lennox, James G. (eds.), 1987, *Philosophical Issues in Aristotle's Biology*, Cambridge: Cambridge University Press.

Lennox, James G., 1980, »Aristotle on Genera, Species and the More and the Less«, in: *Journal of the History of Biology*, XIII, pp. 321 – 346.

Lennox, James G., 1987a, »Divide and Explain: the *Posterior Analytics* in Practice«, in: Gotthelf/Lennox, 1987, pp. 90 – 119. [Reprinted in: Lennox, 2001a, pp. 7 – 38.]

Lennox, James G., 1987b, »Kinds, Forms of Kinds and the More and the Less in Aristotle's Biology«, in: Gotthelf/Lennox, 1987, pp. 339 – 359. [Reprinted in: Lennox, 2001a, pp. 160 – 181.]

Lennox, James G., 1990, »Notes on David Charles on HA«, in: Devereux/Pellegrin, 1990, pp. 169 – 184.

Lennox, James G., 1991, »Between Data and Demonstration: The *Analytics* and the *Historia Animalium*«, in: Bowen, Alan C. (ed.), *Science and Philosophy in Classical Greece*, New York: Garland Publishing, pp. 261 – 294. [Reprinted in: Lennox, 2001a, pp. 39 – 71.]

Lennox, James G., 2001a, *Aristotle's Philosophy of Biology: Essays on the Origins of Life Science*, Cambridge: Cambridge University Press.

Lennox, James G., 2001b, *Aristotle: On the Parts of Animals*, Oxford: Oxford University Press.

Lennox, James G., 2001c, »Aristotle on the Unity and Disunity of Science«, in: *International Studies in Philosophy of Science*, 15, No. 2, pp. 133 – 144.

Lloyd, Geoffrey E. R., 1996, *Aristotelian Explorations*, Cambridge: University of Cambridge Press.

The Reality of Formal Causes

James Robert Brown

Happy are they who see the causes of things
– Virgil

There has been a remarkable resiliency to Greek ideas in science. So much so that it persists in attracting the attention of philosophers who combine an interest in Greek philosophy with an interest in modern science.[1] This resiliency is not so much in the form of substantive scientific theories, but rather at a philosophical or methodological level. Democritus, Plato, Aristotle, and Archimedes are a few of the most important contributors. The *mechanical* tradition which stems from Democritus and Archimedes has been highly influential, especially during the scientific revolution, and remains with us today to some extent. Modern versions needn't embrace the atomism of Democritus in every detail, but adopt a semi-mechanical outlook wherein the basic ontology consists of matter in motion, supplemented with a few extra features. The stress is on efficient causes and explanations. The primary/secondary quality distinction is central to this outlook (though the primary qualities are expanded to include mass, charge, spin, etc.) and so is micro-explanation, the tendency to explain the big in terms of the small.

A second Greek tradition is *Aristotelianism*. The general idea is to see the world as a kind of organism. The stress is on function and development: teleology and purposive explanations are central, and so is becoming, the transition from potential to actual. Finally, there is the *Platonic* tradition with its emphasis on abstract entities, on patterns and structures, and on the extensive use of mathematics. We understand the objects and processes of nature, according to the Platonic outlook, by seeing them as instances of forms or general patterns and we look for deep analogies with mathematical structures.

Each of these has played a huge role in the development of science to the present day. Aristotelianism had its heyday in the middle ages and was largely displaced at the time of the scientific revolution. But strong echoes remain. Teleology has been eliminated from physics and is for the most part gone from biology, thanks to Darwin. But it does persist in places. There are those in biology and in cosmology who are pushing for a comeback with claims of *intelligent design*. And Heisenberg tried to account for the so-called collapse of the wave function in quan-

1 Jürgen Mittelstraß is a prime example and I'm very pleased to dedicate this article to him on the occasion of his retirement.

tum mechanics in terms of Aristotle's potentiality-actuality distinction. In spite of these flickering embers, the fire has largely gone out. This is clear, if we consider Aristotle's famous taxonomy of causes and reflect on how many of them are still pursued.

There are four distinct types of cause in Aristotle's famous taxonomy: *material, formal, efficient,* and *final* (or *teleological*). And they correspond to four types of explanation. Aristotle's example was a statue. In explaining how it came to be, we cite four causes: The material cause of the statue is the marble that it is made from; the formal cause is the pattern or shape of it; the efficient cause is the artist who chiselled it; and the final cause is the purpose for which it was made. Aristotle thought all four played a legitimate role in the way we understand how the world works. By contrast, Democritus wouldn't have accepted formal or final causes, but Plato would have exalted formal well above the others.

In our daily lives there are only two causes acknowledged to be at work: efficient and final. These are illustrated, respectively, by a pair of commonplace statements: »The glass broke because (efficient cause) George bumped into it, knocking it on the floor« and »George went to his cupboard because (final cause) he wanted to get a broom to clean up the broken glass.« We may never banish final or teleological causation from everyday explanations of behaviour, and we may never want to. But science, since the scientific revolution, can be seen as trying to get our understanding of things down to a single type of cause – efficient – and it has been almost wholly successful. It's not a complete triumph, but before looking at problematic cases, let's first consider a success story, gravitation from Newton to Einstein.

Newton's theory of universal gravitation was, in one sense, a wonderful success. In another it seemed a terrible failure. The theory claimed that there is an attractive force between any two bodies that is proportional to the product of their masses and inversely proportional to the square of the distance between them. It predicted the motion of bodies very well. The urgent question for Newton and his contemporaries was: When two bodies are separated by empty space, how do they manage to attract one another? There seemed to be some sort of action-at-a-distance, a process that most people found absurd. Efficient causation and contact action were intimately linked in the minds of most people, even Newton himself. In a famous letter to Bentley he declares: »...that one body may act upon another at a distance and through a vacuum without mediation of anything else by and through which their action or force may be conveyed from one to another is to me so great an absurdity that I believe no man who has in philosophical matters any competent faculty of thinking can ever fall into it.« (Newton, 1978, 303)

Clearly, this rules out any sort of efficient cause without some sort of mediation. So, we are naturally lead to wonder: What is going on in such cases, according to Newton? He is undecided. In the passage I just quoted he continues: »Gravity must be caused by an agent acting constantly according to certain laws, but whether this agent be material or immaterial is a question I have to leave to the consideration of my readers.« (Ibid.)

On the continent, latter day Cartesians and mechanical philosophers such as Leibniz, Huygens, and Bernoulli postulated some sort of *aether* or subtle fluid to account for gravity (Koyré, 1965). This would be the medium that connected bodies in otherwise empty space. This was not a very satisfactory answer since it seemed that any sort of aether would interfere with the motions of the planets and, hence, destabilize the solar system. On the other hand, Berkeley (1952) had a completely different type of approach to the problem. He rejects any sort of hidden cause, which he takes Newtonian gravitational attractions to be, not to mention subtle fluids. Instead, science is to concern itself with observable correlations between the motions of various bodies. There is no explanation to be found – at least, not within science. Ultimately, according to Berkeley, God is responsible for what happens.

The situation was not a happy one. The prospects of a mechanical (efficient) cause seemed very dim. So either there is a non-natural cause or there is no cause at all. The hope of understanding gravity in a way that would be like our understanding of the rest of nature, that is, in terms of efficient causes, seemed very bleak indeed. It wasn't until relativity came on the scene that the philosophical problem was resolved.

Newtonian gravitational effects are instantaneous. This is not allowed by special relativity which, as is well known, puts an upper limit on the speed of any sort of signal or causal influence. In consequence, special relativity imposes a medium and prevents action-at-a-distance. That is, to accept special relativity is to accept the existence of fields that transmit causal influences. Such a prospect would restore contact action and hence efficient causation.

The argument for this is worth reviewing. It first came up in the 19th century in the case of electro-dynamics. Faraday had posited fields. But the question arose: Are they real or just some useful fiction? The following argument was used to claim that fields are real things. Consider a system of two isolated electrified bodies; one body is jiggled, then after a delay the other wiggles in response.

1. Energy is conserved and localized (i. e., its magnitude remains constant and it is located in some entity or other).
2. Electro-magnetic interaction is propagated with a finite velocity.
3. The total energy of the system will be located in the electrified bodies at the start and at the end of an interaction; but not at intermediate times.
4. ∴ The energy at intermediate times must be located elsewhere, i. e., in the electro-magnetic field.
5. ∴ The electro-magnetic field is physically real (and not just a useful mathematical device).

This argument is very persuasive in the electro-dynamical case. It yields a medium for efficient causation. The crucial premise is the finite velocity of interactions. Special relativity imposes this on everything. All interactions between distant bodies require finite intervals, so a field mediating the interaction becomes a theoretical requirement. This is not a philosophical requirement based on something like the claim that action-at-a-distance is unintelligible. It is a requirement straight out of physics. And it applies to everything in the physical realm.

Consequently, there would have to be something like a field in the gravitational case, a field that transmitted interactions at a finite velocity. So Newton's theory had to be modified. This was successfully done by Einstein in the general theory of relativity. Bodies follow the geodesics of curved space-time and the curvature of space-time is due to the presence of massive bodies. Not only was this achievement a great triumph of physics. It was also a great philosophical advance in the history of science, because it meant that gravity could be understood in terms of efficient causation.

The history of mechanics has other interesting episodes involving philosophical problems about the type of causation at work. For example, the principle of least action, when formulated by Maupertuis, was taken by him and others to be a clear instance of teleological causation. It looked as if the physical system »knew« how it wanted to finish. It took many years of philosophical debate to arrive at the common view today which is that there are only efficient causes at work (Yourgrau/ Mandelstam, 1968).

Let's switch the focus of our attention and concentrate on something quite contemporary. We are now going to turn away from the successes of science in eliminating all forms of causation except efficient and look into the possibility that there might be other forms of causation and explanation at work, forms of causation and explanation that cannot be eliminated or somehow reduced to efficient.

One of the most interesting features of contemporary physics is the use of symmetry principles. It has become the most important explanatory tool in high-energy physics. Murray Gell-Mann was not the first to use symmetry considerations, but he was one of the early pioneers. Forty years ago, physicists for the most part knew nothing of symmetry and group theory. Gell-Mann was typical when he tackled the problem of the growing number of particles. In the early 1960s he managed to produce a very fruitful classification of baryons and mesons based on a group known as SU(3) (special unitary group of dimension three). He called it the »Eight-fold Way« (Gell-Mann/Ne'eman, 2000). It was the first step on the way to quarks. We won't go into the whole apparatus of group theory or the full details of the relevant physics. One aspect of Gell-Mann's famous Eight-fold Way will do as an example.

Gell-Mann (and independently, Yuval Ne'eman), constructed a scheme for the baryons and another for the mesons. They are displayed in figure 1. In the scheme, the horizontal axis is the *isospin* with a range of values: 0, ±½, ±1,.... The vertical axis is *hypercharge* with possible values: 0, ±1, ±2,... Hypercharge is the sum of two quantum numbers, *strangeness* and *baryon number*.

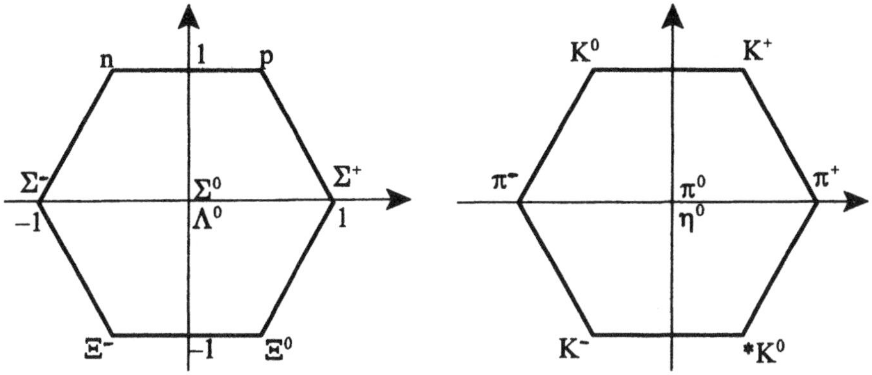

Figure 1: The Eight-fold Way. Baryons (left) and mesons (right) with hypercharge (vertical) plotted against isospin (horizontal).

There are different ways to display this. Sometimes *charge* and *strangeness* are plotted against one another. That, too, brings out the symmetry, though not quite so boldly. In any case, the scheme lead to a number of important discoveries, including quarks. I will only mention one: the η particle. When Gell-Mann constructed the Eight-fold Way, this meson was unknown. Notice – though it is hardly necessary for me to point it out – the remarkable similarity in the two diagrams. And notice further that there are two particles in the centre of the baryon diagram. Now imagine that the meson diagram has only one particle at the centre. The natural temptation is to say there must be a second meson to occupy the centre of the meson diagram. The search was on, and it was successful. The scheme successfully predicted the existence of the η particle.

Let's take a moment to reflect on how remarkable this sort of inference is. Initially it may seem unexceptional, since it sticks out when considering the pair of diagrams. But contrast the prediction of the η particle with, say, the prediction of an eclipse. To do this we cite the laws of motion and the initial conditions (the positions and velocities of the earth, moon, and sun), and we also cite certain facts about light, such as, that it comes from the sun in straight lines, and so on. We explain the eclipse by showing how the moon moves under gravity into a position that blocks the light falling on some region of the earth. The explanation is purely in terms of efficient causes. There isn't a hint of anything else, unless someone claims the eclipse is a sign from God. Then, of course, there is a teleological element, but we can safely ignore that.

The prediction of η is altogether different. It seems to me that it can only be viewed in terms of a formal cause or a formal explanation. Gell-Mann reads the properties of the η meson from the scheme. It's existence is part of a pattern or form, not the result of a chain of efficient causes. A perfect example of formal causation and formal explanation at work.

Let me quickly anticipate an objection. Someone might claim that eclipses can be predicted in this formal way, too. Ignoring the actual initial conditions and merely considering how the sun, earth, and moon move, we can see that an eclipse is possible, and so we could predict the existence (in principle) of eclipses, without predicting any particular eclipse. Isn't this the same as predicting the existence (in principle) of the η particle, without predicting exactly when and where it will be found? Not quite. Even though we are using the pattern of motions prescribed by Newtonian physics to predict eclipses (in principle), we are still using efficient causes in the demonstration. This is not the case for the prediction of the η particle. It's existence was predicted on purely formal grounds. In every instance of an efficient cause there is some transfer of energy and momentum, even if they are not explicitly cited in the explanation. In the symmetry case, there is no such energy or momentum transfer at all.

The sort of reasoning that lead to the prediction of the η particle has become quite customary in physics. Symmetry is now a common tool for working physicists. This was not always so. In the early 20th century a physicist would face a new situation by asking about the force, the dynamics, and so on. Now her first questions are about the symmetries. To put this in metaphysical terms, physicists are now more inclined to look for formal rather than for efficient causes and to offer formal rather than efficient explanations.

We can get a feel for the enormous importance of symmetry, and hence for the importance of formal causation, by listing a few key laws and noting which ones depend on symmetry. (Note: an invariance principle is a symmetry principle.)

Law	**Source of Law**
Conservation of momentum	Homogeneity of space (i.e., translation symmetry)
Conservation of angular momentum	Isotropy of space (i.e., rotation symmetry)
Conservation of energy	Homogeneity of time (i.e., translation symmetry)
Newton's 1st Law of Motion	Conservation of momentum (space translation symmetry)

Law	**Source of Law**
Newton's 2nd Law of Motion	Characterization of force (not a symmetry)
Newton's 3rd Law of Motion	Conservation of momentum (space translation symmetry)
Special relativity	Space-time rotation symmetry
General relativity	General covariance, principle of equivalence (both are symmetry principles)
Schrödinger equation	Global gauge invariance
Maxwell's equations of electromagnetism	Local gauge invariance under U(1)
Conservation of electric charge	Global gauge invariance under U(1)
Masslessness of photon	Local gauge invariance under U(1)
Conservation of weak isospin	Global gauge invariance under SU(2)
Doublet structure of quarks and leptons	Conservation of weak isospin (global gauge invariance under SU(2))
Conservation of colour charge	Global gauge invariance under SU(3)
Masslessness of gluon	Local gauge invariance under SU(3)
Doublet structure of quarks and leptons	Conservation of weak isospin (global gauge invariance under SU(2))
Structure of the vacuum (Higgs particles)	Spontaneous symmetry breaking
Masses of particles	Higgs mechanism (spontaneous symmetry breaking)

A number of cases are surprising, since they may not at first glance seem to be connected to symmetries in any way whatsoever. Many textbooks in classical mechanics, for instance, state that Newton's first law is a direct consequence of the second. It's easy to see why this claim is often made. The second law says *force* = *mass* × *acceleration*. If we set the *force* to zero and assume that the *mass* is constant, then the *acceleration* must also be zero. In other words, the body moves with constant velocity.

I dare say there are several reasons why this is an inadequate account of the first law. But the problem is not that the derivation is somehow incorrect. Rather it misses a very important fact about a particular symmetry. The first law is really a statement of a conservation law, the conservation of momentum. It's based on a symmetry known as *space translation symmetry*. The second law encodes a notion of causation that is efficient – apply a force to a body and it will accelerate. The common derivation of the first law from the second then suggests that somehow the first law is also an encoding of some sort of efficient cause. Though mistaken, it's quite natural to think of it this way. We can easily imagine that the state of motion at one instant is the efficient cause of the state of motion at the next instant. Natural though that may be, this is not the right way to think of the first law.

There is a very famous and important theorem first proved by Emmy Nöther early in the 20th century. It can be put on a bumper sticker: *For every symmetry there is a conservation law (and vice versa).* This is slightly oversimplified, but not by much. A correct statement of the theorem would specify certain properties that the Lagrangian of the system must possess. This simplified form of Nöther's theorem will do for purposes of illustration. The consequences are enormous. Time, for instance, has the simple symmetry of homogeneity – every point of time is like every other point. This symmetry implies the conservation of energy. The conservation of angular momentum is due to another symmetry, the isotropy of space, that is, to the fact that space is the same in every direction.

The various symmetries linked to space and time are often called *geometric symmetries*. Others, including those we find in quantum theory such as isospin, supersymmetry, and so on are called *internal symmetries*. In both cases, Nöther's remarkable work provides the connection between the symmetry and the conservation law. We can illustrate the theorem with the example of the conservation of momentum for a point particle in classical mechanics. The theorem applies to a very wide variety of cases, both classical and quantum, both particles and fields. This simple example will suffice to understand how the theorem works.[2]

Assume a particle moves on a line. It is described by a Lagrangian $L(q,q')$, where q is its position and the derivative, $q' = dq/dt$, is its velocity.

The momentum of our particle is defined as $p = dL/dq'$, and the force on it is defined as $F = dL/dq$. The equations of motion say that the rate of change of momentum equals the force: $p' = F$. So far, these are just basic facts about Lagrangians.

Now we can state Nöther's theorem for this simple system. Assume that the Lagrangian L has a symmetry, which means that it will not change, if we apply some one-parameter family of transformations sending q to some new position $q(s)$. This means that $d/ds\ L(q(s), q'(s)) = 0$. It then follows that $C = p\ dq(s)/ds$ is a conserved quantity; that is, $C' = 0$.

Here is the proof: Take the time derivative of our supposed conserved quantity using the product rule: $C' = p'\ dq(s)/ds + p\ dq'(s)/ds$. Next, use the equation of motion of the particle and the definition of momentum to rewrite the p' and p terms in this equation: $C' = dL/dq\ dq(s)/ds + dL/dq'\ dq'(s)/ds$. By the chain rule, the right side of this equation is $d/ds\ L(q(s), q'(s)) = 0$.

---

2 I have taken this derivation from John Baez. It can be found at his web site at http://math.ucr.edu/home/baez/noether.html

The moral to be drawn is this: Newton's first law and the conservation of momentum should not be understood as consequences of the second law, a law that is an expression of efficient causation. Rather, it should be understood as the result of a symmetry, an expression of formal causation. It is certainly an interesting fact, however, that the two can be linked by the standard derivation which simply sets the force to zero. I don't know what to make of this fact, but we shouldn't let it get in the way of understanding the first law as a result of a symmetry and hence of understanding the kind of causation and explanation involved as formal, not efficient.

When it comes to symmetries, there are, perhaps, two ways to see things. One way would see symmetries as somehow secondary or emergent. The world consists of objects and processes that partake of events. And these events are related to one another through efficient causation. Symmetries, it might be argued, somehow emerge out of this. They are somehow parasitic on the real stuff below, just as the symmetries of a snowflake emerge from the processes that go on at a micro-level. The other way to see this is to think that the symmetries come first, (first in the logical, not temporal sense, of course). Events must conform to whatever symmetries exist.

One's attitude here is likely to mirror one's attitude to causation and laws of nature in general. Those who side with Hume think of causes and laws of nature as mere summaries of the facts. They are not things in their own right and they don't genuinely explain anything. Those of a Humean turn of mind will likely see symmetries in a similar way – as mere regularities that emerge out of the real underlying events. By contrast, realists take causes and laws of nature to be things in their own right, not mere summaries of something else that is real. Laws might, for instance, be relations among properties. They exist independently from the objects that exemplify them and they are somehow responsible for the events that do happen (see Armstrong, 1983; Dretske, 1977; Tooley, 1977; 1988). These different attitudes are likely to carry over to symmetries and to formal causes. The Humeans will see them as mere summaries or parasitic in some other way, while the realists will think of them as independently existing.

Let's formulate this as the anti-realist challenge: Every symmetry and hence every apparent formal cause, is reducible to efficient causes. In this regard they are no different than the symmetries of a snowflake which are due to the way that crystals are formed, a way that is entirely by means of efficient causes.

To meet the anti-realist challenge, we must produce an example of causation that is irreducibly formal. The case I have in mind comes from one of the bizarre situations that arise in quantum mechanics. In an EPR-type setup (from the thought experiment of Einstein, Podolsky, and Rosen) a decay process gives rise to two photons moving in opposite directions toward detectors at either end of a room. The detectors include polaroid filters which can determine whether the incoming photons have the so-called property *spin-up* or *spin-down*. Both theory and experience tell us that the two outcomes are always correlated: one photon is up and the other down. But we can never determine in advance which will arrive at either side – we seem to have complete randomness.

The interesting part is the perfect correlation, one up, the other down. Why does it occur? One possibility is that the measurement on one wing of the measuring apparatus *causes* (efficient cause) the outcome at the other. However, we can rule this out by assuming with special relativity that no causal influences travel faster than light. The two measurements (made simultaneously) are outside of each other's light cones; so neither measurement causally affects the other. The second possibility is to assume that there must be something at the origin (at the time of the creation of the pair of photons) that is responsible for their correlated properties. (This was the EPR conclusion; such a common cause is known as a hidden variable.) Unfortunately, this common cause turns out to be impossible, too. The so-called Bell results show that such a common cause (i. e., a so-called local hidden variable) predicts a different measurement outcome than either quantum mechanics predicts or experience determines.

The implication for understanding this in terms of efficient causes is straightforward – it's hopeless. There is no efficient causal connection in either of the two possible ways. One side is not causing the outcome at the other and there is no condition in the common past of both outcomes that provides the efficient cause of them both.

This example is very powerful. Among other things, it upends the causal theory of knowledge which says that for an agent to know X then the agent must be in causal contact with X, where the type of causation is taken to be efficient. To see the problem, suppose I am at one wing of the measuring apparatus and get the result: spin-up. Then I can immediately infer that you at the other wing have the result: spin-down. I know the distant outcome *without being causally connected* to the remote wing. To repeat what I said above, a direct causal connection would have to be faster than light, something ruled out by special relativity, and a common cause in the past grounding my knowledge would amount to a local hidden variable, something ruled out by the Bell results. So the causal theory is simply refuted by this example. We can have knowledge even *without a causal connection.*

Of course, philosophical arguments such as this are problematic. It relies on significant assumptions about the physical world. Perhaps special relativity is false; maybe some signals do go faster than light. This would make a direct causal connection possible after all. Perhaps the complex analysis of the situation involved in ruling out local hidden variables is flawed, making a common cause possible after all. Either of these would save the idea of an efficient cause to explain the EPR correlations. Though they are indeed possibilities, the assumptions that go into the physics of the situation are at least as plausible, or even more plausible, than the metaphysical belief that all causation is efficient causation. It seems perfectly sensible to dump the latter in this case.

There seem to be four possible accounts of what is happening in the EPR case, when we try to explain the distant correlations. Two of these involve efficient causes and they have both been ruled out. The local hidden variable version has been ruled out by the Bell results. The superluminal connection has been ruled out by special relativity. Another possibility is that there is simply no explanation at all – it is just a brute fact of nature. Arthur Fine, 1989, and Bas van Fraassen, 1982, both hold this view. I don't think there is any argument one could give against such a view, except to say that it's too implausible to call the correlations a coincidence and, as a general rule, we should never give up looking for an explanation. The forth possibility is the one I'm advocating here: the EPR correlations are to be explained by means of formal causation. I will try to elaborate a bit by way of answering one final objection.

The objection is this: What is the difference between saying, on the one hand, that the correlations are to be explained formally or that there is a formal cause of them and saying, on the other hand, that there is no cause or that it is just a brute fact? This objection is very similar to a common nominalist objection to mathematical Platonism: What is the difference between believing, on the one hand, that 2+3=5 *and* that there is a Platonic realm that it describes rather than believing, on the other hand, that 2+3=5 *and* that there is no such realm? The suggestion in both cases is that what matters is the spin correlation and the mathematical fact; the additional belief in formal causes and a Platonic realm is useless metaphysics and should be thrown overboard.

The answer to both objections is the same. The posited formal cause and the posited Platonic realm serve two purposes. First, they answer the relevant why-question; that is, they offer an explanation for the EPR correlation facts and for the truth of the mathematical proposition. Second, they have the potential to provide an account of the epistemology of the two situations, though I admit this is speculative. How do we *know* that 2+3=5? Answer, we intuit or »see with the mind's eye« the relevant Platonic entities. How do we *know* that the distant photon is spin down when the near one has just been observed to be spin up? We grasp the relevant law of nature, understood as the formal cause of the outcome.

To many these answers may sound like mystery-mongering. But remember, they only sound that way, because we have implicitly accepted the idea that to know something we must be causally connected (in the sense of efficient cause) to the thing known. In the cases at hand, this is obviously to beg the question. In the use of symmetry arguments or in distant correlations in quantum mechanics, the case for formal causation is a strong one. Plato and Aristotle were on the right track in advocating formal causation, but it needs a great deal more investigation in a modern setting.

Bibliography

Armstrong, D., 1983, *What is a Law of Nature?*, Cambridge: Cambridge University Press

Baez, John, 2002, »Noether's Theorem in a Nutshell«, http://math.ucr.edu/home/baez/noether.html (from: 12/03/2002)

Berkeley, G., 1952, »De Motu«, in: *The Works of George Berkeley, Bishop of Cloyne*, vol. 4, Luce, A. A./Jessop, T. E. (eds.), Edinburgh: Nelson

Dretske, F., 1977, »Laws of Nature«, in: *Philosophy of Science*,44, pp. 248 – 268

Fine, A., 1989, »Do Correlations Need to be Explained?«, in: Cushing, J./McMullin, E. (eds.), *Philosophical Consequences of Quantum Theory*, Notre Dame: University of Notre Dame Press, pp. 175 – 194

Gell-Mann, M./Ne'eman, Y. (eds.), 2000, *The Eight-fold Way*, New York: Perseus

Koyré, A.,1965, *Newtonian Studies*, Chicago: University of Chicago Press

Newton, I., 1978, *Isaac Newton's Papers and Letters on Natural Philosophy and Related Documents*, Cohen, I. B. (ed.), Cambridge, MA: Harvard University Press

Tooley, M., 1977, »The Nature of Laws«, in: *Canadian Journal of Philosophy*, 7, pp. 667 – 698

Tooley, M., 1988, *Causation: A Realist Approach*, Oxford: Oxford University Press

Yourgrau, W./Mandelstam, S., 1968, *Variational Principles in Dynamics and Quantum Theory*, 3rd ed., Philadelphia: Saunders

van Fraassen, B., 1982, »The Charybdis of Realism: Epistemological Implications of Bell's Inequality«, in: *Synthese*, 52, pp. 25 – 38

Experimentelle Wissenschaften und Werkstättentradition

Ursula Klein

Die Genese und Entwicklung der neuzeitlichen Wissenschaften im 17. und 18. Jahrhundert und die Beziehungen zwischen wissenschaftlichem Experimentieren und gewerblicher Praxis dieser Zeit sind Kernthemen der Wissenschaftsphilosophie und -geschichte, die seit Jahrzehnten kontrovers diskutiert werden. In seiner *Geschichte der neusprachlichen wissenschaftlichen Literatur* (1919–27) hat Leonhardo Olschki erstmals anhand detaillierter philologischer Studien der technischen Literatur der Renaissance und der Werke Galileis den engen historischen Entwicklungszusammenhang zwischen dem intellektuellen und technischen Wirken von Künstler-Ingenieuren wie Filippo Brunelleschi, Lorenzo Ghiberti, Leon Battista Alberti, Francesco di Giorgio Martini, Leonardo da Vinci, und Niccolò Tartaglia und der Galileischen Physik dargestellt (Olschki, 1965). Olschki hat mit dem eindrucksvollen Panorama seines dreibändigen Werks die Bedeutung der »Überlieferungen der Werkstätten« für die Umstrukturierungen der Mechanik in der wissenschaftlichen Revolution des 17. Jahrhunderts sichtbar gemacht und auch die Aufmerksamkeit auf den Zusammenhang zwischen Experiment und Technik gelenkt.

Die *craftsman-and-scholar* These

Wenig später publizierten Boris Hessen und Henryk Grossmann historische Studien über den sozialökonomischen Kontext der Physik Newtons und der mechanistischen Philosophie Descartes'.[1] Sowohl Hessen als auch Grossmann argumentierten für die These, die neuzeitliche Mechanik bzw. das mechanistische Naturbild

---

1 Boris Hessen war in den 1930er Jahren Direktor des Moskauer Instituts für Physik. Sein *The Social and Economic Roots of Newton's Principia* wurde 1931 auf dem Internationalen Kongress für Wissenschafts- und Technikgeschichte in London vorgetragen, an dem er als Mitglied der sowjetischen »Delegation« teilnahm (siehe Needham/Werskey, 1971, S. 147–212). Henryk Grossmann war bis 1925 Professor für Statistik und Ökonomie in Polen und nahm dann aufgrund politischer Schwierigkeiten eine Assistentenstelle am Frankfurter Institut für Sozialforschung an, wo er 1930 zum außerordentlichen Professor ernannt wurde. Sein 1935 erschienener Essay *Die gesellschaftlichen Grundlagen der mechanistischen Philosophie und die Manufaktur* (Grossmann, 1935) war eine Antwort auf Franz Borkenaus *Der Übergang vom Feudalen zum Bürgerlichen Weltbild* (1934); während Grossmann das Studium von Maschinen als wichtigste Grundlage des »mechanistischen Weltbilds« des 17. Jahrhunderts verstand, stellte Borkenau die Arbeitsorganisation der Manufakturen ins Zentrum seiner Überlegungen. Zu diesem Zusammenhang siehe auch Borkenau/Grossmann/Russo, 1987.

habe sich durch das Studium von Maschinen entwickelt. 1938 veröffentliche Robert Merton eine viel beachtete historisch-soziologische Studie über den sozialökonomischen Kontext der wissenschaftlichen Revolution, deren Hauptaugenmerk auf dem Wachstum des sozialen Prestiges der mit Technik verbundenen Wissenschaften im 17. Jahrhundert lag (Merton, 1970). 1942 schloss sich eine weitere Studie von Edgar Zilsel an, die die Entstehung der experimentellen Methode und den sozialen Kontext der mit ihr verbundenen Wissens- und Handlungsformen zum zentralen Problem machte.[2] Zilsel vertrat die These, in der wissenschaftlichen Revolution sei es zu einer Verschmelzung der rationalen Denktraditionen und Methoden der Universitätsgelehrten und Humanisten mit dem technischen Wissen und den handwerklichen Fähigkeiten avancierter Praktiker gekommen: »Science was born when, with the progress of technology, the experimental method eventually overcame the social prejudice against manual labor and was adopted by rationally trained scholars. This was accomplished about 1600 (Gilbert, Galileo, Bacon)«.[3]

Diese heute als *craftsman-and-scholar thesis* bekannte Auffassung wurde in den 1960er Jahren, zu den Hochzeiten des Kalten Krieges, Zielscheibe heftiger Kritik, die bis zur Stigmatisierung »marxistisch« (und damit »nicht wissenschaftsfähig«) ging. Positive Resonanz, direkte und indirekte, gab es nur ganz vereinzelt. Angeregt vor allem durch die Studie Leonhardo Olschkis, hat nicht zuletzt Jürgen Mittelstraß' *Neuzeit und Aufklärung* (Mittelstraß, 1970) zu einer Versachlichung der Diskussion beigetragen.[4] Mittelstraß charakterisierte die *Nuova Scienza* als Resultat eines »Bündnisses« zwischen der »mathematischen Vernunft (Theorie)« in der »Tradition der Schulen« und den »technischen Fertigkeiten (Erfahrung)« in der »Tradition der Werkstätten« (ibid., S. 172). In der Person Galileis sah er einen bahnbrechenden Vermittler beider Traditionen: »Es ist sein technisches Interesse, das Galilei mit einer nicht-akademischen Tradition verbindet, und sein theoretisches Interesse, das ihn zugleich der akademischen Tradition verpflichtet« (ibid., S. 173). Die weiterreichenden philosophischen und kulturellen Konsequenzen aus dieser historischen Konstellation reflektierte Mittelstraß im Begriff der »Leonardo-Welt«. In der modernen Welt verschmelzen die Welten und Rationalitäten des Homo sapiens

2 Zilsel, 1942; Nachdruck in Raven/Krohn/Cohen, 2000, S. 7–21. Siehe dazu auch Jardine, 2003 und Rossi, 2000.

3 Raven/Krohn/Cohen, 2000, S. 7. Unter avancierten Praktikern (»superior manual laborers«) nennt Zilsel insbesondere: »artist-engineers, surgeons, the makers of nautical and musical instruments, surveyors, navigators, gunners« (ibid.). An anderer Stelle heißt es: »...the technological revolution transformed society and thinking to such a degree that the social barrier between liberal and mechanical arts began to crumble, and the experimental techniques of the craftsmen were admitted to the ranks of the university-scholars. Rational training and manual work were united at last: experimental science was born« (ibid., S. 174).

4 Zur Debatte in den 1960er und 1970er Jahren siehe auch Freudenthal, 1982; Lefèvre, 1978 und Musson, 1972.

und des Homo faber zu einer Einheit. Die daraus resultierende neue »Leonardo-Welt« ist eine Welt »von wissenschaftsgestützten technischen Kulturen« (Mittelstraß, 1992, S. 17).

Unter den Kritikern der *craftsman-and-scholar* These und verwandter Einschätzungen der Bedeutung des sozialökonomischen Kontexts der wissenschaftlichen Revolution stieß vor allem der Wissenschaftshistoriker Ruppert Hall auf große Resonanz (Hall, 1969). In einer subtilen und ausgewogen erscheinenden Kritik konzedierte Hall zwar einerseits den historischen Tatbestand der professionellen Heterogenität der Akteure der wissenschaftlichen Revolution, zu denen er auch Ärzte, Apotheker, Ingenieure, Instrumentenmacher und Kaufleute zählte. Jedoch vertrat er andrerseits die These, diese Praktiker hätten auf den harten Kern der wissenschaftlichen Disziplinen wie Mechanik und Astronomie allenfalls äußerlichen, »stimulierenden« Einfluss ausgeübt (ibid., S. 15). Nach Hall spielten sich in diesem wissenschaftlichen Kernbereich die inhaltlichen Auseinandersetzungen ausschließlich zwischen »akademischen Innovatoren« und »akademischen Konservativen« ab und blieben somit im internen akademischen Rahmen (ibid., S. 7). Soweit sich die »akademischen Innovatoren«, so Hall weiterhin, über den theoretischen Diskurs hinaus der Welt der Technik zuwandten, war dies nicht kausal durch eine veränderte Technik bedingt, sondern durch eine veränderte mentale »Haltung« (*attitude*), die »essentiell subjektiv« war: »the change was in the eye of the beholder« (ibid., S. 16). Besonders vehement wies Hall die Annahme zurück, Träger der neuen Wissenschaften sei die hybride Persona eines *craftsman-and-scholar* gewesen: »This seems to me to be the defect of the view that sees the new scientist of the seventeenth century as a sort of hybrid between the older natural philosopher and the craftsman« (ibid., S. 17).[5] Am Ende seines Essays machte Hall jedoch eine interessante Unterscheidung, die einige Jahre später von Thomas Kuhn aufgegriffen wurde. Hall erinnerte an »die tiefe Differenz« zwischen den universitären Wissenschaften (Astronomie, Mechanik, Medizin und Anatomie) und den sich außerhalb der Universitäten des 16. und 17. Jahrhunderts herausbildenden neuen Wissenschaften (Experimentalphysik, Chemie, Botanik, Zoologie, Metallurgie). Insbesondere in Hinblick auf die Chemie hieß es nun: »Chemistry reveals a very different historical pattern, in which almost everything said of astronomy [as an example of academic sciences] is negated« (ibid., S. 19). In der Chemie sei nicht nur der Einfluss des »handwerklichen Empirismus« sehr stark gewesen, sondern an ihrer Herausbildung als Wissenschaft seien »Handwerker« auch unmittelbar beteiligt gewesen: »craftsmen had developed both qualitative and quantitative techniques of vital necessity to the growth of chemistry as an exact science« (ibid., S. 19).

5 Der Begriff eines hybriden *craftsman-and-scholar* ist bei Zilsel nicht zu finden. Zilsel spricht vielmehr von einer Hybridierung von Wissens- und Handlungsformen.

In seinem 1976 veröffentlichten Essay *Mathematical versus experimental traditions in the development of physical science* (Kuhn, 1977, S. 31 – 65) entwickelte Thomas Kuhn den Hallschen Ansatz in modifizierter Form weiter, indem er zwischen »klassischen« und »baconischen Wissenschaften« unterschied. Als »klassische Wissenschaften« bezeichnete Kuhn die in der mathematischen Tradition stehenden und an den Universitäten angesiedelten Wissenschaften Astronomie, Harmonielehre, Mathematik, geometrische Optik und Statik, als »baconische Wissenschaften« dagegen die neuen experimentellen, durch das Studium der Elektrizität, des Magnetismus und der Wärme entstehenden Disziplinen sowie die Chemie. In weitgehender Übereinstimmung mit Hall verstand auch Kuhn die Umstrukturierungen der »klassischen Wissenschaften« als »konzeptionelle Veränderungen«, zu denen der Baconianismus mit seiner Aufwertung und Neubestimmung des Experiments wenig beigetragen habe (ibid., S. 45). »The transformation of the classical sciences during the Scientific Revolution«, so hieß es wie zuvor schon bei Hall, »is more accurately ascribed to new ways of looking at old phenomena than to a series of unanticipated experimental discoveries« (ibid., S. 46). Diese starke Betonung des Konzeptionellen in den restrukturierten klassischen Wissenschaften und das Insistieren auf der ausschlaggebenden Rolle der Mathematik und hypothetisch-deduktiver Theorien lassen keinen Zweifel daran, dass Kuhn diese »entwickelten Wissenschaften« (ibid., S. 47) in erster Linie als Resultat von Gelehrtentätigkeit begriff. In dieses Bild passt auch die Hervorhebung der institutionellen Anbindung an die Universitäten und die auf die Galilei-Studien Alexandre Koyrés gestützte Behauptung, technisch-intervenierendes Experimentieren habe in den klassischen Wissenschaften wenig Bedeutung gehabt. Dennoch räumte Kuhn der Tradition der Künstler-Ingenieure einen »signifikanten« Einfluss auf die Problemstellungen eines Tycho Brahe oder Galileo Galilei ein: »the concern of the artist-engineers with these classical fields was a significant factor in their reconstruction« (ibid., S. 56).[6]

Die experimentellen, baconischen Wissenschaften dagegen, die Kuhn wegen des Fehlens konsistenter Theorien auch als »unterentwickelt« bezeichnete (ibid., S. 147), wurden maßgeblich von »Amateuren« praktiziert, d. h. von Männern mit Karrieren außerhalb der Akademien (ibid., S. 52). Die Praxis dieser »Amateure« – unter denen Ärzte, Apotheker, Industrielle und Instrumentenmacher besonders hervorgehoben werden – wurzelte nach Kuhn nicht selten in früheren Handwerken (ibid., S. 46). Sie war insgesamt Ausdruck einer »reevaluation of the crafts and of manipulative techniques« (ibid., S. 47). »Amateure« sind zwar keine einfachen »Handwerker«, aber Kuhn hob hervor, dass ihre »actual practice was seldom combi-

6 Das gelegentliche Experimentieren Galileis und anderer Vertreter der klassischen Wissenschaften fällt nicht unter Kuhns spezifischeren Begriff des »Experiments« bezogen auf die baconischen Wissenschaften. Vgl. dazu Kuhn, 1977, S. 42 – 44, 49.

ned with learned discourse about it« (ibid., S. 57). Da Kuhn zudem von der historisch nicht korrekten Annahme ausging, dass die baconischen Wissenschaften in der Regel im 18. Jahrhundert, und sogar bis Mitte des 19. Jahrhunderts (ibid., S. 51), aus den Universitäten ausgeschlossen und an den Akademien unterrepräsentiert gewesen seien, ergibt sich hinsichtlich der sozialen Träger der klassischen und baconischen Wissenschaften in weitgehender Übereinstimmung mit Hall ein dichotomes Bild: auf der einen Seite die gelehrten Vertreter der klassischen Wissenschaften an den Universitäten und auf der anderen die aus den Universitäten verbannten Praktiker der baconischen Wissenschaften. Doch wie Hall ließ auch Kuhn zwei Ausnahmen zu. Zum einen die englische *Royal Society*, die experimentierende »Amateure« in größerer Zahl aufnahm und ihnen somit eine ergänzende akademische Karriere ermöglichte, und zum anderen, und in Hinblick auf den europäischen Kontinent, die Chemie. Wiederholt finden sich bei Kuhn Aussagen wie: »Practitioners of Baconian science were, however, usually amateurs, *excepting only chemistry*« (ibid., S. 51; meine Hervorhebung). Die Chemie, so räumte Kuhn ein, war nicht nur seit dem späten 17. Jahrhundert in akademischen Institutionen verankert, sondern in ihr verbanden sich Praxis und gelehrter Diskurs (ibid., S. 57 f.). Gleichzeitig aber hieß es auch, die Chemie des 18. Jahrhunderts habe weiterhin ihre Verbindungen zu Medizin, Pharmazie und verschiedenen anderen Handwerken gepflegt (ibid., S. 48).

Bevor ich mich im folgenden zweiten Teil etwas ausführlicher mit dieser »Ausnahme« Chemie beschäftige, die nur aus einer anachronistischen Perspektive als eine für das Gesamtbild der experimentellen Wissenschaften des 18. Jahrhunderts vernachlässigbare »Ausnahme« erscheinen kann, einige kurze Bemerkungen zu der bis heute anhaltenden Wirkung der Hallschen und Kuhnschen Sichtweise, vor allem bei Vertretern der sozialkonstruktivistischen Wissenschaftsgeschichte. Steven Shapin hat sich in den letzten zwei Dekaden insbesondere einer der beiden Kuhnschen »Ausnahmen« angenommen, der *Royal Society*. In mehreren, hauptsächlich auf Robert Boyle bezogenen historischen Detailstudien ging er der Frage nach, welcher Personenkreis in der *Royal Society* tatsächlich Experimente durchführte, die dafür nötigen Instrumente beschaffte und die experimentellen Handfertigkeiten (*skills*) besaß.[7] Shapins Schlussfolgerungen sind eindeutig: entgegen dem offiziell hochgehaltenen baconischen Ideal einer Verbindung von Experiment und gelehrter Reflexion errichtete die *Royal Society* in ihrem Inneren soziale Barrieren zwischen Experimentatoren und Gelehrten (*philosophers*). Letztere, wie Robert Boyle, traten zwar nach außen als Autoren von Experimentalreporten in Erscheinung und ernteten dafür wissenschaftlichen Ruhm, führten aber in der Regel die Experimente

7 Siehe insbesondere Shapin, 1994.

nicht mit eigener Hand durch. Das Experimentieren oblag vielmehr den im sozialen Rang niedriger stehenden Praktikern oder »Technikern«:

> The technician performed the skilled manipulations which produced experimental phenomena; he recorded the phenomena that his skilled work made manifest; he embedded these records in literary form, adding occasional inferential corollaries which were likewise the product of his own thinking (Shapin, 1994, S. 358).

Obwohl die »Techniker«, zu denen auch so namhafte Männer wie Robert Hooke und Denis Papin gehörten, nicht nur Handlanger waren, sondern für ihre Philosophen-Auftraggeber (*philosopher-employers*) auch anspruchsvollere intellektuelle Tätigkeiten durchführten bis hin zur schriftlichen Auswertung der Experimente, blieben sie typischerweise für die Öffentlichkeit unsichtbar. Die meisten von ihnen arbeiteten anonym; sie waren »invisible technicians«.

Ausgehend vom Konzept des »invisible technician« zog Shapin weitere, allgemeinere Schlussfolgerungen hinsichtlich der sozialen und epistemischen Strukturen, die das beschriebene Verhältnis zwischen Praktikern und dem neuen Typus des Experimentalphilosophen im England des 17. Jahrhunderts erst ermöglichten: »While skill might encompass the category of manual labor, and might be treated as an elevated form of labor, it also sat at one end of an evaluative opposition at the other pole of which was some notion of *knowledge*, conceived not as work but as thought. So the knowledge-skill distinction is a particular version of such pervasive cultural divides as theory-practice, contemplation-action, and head-hand« (ibid., S. 361). Die *Royal Society* perpetuierte somit die uralte kulturelle Trennung zwischen Kopf- und Handarbeit und die mit ihr einhergehende soziale Diskriminierung der Handarbeit. Auch die zweite von Hall und Kuhn ausgenommene Domäne, die Chemie, wurde in dieses Bild einer sozialen und epistemischen Hierarchie integriert. Während jedoch bei Robert Boyle die dualen epistemisch-sozialen Strukturen noch anhand sorgfältiger historischer Detailstudien nachgewiesen wurden, unternahm Shapin nun den fragwürdigen Versuch, allein gestützt auf den Gebrauch des Terminus »Laborant«, das bei Boyle erhaltene Resultat auf die gesamte englische Chemie des 17. Jahrhunderts auszuweiten (ibid., S. 362).[8]

Steven Shapins »invisible technician« und seine These von der Perpetuierung der Trennung manueller und intellektueller Tätigkeiten in der *Royal Society* fungie-

---

8 Auf die Fragwürdigkeit dieses Vorgehens kann hier nur hingewiesen werden. Boyle stammte aus einer der reichsten Adelsfamilien Englands und verfügte daher über mehr als ausreichende finanzielle Mittel für die Beschäftigung des gebildeten Typus des »technicians«, der Experimente selbständig durchführen und auswerten konnte. Viele Chemiker in England und andernorts verfügten selbstverständlich nicht über solche Mittel. Sie beschäftigten aber häufig Hilfskräfte (im Deutschen »Laborburschen«, im Französischen »garçon de laboratoire«), die Zuträgerarbeiten und Hilfsarbeiten wie Kohlenschleppen, das Befeuern der Öfen und das Waschen von Laborgefäßen verrichteten. Siehe dazu weiter unten.

ren heute nicht selten als wissenschaftshistorische Modelle, deren Anwendung fast beliebig von der *Royal Society* und dem England des 17. Jahrhunderts auf die kontinental-europäischen experimentellen Wissenschaften des 17. und des 18. Jahrhunderts und in Einzelfällen auch auf spätere Zeitperioden ausgeweitet werden.[9] An diesen Thesen und ihrer historiographischen Ausweitung ist vieles diskussionsbedürftig. Im folgenden konzentriere ich mich jedoch darauf, sie im Zusammenhang mit der Chemie des 18. Jahrhunderts zu beleuchten. Die Chemie, so meine Hauptthese, war eine in der akademischen Welt des 18. Jahrhunderts fest verankerte experimentelle Wissenschaft und zugleich ein hybrides, technologisch-kommerzielle und wissenschaftliche Interessen und Gegenstände verbindendes Unternehmen.

Akademisch-chemisches Experimentieren und Technik im 18. Jahrhundert

Nachdem im 17. Jahrhundert erste erfolgreiche Schritte einer Institutionalisierung der Chemie in medizinischen Fakultäten, Akademien, botanischen Gärten und Museen (wie dem Ashmolean Museum in Oxford) unternommen worden waren, wurde die Chemie im 18. Jahrhundert in fast allen europäischen Ländern als akademische Disziplin anerkannt und etabliert.[10] Die Chemiker des 18. Jahrhunderts waren Professoren, Autoren chemischer Lehrbücher und Experimentalberichte sowie Mitglieder von Akademien und gelehrten Gesellschaften. Dennoch unterschied sich ein Chemiker dieser Zeit von der Persona des Gelehrten oder Philosophen, und dies nicht nur weil er als Experimentator viele Stunden am Tag im Laboratorium verbrachte, sondern auch wegen seiner vielfältigen technischen und gewerblichen Tätigkeiten. Einige biographische Daten mögen dies beleuchten (siehe Tabelle 1).[11] Von 61 deutschen Chemikern des 18. Jahrhunderts, deren biographische Profile hier analysiert wurden, hatten 43 einen akademischen Grad erworben, darunter 37 einen Doktortitel der Medizin. 54 waren Mitglieder von Akademien und wissenschaftlichen Gesellschaften, davon nicht wenige mehrfache Mitglieder. Etwa die Hälfte der Chemiker hatten Universitätsprofessuren, neun unterrichteten an einer der im 18. Jahrhundert neu gegründeten Schulen wie dem Berliner *Collegium Medico-Chirurgicum* (gegründet 1723), der Schemnitzer Bergschule (gegründet

9 Eine solche Ausweitung der Thesen auf Frankreich und Deutschland im 18. und frühen 19. Jahrhundert nimmt z. B. H. O. Sibum vor (Sibum, 2003).

10 Dies bedeutet nicht, dass diese Anerkennung ohne Widerstände vonstatten ging. Aus der faktischen Aufnahme von Chemikern in akademische Institutionen folgt jedoch, dass diese Widerstände nicht stark genug waren bzw. von anderen gesellschaftlichen Kräften ausbalanciert wurden. Zu den Widerständen siehe Meinel, 1983.

11 Meine Analyse und Tabelle stützt sich auf Karl Hufbauer (Hufbauer, 1982).

1735, ab 1770 Bergakademie) und der Freiberger Bergakademie (gegründet 1765); weitere acht gaben private Chemiekurse. Eine große Zahl dieser Chemiker war jedoch auch in die zeitgenössischen Gewerbe involviert. Dabei sind zwei Gewerbe besonders häufig vertreten: die Medikamentenherstellung oder Apothekerkunst sowie Bergbau und Metallurgie.

Bildung	
akademischer Grad:	Dr. med.: 37, Dr. phil.: 6
nichtakad. Abschluß:	Apotheker: 13, sonstige: 5
Mitglied wissenschaftlicher Gesellschaften:	54
Lehrtätigkeit	
Universitäten (Prof.):	31
Fachschulen (ausschl.):	9
Private Kurse (ausschl.):	8
keine Lehrtätigkeit:	13
Gewerbliche Beschäftigungen	
Pharmazie:	24
Bergbau u. Metallurgie:	31 (11 ausschl. Reisen)
Porzellan:	7
Rübenzucker:	7
Mineralwasser:	4
Tabak, Kaffee, Weinbrand:	4
Salze:	5
Farben:	5
Chlorbleiche:	2
Ärzte:	26

Tabelle 1: Deutsche Chemiker im 18. Jahrhundert (61)

Die Verbindung zwischen Chemie und Apothekerkunst hatte eine lange, ins Mittelalter zurückgehende Tradition.[12] Die Destilliergefäße der Apotheker, sowie ihre Methoden der Destillation und chemischen Extraktion pflanzlicher, tierischer und mineralischer Medikamente waren keine originären technischen Innovationen der

12 Siehe dazu Schneider, 1972.

Apothekergilden, sondern Importe aus der alchemistischen Tradition und der von Paracelsus und seinen Anhängern initiierten iatrochemischen Bewegung des 16. Jahrhunderts. Die offiziellen Arzneibücher (Pharmakopöen) des 18. Jahrhunderts enthielten neben Vorschriften für die Herstellung traditioneller galenischer Medikamente Hunderte von Rezepten für so genannte »chemische Medikamente«, die aus den drei Naturreichen mittels chemischer Operationen gewonnen wurden. Umgekehrt präsentierten fast alle chemischen Lehrbücher des 18. Jahrhunderts detaillierte Rezepte für die Herstellung chemischer Medikamente sowie Beschreibungen ihrer medizinischen Eigenschaften und Anwendungen. Der Chemiker-Apotheker war eine wohlbekannte und respektierte Persona des 18. Jahrhunderts. Andreas Sigismund Marggraf (1709 – 1782) zum Beispiel hatte eine traditionelle Apothekerlehre abgeschlossen und leitete zwischen 1735 und 1753 die Apotheke seines Vaters in Berlin. Er besuchte Kurse für Probierkunst (quantitative Untersuchung von Erzen und metallischen Legierungen) bei Johann Friedrich Henckel (1678 – 1744) in der Bergstadt Freiberg, war Besitzer eines ansehnlichen Mineralienkabinetts und führte erste Experimente zur Extraktion von Zucker aus Zuckerrüben durch. Marggraf ist uns heute aber vor allem als chemischer Experimentator und Autor einer Vielzahl von Experimentalschriften bekannt und nicht zuletzt auch als Direktor des chemischen Laboratoriums der Berliner Akademie der Wissenschaften (ab 1754) sowie als Direktor ihrer physikalischen Sektion (ab 1760). Letzteres ist besonders beachtlich, da Marggraf kein Universitätsstudium absolviert hatte. In merkantilistisch regierten Staaten war dies jedoch keine Ausnahmeerscheinung, da dort gebildete Praktiker, vor allem Chemiker, relativ gute Aussichten auf eine akademische Karriere hatten.[13]

Während die Verbindungen zwischen Chemie und Apothekerkunst im 18. Jahrhundert heute recht gut bekannt sind, ist dies weniger der Fall für diejenigen zwischen Chemie und Metallurgie, die vor allem in den deutschen Staaten und in Schweden stark entwickelt waren. Reisen in Bergbauregionen und Besuche von Salzhütten, Schmelzhütten, Probierwerkstätten und Münzen galten im 18. Jahrhundert geradezu als Muss einer guten chemisch-technischen Ausbildung. Nicht wenige Chemiker übernahmen darüber hinaus leitende Positionen als »Bergbaubeamte« in staatlichen Bergbauämtern, wo ihnen u. a. die Kontrolle und Verbesserung bergbaulicher und metallurgischer Technologien und die Analyse von Mineralien oblag. Das schwedische Bergskollegium in Stockholm z. B. unterhielt seit 1689 ein für chemische Analysen hervorragend ausgestattetes Laboratorium, in dem regelmäßig Mineralien auf ihre Abbauwürdigkeit hin analysiert wurden. In der Mitte des 18. Jahr-

13 Neben Chemiker-Apothekern gab es im 18. Jahrhundert auch zahlreiche Chemiker-Ärzte, die eigene chemische Medikamente herstellten und verkauften. Zu Letzteren gehörten z. B. so berühmte Chemiker wie Georg Ernst Stahl (1659 – 1734) und Friedrich Hoffmann (1660 – 1742), beide Professoren der Chemie in Halle, die mit dem privaten Verkauf eigener chemischer Medikamente ein kleines Vermögen verdienten.

hunderts wurde das Bergskollegium Schrittmacher der neuen, wissenschaftlich wie technisch genutzten Analyse mittels des Lötrohrs. Zu den deutschen Chemikern, die in der ersten Hälfte des 18. Jahrhunderts langfristige Positionen als Bergbau- und Metallurgieexperten innehatten, gehören: Andreas Schlüter (1773 – 1744), von 1698 an Kontrolleur der Schmelzwerke in Hannover und Braunschweig; Johann Friedrich Henckel, sächsischer Bergrat und Mitbegründer der Freiberger Bergakademie im Jahre 1765; Johann Andreas Cramer (1710 – 1777), Bergrat in Braunschweig und berühmter Lehrer der Probierkunst, bei dem u. a. auch Herman Boerhaave Kurse besuchte; Christlieb Ehregott Gellert (1713 – 1795), Bergrat in Freiberg und ab 1765 erster Professor für metallurgische Chemie an der Freiberger Bergakademie; Johann Gottlob Lehmann (1719 – 1767), Bergdirektor in Hasserode (Harz); Giovanni Antonio Scopoli (1723 – 1788) und Nicolas Joseph Jacquin (1727 – 1817), beide Bergräte und Professoren der Chemie an der Bergakademie von Schemnitz (damals Ungarn, heute Slowakei). Alle diese Männer waren auch Autoren metallurgischer Schriften und Mitglieder von Akademien und wissenschaftlichen Gesellschaften. In der zweiten Hälfte des 18. Jahrhunderts setzte sich dieser Trend mit acht Chemiker-Bergräten unter insgesamt 35 deutschen Chemikern fort.

Abgesehen von der Apothekerkunst und der Metallurgie waren die Chemiker des 18. Jahrhunderts in staatlich geförderten technischen Projekten aktiv, die der Substitution wertvoller Importgüter wie Porzellan, Rohrzucker, Tabak oder Kaffee dienten. Zum Beispiel beauftragte der preußische König Friedrich II. Johann Theodor Eller (1689 – 1760), Johann Heinrich Pott (1692 – 1777) und Johann Andreas Cramer mit der Analyse von Porzellan und dem Studium der Porzellanproduktion. 1745 war Pott schließlich in der Lage, mit staatlicher finanzieller Unterstützung Porzellanwerke in Freienwalde zu gründen. Ähnliche Entwicklungen gab es auch in Frankreich, wo Experimente Pierre Joseph Macquers (1718 – 1784) 1769 erstmals zur Produktion von Porzellan in Sèvres führten. Die Extraktion von Zucker aus Zuckerrüben ist ein anderes Beispiel erfolgreicher, staatlich gestützter Suche nach Substituten für Kolonialwaren. Hier gelang in den 1790er Jahren dem Chemiker Franz Carl Achard (1753 – 1821) der Durchbruch. Im zentralistisch regierten Frankreich erhielten darüber hinaus zahlreiche Chemiker Positionen als Inspektoren oder Leiter staatlicher Manufakturen. Jean Hellot (1685 – 1766) z. B. war in den 1740er Jahren Generalinspektor der französischen Färbereien, und so berühmte Chemiker wie Pierre Joseph Macquer und Claude Louis Berthollet (1748 – 1822) waren Inspektoren in den *Gobelins*, wo sie u. a. Experimente zur Standardisierung der Qualität von Farbstoffen und der Textilfärberei im manufaktureigenen Laboratorium durchführten.[14] Berthollets Experimente zum Bleichen von Textilien mit Chlor in den 1780er Jahren wurden fast unmittelbar von den großen französischen und eng-

14 Siehe dazu Nieto-Galan, 2001.

lischen Manufakturen übernommen. Chemiker waren nicht zuletzt auch in die technische Weiterentwicklung von Schießpulver einbezogen, insbesondere auch Antoine-Laurent Lavoisier, der von 1775 an die *Régie des poudres et salpêtres* am Pariser Arsenal leitete.

Warum setzten merkantilistische Politiker in Deutschland, Frankreich und anderenorts so große Hoffnungen ausgerechnet in Chemiker? Verfügten die Chemiker des 18. Jahrhunderts über besondere Fähigkeiten, die andere Personen und insbesondere auch Fachleute mit einer traditionellen Lehre nicht besaßen? War die Chemie als praktische Kunst oder auch als Wissenschaft in Technik und Gewerbe involviert? Wenn, wie lange Zeit üblich, Wissenschaft mit Theorie identifiziert wird, so kann die Antwort auf letztere Frage selbstverständlich nur negativ ausfallen. Theoretisches Wissen war vor der Entstehung der synthetischen chemischen Industrie Mitte des 19. Jahrhunderts weitgehend irrelevant für praktische Anwendungszwecke. Die traditionelle Gleichsetzung von Wissenschaft und Theorie ist jedoch in jüngster Zeit zunehmend in die Kritik geraten, insbesondere durch die neueren historischen und philosophischen Studien über wissenschaftliches Experimentieren.[15] Ian Hackings Diktum »Experimente besitzen ein Eigenleben« lässt sich historisch insbesondere auf die Chemie des 18. Jahrhunderts beziehen (siehe Hacking, 1983).

Anders als in der Experimentalphilosophie des 18. Jahrhunderts war die Chemie eine Disziplin, in der mehr oder weniger tagtäglich experimentiert wurde. In diesem Zusammenhang ist es aufschlussreich, dass die Verwendung des Terminus *Laboratorium* historisch zunächst auf die Experimentierstätten der Chemie beschränkt war. In der Experimentalphilosophie (bzw. der sich herausbildenden Experimentalphysik) gab es zwar, entgegen den Behauptungen Kuhns, im 18. Jahrhundert bereits universitäre »physikalische Kabinette« und »Theater« (*theatrum physicum*),[16] aber wie aus diesen Termini fast schon hervorgeht, waren diese Institutionen häufig eher Orte des Sammelns und Ausstellens von Instrumenten und des Demonstrierens kurioser experimenteller Effekte als wirkliche Arbeitsstätten. Das chemische *Laboratorium* dagegen war ein Raum für experimentelle Arbeit, der vom 17. Jahrhundert an auch an Universitäten und Akademien etabliert wurde. Die verbalen Beschreibungen und die Abbildungen solcher akademisch-chemischer Laboratorien sowie die erhalten gebliebenen Gefäße, Instrumente und Stoffproben geben neben veröffentlichten Experimentalberichten und unveröffentlichten Labornotizen Aufschluss über zahlreiche in unserem Zusammenhang interessierende Aspekte des Experimentierens.

So können wir z. B. der Abbildung eines chemischen Laboratoriums aus der Diderotschen Enzyklopädie (siehe Abb. 1) entnehmen, dass mit Hilfe einfacher

15 Siehe z. B. Galavotti, 2003; Heidelberger/Steinle, 1998 und Rheinberger, 1997.

16 Siehe dazu Wiesenfeldt, 2002.

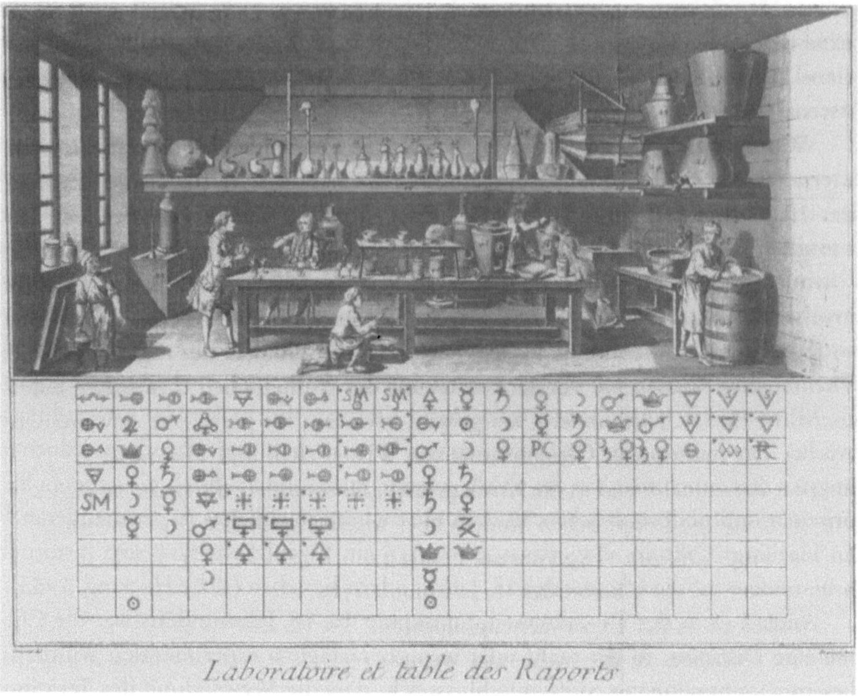

Abb. 1: Chemisches Laboratorium aus dem 18. Jh. (aus Diderot, Encyclopédie 1751 – 1780)]

Öfen und Blasebälge, wie sie auch in der Metallurgie üblich waren, das wichtigste Instrument des Chemikers, das Feuer, erzeugt wurde.[17] Auf der Abbildung sehen wir weiterhin auf einem Regal und im darunter befindlichen Raumabschnitt zahlreiche Destillationsgefäße. Der Vergleich mit dem chemischen Inventar eines zeitgenössischen Apothekerlaboratoriums, zeigt große Übereinstimmungen (siehe Abb. 2). Diese Übereinstimmung der materiellen Kultur akademisch-chemischer Laboratorien und gewerblich-chemischer Arbeitsstätten war eine wichtige Voraussetzung der technischen Kompetenz von Chemikern. Weiterhin erhalten wir aus Abbildung 1 auch Aufschlüsse über die sozialen Strukturen im Laboratorium, die nicht zuletzt auch in Hinblick auf Shapins These aussagekräftig sind. Die am »Labortisch« (*table de laboratoire*) vorne links hantierenden Männer in kostbarer Klei-

17 Siehe Diderot/d'Alembert, 1966, Bd. 24. Abbildungen wie diese sind selbstverständlich keine naturgetreuen Repräsentationen konkreter Laboratorien, sondern Idealisierungen. Idealisierungen geben uns jedoch besonders guten Aufschluss über die Sichtweise und Akzentsetzung der historischen Akteure.

Abb. 2: Inventar eines Apotheker-Laboratoriums aus dem 17.–19. Jh. (mit frdl. Genehmigung des Deutschen Apotheken-Museums Heidelberg)

dung sowie der mit Destillieren beschäftigte jüngere Mann in der rechten hinteren Ecke werden in der Bilderläuterung als »Chemiker« bezeichnet. Wie unschwer zu erkennen ist, scheuen sich diese Chemiker nicht, Handarbeit zu verrichten. Die drei Jungen im Vordergrund, die »garçons de laboratoire«, sind mit Kohlentragen und Gefäßewaschen beschäftigt. Derartige Hilfsdienste ungelernter, meist niedrigen sozialen Schichten entstammender Personen waren im 18. und 19. Jahrhundert überall in Europa üblich. Sie zeugen von der mit Experimentieren verbundenen körperlichen Arbeit, jedoch ohne damit zugleich auch eine Trennung von körperlicher und intellektueller Tätigkeit im eigentlichen Experimentieren zu implizieren.

Was die intellektuelle Seite des Experimentierens anbetrifft, so ist diese deutlich symbolisiert durch die Affinitätstabelle im unteren Bildteil. Affinitätstabellen waren ab Mitte des 18. Jahrhunderts geläufige Formen der Repräsentation »gesetzmäßiger Beziehungen« zwischen Laborstoffen (hier durch alchemistische Symbole dargestellt), Repräsentationen, die wiederholt erweitert und korrigiert wurden. Sie sind wohl der sinnfälligste Ausdruck der intellektuellen Strukturierung eines Teilbereichs der chemischen Laborpraxis im 18. Jahrhundert, für die die Tradition der philosophischen Schulen wenig zu bieten hatte und die daher mit genuinen begrifflichen und symbolischen Mitteln der Chemie erfolgte.[18] Affinitätstabellen waren sozusagen Landkarten eines wissenschaftlich systematisierten Teilbereichs der experimentellen chemischen Praxis des 18. Jahrhunderts, die ohne übergreifende theoretische bzw. philosophische Orientierung erstellt wurden.

Die oben aufgeworfenen Fragen nach der besonderen Befähigung der Chemiker für technische und gewerbliche Tätigkeiten erfordern historische Analysen chemischer Tätigkeiten und Wissensformen, die der nötigen Kürze wegen hier nur angedeutet werden können. Chemisches Experimentieren realisierte erstens den alten baconischen Traum einer die naturgeschichtliche Sammlung von Fakten ergänzenden »Experimentalgeschichte« (*experimental history*).[19] Chemiker verfügten über ein relativ umfassendes natur- und experimentalhistorisches Wissen über Vorkommen und Eigenschaften von Stoffen, das in der Regel weit über die lokalen Materialkenntnisse eines normalen Bergmeisters oder traditionellen Apothekers hinausging. Dabei führte die lange Einübung in Techniken der Stoffidentifikation zur Entwicklung einer »Kennerschaft« (*connoisseurship*),[20] die insofern von der anderer Praktiker abwich, als die Chemiker besonderen Wert auf die Identifikation von Stoffen durch im Experiment festgestellte *chemische Eigenschaften* legten. Da die Chemiker des 18. Jahrhunderts Experimente mit eigener Hand durchführten, besa-

18 Zu den Affinitätstabellen, ihrer Strukturierung chemischer Experimentalpraxis und ihrer konzeptionellen Einbettung siehe Duncan, 1996; Klein, 1994.

19 Siehe dazu Bacon, 1986–94, Bd. 4, S. 257–58; Houghton, 1941; Klein, 2003.

20 Zum Begriff »connoisseurship« im Zusammenhang mit der Identifikation und Klassifikation von Objekten siehe Polany, 1974.

ßen sie zweitens technisches Know-how und manuelle Fertigkeiten, die auch für ihre vielfältigen technisch-gewerblichen Aufgaben nützlich waren. Schließlich waren die Chemiker des 18. Jahrhunderts drittens Experten für chemische Analyse.

Chemische Analysen von Mineralien, Erzen, Münzen, Porzellan, Bodenproben, Mineralwassern, exotischen Medikamenten und anderen Stoffen waren oft von ausschlaggebender technologischer und ökonomischer Bedeutung. Sie waren jedoch zugleich auch epistemisch auswertbare Experimente, die in Beziehung gesetzt werden konnten zu naturphilosophischen Elementenlehren, Korpuskulartheorien und Theorien der Zusammensetzung chemischer Verbindungen. Während im frühen 18. Jahrhundert fast alle Chemiker versuchten, die Philosophie der Elemente oder Prinzipien durch chemische Analysen empirisch zu stützen und zu modifizieren, entwickelten sich seit dem dritten Jahrzehnt des 18. Jahrhunderts Formen des Zusammenspiels von chemischer Analyse, Resynthese und theoretischer Reflexion, die zu spezifischeren chemischen Verbindungstheorien und schließlich im letzten Drittel des Jahrhunderts auch zum modernen Elementbegriff Lavoisiers führten. Chemische Analysen waren somit eine Schnittstelle wissenschaftlicher und technologisch-gewerblicher Praxis.

Schlussbetrachtungen

Wie Ruppert Hall und Thomas Kuhn in den eingangs zitierten Essays zutreffend feststellten, war die Chemie des 18. Jahrhunderts einerseits an Universitäten und Akademien etabliert und erlangte gegen Ende des Jahrhunderts den Status einer paradigmatischen experimentellen Wissenschaft, verfügte jedoch andererseits nicht über einen breit akzeptierten Kanon allgemeiner Theorien und mathematischer Repräsentationsformen aus der Schulentradition. Wie zuvor schon die Alchemie der Hoch- und Spätrenaissance, machte auch die akademische Chemie des 17. und des 18. Jahrhunderts Anleihen bei existierenden Naturphilosophien, die sie eklektisch miteinander verband. Wir finden daher bei den verschiedenen Chemikern dieser Zeit eine Vielzahl individueller Varianten der Verknüpfung von Elementen- und Korpuskulartheorien. Die Chemiker des 18. Jahrhunderts entwickelten jedoch zugleich ein chemisches Verbindungskonzept und spezielle Stofftheorien, die auf breite Akzeptanz stießen; sie untersuchten gesetzmäßige Beziehungen (Affinitäten) zwischen Stoffen und verfeinerten experimentelle Techniken der Stoffidentifikation und der Analyse und Resynthese von Stoffen.

Wenn man an all dies nicht mit einer überhistorischen, normativen Meßlatte für *entwickelte* bzw. *unentwickelte* Wissenschaft herangeht, sondern Maßstäbe für Wissenschaftlichkeit anlegt, die sich aus dem historischen Vergleich und aus einer Reflexion des historisch Möglichen ergeben, so kommt man nicht umhin, die Chemie des 18. Jahrhunderts, und zwar auch schon diejenige vor Lavoisier, als wissenschaftlich zu bezeichnen. Gleichzeitig aber übten die Chemiker des 18. Jahrhunderts vielfältige technische und gewerbliche Tätigkeiten aus, die sich in den chemischen Lehrbüchern, Traktaten und Experimentalreporten unter Bezeichnungen wie »praktische« oder »angewandte Chemie« niederschlugen. Der Versuch, der Chemie des späten 17. und des 18. Jahrhunderts mit begrifflichen Dichotomien wie Theorie versus Praxis, Kopfarbeit versus Handarbeit, Wissenschaft versus Technik beizukommen, kann daher nur zu krassen historischen Fehlurteilen führen. Der »Leonardo-Welt« und den Techno-Wissenschaften des 20. und 21. Jahrhunderts nicht ganz unähnlich, war die Chemie des 18. Jahrhunderts sowohl Technik als auch Wissenschaft. Ebenso war der Chemiker dieser Zeit eine hybride Persona, die sich nicht eindeutig in vorhandene Klassifikationsschemata für *Wissenschaftler* oder *Techniker* einordnen lässt.

Es spricht somit durchaus einiges für die alte *craftsman-and-scholar* These, selbst in ihrer zugespitzten und von Hall und Nachfolgern vehement zurückgewiesenen Form der Annahme einer hybriden Persona.[21] Was die *Ausnahme* Chemie anbetrifft, so sollten einige abschließende Überlegungen Anstoß zum Überdenken dieser Sichtweise geben. Anders als in der sich herausbildenden experimentellen Physik gab es im 18. Jahrhundert bereits große Chemikergemeinschaften mit mehr als 60 Chemikern in den deutschen Staaten und einer noch größeren Zahl in Frankreich; verhältnismäßig große Chemikergemeinschaften gab es auch in England und Schottland sowie in Schweden. Rein quantitativ betrachtet übertraf die Chemie somit die Experimentalphysik und jede andere experimentelle Kultur des 18. Jahrhunderts. Die Chemie war darüber hinaus die erste wirkliche Laborwissenschaft im engeren Sinn. Wenn es somit um ein allgemeineres historisches Bild der Entwicklung der experimentellen Wissenschaften geht, so müsste zumindest hinsichtlich ihres *laborwissenschaftlichen* Zweigs eher die Chemie als die Physik im Mittelpunkt stehen. Für ein adäquates historisches und philosophisches Verständnis der Entstehung »wissenschaftsgestützter technischer Kulturen« der Leonardo-Welt ist ein weiterer Aspekt hervorzuheben, der sich ebenfalls besonders deutlich in der Geschichte der Chemie abzeichnet. Das vorherrschende Verständnis der Anfänge des Experimentierens in der akademischen Welt des 17. Jahrhunderts nimmt an, dieses sei als

21 Der Terminus *craftsman-and scholar* ist in verschiedener Hinsicht unglücklich. Zilsel und seine Vorgänger hatten erstens keineswegs des Lesens und Schreibens unkundige und im traditionellen Gildenwesen verhaftete »Handwerker« (»craftsmen«) als Träger der neuen Wissenschaften im Auge, sondern (häufig autodidaktisch) gebildete Praktiker (»artisans«, »artist-engineers« usw.). Zweitens könnte der Terminus die falsche Vorstellung suggerieren, die hybride Persona eines *craftsman-and-scholar* vereinige lediglich vorhandene, traditionelle Fähigkeiten und Wissensformen aus der Werkstätten- und Schulentradition, ohne diese gleichzeitig zu restrukturieren und ohne Erwerb neuer Kompetenzen.

neue, »experimentelle Methode« in einen vorhandenen naturphilosophischen Diskurs eingeführt worden. Das Experiment ist demnach charakterisiert als Mittel der Erkenntnis. Aus der Perspektive der Chemie des 17. Jahrhunderts ergibt sich jedoch ein anderes Bild, nämlich das der Aufnahme gebildeter Praktiker und der Transposition vorhandener produktiver Handlungsformen der *Werkstätten* (insbesondere Metallurgie und Apothekergewerbe) und der praktischen, Erwerbszwecken dienenden Operationen der Alchemie in den akademischen Raum, wobei neue epistemische Ziele und Interessen hinzukamen, ohne die praktisch-gewerblichen Ziele und Interessen vollständig zu verdrängen. Francis Bacons Utopie einer Einheit von »fruchtbringenden« und »lichtbringenden Experimenten« (*experimenta fructifera* und *lucifera*) wurde zuerst in der Chemie realisiert.[22]

Literaturverzeichnis

Bacon, Francis, 1986–94, *The Works of Francis Bacon. Faksimile-Neudruck der Ausgabe von Spedding, Ellis und Heath*, 14 Bde., London 1857–1874, Stuttgart-Bad Canstatt: Frommann-Holzboog.

Borkenau, Franz/Grossmann, Henryk/Russo, Valeria E., 1987, »Controversy: The Emergence of Modern Science out of the Production Process«, in: *Science in Context*, 1, S. 105–191.

Diderot, Denis J./d'Alembert, Jean LeRond, 1966, *Encyclopédie ou Dictionnaire Raisonné des Sciences, des Arts, et des Métiers*, Nachdruck der 1. Ausgabe, 35 Bde., 1751–80. Stuttgart: Frommann.

Duncan, Alistair, 1996, *Laws and Order in Eighteenth-Century Chemistry*, Oxford: Clarendon Press.

Freudenthal, Gideon, 1982, *Atom und Individuum im Zeitalter Newtons: Zur Genesis der mechanistischen Natur- und Sozialphilosophie*, Frankfurt am Main: Suhrkamp.

Galavotti, Maria Carla (Hrsg.), 2003, *Observation and experiment in the natural and social sciences*, Dordrecht: Kluwer.

Grossmann, Henryk, 1935, »Die gesellschaftlichen Grundlagen der mechanistischen Philosophie und die Manufaktur«, in: *Zeitschrift für Sozialforschung*, 4, S. 161–231.

Hacking, Ian, 1983, *Representing and Intervening: Introductory Topics in the Philosophy of Natural Science*, Cambridge: Cambridge University Press.

Hall, Rupert, 1969, »The Scholar and the craftsman in the scientific revolution«, in: Clagett, Marshall (Hrsg.), *Critical problems in the history of science*, Madison/Milwaukee/London: University of Wisconsin Press, S. 3–23.

Heidelberger, Michael/Steinle, Friedrich (Hrsg.), 1998, *Experimental Essays – Versuche zum Experiment*, Baden-Baden: Nomos Verlagsgesellschaft.

22 Zu diesen baconischen Begriffen siehe Bacon, 1986–94, Bd. 4, S. 95; Klein, 1996.

Houghton, Walter E. Jr., 1941, »The History of Trades: Its Relation to Seventeenth-Century Thoughts: As Seen in Bacon, Petty, Evelyn, and Boyle«, in: *Journal of the History of Ideas*, 2, S. 33 – 60.

Hufbauer, Karl, 1982, *The Formation of the German Chemical Community (1720 – 1795)*, Berkeley: University of California Press.

Jardine, Nicholas, 2003, »Essay Review: Zilsel's dilemma«, in: *Annals of Science*, 60, S. 85 – 94.

Klein, Ursula, 1994, *Verbindung und Affinität. Die Grundlegung der neuzeitlichen Chemie an der Wende vom 17. zum 18. Jahrhundert*, Basel: Birkhäuser.

Klein, Ursula, 1996, »Experiment, Spiritus und okkulte Qualitäten in der Philosophie Francis Bacons«, in: *Philosophia Naturalis*, 33, S. 289 – 315.

Klein, Ursula, 2003, »Experimental history and Herman Boerhaave's chemistry of plants«, in: *Studies in the History and Philosophy of Biological and Biomedical Sciences*, 34, S. 533 – 567.

Kuhn, Thomas S., 1977, *The essential tension: Selected studies in scientific tradition and change*, Chicago: University of Chicago Press.

Lefèvre, Wolfgang, 1978, *Naturtheorie und Produktionsweise*, Darmstadt: Luchterhand.

Meinel, Christoph, 1983, »Theory or Practice? The Eighteenth-Century Debate on the Scientific Status of Chemistry«, in: *Ambix*, 30, S. 121 – 132.

Merton, Robert K., 1970, *Science, Technology and Society in Seventeenth-Century England*, New York: Harper & Row.

Mittelstraß, Jürgen, 1970, *Neuzeit und Aufklärung. Studien zur Entstehung der neuzeitlichen Wissenschaft und Philosophie*, Berlin, New York: Walter de Gruyter.

Mittelstraß, Jürgen, 1992, *Leonardo-Welt: Über Wissenschaft, Forschung und Verantwortung*, Frankfurt/Main: Suhrkamp.

Musson, A. E. (Hrsg.), 1972, *Science, technology, and economic growth in the eighteenth century*, London: Methuen.

Needham, Joseph/Werskey, P. G. (Hrsg.), 1971, *Science at the cross roads. Papers presented to the international congress of the history of science and technology. Held in London from June 29th to July 3rd, 1931, by the delegates of the U.S.S.R. With a new foreword by Dr. Joseph Needham and a new Introduction by P.G. Werskey*, London: Frank Cass.

Nieto-Galan, Agustí, 2001, *Colouring Textiles. A History of Natural Dyestuffs in Industrial Europe*, Dordrecht/Boston/London: Kluwer.

Olschki, Leonardo, 1965, *Geschichte der neusprachlichen wissenschaftlichen Literatur*, 3 Bde., 1919 – 27, Nachdruck, Vauz: Kraus.

Polany, Michael, 1974, *Personal Knowledge: Towards a Post-Critical Philosophy*, Chicago: University of Chicago Press.

Raven, Diederick/Krohn, Wolfgang/Cohen, Robert S. (Hrsg.), 2000, *Edgar Zilsel: The Social Origins of Modern Science. Foreword by Joseph Needham, Introduction by Diederick Raven & Wolfgang Krohn*. Dordrecht/Boston/London: Kluwer.

Rheinberger, Hans-Jörg, 1997, *Toward a History of Epistemic Things: Synthesizing Proteins in the Test Tube*, Stanford: Standford University Press.

Rossi, Paolo, 2000, »Craftsman-and-Scholar Thesis«, in: Applebaum, Wilbur (Hrsg.), *Encyclopedia of the Scientific Revolution: From Copernicus to Newton*, New York/London: Garland, S. 174 – 177.

Schneider, Wolfgang, 1972, *Geschichte der pharmazeutischen Chemie*, Weinheim: Verlag Chemie.

Shapin, Steven, 1994, *A social history of truth*, Chicago, London: University of Chicago Press.

Sibum, H. Otto, 2003, »Experimentalists in the Republic of Letters«, in: *Science in Context*, 16, S. 89–120.

Wiesenfeldt, Gerhard, 2002, *Leerer Raum in Minervas Haus: Experimentelle Naturlehre an der Universität Leiden, 1675–1715*, Amsterdam: Royal Netherlands Academy of Arts and Sciences.

Zilsel, Edgar, 1942, »The Sociological Roots of Science«, in: *American Journal of Sociology*, 47, S. 544–62.

Das Ende vom Problem des methodischen Anfangs: Descartes' antiskeptisches Argument

Hans Rott/Verena Wagner

> Während der Metaphysiker [...] (man möchte sagen: per definitionem) zu wenig von Logik versteht und sich damit in derselben Situation befindet, in der sich schon Descartes selbst befand, besitzt der Logiker meist zu wenig Fingerspitzengefühl für eine philosophische Unruhe, die lediglich die ›Höhe des Begriffs‹ noch nicht befriedigend erreicht hat.
> *Jürgen Mittelstraß* (1970, S. 387)

In der ersten Meditation gibt Descartes vor, ein lang geplantes Unternehmen anzugehen, nämlich »einmal im Leben alles von Grund aus um[zu]stoßen und von den ersten Grundlagen an neu [zu] beginnen« (AT, S. 17[1]). Da es unmöglich scheint, jede einzelne Meinung auf Wahrheit oder Falschheit hin zu testen, genüge es nach Descartes zunächst, sich auf die Fundamente, die Prinzipien zu konzentrieren, die den anderen Meinungen zu Grunde liegen. Findet sich auch nur der geringste Zweifel an einer Sache, so solle diese vorerst verworfen werden, um dann festzustellen, an welchen Dingen sich nicht zweifeln lasse. Als erstes Ergebnis dieses methodischen Zweifels kommt Descartes zur berühmt gewordenen Einsicht, dass an allem gezweifelt werden kann, nur nicht daran, dass der Zweifelnde es ist, der zweifelt. Daran kann auch kein böser Geist etwas ändern: »Nun, wenn er mich täuscht, so ist es also unzweifelhaft, daß ich bin. Er täusche mich, soviel er kann, niemals wird er es jedoch fertig bringen, daß ich nichts bin, solange ich denke, daß ich etwas sei.« (AT, S. 25)

Jürgen Mittelstraß hat in *Neuzeit und Aufklärung* das Cartesische Vorgehen hart kritisiert. Den methodischen Anfang der *Meditationen* bezeichnet er als eine »Illusion«, da »die Reflexion [...] eben nicht einfach, wie hier vorausgesetzt wird, im ›leeren Raum‹ beginnen [kann]; als kritische Prüfung von Sätzen muß sie diese Sätze vielmehr erst einmal haben, und sie findet sie nirgendwo anders als im alltäglichen oder auch wissenschaftlichen Sprechen vor«.[2] Schlimmer noch, »metasprachliche Sorglosigkeit« und eine »methodisch unsinnige Elimination der Logik«[3] wirft Mittelstraß Descartes vor.

---

1 Wir verwenden hier und im folgenden die Seitenzählung nach Band VII der von Adam und Tannery (»AT«) herausgegebenen *Œuvres de Descartes* sowie die deutsche Übersetzung der Meditationes in Descartes, 1959/1977.

2 Mittelstraß, 1970, S. 392.

3 Mittelstraß, 1970, S. 391 und 393.

Wir wagen es im Sinne des obigen Mottos nicht, Descartes als Metaphysiker verbessern zu wollen, versuchen aber, ihm in logischer Hinsicht unter die Arme zu greifen. Im Gegensatz zu Mittelstraß wollen wir uns hier nicht mit dem Problem des methodischen *Anfangs* der ersten, sondern mit dem *Ende* des skeptischen Zweifels in der sechsten Meditation beschäftigen.

Descartes' *Meditationen* enden nämlich überhaupt nicht skeptisch. Die sechste Meditation zeugt tatsächlich von einem erstaunlichen epistemologischen Optimismus, der nachgerade antiskeptische Züge trägt. Descartes geht es hier um das Problem der Erkenntnis der Außenwelt, und er bejaht ohne Einschränkung, dass eine solche möglich ist. Er ist ihm ein Anliegen, seine Methode soweit zu führen, dass man die Möglichkeit der Erfahrungswissenschaft als gesichert ansehen kann. Letztendlich verwirft er seine anfänglichen Zweifel an der Existenz der Außenwelt in Bausch und Bogen und tut sie als »übertrieben« und »lächerlich« ab (AT, S. 89).[4]

Der Skeptizismus bezüglich der Außenwelt ist auch das Thema dieses Beitrags, dessen Thesen sich wie folgt charakterisieren lassen:

- Descartes' Lösung des skeptischen Problems hat deutlich kohärentistische Züge – Züge, die u. E. nicht deutlich genug zur Kenntnis genommen wurden und die geeignet sind, seinen Ruf als Erzfundamentalist in Frage zu stellen.
- Im Unterschied zu Mittelstraß werden wir eine nachsichtige Interpretation des uns interessierenden Teils der *Meditationen* vorschlagen, die seine Überlegung im antiskeptischen Schlussargument als logisch gültig erweist.
- Dennoch führen – und hierin ist Mittelstraß vorbehaltlos zuzustimmen – die Mittel der Logik zu einem schärferen Blick auf die Problemlage. In unserer Analyse stellt sich heraus, dass das die *Meditationen* abschließende antiskeptische Argument gerade auf denjenigen Aspekt verzichten kann, der intuitiv besondere Wirksamkeit besitzt: das Problem, wie das epistemische Subjekt einen Traum vom Wachzustand unterscheiden kann.

Das antiskeptische Argument am Ende der *Meditationen*

Im Bereich apriorischen Wissens ist das Kriterium die absolute Klarheit und Deutlichkeit einer Idee, die für Descartes deren Wahrheit verbürgt (AT, S. 35 und 62). Im Bereich des Empirischen, bei der Erkenntnis der Außenwelt scheint es hingegen keine Ideen zu geben, die dem Cartesischen Ideal der Klarheit und Deutlichkeit entsprechen. Deshalb wird hier, insoweit echtes Wissen in diesem Bereich überhaupt

4 In seiner Erwiderung auf die Einwände Bourdins wiederholt und verstärkt Descartes (AT, S. 460) den Punkt, dass sein metaphysischer Zweifel ein hyperbolischer ist und nicht auf die Lebenspraxis übertragen werden kann.

möglich ist, ein anderes epistemologisches Argument gegeben werden müssen. Wie am Ende der fünften Meditation (AT, S. 71) angekündigt, ist für Descartes die Allgüte Gottes notwendig, um die Erkenntnis des empirisch Wahren zu garantieren.

Unmittelbar vor dem die *Meditationen* abschließenden antiskeptischen Argument gibt Descartes eine naturalistische Erklärung der Möglichkeit von *partikulären* Irrtümern in einer von Gott insgesamt optimal eingerichteten Welt. Damit ergänzt er die bekanntere Erklärung aus der vierten Meditation, die die Ursache von Irrtümern im menschlichen, sich schuldhaft übernehmenden Willen sucht. Durch jede der beiden alternativen Erklärungen ist Descartes bemüht, eine Schuld Gottes an unseren Fehlern auszuschließen.

Das atemberaubend schnelle und erkenntnisoptimistische Ende der *Meditationen* hat, wie wir meinen, nicht die Beachtung gefunden, die es verdient hat. Es hat offenbar nur wenig Leser überzeugt. Immerhin hat es nicht an Versuchen gefehlt, das *antiskeptische Argument* Descartes' (AT, S. 89–90) zu stützen. Robert Hanna (1992) rekonstruiert Descartes' Argument gegen den »epistemologischen Traumskeptizismus« durch Einführung einer Unterscheidung zwischen »scheinbarer« und »echter Kohärenz«. Während erstere auch dem Träumenden erfahrbar sei, sei echte Kohärenz – mit der eine deutliche Erkenntnis der kausalen Ursprünge unserer Erfahrungsinhalte einhergehe – ein untrügliches Zeichen für Wacherfahrungen. Diese Deutung vermag nicht zu überzeugen, denn das Konzept der scheinbaren Kohärenz ist weder in den *Meditationen* nachweisbar noch plausiblerweise als Konzept vorstellbar: Da die Kohärenz der Erfahrungen als Kriterium für die Wahrheit eines Erfahrungsinhalts dienen soll, muss sie dem epistemischen Subjekt direkt zugänglich sein, also kann Kohärenz nicht nur scheinbar auftreten.[5] Frederick F. Schmitt (1986) und Lex Newman (1999) suchen das Cartesische antiskeptische Argument durch die Annahme besonderer Schlussweisen als gültig zu erweisen. Schmitt diagnostiziert bei diesem Argument (wie auch an diversen Stellen in Descartes' wissenschaftlichen Werken) hypothetisch-deduktive Schlussformen, welche deshalb auf die Realität der Außenwelt und die Wachheit des Subjekts zu schließen erlauben, weil keine sparsameren Erklärungen der Phänomene zur Verfügung stünden. Diese Art risikobehafteten Schließens betrachte Descartes als zulässig in Anwendung auf sog. Wissen erster Ordnung (*cognitio*), wohingegen Wissen zweiter Ordnung (*scientia*) der bekannten Forderung Descartes nach »fundamentalistischem« Denken durch Anschauung und Deduktion unterliege. Wir finden die Unterscheidung zwischen den beiden Ordnungen des Wissens in den *Meditationen* nicht schlüssig nachweisbar, und sie erscheint uns letztlich konstruiert. Erhellender ist der Ansatz Newmans, sogar als Grundlage der Cartesischen Regel, wonach klare und distinkte

5 Dass Erfahrungen im Traum einem Kohärenztest unterzogen werden und diesen bestehen, halten wir für unmöglich. Vgl. aber Descartes' Antwort auf Hobbes' letzten Einwand.

Wahrnehmung Wahrheit garantiert, eine andere, noch fundamentalere Regel anzusetzen, auf die sich Descartes am deutlichsten in den Erwiderungen auf die zweiten Einwände verpflichtet. Nach dieser *Neigung-ohne-Korrektur*-Regel (*Inclination-Without-Correction-Rule*) ist ein Satz *p* wahr, wenn das epistemische Subjekt eine positive Neigung hat, *p* zuzustimmen, und wenn es kein Vermögen hat, wodurch es nicht-*p* feststellen könnte. Diese Regel erweist sich nach Newman auch als zentral für die Beantwortung von Hobbes' Einwänden gegen die Anwendung des *Kontinuitätstests* im antiskeptischen Argument. Wenn wir eine starke Neigung verspüren zu denken, wir seien wach, und wenn wir keine Möglichkeit haben, über einen der Sinne, über das Gedächtnis oder den Verstand das Gegenteil auszuschließen, dann dürfen wir folgern, dass wir wirklich wach sind. Wäre dem nicht so, dann könnte Gott nicht allgütig sein.

Die Konklusion des antiskeptischen Arguments am Ende der Meditationen behauptet, dass Irrtümer bei der Wahrnehmung der Außenwelt korrigiert und Zweifel beseitigt werden können. Häufig wird das Argument als Widerlegung des Traumskeptizismus verstanden, mit der Konklusion, dass ein Mensch im Wachzustand auch feststellen kann, dass er wach ist. Wenn wir das Argument aber im Detail untersuchen, stellen wir fest, dass dies gerade nicht der Punkt ist. Descartes geht es nicht um selbstreflexive Erkenntnisse, sondern um gewöhnliche Wahrnehmungen der empirischen Außenwelt. Unsere Rekonstruktion wird zeigen, dass sich die anscheinend so entscheidende Frage nach Wachen oder Träumen sogar aus Descartes' Argument herauskürzen lässt.

Die Logik des antiskeptischen Arguments

Wir geben nun das antiskeptische Argument (AT, S. 89 – 90) im Wortlaut zusammen mit seiner »Übersetzung« in eine einfache aussagenlogische Form wieder:

	Diese Betrachtung [warum »unbeschadet der unermeßlichen Güte Gottes die Natur des Menschen als ein Ganzes aus Geist und Körper uns bisweilen täuschen muß«, H. R./V. W.] trägt nun außerordentlich viel dazu bei, nicht nur alle Irrtümer, denen meine Natur ausgesetzt ist, zu bemerken, sondern auch, sie leicht verbessern oder vermeiden zu können.	
(1)	Denn freilich, weil ich weiß, daß alle Empfindungen mir über das, was dem Körper nützlich ist, weit häufiger das Wahre als das Falsche anzeigen, da ich mich ferner fast stets mehrerer Sinne bedienen kann, um eine und dieselbe Sache zu prüfen, und überdies des	$Z \wedge MS \wedge Gd \wedge Vs \rightarrow W$

	Gedächtnisses, das das Gegenwärtige mit dem Vergangenen verknüpft, und des Verstandes, der bereits alle Gründe des Irrtums durchschaut, so brauche ich nicht weiter zu fürchten, daß das mir von den Sinnen täglich Dargebotene falsch sei, sondern darf alle übertriebenen Zweifel dieser Tage als lächerlich verwerfen,	
(2)	vor allem den allgemeinsten bezüglich des Traumes, den ich nicht vom Wachen unterscheiden konnte;	
(3)	jetzt nämlich merke ich, daß zwischen beiden der sehr große Unterschied ist, daß meine Träume sich niemals mit allen übrigen Erlebnissen durch das Gedächtnis so verbinden, wie das, was mir im Wachen begegnet.	$(Tr \rightarrow \neg K) \wedge (Wc \rightarrow K)$
(4)	Denn in der Tat, wenn mir im Wachen plötzlich jemand erschiene und gleich darauf wieder verschwände, wie das in Träumen geschieht, und zwar so, daß ich weder sähe, woher er gekommen noch wohin er gegangen, so würde ich dies nicht zu Unrecht eher für eine bloße Vorspiegelung oder für ein in meinem Gehirn erzeugtes Trugbild halten, als urteilen, daß es ein wirklicher Mensch ist.	$Wc \wedge \neg K \rightarrow \neg Ts$
(5)	Begegnet mir aber etwas, wovon ich deutlich bemerke, woher, wo und wann es kommt, und vermag ich seine Wahrnehmung ohne jede Unterbrechung mit dem gesamten übrigen Leben zu verknüpfen, so bin ich ganz gewiß, daß es mir nicht im Traum, sondern im Wachen begegnet ist.	$K \rightarrow Wc$
(6)	Auch brauche ich an dessen Wahrheit nicht im Geringsten zu zweifeln, wenn mir, nachdem ich alle Sinne, das Gedächtnis und den Verstand zur Prüfung versammelt habe, von keinem unter ihnen irgend etwas gemeldet wird, das dem übrigen widerstritte.	$Gt \rightarrow ((MS \wedge Gd \wedge Vs) \rightarrow W)$
(7)	Denn daraus, daß Gott kein Betrüger ist, folgt jedenfalls, daß ich mich in solchen Fällen nicht täusche.	Gt

Abkürzungen

Z	Nützliche Wahrnehmungen sind in der Regel zuverlässig (d. h. meistens gilt: Wenn *x* etwas Nützliches wahrnimmt, dann erkennt *x* die Wahrheit)
MS	*x*'s Wahrnehmung wird durch die Wahrnehmungen mehrerer Sinne positiv überprüft
Gd	*x*'s Wahrnehmung wird durch das Gedächtnis positiv überprüft
Vs	*x*'s Wahrnehmung wird durch den Verstand positiv überprüft

W	*x* erkennt die Wahrheit
Tr	*x* träumt
K	*x*'s Wahrnehmungen sind kohärent (zusammenhängend)
Wc	*x* ist wach
Ts	*x* täuscht sich (oder: *x* wird getäuscht)
Gt	Gott betrügt nicht

Kommentar. Das Argument ist in der Form, in der es dasteht, alles andere als perfekt. Wir kommentieren es Schritt für Schritt.

Satz (1): Diese Behauptung kann im Sinne von Descartes nicht richtig sein. Die überwiegende Zuverlässigkeit einzelner Sinneswahrnehmungen und ihre mehrfache Überprüfung verbürgen zwar eine sehr hohe Wahrscheinlichkeit, aber noch keine Wahrheit. Das systematische Täuschungsunternehmen eines *Genius malignus* könnte durchaus kohärente Unwahrheiten erzeugen. Satz 1 wird mit den folgenden Sätzen praktisch aufgehoben.

Satz (2): Dieser Satz kennzeichnet die allgemeine[6] traumskeptische Überlegung aus der ersten Meditation, wonach das Subjekt Wachen und Träumen nicht auseinander halten könne. Es sieht so aus, als solle diese Behauptung im Anschluss widerlegt werden. Tatsächlich spielen Wachen und Träumen hier aber nur eine untergeordnete, vermittelnde Rolle für die Diskussion der Möglichkeit empirischer Erkenntnis.

Satz (3): Das erste Konjunkt wird von Descartes sehr betont, stellt sich später aber als redundant heraus. Das zweite Konjunkt wird durch das folgende Szenario (4) als zu ungenau, d. h. als streng genommen falsch erwiesen.

Satz (4): Dieser *prima facie* überraschende Satz ist es, der das ganze Argument erst interessant und kompliziert macht. Wenn im Wachzustand (durch das Zusammenspiel der fünf Sinne mit Gedächtnis und Verstand) inkohärente Wahrnehmungen festgestellt werden, dann wird die Wahrnehmung als Illusion erkannt. Die Inkohärenz dient dem Subjekt als Warnsignal,[7] es findet keine Täuschung (mehr) statt.

Das in den Sätzen (4) und (5) angesprochene Nachvollziehen dessen, wie Gegenstände oder Personen in den und aus dem Blick geraten, scheint uns klar unter den Begriff der Kohärenz subsumierbar.[8] Wir interpretieren den Konjunktiv in (4) als einen Potentialis, nicht als einen Irrealis. Denn kämen inkohärente Wahrneh-

6 Das lat. »dubitatio summa« wird in der französischen Ausgabe von 1647 durch das französische »incertitude si générale« übersetzt oder ersetzt. Die Frage nach Träumen oder Wachen stellt für Descartes offenbar also nicht die wichtigste, sondern nur die allgemeinste Ungewissheit dar.

7 Zur epistemologischen Bedeutung solcher Warnsignale vgl. Newman, 1999.

8 Hiermit widersprechen wir der Deutung von Hanna, 1992.

mungen in Wirklichkeit gar nicht vor, dann wäre der ganze Kontrollmechanismus durch mehrere Sinne, Gedächtnis und Verstand überflüssig.

Satz (5): Kohärente Wahrnehmungen in diesem Sinne weisen unzweideutig auf den Wachzustand hin. Nimmt man an, dass Traum und Nichtwachen äquivalent sind (s. Satz (8) unten), so ist Satz (5) mit dem ersten Konjunkt von Satz (3) äquivalent.

Sätze (6) und (7): Der »denn«-Satz in Descartes' Satz (7) macht ein zusätzliches Antezedens für den Satz (6) namhaft: Dass Gott kein systematischer Betrüger ist. Nur unter dieser Voraussetzung lässt sich die im Zusammenwirken von Sinne, Gedächtnis und Verstand zertifizierte Kohärenz und dadurch erzielte hohe Wahrscheinlichkeit der Perzeption in eine Erkenntnis der Wahrheit umwandeln. Die Falschheit des »Wahrgenommenen« bleibt eine logische Möglichkeit. Jedoch würde nur ein betrügerischer Gott die Welt so einrichten, dass hohe Kohärenz und Wahrscheinlichkeit auf Falsches verweisen. Tatsächlich, so Descartes, ist Gott kein Betrüger, also weist Kohärenz auf Wahres. Eine wichtige Voraussetzung für die Wahrscheinlichkeit des Wahrgenommen ist, dass jeder einzelne Sinn, das Gedächtnis und der Verstand für sich genommen in der überwiegenden Zahl der Fälle zuverlässig sind (dies ist wichtig, um von Kohärenz zu hoher Wahrscheinlichkeit zu gelangen[9]). Der mit einer zweifachen Bedingung versehene formalisierte Satz (6) stellt die Korrektur des fehlerhaften Konditionalsatzes (1) dar.[10]

Satz (7) wird von Descartes als in den früheren Meditationen (AT, S. 53 und 70) bewiesen betrachtet.

Um Descartes' antiskeptisches Argument zu vervollständigen, müssen wir noch Annahmen anführen, die von ihm nicht explizit ausgesprochen, aber offenbar als wahr unterstellt werden. Es handelt sich zunächst um zwei begriffliche Dichotomien.

(8) $\quad Tr \leftrightarrow \neg Wc$

Satz (8) sagt, dass eine Person genau dann träumt, wenn sie nicht wach ist. Traum und Wachzustand sind also kontradiktorische Ausdrücke. Den bewusst- und wahrnehmungslosen Zustand des traumlosen Schlafs dürfen wir hier vernachlässigen.

---

9 Vgl. C. I. Lewis' (1946, bes. S. 338–349) erhellende Erörterung der Kohärenz oder »Kongruenz« verschiedener Erkenntnisquellen. Lewis macht deutlich, dass eine positive Korrelation zwischen einzelner Wahrnehmung oder Erinnerung mit der Wirklichkeit auch im Rahmen einer Kohärenztheorie notwendig für Wissen ist, dass aber ein minimaler Grad einer solchen Korrelation genügt.

10 Unsere aussagenlogische Formalisierung von (6) stellt keine methodologische Priorität zwischen der theologischen Bedingung und der Kohärenzbedingung her. Beide Bedingungen müssen gleichermaßen erfüllt sein, um die Wahrheit der Perzeption der Außenwelt zu verbürgen. Im Gegensatz zu Hanna, 1992, und Schmitt, 1986, und im Einklang mit Newman, 1999, erweist unsere Analyse Satz (7) als notwendig für das antiskeptische Argument.

Zweitens erkennt eine Person die Wahrheit bezüglich einer gewissen Sachlage genau dann, wenn sie sich nicht darüber täuscht:

(9) $W \leftrightarrow \neg Ts$

Dieser Satz, nach dem Wahrheit und Täuschung kontradiktorische Ausdrücke sind, wurde von Descartes selbst nicht so formuliert. Auch seine Plausibilität kann in Frage gestellt werden. Es stimmt zwar, dass die Erkenntnis der Wahrheit einer bestimmten Proposition *p* impliziert, dass keine Täuschung hinsichtlich *p* vorliegt. Aber umgekehrt folgt daraus, dass sich jemand bezüglich *p* nicht täuscht, *nicht* schon die Erkenntnis der Wahrheit *bezüglich genau dieser Proposition p*. Das Subjekt könnte etwa bemerken, dass *p* zwar anscheinend vorliegt, aber dass dieser Schein im vorliegenden Fall nicht gut mit anderen Dingen zusammenstimmt. In einer solchen Problematisierung des Scheins mag durchaus eine Erkenntnis von Wahrheit enthalten sein, nämlich die Erkenntnis der Tatsache, dass der Schein von *p* trügerisch ist. Aber es ist damit noch keine Erkenntnis hinsichtlich des Wahrheitswertes *von p* erlangt. Das epistemische Subjekt wird gut daran tun, sich zumindest vorläufig eines Urteils über *p* zu enthalten und nicht voreilig zur Negation von *p* überzugehen.

Schließlich haben wir noch eine definitorische Bestimmung nachzutragen, von der wir in der obigen Formalisierung Gebrauch machten.

(10) $(MS \wedge Gd \wedge Vs) \leftrightarrow K$

Eine Wahrnehmung heißt demnach *kohärent* (oder zusammenhängend) genau dann, wenn ihre dreifache Überprüfung durch die Sinne, durch das Gedächtnis und durch den Verstand positiv ausfällt. Dieser Kohärenzbegriff fasst den von Descartes im antiskeptischen Argument beschriebenen Überprüfungsmechanismus für Mengen von Wahrnehmungen (nicht: für individuelle Wahrnehmungen) durch einen Kohärenztest[11] zusammen. Die einzelnen Sinne, Gedächtnis und Verstand sind dabei als voneinander unabhängige Überprüfungsinstanzen zu denken.

Ist Descartes' antiskeptisches Argument gültig?

Wir interpretieren das Cartesische Argument am Ende der sechsten Meditation dahingehend, dass Descartes hier zeigen will, dass eine Person im Wachzustand in der Lage ist, die Wahrheit über Sachverhalte der Außenwelt zu erkennen. Die logische

11 »Continuity test« nennt dies Newman, 1999, und »Konnexionsprinzip« Perler, 1998, S. 78. Uns scheint (wie Hanna, 1992) die Bezeichnung »Kohärenz« genau treffend – Descartes ist eben nicht *nur* der erkenntnistheoretische »Fundamentalist«, als der er allenthalben vorgestellt wird. In Descartes' Satz (6) war die dreifache Überprüfung als Widerspruchsfreiheitstest dargestellt worden, aber die Paraphrase von Kohärenz durch Konsistenz sollte wohl nicht als logizistische Engführung des Kohärenzbegriffs verstanden werden.

Struktur des Arguments, das wir aus der Cartesischen Darstellung herausfiltern können, stellt sich nun so dar:

1.	Angenommen Wc			
2.	Angenommen $\neg$K			(Fall a)
3.	Dann		Wc $\wedge \neg$K	
4.	Also		$\neg$Ts	nach (4)
5.	Also		W	nach (9)
6.	Angenommen K			(Fall b)
7.	Dann		MS $\wedge$ Gd $\wedge$ Vs	nach (10)
8.	Außerdem		Gt	nach (7)
9.	Also		MS $\wedge$ Gd $\wedge$ Vs $\rightarrow$ W	nach (6)
10.	Insgesamt also		W	gemäß den Zeilen 7 und 9
11.	Also gilt W aufgrund von Fallunterscheidung bzgl. K			
12.	Also gilt Wc $\rightarrow$ W (und die Annahmen sind allesamt beseitigt)			

Kommentar

Dieses Argument konkludiert, dass im Wachzustand die Wahrheit des Wahrgenommenen erkannt wird. Für das ganze Argument erweisen sich die Prämissen (3), (5) und (8), die das Verhältnis von Traum- und Wachzustand und der Kohärenz der Wahrnehmungen regeln, als unnötig. Das Argument ist in der angegebenen Form *(aussagen-)logisch* gültig. Ein überzeugendes Argument wäre es aber erst dann, wenn alle Prämissen überzeugend wären.

Fall a: Die Prämisse (9) ist, wie erwähnt, sehr fragwürdig, so dass mehr als zweifelhaft ist, ob die Wahrheit in Zeile 5 wirklich die Wahrheit der in Rede stehenden Proposition ist. Der Fall der erkannten Inkohärenz ist der erkenntnistheoretisch unergiebige.

Fall b: Die obigen Zeilen 6 – 10 bilden ein gültiges Teilargument, das nach der Regel der Konditionaleinführung zum Ergebnis K$\rightarrow$W führt. Die verwendeten Prämissen stimmen mit dem Cartesischen Ansatz überein. Die Erkenntnis der Wahrheit steht unter der Bedingung einer positiven Überprüfung der Kohärenz des Wahrgenommenen und ist auch dann nur erreichbar, wenn wir das Cartesische Ergebnis, wonach Gott kein Betrüger ist, akzeptieren. Erstaunlicherweise ist die genannte Konklusion K$\rightarrow$W eher nützlicher als die Konklusion Wc$\rightarrow$W des ganzen Arguments: Während Kohärenz epistemisch transparent ist, ist nicht vollständig klar, ob der Wachzustand für das Subjekt zuverlässig als solcher identifizierbar ist.

In Fall b fällt mit Prämisse (4) auch die letzte Aussage über Träumen und Wachen unter den Tisch. Offenbar ist die von Descartes hervorgehobene (partielle)

Unterscheidungsmöglichkeit von Traum und Wachzustand durch die Kohärenz der Wahrnehmungen gar nicht wesentlich für die Konklusion, dass bei kohärenten Wahrnehmungen eine Erkenntnis des Wahren erzielt werden kann. Dies ist ein durchaus erstaunliches Ergebnis.

Schluss mit dem Problem des methodischen Anfangs?

Erstaunlich ist dies Ergebnis vor allem deshalb, weil diese Unterscheidungsmöglichkeit in der ersten Meditation eine so wichtige Rolle spielt. An jener Stelle war Descartes noch überzeugt, »daß niemals Wachen und Traum nach sicheren Kennzeichen unterschieden werden können«, und er schien davon tatsächlich derart »betroffen« zu sein, dass »gerade diese Betroffenheit (*stupor*) mich beinahe in der Meinung bestärkt, ich träumte« (AT, S. 19). Warum also hat Descartes seine philosophischen Meditationen mit einer Thematik begonnen, die sich später, in seinem abschließenden Argument, als unnötig herausstellt?

Descartes' autobiographischer Monolog über Wachen und Träumen mag künstlich und fiktiv sein, sein Inhalt ist es nicht: Denn Überlegungen dieser Art scheinen fest im Menschen verwurzelt zu sein. Aus der sich stetig wiederholenden Erfahrung, einen Traum erst *nachträglich*, nämlich beim Aufwachen, als Täuschung erkennen zu können, entsteht das Bedürfnis, ein Kriterium zu finden, durch welches der Wachzustand eindeutig vom Traum unterschieden werden kann. Wie schon erwähnt, gehen wir davon aus, dass es unmöglich ist, Erfahrungen, die im Traum gemacht werden, im Traum selbst noch einem Kohärenztest zu unterziehen. Bezeichnend dafür ist die Tatsache, dass ein und dieselbe Erfahrung, die im Traum für real gehalten wurde, nach dem Erwachen als inkohärent und Täuschung erkannt wird. Die Einsicht in die eigene Unfähigkeit, einen Traum während des Träumens als Täuschung durchschauen zu können, lässt sich nur zu leicht auf den momentanen Zustand übertragen, von dem nun bezweifelt wird, dass er tatsächlich ein *Wachzustand* ist.

In der ersten Meditation operiert auch Descartes mit dieser Übertragung. Diese Verschiebung des Träumens im Schlaf auf die Ebene des Wachens lässt Descartes durch einen bösen Geist ausführen, der dem Menschen Dinge vorgaukelt, die nicht »wirklich« existieren. Er entschließt sich zur Annahme, »Himmel, Luft, Erde, Farben, Gestalten, Töne und alle Außendinge seien nichts als das täuschende Spiel von Träumen« (AT, S. 22). Descartes schafft für seine Leser mit diesem Thema eine Identifikationsbasis, die den Einstieg in den Cartesischen Zweifel erleichtern soll.

Das Thema hat bis heute nichts von seiner Faszination verloren. Die in der ersten Meditation eingeführte Figur des *Genius malignus*, der uns von Grund auf über alles täuscht, ist im beginnenden 21. Jahrhundert ebenso präsent wie im 17. Jahrhundert. So transformierte Hilary Putnam (1981) den bösen Geist in die moderne Gestalt eines Computerwissenschaftlers, der Gehirne im Tank per Computer mit elektrischen Impulsen füttert, welche die Sinnesreizungen von gewöhnlich lebenden Menschen ununterscheidbar simulieren. Die physiologischen Vorgänge der in Tanks gehaltenen Menschen bzw. Gehirne sind also gleich, die Erlebnisse der Subjekte unterscheiden sich nicht von anderen, und doch scheinen die zu Grunde liegenden Realitäten Täuschungscharakter zu haben. Oder vorsichtiger ausgedrückt: Die Computerwissenschaftler entwerfen ihre Apparatur in *Täuschungsabsicht*.[12]

Zu einer enormen Popularisierung skeptischer Überlegungen, die durch allgemeinmenschliche Erfahrungen von Traum- und Wachzustand angestoßen werden, hat gerade in den letzten Jahren die Filmindustrie beigetragen. Filme wie *The Truman-Show*[13] oder *The Matrix*[14] spielen mit der menschlichen Angst, dass die für real gehaltene Wirklichkeit nur eine mehr oder weniger komplexe Simulation Dritter – seien es nun Menschen oder Maschinen – ist.[15] Die Tendenz der Geschichte

12 Chalmers, 2003, bestreitet den Täuschungscharakter. Er sieht die Realität der Außenwelt nicht durch die Tatsache bedroht, dass diese auf computergenerierten Vorgängen basiert. Tatsächlich erfolge die Erkenntnis dieser Tatsache auf einer weiteren Metaebene, die bis dato nur noch nicht durchschaut gewesen sei und die die bisherigen Erfahrungen nicht umwerfe. Auch Descartes' Hypothese des Täuschergottes bezeichnet Chalmers in diesem Sinne als nicht skeptisch. Er blendet dabei allerdings aus, dass in derartigen Szenarien eine konkrete Täuschungsabsicht besteht, die nicht durch Überlegungen zu Referenz und Wahrheit eingefangen werden kann.

13 Regie: Peter Weir, 1998. Inhalt: Truman Burbank lebt scheinbar in einem kleinen Städtchen, das in Wirklichkeit nur Kulisse einer riesigen »Reality-Show« ist. Er war von seiner Mutter als Säugling an den Erfinder und Regisseur dieser Show verkauft worden. Ohne sich dessen bewusst zu sein, ist Truman seitdem deren Hauptdarsteller. Familie und Freundeskreis sind eigens engagierte Schauspieler, seine ganze Umgebung vollkommen künstlich. Durch traumatische Kindheitserlebnisse wurde ihm panische Angst vor Reisen mit Flugzeugen und Schiffen eingeimpft, um den Fortbestand der Show zu sichern. Aufgrund einiger Ungereimtheiten beginnt Truman als 30-jähriger seine Umwelt kritischer zu betrachten und seine Situation zu erahnen. Gegen den Widerstand seines Schöpfers beginnt er einen Freiheitskampf, der ihn immer näher zur Wahrheit bringt.

14 Regie: Andy and Larry Wachowski, 1999. Inhalt: Der Film spielt gegen Ende des 22. Jahrhunderts. Zu Beginn des 21. Jahrhunderts hatten die Menschen Krieg mit künstlichen Intelligenzen, ihren eigenen Schöpfungen, geführt. Da diese auf Solar-Energie angewiesen waren, verdunkelten die Menschen den Himmel. Die Maschinen haben sich jedoch umgestellt und nutzen nun die Bioelektrizität der Menschen als Energiequelle. Ganze Menschenfelder wurden angelegt, in welchen Menschen in sargähnlichen, mit Flüssigkeit gefüllten Kapseln gehalten werden. Sie sind durch Kabel und Schläuche mit einem extrem leistungsfähigen Computersystem verbunden, das eine virtuelle Realität erzeugt: die »Matrix«. Diese Menschen werden so im Glauben gehalten, ein normales Menschenleben im Jahr 1999 zu leben. Nur einige Freiheitskämpfer befinden sich außerhalb der Matrix. Zu ihnen stößt der Hacker Neo, der, von der Matrix abgekoppelt, seine Situation zunächst nicht begreift.

15 Komplexität und Ausmaß der Täuschung sind bei der *Truman-Show* »nur« auf den unmittelbaren Alltagsbereich beschränkt, in *The Matrix* weitreichender und umfassender. Intuitiv erscheint uns erstere aber schwerwiegender, wohl weil hier nur ein einzelner Opfer der gezielten Täuschung seiner Gattungsgenossen ist, wohingegen in der *Matrix* alle Menschen dasselbe Schicksal teilen.

vom bösen Geist zur maschinell erzeugten »virtuellen Realität« ist nicht verwunderlich, betrachtet man die exponentiell ansteigenden Möglichkeiten und Zuständigkeiten computergesteuerter Systeme. Zu *The Matrix* gibt es eine ganze Reihe ernstzunehmender Artikel professioneller Philosophen und Philosophinnen, die weit über den Tellerrand des akademischen Selbstgesprächs blicken lassen.[16]

Ein solch unverkrampftes Cross-Over zwischen Populärkultur und Philosophie entspricht durchaus auch dem Naturell von Jürgen Mittelstraß, der wie nur wenige andere zur Dissemination philosophischen Denkens im Raum öffentlicher und politischer Diskurse beigetragen hat. Descartes ist zu Recht für seine Gottesbeweise und den Dualismus von ausgedehntem und denkendem Ding berühmt, aber uns will scheinen, dass diese Philosopheme zur geistigen Situation unserer Zeit nicht mehr so recht passen wollen. Es ist wohl so, dass die Anzahl der Menschen, für die Gottesbeweise eine Überzeugungskraft haben, sehr gering geworden ist, und mit ähnlichen Schwierigkeiten hat der Substanzendualismus zu kämpfen, der nie eine überzeugende Erklärung für die Wechselwirkung geistiger und körperlicher Phänomene zu liefern vermochte. Ganz anders verhält es sich mit Descartes' methodischem (systematischem, theoretischem, akademischem) Zweifel. In seinen neuen Gewändern trifft er nach wie vor den Nerv des zeitgenössischen Philosophierens, aber auch den außeruniversitärer Diskussionen und nicht zuletzt den des einzelnen Menschen.[17]

Literaturverzeichnis

Chalmers, David J., 2003, »The Matrix as Metaphysics«, in: Grau, Christopher (Hrsg.), *Philosophy & The Matrix*, http://whatisthematrix.warnerbros.com/rl_cmp/phi.html (Stand: 30.12.2003).

Descartes, René, 1959/1977, *Meditationes de prima philosophia/Meditationen über die Grundlagen der Philosophie*, Buchenau, Artur/Gäbe, Lüder/Zekl, Hans Günter, 2. Auflage, Hamburg: Meiner.

Hanna, Robert, 1992, »Descartes and Dream Skepticism Revisited«, in: *Journal of the History of Philosophy*, 30, S. 377–398.

Lewis, Clarence I., 1946, *An Analysis of Knowledge and Valuation*, La Salle, Ill.: Open Court.

Mittelstraß, Jürgen, 1970, *Neuzeit und Aufklärung. Studien zur Entstehung der neuzeitlichen Wissenschaft und Philosophie*, Berlin/New York: Walter de Gruyter.

Newman, Lex, 1999, »The Fourth Meditation«, in: *Philosophy and Phenomenological Research*, 59, S. 559–591.

16 Die Internetadresse, der der Artikel von Chalmers entnommen ist, bietet allein 17 einschlägige Fachartikel.

17 Der erstgenannte Autor dankt Jürgen Mittelstraß für sechseinhalb schöne und lehrreiche Assistentenjahre in Konstanz und ganz besonders für seine undogmatische Weise, Vorgesetzter zu sein.

Perler, Dominik, 1998, *Réne Descartes*, München: Beck.

Putnam, Hilary, 1981, »Brains in a Vat«, in: ders., *Reason, Truth, and History*, Cambridge: Cambridge University Press, S. 1 – 21.

Schmitt, Frederick F., 1986, »Why was Descartes a Foundationalist?«, in: Oksenberg Rorty, Amélie (Hrsg.), *Essays on Descartes' Meditations*, Berkeley: University of California Press 1986, S. 491 – 512.

Does Leibniz's Principle of Sufficient Reason License His Primordial Existential Question »Why Is There Something Contingent, Rather Than Nothing?«?[†]

Adolf Grünbaum

Abstract

According to Leibniz's *Principle of Sufficient Reason* (*PSR*), every event has an explanatory »reason [cause] sufficient to determine why it is thus and not otherwise«. It is shown here that, contrary to a common view, this principle cannot single-handedly license his famous question »Why is there something [contingent] rather than nothing [contingent]?« Nor does PSR license solo Leibniz's much more specific demand for an explanation of the existence of our universe. Moreover, PSR has been discredited by irreducibly stochastic twentieth century quantum physics.

1. Introduction

In Leibniz's 1714 essay »Principles of Nature and of Grace« (1973, sec. 7, p. 199), he poses the historic question: »*Why is there something rather than nothing?*« In the German translation of his original French text, this question is »*warum es eher Etwas als Nichts gibt*« (Leibniz, 1956, p. 13).

I shall speak of this query as »the Primordial Existential Question« and will use the acronym »PEQ« to denote it for brevity. But we must refine the statement of PEQ to preclude its *trivialization*, which Leibniz certainly did not intend when he asked this question. As we shall see, he believed that God is »a necessary being, bearing the reason of its existence within itself« in order to provide a »sufficient reason« for »the existence of the [*contingent*] universe« (ibid., sec. 8, p. 199). But if there is a *necessary* being, there can be no question why it exists, rather than not, because such a being could not possibly *fail* to exist. Therefore, it would clearly *trivialize* Leibniz's cardinal PEQ, if it were asked concerning a »something« comprising one or more entities whose existence is logically or metaphysically *necessary*.

† In this *Festschrift* paper, published in honor of my distinguished colleague and greatly cherished friend Jürgen Mittelstraß, I have drawn considerably on my much larger essay »The Poverty of Theistic Cosmology« (Grünbaum, 2004). It originated in the first two of my three Leibniz Lectures, which I delivered at the Universität Hannover in Germany on June 25, 26, and 27, 2003.

Thus, Leibniz undoubtedly realized that it would be just fatuous to ask why any *necessarily* existing »somethings« do exist *in lieu* of a state of nothingness. Hence, the scope of the term »something« in his PEQ must obviously be tacitly *restricted* to entities whose existence is logically *contingent*, entities whose *non*-existence is *logically possible*. And similarly for the scope of the term »nothing«. Accordingly, we can formulate Leibniz's non-trivial construal of PEQ as follows: »Why is there something contingent at all, rather than just nothing contingent?« Philip Quinn (2003) has usefully characterized that articulation of PEQ as an »explanation-seeking contrastive why-question«. He calls it »contrastive«, because it features the contrastive locution »rather than«, or – in the German translation of Leibniz's French original – »*eher...als*«.

It is crucial to note at the outset that PEQ rests on important presuppositions. If one or more of these presuppositions is either ill founded or demonstrably false, then PEQ is aborted as a *non*-starter, because it would be posing a *non*-issue (pseudo-problem). And, in that case, the very existence of something contingent, instead of nothing contingent, does *not* require explanation.

What are the most important presuppositions of PEQ? Clearly, *one* of them is that the notion of a logically possible state of affairs in which absolutely nothing contingent exists is both *intelligible* (meaningful) and *free from contradiction*. Let us call such a putative state of affairs »the Null Possibility«, as the English philosopher Derek Parfit does (1998, p. 420). And let us speak of a supposed world in which there is nothing contingent as »the Null World«.

Yet it is vital to recognize that the Null Possibility is *not* shown to be logically genuine by the premise that each contingent entity, taken individually, might possibly not exist. After all, this premise is entirely compatible with the *denial* of the Null Possibility. Indeed, the familiar fallacy of composition is being committed, if one infers that all entities, taken *collectively*, might possibly fail to exist, merely because each contingent entity, taken *individually*, might possibly fail to exist.

But besides presupposing that the Null Possibility is logically robust, PEQ *pivots* crucially on the following further presupposition, which originated historically as a corollary to a distinctly Christian precept (going back to the second century): *In the absence of an external cause, the spontaneous, natural, or normal state of affairs is one in which nothing contingent exists at all.* In earlier writings (Grünbaum, 2000, p. 5), I have denoted the assertion of this *ontological spontaneity of nothingness* by the acronym »SoN«. In short, SoN asserts the ontological spontaneity of the Null World.

Early in the twentieth century, Henri Bergson was alert to the often-beguiling, if not insidious, role of SoN in metaphysics, and he aptly articulated that assumption as inherent in PEQ. In 1935, speaking of occidental philosophy, Bergson (1974, pp. 239–240) lucidly wrote disapprovingly concerning PEQ as follows:

> [...] part of metaphysics moves, consciously or not, around the question of knowing why anything exists – why matter, or spirit, or God, rather than nothing at all? But the question presupposes that reality fills a void, that underneath Being lies nothingness, that *de jure* there should be nothing, that we must therefore explain why there is *de facto* something.

Bergson's concise formulation of SoN as a presupposition of the Primordial Existential Question is that »*de jure* there *should* be nothing«. But as a rendition of this cardinal presupposition of PEQ, his formulation that *de jure* there *should* be nothing is significantly incomplete: It needs to be *amplified* by the *further* claim that there indeed *would* be nothing in the absence of an overriding external cause or reason! Thus, let us bear in mind hereafter explicitly that *SoN makes the following very strong ontological assertion*: ***De jure*, there *should* be nothing contingent at all rather than something contingent, and indeed, there *would* be just nothing contingent in the absence of an overriding external cause (reason)**.

In a chapter devoted to PEQ, Robert Nozick (1981, p. 122) notes, as Bergson had, that this inveterate question is predicated on SoN, a presupposition avowing, in his words, »a presumption in favor of nothingness«.

According to SoN, the actual existence of something contingent or other – qua *deviation* from the supposedly spontaneous and natural state of nothingness – automatically requires a *creative external cause ex nihilo*, a so-called *ratio essendi*. And such a supposed creative cause must be distinguished, as Aquinas emphasized, from a merely transformative cause: Transformative causes produce changes of state in contingent things that *already exist in some form*, or the transformative causes generate new entities from previously existing objects, such as in the building of a house from raw materials.

Furthermore, in accord with the traditional Christian commitment to SoN, creation *ex nihilo* is required at every instant at which the world exists in some state or other, whether it began to exist at some moment having no temporal predecessor in the finite past, or has existed forever.

Importantly, SoN can be challenged by the counter-question: »But why *should* there be nothing contingent, rather than something contingent?« And, indeed, why *would* there be nothing contingent in the absence of an overriding external cause (reason)? In effect, Leibniz (1973, sec. 7, p. 199) endeavored to disarm this challenge, as we are about to see, when he tried to legitimate SoN – albeit unsuccessfully – as part of a *two-fold* a priori justification of PEQ.

2. Leibniz's a priori defense of the Primordial Existential Question.

Let me first quote and then comment on the context in which Leibniz (1973, secs. 7 and 8, p. 199) seeks to *justify* his PEQ by relying carefully on *both* of the following two bases: (1) His Principle of Sufficient Reason (hereafter »PSR«), *and* (2) an a priori argument for the presupposition SoN inherent in PEQ. As he put it:

> 7. Up till now we have spoken as *physicists* merely; now we must rise to *metaphysics*, making use of the *great principle*, commonly but little employed, which holds that *nothing takes place without sufficient reason*, that is to say that nothing happens without its being possible for one who has enough knowledge of things to give a reason sufficient to determine why it is thus and not otherwise. This principle having been laid down, the first question we are entitled to ask will be: *Why is there something rather than nothing*? For »nothing« [the Null World] is simpler and easier than »something«[[1]]. Further supposing that things must exist, it must be possible to give a reason *why they must exist just as they do* and not otherwise.
> 8. Now this sufficient reason of the existence of the universe cannot be found in the series of contingent things, that is to say, of bodies and of their representations in souls. [...] Thus the sufficient reason, which needs no further reason, must be outside this series of contingent things, and must lie in a substance which is the cause of this series, or which is a necessary being, bearing the reason of its existence within itself; otherwise we should still not have a sufficient reason, with which we could stop. And this final reason of things is called *God*.[2]

These two major passages in Sections 7 and 8 invite an array of comments:

(1) Right after enunciating his PSR, Leibniz posed PEQ *»Why is there something rather than nothing?«* as »the first question we are entitled to ask«. But note that, *immediately* after asking this question, he tried *to justify* its presupposition SoN that *de jure*, there should be nothing contingent at all, rather than something contingent by means of an argument from *simplicity*: »For ›nothing‹ [the Null World] is simpler and easier than ›something‹.« But, in the class of logically contingent entities to which this claim of greater simplicity pertains, »nothing« (the Null World) and »something« (a world featuring something) are mutually exclusive and jointly exhaustive. Thus, Leibniz is telling us here, in effect, that the Null World is the *a priori simplest* of all, besides being »the easiest« in a sense that he unfortunately does not clarify for us here.

1 It merits mention that, in the German translation and French original of his 1714 essay (Leibniz, 1956: pp. 13 and 12 respectively), the word »nothing« in the sentence »For ›nothing‹ is simpler and easier than ›something‹« is rendered by the respective *nouns* »*das Nichts*« and »*le rien*«.

2 Note that although Parkinson's and Morris's English translation of the first sentence of Leibniz's Section 8 speaks of the sufficient reason »of« the existence of the universe, I shall hereafter replace their »of« by »for«, since the term »for« is clearer, and the German translation of Leibniz's (1956) French text uses the term »für«.

This thesis of the intrinsically greatest a priori simplicity of the Null World has been a veritable mantra in the literature, which is why Carlson and Olsson (2001, pp. 205) wrote that they »have not seen it questioned«.

(2) It is vital to appreciate that Leibniz *explicitly* went *beyond* his PSR to justify his PEQ on the heels of enunciating PSR and posing PEQ: Fully aware that PEQ presupposes SoN, he clearly did *not* regard PEQ to be justified by PSR *alone*, since he explicitly offered a *simplicity argument* to legitimate the presupposed SoN immediately after posing PEQ. Most significantly, he is not content to rely on PSR to ask *just* the truncated question »Why is there something contingent?« Instead, I submit, *he uses SoN in his PEQ to convey his dual thesis that (a) the existence of something contingent* ***is not to be expected at all***, and (b) *its actual existence therefore cries out for explanation in terms of the special sort of* ***non-contingent*** *sufficient reason he then promptly articulated in his Section 8.*

Thus, Leibniz rightly deemed his assumed PSR to be inadequate for licensing his PEQ. And this is my short answer to the question I raised in the title of this essay.

But, Leibniz's justification of his PEQ evidently turns on the cogency of his PSR as well as of his a priori argument for SoN. Yet it turns out that neither of them pass muster.

As for the PSR, the modern history of physics teaches us that this principle, which Leibniz (1973, sec. 7) avowedly saw as *metaphysical*, cannot be warranted a priori and indeed is untenable on empirical grounds. The principle asserts that every event – in Leibniz's parlance, anything that »takes place« or »happens« [«geschieht«, i. e., »sich ereignet« in the German translation of his original French text] – has an *explanatory* »reason [cause] sufficient to determine *why it is thus and not otherwise*« (italics added). Leibniz's inclusion of the locution »and not otherwise« is presumably intended to emphasize an important point: His PSR guarantees not only the existence of a sufficient reason for the actual occurrence of a given specific event **E**, but also for the actual *non*-occurrence of any and every *specific* event which is *different* from **E** in some respect or other. Quite reasonably, therefore, PSR has been taken to guarantee the existence of a reason sufficient to explain any and every *fact* pertaining to an individual event. For example, one such fact might be the occurrence of the complex event of Ronald Reagan *not* having been killed when Hinckley shot him.

But the demise of Laplacean determinism in twentieth century quantum theory undermines Leibniz's neat comprehensive explanatory scenario. Empirically well-founded quantum physics features irreducibly stochastic probability distributions governing such phenomena as the spontaneous radioactive disintegration of atomic nuclei, yielding emissions of alpha or beta particles, and/or gamma rays. In this domain of phenomena, there are not only logically but also *nomologically possible* particular events that *could* but do *not* actually occur under specified initial conditions. Yet it is *impermissibly legislative ontologically* to insist that merely because these events are thus possible, there *must* be an explanation entailing their *specific non*-occurrence, and similarly of course, for stochastically-governed, *actually occurring* events. This lesson was not heeded by Swinburne (1991, p. 287), who avowed entitlement to *pan*-explainability by declaring: »We expect all things to have explanations.«

The case of quantum theory shows that an empirically well-grounded theory can warrantedly discredit the tenacious demand for the satisfaction of a previously held ideal of explanation, such as Leibniz's PSR. To discover that the universe does not accommodate rigid prescriptions for explanatory understanding is not tantamount to scientific failure; instead, it is to discover *positive reasons* for identifying certain coveted explanations as phantom. And, furthermore, to reject the categorical – as distinct from heuristic – demand for such explanations is legitimate in the face of Charles Saunders Peirce's heuristic injunction not to block the road to inquiry. For this rejection does not abjure the search for a new, better theory in which the original explanatory quest may appear in a new light.

In sum, Leibniz's PSR is untenable: Irreducibly stochastic laws in quantum physics teach us that at least some events have no deterministic explanations in his sense. And, assuming with him (1973, sec. 8) that there is *no* infinite regress of explanations, the history of logically contingent theories in science strongly supports the view that, no matter how we axiomatize our body of knowledge, every such axiomatization will feature some fundamental laws and facts or other that are unexplained explainers and *codify brute facts*. So much for Leibniz's unsound PSR.

But what of Leibniz's a priori argument that SoN is true because the Null World is *simpler*, both *ontologically* and *conceptually*, than a world containing something contingent or other? This very ambitious assertion poses two immediate questions: (a) Is the Null World really a priori simpler and indeed the *simplest* world ontologically as well as conceptually? And (b) even assuming that the Null World *is* thus simpler, does its supposed maximum dual simplicity *mandate ontologically* that there *should* be just nothing *de jure*, and that, furthermore, there *would* be just nothing in the absence of an overriding cause (reason), as claimed by SoN?

I need not address the issues raised by question (a), except to say that, to my knowledge, the purported maximum ontological and conceptual simplicity of the Null World has not been demonstrated. But let us assume, just for the sake of argument, that Leibniz could warrant this simplicity a priori, as avowed in his declaration (1973, sec. 7, 199): »‹nothingness' is simpler and easier than ‹something'.« It is of *decisive importance*, I contend, that even then, the presumed dual simplicity would *not* mandate the claim of SoN that *de jure the thus simplest world must be* ***spontaneously*** *realized ontologically* in the absence of an overriding cause! Yet, to my knowledge, neither Leibniz nor any other author has offered any cogent reason at all to posit such an ontological imperative.

Thus, Leibniz's a priori argument for the ontological doctrine SoN fails.

Yet let us return to the short negative answer I already gave to the thematic question of this paper, which was that Leibniz's PSR is unable to license PEQ single-handedly. It will now be instructive to elaborate on this short answer.

To set the stage for this elaboration, consider Richard Swinburne's alternative formulation of SoN, which reads in part (1996, 48; italics added): »surely *the most natural* state of affairs is simply nothing«, a state devoid of all and only of *contingent* existents. As I have shown elsewhere (Grünbaum, 2004), this formulation of SoN entails the following consequence: It would be natural – though *not* »most natural« – for *our* world or universe $\mathbf{U_0}$ of inanimate matter, biological organisms and *Homo sapiens not* to exist, rather than to exist, a corollary of SoN that I shall denote by »SoN(U_0)«. But the existence of our $\mathbf{U_0}$ is a *deviation* from its allegedly *de jure*, »natural« *non*-existence, as avowed by SoN(U_0). And *any* deviation from such presumed naturalness, and indeed from SoN's supposedly *de jure* overall state of utter nothing, calls for *explanation* in terms of a suitable external cause or reason. No wonder that, in the opening sentence of Leibniz's aforecited Section 8, he also demanded a »sufficient reason« for »the existence of the universe [$\mathbf{U_0}$]«.

We are now ready to extend my prior short answer to the thematic question of this essay by asking: Can Leibniz's PSR single-handedly license his demand for an explanation of the existence of *our universe* in particular?

Though PSR turned out to be untenable, let us grant it to him for now, just for the sake of argument. Then someone may be tempted to believe that its explanatory demand could suffice after all, *without* a separate additional argument for SoN's corollary SoN(U_0), to legitimate the question »Why does our universe $\mathbf{U_0}$ exist, rather than not«, a question which presupposes that corollary. Therefore, the issue is: Can PSR single-handedly license the injunction to explain the very existence of our universe?

To evaluate the claim that PSR *can* do so, note that Leibniz (ibid., Section 8) called for a specification of a »sufficient condition for the existence of the universe [$\mathbf{U_0}$]«. But, importantly, this explanatory demand generates at least three *distinct* questions, which *differ* both from each other *and* from PEQ:

(**Q_1**): »Why does $\mathbf{U_0}$ exist, rather than not?«

(**Q_2**): »Why does $\mathbf{U_0}$ exist, rather than just nothing contingent?«

(**Q_3**): »Why does $\mathbf{U_0}$ exist, featuring certain laws $\mathbf{L_o}$, rather some different sort of universe $\mathbf{U_n}$ featuring logically possible different laws of nature $\mathbf{L_1}$?«

Moreover, note that each of these questions, no less than PEQ, is predicated on a presupposition of its own, which is asserted by the *alternative* stated in its »rather than« clause. The relevant presupposition is that, *de jure*, the corresponding alternative *should* obtain and indeed might well or would obtain in the absence of an overriding cause (reason). And the pertinent question then calls for an explanation of the *deviation* from the supposedly *de jure* alternative.

In question $\mathbf{Q_1}$, the alternative $\mathbf{A_1}$ is that our $\mathbf{U_0}$ should not exist. Hence $\mathbf{Q_1}$ is predicated on SoN(U_0). But its alternative $\mathbf{A_1}$ is non-committal as to whether *other* universes likewise should *not* exist. Thus $\mathbf{A_1}$ differs from the alternative $\mathbf{A_2}$ in $\mathbf{Q_2}$ that nothing contingent at all should exist, which asserts SoN. $\mathbf{A_2}$, in turn, differs from the alternative $\mathbf{A_3}$ in $\mathbf{Q_3}$ that something else exists in lieu of $\mathbf{U_0}$. Thus $\mathbf{Q_1}$, $\mathbf{Q_2}$, and $\mathbf{Q_3}$ are different questions to which the answers therefore may well be different. Furthermore, observe that $\mathbf{Q_2}$, besides differing from $\mathbf{Q_1}$ and $\mathbf{Q_3}$, also differs from PEQ: Whereas $\mathbf{Q_2}$ asks specifically why *our* $\mathbf{U_0}$ exists, rather than nothing contingent at all, PEQ asks why *something or other* exists, as against nothing at all.

In effect, $\mathbf{Q_3}$ demands an explanation of why our world $\mathbf{U_0}$ exists, as contrasted with a logically possible different sort of universe, featuring different laws of nature. Interestingly, Leibniz (ibid., sec. 7, p. 199) called for an answer to *that* question only after having assumed that »things [of some kind or other] must exist« in some mode or other: »Further, supposing that things must exist, it must be possible to give a reason *why they must exist just as they do* and not otherwise« (italics in original[3]).

We can now deal specifically with the aforestated issue: If Leibniz's PSR were granted, could it *single-handedly* legitimate question $\mathbf{Q_1}$ – »Why does $\mathbf{U_0}$ exist, rather than not?« – *without* having to justify $\mathbf{Q_1}$'s presupposition SoN(U_0) by an additional argument? I pose this question in order to demonstrate now the inability of PSR to serve *solo* as a warrant for $\mathbf{Q_1}$, just as it turned out above to be incapable of licensing PEQ without a further argument justifying the latter's presupposition SoN. As will be recalled, Leibniz himself recognized that limitation of PSR, by having recourse to the supposed greater *simplicity* of the Null World as the ontological underwriter of the presupposition SoN of his PEQ.

In what sense, if any, might his PSR underwrite single-handedly his stated demand for a »sufficient reason for the existence of the universe [$\mathbf{U_0}$]«? This injunction is clearly more specific than the imperative to supply a sufficient reason for the existence of something contingent or other. In his statement of PSR, Leibniz asserts the existence of a sufficient reason for what »*takes place*« or »happens«. And, very importantly, this reason for the occurrence of events, he tells us, is »sufficient to determine *why it is thus and not otherwise*« (italics added). Evidently, his contrasting alternative to »what *takes place*« is »*otherwise*«. But, crucially, **that alternative demonstrably *fails*, however, to be *univocal*!**

3 In »The Poverty of Theistic Cosmology« (Grünbaum, 2004), I contend in detail that the theistic volitional answer to that question given by such theists as Leibniz, Swinburne, and Quinn completely fails to deliver on their explanatory promises.

An example that, alas, has become familiar since the two attacks on the World Trade Center in New York will illustrate the considerable ambiguity of Leibniz's notion of »otherwise«. When we explain the occurrence of a given event, the *contrasting non*-occurrence of that event *can take different forms*: We may wish to explain why the event occurred rather than some *specified* other sort of event that might have occurred *instead*; or we may just ask why the given event occurred rather than not. Thus, when a presumably well-built skyscraper collapsed, we may ask why it did, rather than withstand an assault on it, though not without considerable damage. Or we may ask why a presumably well-built skyscraper collapsed, rather than just staying intact. The latter contrasting alternative of staying essentially intact constitutes the »natural« career of well-built skyscrapers in the absence of an overriding external cause.

In the context of Leibniz's inquiry into »the sufficient reason for the existence of the universe $\mathbf{U_0}$«, the relevant event or happening is the existence of the universe through time. Hence we must ask in that context: What becomes of his call for a sufficient reason that determines »why it [an event] is thus and not otherwise«?

Its ambiguity is shown by the different contrasting alternatives in questions $\mathbf{Q_1}$, $\mathbf{Q_2}$, and $\mathbf{Q_3}$, questions which pertain to the existence of $\mathbf{U_0}$: One such alternative to the existence of $\mathbf{U_0}$ is simply that it not exist, another that nothing contingent exists, but yet another alternative is that some other sort of universe $\mathbf{U_n}$ exists *instead* of $\mathbf{U_0}$. Yet the demand to explain the existence of $\mathbf{U_0}$, as issued by PSR, does *not* dictate *which* one of these alternatives is presupposed by it as »otherwise«! Thus, PSR fails to license the question $\mathbf{Q_1}$ single-handedly by failing to single out its presupposition $SoN(U_0)$ as against the very different presuppositions of questions $\mathbf{Q_2}$ and $\mathbf{Q_3}$.

For precisely this portentous reason, it turns out that to ask »Why does $\mathbf{U_0}$ exist?« is *to ask an incomplete question*! Hence Leibniz's PSR is incapable of showing that if the existence of $\mathbf{U_0}$ is to be explained, it must be explained qua deviation from its non-existence, as against qua deviation from some other alternative. In short, PSR itself does not license $\mathbf{Q_1}$ as against $\mathbf{Q_2}$ or $\mathbf{Q_3}$. The tempting belief that it does so single-handedly is a will-o'-the-wisp.

Bibliography

Bergson, H., 1974, *The Two Sources of Morality and Religion*, Westport, CT: Greenwood Press [originally published 1935].

Carlson, E./Olsson, E. J., 2001, »The Presumption of Nothingness«, in: *Ratio*, 14, pp. 203–221.

Grünbaum, A., 2000, »A New Critique of Theological Interpretations of Physical Cosmology«, in: *The British Journal for the Philosophy of Science*, 51, pp. 1–43.

Grünbaum, A., 2004, »The Poverty of Theistic Cosmology«, in: *The British Journal for the Philosophy of Science*, 55, pp. 561 – 613.

Leibniz, G. W., 1973, »Principles of Nature and of Grace Founded on Reason« (1714), in: *Leibniz: Philosophical Writings*, Parkinson, G. H. R. (ed.), London: J. M. Dent & Sons, pp. 195 – 204.

Leibniz, G. W., 1956, *Vernunftprinzipien der Natur und der Gnade. Monadologie – Principes de la Nature et de la Grâce fondés en Raison. Monadologie*, Herring, Herbert (ed.), Hamburg, Germany: Felix Meiner.

Nozick, R., 1981, *Philosophical Explanations*, Cambridge, MA: Harvard University Press.

Parfit, D., 1998, »The Puzzle of Reality: Why does the Universe Exist?«, in: van Inwagen, P./ Zimmerman, D. (eds.), *Metaphysics: The Big Questions*, Malden, MA: Blackwell Publishers, pp. 418 – 427 [originally published in: *Times Literary Supplement*, July 3, 1992].

Quinn, P. L., 2003: A version of this paper was presented at the Russian-Anglo American Conference on God and Physical Cosmology, University of Notre Dame, January 30-February 1, 2003. It will be published together with other papers from that conference in a special supplement to *Faith and Philosophy*. Another version was presented at the *Adolffest*, honoring Adolf Grünbaum on the occasion of his 80th birthday, University of Pittsburgh, April 12, 2003.

Swinburne, R., 1991, *The Existence of God*, rev. ed. Oxford, U.K./New York: Clarendon Press/Oxford University Press.

Swinburne, R., 1996, *Is There a God?*, Oxford, U.K./New York: Oxford University Press.

Lehren was man selber nicht weiß

Peter McLaughlin

1. Einleitung

»Rettet dem Dativ!« sagt der Berliner. Mir geht es aber um den Ablativ. Der Mensch, auch der Philosoph, tut selten etwas ohne es *mit* etwas zu tun. Wir zeichnen uns unter den Wirbeltieren, dadurch aus, dass das meiste, was wir tun, durch materielle Instrumente und Repräsentationen vermittelt ist: Wir essen mit Messer und Gabel, Stäbchen und Schüssel; wir denken mit Wörtern, Gleichungen und anderen Repräsentationen. Die Philosophie, wie jede andere Tätigkeit und Disziplin, ist auch durch bestimmte Mittel charakterisiert und diese Mittel werden disziplinär tradiert. Viele dieser Mittel lernen wir in Grundkursen: In der Philosophie sind diese insbesondere sprachanalytische und hermeneutische Mittel: wie klärt man Begriffe, wie überprüft man Argumente, wie versteht man einen Text. Solche Mittel werden in der Philosophie nicht anders vermittelt als in anderen Disziplinen. Es gibt aber auch andere Mittel, die wir nicht so einfach darstellen und lehren können, die wir nur an *Beispielen* versuchen zu verstehen, zu erläutern und zu tradieren. Dazu benutzen wir vornehmlich Beispiele aus der Geschichte der Philosophie. Ein Beispiel eines solchen Mittels möchte ich hier aufgreifen und untersuchen.

Der halblegendäre Gründer der Philosophie, Sokrates, rühmte sich seines Nichtwissens und lehrte munter weiter. Wenn man seine Worte und seine Taten zusammenbringt, so ist die eigentliche sokratische Tätigkeit, die Philosophie, das Lehren dessen, was man selber nicht weiß. Diese Art Lehre spielt in verschiedenen Wissenschaften eine wichtige Rolle; davon zeigt uns die Wissenschaftsgeschichte vielfältige Beispiele. Galileo Galilei, zum Beispiel, versuchte Zeit seines Lebens vergeblich, die parabolische Wurfbahn eines schrägen Artillerieschusses abzuleiten. Er konnte es nicht. Allerdings gelang seinen Schülern Torricelli und Cavalieri diese Ableitung durch Anwendung von Galileis Begrifflichkeit so mühelos, dass beide in gutem Glauben die eigenen Ableitungen ihrem Meister zuschrieben; denn sie hatten sie von ihm gelernt. Und Galilei kannte ihre Arbeiten bei seinem letzten, gescheiterten Versuch, die Bahnkurve abzuleiten.[1]

Das Sinnbild des wissenschaftlichen Forschers ist nicht nur Kolumbus oder Bacons Entdeckungsreisender, der durch die Säulen des Herkules segelt, um neue Welten zu entdecken, sondern auch Moses, der seine Gefolgschaft in ein Land führt,

1 Siehe Damerow/Freudenthal/McLaughlin/Renn, 2004, Kap. 4.

das er selber nicht betreten kann. Nicht jeder, den wir nachträglich zum Entdecker stilisieren, wusste tatsächlich was er in der Hand hatte, als er es uns weiterreichte.

Auch gibt es den verwickelten Fall, in dem nicht der eine Wissenschaftler den anderen etwas lehrt, was er selber nicht weiß, sondern wo der junge Forscher sein späteres Selbst etwas derartiges lehrt und deshalb später denkt, er habe es schon immer gewusst – d. h. er unterstellt, er habe schon damals *implizit* das gewusst, was er erst später sprachlich hat formulieren können – was halb richtig sein kann, je nachdem was man unter nicht-sprachlicher Implikation versteht. Mancher Wissenschaftshistoriker, der nie den anachronistischen Fehler begehen würde, von »Vorläufern« Darwins zu sprechen, hat keine Hemmungen, Darwin als seinen eigenen Vorläufer zu betrachten und in kryptischen Äußerungen des jungen Darwins in frühen Manuskripten geniale Vorahnungen dessen zu sehen, was später tatsächlich entstanden ist.

Aber die sokratische – im Gegensatz zur galileischen – Form dieses Lehren-was-man-selber-nicht-weiß scheint *absichtlich* zu sein. Und während es wirklich stimmt, dass Galilei die schräge Wurfbahn nicht ableiten konnte, ist es nicht wirklich der Fall, dass Sokrates nicht wusste, z. B., was die Tugend ist. Er konnte sie vielleicht nicht begrifflich scharf bestimmen und das Ergebnis propositional formulieren – womöglich ging es ihm auch nicht darum[2] – aber etwas hat er gewusst. Das Problem, was ich unter diesem Stichwort ansprechen möchte, ist also, wie man etwas *wissen* kann, ohne es *sagen* zu können, und insbesondere wie man ein solches Wissen, was man irgendwie nicht-propositional *hat*, so tradieren kann – so lehren kann –, dass es andere Leute später propositional fassen können: Wie man Wissen vermehren kann, ohne etwas davon selbst zu besitzen. Dies werde ich hier nicht abstrakt auseinandersetzen, sondern ich werde es am Beispiel eines Klassikers der modernen Philosophie illustrieren: Bei meinem Beispiel handelt es sich um den physiko-theologischen Gottesbeweis von David Hume. In seiner Diskussion dieses Beweises versucht Hume tatsächlich, uns etwas beizubringen, was er selber nicht, jedenfalls nicht propositional fassbar, weiß. Wie Galilei und Sokrates benutzt auch Hume die Dialogform. In der Mitte des 18. Jh. in Schottland war immerhin die literarische Form des Dialogs für Schriften über die natürliche Religion mehr oder weniger verbindlich.[3] Hume steht allerdings der galileischen Form des Dialogs viel näher als der sokratischen. Dies sieht man nicht nur in der (nicht üblichen) Aufteilung an drei gleichberechtigten (wenngleich nicht gleichwertigen) Dialogpartnern, sondern auch in der Art und Weise der Verwendung der Dialogform. Neben den üblichen didaktischen, rhetorischen und Orientierung stiftenden Zielen verfolgte Galilei auch das Ziel etwas Bestimmtes zu lehren, was er offen gar nicht vertreten

2 Über die Orientierungsfunktion der Dialoge siehe Mittelstraß, 1982.
3 Vgl. Prince, 1996.

wollte oder durfte – den Kopernikanismus und die Zuständigkeit der Mechanik für die Erklärung der Natur. Hume allerdings *will* das vertreten, was er lehrt – oder besser, er *würde* es gern vertreten, wenn er nur wüsste was es ist. Es geht hier also um den Versuch, Hume besser zu verstehen als er sich selbst hat verstehen können und dadurch etwas von ihm zu lernen, das er selber nicht wusste.

Zuerst werde ich die Wissenschaftsgeschichte benutzen, um das Problem, das sich Hume stellte, zu rekonstruieren. – Das mache ich hier kurz und dogmatisch. – Dann werde ich Humes Argumente zur Lösung des so skizzierten Problems darstellen und sie mit den üblichen analytischen und hermeneutischen Mitteln rekonstruieren. Schließlich wende ich mich denjenigen Mitteln zu, die Hume benutzt, um uns etwas zu verstehen zu geben, was er *so* gar nicht sagen kann.

2. Der physiko-theologische Gottesbeweis

Hume wird mit Recht zu den scharfsinnigsten Religionskritikern der Aufklärung gezählt. So verwundert es, dass er trotzdem in seinen beiden Hauptwerken über Religion,[4] dem physiko-theologischen Gottesbeweis, dem so genannten *argument from design*, *explizit* zugestimmt hat:

> Ein Zweck (eine Absicht, eine Planung) trifft überall auch den unachtsamsten, den stumpfsinnigsten Denker; und niemand kann in absurde Systeme so versteift sein, daß er ihn zu allen Zeiten verwirft.[5]

Der physiko-theologische Gottesbeweis – oder *argument from design* – ist ein empirisches Argument für die Existenz Gottes und über die ihm zuzuschreibenden Eigenschaften. Aus der Erkenntnis der Zweckmäßigkeit in der Natur schließt man auf deren göttliche Ursache. Mit dieser Beweisart haben Wissenschaftler des 17. Jahrhunderts und Theologen des 18. Jahrhunderts versucht, die Ergebnisse der Naturwissenschaften in den Dienst der Theologie zu stellen.

Es lassen sich (mit Hilfe einiger Hinweise von Hume) zwei Formen dieses Beweises unterscheiden, die meist anhand des gewählten Beispiels erkannt werden können: die *Ordnung* des Weltsystems und der *Zweck* einzelner Organe eines Orga-

---

4 *Natural History of Religion* (1751) und *Dialogues concerning Natural Religion* (1779); beide in Hume, 1976.

5 *Dialogues*, Teil 12 (Philo); Hume 1976, S. 245.

> A purpose, an intention, a design, strikes every where the most careless, the most stupid thinker; and no man can be so hardened in absurd systems, as at all times to reject it.

In der *Natural History of Religion* (1751) sagt Hume:

> A purpose, an intention, a design is evident in every thing; and when our comprehension is so far enlarged as to contemplate the first rise of this visible system, we must adopt, with the strongest conviction, the idea of some intelligent cause or author.

nismus. Aber der springende Punkt liegt nicht in der Wahl des Beispiels oder in der Größe des Gegenstands, sondern in der *Form* des Arguments. Es gibt einen zwei-stufigen Beweis, der von der *Ordnung* ausgeht, und einen ein-stufigen Beweis, der vom *Zweck* ausgeht. Die verschiedenen Formen des Beweises berufen sich auf unterschiedliche Arten übernatürlicher Zwecksetzung. Der göttliche Handwerker, wenn er seine Ärmel hochkrempelt, hat immer *zwei* Dinge im Sinne, und beide hießen *design*:[6] Erstens hat der Handwerker einen Plan dessen, was er herstellen will – in der traditionellen Terminologie hieß das die *causa formalis*, die Formursache. Zweitens hat er einen Zweck, dem der herzustellende Gegenstand dienen soll – das war die *causa finalis*, die Endursache.

Die erste Form des physiko-theologischen Gottesbeweises betrachtet den zweckmäßigen Aufbau des Weltsystems als unterdeterminiert durch die intrinsischen Eigenschaften und die kausalen Wechselwirkungen seiner Bestandteile. Das System kann nur dann als vollständig determiniert angesehen werden, wenn man einen Plan und damit einen Planer voraussetzt. Aber die Ordnung des Sonnensystems zum Beispiel kann als *geplant* aufgefasst werden, ohne dass man sagen könnte oder müsste, welchem Zweck es dienen soll. Die Absichten Gottes lassen sich an diesem Produkt nicht ohne weiteres ablesen. Aus der Ordnung des Sonnensystems schließt man nur auf eine *causa formalis* der Welt. Durch die moderne Wissenschaft wurde die *causa finalis* verbannt, die *causa formalis* wurde jedoch versteckt angenommen.[7]

Die zweite Form des physiko-theologischen Arguments nahm gewöhnlich die Organisation von Lebewesen zum Ausgangspunkt. Auch Lebewesen scheinen unterdeterminiert durch die intrinsischen Eigenschaften und kausalen Wechselwirkungen ihrer Teile, und insofern müssen auch sie auf einen Plan zurückgeführt werden. Aber es scheint, als seien zumindest einige ihrer Organe oder Merkmale nicht nur nach einem Plan (*causa formalis*) angefertigt, sondern auch zu *bestimmten* Zwecken entworfen. Nicht nur sind Augen und Hände komplex und zweckmäßig eingerichtet, auch der *Zweck*, für den sie bestimmt sind, ist offenkundig: Man *sieht*, dass sie zu bestimmten Zwecken da sind. Hier ist von der *causa finalis* die Rede. Schematisch könnte man die zwei Beweisarten wie in Fig. 1 darstellen.

6 Siehe insbesondere Boyle, 1966a.

7 Vgl. Boyle, 1966a, S. 15 f. und Hobbes, 1999 (II, 10, §7).

Der physiko-theologische Gottesbeweis: Zwei Formen

1. Zweistufiges Argument von der Ordnung

	(induktiv)		(deduktiv)	
Ordnung (der Welt)	⟶	**Planung** (*causa formalis*)	⟶	**Planer**
(phänomenale Erfahrung)		(Schlußfolgerung)		(Schlußfolgerung)

Stufe (1) Beispiele von Ordnung sind Belege für Planung.
Stufe (2) Planung verlangt einen Planer.

2. Einstufiges Argument vom Zweck

	(deduktiv)	
Zweck (eines Organs) (*causa finalis*)	⟶	**Zwecksetzer**
(phänomenale Erfahrung)		(Schlußfolgerung)

Stufe (1) Beispiele von Zwecken sind Belege für einen Zwecksetzer.

Fig. 1

Jeder physiko-theologische Gottesbeweis enthält einen deduktiven Teil, der von einem Plan oder Zweck auf einen Planer oder Zwecksetzer schließt; aber die Existenz der Planung (*design*) wird unterschiedlich festgestellt: Im ersten Beweis werden Phänomene als *Belege* für die Schlussfolgerung auf Planung angeführt. Im zweiten Beweis wird der Zweck eines Organs direkt wahrgenommen. Schematisch:

Erster Beweis:

> Die Schlußfolgerung von der Ordnung auf einen Plan (*causa formalis*) und dann auf einen Planer – normalerweise in Zusammenhang mit dem Sonnensystem oder dem Weltganzen.

Zweiter Beweis:

> Die Schlußfolgerung von einem bestimmten Zweck (*causa finalis*) auf einen Zwecksetzer – normalerweise in Zusammenhang mit den offensichtlich angepaßten Merkmalen von Lebewesen.

Soweit die Rekonstruktion der Beweisformen durch die Wissenschafts- und Philosophiegeschichte des 21. Jh. Aber noch ein historischer Sachverhalt ist zum Verständnis von Humes Ausgangslage wichtig: Der wissenschaftliche Naturalismus seiner Zeit hatte keine Mittel, das Phänomen der Anpassung, der Adaptation, begrifflich zu fassen. Ein Zeitgenosse Humes, wie etwa der Naturhistoriker G. L. L. de Buffon, der leugnen wollte, dass das Auge *von jemandem* zum Zwecke des Sehens eingerichtet wurde, hatte keine andere Möglichkeit, als gleichfalls zu leugnen, dass das Auge überhaupt zum Sehen da sei. Für die Gedankenwelt des 18. Jh. konnte das Auge nur zum Sehen da sein, wenn es absichtlich zum Sehen gemacht wurde. Wie uns Albrecht von Haller glaubhaft versichert,[8] hat ihm gegenüber Buffon behauptet, »das Auge seye so wenig zum sehen gemacht, als die Steine zum Fenstereinschmeißen«. Wer jedoch nicht soweit gehen wollte wie Buffon, hatte Schwierigkeiten, den zweiten Beweis abzulehnen. Und Hume hat ihn nicht abgelehnt.

3. Hume und der Gottesbeweis

In den postum erschienenen *Dialogen über die natürliche Religion* spricht Hume nicht direkt, sondern lässt drei Dialogpartner und einen Erzähler auftreten: den Skeptiker *Philo*, der zum wichtigsten Sprachrohr Humes wird; *Cleanthes*, den Deisten, der den physiko-theologischen Gottesbeweis verteidigt; *Demea*, den dogmatischen Vertreter der kirchlichen Orthodoxie; und den Erzähler *Pamphilus*, den Schüler von Cleanthes. Am Ende des Gesprächs sind alle bis auf den Dogmatiker über das Ergebnis einig: Der Beweis in der zweiten Form gilt.

Im zweiten Abschnitt der *Dialoge über die natürliche Religion* lässt Hume die Dialogpartner die erste der beiden Beweisformen debattieren. Auffallend ist, dass es der Skeptiker Philo ist, der eigentlich den Beweis anführt – um ihn dann gleich zu widerlegen. Gegen diesen ersten Beweis führt Philo an, dass wir weder empirische Erfahrung mit übernatürlichen Handwerkern haben noch mit den Produkten, die sie gewöhnlich herstellen. Aus der Ordnung von Kunstprodukten können wir nur *deshalb* auf einen Handwerker schließen, weil wir oft die Erfahrung gemacht haben, dass künstliche Ordnung einem menschlichen Plan geschuldet ist. Je größer die Ähnlichkeit der Wirkung, desto berechtigter der Schluss auf eine ähnliche Ursache. Aber je größer der Abstand zwischen der Komplexität eines Artefakts und der Komplexität des Weltsystems, desto schwächer ist das induktive Argument für die Planung.

Philo wendet gegen seinen eigenen Beweis ein, dass kein *Beispiel* einer natürlichen Ordnung jemals *Beleg* für einen übernatürlichen Plan sein könne, da wir nie-

8 von Haller, 1776–78, Bd. 3, S. 35.

mals direkte Erfahrung von solchen Plänen und ihren Folgen gehabt haben. Er stellt fest:

> [...] daß Ordnung, Einfügung oder die Anpassung von Endursachen an und für sich noch kein Beweis einer Planung ist, sondern nur sofern sie als aus einem derartigen Prinzip hervorgehend erfahren wird.[9]

Philos Sieg hier ist deutlich und unbestreitbar; er ist jedoch ernsthaft begrenzt, da die Kritik lediglich Beweise der ersten Sorte trifft.

An einer Stelle im zweiten Abschnitt der Dialoge macht Cleanthes einen Vorstoß in Richtung der zweiten Art Gottesbeweis, indem er gegen Philo einwendet:

> Die Stufen einer Treppe sind offensichtlich dazu angefertigt, daß menschliche Beine sie zum Steigen benutzen können. Dieser Schluß ist sicher und unfehlbar. Menschliche Beine sind ebenfalls zum Gehen und Steigen angefertigt.[10]

Aber Philo wird der Verlegenheit enthoben, auf diesen Einwand antworten zu müssen, weil der Dogmatiker Demea interveniert und es Philo damit ermöglicht, den Faden der Argumentation dort wieder aufzunehmen, wo es ihm passt. Nicht die logische Analyse der Beweisform hält die zwei Beweise auseinander, sondern die Unterbrechung durch Demea.

Als Cleanthes im dritten Abschnitt endlich die Gelegenheit erhält, seine eigenen Argumente vorzubringen, versucht er nicht einmal auf Philos Kritik des ersten Beweises einzugehen. Er versucht nicht diesen Beweis zu verteidigen, sondern stellt einfach den zweiten vor. Philos Nörgeleien, so sagt er, sollte eher durch Illustrationen und Beispiele als durch ernsthafte philosophische Argumente begegnet werden. In der Tat, versucht Cleanthes nicht gegen Philo geltend zu machen, dass irgendwelche Erscheinungen *Belege* oder *Beweise* für Planung darstellen, sondern vielmehr behauptet er, dass einige Erscheinungen selbst *Beispiele* der Zwecksetzung sind. In seiner Erwiderung führt Cleanthes zwei Gedankenexperimente durch.

Cleanthes' erste solche Illustration stellt ein einzelnes Ereignis dar, das auf den ersten Blick wie eine Art Wunder aussieht. Seine zweite Illustration macht aus dem scheinbaren Wunder ein ganz gewöhnliches Ereignis. Die erste Illustration lautet:

> Was wäre, wenn aus den Wolken eine artikulierte Stimme gehört würde, viel lauter und melodischer als irgendeine, die menschliche Kunst je erreichen könnte. Was wäre, wenn diese Stimme sich im selben Augenblick über alle Länder ausbreitete und zu jedem Volk

---

9 *Dialogues*, Teil 2 (Philo); Hume 1976, S. 166:

> [...] that order, arrangement, or the adjustment of final causes, is not of itself any proof of design; but only so far as it has been experienced to proceed from that principle.

10 *Dialogues*, Teil 2 (Cleanthes); Hume 1976, S. 164:

> Steps of a stair are plainly contrived, that human legs may use them in mounting; and this inference is certain and infallible. Human legs are also contrived for walking and mounting; and this inference, I allow, is not altogether so certain, because of the dissimilarity which you remark; but does it, therefore, deserve the name only of presumption or conjecture?

> in seiner eigenen Sprache und Mundart redete; was wäre, wenn die übermittelten Worte nicht nur einen rechten Sinn beinhalteten, sondern eine Belehrung vermittelten, die eines gütigen, der Menschheit überlegenen Wesens ganz und gar würdig ist: Könntest du auch nur einen Augenblick über die Ursache dieser Stimme unschlüssig sein? Und müßtest du sie nicht sogleich einer Planung oder Absicht zuschreiben?[11]

Der Schlüssel zum Verständnis dieses Gedankenexperiments liegt in dem Ausdruck »zu jedem Volk in seiner eigenen Sprache und Mundart«. Es handelt sich nicht einfach um eine literarische Anlehnung an die Pfingstgeschichte. Der Sinn des Beispiels ist es, dass jeder von uns die Stimme *in seiner eigenen Sprache* sprechen hört. Wenn dieses Ereignis von einer Reihe verschiedener Menschen mit verschiedenen Muttersprachen bezeugt wird, dann setzt das Beispiel voraus, dass zwar mehrere verschiedene *physische* Ereignisse zur gleichen Zeit am selben Ort stattgefunden haben, dass aber nur ein einziges *intentionales* Ereignis stattfand. Stellen wir uns folgendes Ereignis vor: Hume und sein Freund, der Baron Holbach, sitzen auf einer Parkbank in Paris. Plötzlich hört Holbach eine Stimme vom Himmel her, die sagt: »Selig sind die Sanftmütigen, denn sie werden die Erde besitzen.« Zur selben Zeit hört Hume: »Blessed are the meek, for they shall inherit the earth.« Dann erzählen sie sich gegenseitig was sie gehört haben – auf französisch natürlich: »J'ai écouté *que* les doux se possédèrent la terre.« Die Art und Weise, in der Hume, ein solches Ereignis verstanden haben will, ist, dass die beiden Philosophen hören, *dass* die Sanftmütigen die Erde besitzen werden. Was die Ereignisse, so wie sie von mehreren Menschen bezeugt werden, gemeinsam haben, ist nicht irgendein bestimmter Satz-Token auf Englisch oder Deutsch, sondern vielmehr der propositionale Gehalt, den diese verschiedenen Sätze zum Ausdruck bringen. Wir können aber nicht den Gehalt einer Botschaft ernst nehmen, ohne vorauszusetzen, dass jemand mit uns zu sprechen versucht. Sollte man z. B. sehen, wie die Wolken am Himmel ein Wort bilden, etwa »Gott« oder »Kauft bei Lehmann«, dann mag man dies als puren Zufall betrachten. In diesem Falle fühlt man sich nicht angesprochen. Man berichtet über den Vorfall auch ganz anders, denn es geht hier um den Satz-Token. Der Punkt, auf den es ankommt, ist folgender: Wenn man den beschriebenen Vorfall nicht einfach als ein physisches Ereignis der Erzeugung bestimmter visueller oder akustischer Erscheinungen interpretiert, sondern vielmehr als Vorkommnis der Instantiierung einer bestimmten Proposition, so dass man berichtet, nicht nur den zitierten Satz gehört zu

11 *Dialogues*, Teil 3 (Cleanthes); Hume 1976, S. 173:

> Suppose, therefore, that an articulate voice were heard in the clouds, much louder and more melodious than any which human art could ever reach: Suppose, that this voice were extended in the same instant over all nations, and spoke to each nation in its own language and dialect: Suppose, that the words delivered not only contain a just sense and meaning, but convey some instruction altogether worthy of a benevolent Being, superior to mankind: Could you possibly hesitate a moment concerning the cause of this voice? and must you not instantly ascribe it to some design or purpose?

haben, sondern auch gehört zu haben, *dass* etwas der Fall sei, dann hat man dem Ereignis intentionalen Gehalt zugeschrieben. Man schließt hier nicht etwa aus der *Ordnung* der Luftschwingungen auf einen Plan, sondern man *nimmt* den intentionalen Gehalt des Phänomens *wahr* und schließt auf einen intentionalen Agenten.

Aus solchen Überlegungen will Hume (durch Cleanthes) eine Analogie zwischen den beiden folgenden Gedankengängen behaupten:

(A) Ebenso wie wir von einem Beispiel menschlichen propositionalen Gehalts auf einen menschlichen Verstand schließen, schließen wir von einem Beispiel überlegenen propositionalen Gehalts auf einen überlegenen Verstand.

(B) Ebenso wie wir von der Intentionalität eines Kunstprodukts auf einen Künstler schließen, schließen wir von der Intentionalität eines überlegenen Kunstprodukts (in der Natur) auf einen überlegenen Künstler.

Es dürfte relativ unproblematisch sein, einem Satz-Token propositionalen Gehalt zuzuschreiben; und wenn wir jeden Abend einer solchen Stimme aus den Wolken lauschten, würden wir nicht irgendwelche weitere Beweise für die Behauptung brauchen, dass es eine irgendwie geartete Intelligenz gibt, die uns dauernd Botschaften schickt. Aber diese Erfahrung haben wir eben nicht gemacht, und Cleanthes braucht den zweiten Schritt (B), um sein Argument zu vervollständigen. Er muss empirisch gegebenen alltäglichen Dingen, etwa Lebewesen, so etwas wie Bedeutung oder propositionalen Gehalt zuschreiben. Dies versucht er mit einem zweiten Gedankenexperiment.

Die unterschiedlichen Sprachen, die im ersten Beispiel dazu dienten, unsere Aufmerksamkeit auf den propositionalen Gehalt der Botschaft der Himmelsstimme zu lenken, sind jetzt nicht mehr nötig. Wir können uns vorstellen, dass ein solcher Gehalt in einer einzigen universalen Sprache ausgedrückt wird, die alle verstehen, und dass dieser Gehalt in Büchern fixiert ist. Wir können uns ferner vorstellen, dass die Bücher nicht in Bibliotheken verstauben, sondern dass sie leben, sterben und ihren Inhalt in ihren Kindern fortzeugen. Unsere heutigen Bücher wären dann zwar alle reine Naturprodukte, aber sie würden denselben propositionalen Gehalt wie ihre ursprünglichen Vorfahren vermitteln. Wir bräuchten keinen Autor anzunehmen, um die Existenz und Struktur irgend eines einzelnen organischen Buches zu erklären. Aber trotzdem würden wir den propositionalen Gehalt, den wir in ihnen lesen, immer noch dem ursprünglichen Autor des Textes zuschreiben. Die bloße Existenz eines dieser organischen Bücher beweist nicht die Existenz eines Verstandes, aber wenn wir uns zu dem Buch als zu etwas verhalten, das propositionalen Gehalt vermittelt, dann haben wir einen Verstand vorausgesetzt: Ein »rationaler Band«, behauptet Cleanthes, verlangt eine »rationale Ursache«: Organismen offenbaren in ihrer Struktur Absicht und Zweck. Das Bein erzählt uns, dass es zum Laufen da ist; das Auge erzählt uns, dass es zum Sehen da ist. Sie besitzen intentionalen Gehalt genauso wie ein Buch. Wie Cleanthes ausführt:

> Nimm an, daß es eine natürliche, universale und unveränderliche Sprache gibt, die jedem Individuum des Menschengeschlechts gemeinsam ist; und daß Bücher Naturprodukte sind, die sich auf dieselbe Weise wie Tiere und Pflanzen, durch Abstammung und Fortpflanzung, erhalten. [...] Nimm also an, du betrittst deine Bibliothek, die in dieser Weise von natürlichen Bänden bevölkert ist, die die erhabenste Vernunft und die ausgesuchteste Schönheit enthalten: Wäre es möglich, daß du eines davon aufschlagen könntest und daran zweifeln, daß seine ursprüngliche Ursache die stärkste Analogie zu Geist und Verstand aufweist? Wenn er argumentiert und diskutiert [...] könntest du bei der Behauptung beharren, daß all dies im Grunde keinen wirklichen Sinn habe und daß die erste Bildung dieses Bandes in den Lenden seines ursprünglichen Erzeugers nicht aus Denken und Planung hervorgegangen sei?[12]

Mit diesen beiden Gedankenexperimenten untersucht Hume die zweite Art physiko-theologischen Gottesbeweis. Planung (*design*) *erschließen* wir nicht, sondern wir erfahren sie auf direkte Weise. Die zweckmäßige Struktur eines Lebewesens vermag zwar nicht einen wirklichen *Beleg* (*evidence*) für einen Plan darzustellen, wie Philo herausgestellt hat, aber sie braucht auch nicht einen solchen Beleg darzustellen, weil sie selbst das *Beispiel* (*incidence*) einer Absicht darstellen soll. Bei Tieren sehen wir die Intentionalität sogar besser als bei Büchern, sagt Cleanthes: »die Anatomie eines Tieres bietet viele stärkere Beispiele von Absicht als die Lektüre von Livius oder Tacitus [...]«[13] Von der Wahrnehmung der Absicht, so Cleanthes, ziehen wir den deduktiven Schluss auf die Existenz eines Planers.

Dieses »regelwidrige« Argument (wie Hume es nennt) begründet jedoch lediglich die Existenz eines Zwecksetzers. Wenn wir tatsächlich Planung, Zweck und Absicht erfahren, dann sind wir gezwungen, einen Planer bzw. Zwecksetzer anzunehmen; aber die Eigenschaften dieses Planers können immer noch nur durch Analogie mit unserer Erfahrung mit den Planern ähnlicher Dinge erschlossen werden. Hume schränkt dann die Konsequenzen dieses Gottesbeweises sehr ein. Es könnte durchaus sein, dass der so erschlossene Planer lediglich ein Komitee ignoranter, unfähiger, zerstrittener oder gleichgültiger Gottheiten ist.[14]

---

12 *Dialogues*, Teil 3 (Cleanthes); Hume 1976, S. 174–175:

> Suppose that there is a natural, universal, invariable language, common to every individual of [the] human race; and that books are natural productions, which perpetuate themselves in the same manner with animals and vegetables, by descent and propagation. [...] Suppose, therefore, that you enter into your library, thus peopled by natural volumes, containing the most refined reason and most exquisite beauty; could you possibly open one of them, and doubt, that its original cause bore the strongest analogy to mind and intelligence? When it reasons and discourses; ... could you persist in asserting, that all this, at the bottom, had really no meaning; and that the first formation of this volume in the loins of its original parent proceeded not from thought and design?

13 *Dialogues*, Teil 3 (Cleanthes); Hume 1976, S. 176: »the anatomy of an animal affords many stronger instances of design than the perusal of Livy or Tacitus.«

14 *Dialogues*, Teil 5 (Philo); Hume 1976, S. 191–194.

Hume räumt immerhin ein, dass auch er *design*, also Planung und Absicht, in der organischen Natur empfindet und zieht die Konsequenzen. Bei der Erklärung der Anpassung hatte der Naturalismus der Aufklärung nicht die Ressourcen der nach-darwinschen Biologie. Hume sah sich schließlich nicht in der Lage, mit Buffon zu leugnen, dass die Augen zum Sehen und die Beine zum Laufen da sind. Und weil er keine Möglichkeit hatte, sie als *für etwas* zu begreifen, ohne sie gleichzeitig als für etwas *beabsichtigt* anzunehmen, gab er grundsätzlich zu, dass der intentionale Gehalt von Organen uns zu demselben Schluss zwingt wie der intentionale Gehalt von Sätzen.

4. Humes philosophische Mittel

Was ich hier vorgestellt habe ist das, was Hume uns über eine bestimmte Beweisart, »the argument from design«, lehren kann, wenn wir entsprechend vorbereitet sind: Wenn wir die historischen Kenntnisse und die analytischen und hermeneutischen Mittel des Faches in Anspruch nehmen. Es entspricht aber nicht genau dem, was Hume selber wusste oder realisieren konnte, denn viele dieser Kenntnisse und Mittel standen ihm nicht zur Verfügung: der moderne Begriff der Intentionalität, die Frege'sche Unterscheidung von Satz und Gedanken, die wissenschaftshistorische Analyse der Physikotheologie, um nur einige zu nennen. Wir haben keinen Anlass, Hume eine solche moderne Repräsentation der Problematik zuzuschreiben, die er dann – aus welchen Gründen auch immer – in dieser merkwürdigen Dialogform verpackt habe. Aber welches sind seine tatsächlichen Mittel? Ich möchte die zwei aufallendsten Argumentationsmittel, die Hume verwendet, erst einzeln betrachten: die Dramaturgie der Dialogform und den Gebrauch von – sagen wir – exotischen Beispielen: das was wir heute Science-fiction-Szenarien nennen würden. Anschließend wird es dann um ihr Zusammenwirken gehen.

Hume unterscheidet nicht allgemein und begrifflich zwischen zwei physikotheologischen Beweis*arten*; er stellt lediglich zwei konkrete Beweise vor. Er unterscheidet sie nicht durch ihre analysierte logische Struktur, sondern durch ihren Gegenstand und durch die Personen, die sie vortragen. Die Grenze zwischen den beiden Beweisen wird nicht vom Satz des Widerspruchs bewacht, sondern von dem Dogmatiker Demea. Philo führt einen konkreten Beweis vor, den *wir* als Beispiel der ersten Beweisart erkennen können. Cleanthes entwickelt einen anderen konkreten Beweis, den wir als Beispiel der zweiten Art erkennen können. Und wenn Cleanthes einmal anrückt, auf Einwände gegen den ersten Beweis mit einem Appell an den zweiten Beweis zu antworten, unterbricht ihn Demea und sorgt so dafür, dass die Beweise (für uns: die Beweisarten) nicht durcheinander geraten. Schließlich unterrichtet uns am Ende Pamphilus, der Erzähler, welcher Beweis gilt.

In seiner Argumentation spricht Philo von *design* und meint die *causa formalis* (der Welt); Cleanthes spricht auch von *design* aber er meint die *causa finalis* (eines Organs). Philo spricht von *Belegen* oder *Beweisen* der Planung (*evidence of design*); Cleanthes spricht von *Beispielen* der Absicht (*instances of design*). Philo spricht vom Weltsystem; Cleanthes von Organen und Organismen. Philo leugnet, dass bestimmte Phänomene *Belege* für Planung sein können; Cleanthes dagegen behauptet, bestimmte andere Phänomene seien *Beispiele* der Intentionalität. Die Abgrenzung der beiden Beweisarten, die Hume begrifflich nicht zu leisten vermag, erfolgt durch die Dramaturgie, durch die sprachlichen und auch die nichtsprachlichen Handlungen der Dialogpartner – aber sie erfolgt. Und wenn es uns gelingt zu erklären, welche *Art* Beweis diese Argumente und Beispiele instantiieren, dann haben wir verstanden, was Hume nur zu verstehen geben konnte; dann wissen wir propositional, was Hume nur mit Beispielen und dramaturgischen Mitteln zum Ausdruck bringen konnte.

Ähnliches gilt für Humes Gedankenexperimente: die Stimme aus den Wolken und die organische Bibliothek. Normalerweise, wenn wir ein Beispiel anführen, das eine Erklärung oder eine Behauptung erläutern oder veranschaulichen soll, darf man uns immer fragen, ob das Beispiel tatsächlich seine Aufgabe erfüllt, ob es als Beispiel wirklich taugt – oder ob nicht ein anderes Beispiel zu diesem Zweck besser wäre. Wir haben schon eine propositionale Repräsentation des Sachverhalts und suchen nach angemessenen Veranschaulichungen. Dies scheint aber bei Hume nicht der Fall zu sein; er hangelt sich tatsächlich an den konkreten Beispielen entlang, vermutlich ohne sagen zu können, wofür sie beispielhaft sein sollen. Das beschriebene Ereignis wird in seiner Individualität genommen. *Wir* können seine Abwandlung der Pfingstgeschichte als taugliches Beispiel eines Ereignisses erkennen, dessen Identitätsbedingungen nicht physikalisch, sondern intentional beschrieben werden müssen. *Wir* können auch die organische Bibliothek als adäquates Beispiel eines Naturdings, das Bedeutung vermittelt, verstehen. Und Hume gibt uns dazu Hilfestellung durch die Rahmenhandlung, durch die Interventionen Demeas und durch die Kommentare von Pamphilus.

Wir dürfen aber Hume nicht unbeschränkt unsere propositionale Repräsentation seiner Handlungen und Absichten unterstellen oder vergessen, mit welchen Mitteln er tatsächlich dorthin gelangt ist, wo wir ihn finden. Es ist nicht nur, wie Wittgenstein sagt, dass wir die Leiter wegwerfen, nachdem wir auf ihr hinaufgestiegen sind, sondern darüber hinaus, dass wir leicht vergessen, dass wir überhaupt so klettern mussten, um dort anzukommen wo wir sind. Aber trotzdem unterstellen wir Hume wohl zu Recht, dass er mit den Mitteln der konkreten Beispiele – ausgerichtet und eingeschränkt durch die Dramaturgie – wirklich zu so etwas gelangte wie unserem Verständnis des Problems. Und auch wenn wir nicht das, was wir von ihm gelernt haben, Hume als propositionales Wissen zuschreiben dürfen, können wir – im Gegensatz zu den Schülern Galileis, die ihren Meister produktiv *miss*verstanden haben – ihn trotzdem *besser* verstehen, als er sich selbst hat verstehen können.

Literaturverzeichnis

Boyle, Robert, 1966a, »Origin of Forms and Qualities«, in: *Works*, Bd. 3, Birch, Thomas (Hrsg.), Reprografischer Nachdr. der Ausg. London 1772, Hildesheim: Olms, S. 1–137.

Boyle, Robert, 1966b, »A Disquisition about the Final Causes of Natural Things«, in: *Works*, Bd. 5, Birch, Thomas (Hrsg.), Reprografischer Nachdr. der Ausg. London 1772, Hildesheim: Olms, S. 392–444.

Damerow, Peter/Freudenthal, Gideon/McLaughlin, Peter/Renn, Jürgen, 2004, *Exploring the Limits of Preclassical Mechanics*, 2. Aufl., New York: Springer.

von Haller, Albrecht, 1776–78, *Briefe über einige Einwürfe noch lebender Freygeister wider die Offenbarung*, 3 Bde., Bern: Typographische Gesellschaft.

Hobbes, Thomas, 1999, »De corpore«, in: *Thomae Hobbes Malmesburiensis opera philosophica: quae Latine scripsit omnia in unum corpus nunc primum collecta*, Bd. 1, Molesworth, William (Hrsg.), Reprint der Ausg. London 1839–45, Bristol: Thoemmes.

Hume, David, 1976, *The Natural History of Religion and Dialogues concerning Natural Religion*, Colver, A. Wayne (Hrsg.), Oxford: Clarendon.

Mittelstraß, Jürgen, 1982, »Versuch über den Sokratischen Dialog«, in: Mittelstraß, Jürgen, *Wissenschaft als Lebensform: Reden über philosophische Orientierungen in Wissenschaft und Universität*, Frankfurt/M: Suhrkamp, S 138–161.

Prince, Michael, 1996, *Philosophical Dialogue in the British Enlightenment*, Cambridge: Cambridge Univ. Press.

Das Paradigma des Lebens
Kants Theorie der menschlichen Existenz

Volker Gerhardt

1. Von Newton zu Kant

Die Größe eines Philosophen bemisst sich nicht nach einer einzelnen Leistung. Auch eine Summe eminenter Einsichten reicht nicht aus, um seinen Ruhm zu begründen. Der große Philosoph gibt viel zu denken. Sein Werk enthält stets mehr, als ein Leser, eine Schule oder ein Zeitalter in ihm finden. In seinem Fall ist *Größe* der Ausdruck für einen Reichtum, der sich gerade nicht benennen lässt.

Jede Würdigung eines Denkers von Rang steht daher unter dem Vorbehalt der Vorläufigkeit. Niemand weiß, was im Umgang mit seinen Schriften eines Tages noch zu entdecken ist. Deshalb ist die auf sein Leben und sein Werk gerichtete Neugierde künftiger Leser das Beste, was sich in der Auslegung seiner Schriften erreichen lässt. Dazu muss man deutlich sagen, was einem selber wichtig ist.

Lange Zeit galt Kant als der philosophische Statthalter der Newtonschen Physik. Tatsächlich zieht er die metaphysischen Konsequenzen aus der Mechanisierung des Himmels, macht das menschliche Subjekt zum Urheber seiner Erkenntnis, proklamiert die moralische Autonomie der Person, gründet den Staat auf das Menschenrecht und befreit das ästhetische Urteil von der Vormundschaft durch Kognition und Konvention. Und da er sowohl bei der Erklärung der Welt wie auch bei der Begründung der Moral ohne die Berufung auf einen Gott auskommt, ist er Vordenker einer säkularisierten Moderne, mit deren Realisierung wir bis heute beschäftigt sind.

2. Das existenzielle Radikal der Vernunft

Alles dies stellt Kant unter den epochalen Titel der »Vernunftkritik«. Das Wort hat seinen Zauber bis heute nicht verloren. In der »Kritik« liegt die belebende Kälte eines nur auf sachliche Unterscheidungen achtenden Engagements, dessen ungewisse Folgen durch die Prinzipienfestigkeit der »Vernunft« gemildert werden. Dieser Doppelcharakter erklärt, warum Kant bei seinen ersten Lesern gleichermaßen existenzielle Verunsicherung und revolutionäre Begeisterung auslösen konnte. Der »Alleszermalmer« raubte den einen die tradierten Sicherheiten und schenkte den anderen feste Grundsätze für die Zukunft. Und als sich die erste Aufregung über den von

Kant geführten Beweis für die Unbeweisbarkeit der Existenz Gottes gelegt hatte, wusste jeder, dass beide Leistungen zusammengehören.

Es gibt auch heute keinen Anlass, an diesem Vermächtnis Kants zu zweifeln. Im Gegenteil: Manches sehen wir schärfer als die Interpreten des 19. und des 20. Jahrhunderts: Kant ist viel stärker von der Individualität der Person ausgegangen, als das Schlagwort vom »preußischen Staatsdenker« oder das gängige Verständnis des »kategorischen Imperativs« vermuten lassen. Das moralische Gesetz gibt es nur in der »Brust« des einzelnen Menschen, und alle Gesetze der praktischen Vernunft können lediglich auf subjektive »Maximen« bezogen sein. Dadurch erhält bereits der Anspruch auf Autonomie einen existenziellen Charakter. Kant ist Kierkegaard, Nietzsche und Sartre näher, als deren Anhänger glauben.

3. Primat der Praxis

Mit der Sensibilisierung für ökologische Fragen tritt die Radikalität in Kants unbedingter Auszeichnung der Vernunft mit geradezu verletzender Deutlichkeit hervor: Die Natur als solche ist, wie er sagt, »nichts wert«. Der Mond oder die Erde haben, für sich genommen, gar keine Bedeutung. Eine *Bedeutung*, die sich verstehen, oder ein *Wert*, nach dem sich handeln lässt, kommt nur durch die Vernunft in die Welt. Also gebührt ihr die Priorität. Da sie es ist, die es allererst ermöglicht, einen *Sinn* zu haben oder zu verstehen, liegt sie aller Sinngebung voraus.

Dieser »Primat« der praktischen Vernunft steht auch hinter der Aufwertung der menschlichen Würde zum alles andere überbietenden Wert. Das wird von vielen vergessen, die sich in biopolitischen Debatten gern auf Kants Auszeichnung der Person berufen, aber zugleich das Naturrecht des heiligen Thomas oder den Seinsvorrang aus Heideggers Provinz bewahren möchten. Eines geht nur. Wer sich an Kant halten will, der muss die unbedingte Verantwortung des Menschen auf sich nehmen. Und er hat als Individuum die ganze Last der Rationalität zu tragen – eine Last, die sich angesichts der Vielfalt der Kulturen noch erhöht und von der uns die Logik der Bilder nicht befreit.

Mit dieser Auszeichnung der Vernunft steht Kant in einer alten Tradition, in der sich der Mensch seit mindestens zweieinhalb Jahrtausenden als *zoon logon echon*, als *animal rationale*, zu deutsch: als *vernunftbegabtes Tier* bezeichnet. Die Formel hat den Vorteil, dass sie den Menschen in der Natur belässt und ihm in seiner materialen Kondition als Lebewesen seinen Ort im Leben zuweist. Dort ist der Mensch von den Pflanzen und den Tieren nicht durch einen metaphysischen Vorsprung unterschieden, sondern allein durch seine spezifische Fähigkeit, sich am Leben zu erhalten.

Im Anschluss an Kant verstehe ich *animal rationale* als »Tier, das seine Gründe hat«.[1] Diese wörtliche Übersetzung hat den Vorzug, dass sie den *Primat der prakti-*

schen Vernunft in sich schließt, denn es sind die eigenen Gründe, nach denen der Mensch seine Entscheidungen treffen und sein Leben führen will.

4. Prothesen der Vernunft

Schon vor Kants Tod wurde darum gestritten, ob der Mensch dem Anspruch seiner eigenen Vernunft gerecht werden kann. Seit Hamann und Herder werden Entlastungsangebote gemacht, die der Vernunft bei ihrer geschichtlichen Aufgabe helfen sollen. Sie werden seitdem in schöner Regelmäßigkeit erneuert: Die *Sprache*, die *Geschichte*, die *Gesellschaft*, das *Leben* oder die *Religion* werden als Beistandsmächte ins Spiel gebracht – von den Versuchen, die Vernunft zu ersetzen, ganz zu schweigen.[2]

Wie nachhaltig diese Bemühungen sind, zeigt der Erfolg der Diskurstheorie, die der Vernunft durch ein *Verfahren* zu Hilfe kommen möchte. Nach dem Modell rationalen Verhandelns (dem das schon zu Grunde liegt, was es begründen soll) wird eine *Technik* in Anschlag gebracht, um das vermeintliche Defizit der reinen Vernunft zu beheben.[3] Kant, für den der Verstand ohnehin nichts anderes als ein »diskursives Vermögen« ist, hat allerdings schon einen Begriff für das Gestell, in das ihn die soziologische Nachbesserung zwängen will: Er spricht vom »Gängelwagen« der Vernunft.

Wer genau liest und selber denkt, hat solche Prothesen nicht nötig. Kant hat mit allem argumentativen und rhetorischen Aufwand deutlich gemacht, dass wir die Vernunft nur als eine Fähigkeit des Menschen kennen. Mit ihm hat sie Teil an der *Natur*, die bereits in ihrer kosmologischen Verfassung, erst recht in ihren lebendigen Vollzügen eine *Geschichte* hat. Aus ihr tritt der Mensch niemals heraus; in ihr tritt er lediglich hervor, um sich – durch seine »ungesellige Geselligkeit« genötigt – eine *soziokulturelle Lebenssphäre* aufzubauen.

So bleibt auch die *Kultur* des Menschen seiner *Natur* verbunden. Die Vernunft steht den natürlichen, geschichtlichen, gesellschaftlichen und kulturellen Kräften nicht entgegen. Sie kommen vielmehr in ihr zum Ausdruck – wobei ihre Einzigartigkeit darin liegt, dass dies im Medium der *Freiheit* geschieht. Und in dieser Frei-

1 Gerhardt, 1999.

2 Die Tatsache, dass ich hier auch das *Leben* nenne, kann beiläufig kenntlich machen, dass ich es nicht, wie Schopenhauer, Nietzsche oder Dilthey als etwas verstehe, das treibend oder stützend zur Vernunft hinzukommt. *Leben* in der hier vorgetragenen Deutung ist die Natur in ihrer dynamischen Verfassung, die alles bereits in sich enthält, was wir als Vernunft verstehen. Außerdem hat man hinzuzufügen, dass dieses die Vernunft aus sich entwickelnde Leben nur mit Hilfe der Vernunft benannt werden kann.

3 In geradezu satirischer Deutlichkeit präsentiert sich der in seiner philosophischen Substanz von Karl-Otto Apel stammende Vorschlag von Jürgen Habermas in der Formel von der »Detranszendentalisierung der Transzendentalphilosophie« (Habermas, 2001).

heit bleibt es dem Individuum überlassen, ob es – angesichts der Grenzen des Wissens – Lebenskraft aus seinem *Glauben* schöpfen kann.

5. Freiheit in der Tat

Über die Freiheit wird derzeit wieder einmal viel gestritten. Durch nichts wird sie besser bewiesen als durch die Tatsache eines solchen Streits. Dennoch ließe sich mancher neuerliche Aufwand vermeiden, wenn Kants Einsicht in die Natur der Freiheit gegenwärtig wäre: Denn wie die Vernunft zeigt sich die Freiheit nur in konkreten menschlichen Vollzügen, in denen ein Individuum sich und seine Welt versteht. Weit davon entfernt, aus einer übernatürlichen Eingebung zu folgen oder gar auf eine Lücke in den Naturgesetzen angewiesen zu sein (und gewiss auch nicht nach Art eines »Handwerks«), ist sie das Signum einer nicht von anderen erzwungenen Handlung. Freiheit ist dort, wo sich ein Mensch als ganzer ungehindert zum Ausdruck bringt. Und sie findet ihre Grenze nur an der Freiheit anderer, nicht aber an der Natur, erst recht nicht am Gehirn des Menschen. Das gehört vielmehr zu ihren empirischen Bedingungen.

Die philosophische Konzeption der Freiheit ist Kants größte Leistung. Sie liegt, genauer gesagt, in der unwiderleglichen Demonstration ihrer sich im menschlichen Handeln beweisenden Realität. Kant führt vor Augen, dass jeder, der Freiheit leugnet, selbst Freiheit in Anspruch nimmt. Damit entfällt die vermeintliche Opposition zur Natur: Freiheit beruht auf dem fest geknüpften Netz verbindlich wirkender Gesetze – innerhalb und außerhalb des Menschen. Nur sofern der Mensch diesen Gesetzen restlos unterworfen ist, hat es einen Sinn, von Freiheit zu sprechen.

Die so verstandene Freiheit besteht in nichts anderem als im *ungehinderten Vollzug des individuellen Lebens*. Bereits das im Spalier wachsende Obst oder das im Käfig gehaltene Tier wird man nicht als *frei* bezeichnen wollen. *Der Mensch ist frei, sofern er nicht von seinesgleichen gezwungen wird, sondern tun kann, was er nach eigener Einsicht will.* Nur so hat die Vernunft, sein wichtigstes Lebensmittel, eine Chance, sich zu entfalten; nur so kann die Vernunft als Ursprung und Grund seiner Handlungen gelten.

Alles, was Kant zur Begründung und Begrenzung des Wissens, zur Vergewisserung von Moral und Recht oder zum Verständnis des Schönen sagt, beruht auf dem Verständnis der Freiheit als dem ursprünglichen Ausdruck der Lebendigkeit des Individuums im Verhältnis zu seinesgleichen. Als natürliche Äußerung ist sie dennoch eine Leistung der Vernunft, die uns allererst die Begriffe des Selbst und der Person, der Handlung und des Zwecks, aber auch der Welt und ihrer Ereignisse zur Verfügung stellt. Mit diesen Begriffen werden Einheiten erfasst, ohne die es kein Verständnis von Freiheit gäbe.

Freiheit *gibt* es somit nur in der vom Einzelnen tätig ausgefüllten Perspektive der Vernunft. Die Vernunft aber ist ein Element des Lebens, dessen Gegensätze sie verschärft *und* versöhnt. Tatsächlich können die beiden wesentlichen Leistungen der Vernunft, die Kritik und das System, wie Aus- und Einatmen als Grundvorgänge des menschlichen Lebens betrachtet werden – eines Lebens auf dem Niveau der menschlichen Kultur. Nicht ohne Grund lässt Kant seine bis heute nicht zureichend gedeutete Philosophie des Lebens in eine Theorie der Kultur übergehen, die angesichts einer absichtlich geistlos wuchernden Kulturwissenschaft endlich mehr Aufmerksamkeit verdient.

6. Die Vernunft als Organ des Lebens

Beim Übergang vom 20. ins 21. Jahrhundert war viel von einem naturwissenschaftlichen Paradigmenwechsel die Rede. Die Physik, so hieß es, habe ihre Funktion als Leitwissenschaft an die Biologie abgegeben. Wie angebracht eine solche Wende ist, mag man daran ermessen, dass sie philosophisch schon im Übergang vom 18. ins 19. Jahrhundert erfolgte. Kant hatte sie bereits mit seiner ersten Schrift über die *Wahre Schätzung der lebendigen Kräfte* von 1747 im Blick. Damals behauptete der Dreiundzwanzigjährige, er habe sich seine »Bahn schon vorgezeichnet«.

Den Zeitgenossen musste das vermessen, ja, lächerlich erscheinen. Später konnte jeder erkennen, dass Kant tatsächlich sein Leben lang an der Überwindung der rein mechanischen Naturauffassung gearbeitet hatte. Newton, den er als Forscher von einsamer Größe verehrte, genügte ihm nie. Er wollte die Bedingungen der physikalischen Welterkenntnis aufdecken, um an ihnen die Reichweite und Grenzen der menschlichen Leistungsfähigkeit offen zu legen. Dabei ging er vom Menschen als einem lebendigen, von äußeren und inneren Konditionen abhängigen, in Gegensätzen stehenden, Gegensätze vermehrenden, sie verschärfenden und erstmals begreifenden Wesen aus. Denn Erkennen ist die Fähigkeit, auf bewusst gewordene Gegensätze zu reagieren; es ist eine im Medium der Mitteilung gewonnene Einsicht in eine Differenz. Tiere können fliehen und zwischen verschiedenen Partnern wählen, aber, von sich aus *nein* zu sagen, vermögen sie nicht.

Im Ja und im Nein des Menschen tritt die naturgeschichtliche und kategoriale Sonderstellung der Erkenntnis hervor. In und mit ihren Begriffen erhebt sie sich derart über die Natur, dass sie über sie zu verfügen scheint. Ihr operativer Abstand zu den erkannten Gegenständen ist so zwingend, dass die Vernunft als das andere der Natur erscheint. Und dennoch gehören beide notwendig zusammen. Die Vernunft kann nicht umhin, sich als Produkt und Instrument des Lebens zu begreifen. Mit ihren »Bedürfnissen« und »Interessen« versteht sie sich sogar als »Organ«, das nicht nur »Zwecke« entwirft, nicht nur selber »Zwecke« hat, sondern selbst Zweck ist.

7. Organisation des Organisierten

An den Zwecken der Vernunft wird alles, was immer sie erkennt oder versteht, gemessen. Es ist lebendig oder tot, dynamisch oder mechanisch, harmonisch oder gestört, in Funktion oder außer Betrieb. Auch die *Welt*, die sich die Vernunft als die ihr zugehörige Einheit des Ganzen denkt und zu der sie selber gehört, muss insofern als *lebendig* angesehen werden können, als sie den Zwecken der in ihr lebenden Wesen Raum gibt. Ihr werden Qualitäten wie *Einheit*, *Ganzheit* und *Ordnung* zugeschrieben, die ihr nur in Korrespondenz zu den Qualitäten der in ihr lebenden Individuen zukommen können.

Allerdings ist, wie Kant in seiner logischen und rhetorischen Demonstration der »Antinomie« der reinen Vernunft vor Augen führt, mit Blick auf die Welt als Ganze die exakte Erkenntnis des Menschen am Ende. Er kann auf das Ganze der Welt nur »schließen«, und die Vernunft, die ihm die Schlüsse erlaubt, kann sich jenseits der gegenständlichen Erkenntnis auch stets das Gegenteil von Ordnung, Ganzheit und Einheit denken. Wir können nicht ausschließen, dass jenseits der erfahrenen Welt – im unvorstellbar Kleinen, wie im unendlich Großen – die Welt nichts anderes als Chaos ist und dass in ihr der pure Zufall herrscht.

Doch gegen diese theoretisch unwiderlegliche Spekulation der Vernunft sträubt sich der in unserer Lebenspraxis immer schon wirksame, auf Lebensführung angelegte »Primat der praktischen Vernunft«. Er ist mit einem »Interesse« der Vernunft verknüpft, das die gewohnte und benötigte Ordnung des lebendigen Daseins auch in der Ordnung des Ganzen finden will.[4] Die praktische Vernunft macht uns klar, dass wir »nicht auf den Zufall leben können«. Im »Chaos« können wir uns nur zurechtfinden, wenn es nicht wirklich besteht. Denn um handeln zu können, brauchen wir den geregelten Zusammenhang äußerer und innerer Ordnung, ja, Handeln ist selbst ein Organisieren des bereits Organisierten.

Diese Formel zeigt an, wie das bloße Handeln den Leistungen der Vernunft entgegen kommt: Das Handeln bringt, allein dadurch, dass es mit etwas beginnt, etwas Neues in die Welt, das sich von anderem deutlich unterscheidet – obgleich es gänzlich im Rahmen dessen verbleibt, was ohnehin geschieht. Die Handlung konturiert sich als bloße Konfiguration zu dem sie treibenden Motiv. Darin ist sie ein Modell der Vernunft, die auch nicht mehr bieten kann als eine Organisation des Organisierten aus dem sie treibenden »Bedürfnis« – und das heißt: zu dem sie leitenden Zweck.

4 Dazu: Hutter, 2003.

8. Die Welt kann kein Zufall sein

Die Organisation des Organisierten wird durch Erfolge angezeigt. Die treten dadurch auf, dass eine innere Absicht mit einem äußeren Effekt zusammenfällt. Der Zusammenhang zwischen innen und außen muss bereits bei der ersten Entwicklung des Lebens erfüllt sein; denn anders könnten sich innen und außen gar nicht trennen, um in der Trennung nach einer neuen, vom Organismus selbst gesetzten Regel verbunden zu sein.

Mit der Orientierung auf den Erfolg – den Kant noch wörtlich als das versteht, was mit dem Auftritt einer Ursache als Wirkung »erfolgt« – sind die Lebensprozesse notwendig auf etwas bezogen, was ihnen vorausliegt. Man mag daher noch so oft von einem *teleologischen* Verständnis der Natur Abschied nehmen wollen: Die implizite Orientierung auf den im Prozess des Lebens *antizipierten Effekt* wird man nicht los.

Das beginnt derzeit sogar die Evolutionstheorie einzusehen. Ihr geht es freilich nur um den empirischen Konnex der Lebewesen, der ohnehin an feste Regeln gebunden ist. Kant hingegen fragt, ob der Mensch mit seinen Sinnerwartungen, von denen er sich als handelndes Wesen gar nicht distanzieren kann, überhaupt in einer Welt zu leben vermag, die im ganzen sinnlos ist.

Für Kant hat diese Einsicht, das kann man nicht oft genug betonen, vor allem eine praktische Bedeutung. Die aber ist für die theoretische Erkenntnis nicht folgenlos: Denn auch ihr muss die Welt entsprechen, wenn man sie als Umwelt denken können soll. Die Welt als Umwelt muss – auch aus der Perspektive der theoretischen Vernunft – so eingerichtet sein, dass sich in ihr nach unseren eigenen Gründen leben lässt. Nur in einer solchen Welt kann der Mensch eine Geschichte haben, nur unter ihren Konditionen kann er Staaten gründen; nur sie erlaubt es ihm, sich – inmitten der Natur – eine Natur ganz eigener Art zuzulegen, für die Kant den Begriff der »Kultur« verwendet. Es ist daher nur konsequent, wenn er seine Theorie der Kultur als Teil seiner Theorie des Lebens entwickelt.

9. Lebenswelt

Wer sich darüber wundert, dass ich nun schon zum zweiten Mal die Unterscheidung zwischen *Welt* und *Umwelt* betone, obgleich Kant diesen Unterschied selbst gar nicht macht, dem sei gesagt, dass ich mit *Welt* und *Umwelt* eine andere Unterscheidung aufnehme, die philosophisch unverzichtbar ist, für die Kant aber eine höchst unglückliche Bezeichnung gewählt hat. Wäre sie nicht gewesen, hätte Fichte gewiss weniger Grund gehabt, seinen folgenreichen Einspruch gegen die Transzendentalphilosophie zu erheben. Vielleicht hätten dann auch Schelling und Hegel mit ihrer Kritik an Kant anders ansetzen müssen: Ich meine die Unterscheidung zwischen »Ding an sich« und »Erscheinung«.

Hätte Kant bereits über den Begriff der *Lebenswelt* verfügt, hätte sein kritisches Philosophieren viel weniger Anstoß erregt. Denn es wäre offenkundig gewesen, dass die Lebenswelt des Menschen ihre Bedingungen auch in jenem Lebewesen haben muss, das in ihr seine Umwelt hat. Mit dem Begriff der Lebenswelt wäre schon für die ersten Leser Kants offenkundig gewesen, was ich heute zu sagen versuche: Dass der Vernunftbegriff der *Welt* ursprünglich auf das Leben bezogen ist.

10. Die Wendung zum Leben

Zur Einsicht in die Verbindung zwischen Leben und Vernunft, damit auch zwischen physiologischer Organisation und Geist, kann man auf die Annahme einer prästabilierten Harmonie verzichten. Es genügt zu sehen, wie sich die Natur im vielfältigen Gegensatz ihrer individuierten Kräfte entfaltet und entwickelt. Unablässig werden Einheiten gebildet und wieder zerstört. Nach den strengen Gesetzen der Natur treten einzelne Kräfte in unendlich vielen Formen gegeneinander auf, so dass in jedem Einzelfall zahlreiche Optionen entstehen. Und die werden von den Individuen – in strikter Naturgesetzlichkeit – zur eigenen Entfaltung ihrer Möglichkeiten genutzt. Auf diese Weise organisiert sich das ungebundene, das *freie* Leben mit Hilfe der Gesetze der Natur. Den schönsten Ausdruck findet dieser dynamische Zusammenhang zwischen lebendiger Organisation und Freiheit in Kants beiläufiger Definition des »Geistes« als der »belebenden Kraft im Gemüthe«.

In seiner dritten Kritik, der *Kritik der Urteilskraft* von 1790, hat Kant eine ingeniöse Theorie des Lebens entworfen. Mit ihr hoffte er, den lange gesuchten Übergang von der mechanischen zur dynamischen Naturtheorie zu finden. Demnach beurteilen wir alles Lebendige als einen Fall von individueller Selbstorganisation im Prozess einer sich in und durch die Individuen vermehrenden Gattung. Jeden Organismus betrachten wir so, »als ob« er im strukturellen Aufbau wie auch im Gang seiner prozessualen Entwicklung eigenen (und damit *freien*) Zwecken folgte. Die lebendigen Zwecke kommen unserer eigenen Vernunft in der Selbstbewegung organischer Wesen entgegen. In ihnen zeigt sich die innere Einheit der Natur, für deren Erkenntnis wir nicht mehr benötigen als das Selbstbewusstsein unserer eigenen Freiheit.

11. Selbsterkenntnis als Voraussetzung für eine selbstkritisch betriebene Biologie

Der philosophische Weg von Newton zu Darwin ist damit eröffnet. Der »Selbstdenker« Immanuel Kant ist ein Vordenker der modernen Biologie, freilich ohne jede Absicht, die Physik zu ersetzen. Er empfiehlt, in der kausalen Analyse der lebendigen Prozesse bis zum äußersten zu gehen, und bleibt dennoch dabei, dass wir ohne Selbsterkenntnis nichts von dem verstehen, was für das Leben wesentlich ist. Unter den organischen Bedingungen des Lebens wird die Selbsterkenntnis selbst zu einem Moment in der individuellen Organisation des Daseins. Von ihr hängt wesentlich ab, was sich ein Mensch zutraut, welche Verbindlichkeiten er eingeht und wie viel Verantwortung man ihm zugestehen kann.

Doch bevor die Selbsterkenntnis zu einer individuellen Einschätzung unserer eigenen Kräfte gelangt, vermittelt sie uns in der Selbsterfahrung unserer eigenen Lebendigkeit das Grundverständnis des Lebendigen überhaupt: Was es heißt, dass Leben auf *etwas* ausgerichtet ist, wissen wir nur in Analogie zu unserer eigenen Aufmerksamkeit; dass Leben verletzlich und empfindlich ist und zwischen Phasen der Spannung und Entspannung wechselt, dass es nur über endliche Kräfte verfügt, deren Dispositionen in der Binnenperspektive *erlebt* werden müssen, ja, dass Leben in allen seinen Vollzügen aus einer inneren Dynamik entspringt – alles das wissen wir nur von uns selbst. Wenn ein Biologe nicht von sich aus wüsste, wie man sich als lebendiges Wesen empfindet und fühlt, ja, wenn er nicht zumindest wüsste, was es für ihn selber heißt, am Leben zu sein, könnte er seine Wissenschaft nicht von der Physik oder der Chemie unterscheiden.

12. Die Moral im kritischen Begriff des Lebens

Die Selbsterkenntnis ist nicht nur ein intellektueller Vektor bei der Organisation des Wissens,[5] sondern sie steht im Ausgangspunkt der selbsterfahrenen Handlungsimpulse des Willens. Wollen ist die ausdrücklich gemachte Option auf eine mögliche Bewegungsrichtung des lebendigen Wesens. Der Wille ist das von uns und unserem menschlichen Gegenüber verstandene Zeichen zur Verständigung über die mögliche Aktivität eines menschlichen Organismus im sozialen Raum. Im zurechnungsfähigen Zustand werden solche symbolisch vermittelten Aktivitätszentren Personen genannt. Es ist für ihr eigenes Dasein schlechterdings entscheidend, nach welchen Optionen, die Kant Maximen nennt, sie sich richten.

5 Das hat Kant an der Rolle des »Ich denke«, das immer auch ein »Wir denken« ist, herausgearbeitet.

Nun brauchen wir lediglich hinzuzufügen, dass die ursprünglich auf Optionen bezogene Selbsterkenntnis nur dann eine *Erkenntnis* genannt werden kann, wenn sie im Zusammenhang mit unserem sachhaltigen Wissen steht, wenn sie also die Logik berücksichtigt, die Weltkenntnis einbezieht und auf Mitteilung unter den endlichen und allemal bedürftigen Konditionen des Lebens angelegt ist. Dann ist augenblicklich einzusehen, welche eminente Aufgabe der Ethik zukommt: Im Interesse der von uns selbst gewünschten optimalen Ausrichtung unseres Handelns gibt sie uns die Mittel zur Überprüfung des Zusammenhangs von Selbst- und Weltkenntnis an die Hand. Da wir es selber sind, die eine solche Prüfung unserer Maximen wünschen – im Augenblick einer existenziellen Verunsicherung fragen wir ja selber: »Was soll ich tun?« –, ist die in sie eingehende Prämisse, die a priori unterstellte Konstanz unserer selbst. Unter den komplexen Bedingungen des Lebens interessieren wir uns in der Ethik wesentlich dafür, wie wir die werden und bleiben können, als die wir uns selber verstehen, sofern uns moralische Fragen nahe gehen.

13. Lebenslange Einheit im Vernunftbegriff des Selbst

Die in jedem Handlungsanspruch unterstellte *Konstanz* hat freilich nur einen Sinn unter den von uns erfahrenen Konditionen permanenter Veränderung. Es ist eine stets begrenzte *Konstanz im Werden*, eine *Identität im Wandel*, die wir im Interesse unserer eigenen Ziele und Zwecke festhalten wollen. Das unablässig bewegte Leben wird dabei *in uns* und *außer uns* vorausgesetzt. Deshalb wäre es abwegig, die Identität der Person, die dem Anspruch auf Würde zu Grunde liegt, als lebensfremd oder gar als lebensfeindlich anzusehen.

Selbst Personen, die einen Charakter haben, wandeln und entwickeln sich. Das schließt aber nicht aus, dass sie Ansprüche stellen, die sie ihr Leben lang festhalten möchten: Sie möchten das Kind ihrer Eltern bleiben, möchten das auf sie überkommene Erbe wahren, möchten in ihren Fähigkeiten ernst genommen werden und möchten noch im Alter, dass ihnen die Leistungen ihres Lebens (mindestens in der Form einer Pension) zugerechnet werden. Dafür aber müssen sie, trotz aller Veränderungen, *dieselben* bleiben. Und selbst, wer alles Frühere aus Selbsthass zu vergessen oder aus erotisierter Leichtfertigkeit zu überspielen sucht, kann nicht daran vorbei, gerade das, was er abwerfen möchte, auf sich selber zu beziehen. Also verknüpfen wir die Identität unserer selbst mit dem von uns geführten Leben.

Noch im Interesse an der Unsterblichkeit, das im Eifer jener nachwirkt, die jede Jenseitshoffnung bestreiten, zeigt sich, wie wichtig dem Menschen die ihm in seinem Leben zugewachsene personale Identität tatsächlich ist. Da sie sich beim Menschen bereits mit dem ersten Auftritt seines Willens behauptet, also bereits an sein Handlungsbewusstsein gebunden ist (das seinerseits nicht von seiner Vernunft getrennt werden kann), kommt auch hier die implizite Verbindung zwischen Vernunft und Leben zum Vorschein.

Wem dieser Schluss voreilig erscheint, möge sich daran erinnern lassen, dass bereits der unscheinbare *Begriff unserer selbst* ein Vernunftbegriff ist. Die Einheit, in der wir uns erfahren, haben wir nur in der Perspektive der eigenen Vernunft.

14. Moral nur für lebendige Wesen

Die Quintessenz der kantischen Moralphilosophie liegt darin, dass der Mensch sich selbst *ein Beispiel zu geben* hat. Wir haben die *Menschheit in unserer Person* zu wahren. Und wenn dies nicht unser Geheimnis bleiben, sondern in unserem Handeln hervortreten soll, dann ist jede moralische Tat ein *exemplarischer* Akt. Insofern ist nicht erst die Politik auf Öffentlichkeit angelegt. Auch das moralische Wesen nimmt sich in einem Universum wahr, in dem es nicht nur sich selbst, sondern grundsätzlich jedem in die Augen sehen können möchte. Deshalb lassen sich, nach Kant, alle Tugenden letztlich in einer einzigen zusammenfassen: in der der *Wahrhaftigkeit*. Der Unterschied zur Politik liegt freilich darin, dass in der Moral *letztlich jeder für sich allein* zu verantworten hat, für was er sich entscheidet.

Der Anspruch der Moralität ergeht an das einzelne Individuum, das einen Konflikt, den es von sich aus auf sich selbst bezieht, selber lösen will. Gleichwohl bewegt es sich mit seinen Fragen in einem prinzipiell öffentlichen Raum, in dem es idealerweise von seinesgleichen wahrgenommen und in möglichst bester Verfassung erkannt werden möchte. Da aber niemand anderes exakt die gleiche Stellung einnimmt, sondern Beobachter bleibt, der allerdings in eine vergleichbare Lage geraten kann, kann das handelnde Individuum seinesgleichen tatsächlich nur ein Beispiel geben.

Der damit verbundene Selbstanspruch hat aber nur unter der Voraussetzung seines allemal verletzlichen und endlichen und damit stets gefährdeten Daseins einen Sinn. Und da jeder sein Dasein in uneinholbarer Bedingtheit mit anderen teilt, kann er sich auch in seiner Verletzlichkeit und Sterblichkeit mit ihnen verbunden wissen. Es spricht somit nicht nur alles dafür, sich in kluger Vorausschau des Beistands der Tiere und Pflanzen zu versichern; es ist auch nicht genug, auf den ästhetischen Verlust zu verweisen, der mit dem Schwinden der Arten und dem Leiden der Kreaturen einhergeht. Entscheidend ist das moralische Argument zu ihrem Schutz: In der Lebensgemeinschaft mit Pflanzen und Tieren hat sich der Mensch so zu verhalten, dass er auch ihnen gegenüber seine Würde wahrt. Jeder hat vor jedem exemplarisch zu sein.

Die Humanität, die der Mensch in seiner Person zu achten hat, beweist sich also nicht nur im Umgang mit sich und seinesgleichen, sondern auch im Angesicht der stummen Geschöpfe, deren Leiden nur die Vernunft auf einen Begriff bringen kann. So erlangt die von ihr gewahrte Einheit des Lebens praktische Bedeutung sowohl für das Selbstverhältnis des Menschen wie auch für die Welt, in der er lebt. Und wer im Glauben lebt, der kann für sich den Namen Gottes ergänzen, um in seinem Zeichen so zu handeln, dass er auch vor ihm bestehen könnte. Dass auch darin eine Option für das Leben liegt, tritt anschaulich darin hervor, dass der geglaubte Gott schwerlich als tot vorgestellt werden kann. Nietzsches Wort vom »Tod Gottes«, so wird es bis heute geglaubt, soll den Nihilismus zur Epoche machen.

15. Der Mensch als Zweck an sich selbst

Wie aber kann unter den Bedingungen des Lebens, in dem alles wechselseitig Zweck und Mittel ist, überhaupt irgend etwas als »Selbstzweck« ausgezeichnet sein? Die berühmte Formel für die Selbstzwecksetzung des Menschen lautet: »Handle so, daß du die Menschheit sowohl in deiner Person, als in der Person eines jeden andern jederzeit zugleich als Zweck, niemals bloß als Mittel brauchst.«[6] Weniger prominent ist die ganz und gar analoge Formel, mit der Kant in der *Kritik der Urteilskraft* die Eigenschaft eines Lebewesens definiert: »Ein organisirtes Product der Natur ist das, in welchem alles Zweck und wechselseitig auch Mittel ist.«[7]

Die Parallele ist offenkundig. Sie macht deutlich, dass unter den Bedingungen des Lebens aus der wechselseitigen analytischen Angewiesenheit des Mittels auf den Zweck ein *realer Sachverhalt* wird. Unter den Bedingungen der Moral aber wird aus dieser *Wirklichkeit* eine *existenzielle Notwendigkeit.* Die Schlussfolgerung erfolgt über fünf Schritte und ist dennoch nicht schwer:

Erstens: Wenn die Vernunft keine Zwecke setzt, kann überhaupt weder von Zwecken noch von Mitteln die Rede sein. Also ist die Fähigkeit, überhaupt von Zwecken und Mitteln zu unterscheiden, vor allem anderen zu sichern. Nach ihr organisieren wir unser Leben. Da wir diese Fähigkeit nicht nur nach alter philosophischer Tradition, sondern auch im heute noch gültigen alltäglichen Verständnis als *Vernunft* bezeichnen, ist es die *Vernunft*, die als Bedingung jeder Zwecksetzung überhaupt zu gelten hat. Ohne sie könnten wir weder Zwecke erkennen noch nach Zwecken handeln. Folglich ist sie ein »Zweck an sich selbst«.

Fragen wir nun *zweitens*, welchen Sitz die Vernunft im Leben hat, bleibt am Ende nur der *Mensch* als dasjenige Wesen übrig, in dem sie ihren originären Anspruch erhebt. Weit davon entfernt, die anderen Lebewesen als unvernünftig zu bezeichnen, und nicht weniger weit davon entfernt, in der Vernunftfähigkeit eine me-

6 Kant, 1911, S. 429.
7 Kant, 1913b, S. 376.

taphysische Auszeichnung zu vermuten, die den Menschen in einen höheren Seinsrang erhebt, ist die Vernunft die Fähigkeit, in der sich der *Mensch* biologisch komplettiert, um sich damit kulturell *zum Menschen* zu machen. Das heißt: Wenn er *Mensch* sein und bleiben möchte, muss er sich seiner Vernunft bedienen.

Wenn aber diese Vernunft als *Selbstzweck* zu gelten hat, dann ist, *drittens*, auch der Mensch als *Zweck an sich selber* ausgezeichnet. Also gilt, was Kant über die »Moralität« sagt: Sie ist die »Bedingung, unter der allein ein vernünftiges Wesen Zweck an sich selbst sein kann«.[8]

Der Mensch hat die Vernunft jedoch nur, weil er als Individuum Teil der menschlichen Kultur ist. Also hat er sie als eminentes Merkmal der Menschheit an sich selbst zu sichern. Das ist der *vierte* Schritt. Diese Sicherung der Vernunft aber ist, *fünftens*, in die Verantwortung eines jeden einzelnen Menschen gestellt. Folglich hat er die Menschheit tatsächlich *in seiner Person* zu sichern. Damit ist es nichts anderes als die Wahrung des Selbstzwecks, die in der Würde des Menschen zum Ausdruck kommt. Mit und in ihr besteht ein *existenzieller Anspruch*, dem sich kein Individuum, das Wert auf seine Eigenständigkeit legt, entziehen kann.

Also haben wir in fünf Schritten gezeigt, dass Kants Wendung zum Leben in seiner praktischen Philosophie eine *existenzielle Bedeutung* gewinnt. Der Individualist, Prinzipialist und Universalist ist immer auch ein Existenzialist.

16. Alles steht unter der Bedingung der menschlichen Existenz

Als »wirklich« gilt Kant nur, was »in den Sinnen« ist. Damit können theoretisch die Sinne aller lebendigen Wesen gemeint sein. Im Ernst aber kann nur von den Sinnen des Menschen die Rede sein, denn nur über sie ist eine Verständigung möglich, die Kant in allen Formen der Erkenntnis als grundlegende Bedingung unterstellt. Insofern gibt es gar keine abwegigere These als die von der *monologischen Verfassung* der Kantischen Vernunft.

Für die Mitteilung wie für die sinnliche Wahrnehmung gibt es selbst wieder eine Bedingung, die unscheinbar, aber jederzeit offenkundig ist: Der Mensch muss selber anwesend sein, wenn er eine sinnliche Erfahrung machen können und somit *Wirklichkeit* feststellen will. Er muss somit leibhaftig zugegen und hinreichend aufmerksam sein, um den sinnlichen Reiz zu spüren, der die materiale Bedingung dafür ist, dass er überhaupt etwas erfahren und denken kann. Das aber heißt nichts anderes, als dass der Mensch mit seinen sensiblen und intelligiblen Fähigkeiten physisch präsent sein muss, um überhaupt etwas über die Wirklichkeit ausmachen

8 Kant, 1911, S. 435.

zu können. Nur sofern er dies kann, ist es ihm möglich, auch etwas über sich selbst in Erfahrung zu bringen.

Das erscheint trivial und ist es mit Blick auf die empirischen Gegebenheiten vermutlich auch. Achten wir aber auf die Jahrtausende alten metaphysischen Prämissen der Welt- und Selbsterkenntnis, wie sie bis zu Kants Zeiten – zumindest von den antiken Platonikern wie auch von den modernen Rationalisten – vertreten wurden, verliert sich das Triviale der Einsicht in die epistemische Prämisse der Existenz sehr schnell. Zumindest, wenn die *menschliche Existenz* in Rede steht. Denn in der großen Tradition der Metaphysik war jeder menschlichen Erkenntnis, sofern sie auf Wahrheit Anspruch erheben konnte, die *Existenz Gottes* vorgeschaltet.

Das entfällt mit Kants Demonstration der Unmöglichkeit eines Beweises für die Existenz Gottes. Die augenblickliche Folge ist, dass die Existenz des Menschen in den begründungstheoretischen Vordergrund rückt. Der metaphysische Primat der göttlichen Existenz geht bei Kant in den nicht nur praktischen, sondern auch theoretischen Primat der Existenz des Menschen über: Wir haben in allem, was immer wir über die Welt und uns selbst ausmachen können, von uns selber auszugehen.

17. Der lebendige Gott

Wie sehr Kant mit Blick auf die menschliche Existenz an das endliche und damit höchst unvollkommene Lebewesen Mensch gedacht hat, ließe sich an so gut wie jeder Aussage seiner kritischen Philosophie belegen. Schon die Nötigung zur Vernunftkritik liegt in der Erfahrung unserer begrenzten Fähigkeiten. Ihr Ertrag besteht in der Begrenzung unseres Wissens.

In seiner praktischen Philosophie macht Kant deutlich, dass die Moral nur für Wesen gilt, die von der Natur »stiefmütterlich« behandelt werden.[9] Für einen Gott oder andere denkbare intelligible Wesen hat der Anspruch des moralischen Gesetzes gar keinen Sinn. Denn sie müssen sich nicht disziplinieren; sie tun schon von selbst, was sie als vernünftig erkennen. Nur der Mensch steht unter dem ihn befreienden und zugleich selbst bestimmenden Selbstanspruch seiner eigenen Vernunft. Der Gott oder die Engel hätten das gar nicht nötig. Für sie brauchte man auch kein Recht, das ja nur erforderlich ist, weil sich die Menschen wechselseitig behindern, verletzen und töten können.

Am deutlichsten wird die Aufnahme der die ganz Philosophie Kants tragenden Prämisse der Existenz eines endlichen, bedürftigen Lebewesens an einer Stelle des kritischen Systems, für die Kants Zeitgenossen noch starke Aufmerksamkeit auf-

9 Kant, 1913a, S. 146.

brachten, die seine Leser in den nachfolgenden Generationen aber immer weniger interessierte, nämlich an der Systemstelle, die der *Existenz Gottes* eingeräumt wird.

Nach Kant wird das Postulat von der Existenz Gottes benötigt, um dem Menschen wenigstens die Hoffnung auf einen guten Ausgang seiner vernünftigen Bemühungen zu geben. Gott ist der Name für eine Macht, über die der Mensch nicht verfügt, auf die er dennoch – aus bloßer Vernunft, wohl aber im Bewusstsein der eigenen Bedürftigkeit – Anspruch erhebt. Nur ein Gott kann die rationale Erwartung mit dem sinnlichen Wunsch zur Deckung bringen.

Kant postuliert die Existenz Gottes nicht allein im Interesse einer spekulativen Erlösung des Menschen am Ende aller Zeiten. Der primäre, der praktische Sinn des Postulats zielt auf Gelassenheit im Dasein: Der Mensch, der sich zwar viel denken und noch mehr vorzustellen vermag, tatsächlich aber nur wenig erreichen kann, soll sich mit seinen begrenzten Kräften zufrieden geben können, ohne an seiner Vernunft irre zu werden. So wird die Existenz Gottes im Interesse der epochalen Existenz des Menschen postuliert. Damit kann sie die Sinnbedingung des menschlichen Handelns retten. Gott kommt ins Spiel, um dem Leben eine humane Perspektive zu geben.

Literaturverzeichnis

Gerhardt, Volker, 1999, *Selbstbestimmung. Das Prinzip der Individualität*, Stuttgart: Reclam.

Habermas, Jürgen, 2001, *Kommunikatives Handeln und detranszendentalisierte Vernunft*, Stuttgart: Reclam.

Hutter, Axel, 2003, *Das Interesse der Vernunft. Kants ursprüngliche Einsicht und ihre Entfaltung in den transzendentalphilosophischen Hauptwerken*, Hamburg: Meiner.

Kant, Immanuel, 1911, »Grundlegung zur Metaphysik der Sitten«, in: *Kant's Werke. Akademie-Textausgabe*, Bd. 4, Preußische Akademie der Wissenschaften (Hrsg.), Berlin: de Gruyter, S. 385–463.

Kant, Immanuel, 1913a, »Kritik der praktischen Vernunft«, in: *Kant's Werke. Akademie-Textausgabe*, Bd. 5, Preußische Akademie der Wissenschaften (Hrsg.), Berlin: de Gruyter, S. 1–163.

Kant, Immanuel, 1913b, »Kritik der Urteilskraft«, in: *Kant's Werke. Akademie-Textausgabe*, Bd. 5, Preußische Akademie der Wissenschaften (Hrsg.), Berlin: de Gruyter, S. 165–485.

Zwischen Naturwissenschaft und Philosophie: Hegel's phenomenological transition from perception to understanding[†]

Cinzia Ferrini

Introduction

The aim of this paper is to address the transition from »Perception« to »Force and Understanding« in Hegel's 1807 *Phenomenology*, trying to make sense of what Heidegger (1988, pp. 101 – 102) found »initially strange« and not »readily intelligible« in designating force as the object of our understanding.

It is commonly acknowledged that »any attempt to interpret a single section of a philosophical work is beset with difficulties. In the case of Hegel, it verges on insanity« (Flay, 1998, p. 90). This statement is especially true within the limits of a short contribution. Therefore, I shall not account for the whole context in which the issue is framed.[1] I also shall not try to retrace the host of possible references to the history of philosophy here implied.[2] I will not even dare to propose lines of an interpretation that may serve as a groundwork for a thorough reading or commentary of the matter under consideration. After all, »Force and Understanding« is considered to be »one of the most opaque pieces of philosophical argumentation in the entire tradition of German idealism« (Stewart 2000, p. 79). Rather, my proposal is to elucidate how and why, from the sensuous things immediately present to a perceiver, consciousness necessarily moves to a mediated relation to a supersensible inner being of things, the true essence of which is called *force* and belongs to the understanding as the »unconditioned universal« (§ 1).

In answering this question systematically I also aim to reply historically to Heidegger's puzzled remark about why Hegel brings the problem of the essence of actu-

† Cf. Mittelstraß, 2002b. This paper is based on research work at the Hegel-Archiv (Ruhr-Universität Bochum) in September 2003, supported by the Alexander von Humboldt-Stiftung. I thank Walter Jaeschke for the hospitality and all the other members of the Hegel-Archiv for their kind co-operation.

1 See, e. g. Harris, 1997, I, pp. 238 – 271.

2 Suffice it here to say that in commenting upon the transition from »Perception« to »Force and Understanding«, Philonenko, 2001, pp. 34 – 37 quotes: Berkeley's *Esse est percipi*; Reinhold's relation between thing and consciousness; Leibniz's principle of the *indiscernables*, Parmenides' identity; Lambert's dialectical phenomenology of perception, Gorgias' dissolution of reality, Descartes' rejection of the senses and Gassendi's reply to it. According to Falke, 1996, p. 93, the development from thing to force is the movement of Spinoza's substance over a criticism of Locke's empiricism up to Leibniz's Monadology.

ality of the thing under the title *force* (§ 2). I shall challenge Heidegger's view (1988, p. 102) that Hegel's determination of the essence of the thing as force goes back to Kant's dynamic categories »which determine how things are in actuality. *Dynamis* is here what is effective, or force«.[3] I shall argue that Hegel's criticism of Kant's transcendental idealism and his logical account of abstract thought converge in the self-sublation of the perceived thing into a physico-dynamical concept of matter. In this way I hope to illuminate the meaning of Hegel's *phenomenological* analysis of an issue common to metaphysics, history of cognition and history of science – in line with Jürgen Mittelstraß' interest in the forms of rationality and the historical and epistemological aspects of the relation between man and world of senses.

§ 1 From the perceived thing to force

Hegel's analysis of the experience of consciousness as perception shows the path of the increasingly complex contradictions into which the so-called sound common sense (ruled by the principle of non-contradiction) falls every time that tries to bring together the unitary being of a thing and its many different sensory aspects.

The thing is both one and the manifold of determinate properties.[4] With its reflective means, however, perception cannot deduce the »many« from the »one« to show that the nature of the »many« is simply to determine itself as the »one«: this would be a dialectical, *negatively* rational activity, able to show the finitude of such *fixed* determinations.[5] In the *Philosophy of Spirit* of 1805/1806 Hegel had rationally defined the negativity of *das Einzelne* as the negative excluding of what is other, of a not negative, that is, the universal: *das Allgemeine* (GW 8, p. 198,1 – 2). In this way, being both mutually related, and mutually opposed, each was speculatively conceived as the opposite of itself, the movement of the being other, and their connection was the opposition of their indifference (GW 8, p. 198,10 – 12). Along the

3 Sell, 1998, p. 63, remarks that Kant did not identify his dynamic categories with the notion of force, and that this connection was flour of Heidegger's mill, to ascribe to his Kantian interpretation of Hegel. Souche-Dagues, 1990, pp. 20 – 32 points out that Heidegger's view confines Hegel's treatment of the notion of force to the frame of a criticism of Kant's categories of relations (p. 21). She also underscores that Heidegger's reading does not do justice to the critical and polemical aspect of Hegel's treatment of force (p. 27). However, she does not develop this general remark further.

4 On the dialectic of repulsion and attraction that lies behind Hegel's logical treatment of the »one« and the »many« see Schick, 2000.

5 Cf. Hegel's account of Plato's *Parmenides* in his 1802 »Verhältniss des Skeptizismus zur Philosophie«, GW 4, p. 207. See also the praise Hegel bestows on Plato's scientific treatment of the dialectic of the One and the Many in Addition 1 to § 81 of the 1830 *Encyclopaedia* (W 8.I, p. 174). For the relevance of the 1802 essay for the *Phenomenology*, and Hegel's polemic against the dogmatism of the empirical sciences, cf. Ferrini 2002b, pp. 88 – 109.

path of perception, instead, the two sides are taken in the abstract as the extremes of singularity (*Einzelnheit*: the one of the properties)[6] and universality (*Allgemeinheit*: the qualitative »also« of the free matters). On the one hand, the object is defined as having an *essential* property, a simple nature, its being-for-self (*für sich seyn*). On the other hand, the object also contains a diversity that, although not constituting its essential determination, is necessary. The distinction between what is essential and what is unessential, Hegel argues, »lies only in words«.[7] Like the collapse in Sense-Certainty of the universality of the language of sensuous immediacy, which was supposed to be the richest in content, Hegel shows how the movement of perceiving is nothing but governed by the »play« (*Spiel*) of such empty opposite abstractions, and therefore, reveals itself as the poorest in content (GW 9, p. 80,5 – 10).

At first the contradiction is distributed between consciousness and object. One time common sense, which regards itself as the real consciousness, assumes responsibility for the diversity of the sensible qualities as due to our subjective sensory constitution. Another time it considers the thing as the universal medium in which many different properties stay indifferently next to one another. Eventually, the whole movement is taken to be the one of an *essence* that in perceiving is linked with a multifarious diversity that is both inessential (i. e. the properties are mutually indifferent, not mutually exclusive) and necessary (to the determinateness of the thing).

Note how, at this point of Hegel's analysis, the common sense consciousness reflects upon the *connection* of the oneness of the thing to its manifold constitution, in terms of what is *essential* (i. e. what is the *ground* of the determinateness) and what is *inessential*, taking these distinctions as an *absolute* fixed difference[8]. In a passage from 1812, Hegel feels the need to clarify his *philosophical* designation, common sense or »reflective ordinary human understanding«, for the expression is often used as a slogan. What properly characterizes the understanding, is that it »imposes its view that truth rests on sensuous reality, that thoughts are *only* thoughts, meaning that it is sense perception which first gives them filling and reality« (GW 11, p. 17,21 – 23; unchanged in GW 21). Indeed, in Hegel's view, the understanding is the mode by which thinking apprehends given objects in their determinate distinctions but bestows the form of abstract universality on these contents, which it fixes in mutual contra-distinction. Simply put, the understanding is the formal moment

6 Miller (Hegel, 1977) translates *Einzelnheit* with »singleness«.

7 GW 9, p. 78, 35 – 36; cf. Westphal, 1998b, pp. 106 – 107.

8 In § 33 of his 1808 *Logic*, Hegel writes: »The simple interpenetration of quantitative or external determination and of inner self-determination is essence. As the interpenetration of self-determination and of indifferent determinacy essence has in itself the moments of *essentiality* and *inessentiality*. The essential is what belongs to self-determination, but the inessential is the moment of indifferent determinate being« (W 4, p. 17; tr. in: Forster, 1998, p. 616).

of our logical activity that *determines* and holds the determinations *fixed* (GW 21, p. 8,3).[9]

The transition from perception to understanding clearly states that this specific activity of thought is *unconsciously* at work in consciousness as perception (*Wahrnehmung*)[10]. In other words, perception is *unaware* of thinking abstractly (»Statt ein Unmittelbares zu wissen, *nehme ich wahr*«), with merely mental abstractions or thought determinations such as *Einzelnheit* and *Allgemeinheit*, which it takes for the real truth (i. e., *für wahr nehmen*) through which it is led from one error into another (GW 9, p. 80,18–19; Hegel, 1977, p. 78).[11] On the one hand, the manifoldness that is necessary present in the thing, and that cannot be left out because we are aware of a determinate, qualitative thing, is posited as »*unessential* to the thing« (GW 9, p. 78,11–13; Hegel, 1977, p. 75). On the other hand, perception determines (*bestimmt*) determinateness (*Bestimmtheit*) as what constitutes the *essence, the essential character* of a thing, that is, what distinguishes it from all others – being in opposition to them – and simply is for itself, preserving its independence (GW 9, p. 78,13–16; Hegel, 1977, p. 75).

What necessarily emerges is that consciousness discovers that the thing collapses through the determinateness that allegedly constitutes its essence:

> The Thing is posited as being *for itself*, or as the absolute negation of all otherness, therefore as purely *self*-related negation; but the negation that is self-related is the suspension of *itself*; in other words, the Thing has its essential being in another Thing. […] the object is *in one and the same respect the opposite of itself*; *it is for itself*, *so far as it is for another*; and *it is for another, so far as it is for itself* […] Thus the object in its pure determinateness, or in the determinateness which were supposed (*sollten*) to constitute its essence, is overcome (*aufgehoben*) just as surely as it was in its sensuous being (GW 9, p. 78,26–30; Hegel, 1977, p. 76).

Perception sublates itself when separates the simple inner self-determination of the thing from its multifarious being and separates the being of the thing from its immediate presence to a perceiver. It has always presumed to deal with genuine concrete content without knowing itself in the development of the object, but now it takes the object as it is in general, as a universal. The emergence of this first kind of universality from the unsolved sensuous opposition between the abstract extremes of essentiality and determinateness initially marks the transition to consciousness as

9 Hegel never changed his mind about this characterization of *Verstand*, from the *Difference* essay of 1801 (where the viewpoint of the ordinary man is taken to be responsible for the dualism of modern culture: see Forster, 1998, pp. 583–586) up to § 80 of the 1830 *Encyclopaedia*.

10 On the unconscious logical work of thought into all that becomes something inward for men and on the display of its forms in language, see GW 21, p. 10,24–30. On *das Logische* and the experience of consciousness, see Ferrini, 1985.

11 Westphal, 1998b, pp. 15–19 underscores that, before Hegel, the theme of the deceptive character of perception was dealt in relation to issues of causality but not of thing-identity.

understanding, and to force as to its object. The transition is carried out when consciousness moves from an universality conditioned by its origin (that is, emerging from the negation of all the sensuous determinations of the thing and therefore still affected with such an opposition) to an unconditioned, self-identical universality as the inner, *productive* ground of the manifold properties of the object.[12] As Hegel puts it in §§ 42 – 43 of his 1808 *Logic*:

> [§ 42]{ }Essence as the ground of its determinate being, without which essence itself does not exist, is to begin with *whole* and *parts*. The whole is the positing of its parts and, conversely, consists in them. Both sides constitute one and the same thing [...] both sides are indifferent toward each other and the activity of the whole as the form has the matter as its condition. [§ 43] The parts are, however, only parts qua posited through the whole. Thus their relation is their determinedness through the unity of the ground. Or the quality of determinate being is posited through the activity of the ground, as form, and the matter of appearance is ground's own content. Ground is therefore *force* that expresses itself (W 4, pp. 18 – 19; tr. in: Forster, 1998, pp. 617 – 618).

§ 2. Challenging Heidegger's interpretation

As remarked earlier, all the self-sublating movement is nothing but the work of the sound common sense, which, at the end of »Perception«, Hegel also calls »perceiving understanding« (*wahrnemender Verstand*)[13].

I suggest that when Hegel speaks of a *perceiving understanding* he addresses the problem of philosophically assessing the relation among sensuous perceptual representations, the activity of the understanding and, given the issue of deception, the *objective* determination of *particular* experience. From this standpoint, note that here Hegel appears to depart radically from Kant's solution. In my view, the transition from the *experience* of consciousness as perception to the super-sensible universality of the understanding via the perceptual understanding fundamentally rests on an anti-Kantian perspective sketched since the *Difference* essay. Right at the out-

12 Hegel was certainly not alone in thinking of *Kraft* in terms of *productive ground* and within the frame of a manifold of appearances that is produced from its unity: see for instance the lectures that Schleiermacher held in 1811 (Schleiermacher, 1839, §§ 181 – 182, pp. 112 – 113). In the *Difference* essay Hegel refers to Schleiermacher's work on religion to underscore the need for a speculative philosophy that could mend nature from the mistreatment received by Kant and Fichte and posit its conformity to reason, *daß sich selbst zur Natur aus innerer Kraft gestaltet* (cf. GW 4, p. 8,4 – 13). Schleiermacher speaks of the relation between whole and parts in the universe (both in the material and spiritual nature) in terms of an »eternal continuous play (*Spiel*) of opposed forces«: Schleiermacher, 1799, p. 6.

13 GW 9, p. 80,18 (cf. also line 8); Miller translates with »perceptual understanding« (Hegel, 1977, p. 78).

set of his 1801 essay Hegel criticises Kant's nomothetic laws of the understanding for containing only the condition of the possibility of experience in general, for being objective only in relation to the objects of experience and not for the thing-in-itself. Consequently, Hegel rejects that *particular* experience, in its multiplicity, variety, heterogeneity, can be thoroughly interconnected *only* transcendentally. In Hegel's view, Kant is a critical target here for the *a priori* presuppositions that serve as a guideline for our rational investigation of real nature are only reflective maxims of the heuristic subjective judgment of the third *Critique*. Therefore, they appear inadequate for constituting the rationale of the systematic unity of *particular* and *determinate* experience, that is, for grounding the oneness of its *empirical* objectivity. On this basis, in the *Difference* essay Hegel writes that Kant left »an enormous (*ungeheures*) empirical realm of sensuousness and perception« out of the objective determination through categories, »as if it were an absolute *a posteriori*« (GW 4, p. 6,11 – 15).

I claim that the phenomenological analysis under consideration constitutes Hegel's *alternative* proposal. If starting in 1801 Kant was charged with leaving the empirical realm of perception without any *a priori*, one merit of recent scholarship is to have highlighted that in »Perception« Hegel proved that we cannot even identify commonsense objects without cognitive judgments involving the *a priori* conception of thing-identity.[14] Therefore, in retracing how and why force emerges as object of the understanding from the dialectic of perception, the first point to make against Heidegger's reading is that, far from just borrowing in *his* own way from Kant's categories of relations,[15] Hegel here aims to *confute* Kant, providing an *a priori* ground for the oneness of the empirical objectivity of consciousness's particular experience. He does so from two closely connected standpoints.

First: the dialectic of perception demolishes Kant's appraisal of the self-conscious »I think«, which *must merely be able* »to accompany« (*begleiten*) all the *Vorstellungen* which represent a thing for a perceiver. In the Transcendental Analytic, Kant states that the manifold of sensory intuition is unified in a consciousness only thanks to the synthesis brought about by the original unity of the apperception, through which I attribute the various representations to the identical myself, as mine. In this way, the unification does not belong to the given and cannot be con-

---

14 Westphal, 1998b, p. 151, cf. pp. 21 – 23. Westphal, 2003, pp. 43, 58, 82 – 87. As regards the first *Critique*'s, Hegel underscores that Kant fails to recognize the unity of concept and sensuous intuitions since *Faith and Knowledge* (1802).

15 Regarding the transition from »Perception« to »Force and Understanding«, Heidegger (1988, p. 103) refers to the Kantian table, and writes: »Hegel already took account of the first relation – *substantia* and *accidens* – with the corresponding transformation in the interpretation of the thinghood of the thing as object of perception. And now one could assume that the object of the understanding would be the next dynamic category as the truth of the thing, the category of causality«.

sidered something that one draws from things through perception. From the standpoint of what results in »Perception«, Hegel appears to read Kant's use of the verb *begleiten* as if the form of thought would join the givens of sensuous intuition from the outside, *adding* only formal, empty universal unity to it, and as if both the form of the »I think« and the content of the manifold of sensory intuition may stand on their own account independently from their relation. Indeed, in Kant's view, only if the »I think«, which consciously synthesizes the representations, accompanies them, is it possible that the given manifold of the sensory intuition contains (*enthält*) a synthesis of the *Vorstellungen* and is it possible to speak of the thoroughgoing (*durchgängige*) identity of the apperception, through which the singularity of perception is raised to the universality of the concept (KW III, § 16, pp. 108 – 110).

Second: for Kant *only human beings* can raise the singularity of perception to the universality of the concept, thanks to a faculty that makes them incommensurable with animals.[16] In his *Pragmatic Anthropology*, Kant makes clear that sensuousness contains only what is »singular« (*das Einzelne*) in the objects, whereas, by contrast, the concept of the understanding contains the universal of the representations of the objects, that is, the rule under which the manifold of sensuous intuition must be ordered to produce *unity* in the knowing of the thing (KW VII, § 40, p. 196). In the Heidelberg *Encyclopaedia*, however, Hegel charges Kant's philosophy with *elevating* mere perception into experience through the categories, whereas these concepts, which are unities merely of subjective consciousness, are conceived of as empty of content on their own account, and conditioned by the given (GW 13, § 29, p. 31,4 – 6).

This point can also be highlighted by recalling that for Kant man can distinguish within himself both an animal and an intellectual side. Through the former, men come closer to animals, and to say that one is more sensuous than another for Kant means also to say that the former follows more the sense instinct, the latter more the maxims of the understanding. In other words, consistent with his use of *begleiten*, Kant rejects the view that thinking can insinuate itself into our instinctive sensuousness. The absolute difference between man and animal rests only on this: the rational being has representations of the Ego and of oneself as a person, the animal has not. Therefore the difference takes place not at the level of sense perception, not at the level of the *Vorstellungen von der Welt* as such, which also animals have.[17] Contrary to Kant, from the section on »Intelligence« in the *Philosophy of Spirit* of

16 In § 1 of his *Pragmatic Anthropology* Kant points out that the understanding, as the capacity to express oneself through the Ego and to represent it to oneself, constitutes what elevates the human being in dignity, as a person, over the animals devoid of understanding. The essence of man is the representation of the unity of consciousness and of the personal identity that persists through changes (KW VII, § 1, p. 127,4 – 14).

17 See Ferrini, 2002a.

1805/1806, to § 2 of the 1830 *Encyclopaedia*, up to the *Preface* to the second edition (1832) of the *Science of Logic*, Hegel always maintains that, through *das Ich*, that is *form* not only as simple self, but also as movement (GW 8, p. 187,12–13), the forms of thought in general permeate, also instinctively and unconsciously, all *human* activities, even the most sensuous ones, in their original difference from animality. The essence, the distinctive *nature* of man itself that is *logical*, and expresses itself, awakening the spirit (and consciousness is *immediate spirit*), as the *force* of giving names to things, as language, the first *creative force* exerted by spirit (GW 8, pp. 185–190): *Der Mensch spricht zu dem Dinge als dem seinigen und diß ist das Seyn des Gegenstandes* (GW 8, p. 190,5–6).[18] The logical element permeates feeling, belief, representation, sensation, intuition, desire, need, instinct, bringing about their proper human character, transforming *every* natural relationship of man into something human (GW 21, p. 11,1–3). Thus in this way for Hegel »pre-conceptual thinking activity is a necessary condition of conceptualization« (de Laurentiis, 2002, p. 269).

To conclude: according to Hegel, in his quest for grounding the objectivity of experience, Kant fails to credit thought determinations with any direct and immanent part in determining the content of experience. Hegel's analysis of the *deceptive* experience of the perceiving understanding is a phenomenological *confutation* of this position. It proves in the experience of consciousness that natural things have to be objectively determined according to what is internal and necessary, not to what is external or contingent to them, thus producing a superficial junction of thought and sensuousness.[19] What is more, as remarked earlier, logically speaking, the dialectic of perception results in a whole that has *matter* as its conditions; a whole that is the positing of its parts and, conversely, consists in them; where the parts are only parts qua posited through the whole, in a relation that determines them through the unity of the ground: this confutes any atomistic theory of matter that views its concept as a *mere aggregate* of parts.[20] Already in the 1801 *Difference* essay Hegel had charged Kant's metaphysics of nature with being able to construct only a mechanics

18 See Mittelstraß, 2000a, p. 18: »Nature is here [in Hegel's philosophy of nature] not a product, not simply a posit of the mind (as it is with Fichte); rather, as the ›other‹ of the mind, it is itself a *form* of the mind (›externalized‹ or ›alienated‹ mind) which at the same time loses its actual subject-likeness. And this is what is particular about Hegel's idealism. The *subjectivization* of nature in the form of externalized or alienated mind is compensated by the *desubjectivization* of the mind or of reason«.

19 Cf. *SW* 19. III. 3, p. 573: »die Wahrnehmung in der Erfahrung nennt Kant das Subjektive, Zufällige«. See also ib., p. 570: »Denken, Verstand, bleibt ein Besonderes, Sinnlichkeit ein Besonderes, die auf äusserliche, oberflächliche Weise verbunden werden, wie ein Holz und Bein durch einen Strick«.

20 The polemics against the atomistic theory is common both to Schelling's *Erster Entwurf* and Hegel's *De orbitis* (cf. Ferrini, 1996, pp. 21–25 and 42–67) and it is continued by Hegel against Kant's construction of matter in the *Science of Logic* (cf. Lefèvre, 2000).

(GW 4, p. 69,31 – 33), that is, with offering only a purely mathematical, not dynamical construction of phenomena (GW 4, p. 70, 3 – 4).[21] Against Kant's metaphysical foundation of Newton's law of inertia,[22] according to which matter's *vis inertiae* is and signifies nothing but its lifelessness *als Materie an sich selbst*, starting in the 1801 *De orbitis* Hegel held the view that matter must be grasped as constituted by an immanent and internal principle of self-determining identity, a universal force that has difference within itself. He rejected the view of matter as a dead substratum that receives the impulse to move only from a cause external to it, as if matter could be still said to be something *an sich selbst* independently from and out of relation to the opposed forces which were supposed to construct it dynamically (Hegel 1801, p. 22,26 – 23,10).

Therefore, it appears to me hard to maintain that in these chapters Hegel arrives at »connections which, while not identical with the real intentions of Kant, still do justice to them« (Heidegger, 1988, p. 107), insofar as Hegel goes back to Kant's dynamical categories, takes up and penetrates these Kantian issues, transforms them into his problematic in Heidegger's sense, that is, as: »the material completion and unfolding of what came earlier« (Heidegger, 1988, p. 103).

Bibliography

de Laurentiis, Allegra, 2002, »On Hegel's Concept of Thinking«, in: Hüning, Dieter/Stiening, Gideon/Vogel, Ulrich (eds.), *Societas rationis. Festschrift für Burkhard Tuschling zum 65. Geburtstag*, Berlin: Duncker & Humblot, pp. 263 – 285.

Falke, Gustav-H. H., 1996, *Begriffene Geschichte*, Berlin: Lukas Verlag.

Ferrini, Cinzia, 1985, »Forma e natura nei presupposti della logica come scienza in Hegel«, in: *Il Pensiero*, 26, pp. 137 – 164.

Ferrini, Cinzia, 1996, *Scienze empiriche e filosofie della natura nel primo idealismo tedesco*, Milano: Guerini e Ass.

Ferrini, Cinzia, 2002a, »Kant, H. S. Reimarus e il problema degli *aloga zoa*«, in: *Studi Kantiani*, XV, pp. 31 – 63.

Ferrini, Cinzia, 2002b, »Oltre il dubbio: il rapporto tra scetticismo e filosofia da Hegel a Kant«, in: *Problemata. Quaderni di filosofia*, 2, pp. 79 – 109.

Flay, Joseph C., 1998, »Hegel's ›Inverted World‹«, rpt. in: Köhler, Dietmar/Pöggeler, Otto (eds.), G. W. F. Hegel, *Phänomenologie des Geistes*, Berlin: Akademie Verlag, pp. 89 – 105.

Forster, Michael N., 1998, *Hegel's Idea of a Phenomenology of Spirit*, Chicago and London: The University of Chicago Press.

21 See Westphal, 1998a.

22 Cf. Newton 1972, I, Def. III, 40,2 – 4; Kant 1784 in KW IV, p. 544. See Ihmig, 1993.

GW:

Hegel, Georg W. F., 1968 ff.. *Gesammelte Werke*. In Verbindung mit der Hegel-Kommission der Rheinisch-Westfälischen Akademie der Wissenschaften und dem Hegel-Archiv der Ruhr-Universität Bochum. Hamburg: Meiner.

- GW 4, »Jenaer kritische Schriften«, Buchner, Hartmut/Pöggeler, Otto (eds.), 1968:
  - »Differenz des Fichte'schen und Schelling'schen Systems der Philosophie« (1801), pp. 5–92.
  - »Verhältniss des Skeptizismus zur Philosophie, Darstellung seiner verschiedenen Modifikationen und Vergleichung des neuesten mit dem alten« (1802), pp. 197–238.
- GW 8, »Jenaer Systementwürfe III (1805/1806)«, Horstmann, Rolf-Peter (ed.), 1976
- GW 9, »Phänomenologie des Geistes (1807)«, Bonsipien, Wolfgang/Heede, Reinhard (eds.), 1980
- GW 11, »Wissenschaft der Logik. Erster Band. Die objective Logik (1812/1813)«, Hogemann, Friedrich/Jaeschke, Walter (eds.), 1978.
- GW 13, »Enzyklopädie der philosophischen Wissenschaften im Grundrisse (1817)«, Bonsiepen, Wolfgang/Grotsch, Klaus (eds.), 2000.
- GW 21, »Wissenschaft der Logik. Erster Band. Die Lehre vom Sein (1832): Teil 1, Die objektive Logik«, Hogemann, Friedrich/Jaeschke, Walter (eds.), 1985.

Harris, Henry S., 1997, *Hegel's Ladder*, 2 vols., Cambridge Mass.: Hackett.

Hegel, Georg W. F., 1801, *Dissertatio philosophica de orbitis planetarum*. Jena: Prager.

Hegel, Georg W. F., 1977, *The Phenomenology of Spirit*, Translated by A. V. Miller. Oxford: The Clarendon Press.

Heidegger, Martin, 1988, *Hegel's Phenomenology of Spirit*. Translated by P. Emad and K. Maly. Bloomington and Indianapolis: Indiana University Press. [Originally published as »Hegels Phänomenologie des Geistes«, in: id., *Gesamtausgabe*, vol. 32, Görland, Ingtraud (ed.), Frankfurt a. M.: Klostermann, 1980]

Ihmig, Karl-Norbert, 1993, »Hegel's Rejection of the Concept of Force«, in: Petry, Michael J. (ed.), *Hegel and Newtonianism*, Dordrecht: Kluwer, pp. 399–414.

KW:

Kants Werke, Akademie-Textausgabe, Preußische Akademie der Wissenschaften (Hrsg.), Berlin: Walter de Gruyter, 1968.

- KW III, »Kritik der reinen Vernunft« (2nd ed., 1787).
- KW IV, »Metaphysische Anfangsgründe der Naturwissenschaft« (1786), pp. 465–565
- KW VII, »Anthropologie in pragmatischer Hinsicht« (1798), pp. 117–333

Lefèvre, Wolfgang, 2000, »Repulsion und Attraktion. Der Exkurs ›Die Kantische Konstruktion der Materie aus der Attraktiv- und Repulsivkraft‹ in Hegels *Wissenschaft der Logik*«, in: Arndt, Andreas/Iber, Christian (eds.), *Hegels Seinslogik. Interpretationen und Perspektiven*, Berlin: Akademie Verlag, pp. 252–270.

Mittelstraß, Jürgen, 2000a, »Historical and Epistemological Aspects of the Concept of Nature«, in: id./Singer, W. (eds.), *Proceedings of the Symposium on ›Changing Concepts of Nature at the Turn of the Millennium‹*, Vatican City: Publications of the Pontificial Academy of Science, pp. 3 – 19.

Mittelstraß, Jürgen, 2000b, *Zwischen Naturwissenschaft und Philosophie: Versuch einer Neuvermessung des wissenschaftlichen Geistes*, Konstanz: Universitäts-Verlag Konstanz.

Newton, Isaac, 1972, *Philosophiae naturalis principia mathematica. The third edition (1726)*, Koyré, Alexandre/Cohen, I. Bernhard (eds.), 2 vols., Cambridge: Cambridge University Press.

Philonenko, Alexis, 2001, *Commentaire de la* Phénoménologie *de Hegel*, Paris: Vrin.

SW:

Hegel, Georg W. F., 1959, *Sämtliche Werke. Jubiläumsausgabe in zwanzig Bänden*, 3rd ed., Glockner, Hermann (ed.), Stuttgart: F. Frommanns and G. Holzboog.

- SW 19, »Vorlesungen über die Geschichte der Philosophie, 3. Band«.

Schick, Friedrike, 2000, »Absolutes und gleichgültiges Bestimmtsein – Das Fürsichsein in Hegels Logik«, in: Arndt, Andreas/Iber, Christian (eds.), *Hegels Seinslogik*, Berlin: Akademie Verlag, pp. 235 – 251.

Schleiermacher, Friedrich, 1799, *Über die Religion*, Berlin: Johann Friedrich Unger.

Schleiermacher, Friedrich, 1839, *Schleiermacher's literarischer Nachlaß. Zur Philosophie*, Jonas, L. (ed.), Berlin: Reimer.

Sell, Annette, 1998, *Martin Heideggers Gang durch Hegels Phänomenologie des Geistes*, Bonn: Bouvier

Souche-Dagues, Denise, 1990, *Hégélianisme et dualisme*, Paris: Vrin.

Stewart, Jon, 2000, *The Unity of Hegel's Phenomenology of Spirit*, Evanston IL.: Northwestern University Press.

W:

Hegel, Georg W. F., 1970, *Werke in zwanzig Bänden*, Moldenhauer, Eva/Michel, Karl M. (eds.), Frankfurt/M: Suhrkamp.

- W 4: »Nürnberger und Heidelberger Schriften 1808 – 1817«.
- W 8: »Enzyklopädie der philosophischen Wissenschaften im Grundrisse (1830). I. Die Wissenschaft der Logik. Mit den mündlichen Zusätzen«.

Westphal, Kenneth R., 1998a, »On Hegel's Early Critique of Kant's *Metaphysical Foundation of Natural Science*«, in: Houlgate, Stephen (ed.), *Hegel and the Philosophy of Nature*, Albany: SUNY Press, pp. 137 – 166.

Westphal, Kenneth R., 1998b, *Hegel, Hume und die Identität wahrnehmbarer Dinge*, Frankfurt/M: Klostermann.

Westphal, Kenneth R., 2003, *Hegel's Epistemology*, Indianapolis/Cambridge: Hackett.

B. Systematische Philosophie

Specificity Prioritization and the Primacy of the Particular

Nicholas Rescher

0. Preface

The concern for the nature of reflective thought in different areas of inquiry and investigation runs as a constant Leitmotiv through the writings of Jürgen Mittelstraß. In line with this direction of interest, the present discussion will try to elucidate one of the systemic differences that distinguish our reasoning processes in factual inquiries from those at work with respect to speculative and hypothetical matters. Although it is a case study focusing upon particular and narrowly defined issues – to wit, the role of specificity vs. generality in rational deliberation – the paper endeavors to illustrate the larger lesson that the particular purposive context of a domain of deliberation serves to determine its appropriate principles of rational procedure in sometimes surprising detail.

Jürgen's work is a model of systematization in uniting and coordinating ideas across the whole spectrum of the world of learning. Both highly scholarly in quality and very extensive in quantity, it manages to combine the highest standards of understanding with clear relevance to the practical issues that confront the world of learning. In his impressive contributions to philosophy – both pure and applied – Jürgen has given new meaning to the old German proverb: *Mittelstraß – Das beste Maß.*[1]

1. Specificity Prioritization

The story is told that Herbert Spencer said of Thomas Buckle (or was it the other way round? – as it could just as well have been) that his idea of a tragedy was a beautiful theory destroyed by a recalcitrant fact. A fundamental epistemic principle is at issue here, namely that when the limited particularity of fact and the broad generality of theory come into conflict in the case of otherwise plausible propositions, then it is the former that will prevail. Facts, as the proverb has it, are stubborn things: in case of a clash, facts must prevail over theories, observations over speculations, concrete instances over abstract generalities, limited laws over broader theories. With factual issues specificity predominates generality when other things are anything like equal.

1 Simrock, 1988, p. 362, no. 7054.

And so a far-reaching Principle of Specificity Precedence comes into view. In cases of conflict or contradiction in our information, the cognitive dissonance that needs to be removed is to be resolved in favor of the more particularly concrete, definite party to the conflict. The more general, the more cases included, and so the more open to error: generality is a source of vulnerability: and when clashes arise, particularity enjoys priority. We have to presume that specifics are in better probative condition than generalities because they are by nature easier to evidentiate, seeing that generalities encompass a multitude of specifics. Contrariwise, seemingly established generalities are easier to disestablish than specifics because a single counterinstance among many possibilities will disestablish a generality, whereas it takes something definite to disestablish a particularity. Accordingly, it transpires that ordinarily and in »normal« circumstances specificities are on safer ground and thereby enjoy probative precedence in situations of discord and inconsistency. When mere information is being distilled into coherent knowledge, specificity prioritization is the rule.

2. Some Illustrations of the Principle

Such a Principle of Specificity Precedence can be illustrated from many different points of view. As already noted, it is a standard feature of scientific practice where, when theory and observation clash, it is, in general, observation that prevails.[2] The practice of monitoring hypothetical theorizing by means of experimentation is characteristic of the scientific process, and the Principle of Specificity Precedence is fundamental here. Throughout, whenever speculation clashes with the phenomena, a conjectured hypotheses with the data at our disposal, or a theory with observation then it is generally – and almost automatically – the former that is made to give way. Presumption, that is to say, stands on the side of specificity throughout the realm of factual inquiry.

This circumstance obtains not only in clashes between observation with theory, but also in clashes between a lower level (less general or abstract) theory with one that is of a higher (more general and abstract) level. Here too the comparatively specific rival will prevail in situations of conflict. And the general principle prevails with the historical sciences every bit as much as from the sciences of nature. A single piece of new textual evidence or a single item of new archeological discovery can suf-

2 To be sure, as Pierre Duhem insisted, a theory-observation clash will in general involve a plurality of participating theories, so that it will not be clear which particular theory will have to be jettisoned. See his *The Aim and Structure of Physical Theory*, tr. by P. Wiener (Princeton, NJ.: Princeton University Press, 1982).

fice to call a conflicting theory into question. Here too a penchant for specificity preference is very much in operation.

Philosophy affords yet another illustration of specificity preference. The work of Thomas Reid (1710–96) and the philosophers of the Scottish school illustrates this in an especially vivid way. These thinkers reasoned as follows: Suppose that a conflict arises between some speculative fact of philosophical theorizing and certain more particular, down-to-earth, bits of everyday common sense. Then it of course will and must be those philosophical contentions that must give way.

In this spirit, Reid insisted that common sense must hold priority over the more speculative teaching of philosophy. Maintaining that most philosophers themselves have some sense of this he observes wryly that »it is pleasant to observe the fruitless pains which Bishop Berkeley took to show that his system [...] did not contradict the sentiment of the vulgar, but only those of the philosophers.«[3] Reid firmly held that any clash between philosophy and common sense must be resolved in the latter's favor. Should such a clash occur:

> The philosopher himself must yield... [because] such [common-sense] principle are older, and of more authority, than philosophy; she rests upon them as her basis, not they upon her. If she could overturn them she would become buried in their ruins, but all the engines of philosophical subtlety are too weak for this purpose.[4]

In any conflict between philosophy and everyday common sense beliefs it is the latter that must prevail. The down-to-earth lessons of ordinary experience must always prevail over any conflicting speculations of philosophical theorizing. At this point the Scottish common-sensists were emphatic: When conflicts arise, commonplace experience trumps philosophical speculation. And in fact most metaphilosophical accounts of philosophizing have agreed with this specificity-favoring point of view.

Yet another illustration of specificity preference comes (perhaps surprisingly) from pure mathematics. In deliberating about the relationship between mathematics proper and metamathematical theorizing about mathematical issues, the great German mathematician David Hilbert (1862–1943) also argued for specificity preference. If any conflict should arise between substantive mathematical findings and large-scale metamathematical theory, so he maintained, then it is automatically the latter that must yield by way of abandonment or modification. Here too we are to favor concrete specificity over abstract generality: seeing that, across a wide range of mathematics, abstract metamathematical theories are comparatively more risky. Accordingly, consider what Arthur Fine calls »Hilbert's Maxim«, namely the thesis that:

---

3 Reid, 1785, VI iv, p. 570.

4 Reid, Thomas, 1764, I, v (ed. Hamilton, p. 102b; ed. Brooks, p. 21).

> Metatheoretic arguments [about a theory] must satisfy more stringent requirements [of acceptability] than those placed on the arguments used by the theory in question.[5]

And so the mathematical realm can afford yet another illustration of specificity preference. Throughout our inquiry into the reality of things it appears that our pursuit of knowledge prioritizes specificity. Presumption, that is to say, stands on the side of comparative specificity and definiteness.

3. The Question of Rationale

Is there a cogent rationale for this? Are there sound reasons of general principle why specificity should be advantaged?

An affirmative answer is clearly in order here. The reasoning at issue runs somewhat as follows. Consider a conflict case of the sort that now concerns us. Here, in the presence of various other uncontested »innocent bystanders« (x), we are forced to a choice between a generality (g) and a specificity (s) because a situation of the following generic structure obtains:

$(g \,\&\, x) \rightarrow \sim s$ or equivalently $(s \,\&\, x) \rightarrow \sim g$

It is clear here that, with the unproblematic context x fixed in place, either s or g must be sacrificed. But since g, being general, encompasses a whole variety of other special cases – some of which might well also go wrong – we have, in effect, a forced choice occasioned by a clash between a many-case manifold and the fewer-case competitor. And since the extensiveness of the former affords a greater scope for error, the latter is bound to be the safer bet. As a rule, generalities are more vulnerable than specificities. When other things are anything like equal, it is clearly easier for error to gain entry into a larger than into a smaller manifold of claims.

To be sure, it deserves to be noted that what is basically at issue with specificity preference is not a propositional truth-claim but a procedural principle of presumption. What is at issue is not a factual generalization to the effect that specificities inevitably prevail over generalities, but a precept of epistemic practice on the order of »Believe the testimony of your own eyes« or »Accept the claim for which the available evidence is stronger«. It is a matter of the procedural principle. And of course one can go wrong here: It is not true that what your eyes tell is always so or that the truth always lies on the side of the stronger evidential case in hand. All that we have – and all that is at issue – is that such methodological precepts of rational procedure indicate a process that will generally lead us aright. Though not infallible, they are

5 See Fine, 1984, pp. 83 – 107 (see esp. p. 85). The maxim is articulated in line with David Hilbert's endeavor to demonstrate the consistency of set theory on a more concrete non-set-theoretical basis.

good guides to practice. Such a principle of practice reflects a matter of general adequacy rather than failproof correctness. And the justification at issue is thus one of functional efficacy – of serving the purposes of the practice at issue effectively. Here, as elsewhere, presumption is less a matter of demonstrating a universal truth than of validating a *modus operandi* on the basis of its general efficacy.

4. A Curious Inversion: The Case of Counterfactuals

It is, however, necessary to come to terms with the striking circumstance that there is an important family of cases where more usual presumption of specificity prioritization is in fact inverted and the reverse process a generality prioritization obtains. This occurs when we are dealing not with matters of fact, but with fact-contradicting assumptions and hypotheses.[6]

By way of illustration consider the counterfactual conditional:

– If he had been born in 1999, then Julius Caesar would not have died in 44 BC but would be a mere infant in 2001.

This arises in the context of the following issue-salient beliefs:

(1) Julius Caesar was born in 100 B. C.
(2) Julius Caesar is long dead, having died at the age of 56 in 44 B. C.
(3) Julius Caesar was not born in 1999 A. D.
(4) Anyone born in 1999 A. D. will only be an infant by 2001.
(5) People cannot die before they are born.

And let us now introduce the supposition of not-(3) via the following:

Assumption: Suppose that not-(3), that is, Julius Caesar was born in 1999 A. D.

In the face of this assumption we must, of course, follow its explicit instruction to dismiss (1) and (3). Thesis (4) is safe, inherent in the very definition of infancy. But even with these adjustments, inconsistency remains and confronts us with two distinct acceptance/rejection alternatives:

(2), (4)/(1), (3), (5)
(4), (5)/(1), (2), (3)

In effect we are now constrained to a choice between the specific (2) on the one hand and the general (5) on the other. At this point, however, the »natural« resolution afforded by the Principle of Generality Precedence that holds in these purely

6 On counterfactual conditionals and their problems see N. Rescher, *Hypothetical Reasoning* (Amsterdam: North Holland, 1964); David Lewis, *Conditionals* (Oxford: Blackwell, 1973); Ernest Sosa (ed.), *Causation and Conditionals* (London: Oxford University Press, 1975); Anthony Appiah, *Assertion and Conditionals* (Cambridge: Cambridge University Press, 1985); Frank Johnson (ed.), *Conditionals* (Oxford: Clarendon Press, 1991).

hypothetical cases will prioritize the more general and instance-encompassing (5) over the case-specific (2), thereby eliminating that first alternative. With not-(1) fixed by hypothesis, the conclusion of the initial counterfactual then at once follows from (4) and (5). In effect, that counterfactual is the product of generality prioritization. The perplexity of an unnatural counterfactual along the lines of »If Julius Caesar had been born in 1999 A. D. then he would have been born again from the dead« would be averted.

As this example illustrates, *in deliberating with respect to fact-contradicting assumptions generality precedence comes into play.* And this betokens a larger lesson. In determining which beliefs should give way in the face of counterfactual assumptions do and should let informativeness be our guide, so that authentic generality is now in the driver's seat.[7] Rational procedure in speculative contexts becomes a matter of keeping our systemic grip on the manifold of relevant information as best we can.

Again, consider another example:

– If this rubber band were made of copper, what then?

And this question arises in an epistemic context where the following beliefs are salient:

Beliefs:

(1) This band is made of rubber.
(2) This band is not made of copper.
(3) This band does not conduct electricity.
(4) Things made of rubber do not conduct electricity.
(5) Things made of copper do conduct electricity.

Let it be that we are now instructed to accept the hypothesis

Not-(2): This band is made of copper.

Then the following two propositional sets are the hypothesis-compatible maximal consistent subsets of our specified belief-set B:

{(3), (4)} corresponding to the acceptance/rejection alternative (3), (4)/(1), (2), (5)

{(4), (5)} corresponding to the acceptance/rejection alternative (4), (5)/(1), (2), (3)

The first alternative corresponds to the counterfactual

– If this band were made of copper, then copper would not conduct electricity [since this band does not conduct electricity].

7 In this context it is, however, important that the generalization at issue be seen as somehow lawful and as not a merely fortuitous and accidental aggregation of special cases, so that the factor of generality is present in name only.

And the second alternative corresponds to the counterfactual

– If this band were made of copper, then it would conduct electricity [since copper conducts electricity].

In effect we are driven to a choice between (3) and (5), that is, between a particular feature of this band and a general fact about copper things. However, its greater generality qualifies (5) as being systemically more informative, and its prioritization is therefore appropriate. Accordingly, we will retain (4) and (5) along with not-(2), and therefore accept that second counterfactual as appropriate. And this exemplifies a general situation of generality preference in matters of counterfactual reasoning.

5. Natural vs. Unnatural Counterfactuals

The distinction between »natural« and »unnatural« counterfactuals is, of course, crucial in the present context. To illustrate this, let us suppose that we know that all the coins in the till are made of copper. Then we can say without hesitation:

– If the coin I have in mind is in the till, then it is made of copper.

But we certainly cannot say counterfactually

– If the coin I have in mind were in the till, then it would be made of copper.

After all, I could perfectly well have a certain silver coin in mind, which would certainly not change its composition by being placed in the till.

But just how is the difference between the two cases to be explained? Let $C = \{c_1, c_2, \dots, c_n\}$ be the set of coins in the till, where by hypothesis all of these c_i are made of copper. And now consider the assumption:

- Let x be one of the c_i (that is, let it be some otherwise unspecified one of those coins presently in the till).

Clearly this assumption, together with our given »All of the c_i are made of copper,« will entail »*x* is made of copper« so that first conditional is validated.

But in the second case we merely have the assumption

- Let x be a coin in the till (through not necessarily one of those presently there).

Now, of course, this hypotheses joined to »All of the coins presently in the till are made of copper,« will obviously not yield that conclusion. Accordingly, the second counterfactual is in trouble, since the information available to serve as its enthymematic basis is insufficient to validate the requisite deduction. The two conditionals are different because they involve different assumptions of differing epistemic status, a difference subtly marked by use of the indicative in the first case and the subjunctive in the second. For in the former we are dealing merely with *de facto* arrangements, while in the latter case with a lawful generalization. And so generality prioritization speaks for the latter alternative. Lawfulness makes all the difference here.

Again, consider the question »What if Booth had not murdered Lincoln?« And let us suppose that the salient beliefs here stand as follows:

(1) Lincoln was murdered in April 1865.

(2) Murder is deliberate killing so that Lincoln was murdered, it was by someone deliberately trying to kill him.

(3) Booth murdered Lincoln.

(4) Only Booth was deliberately trying to kill Lincoln in April 1865.

Observe that (1), (2), (4) $\vdash$ (3). Now suppose that not-(3). Then we must abandon one of the trio: (1), (2), (4). Here (2) is a definitional truth. And (4) is a general fact, while (1) is but a matter of specific fact. So now the rule of precedence for matters of generality/informativeness marks (1) as the weakest link and we arrive at:

– If Booth had not murdered Lincoln, Lincoln would not have been murdered in April 1865.

In a similar vein, we have the problem of explaining how it is that the subjunctively articulated counterfactual

– If Oswald had not shot Kennedy, then nobody would have.

seems perfectly acceptable, while the corresponding indicative conditional

– If Oswald did not shoot Kennedy, then no one did.

seems deeply problematic.[8] And within the presently contemplated frame of reference the answer is straightforward. The background of accepted belief here is as follows:

(1) Kennedy was shot.

(2) Oswald shot Kennedy.

(3) Oswald acted alone: No one apart from Oswald was trying to shoot Kennedy.

Now suppose that (2) is replaced by its negation not-(2), i. e., that Oswald had not shot Kennedy. For the sake of consistency we are then required to abandon either (1) or (3).

The informativeness-geared policy of presumption via generality precedence in matters of mere hypothesis now rules in favor of retaining (3), thus dropping (1) and arriving at the former of that pair of conditionals. The alternative but inappropriate step of dismissing (1), would, by contrast, issue in that second, decidedly implausible counterfactual. To be sure, this conditional could in theory be recast in a more complex form that would rescue it as it were:

– If Oswald did not shoot Kennedy then no one did, so since Kennedy was shot, Oswald did it.

8 This issue is addressed in E. W. Adams »Subjective and Indicative Conditionals,« *Foundations of Language*, vol. 6 (1970) pp. 39–94.

In this revised version the conditional in effect constitutes a *reductio ad absurdum* of the idea that Oswald did not shoot Kennedy. But it is now clear that these conditionals address very different questions, namely the (1)-rejecting

- What if Oswald had not shot Kennedy?

and the (1)-retaining

- Who shot Kennedy?

respectively.

6. The Key Lesson

What is thus crucial with counterfactuals is the determination of precedence and priority in a consistency-restoring right-of-way allocation in cases of conflict. And here we proceed on the basis of the rule that:

> In counterfactual reasoning, the right-of-way priority among the issue-salient beliefs is determined in terms of their generality of import by way of informativeness in the systemic context at hand.

The situation can be summarized in the unifying slogan that in hypothetical situations the standard modus operandi of presumption prioritizes beliefs on the basis of *systematicity preference*. But this matter of right of way is now determined with reference to informativeness within the wider context of our knowledge. When we play fast and loose with the world's facts we need the security of keeping its fundamentals in place. In particular, it is standard policy that *in counterfactual contexts, propositions viewed as comparatively more informative in the systemic context at hand will take priority over those which are less so.* While revisions by way of curtailment and abandonment in our family of relevant belief are unavoidable and inevitable in the face of belief-countervailing hypotheses, we want to give up as little as possible. And here the ruling principle is: »Break the chain of inconsistency at its weakest link in point of systemic informativeness.«

In counterfactual contexts, generalities accordingly take precedence over specificities. Once we enter the realm of fact-contravening hypotheses those general theses and themes that we subordinate to specifics in factual matters now become our life preservers. We cling to them for dear life, as it were, and do all that is necessary to keep them in place. »Salvage as much information about the actual condition of things as you possibly can« is now our watchword. Accordingly, specifics and particularities will here yield way to generalizations and abstractions. And so in determining which beliefs are to give way in the face of counterfactual assumptions we do and should let informativeness be our guide. Keeping our systemic grip on the manifold of relevant information is the crux, and speaks clearly for generality-precedence here.

7. Conclusion

The preceding line of thought reinforces a point for which the present author has argued for many years, namely that lawfulness (in the laws-of-nature sense of the term) and generality of range are pivotal features in the treatment of counterfactuals.[9] Once we enter the realm of fact-contravening hypothesis and suppositions then those general truth and theories become our sheet-armor. We cling to them for dear life, as it were, and do all that is necessary to keep them in place. And so now, most universally, specifics and particularities yield way to generalizations and abstractions. The overall lesson then is clear. When a clash among seemingly acceptable propositions occurs in *factual* contexts, considerations of evidential plausibility lead us to adopt the stance of specificity-preference. But in counterfactual contexts where the economics of information conservation is paramount, our deliberations must pivot the generality preference at issue with systemic cogency.

To be sure, in the case of a counterfactual supposition that is itself particular we may have to make a generalization give way to it. This arises standardly in the case of thought experiments contemplating outcomes that may defeat generalizations. Thus consider the following counterfactual relating to testing the generalization (*g*) that heavy objects (like rocks) fall to earth when released:

> – If this heavy rock had not fallen to earth when it was released at altitude yesterday, then generalization *g* would be false.

Here we have the following beliefs to the facts of the situation:

(1) That heavy rock was released at altitude yesterday.

(2) That rock then fell to earth.

(3) Heavy objects (like rocks) fall to earth when released at altitude (= generalization *g*).

When now instructed to assume not-(2), the resulting inconsistency forces a choice between abandoning the specific (1) and the general (3). With automatic generality precedence one would be constrained to retain (3) and jettison (1). But that of course is not how things work in such a thought experiment. For now the particular thesis at issue, namely (1), is here immunized against rejection by the fact of its constituting part of the very hypothesis at issue.

***

9 See the author's »Belief-Contravening Suppositions,« *The Philosophical Review*, vol., 70 (1961), pp. 176–196, as well as *Hypothetical Reasoning* (Amsterdam: North Holland, 1964).

The lesson of these deliberations is clear. In matters of conflict within the factual domain, presumption lies on the side of specificity, while in the speculatively counterfactual domain it favors lawful generality. In the larger scheme of things, two diametrically opposed principles – specificity prioritization and generality prioritization – are in operation in our overall deliberations. But they obtain in very different sectors of the cognitive terrain – namely factual inquiry and counterfactual speculation. And, in both cases alike, it is the purposive nature of the enterprise that determines the appropriateness of the correlative prioritization principle. Here it is not form but matter that follows function.

For the purposive manifold of the particular area of deliberation at issue is the determinative factor. With factual inquiry we aim at the security of our cognitive commitments and accordingly opt for specificity as the more reliable guide. By contrast, with counterfactual reasonings we look for the results of disbelieved hypotheses and strive to retain the maximum of information that survives the turmoil produced in our cognitive commitments by the impact of discordant assumptions. And here, as elsewhere, it is the difference in the aims and purposes of the enterprise at hand that accounts for the difference of the procedural process that is appropriate.

Postscript
Historical Observations

The thesis that in specifically counterfactual situations a Principle of Generality Preference obtains was urged by the present author originally in a 1961 paper[10] and developed more fully in his book, *Hypothetical Reasoning* (Amsterdam: North Holland, 1964). Subsequently, a series of empirical investigations by R. Revlis and his colleagues confirmed experimentally that in actual practice people do indeed proceed in this way.[11] And among philosophers too the idea of prioritizing lawful generality has become widely accepted as a matter of empirical practice grounded in psychological inclinations.[12] Such psychologism is, however, decidedly different

10 Nicholas Rescher, »Belief Contravening Suppositions«: *The Philosophical Review*, vol. 70 (1961), pp. 176–95.

11 R. Revlis and J. R. Hayes, »The Primacy of Generalities in Hypothetical Reasoning,« *Cognitive Psychology*, vol. 3 (1972), pp. 268–290. R. Revlis, S. G. Lipton, and J. R., Hayes, »The Importance of Universal Quantifiers in a Hypothetical Reasoning Task,« *Journal of Verbal Learning and Verbal Behavior*, vol. 10 (1971), pp. 86–91. See also M. D. Braine and D. P. O'Brian, »A Theory of If: A Lexical Entry, Reasoning Program and Pragmatic Principles,« *Psychological Review*, vol. 98, pp. 182–203. And see moreover N. O. Roese and J. M. Olsan, *What Might Have Been: The Social Psychology of Counterfactual Thinking* (Mahweb, N. J.: Laurence Erlbaum Assoc., 1995), p. 4.

12 See David Lewis, *Counterfactuals* (Oxford: Blackwell, 1973); David Lewis, (1977); Roy A. Sorensen, *Thought Experiments* (Oxford: Oxford University Press, 1992); and Peter Unger, »Toward a

from my own position, which sees the prioritization of lawful generality as a matter of functional efficacy in the light of the inherent objectives of counterfactual communication. At bottom the matter is not a psychological matter of preference or reluctance to change, but one of information-processing prioritization rooted in the fuction-oriented groundrules of linguistic practice. That people do in fact think in this way I regard as the result of rather than the ground for the validity of the principle. It does no more than to reflect the happy circumstance that in this particular area people generally proceed in a rationally appropriate way.

Bibliography

Adams, E. W., 1970, »Subjective and Indicative Conditionals«, in: *Foundations of Language*, 6, pp. 39–94.

Fine, Arthur, 1984, »The Natural Ontological Attitude«, in: Lephon, Jarret (ed.), *Scientific Realism*, Berkeley/Los Angeles: University of California Press, pp. 83–107.

Reid, Thomas, 1764, *An Inquiry into the Human Mind on the Principles of Common Sense*, Edinburgh: John Bell:

- *ed. Hamilton, William*: »An Inquiry into the Human Mind on the Principles of Common Sense«, in: *Philosophical Works with notes and supplementary dissertations*, Bd. 1, 8th edition, Edinburgh: Mac Lachlan and Stewart/London: Longman, 1880, pp. 93–211.
- *ed. Brooks, Derek R.*: »An Inquiry into the Human Mind on the Principles of Common Sense: a Critical Edition«, in: *The Edinburgh Edition of Thomas Reid*, Haakonssen, Knud (ed.), Edinburgh, Bd. 2: Edinburgh University Press, 1997.

Reid, Thomas, 1785, *Essays on the Intellectual Powers of Man*, Edinburgh: John Bell.

Rescher, Nicholas, 1961, »Belief-Contravening Suppositions«, in: *The Philosophical Review*, 70, pp. 176–196.

Rescher, Nicholas, 1964, *Hypothetical Reasoning*, Amsterdam: North Holland.

Simrock, Karl, 1988, *Die deutschen Sprichwörter*, Stuttgart: Reclam.

Psychology of Common Sense,« *American Philosophical Quarterly*, vol. 19 (1982), pp. 117–129. Unger sees the matter as one of »the psychology of thought experimentation« and insight into a psychological »residence of abandonment.«

Die Rolle der Vernunft im Wissen und Können. Überlegungen zum Verhältnis von Wissenschaft und Kunst

Kuno Lorenz

Es ist dieselbe Vernunft, kraft derer sich Menschen sowohl selbst entdecken als auch selbst bestimmen, und so, ihre Selbständigkeit wahrnehmend – im doppelten Wortsinn des Wahrnehmens als Tätigkeit und als Widerfahrnis –, zu sich selber kommen. Wenn daher von der Entdeckung der Vernunft in der Antike die Rede ist, wie in der großen und nach wie vor aktuellen Studie *Neuzeit und Aufklärung* von Jürgen Mittelstraß aus dem Jahre 1970, so ist das eine allein durch Erprobung mögliche Entdeckung. Es wird nicht etwas ohnehin Vorhandenes aufgefunden, vielmehr etwas ausgeübt, das es nur *in actu* gibt. Wir kennen es seither auch als Philosophieren oder als Reflektieren und sind es gewohnt, das, woran Vernunft sich abarbeitet, uns selbst nämlich in und mit unserer Welt, von vornherein als aufgeteilt anzusehen in Vorgegebenes, das methodisch zu entdecken ist, und Aufgegebenes, das es dialogisch zu erfinden gilt, kurz: in Natur und Kultur. Wieder war es Mittelstraß, der den methodischen und dialogischen Charakter der Vernunft, und zwar unabhängig von der genannten fragwürdigen Aufteilung beider Charaktere je auf Naturforschung und Kulturaufbau, als Leitfaden seiner in die unerläßliche Komplementarität von Verfügungswissen und Orientierungswissen mündenden Untersuchungen zum Geschäft der Aufklärung gewählt hat (vgl. dazu u. a. die Aufsatzbände: Mittelstraß, 1982; 2001).

Die Aufgabe, die ich mir hier gestellt habe, besteht darin, auf Einseitigkeiten und Zweideutigkeiten aufmerksam zu machen, die mit der Ausarbeitung der Entdeckung der Vernunft einhergehen und immer wieder unser Selbstverständnis belasten. Insbesondere soll deutlich werden, daß die Unterscheidung von Verfügungswissen und Orientierungswissen sich nicht nur für das wissenschaftliche Wissen treffen läßt. Sie erlaubt es, die Wissenschaften hinsichtlich ihrer Gegenstände, je nachdem, ob sie als gewöhnliche *naturale* Gegenstände oder als *kulturale* Zeichengegenstände behandelt werden, in Naturwissenschaften und Geistes- oder Kulturwissenschaften zu gliedern, wobei beide in Gestalt von begründeten oder doch wenigstens grundsätzlich begründbaren offenen Satzsystemen vorliegen. Dieselbe Unterscheidung ist jedoch bedeutsam auch für Kunstfertigkeiten, die sich in der Ausübung von Handlungskompetenzen zeigen: Verfügendes Handlungswissen liegt vor, wenn es um das erfolgreiche, also zweckrationale (eingreifende) Handeln *mit* Objekten geht – wir sprechen von Technik, Sozialtechniken eingeschlossen –, und orientierendes Handlungswissen haben wir vor uns, wenn es um erfolgreiches, also kommunikatives (nicht-eingreifendes) Handeln *an* Objekten und damit um das Erzeugen von diese Objekte bezeichnenden Zeichengegenständen, darunter auch Zeichenhandlungen, geht. In diesem Fall sprechen wir von Kunstfertigkeiten im engeren Sinn, sei es beispielsweise die Kunst logischen Schließens oder betreffe es die Hervorbringungen der sogenannten »schönen Künste«.

Die Einseitigkeiten und Zweideutigkeiten haben vor allem damit zu tun, daß sich in der Antike als Folge des großen Bedeutungsspektrums von λόγος schließlich die Überzeugung von der Gleichwertigkeit des Vernunftvermögens mit dem Sprachvermögen durchgesetzt hat, weil beide als Urteilsvermögen verstanden wurden. Aber das Vernunftvermögen als Reflexionsvermögen – und nicht anders ist auch Platons Rechenschaftgeben (λόγον διδόναι) zu lesen – ist nur in theoretischer Hinsicht ein die Geltung von Aussagen betreffendes Beurteilenkönnen (λέγειν), in praktischer Hinsicht ist es ein Bezeichnenkönnen (ὀνομάζειν), und zwar durchaus nicht nur mit den Mitteln der Verbalsprache, auch wenn Platon von nonverbalen Mitteln, wie sie in den Künsten eingesetzt werden, keine hohe Meinung hatte. Das Bezeichnenkönnen beruht auf einem Gliedernkönnen des Bezeichneten und mündet erst nach weiteren Schritten, die der Verbalisierung solcher Gliederungen gelten, von Platon jedoch zum Bezeichnenkönnen dazugehören, in eine begriffliche Erfassung der Sachen (πράγματα), mit denen wir es zu tun haben.

Mit dem Beurteilen reflektieren wir das (theoretische) Sagenkönnen, mit dem Bezeichnen hingegen das (praktische) Zeigenkönnen. Das geeignete Zusammenspiel beider Reflexionsleistungen, der theoretischen Darstellung, die sich dem dialogischen Charakter der Vernunft verdankt, und der praktischen Forschung, die vom methodischen Charakter der Vernunft lebt, macht es schließlich möglich, die Wissenschaftlichkeit eines Wissens zu bestimmen: Darstellungen sind insoweit wissenschaftlich, als sie sich auf Forschung stützen. Allerdings ist es der auf Platon zurückgehenden *Theoretisierung* des Bezeichnens zum begrifflichen Erfassen zu verdanken, daß das Reflektieren in praktischer Hinsicht ebenfalls zu einer theoretischen Angelegenheit wird. Die Folgen für das Verständnis von Forschung, handle es sich um experimentelle Forschung in den Naturwissenschaften oder um hermeneutische Forschung in den Kulturwissenschaften, sind enorm und lassen sich an dieser Stelle nicht weiter verfolgen. An die Stelle einer Reflexion des Zeigenkönnens mit Hilfe des Bezeichnens tritt im Zuge seiner Theoretisierung die Reflexion des Nennenkönnens mit Hilfe des begrifflichen Erfassens. Wenn Zeigen und Nennen noch heute nur unscharf begrifflich auseinandergehalten werden, so liegt es am mangelnden Verständnis des Schrittes vom Bezeichnen zum begrifflichen Erfassen.

Es geht im wesentlichen auf die verbreitete Gleichsetzung von Verbalsprache und Vernunft und damit – wegen der antiken Behandlung des Denkens als stilles Sprechen – auch auf die Gleichsetzung des Denkvermögens mit dem Vernunftvermögen zurück, wenn mit begründetem, also *wissenschaftlichem* Wissen – und nur solches ist überhaupt Wissen, weil unbegründetes Wissen höchstens wahre Meinung sein kann – nur im Bereich der θεωρία zu rechnen ist, und zwar selbst dann, wenn in der Nachfolge von Aristoteles dergleichen Wissen noch in theoretisches und praktisches, also in σοφία – Ziel der ἐπιστήμη θεωρητική – und φρόνησις – Ziel der ἐπιστήμη πρακτική –, eingeteilt wird. Noch deutlicher wird dies, wenn man die aristotelische Zweiteilung vor dem Hintergrund der vorangegangenen platonischen Zweiteilung allen Wissens in (unreflektiertes und in diesem Sinne *vernunftloses*) Können (ἐπιστήμη πρακτική) und (reflektiertes und deshalb *vernünftiges*) Erkennen (ἐπιστήμη γνωστική) – seinerseits geschieden in das Erkennen seitens der beurteilenden mathematischen und seitens der gebietenden politischen Disziplinen (vgl. *Pol.* 258e–261a) – betrachtet. Dem Wissen als Können dient die von Aristoteles neu hinzugefügte poietische Wissenschaft, die deshalb, weil sie weder nach Gründen zu suchen hat wie theoretische Wissenschaft noch mit der Bestimmung von Zielen betraut ist wie praktische Wissenschaft, sich vielmehr an bereits gegebenen Zielen orientiert, keine wirklich philosophische, also reflektierende Disziplin genannt zu werden verdient.

Begründetes Wissen oder Erkennen liegt in Gestalt von deskriptiven oder normativen Aussagen vor, deren Geltung durch »Gründe« (λόγοι, *rationes*) verbürgt ist. Es ist Satzwissen, wobei das Gründegeben im engeren Sinne die deskriptiven Sätze sichert, das Zielesetzen die normativen Sätze. Rationalität – ein Verhalten, das sich auf Vernunft stützt – ist nach dieser Auffassung *per se* theoretische Rationalität. Gleichwohl steht dem auf Sein oder Sollen bezogenen Satzwissen das durchaus ebenfalls rationale Handlungswissen gegenüber, das sich in der Ausübung eines Könnens zeigt und ohne dessen Verfügbarkeit es auch kein Erkennen gäbe, wie es schon Platons Zweiteilung allen Wissens in Können und Erkennen sinnfällig gemacht hat. Nun erschöpft sich aber das praktischer Rationalität zuzuschreibende Handlungswissen keineswegs darin, Ziel allein der von Aristoteles, nach dem Vorbild des praktischen Wissens als Können bei Platon, eigens geschaffenen poietischen Disziplinen zu sein. Auch Handlungen, die um ihrer selbst willen getan werden und deshalb zur πρᾶξις gehören, verkörpern ein Handlungswissen. Gleichwohl bleibt es dabei und gehört auch noch heute zu den verbreiteten Überzeugungen, daß den (theoretischen) Wissenschaften (ἐπιστῆμαι, *scientiae*) und den (praktischen) Künsten (τέχναι, *artes*) kein durchgehend gleicher Rang gebührt, zumal, jedenfalls in der Antike, gerade das Unterscheiden zwischen Ziele-Setzen und Zielgerichtet-Handeln und damit auch zwischen πρᾶξις und ποίησις ein die Menschen vor allen anderen Lebewesen, den ἄλογα, auszeichnendes Merkmal ist.

Satzwissen und Handlungswissen sind für ihre Zuverlässigkeit auf Vernunft angewiesen, aber nur im Fall des Satzwissens ist Vernunft verbalsprachliche Vernunft: Satzwissen läßt sich durch Gründe sichern und bedarf ihrer, um wirklich als Wissen gelten zu können. Handlungswissen hingegen wird nicht durch Gründe gesichert, ein Können muß sich vielmehr weitergeben lassen, um zuverlässig zu sein. Das Vermögen, ein Können zu vermitteln, ist ein Zeigenkönnen, das darauf beruht, die betreffende Handlung mit einer Binnengliederung auszustatten, deren (verbale) Artikulation erst auf die begriffliche Bestimmung der fraglichen Handlung hinausläuft. Praktische Rationalität, wie sie sich im Aufbau von Begriffsnetzen auch theoretisch dokumentieren läßt, ist differentiell organisiert im Unterschied zur hierarchisch organisierten, nämlich auf die Unterscheidung logischer Sprachstufen angewiesenen theoretischen Rationalität. Verzichtet man hingegen auf die Theoretisierung praktischer Rationalität und beläßt es beim Zeigenkönnen eines Könnens als Ausübung praktischer Rationalität, so bewegen wir uns im Bereich *vernünftiger Kunstfertigkeiten*. Keineswegs ist damit aber auch schon über deren moralische Zulässigkeit entschieden. Dazu wären Beurteilungen entsprechender normativer Sätze erforderlich, also ein Ausüben theoretischer Rationalität.

Das in der Tradition vorherrschende Verständnis des Vernunftvermögens als beschränkt auf theoretische Rationalität und – bei Platon – auf theoretisch erfaßte praktische Rationalität läßt sich auch daran ablesen, daß die in der Renaissance dominant werdende kulturbezogene Selbstbestimmung des Menschen als *homo faber* gegenüber der sonst üblichen naturbezogenen Selbstbestimmung als *homo sapiens* für eine Erweiterung gehalten wird und nicht bloß für eine gleichwertige Alternative (vgl. Mittelstraß, 2004). Aber es läßt sich daran noch mehr ablesen. Die ausdrücklich auf die Erschaffung einer eigenen kulturellen Welt bezogene Selbstbestimmung als *homo faber* legt den Schwerpunkt auf das nicht-eingreifende Handeln, also ein Zeichenhandeln, dessen Verfahren und Resultate die natürlichen Prozesse und Dinge oder Ereignisse lediglich *abbildet*, nämlich das *Buch der Natur* zu lesen erlaubt. Natürlich sind dabei die als Zeichenträger erzeugten Artefakte aus durchaus gewöhnlichen *naturalen* Gegenständen aufgebaut und verdanken sich eingreifendem Handeln, aber eben nicht in die Welt des Bezeichneten. Den Wissenschaften geht es zu Beginn der Neuzeit noch primär um den Gewinn von Orientierungswissen, verfügt wird allein über die dazu erforderlichen Mittel. Das sind in den Wissenschaften die noch dem Verstehen und noch nicht dem Eingreifen dienenden handwerklichen Werkzeuge der Forschung und die sprachlichen Werkzeuge der Darstellung. Bei den Kunstfertigkeiten ist hingegen die Scheidung des Handlungswissens in technisches Verfügungswissen und künstlerisches Orientierungswissen bereits grundsätzlich vollzogen. Erst in dem Maße, in dem auch die Mittel der Wissenschaft zu ihren Gegenständen gemacht werden, läuft die Unterscheidung von Verfügungswissen und Orientierungswissen auch für das Satzwissen der Wissenschaften nicht mehr ins Leere. Dem orientierenden Satzwissen der Geisteswissenschaften entspricht dann das orientierende Handlungswissen der (schönen) Künste.

Aber nicht diesem besonderen Zusammenhang will ich mich jetzt zuwenden, müßte dann doch auch auf die überaus schwierigen Probleme eingegangen werden, die sich zum einen angesichts der historisch und systematisch folgenreichen Übersetzung von »moral sciences« durch »Geisteswissenschaften« stellen, zum anderen angesichts der ähnlich folgenreichen Behauptung, die Künste hätten eine moralische Anstalt zu sein. Dafür ist hier kein Raum. Statt dessen will ich der allgemeineren Frage nachgehen, worin sich die wissenschaftlichen und die künstlerischen Verfahren, Wissen zu gewinnen, unterscheiden. Schließlich gehört es zu den schon aus der Antike überlieferten Streitfragen, ob eine Disziplin wie die Architektur, die Logik oder auch die Musik eher zu den Kunstfertigkeiten (*artes*) oder zu den Wissenschaften (*scientiae*) zu zählen sei.

Wir sind alle mit der neuzeitlichen, aber zurecht nicht allgemein geteilten Überzeugung vertraut, das Interesse der Wissenschaften gelte dem Gewinn von Wissen über die äußere, physische Wirklichkeit, während sich die Künste unter der Voraussetzung, daß es ihnen überhaupt um Wissen geht, der Aufgabe verschrieben hätten, Wissen über die innere, psychische Wirklichkeit zu gewinnen – das »innere Universum« in den Worten von Novalis. Auch die drohende Konkurrenz mit den Wissenschaften von der Innenwelt, allen voran der Psychologie, lasse sich im Rahmen dieser Tradition als eine bloß scheinbare aufdecken. In den Künsten gehe es um eine subjektive Innensicht im strengen Sinne, während die Wissenschaften auch die innere Wirklichkeit objektiv wie eine zweite äußere behandelten. Sowohl die Künste als auch die Wissenschaften sind dann für die Artikulation ihres Wissens auf Sprachen angewiesen. Es sind im künstlerischen Prozeß grundsätzlich erst zu erfindende, weil einer Eigenerfahrung zunächst noch keine Sprache verfügbar ist und sogenannte Privatsprachen logisch gesehen ein Unding sind. Hingegen kann man sich im Falle wissenschaftlicher Tätigkeit bei der in Bezeichnen und Beurteilen zerlegbaren Artikulation des Wissens grundsätzlich auf eine schon öffentlich bereitstehende und nur der Ergänzung und Präzisierung bedürftige Verbalsprache stützen.

Bei dieser dem cartesianischen Dualismus von Körper und Seele verpflichteten Ansicht kann wegen der unterstellten Unzugänglichkeit einer je eigenen Innenwelt für andere ein Wahrheitsanspruch für das von den Künsten artikulierte Wissen höchstens erhoben, nicht aber eingelöst werden. Für künstlerische Tätigkeit gilt deshalb Wahrhaftigkeit, also eine moralische Tugend, als einziger Garant für die Verläßlichkeit des artikulierten Wissens. Anders im Fall wissenschaftlicher Tätigkeit, die *sine ira et studio* schlicht feststelle, was in der allen gemeinsamen Außenwelt unter Einschluß des menschlichen Gehirns und seiner Funktionen der Fall sei, dieses Wissen übersichtlich organisiere und dafür dann auch die erforderlichen Nachweise liefern könne.

Um dieser Sackgasse zu entrinnen, ist es erforderlich, sich klar zu machen, daß das, was für eine eigenständige innere Wirklichkeit gehalten wird, nichts Gegenständliches ist, sondern das Aktivieren einer Zeichenfunktion von Gegenständen schlechthin – es sind die natürlichen oder künstlichen Gegenstände der äußeren Wirklichkeit, denen mit der inneren Wirklichkeit des Denkens und Fühlens, des Imaginierens und Beschwörens, usw., metaphorisch gesprochen, »Leben« eingehaucht wird. Sie werden so zu Zeichengegenständen und damit, in der üblichen Ausdrucksweise, zu Gegenständen mit einer Bedeutung. Aber auch im wissenschaftlichen Fall ist es nicht einfach die physische Wirklichkeit, die zum Gegenstand der Wissenschaft wird, sie ist es ausschließlich vermittelt über ihre sprachliche Darstellung.

Es sind also nicht einfach Gegenstände, die als Objekte wissenschaftlicher und künstlerischer Tätigkeit auftreten, vielmehr haben wir es in beiden Fällen mit dem Zusammenhang von Gegenständen und Zeichengegenständen zu tun. Es sind die wissenschaftlichen Aussagen und die künstlerischen Werke, um die es bei wissenschaftlicher und künstlerischer Tätigkeit geht, und zwar ausdrücklich in ihrer Rolle, gewonnenes Wissen über die Welt, in der wir leben, zu verkörpern. Noch genauer können wir sagen, daß wir sowohl in den Künsten als auch in den Wissenschaften mit Prozessen der Bildung von Zeichen befaßt sind, wobei eine Klärung der Funktionsweise des Bezeichnens natürlich dazugehört. Denn offenbar sind wir schon mit solchen Zeichengegenständen wohlvertraut, die aufgrund langer oder auch nur kurzer historischer Überlieferung bereitzuliegen scheinen – den Ausdrücken unserer Sprachen nämlich, und zwar nicht nur der Wortsprachen, sondern auch der von den Künsten erfundenen.

Die Träger der Zeichenfunktion sind hervorgebrachte Gegenstände aus einem Material, das zum Medium einer Sprache gemacht wird oder, wie insbesondere bei der Wortsprache, es weitgehend bereits ist. Was heißt es nun genau, die Zeichenfunktion zu aktivieren? Auf welche Weise werden Lautfolgen zu Ausdrücken einer Sprache, gar zu wissenschaftlichen Aussagen, und wodurch werden geformte Materialien in einem weiten Sinn, der auch Bewegungsabläufe einschließt – darunter natürlich auch wieder Lautfolgen –, zu künstlerischen Werken? Ich hätte auch schlicht fragen können, wie werden diese Gegenstände bedeutungsvoll, und zwar so, daß sich wissenschaftliche und künstlerische Zeichenbildung dabei unterscheiden lassen?

Man kann eine Antwort darauf finden, wenn man auf die Handlungen zurückgeht, deren Resultate die Zeichenträger sind, also das Sprechen oder Schreiben, das Farbeauftragen oder einen Stein bearbeiten, das Flötespielen oder Notensetzen, und viele andere. Zwar ist es an dieser Stelle ausgeschlossen, auch nur ansatzweise auf die Verschiedenartigkeit und die Komplexität all dieser Handlungen einzugehen, aber es lohnt sich, statt dessen nur das folgende zu fragen: Läßt sich bei Handlungen eher als bei ihren Resultaten der Übergang von gewöhnlichen Gegenständen zu Zeichengegenständen verständlich machen? Schließlich sind es ja unsere Handlungen, einfache und komplexe, äußere und innere, mit deren Hilfe wir uns in der Welt zurechtzufinden lernen, indem wir Wissen erwerben. Das geschieht in ungeordneter Weise im Alltag und wird in den Wissenschaften und Künsten zu einer regelrechten Produktion *und* Organisation von Wissen fortentwickelt.

Wir wissen schon, daß mit zwei Arten von Wissen zu rechnen ist, Handlungswissen und Satzwissen. Sie werden sprachlich mit den Wendungen »wissen zu« und »wissen, daß« auseinandergehalten. Jemand weiß einen Baum mit Stamm und Ästen zu zeichnen – er *kann* es –, und daneben weiß jemand, *daß* ein Baum Stamm und Äste hat. Im ersten Fall ist eine gelungene Zeichnung die Ausübung eines Könnens, und mit diesem durch Zeigen des [einen Baum] Zeichnenkönnens dokumentierten Handlungswissen haben wir zugleich die Verkörperung eines Wissens als *Kennen* [des Baums] vor uns. Im zweiten Fall ist eine wahre Aussage die Verkörperung eines Wissens als *Erkenntnis* [über den Baum] – es ist ein Satzwissen. In beiden Fällen dienen die ausgeübten Handlungen dem Erwerb von Wissen *von* der Welt beziehungsweise *über* die Welt und greifen nicht in sie ein. Sie haben epistemischen Status. Daneben aber haben Handlungen auch als – zugegebenermaßen flüchtige – Bestandteile der Welt zu gelten, die wir nutzen, um durchaus in den Lauf der Dinge einzugreifen. Sie haben dann bewirkenden Status. Handlungen tragen also einen Doppelaspekt, der sie vor ihren Resultaten und anderen Gegenständen auszeichnet, wie Dingen oder Ereignissen, Farben oder Klängen, Essays oder Ortschaften, und anderes mehr.

Handlungen sind auf der einen Seite Gegenstände, denen man sich zuwendet wie auch anderen *Objekten*, den im Wortsinne »Entgegengeworfenen«. Jeder solche Gegenstand, ein Akt in der Fachsprache vieler Disziplinen, läßt sich wahrnehmen, sogar wissenschaftlich analysieren und etwa auf typische Merkmale hin klassifizieren. Das geschieht also unter Zuhilfenahme wiederum von Handlungen, von eigenständigen Untersuchungshandlungen. Man kann daraus ersehen, daß Handlungen auch Mittel sind, die im Zuge ihrer Verwendung keineswegs gegenständlich auftreten, sondern dabei uns dazu dienen, über – in der Regel andere – Gegenstände etwas in Erfahrung zu bringen. Jeder Mensch tut das von seiner Seite und auf seine Weise, und nur so, mit ihnen theoretisch und praktisch umgehend, sind Gegenstände zugänglich. Ein Stuhl für jemanden z. B. dadurch, daß er oder sie sich auf ihn setzt oder auch ihn erst herstellt oder gar zerstört, ein Stein vielleicht dadurch, daß man ihn von einer Seite betrachtet, ihn wirft oder ihm einen Klang entlockt, eine Landschaft durch Spazierengehen ergänzt um sinnliche Wahrnehmungen. Alle diese Handlungen können im übrigen theoretisch oder praktisch gemeint sein, und wir werden noch sehen, wovon dies abhängt. Handlungen, werden sie verwendet und sind sie nicht selbst ein Gegenstand unserer Aufmerksamkeit, machen Gegenstände ausschließlich perspektivisch zugänglich. Kein Gegenstand steht jemals vollständig zur Verfügung, selbst wenn man ihn herstellt, ist er doch nicht in allen seinen Teilen verfertigt. Von einem Gegenstand und seinem Zusammenhang mit anderen Gegenständen etwas wissen zu wollen, gehört daher zu einem offenen, weder für die einzelnen Menschen noch für die Menschheit im Ganzen abschließbaren Prozeß. Ihm wollen wir uns noch etwas genauer zuwenden.

Zu diesem Zweck muß als erstes der Feststellung der Doppelrolle von Handlungen als Mittel und als Gegenstand noch etwas Wichtiges hinzugefügt werden. Auch Mittel nämlich werden gewöhnlich *von außen* und damit wie Gegenstände behandelt, wenn auch in ihrer Rolle, zu etwas zu dienen, etwa im Fall der Werkzeuge. Nur dann, wenn sie tatsächlich eingesetzt sind, ihre Funktion also ausgeübt und nicht nur bereitgestellt wird, sind sie ausschließlich Mittel und verlieren ihren gegenständlichen Charakter. Es gibt dann keine Distanz mehr zwischen dem Ausübenden und dem Mittel – sie existieren nur *von innen*, im wissenden Vollzug, bei dem der Handelnde zumindest momentweise in seiner Tätigkeit aufgeht, wie man treffend sagt. Ob »wissender Vollzug« hier dasselbe ist wie »bewußter Vollzug«, bei dem man noch um das Wissen weiß, ist eine schwierige Frage, der ich ebenfalls hier nicht nachgehen kann. Jedenfalls ist der Einsatz einer Handlung als reines Mittel durchaus keine so schlichte Angelegenheit, wie man vielleicht vermuten mag. Handlungen werden nämlich nicht nur *aktiv vollzogen*, sondern auch *passiv erlebt*. Im Erleben weiß der Handelnde, um welche Art Handlung es sich handelt. Deshalb sprach ich vom »wissenden Vollzug«, wobei von Wissen in einem offenbar ganz schlichten Sinn die Rede ist, der nicht etwa auch ein Wissen von den Folgen des Handelns einschließt. Sollte das begleitende Wissen, worum es sich handelt bei dem, was jemand tut, einmal nicht vorliegen, so wird man sich zurecht weigern zu sagen, er habe gehandelt – es ist ihm dann allenfalls etwas zugestoßen. Auch im umgekehrten Fall, wenn dem Wissen kein Vollzug korrespondiert, wird man nicht von einem Handeln reden – das Handeln wurde nur *gedacht, aber nicht getan*. Wir fassen zusammen: Handlungen liegen einerseits, gegenständlich, in Gestalt von Akten vor; sie treten andererseits, funktional, stets polar auf, als *Handlungsvollzug* und als *Handlungsbild*, wie ich das Handlungserleben oder *das Wissen, was man tut*, fortan nennen möchte.

Ein Handlungsvollzug ist einzig, als derselbe unwiederholbar – was wir wiederholten Vollzug derselben Handlung nennen, sind stets neue Vollzüge; ein Handlungsbild im Erleben der Handlung wiederum ist einfach, es kann nicht kopiert werden – jede Kopie wäre dasselbe Bild. Wenn Plato mit dem geistigen Auge eine Idee schaut, so ist es genau dieses Handlungsbild, allerdings ohne daß sich davon sinnliche Abbilder machen ließen. Schon Aristoteles hatte diese Auffassung Platos kritisiert. Sie beruht nämlich darauf, die Ideen fälschlich für Gegenstände zu halten, weil sie auch allein denkend und nicht nur bei einem Handlungsvollzug aufzutreten scheinen. Aber dieser Eindruck entstammt dem – in der Regel unbemerkten – Übergang vom Handeln als reines Mittel, der Innenansicht, zum Handeln als Gegenstand, der Außenansicht. Und dessen Zugänglichkeit ist natürlich, wie generell bei Gegenständen, wieder nur durch Handlungen gesichert, dem theoretischen und praktischen Umgang mit den Akten der Objekthandlung.

Wegen der Einzigkeit der Handlungsvollzüge und der Einfachheit der Handlungsbilder spricht man unter Verwendung einer traditionellen Terminologie davon, daß Handlungsvollzüge *singular*, Handlungsbilder hingegen *universal* sind. Und es ist genau dieser Grund, der es unmöglich macht, daß Handlungsvollzüge und Handlungsbilder als gewöhnliche partikulare Gegenstände auftreten können, wie die als Instanzen von Handlungstypen behandelbaren Akte. Denn einem bestimmten Akt kann man sich wiederholt und in verschiedenen Hinsichten sowohl theoretisch als auch praktisch zuwenden. Damit kann die Lage, in der wir uns jetzt befinden, wie folgt beschrieben werden: Wir eignen uns Gegenstände durch Handlungsvollzüge praktisch an, und in Handlungsbildern distanzieren wir uns theoretisch von ihnen. Das Handeln mit einem Gegenstand geschieht also praktisch oder theoretisch, je nachdem ob es auf das aktive Vollziehen oder auf das passive Erleben der Handlung ankommt. *Aneignung* und *Distanzierung* sind die beiden Weisen, in denen wir uns Gegenstände praktisch und theoretisch zugänglich machen und damit von ihnen etwas wissen können, ihr Entstehen und Vergehen eingeschlossen. Die Handlungen aber, mit denen wir Aneignung im Vollzug als Ausübung *tätiger Vernunft* und Distanzierung im Bild als Ausübung *vernehmender Vernunft* bewerkstelligen, müssen wir deshalb auch vollziehen und erleben *können*. Und das bedeutet, wir müssen sie lernen.

Die systematische Rekonstruktion des Lernens, um einen Maßstab zur Verfügung zu haben, an dem sich ablesen läßt, wann und wo tatsächlich Lernprozesse stattfinden – und nicht etwa nur (praktische) Dressur oder (theoretischer) Wissenstransfer – habe ich an anderer Stelle ausgeführt (vgl. Lorenz, 1995; 1997; 2000). Hier nur so viel, daß eine solche Rekonstruktion die des Könnens *und* des Wissens, was man kann, also die gesuchte Zeichenbildung und damit das Finden und Erfinden einer Sprache einschließt. Der Lernprozeß wird durch ein dialogisches Modell des Erwerbs einer Handlungskompetenz rekonstruiert. Dabei wird in der aktiven Ich-Rolle die Handlung vollzogen, in der passiven Du-Rolle wird sie erlebt. Übernimmt ein Mensch beide Rollen – und vom Erwerb einer Handlungskompetenz kann man erst dann sprechen, wenn er über beide Rollen verfügt –, so liegt im Handeln tatsächlich wissender Vollzug vor. Die Polarität des Handelns als reines Mittel wird im dialogischen Charakter des Erwerbs einer Handlungskompetenz verankert.

Hinzukommt, daß über Vollzug und Erleben hinaus, mit denen man sich Gegenstände aneignet und von ihnen distanziert ist, die beteiligten Handlungskompetenzen dadurch ausgezeichnet sind, daß man das Können vermitteln und das Wissen artikulieren kann. Das vermittelbare Können ist operationales oder Handlungswissen, das artikulierte Wissen hingegen ist propositionales oder Satzwissen. Die praktisch und theoretisch gemachten Erfahrungen sind nur als vermittelte bzw. artikulierte Erfahrungen ihrerseits zugänglich und verdienen es dann, wirklich als operationales beziehungsweise propositionales Wissen bezeichnet zu werden.

Wir verständigen uns nämlich, auch jeder mit sich selbst, mit Hilfe von Handlungsbildern, für die wir in semiotischer Ausdrucksweise ein *Ikon* verwenden. Ein

Ikon ist nichts anderes als ein Gegenstand zur Präsentation eines Handlungsbildes, und das heißt, dieser Gegenstand erfüllt seine Ikonfunktion dadurch, daß er allein in einem seiner vielen universalen Aspekte, einer Eigenschaft also, zur Geltung kommt. Er ist dann ein (ikonischer) Zeichengegenstand, der seine Ikonizität einem Denken im Sinne eines *Sehen als* verdankt, und tritt nicht als ein Abbild oder Duplikat auf. Äußern wir uns auf der einen Seite mit Handlungsbildern, so zeigen wir, was wir verstanden haben, auf der anderen Seite und jeder auf seine Weise, durch einen Handlungsvollzug, der daher, wieder in semiotischer Ausdrucksweise, als ein *Index* für den der Eigenschaft entsprechenden Teil funktioniert. Die Indexikalität der Handlung im Vollzug wiederum, also ihr Charakter als eine Zeigehandlung, verdankt sich dem Wunsch, ein Verstehen zu teilen. Wir müssen uns nur darüber im klaren sein, daß in jedem realen Miteinander eine Äußerung immer auch schon eine Antwort auf Vorhergegangenes ist und ebenso jede Antwort zugleich auch eine Äußerung und so der Anfang für Nachfolgendes. Ikon- und Indexfunktion sind nur in der idealen dialogischen Rekonstruktion streng verteilt auf das Äußern und das Antworten darauf – den Aktivierungen der jeweiligen Zeichenfunktionen.

Im übrigen sind nur im Fall geglückter Verständigung das Handlungsbild des Äußernden und der Handlungsvollzug des darauf Antwortenden zueinander passend. Im allgemeinen werden die Handlungsbilder des einen mit den Handlungsvollzügen des andern nicht einfach zusammengehören. Bei der Tradierung von Handlungskompetenzen gelingt weder die Vermittlung des Könnens noch die Artikulation des Wissens derart eindeutig, daß nicht vielfältige Differenzierungen von Handlungskompetenzen aufträten. Verständigung ist ein ständiges Ausräumen von Mißverständnissen und zugleich immer wieder ein Gewinnen neuer Sichtweisen, auch sich selbst gegenüber. Der Zusammenhang der vielfach aufgesplitterten Handlungskompetenzen, über die wir faktisch zumindest ein Stück weit, aber nie in Vollendung verfügen, läßt sich seinerseits erst durchschauen und beherrschen, wenn es regelrechte Verfahren der Aneignung und der Distanzierung gibt. Dazu muß man auch das Aneignen und das Distanzieren dieser Verfahren lernen. Sich das Verfahren der Distanzierung anzueignen heißt lernen, Erfahrungen, die schon gemacht sind, auch zu artikulieren, gleichgültig in welchem Medium. Es muß also keineswegs verbalsprachlich geschehen. Das wiederum gelingt nur dann, wenn man sich vom bloßen Vollzug der Aneignung seinerseits zu distanzieren vermag und so auch das Verfahren der Aneignung lernt: Man lernt in diesem Fall, Erfahrungen, die schon artikuliert sind, auch zu machen, wiederum gleichgültig, von welchen Sinnen man dabei Gebrauch macht. Mit der Artikulation von Erfahrung werden Zeichensysteme für sie geschaffen, mit dem Machen von Erfahrung wird sie in Handlungszusammenhänge überführt. Der Semiotisierung im Zuge der Distanzierung korrespondiert eine Pragmatisierung im Zuge der Aneignung. Keines der beiden Verfahren ist ohne das andere zu haben.

In einem letzten Schritt wenden wir uns noch einmal den ikonischen Zeichengegenständen zu, die der Präsentation von Handlungsbildern dienen, um zu klären, was zu geschehen hat, damit aus einer sinnlichen eine begriffliche Zeichenfunktion wird. Mit diesem Übergang, der auch als ein Übergang von der Präsentation zur Repräsentation oder von der Ikonfunktion zur Symbolfunktion bezeichnet werden kann, läßt sich schließlich ein Vorschlag machen, wie die Unterscheidung künstlerischer und wissenschaftlicher Zeichenbildung ihrerseits begrifflich, also wissenschaftlich, artikuliert werden kann.

Der gesuchte Übergang gelingt schrittweise, und zwar dadurch, daß über die Ersetzbarkeit des präsentierten Handlungsbildes durch andere Handlungsbilder verfügt wird, die der ikonische Zeichengegenstand nicht präsentiert. Das ist der Fall, wenn etwa bei der Bleistiftzeichnung des Baums mit Stamm und Ästen auch die Farbwahrnehmung durch die Zeichnung vermittelt und artikuliert ist. Der Farbanteil des Baums mit Stamm und Ästen ist mit der Zeichnung gezeigt und zugleich damit die Eigenschaft der Farbigkeit ausgesagt worden. Wird die Ersetzbarkeit schließlich derart universalisiert, daß die ursprüngliche Ikonizität keine Rolle mehr spielt oder verloren geht, wie regelmäßig beim Gebrauch konventioneller Zeichengegenstände, etwa der Verbalsprache, aber nicht nur dieser, so erhalten wir eine ausschließlich symbolische Zeichenfunktion. Haben wir es mit einem symbolischen Zeichengegenstand zu tun, so gibt es kein simultanes Zeigen und Aussagen mehr. Kennen und Erkennen finden grundsätzlich getrennt voneinander, wenngleich nicht voneinander unabhängig statt.

Was sich aber ebenfalls am Beispiel der Bleistiftzeichnung deutlich ablesen läßt, ist der besondere Fall der künstlerischen Zeichenbildung. Bei ihr geht es um *reflektiertes Kennen*. Mit dem Zeichenbildenkönnen wird nämlich gezeigt, daß man einen Gegenstand kennt *und* erkennt. Das Zeigen des Kennens geschieht mit den Handlungsvollzügen beim Erzeugen von Zeichengegenständen mit beibehaltener ikonischer Zeichenfunktion, selbst wenn der Weg zur symbolischen Zeichenfunktion bereits beschritten ist. Beim Zeigen des Kennens zählt allein das Zeigen dessen, was man an und mit Bildern, Musikstücken, Wörtern usw. tut, es *vorführt*, nicht aber dessen, was sie bezeichnen, also präsentieren oder repräsentieren. Das Zeigen des Kennens im künstlerischen Prozeß und dem Werk als dessen Resultat ist *Poiesis*. Wird hingegen das Erkennen gezeigt, also artikuliertes Wissen über Gegenstände vorgeführt, so zählt das Zeigen dessen, was die Zeichengegenstände bezeichnen: Es handelt sich um *Mimesis*. Die Pointe künstlerischer Zeichenbildung jedoch besteht darin, daß Mimesis ausschließlich über Poiesis erreicht wird.

In Entsprechung zur künstlerischen Zeichenbildung geht es bei der wissenschaftlichen Zeichenbildung um *reflektiertes Erkennen*. Mit symbolischer Zeichenbildung und Zeichenverwendung wird Wissen sowohl vom Kennen als auch vom Erkennen artikuliert. Die Artikulation des Wissens vom Kennen, also das Erkennen des Kennens, ist dabei, wovon schon anfangs die Rede war, (wissenschaftliche) *Forschung*, die Artikulation des Wissens vom Erkennen und damit das Erkennen des Erkennens hingegen ist (wissenschaftliche) *Darstellung*. Und auch im wissenschaftlichen Fall gibt es eine Pointe, die ebenfalls schon am Anfang genannt wurde: Wissenschaftliche Darstellung soll sich ausschließlich auf Forschung stützen, andernfalls handelte es sich nicht um Wissenschaft sondern um Spekulation.

Reflektiertes Kennen wird unter Anspielung auf die Unterscheidung zwischen sinnlicher, d. h. ikonischer, und begrifflicher, d. h. symbolischer, Zeichenfunktion auch als *sinnliche Erkenntnis* bezeichnet, und ganz entsprechend spricht man statt von reflektiertem Erkennen üblicherweise von *begrifflicher Erkenntnis*. Beide Erkenntnisformen treten im Zuge der Ausbildung unserer Fähigkeit zur Vernunft keineswegs getrennt voneinander auf, enthält doch wissenschaftliche Zeichenbildung immer wieder Elemente künstlerischer Zeichenbildung, und umgekehrt bedient sich auch künstlerische Zeichenbildung vielfältig wissenschaftlicher Zeichenbildung, man denke nur an das Phänomen der Perspektive. In beiden Fällen aber tritt Wirklichkeit als ein ständig veränderter Zusammenhang von Handlungsvollzügen auf, von dem etwas zu wissen nicht anders als im Schein seiner ständig erneuerten Fixierung mit Hilfe von Zeichen möglich ist.

Literaturverzeichnis

Lorenz, Kuno, 1995, »Artikulation und Prädikation«, in: Dascal, Marcelo/Gerhardus, Dietfried/Lorenz, Kuno/Meggle, Georg (Hrsg.), *Sprachphilosophie. Ein internationales Handbuch zeitgenössischer Forschung*, 2. Halbband, Berlin/New York: Walter de Gruyter, S. 1098–1122.

Lorenz, Kuno, 1997, »Rede zwischen Aktion und Kognition«, in: Burri, Alex (Hrsg.), *Sprache und Denken. Language and Thought*, Berlin/New York: Walter de Gruyter, S. 139–156.

Lorenz, Kuno, 2000, »Sinnbestimmung und Geltungssicherung. Ein Beitrag zur Sprachlogik«, in: Lueken, Geert-Lueke (Hrsg.), *Formen der Argumentation*, Leipzig: Universitätsverlag, S. 87–106.

Mittelstraß, Jürgen, 1970, *Neuzeit und Aufklärung. Studien zur Entstehung der neuzeitlichen Wissenschaft und Philosophie*, Berlin/New York: Walter de Gruyter.

Mittelstraß, Jürgen, 1982, *Wissenschaft als Lebensform. Reden über philosophische Orientierungen in Wissenschaft und Universität*, Frankfurt am Main: Suhrkamp.

Mittelstraß, Jürgen, 2001, *Wissen und Grenzen. Philosophische Studien*, Frankfurt am Main: Suhrkamp.

Mittelstraß, Jürgen, 2004, » Das ›nicht festgestellte Wesen‹ – Der Mensch zwischen Endlichkeit und Vollkommenheit«, in: Schmidinger, H./Sedmak, C. (Hrsg.), *Der Mensch – ein ›animal rationale‹? Vernunft – Kognition – Intelligenz*, Darmstadt: Wissenschaftliche Buchgesellschaft, S. 21–31.

Der Dualismus und die *Rettung der Phänomene*

Christiane Schildknecht

Die gegenwärtige Auseinandersetzung mit dem Leib-Seele-Problem ist ebenso facettenreich wie unübersichtlich: Während auf der reduktionistischen Seite des Monismus Identitätstheorie, Funktionalismus und eliminativer Materialismus das Feld beherrschen, beruft sich der Dualismus auf Interaktion, Aspekttheorie und Epiphänomenalität. Ungeachtet der Differenziertheit der Diskussionslage lassen sich jedoch zwei Grundelemente ausmachen, die das Bild bestimmen: eine spezifische Strategie der Argumentation sowie die jeweilige Inanspruchnahme eines zentralen Prinzips. Auf der monistischen wie auf der dualistischen Seite des Leib-Seele-Disputs bedient sich die Argumentation einer Strategie, die folgende Züge trägt: Die Berufung auf einen als evident angesehenen Grundsatz rechtfertigt bis zum Beweis seines Gegenteils das Festhalten an der jeweils eingenommenen Position, und die Nicht-Akzeptanz des Grundsatzes durch die Gegenseite bzw. deren Berufung auf einen entgegen gesetzten Grundsatz wird ihrerseits als rechtfertigungsbedürftig ausgewiesen. Zentral für die Argumentation im Rahmen des Leib-Seele-Problems ist folglich eine Strategie der Beweislastverschiebung.[1] Dabei ist es im Hinblick auf dualistische Positionen der Grundsatz der Rettung der Phänomene, der die Basis der Argumentation bildet. So beruft sich etwa die interaktionistische Lösung des Leib-Seele-Problems auf eine der phänomenalen Differenz zwischen psychischen und physischen Phänomenen zugrunde liegende ontische Differenz: »Was verschieden aussieht, ist solange als verschiedenartig zu behandeln, bis das Gegenteil gezeigt ist«.[2] Der Rekurs auf einen die Differenz der Phänomene wahrenden Grundsatz zeitigt demnach auch hier die Verschiebung der Beweislast:

> Daraus folgt zunächst, daß die Beweislast beim Monismus, nicht beim Dualismus liegt. Nicht der Dualismus muß zeigen, daß eine physikalische Erklärung des Geistes unmöglich ist, sondern der Monismus muß die Adäquatheit einer solchen physikalischen Erklärung nachweisen.[3]

Auf Seiten des Monismus besteht das geeignete (und von dualistischer Seite eingeforderte) Argumentationsverfahren in einer physikalischen, genauer: neurophysiologischen Erklärung der psychischen Phänomene, deren methodisches Äquivalent in einer ontologischen Reduktion besteht.[4] Als exemplarisch für eine derartige monisti-

1 Für eine detaillierte Analyse der Strategie der Beweislastverschiebung in der Leib-Seele-Diskussion und ihrer Problematik, vgl. Ballweg, 2003.

2 Carrier/Mittelstraß, 1989, S. 292.

3 Carrier/Mittelstraß, 1989, S. 293.

4 So auch Carrier/Mittelstraß, 1989, S. 292.

sche Position kann der identitätstheoretische Ansatz dienen. Dieser stimmt mit dem von Carrier und Mittelstraß vertretenen interaktionstheoretischen Dualismus darin überein, dass beide hinsichtlich ontologischer Fragestellungen dem Bild verpflichtet sind, das der wissenschaftliche Realismus zeichnet.[5] Demzufolge sind die Begriffe erfolgreicher empirischer Theorien faktisch referentielle Begriffe, d. h. die Entitäten, auf die sie sich beziehen und die die Gültigkeit der jeweiligen Theorie garantieren, sind tatsächlich existierende Entitäten. Während es für die Identitätstheorie jedoch derselbe Typ von Entitäten im Sinne von Hirnzuständen ist, auf die die Begriffe sowohl der Psychologie als auch der Neurophysiologie referieren, beharrt der interaktionistische Dualismus auf deren Differenz: Die Begriffe der Psychologie referieren auf mentale, die der Neurophysiologie auf physische Entitäten. Während der Dualismus gerade die zwischen mentalen und physischen Phänomenen bestehende ontische Differenz in uneingeschränkter oder eingeschränkter Weise zum Zwecke einer zwischen beiden Phänomenbereichen postulierten ontologischen Differenz in Anspruch nimmt,[6] schränkt die Identitätstheorie die behauptete Differenz zwischen Mentalem und Physischem auf die Ebene der Beschreibung der jeweiligen Phänomene ein. Der Schluss von der deskriptiven auf eine ontische Differenz im Hinblick auf Phänomene und deren Merkmale wird von der Identitätstheorie dann als unzulässig ausgewiesen.[7] Die Einlösung der von monistischer Seite behaupteten Identität mentaler und physischer Phänomene vollzieht sich methodologisch entweder über eine Theorienreduktion, über den empirischen Nachweis psychophysischer Korrelation oder über den argumentativen Rekurs auf einen unhintergehbaren Grundsatz. Hinsichtlich dieser Begründungsalternativen scheint die letztgenannte Variante die aussichtsreichste zu sein. In bezug auf die Theorienreduktion gilt nämlich, dass die hier maßgeblichen Bedingungen der begrifflichen Verknüpfung einer Theorie mit der sie reduzierenden Theorie durch Brückengesetze und Korrespondenzregeln einerseits sowie der Ableitbarkeit der Theorie vermittels dieser Verknüpfungen aus der sie reduzierenden Theorie andererseits gegenwärtig nur unter Verweis auf zukünftige Forschungsergebnisse zu erfüllen und von daher faktisch nicht einlösbar sind. Insofern des weiteren für den empirischen Nachweis psychophysischer Korrelation gilt, dass dessen Vorliegen allein nicht dazu berechtigt, eine Identitätsbehauptung aufzustellen, kann auf diese Weise der von dualistischer Seite erhobenen Begründungs-

5 Daran ändert auch der Verweis auf das mit der begrifflichen Erfassung von Welt einhergehende konstruktive Element wissenschaftlicher Theorien nichts; vgl. hierzu Carrier/Mittelstraß, 1989, S. 161 – 162.

6 Der interaktionistische Dualismus kommt der materialistischen Position insofern entgegen, als hinsichtlich der mentalen Phänomene nur deren Intentionalität, nicht aber deren Erlebnisqualität bzw. Phänomenalität veranschlagt wird; vgl. Carrier/Mittelstraß, 1989, S. 197.

7 Die Annahme einer durch die Differenz der Phänomene implizierten ontischen Differenz wird auch von Feyerabend, 1970, S. 146 und Bieri, 1981, S. 52 bestritten.

forderung ebenfalls nicht entsprochen werden.[8] Die aus begründungstheoretischer Sicht vielversprechendste Variante für die Identitätstheorie besteht demnach in dem argumentativen Rekurs auf einen unhintergehbaren Grundsatz: das Ökonomieprinzip. In seiner klassischen Formulierung besagt dieses Prinzip, dass eine Erweiterung der Existenzannahmen ohne Notwendigkeit nicht zulässig ist bzw. – positiv gewendet –, dass eine ontologisch reichhaltigere Theorie für eine derartige Erweiterung explanatorisch notwendige Gründe geltend machen muss. Die Angabe von Kriterien, mit deren Hilfe sich die Notwendigkeit der Erweiterung der Existenzannahmen rechtfertigen ließe, bleiben reduktionistische Theorien jedoch schuldig.

Aufgrund der Auszeichnung des argumentativen Verweises auf einen unhintergehbaren Grundsatz als der begründungstheoretisch am besten gestützten Variante kommt der genauen Analyse des jeweiligen Grundprinzips besondere Bedeutung zu. Auch das Ökonomieprinzip, auf das sich reduktionistische Theorien wie die Identitätstheorie als das für sie fundamentale Prinzip berufen, kann in seiner Valenz nur unter Rekurs auf seine präzise Formulierung beurteilt werden. Der geistige Vater des Ökonomieprinzips, Wilhelm von Ockham, fungiert gleichzeitig als Namensgeber für dessen Populärversion in Gestalt von »Ockhams Rasiermesser«. Auch wenn das Prinzip, dass die Dinge nicht ohne Notwendigkeit zu vervielfältigen seien (»entia non sunt multiplicanda sine necessitate«), nicht von Ockham selbst stammt, so finden sich dennoch bei ihm Formulierungen, die dessen inhaltliche Grundlage bilden: »Umsonst geschieht mit Hilfe einer Mehrheit, was sich mit weniger tun lässt« (»frustra fit per plura quod fieri potest per paucoria«) sowie »eine Mehrheit darf ohne Not nicht zugrunde gelegt werden« (»pluralitas non est ponenda sine necessitate«).[9] Ockham selbst beruft sich seinerseits auf die *Physik* des Aristoteles, deren erstes Buch im Zusammenhang mit der Frage nach den Prinzipien der Natur für die Annahme einer endlichen Mannigfaltigkeit plädiert: Im Rahmen der Gegenüberstellung der von Anaxagoras vertretenen Annahme unendlich vieler Prinzipien mit derjenigen des Empedokles, der die Zahl der Prinzipien auf vier begrenzt, artikuliert Aristoteles seine Präferenz für die Position des Empedokles unter Verweis darauf, dass es besser sei, eine kleinere und begrenzte Mannigfaltigkeit von Prinzipien anzunehmen.[10] Der Aristotelische Ansatz wird von Ockham dahingehend verschärft, dass das Rasiermesser als methodologische Verfahrensregel im Hinblick auf eine ökonomisch bedingte Reduktion theoretischer Annahmen bzw. der mit diesen

8 Der Übergang von der Behauptung psychophysischer Korrelation zu einer Identitätsbehauptung wäre nur unter der Voraussetzung einer die Ebene kausaler Wirksamkeit spezifizierenden Reduktion der Psychologie auf die Neurophysiologie gerechtfertigt; vgl. dazu Carrier/Mittelstraß, 1989, S. 58–60.

9 Ockham, 1974, S. 43, 185.

10 Vgl. Aristoteles, *Phys.* 188 a 12–19 sowie 189 a 15–17.

Annahmen einhergehenden ontologischen Verpflichtungen gefasst wird.[11] Hinsichtlich der Abwägung zwischen den von monistischer und dualistischer Seite jeweils als begründungstheoretisch basal angeführten unhintergehbaren Grundsätzen – dem Ökonomieprinzip und dem Prinzip der Rettung der Phänomene – zeichnet sich das Rasiermesser Ockhams durch folgendes Spezifikum besonders aus: Ockham zufolge kommt dem Rasiermesser nur in den Fällen ein methodologisches Primat zu, in denen ein Mehr an Prinzipien, also eine ontologisch reichhaltigere Theorie, weder aufgrund der Vernunft, noch aufgrund der Erfahrung, noch aufgrund der Worte der Schrift zu rechtfertigen ist. Die Anwendung des Ökonomieprinzips ist also in denjenigen Fälle geboten, in denen angesichts der Kontingenz der Welt Aussagen getroffen werden sollen, die hinsichtlich Allgemeinheit und Notwendigkeit wissenschaftlichen Standards genügen und in denen weder die Vernunft, noch die Erfahrung, noch die Schrift ein Mehr an Theoriebestandteilen geboten erscheinen lassen. Dabei korrespondiert insbesondere die Hervorhebung der Erfahrung als einer der Komponenten, die das methodologische Primat des Rasiermessers einzuschränken vermögen, mit der von Aristoteles vertretenen Position, die Ockham kommentiert. Denn über die dem Ökonomieprinzip entsprechende ontologische Sparsamkeit hinaus begründet Ockham seine Präferenz für die Position des Empedokles damit, dass diese, ihrer Annahme einer kleineren und begrenzten Mannigfaltigkeit von Prinzipien zum Trotz, genau so befähigt sei, die Phänomene zu retten, wie die rivalisierende Position des Anaxagoras.[12] Damit erscheint das Ökonomieprinzip Ockhams von Anfang an begründungstheoretisch in den Kontext von Erfahrung eingebunden. Für den Einsatz des Ökonomieprinzips lässt sich somit nicht aus ökonomischen Gründen allein, sondern immer nur in inhaltlicher Abhängigkeit von den zur Erklärung anstehenden Sachverhalten argumentieren. Mit anderen Worten: Ein der Erfahrung entgegenstehender Rekurs auf die ontologisch sparsamere Theorie ist dann undenkbar, wenn ontologische Sparsamkeit nur um den Preis empirischer Inadäquatheit zu haben ist. Der Erfolg der ontologisch sparsameren Theorien bemisst sich also an der adäquaten Erfassung der zur Erklärung anstehenden Phänomene – an deren *Rettung*. Damit kann bereits bei Ockham das Ökonomieprinzip keinen absoluten, sondern lediglich einen relativ zum Prinzip der Rettung der Phänomene auszuweisenden Geltungsanspruch erheben.[13] Mit dieser Analyse scheint jedoch für die Identitätstheorie die aus begründungstheoretischer

11 Für eine Interpretation des Ockhamschen Rasiermessers als einer methodologischen Maxime vgl. Beckmann, 1990.

12 »[...] Empedocles, qui posuit principia finita, salvavit omnia apparentia et manifesta quae Anaxagoras salvavit per principia infinita« (Ockham, 1985, I, 13, § 4 [189 a 14–17]/S. 134).

13 Im Sinne dieser Abhängigkeit von Adäquatheitsgesichtspunkten weist Beckmann das Rasiermesser nicht als »vorgängig geltendes ontologisches Prinzip, sondern [als] eine methodologische Maxime« (Beckmann, 1990, S. 202) aus.

Sicht aussichtsreichste Strategie des argumentativen Rekurses auf einen unhintergehbaren Grundsatz entkräftet: Monistische Positionen können sich im Rahmen der Beweislastverteilung auf diese Strategie nicht mehr unter Hinweis auf eine zwischen Ökonomieprinzip und dem Prinzip der Rettung der Phänomene bestehende Gleichrangigkeit berufen.

Der Rekurs auf das Prinzip der Rettung der Phänomene als das dem Ökonomieprinzip gegenüber methodologisch primäre Prinzip zeichnet gegenwärtige nicht-reduktionistische Ansätze wie den interaktionistischen Dualismus aus. Wie schon beim Rasiermesser hängt auch hier die Beurteilung der Valenz des Prinzips von dessen präziser Formulierung ab. Darüber hinaus wird sich an einer genauen Analyse dieses Prinzips entscheiden, inwieweit dessen Inanspruchnahme durch den interaktionistischen Dualismus gerechtfertigt ist. Was für das Ökonomieprinzip die Position Ockhams ist, ist für das Prinzip der Rettung der Phänomene die Aristotelische Philosophie. Konturen gewinnt die auf das Primat der Phänomene gerichtete Aristotelische Position dabei als Gegenentwurf zu der Platonischen Konzeption. Platon zufolge bemisst sich die philosophische Adäquatheit einer Methode gerade nicht an den Phänomenen, sondern an den von Wahrnehmung und allgemeinen Überzeugungen *abstrahierten* Paradigmata und damit an einem Wahrheitsbegriff, der außerhalb der Bedingungen menschlichen Lebens und menschlicher Sprache anzusiedeln ist. Mit seiner Fokussierung auf die Phänomene sucht Aristoteles in explizitem Kontrast zu den Eleatischen und Platonischen Vorgaben die wahre Natur der Dinge zurück zu binden an das, was wir sehen, sagen und meinen:

> [...] Man muß, wie üblich, sich die Erscheinungen [*phainomena*] vor Augen stellen, zunächst die Schwierigkeiten durchgehen und dann am liebsten alles verständlich machen, was an Ansichten darüber [*endoxa*] umläuft, sonst wenigstens das meiste und Hauptsächlichste. Denn wenn die Bedenken aufgelöst sind und das Wahrscheinliche [*endoxa*] standgehalten hat, dann ist unsere Begründung wohl ausreichend.[14]

Die für Metaphysik und Ethik gleichermaßen als zentral ausgewiesene Aufgabe und Methode der Philosophie im Sinne einer Rettung der Phänomene bindet die Philosophie in Abweichung von der Tradition an einen terminologisch dem *Wirklichen* und *Wahren* diametral entgegengesetzten Bereich menschlicher Sprache und Überzeugungen. Das Wahre wird dementsprechend nicht mehr als etwas verstanden, das hinter den Dingen verborgen liegt oder außerhalb dieser verortet ist, sondern als et-

14 Aristoteles, *NE* 1145 b 1 ff. [1965, S. 177]. Die englische Übersetzung ist hier präziser:

> We must, as in all other cases, set the observed facts [*phainomena*] before us and, after first discussing the difficulties, go on to prove, if possible, the truth of all the common opinions [*endoxa*] about these affections of the mind, or, failing this, of the greater number and the most authoritative; for if we both refute the objections and leave the common opinions [*endoxa*] undisturbed, we shall have proved the case sufficiently.

was, das *in* menschlicher Sprache und *in* den menschlichen Praktiken liegt.[15] Der revisionistischen Auffassung des Aristoteles gemäß zeichnet sich gute Philosophie folglich dadurch aus, dass sie anti-Platonisch verfährt, d. h. sich methodisch innerhalb der von den Phänomenen vorgegebenen Grenzen bewegt. Die genauen Grenzen sowie deren Auswirkungen auf den philosophischen Methoden- und Wahrheitsbegriff lassen sich anhand der Aristotelischen Vorgaben dabei wie folgt bestimmen:[16]

Zunächst besteht das Spezifikum des Phänomenbegriffs bei Aristoteles darin, dass Phänomene nicht im Sinne überzeugungsfreier wissenschaftlicher Beobachtungsdaten zu verstehen sind, sondern vielmehr einen integralen Bestandteil unserer Überzeugungen und Interpretationen bilden.[17] Mit der Fokussierung auf die Phänomene zeichnet Aristoteles dementsprechend ein Bild von Philosophie und Wissenschaft, das sich durch einen weiten, Überzeugungen und Sinneswahrnehmung einschließenden Erfahrungsbegriff auszeichnet und das damit der neuzeitlichen Annahme einer interpretationsfreien Erfahrungsbasis kontrastiert. Das Resultat ist eine Beschreibung der Welt, wie sie denjenigen erscheint (und nicht wie sie ohne Bezug auf unsere Erfahrung an und für sich sein könnte), deren epistemische Verfasstheit der unsrigen gleicht. Aristoteles zufolge befasst sich die Methode der Rettung der Phänomene in einem ersten Schritt mit der Erfassung der einen Themenbereich jeweils charakterisierenden gewöhnlichen Überzeugungen, um diese dann von den ihnen widersprechenden Überzeugungen abzugrenzen. Die Abwägung der für und gegen eine bestimmte Überzeugung sprechenden Gründe führt ihn schließlich auf das Prinzip des ausgeschlossenen Widerspruchs als Basis aller von uns geteilter Überzeugungen. Die Forderung nach Widerspruchsfreiheit einer theoretischen Erklärung erscheint somit als notwendige Begleiterscheinung einer auf die Rettung der Phänomene zielenden Methode, deren Abschluss erst dann erreicht ist, wenn die erzielten Resultate erneut im Hinblick auf ihre Übereinstimmung mit den Phänomenen überprüft werden. Die Bereitschaft zur Preisgabe bestimmter Phänomene bemisst sich dabei an der Universalität ihrer Gültigkeit und ihrer heuristischen oder argumentationsbezogenen Relevanz.

Eine solchermaßen dem Primat der Rettung der Phänomene verpflichtete Rekonstruktion des Aristotelischen Philosophie- und Wissenschaftsverständnisses ist als kompatibel auszuweisen mit der Aristotelischen Auffassung von Wissenschaft als

---

15 Vgl. Nussbaum, 1982, S. 271:

> Aristotle is promising to do his philosophical work in a place from which Plato and Parmenides had spent their careers contriving an exit. He insists that he will find his truth *inside* what we say, see, and believe, rather than ›far from the beaten path of human beings‹ or (in Plato's words) ›out there‹.

16 Wegweisend in diesem Zusammenhang sind die Analysen von Nussbaum, 1982.

17 Dementsprechend substituiert Aristoteles, *NE* 1145 b 8 – b 20 *phainomena* durch *endoxa* im Sinne allgemeiner Vorstellungen bzw. Überzeugungen.

eines deduktiven Systems, dessen erste Prinzipien zudem Wahrheiten a priori sind.[18] Das sich hier andeutende Spannungsverhältnis zwischen einer auf Rettung der Phänomene abzielenden Methode und dem einem deduktiven Ideal verpflichteten Wissenschaftsverständnis lässt sich jedoch dann entkräften, wenn es gelingt, das deduktive Ideal selbst aus den Phänomenen abzuleiten. Aristoteles zufolge bemisst sich Wissen wie auch die Validität naturwissenschaftlichen Verstehens an dem Gelingen der jeweiligen methodischen Rückführung auf die Phänomene:

> He begins from an account of the conditions under which ›we‹ ›think we understand‹ something [*An. post.* 71b10 ff.], and goes on to show what this shared conception requires of the scientist. Similarly, the *Physics* discussion of explanation begins from the ways in which ›we‹ ask and answer ›Why?‹ questions, and criticises earlier scientists for insufficient attention to the variety of our usage. At every step Aristotle is concerned to show how his norm arises out of the appearances and embodies their requirements.[19]

Problematischer ist jedoch die Auszeichnung der ersten Prinzipien wissenschaftlicher Theorien als *idealiter* erfahrungs*unabhängige* Wahrheiten a priori. Eine Anbindung derartiger Prinzipien an die Phänomene müsste die bestimmenden Kriterien von Apriorizität (Wahrheit, Unbeweisbarkeit, Notwendigkeit, Erstrangigkeit) als gleichermaßen für die Phänomene geltende Kriterien ausweisen und die Wahrheit der ersten Prinzipien dennoch innerhalb des durch Sprache und Begriffsschemata vorgegebenen Rahmens verorten. Inwiefern also können die ersten, auf Erfahrung beruhenden und durch Erfahrung etablierten Prinzipien gerechtfertigterweise einen Anspruch auf Wahrheit und Priorität erheben? In der *Metaphysik* klassifiziert Aristoteles insbesondere den Satz vom Widerspruch als das jegliche Untersuchung fundierende Prinzip:

> Wir hingegen haben jetzt als gültig angenommen, dass es unmöglich ist, dass etwas gleichzeitig ist und nicht ist, und zeigten daraus, dass dies das sicherste von allen Prinzipien ist.[20]

Einen Satz dieser Art in Frage zu stellen, offenbart für Aristoteles einen Mangel an durch Praxis und Grundsätze fundierter Bildung (*paideia*), der nur vermittels eines Beweises durch Widerlegung (Aufdeckung eines Selbstwiderspruchs im Falle des Vorliegens von Aussagen, da der Satz vom Widerspruch in diesem Fall bereits zur Anwendung kommt, oder Verweis auf die sprachliche Praxis) bzw. vermittels von Überredung oder Zwang (in allen anderen Fällen) behoben werden kann. Im Falle skeptischer Infragestellung eines Grundprinzips wie des Satzes vom Widerspruch rekurriert Aristoteles zwar auf dessen Unhintergehbarkeit im Sinne der Bedingung der Möglichkeit sinnvoller Rede und Erkenntnis, nicht aber auf dessen Wahrheit in

18 Vgl. insbesondere Aristoteles, *An. post.*, Buch B.

19 Nussbaum, 1982, S. 281.

20 Aristoteles, *Met.* 1006 a 3 ff.

Unabhängigkeit von Phänomenen und Begriffsschemata.[21] Nicht ein über unsere Begriffs- und Denkschemata hinausgehender Begriff von Wahrheit ist es, in dem sich die Verpflichtung dem Satz vom Widerspruch gegenüber artikuliert, sondern der Rekurs auf die Praxis:

> Hieraus wird denn auch am ehesten deutlich, dass sich niemand in diesem Zustand [des Überzeugtseins vom Gegenteil des Satzes vom Widerspruch, C.S.] befindet, weder von den anderen einer noch von denen, die diesen Satz vertreten. [...] Warum marschiert [ein Vertreter dieses Satzes] nicht gleich frühmorgens in einen Brunnen oder einen Abgrund, wenn es sich so trifft, sondern sieht sich offenbar vor, als glaube er nicht gleichermaßen, dass das Hineinfallen nicht gut ist und dass es gut ist? Also ist klar, dass er das eine für besser hält, das andere für nicht besser.[22]

Das (sprachliche) Handeln des Skeptikers entlarvt dessen Verpflichtung auf den Satz vom Widerspruch als Grundlage unserer Überzeugungen. Über dessen sich in Sprach- und Handlungspraktiken artikulierende Geltung hinaus lässt sich hingegen nicht urteilen, insofern wir dazu eine der skeptischen Haltung vergleichbare Position *außerhalb* der Phänomene einnehmen müssten. Vor diesem Hintergrund stellt sich die Frage, inwieweit ein Grundprinzip wie der Satz vom Widerspruch den Status eines Prinzips a priori beanspruchen kann. Dieser Status kann mit Sicherheit dann geltend gemacht werden, wenn ›a priori‹ im Sinne von ›grundlegend‹ oder ›unrevidierbar‹ im Hinblick auf einen Wissensbereich, d. h. im Sinne kontextueller Apriorizität verstanden wird. Darüber hinaus gilt jedoch auch:

> It is even *a priori* in a somewhat stronger sense: it is so basic that it cannot significantly be defended, explained, or questioned at all from within the appearances, that is to say the lives and practices of human beings, as long as human beings are anything like us.[23]

Insofern der auf diese Weise bestimmte Bereich der Phänomene jedoch verlassen und die Geltung eines Prinzips *unabhängig* von aller Erfahrung behauptet wird, kann ein derartiges Prinzip der Aristotelischen Konzeption zufolge keinen Anspruch auf Apriorizität erheben. Im Unterschied zum Platonischen Verständnis grundlegender wissenschaftlicher Prinzipien gilt für Aristoteles deren Voraussetzungslosigkeit nur in einem in bestimmter Weise eingeschränkten Sinne:

> Das sicherste Prinzip von allen ist aber das, worüber man sich nicht täuschen kann. Ein solches Prinzip ist notwendig das am besten bekannte (denn alle täuschen sich über das, was sie nicht kennen), und es ist nicht (bloß) vorausgesetzt. Denn ein Prinzip, das notwendig jeder kennen muss, der auch nur irgend etwas von den Dingen verstehen soll, ist keine bloße Voraussetzung; was aber kennen muss, wer auch nur irgend etwas kennen soll, davon muss man ein Vorwissen schon mitbringen.[24]

---

21 Vgl. Nussbaum, 1982, S. 286 ff.

22 Aristoteles, *Met.* 1008 b 13 ff.

23 Nussbaum, 1982, S. 288.

24 Aristoteles, *Met.* 1005 b 12 ff.

Wie der Umgang mit dem Skeptiker im Zusammenhang mit der Leugnung des Satzes vom Widerspruch gezeigt hat, besteht die Apriorizität der wissenschaftlichen Grundprinzipien in der Notwendigkeit, die sie im Hinblick auf die Bildung und den Austausch von Gedanken aufweisen. Dabei ist es gerade der Bezug auf die Phänomene, der sprachliche Referenz zu gewährleisten vermag; demgegenüber markiert die Platonische Ideenlehre den Prototyp der Ausblendung der *relationalen* Basis von Erkenntnis im Sinne sprachlicher Bezugnahme auf die Phänomene.[25] Mit seiner Fokussierung auf das Prinzip der Rettung der Phänomene nimmt Aristoteles also gleichzeitig eine interne Bestimmung der Grenzen von Erkenntnis und Wahrheit vor:

> Aristotelian reason is not so much in bonds, cut off *from* something that we can, nonetheless, describe or point to, as it is committed *to* something, to language and thought, and the limits of these. Appearances and truth are not opposed, as Plato believed they were. We can have truth only *inside* the circle of the appearances, because only there can we communicate, even refer, at all.[26]

Die Aristotelische Konzeption von Wahrheit und Erkenntnis markiert damit eine bestimmte Form des Realismus, dessen Grenzen *intern* unter Rekurs auf die Phänomene bestimmt werden. Insofern die Phänomene ihrerseits hinsichtlich ihres basalen Status differieren, bemisst sich ihre *Rettung* graduell nach Maßgabe ihrer jeweiligen fundamentalen Relevanz und muss in Abhängigkeit vom Einzelfall entschieden werden: Während etwa der Preis für die Aufgabe des Glaubens an Gott in einem signifikanten Verlust an sozialer Integration besteht, bedeutet die Aufgabe des Satzes vom Widerspruch demgegenüber eine Positionierung außerhalb jeglichen, auf Erfahrung und Begriffsschemata basierenden Kommunikations-, insbesondere Argumentationszusammenhangs.[27] Dem Prinzip der Rettung der Phänomene, das Ockham als Bedingung für die Anwendung des Ökonomieprinzips gilt, kommt bei Aristoteles Gültigkeit demzufolge nur *innerhalb* des Referenz und Verständigung ermöglichenden Zirkels von Erscheinungen zu. Insofern im Hinblick auf ökonomische Strategien der Vereinfachung und Reduktion prinzipiell die Gefahr einer Verletzung der Phänomene besteht, bestimmt sich der Status des Ökonomieprinzips auch aus der Aristotelischen Perspektive klarerweise in Relation zum Prinzip der Rettung der Phänomene.

Die bisherigen Analysen stützen den Eindruck, dass eine dualistische Position wie die Interaktionstheorie schon allein aufgrund ihrer Berufung auf das dem Ökonomieprinzip gegenüber fundamentalere Prinzip der Rettung der Phänomene hinsichtlich der Frage der Beweislastverteilung im Vorteil zu sein scheint. Allerdings muss sich auch die interaktionstheoretische Position an den spezifischen Vorgaben

25 Für eine Kritik an dem Versuch Platons, Relativa auf nicht-relative Weise, d. h. durch die Ideen, zu erfassen, vgl. Aristoteles, *Met.* 909 b 15 ff. sowie Nussbaum, 1982, S. 290.

26 Nussbaum, 1982, S. 290.

27 Vgl. hierzu Nussbaum, 1982, S. 292–293.

der Aristotelischen Konzeption bzw. an einer adäquaten Rekonstruktion des Phänomenbegriffs messen lassen. Als ihren Ausgangspunkt macht die Interaktionstheorie den Grundsatz geltend, das, »was verschieden aussieht, [...] solange als verschiedenartig zu behandeln, bis das Gegenteil gezeigt ist«.[28] Insofern aus diesem Grundsatz auf die Verschiebung der Beweislast in Richtung Monismus geschlossen wird, ist die Interaktionstheorie auf eine ontologische Interpretation des Grundsatzes verpflichtet. In ihrer Gültigkeit hängt die Theorie darüber hinaus davon ab, inwieweit sie die Phänomene, für die sie Geltung beansprucht, angemessen, d. h. dem Grundsatz entsprechend, in ihrer Differenz zu erklären vermag. Diese Erklärung liefert der interaktionistische Dualismus vor dem Hintergrund des von dem Gedanken einer Einheit der Wissenschaft geleiteten wissenschaftlichen Realismus. Die Modifikation der Realismuskonzeption im Sinne eines Übergangs vom *internen* Realismus der Rekonstruktion des Aristotelischen Ansatzes zum *wissenschaftlichen* Realismus der Interaktionstheorie zeitigt jedoch deutliche Konsequenzen für den zugrunde gelegten Phänomenbegriff.

Der interaktionistische Dualismus stimmt mit seiner ontologischen Gegenposition, dem Monismus in Form der Identitätstheorie, darin überein, dass beide vor dem Hintergrund des wissenschaftlichen Realismus formuliert sind. Das aber bedeutet, dass auch die Interaktionstheorie ontologische Fragen letztlich vor dem Hintergrund der Vorgaben erfolgreicher empirischer, hier: psychologischer Theorien beantwortet. Die Begriffe erfolgreicher psychologischer Theorien werden dementsprechend als auf bestimmte, der Identitätstheorie gegenüber nun aber gerade nichtphysische, d. h. mentale Entitäten referierende Begriffe interpretiert. Dabei gelten Intentionalität und Erlebnisqualität als die wesentlichen zwei Kriterien, anhand derer sich mentale Phänomene als nicht-physische Phänomene ausweisen lassen. Die zwischen mentalen und physischen Phänomenen bestehende ontische Differenz im Sinne des »Was verschiedenartig aussieht«, die die Identitätstheorie durch Ausweis eines deskriptiven Fehlschlusses zu eliminieren sucht, macht sich die Interaktionstheorie im Hinblick auf eine ontologische Fundierung der dualistischen Position zunutze. Dabei bezieht sie sich auf mentale Begriffe, die sie unter Rekurs auf die kognitive Psychologie als theoretische Begriffe im Sinne der Wissenschaftstheorie der Naturwissenschaften interpretiert.[29] Nun sind Begriffe der kognitiven Psychologie auf der inhaltlichen Ebene dadurch ausgezeichnet, dass sie eine intentionale Beschaffenheit aufweisen; auf der formalen Ebene zeichnen sie sich demgegenüber dadurch aus, dass sie, ihrem Status als theoretische Begriffe entsprechend, ihre Bedeutung der Einbindung in eine theoretische Struktur verdanken:

28 Carrier/Mittelstraß, 1989, S. 292.
29 Vgl. Carrier/Mittelstraß, 1989, S. 152.

> [...] Theoretische Begriffe werden durch Grundpostulate der zugehörigen Theorie eingeführt; sie bezeichnen keine direkt beobachtbaren Größen. Eine empirische Deutung erhält die Theorie dadurch, daß einigen der in ihr eingeführten theoretischen Begriffe empirische Indikatoren zugeordnet werden. Diese Zuordnung erfolgt durch sogenannte *Korrespondenzregeln*, die zumindest je einen theoretischen Begriff und einen Beobachtungsbegriff miteinander verknüpfen.[30]

Insofern sich also psychologische Begriffe aufgrund ihrer Rolle im Netzwerk einer Theorie sowie aufgrund ihrer Anbindung an die empirische Basis formal als theoretische Begriffe im Sinne naturwissenschaftlicher, insbesondere physikalischer Begriffe ausweisen lassen, lässt sich das mentalistische Vokabular der Psychologie als »legitime theoretische Begrifflichkeit« bestimmen. In Übereinstimmung mit dem wissenschaftlichen Realismus gilt darüber hinaus, dass theoretische Begriffe tatsächlich existierende Gegenstände bezeichnen, d. h. faktische Referenz aufweisen, wenn sie notwendige Bestandteile empirisch erfolgreicher Theorien sind. Diese Diagnose gilt auch für die Begriffe der Psychologie:

> Unsere besten verfügbaren Theorien des Verhaltens benutzen als theoretische Begriffe kognitive Begriffe. Demnach gibt es die solcherart bezeichneten psychischen Zustände.[31]

Auf der Basis der Identität der formalen Kriterien kann zunächst von der Existenz physikalischer Entitäten auf die Existenz mentaler Entitäten geschlossen werden: »[...] Wenn es Materie gibt, dann gibt es auch den Geist«.[32] Für den weiteren Schluss vom Mentalismus auf den interaktionistischen Dualismus werden über die Vorgaben des wissenschaftlichen Realismus hinaus der Erfolg psychologischer Theorien im Hinblick auf die Erklärung menschlichen Verhaltens sowie eine angemessene Berücksichtigung der Konsequenzen wissenschaftlicher Forschung auf der Ebene der Ontologie angeführt.[33]

Unter den drei genannten Prämissen, auf denen der Schluss vom Mentalismus auf den psychophysischen oder interaktionistischen Dualismus beruht, ist es insbesondere die Voraussetzung des Rahmens »wissenschaftlicher Realismus«, die sich als nicht unproblematisch erweist im Hinblick auf den Grundsatz des Dualismus: »Was verschieden aussieht, ist solange als verschiedenartig zu behandeln, bis das Ge-

30 Carrier/Mittelstraß, 1989, S. 153.

31 Carrier/Mittelstraß, 1989, S. 161. Im Hinblick auf funktionalistische Interpretationen ist die ontologische Relevanz derartiger Begriffe empirisch erfolgreicher Theorien wie der Psychologie allerdings erst durch die Einlösung eines multiplen Reduktionsanspruchs zu gewährleisten; vgl. dazu Carrier/Mittelstraß, 1989, S. 165 f.

32 Carrier/Mittelstraß, 1989, S. 162.

33 Die von Carrier/Mittelstraß, 1989, vertretene Position des interaktionistischen Dualismus ist in Abgrenzung von einer Zwei-Substanzen-Lehre als psychophysischer Prozess-Pluralismus zu verstehen, wobei die zwischen mentalen und neurophysischen Zuständen angenommene Kausalrelation im Sinne einer zwischen theoretisch umschriebenem Zustand (Konstrukt) und seinen Indikatoren bestehenden Interaktion aufgefasst wird.

genteil gezeigt ist«.[34] Denn der hier als spezielle Form des allgemeinen Prinzips der Rettung der Phänomene auftretende Grundsatz wird von der Theorie des interaktionistischen Dualismus nur in begrenztem, nämlich auf das Kriterium der Intentionalität des Mentalen bezogenen Umfang eingelöst. So heißt es zwar im Hinblick auf das reduktionistische Programm des Monismus, der die Differenz zwischen den Phänomenen als eine bloß scheinbare auszuweisen sucht (und den Nachweis für diese These aus Sicht des Dualismus bislang schuldig geblieben ist), explizit: »Intentionale Charakteristika, also die semantischen Merkmale psychologischer Zustände, sind durch physikalische Begriffe (gegenwärtig) nicht spezifizierbar«.[35] Dennoch verpflichtet sich der Dualismus damit selbst auf einen engen, nämlich auf die Intentionalität des Mentalen eingeschränkten Phänomenbegriff. Denn nur ein derartig eingeschränkter Phänomenbegriff ermöglicht es dem interaktionistischen Dualismus als einer nicht-reduktionistischen Theorie, die Vorgaben des wissenschaftlichen Realismus im Sinne der kausalen Wirksamkeit unbeobachtbarer Entitäten mit einer Berufung auf das Prinzip der Rettung der Phänomene (im Sinne der intentionalen Komponente des Mentalen) zu verbinden. Dies deswegen, weil im Rahmen des wissenschaftlichen Realismus der Annahme theoretischer Entitäten nur dann ein Erklärungswert für die beobachteten Phänomene zugesprochen werden kann, wenn ein Kausalzusammenhang zwischen diesen theoretischen Entitäten und den Phänomenen postuliert wird. Insofern Erlebnisqualitäten intersubjektiv nicht fassbar, d. h. einer Evaluation nach objektiven Kriterien (Erfüllungsbedingungen) nicht zugänglich, und kausal nicht wirksam sind, kommt diesem neben der Intentionalität zweiten wesentlichen Merkmal mentaler Phänomene vor dem theoretischen Hintergrund des wissenschaftlichen Realismus keine explanatorische Kraft zu. Die Vorgaben der Aristotelischen Position zum Prinzip der Rettung der Phänomene sind demgegenüber komplexer, insofern Erkenntnis hier allgemein anhand sprachlicher Bezugnahme auf die Phänomene im Sinne von Überzeugungen und Sinneswahrnehmung einschließender Erfahrung thematisiert wird. Zu diesem weiten Erkenntnisbegriff gehört auch eine angemessene Berücksichtigung des *vollständig* relationalen Aspekts phänomenaler Bezugnahme, d. h. dessen, wie die Phänomene *für* das Subjekt sind. Eine vollständige Theorie des Phänomenalen zeichnet sich also der dem wissenschaftlichen Realismus verpflichteten Interaktionstheorie gegenüber dadurch aus, dass neben der Intentionalität die Erlebnisqualität (der qualitative Gehalt von Erfahrung) in angemessener Weise berücksichtigt wird.

Die Phänomene zu retten bedeutet dann aber eben auch, das Phänomenale *an* den Phänomenen zu retten. Gegenwärtige Modifikationen des dualistischen Ansatzes wie der Aspektdualismus machen dementsprechend deutlich, dass eine Rettung

---

34 Carrier/Mittelstraß, 1989, S. 292.
35 Carrier/Mittelstraß, 1989, S. 7.

der Phänomene in ihrer Vollständigkeit, d. h. unter Einschluss sowohl ihrer Intentionalität als auch ihrer Phänomenalität, nur um den Preis der Aufgabe der Hintergrundtheorie des wissenschaftlichen Realismus zu haben ist.[36] Eine derartige Option steht dem interaktionistischen Dualismus jedoch nicht zur Verfügung. Anders als die Identitätstheorie beruft sich die Interaktionstheorie aus begründungstheoretischer Sicht somit auf einen Grundsatz, der tatsächlich unhintergehbar und primär ist; auf eine *Rettung der Phänomene* im vollen Sinne kann sie sich jedoch nicht berufen.[37]

Literaturverzeichnis

Aristoteles, 1941, »Nicomachean Ethics«, in: *The Basic Works of Aristotle*, McKeon, R. (Hrsg.), New York: Random House, S. 935 – 1126. [*NE*]

Aristoteles, 1956, »Nikomachische Ethik«, in: *Die Lehrschriften*, Gehlke, Paul (Hrsg.), Paderborn: Schöningh. [*NE*]

Aristoteles, 1975, *Posterior Analytics*, Translated with Notes by Jonathan Barnes, Oxford: Clarendon Press. [*An. post.*]

Aristoteles, 1987, *Physik. Vorlesungen über die Natur*, Erster Halbband: Bücher I (A) – IV (Δ), Zekl, Hans G. (Hrsg.), Hamburg: Meiner. [*Phys.*]

Aristoteles, 2003, *Metaphysik*, Szlezák, Thomas A. (Hrsg.), Berlin: Akademie Verlag. [*Met.*]

Ballweg, Tobias, 2003, *Die Strategie der Beweislastverschiebung in der Leib-Seele-Diskussion*, Unveröffentlichte Magister-Arbeit, Universität Bonn.

Beckmann, Jan P., 1990, »Ontologisches Prinzip oder methodologische Maxime? Ockham und der Ökonomiegedanke einst und jetzt«, in: Vossenkuhl, Wilhelm/Schönberger, Rolf (Hrsg.), *Die Gegenwart Ockhams*, Weinheim: VCH, S. 191 – 207.

Bieri, Peter, 1981, »Einleitung«, in: ders. (Hrsg.), *Analytische Philosophie des Geistes*, Königstein: Hain, S. 31 – 55.

Carrier, Martin/Mittelstraß, Jürgen, 1989, *Geist, Gehirn, Verhalten. Das Leib-Seele-Problem und die Philosophie der Psychologie*, Berlin/New York: Walter de Gruyter.

Chalmers, David J., 1996, *The Conscious Mind. In Search of a Fundamental Theory*, New York/Oxford: Oxford University Press.

Feyerabend, Paul, 1970, »Materialism and the mind-body-problem«, in: Borst, C. V. (Hrsg.), *The Mind-Brain Identity Theory*, London: Macmillan, S. 142 – 156.

Nussbaum, Martha C., 1982, »Saving Aristotle's appearances«, in: Shofield, Malcolm/dies. (Hrsg.), *Language and Logos. Studies in ancient Greek philosophy presented to G. E.L. Owen*, Cambridge: Cambridge University Press, S. 267 – 291.

Ockham, Wilhelm von, 1967, »Scriptum in librum primum sententiarum. Ordinatio. Prologus et distinctio prima«, in: *Guillelmi de Ockham opera philosophica et theologica ad fidem codicum manuscriptorum edita*, Opera theologica, Bd. 1, Gál, Gedeon/Brown, Ste-

36 Für eine aspektdualistische Position vgl. Chalmers, 1996.

37 Ich danke Tobias Ballweg für wertvolle Hinweise und ausdauernde Diskussionen.

phanus (Hrsg.), St. Bonaventure N.Y.: The Franciscan Institute of St. Bonaventure University.

Ockham, Wilhelm von, 1974, »Summa logicae«, in: *Guillelmi de Ockham opera philosophica et theologica ad fidem codicum manuscriptorum edita*, Opera philosophica, Bd. 1, Boehner, Philotheus/Gál, Gedeon/Brown, Stephanus (Hrsg.), St. Bonaventure N.Y.: The Franciscan Institute of St. Bonaventure University.

Ockham, Wilhelm von, 1985, »Expositio in libros physicorum Aristotelis. Prologus et libri I – III«, in: *Guillelmi de Ockham opera philosophica et theologica ad fidem codicum manuscriptorum edita*, Opera philosophica, Bd. 4, Richter, Vladimirus/Leibold, Gerhardus (Hrsg.), St. Bonaventure N.Y.: The Franciscan Institute of St. Bonaventure University.

Anmerkungen zum Begriff des Bewusstseins

Wolfgang Spohn

In dem Buch *Geist, Gehirn, Verhalten* (Carrier/Mittelstraß, 1989), welches er zusammen mit Martin Carrier verfasst hat, setzt sich Jürgen Mittelstraß ausführlich mit Bewusstseinsphänomenen auseinander. Insgesamt plädieren die Autoren für das, was sie pragmatischen Dualismus nennen: »Was verschieden aussieht, ist solange als verschiedenartig zu behandeln, bis das Gegenteil gezeigt ist« (ebd., S. 292). Diese Einstellung basiert auf ihrer wissenschaftstheoretisch fundierten These, dass jede Form theoretischer Identifikation eine theoretische Reduktion voraussetzt. Doch hapert es mit den Reduktionen im Leib-Seele-Bereich gleich in doppelter Weise. Erstens stehen der Reduktion der wissenschaftlichen Psychologie auf die Neurophysiologie, also einer materialistischen Lösung des Leib-Seele-Problems, nur Hindernisse entgegen. Zweitens ist das Verhältnis von Alltagspsychologie und wissenschaftlicher Psychologie höchst kompliziert; die Autoren nennen das das Seele-Seele-Problem und erörtern es ausführlich im Kapitel VII. Die Alltagspsychologie, für die Intentionalität und Bewusstsein zentral sind, dient zwar der wissenschaftlichen Psychologie als Beobachtungstheorie und ist insofern ein Teil letzterer, doch ist sie nicht naturalisierbar und ihre Reduktion auf die wissenschaftliche Psychologie zweifelhaft (ebd., S. 254). Die Reduktion des Bewusstseins auf neurophysiologische Sachverhalte ist also doppelt fragwürdig.

Den Einwand, bei der Leib-Seele-Identität gehe es nicht um tatsächliche Reduktionen, sondern nur um Reduzier*bar*keit, kontern die Autoren mit dem aus ihrem reichen wissenschaftshistorischen und -theoretischen Fundus geschöpften Hinweis, dass es zwecklos sei, sich in Spekulationen über den weit zukünftigen Stand der Wissenschaft zu ergehen, dass man sich vielmehr an ihren jetzigen Zustand und die sich darin konkret abzeichnenden Tendenzen halten müsse; dann könne man die Reduzierbarkeitsbehauptungen nur so skeptisch einschätzen und einen pragmatischen Dualismus pflegen, wie sie es tun. Ich nehme an, die vergangenen 15 Jahre intensiver psychologischer und neurophysiologischer Forschungen nötigen die Autoren zu keiner Revision ihres Urteils.

Ich will hier nun nicht allgemein Mittelstraß' pragmatischen Dualismus erörtern, wiewohl seine dezidiert wissenschaftstheoretische Begründung den Brennpunkt einer hochinteressanten Auseinandersetzung zum Verhältnis von Wissenschaftstheorie und Modallogik bilden könnte; das ist ein zu großes Feld für solch einen kleinen Beitrag. Ich will nur eine Ecke unter die Lupe nehmen, nämlich den Bewusstseinsbegriff, den Mittelstraß und Carrier einfach im üblichen Verständnis verwenden, der aber zweifelsohne unsere fortgesetzte begrifflich-philosophische Anstrengung verdient. Meine Explikation wird auf durchaus traditionellen Pfaden wandeln; ja, mir will scheinen, dass sie nichts weiter tut, als traditionelle Konnotationen in pointierter Weise zum Ausdruck zu bringen. Gerade deswegen wird sie aber nur das altbekannte und kein neues Licht auf das Leib-Seele-Problem werfen.

Der Aufsatz gliedert sich in zwei Teile. Zunächst werde ich mit meiner abstrakten Explikation ins Haus fallen, die etlicher Erläuterungen bedarf. Dann werde ich darlegen, inwiefern diese Explikation gerade die üblichen Bewusstseinsphänomene abdeckt, und einige teils bestätigende, teils vertiefende Folgerungen ausführen.[1]

1. Explikation

Ich bin bei Bewusstsein, jetzt zumindest und immer, wenn ich wach bin. Das ist der menschliche Normalzustand, dem der Ausnahmezustand der Bewusstlosigkeit gegenübersteht; auch im Schlaf bin ich nicht bewusstlos. Was ich dann jeweils spezifisch habe, wenn ich bei Bewusstsein bin, das ist gerade die Frage; unspezifisch können wir aber sagen, dass es jedenfalls Bewusstseinsinhalte sind.

Wir reden von vielen Dingen, deren ich mir bewusst bin. Ich bin mir mancher meiner Fehler bewusst; das heißt, ich kenne sie. Ich bin mir dessen bewusst, dass die Absenkung des Weihnachtsgeldes die Gehaltserhöhung aufgezehrt hat; das heißt, ich bin mir darüber im klaren oder, noch einfacher, ich weiß das.

Doch ist Bewusstsein nicht dasselbe wie Wissen; nicht jeder mögliche Wissensinhalt ist ein möglicher Bewusstseinsinhalt. Manches wissen wir, das meiste aber nicht; das heißt, von den meisten möglichen Inhalten wissen wir nicht, ob sie zutreffen oder nicht. Bewusstseinsinhalte aber sind, so sagt man gemeinhin, niemals in dieser Weise fraglich oder unbekannt. Sind sie realisiert, so wissen wir das auch immer, automatisch, von selbst. Man mag sich bloß scheuen, hier noch von Wissen zu reden, da diese Rede leer und dem Gewussten nichts hinzuzufügen scheint.

Meines Erachtens sind wir hier schon beim Kern der Sache. Das eben so Dahingesagte – und vielleicht schon philosophisch verbogen Dahingesagte – ist bereits unser Begriff des Bewusstseins, oder jedenfalls meine Explikation davon:

(B) p ist ein *möglicher Bewusstseinsinhalt* von a zum Zeitpunkt t genau dann, wenn notwendigerweise gilt: p genau dann, wenn a zu t p glaubt.

(B) enthält wenigstens acht Aspekte, die erläuterungsbedürftig sind.

(1) Bewusstseinsinhalte sind auf Zeitpunkte relativiert. (B) zufolge muss das so sein, weil die Überzeugungen von a auf Zeitpunkte relativiert sind, sich aber mit

1 Ich bin Andreas Kemmerling für zahlreiche Verbesserungen dankbar, die er mir trotz seines unbehebbaren Zweifels an meiner Hauptthese (B) aufgewiesen hat.

der Zeit ändern können; und natürlich sind die Bewusstseinsinhalte zu *t* nur mit den Überzeugungen zu *t* selbst wesentlich verknüpft. Diese Relativierung ist auch plausibel; nicht nur die tatsächlichen, auch die für mich möglichen Bewusstseinsinhalte können sich ändern. Wenn ich taub werde, verarmt mein Bewusstsein, wenn ich, wie es so schön heißt, mein Bewusstsein erweitere, so gewinne ich mögliche Bewusstseinsinhalte hinzu.

(2) Der Gegenstand *a* kann irgendeiner sein. Wenn *a* etwa ein Stein oder eine Zahl ist, dann kann *a* eben nichts glauben, und drum ist kein *p* ein Bewusstseinsinhalt von *a*. (Man mag sagen, dass die Rede davon, dass *p* kein Bewusstseinsinhalt von *a* ist, präsupponiere, dass *a* prinzipiell mit Bewusstsein begabt sei; doch ist die Präsupposition vernachlässigbar.) Menschen haben, so viel wissen wir, Bewusstseinsinhalte; was alles dazu zählt, bespreche ich im nächsten Abschnitt. Inwieweit meine Explikation auf Tiere anwendbar ist, ist mir nicht klar. Auch von Gruppen oder Organisationen kann man sagen, sie hätten so etwas wie Überzeugungen; gelegentlich reden wir sogar von einem kollektiven Bewusstsein. Womöglich gibt (B) in dieser Hinsicht etwas Positives her; wenn, wie Lewis (1969) argumentiert hat, das gemeinsame Wissen um Konventionen zu den Konventionen selbst gehört, so wären gemäß (B) Konventionen Inhalte des kollektiven Bewusstseins der fraglichen Gruppe. Doch will ich diesen Gedanken nicht verfolgen.

(3) Es ist zentral, (B) allgemein für *mögliche* Bewusstseinsinhalte zu formulieren. Man will ja nicht nur über Bewusstseinsinhalte reden, die einem Subjekt tatsächlich gegeben sind und dann von ihm automatisch geglaubt werden; man will allgemein sagen, dass sie, wenn sie gegeben wären, ipso facto geglaubt würden.

Es ist immer wieder darauf hingewiesen worden, dass sich die philosophische Rede von Bewusstsein gefährlich von der umgangssprachlichen entfernt – s. etwa Kemmerling (1998). Umgangssprachlich redet man in der Regel davon, dass jemandem etwas bewusst sei; das ist dann aber per definitionem ein tatsächlicher Bewusstseinsinhalt. Insofern weiche auch ich hier von der Umgangssprache ab; dessen muss man sich bei der weiteren Lektüre bewusst sein.

(4) Die Variable »*p*« ist vielleicht der heikelste Punkt von (B). Offenkundig soll *p* für mögliche Bewusstseinsinhalte stehen; was diese jedoch sein sollen, wollen wir erst herausfinden. Damit das zweite Vorkommnis von »*p*« in (B) Sinn ergibt, muss *p* aber wahr oder der Fall sein können; und damit das dritte Vorkommnis von »*p*« Sinn ergibt, muss *p* etwas sein, was man glauben kann. Dabei habe ich die übliche Ausdrucksweise »*a* glaubt, dass *p*« umgangen, eben um den Anschein zu vermeiden, »*p*« sei eine Satzvariable und stehe nur für etwas, das durch Sätze sprachlich ausgedrückt werden kann. Was soll *p* dann sein?

Nun, *p* soll für Propositionen stehen; das erklärt sowohl die Wahrheitsfähigkeit wie die Glaubbarkeit von *p*. Freilich vermehrt der Propositionsbegriff die Verwirrung, zumal im Kontext dieser Festschrift, in dem Propositionen zumeist als Satzbedeutungen, also als aus sprachlichen Begriffen zusammengesetzt verstanden werden. Das ist nicht mein Verständnis; für mich sind Propositionen einfach Mengen von Möglichkeiten, die sprachlich ausdrückbar sein mögen oder nicht. Wenn man die Möglichkeiten, die eine Proposition enthält, als mögliche Welten auffasst, so ist man bei einem Propositionsbegriff angelangt, der anderswo gang und gäbe ist. Inhalte, zumal Bewusstseinsinhalte, werden hier also immer nur als solche Mengen verstanden; und vieles, was ich sage, ergibt nur dadurch Sinn.

Dass die einschlägigen Propositionen nicht sprachlich ausdrückbar sein müssen, ist in unserem Zusammenhang ein Vorzug. Es ist ja unstrittig, dass unsere Fähigkeiten zur Farbidentifikation unsere Fähigkeiten der Farbbeschreibung weit übersteigen. *Diesen* Farbton habe ich wahrgenommen, das weiß ich genau, aber ich kann ihn nur annähernd als purpurn schillerndes Sepia beschreiben. So verhält es sich in aller Regel mit den Inhalten unseres phänomenalen Bewusstseins.

Propositionen im Sinne von Mengen von Möglichkeiten eignen sich für unsere Zwecke bestens. Eine solche Proposition kann wahr sein, nämlich wenn sie die tatsächliche Möglichkeit enthält, und man kann sie glauben, wie ich gleich noch ausführen werde. Vor allem kann sie auch ein Bewusstseinsinhalt sein. Das wird freilich erst dann einleuchten, wenn man die Unterscheidung von *transitivem* und *intransitivem* Bewusstsein berücksichtigt: Wenn ich einen bestimmten Schmerz spüre bzw. mir ein bestimmter Wunsch bewusst ist, so scheint die Empfindung oder der Wunsch selbst der Bewusstseinsinhalt zu sein; dieser wäre dann ontologisch wohl als Ereignis bzw. als Vorkommnis (nicht als Typ) eines Zustands zu kategorisieren, aber nicht als Proposition. Hier handelt es sich freilich ums transitive Bewusstsein. Ebenso gut kann man jedoch den Bewusstseinsinhalt auch in dem Umstand erblicken, *dass* ich einen solchen Schmerz bzw. einen solchen Wunsch habe. Dann reden wir vom intransitiven Bewusstsein. Diesen Umstand kann man sehr wohl als Proposition, als Menge möglicher Welten repräsentieren. Denn ich bin offensichtlich Teil der Welt, und dann sind Welten, in denen ich so und so empfinde bzw. das und das wünsche, Welten, die diesen Umstand realisieren. Mit der Explikation (B) beschränke ich mich also aufs intransitive Bewusstsein. Einerseits ist klar, dass dies keine echte Beschränkung ist; andererseits rutscht man leicht in den transitiven Sprachgebrauch, der hier aber – das ist zu betonen – immer im intransitiven Sinne zu verstehen ist.

(5) Im letzten Absatz deutete sich schon an, dass Bewusstseinsinhalte immer *indexikalische* Propositionen sind, die durch indexikalische Sätze der Form »ich bin, habe oder tue jetzt ...« ausgedrückt werden. Denn wer ich bin oder wann jetzt ist, darüber habe ich nie notwendigerweise Überzeugungen. Daher kann (B) auf p nicht zutreffen, wenn p nicht indexikalisch ist. Freilich sind auch indexikalische Propositionen Propositionen, nämlich Mengen so genannter zentrierter möglicher Welten, d. h. möglicher Welten, in denen ein Individuum und ein Zeitpunkt ausgezeichnet sind.

Dies wirft einen Zweifel gegenüber (B) auf. Dass das Subjekt *a* zu *t p* glaubt, ist ja seinerseits eine nicht-indexikalische Proposition (darüber, dass *a* zu *t* eine indexikalische Überzeugung hat). Wie aber kann eine solche Proposition mit der indexikalischen Proposition *p* notwendig äquivalent sein? Das ist in der Tat unmöglich. Freilich ist (B) so nicht zu lesen. Wenn *p* indexikalisch ist, dann ist auch $\Box(p \leftrightarrow G_{a,t}(p))$ indexikalisch. Bei der Interpretation der letzteren Aussage haben die indexikalischen Parameter »ich« und »jetzt« eben weiten Skopus bezüglich des (noch erläuterungsbedürftigen) Notwendigkeitsoperators. Diese Parameter werden also zunächst als *a* und *t* interpretiert, und dann steht der Wahrheit der Notwendigkeitsaussage nichts mehr im Wege.

(6) Dass dieser Begriff von Propositionen als Mengen von Möglichkeiten hier passt, liegt natürlich vor allem daran, dass er so neutral ist. Was soll es freilich heißen, eine solche Proposition zu glauben? Das müssen wir wissen, um (B) zu verstehen. Doch erscheint umgekehrt der Begriff des Glaubens zu vieldeutig, um darauf eine Bewusstseinsanalyse zu gründen:

Gibt es nicht bewusste und unbewusste Überzeugungen? Das sollte man nicht leugnen. Dann muss in (B) aber offenbar von ersteren die Rede sein – was (B) anscheinend in einen Zirkel verstrickt. Dieser Punkt wird uns noch beschäftigen. Ferner unterscheidet man zwischen manifesten oder okkurenten Überzeugungen, deren Inhalt einem gerade durch den Sinn geht, und bloß dispositionalen Überzeugungen, die sich in geeigneten Situationen zeigen. Das ist eine andere Unterscheidung; es wäre nicht richtig, Überzeugungen wegen ihrer Dispositionalität als unbewusst abzustempeln. Schließlich haben unsere Überzeugungszuschreibungen drei verschiedenen Quellen; wir erschließen die Überzeugungen eines Subjekts nach komplexen Regeln erstens aus dem, was es nicht-sprachlich tut, zweitens aus dem, was es anscheinend aufrichtig und ernsthaft sagt, und drittens aus dem, was es wahrzunehmen scheint. Dass alle drei Arten von Daten in die gleiche Richtung weisen und so zu einem einheitlichen Glaubensbegriff führen, ist mitnichten garantiert.

Hier betreten wir ein schwieriges Terrain, das ich in der Kürze nicht befriedigend sondieren kann. Ich will nur sagen, welcher Glaubensbegriff mir grundlegend erscheint, nämlich der, wonach die Proposition *p* zu glauben darin besteht, alle Möglichkeiten, die nicht in *p* enthalten sind, auszuschließen. Letzteres heißt dabei, die folgende Disposition zu haben: wenn man mit einer solchen Möglichkeit, eigentlich einer ganzen zentrierten möglichen Welt, konfrontiert würde – *und zwar realiter*, nicht bloß mit einer Darstellung oder einem Bericht von dieser Möglichkeit – und wenn man diese Möglichkeit gründlichst und vollständig inspizieren könnte, dann würde man zu dem Urteil kommen, d. h. sagen, dass diese Möglichkeit nicht der tatsächlichen Welt entspricht. Warum formuliere ich das so verdrechselt negativ? Weil man nur zu solchen negativen Urteilen disponiert wäre; über die in der Proposition *p* enthaltenen Möglichkeiten kann man ja nur urteilen, dass sie, sofern sie nicht durch andere Überzeugungen ausgeschlossen würden, der tatsächlichen Welt entsprechen *könnten.*

Das ist ein extrem dispositioneller Glaubensbegriff – in dem Sinne, dass die beschriebene Testsituation extrem kontrafaktisch ist. Gleichwohl, so werde ich im nächsten Abschnitt argumentieren, ist er ein Begriff des bewussten Glaubens. Dadurch, dass sich dies aus der oben gegebenen Erläuterung ergibt und nicht explizit in (B) hineingesteckt wurde, werde ich der Zirkeldrohung zu entgehen suchen.

(7) So bleibt noch das »notwendigerweise« in (B) zu erläutern. Hiermit ist keine logische Notwendigkeit gemeint; dazu müsste es sich auf etwas logisch Strukturiertes beziehen, was Propositionen gemäß obiger Erläuterung nicht sind. Auch steht es nicht für epistemologische Notwendigkeit oder Apriorität; diese scheint sich mir aber aus der Charakterisierung (B) zu ergeben. Erst recht ist keine bloß psychologische oder kausale Notwendigkeit gemeint; das wäre alles zu schwach. Vielmehr geht es hier um metaphysische Notwendigkeit, wie sie seit Kripke (1972) heißt: Wenn *p* ein Bewusstseinsinhalt von *a* zu *t* ist, dann gibt es keine mögliche Welt – und das heißt immer schon: keine metaphysische Möglichkeit –, in der *p* auftritt, aber *a* zu *t* *p* nicht glaubt, oder vice versa; dann stehen »*p*« und »*a* glaubt zu *t p*« für *dieselbe* Proposition oder denselben Sachverhalt, für dieselbe Menge von Möglichkeiten. In einer Welt, in der das auseinander fiele, wären nicht bloß Naturgesetze verletzt, wie sie bei uns bestehen; es fiele dort Identisches auseinander, und deswegen kann es eine solche Welt nicht geben.

(8) Die Rede von Überzeugungen, die ich hier durchweg pflege, ist bekanntermaßen prinzipiell ambig; damit können immer Überzeugungsinhalte oder Überzeugungszustände gemeint sein. Diese Ambiguität hat viel philosophische Verwirrung gestiftet, und es ist eine sprachliche Mühe, sie zu vermeiden. Drum ist es wichtig zu betonen, dass sie – sofern (B) richtig ist – in Bezug auf Bewusstseinsinhalte verschwindet; der Witz von (B) ist ja gerade, für Bewusstseinsinhalte die Identität von Inhalt und Zustand zu behaupten. Wenn ich mir hier diese Mühe nicht mache, so hat das also auch diesen sachlichen Grund.

2. Anwendungen und Folgerungen

Überprüfen wir, ob die Explikation wirklich auf das passt, worauf wir umgangssprachlich das Wort »Bewusstsein« anwenden. Dabei geht es vor allem um das Bewusstsein von unseren Eindrücken, Empfindungen, Gefühlen etc., welches als *phänomenales Bewusstsein* bezeichnet wird, ferner um das Bewusstsein von unseren Gedanken, Meinungen, Wünschen, Befürchtungen u.ä., welches ich hier als *intentionales Bewusstsein* bezeichne, und um das *Selbstbewusstsein*, welches irgendwie allem zugrunde zu liegen scheint. Ich erörtere die drei Dinge der Reihe nach und will dabei auf einige weitere in der philosophischen Diskussion geläufige Unterscheidungen eingehen.

(1) Beim phänomenalen Bewusstsein, das uns gleichsam am sinnenfälligsten ist, geht es um Bewusstseinsinhalte wie: ich sehe gerade einen Fleck einer bestimmten Rotfärbung (philosophendeutsch: ich habe gerade einen bestimmten Rot-Eindruck), ich habe pochende Kopfschmerzen, ich fühle die Empörung in mir aufsteigen, etc. Sobald ich solche Empfindungen habe, glaube ich das auch – jedenfalls im oben erläuterten Sinne. Denn wann immer ich in einem solchen Empfindungszustand bin, habe ich gleichzeitig die Fähigkeit, Veränderungen dieses Zustands zu bemerken, d. h. von möglichen Empfindungszuständen zu sagen, ob sie dem, in dem ich mich befinde, gleichen oder nicht, d. h. den oben mittels zentrierter möglicher Welten formulierten Glaubenstest zu bestehen.

Diese Fähigkeit oder Disposition besteht mehr oder weniger lange. Manche Empfindungen mögen sich derart in mein Gedächtnis einbrennen, dass ich auch nach Jahren weiß, wie sie waren. Die meisten Empfindungen sind allerdings höchst flüchtiger Natur, so dass man kurz danach nicht mehr weiß, was man empfunden hat, d. h. den Vergleichstest nicht mehr besteht. Im Moment der Empfindung selbst haben wir aber die besagte Fähigkeit.

Natürlich gibt es hier eine Grauzone. Wir alle wissen, dass unsere Aufmerksamkeit für unsere Empfindungen stark schwankt und dass die Fähigkeit, Veränderungen zu bemerken, mit der Aufmerksamkeit zusammenhängt. Freilich ist der Grad der Aufmerksamkeit Teil des Empfindungszustands. Wenn ich so konzentriert an meinem Manuskript arbeite, dass ich gar nicht merke, wie hungrig ich bin, dann habe ich insofern keinen Hunger. Den Psychologen gefällt es, in diese Grauzone einzudringen, z. B. die Reize so kurz darzubieten, dass die Aufmerksamkeit gar nicht die Zeit hat, die sie braucht. Was dann passiert, ist einerseits hochinteressant, hat andererseits aber wenig Aussagekraft für den alltäglichen Bewusstseinsbegriff, der für diese Grauzone nicht gebaut ist.

Das Gesagte bedeutet auch nicht, dass alle Empfindungen bewusst wären. Schmerz- und Sinnesempfindungen sind wohl immer bewusst; wenn man sie nicht spürt, hat man sie nicht. Aber man kann jemanden bewundern oder verachten, ohne sich dessen bewusst zu sein; auch solches wird zu Empfindungen oder Gefühlen gerechnet. Für Stimmungen, die oft von langsameren, dunkleren Gefühlen begleitet sind, haben wir häufig keine Selbsteinschätzung. Usw. Es sind eben nur die Empfindungen bewusst, die es sind.

(B) passt also, so scheint es, glatt zu unserem Verständnis von phänomenalem Bewusstsein. In der Tat klingt mir das Gesagte so selbstverständlich – vielleicht habe ich zu viel traditionelle Philosophie gelesen –, dass schwer zu sehen ist, was man dagegen einwenden soll. Betrachten wir also einige Bedenken.

Carrier und Mittelstraß (1989, S. 103 f., S. 195 ff.) weisen mehrfach darauf hin, dass Introspektion, d. h. bewusste Selbstwahrnehmung, schon deswegen nicht, wie es (B) erzwingt, infallibel sei, weil keine Garantie dafür bestehe, dass man die eigenen seelischen Vorgänge unter die richtigen Begriffe bringt. Diese Garantie besteht in der Tat nicht. Sie wird für die obige Infallibilität aber auch gar nicht benötigt. Dass der Fleck *so* für mich aussieht, darüber kann ich mich in diesem Moment nicht täuschen, sehr wohl aber darüber, dass er für mich magenta ausschaut (weil ich »magenta« falsch gelernt haben mag). Genau deswegen war es wichtig, dass ich die Propositionen, die Bewusstseinsinhalte sein sollen, unabhängig von sprachlichen Begriffen charakterisiert habe.

Pollock (1986, S. 32) ist der einzige Ort, an dem ich die These (B) explizit so stark gefunden habe, wie ich sie meine: nämlich dass der Zustand »of being appeared to in a certain way« und der Zustand »of thinking of being appeared to in that way« ein und derselbe Zustand seien. Er nennt das die Identitätsthese, die er für völlig unplausibel hält – mit dem Hinweis darauf, dass diese These eine negative Identität einschlösse der Form, dass man, wenn man keinen Rot-Eindruck einer bestimmten Art habe, dies dann auch denken müsse. Er erörtert noch eine Abschwächung der Identitätsthese, die aber wieder seinen Einwänden nicht standhält. Die Crux von Pollocks Argumentation ist freilich immer dieselbe: er fasst das Denken, in einem bestimmten Zustand zu sein, gleichsam als begleitenden Vorgang auf. Dann hat er natürlich recht; die unzähligen negativen Charakterisierungen meiner Empfindungen kann ich unmöglich alle mitdenken. Aber das heißt nur, dass das die falsche Auffassung von der Reflexivität des Bewusstseins ist. Setzt man in die Identitätsthese den von mir konzipierten Glaubensbegriff ein, so gerät man nicht in diese Schwierigkeit; dass man *nicht* so-und-so empfindet, ist dann ebenso ein Bewusstseinsinhalt, da man in dem von mir angenommenen Glaubenstest gerade bestätigen würde, dass man nicht so-und-so empfindet.

In Bezug auf das phänomenale Bewusstsein übersteht die Explikation (B) also zumindest die nahe liegenden Einwände.

(2) Wie steht es nun mit dem intentionalen Bewusstsein? Zunächst ist zu betonen, dass sich meine bewussten mentalen Aktivitäten nicht in meinen Empfindungen und Gefühlen erschöpfen; ich denke, ich rechne, ich suche nach Formulierungen und Erinnerungen, etc., und auch das ist mir alles bewusst. Diese Form des Bewusstseins gleicht insofern dem phänomenalen Bewusstsein, auch wenn dabei keine Qualia oder phänomenalen Qualitäten gegeben sein mögen. Man hat dafür auch den Begriff des *monitoring consciousness* geprägt, der freilich in der Literatur recht unterschiedlich verstanden wird (vgl. Block, 1994, S. 213).

Wie auch immer, das intentionale Bewusstsein, das sich auf propositionale oder intentionale Einstellungen, also insbesondere auf bewusste Überzeugungen und Wünsche bezieht, ist nicht von dieser Art. Ich habe zu jedem Zeitpunkt sehr viele bewusste Überzeugungen und Wünsche, deren Inhalte mir natürlich nicht alle momentan durch den Kopf gehen können. Umgekehrt sind unbewusste Überzeugungen und Wünsche, deren Existenz man ja einräumen muss, nicht solche, deren Inhalt mir nicht gerade vor dem geistigen Auge steht. Auch bewusste Überzeugungen und Wünsche sind in aller Regel nur als Disposition vorhanden, aber eben als Disposition, die Frage, ob man sie habe, zu bejahen.

Von daher haben wir es vorderhand mit etwas ganz Anderem zu tun als mit dem phänomenalen Bewusstsein. Dass man verschiedene Bewusstseinsbegriffe unterscheiden muss, ist immer wieder vermutet und auch begrüßt worden (vgl. etwa Rosenthal, 1986, S. 334 ff., Block, 1994, S. 216 f., Burge, 1995, oder Kemmerling, 1998). Vielleicht ist das so. Doch liegt die einfachste Erklärung für die verschiedenen Verwendungsweisen eines Wortes nach wie vor darin, dass es dabei immer dieselbe Bedeutung hat. So scheint es mir auch hier. Jedenfalls passt die Explikation (B) auch auf das intentionale Bewusstsein:

Zunächst ist festzustellen, dass mein Glaubenstest aus Abschnitt 1 trivialerweise reflexiv ist. Ich finde mich ja in einer zentrierten möglichen Welt nur dann wieder, wenn ich dort die Überzeugungen habe, die ich mir hier zuschreibe. Insofern gilt in diesem Sinne von »glauben« für jedes *p*: ich glaube, dass *p*, genau dann, wenn ich glaube, dass ich glaube, dass *p* – wie es von Anfang an als Reflexionsprinzip in der doxastischen Logik (s. Hintikka 1962, S. 23 ff.) verankert wurde. Das heißt zugleich, dass das Glauben, von dem in (B) die Rede ist, bewusstes Glauben ist. Das setzt wiederum eine Iteration in Gang; wenn *p* ein Bewusstseinsinhalt ist, so glaube ich nicht nur *p*, sondern ich glaube auch, dass ich *p* glaube, etc. Das intentionale Bewusstsein deckt sich insofern durchaus mit dem, was als *higher-order-thought-consciousness* bezeichnet wird (vgl. Rosenthal, 1986, S. 336). Allerdings ist das höherstufige Glauben wiederum dispositionell und nicht als aktueller Denkvorgang über sich selbst zu verstehen. Auch ist die Iteration eine unechte; gemäß (B) handelt es sich dabei immer um ein und denselben Zustand und nicht etwa um unendlich viele verschiedene Glaubenszustände.

Es fragt sich umgekehrt, wie ich nach diesem Bild überhaupt eine unbewusste Überzeugung haben kann. Betrachten wir ein Beispiel: Hans beteuert regelmäßig und ersichtlich aufrichtig, dass mit seiner Ehe alles zum besten stehe. Der Außenstehende spürt aber, dass er seiner Frau innerlich entfremdet ist; und so seltsam, wie Hans sich verhält, hat er die Beziehung offenbar schon aufgegeben. In solch einem Fall könnte man sagen, dass Hans unbewusst glaube, dass seine Ehe verloren ist, und er sich das bloß noch nicht bewusst gemacht habe.

Doch besteht diese unbewusste Überzeugung meinen Glaubenstest nicht. Hans' Gegenstück in einer zentrierten möglichen Welt möge sich ebenso seltsam verhalten. Von diesem Gegenstück würde auch Hans sagen, dass es diese unbewusste Überzeugung hat. Hans würde womöglich nicht ausschließen, dass er das ist;

er würde ja vielleicht die Möglichkeit unbewusster Überzeugungen einräumen wollen. Aber er würde nicht *glauben*, dass er das ist; ein Gegenstück, das sich normal im Sinne seiner bewussten Überzeugungen verhält, ist erst recht eine doxastische Möglichkeit für ihn. Wenn ihm klar wäre, wie seltsam er sich verhält, und er solche ›normalen‹ Gegenstücke ausschließen könnte, so wäre seine Überzeugung nicht mehr unbewusst.

Für bewusste und unbewusste Wünsche und andere Einstellungstypen gilt mutatis mutandis dasselbe.

(3) Dem, was als Selbstbewusstsein beschrieben wird, kann ich hier nicht gerecht werden; schon die aktuelle Literatur etwa von Tugendhat (1979) bis Metzinger (2003) zeigt, dass es sich hier offenbar um ein höchst komplexes Phänomen handelt. Ich möchte nur, in durchaus traditionellem Geiste, anmerken, dass gemäß der Explikation (B) die Proposition, dass ich jetzt existiere oder denke oder zweifle oder Bewusstsein habe, ebenfalls zu den Bewusstseinsinhalten gehört. Denn dass ich jetzt existiere (und denke, etc.) ist eine Überzeugung a priori, die ich notwendigerweise habe, sofern ich überhaupt irgend etwas glauben kann (in dem in Abschnitt 1 erläuterten Sinne); das scheint mir die beste Explikation von Apriorität zu sein (s. Spohn, 2000). Dass die Fähigkeit, überhaupt etwas (bewusst) zu glauben, etwas sehr Komplexes ist, ist gewiss wahr. Aber vielleicht reduziert sich das, was die Philosophen traditionell unter Selbstbewusstsein verstanden haben, auf so einen einfachen Sachverhalt.

Diese Beobachtung mag den Verdacht nähren, dass alle Propositionen a priori Bewusstseinsinhalte sind, z. B. auch die, dass $2 + 2 = 4$ ist. Dem ist aber nicht so; der arithmetische Sachverhalt ist nicht derselbe wie der, dass ich an ihn glaube, einfach weil meine Existenz kontingent ist. Insofern sind es nur die indexikalischen oder, wie man sagen könnte, Cartesischen Aprioritäten, die das Selbstbewusstsein ausmachen.

Aus der Explikation (B) ergeben sich einige Schlussfolgerungen, die bemerkenswert sind, teils insofern, als sie traditionelle Bewußtseinsphilosopheme sind und so (B) weitere Bestätigung verleihen. Vier solcher Folgerungen möchte ich kurz ausführen.

(4) Die notwendige Äquivalenz oder Identität von Bewusstseinsinhalten mit dem Glauben an sie geben ihnen einen merkwürdigen Sonderstatus, der in der Literatur von jeher beobachtet worden ist. Wittgenstein (1953, §§ 288 ff.) meint etwa, dass die Anwendung epistemischen Vokabulars wie »ich zweifle« oder »ich weiß« auf »ich habe Schmerzen« nicht zum Schmerz-Sprachspiel gehöre; doch soll das nur heißen, dass damit der Aussage »ich habe Schmerzen« nichts hinzugefügt oder abgezogen werden kann. Man mag ferner mit dem Verweis auf Humes Kriterium der ontologischen Unabhängigkeit von Überzeugungszustand und Überzeugungsinhalt behaupten, es handle sich bei Bewusstseinsinhalten um gar keine echten Überzeu-

gungen; das heißt dann aber, dass ausgerechnet Bewusstseinsinhalte *keine* möglichen Überzeugungen sind.

Auf die eine oder andere Weise *muss* man den Sonderstatus von Bewusstseinsinhalten beschreiben. Ich finde, dass (B) es auf die angemessenste Weise tut (darin folge ich Benkewitz, 2004, Kap. 3), insofern (B) keine Redeverbote aufstellt, aber auch sagt, dass die Überzeugungen, die man als Bewusstseinsträger hat, zur Sache nichts hinzutun, keinen ontologischen Mehrwert haben; das macht, wie gesagt, die Iteration des Glaubensprädikats ontologisch harmlos.

(5) Dieser Sonderstatus ist vor allem in erkenntnistheoretischer Hinsicht merkwürdig – worauf hier wenigstens hingewiesen sei, auch wenn ich diese Merkwürdigkeit hier nicht ausloten kann. Die von (B) behauptete Identität von Glaubenszustand und Glaubensinhalt wird in der Literatur häufig als Transparenz des Bewusstseins und als privilegierter Zugang, den wir zu unseren Bewusstseinsinhalten haben, beschrieben. Ein eigener Bewusstseinsinhalt liegt uns klar vor Augen, es ist uns nichts an ihm verborgen. Und weil uns nichts an ihm verborgen ist, können wir uns nicht über ihn täuschen; das ist eine metaphysische Unmöglichkeit. Aus (B) folgt also die Infallibilität unserer Bewusstseinszustände. Da das häufiger behauptet als bezweifelt worden ist, begrüße ich diese Folgerung.

Doch hat die Folgerung auch einen Preis. Aufgrund ihrer Infallibilität scheinen sich Bewusstseinsinhalte besonders gut als Erkenntnisbasis im Rahmen einer fundamentalistisch konzipierten Erkenntnistheorie zu eignen; darin wurzelte ja von jeher das besondere erkenntnistheoretische Interesse an ihnen. Freilich war in der fundamentalistischen Konzeption immer unklar und umstritten, ob diese Basis internalistisch oder externalistisch zu verstehen sei, als in den Kreis der Überzeugungen eingeschlossen oder nicht. Eine externalistische Basis lieferte ein echtes *fundamentum in re* und erschien daher attraktiv; doch schien umgekehrt nur eine internalistische Basis die Begründungsleistung erbringen zu können, die der Fundamentalist von ihr erwartet.

Wenn (B) richtig ist, dann ist das eine falsche Opposition, denn es gibt dann keinen geschlossenen Kreis der Überzeugungen. Vielmehr sind insbesondere phänomenale Bewusstseinsinhalte gemäß (B) merkwürdige Zwitter, die sowohl Überzeugungen wie Nicht-Überzeugungen sind. Gerade deswegen, so scheint es, können Bewusstseinsinhalte die Scharnier-Funktion erfüllen, die der Fundamentalist benötigt. Diese Funktion wird meines Erachtens freilich von einer weiteren Eigenheit von Bewusstseinsinhalten vereitelt. Denn auch wenn sie zugleich Überzeugungen sind, so können sie doch nicht – so argumentiere ich jedenfalls in Spohn, 1999, Abschn. 6 – in Begründungsverhältnisse eintreten; der Kreis der Gründe und Begründungen bleibt doch geschlossen. Diese Argumentation setzt freilich eine bestimmte Explikation von Gründen oder Begründungen voraus, die zumindest diskussionswürdig ist.

Diese Bemerkungen sollen nur klarmachen, dass die erkenntnistheoretische Rolle von Bewusstseinsinhalten höchst delikat ist, und vielleicht die Hoffnung wecken, dass sich diese Rolle auf der Grundlage einer Explikation wie (B) besser diskutieren lässt.

(6) Eine weitere, meines Erachtens begrüßenswerte Folge von (B) ist, dass Bewusstseinsinhalte ipso facto nicht nur geglaubt, sondern gewusst werden. Denn gemäß (B) ist jede Überzeugung, die einen Bewusstseinsinhalt zum Inhalt hat, auch wahr. Wissen ist freilich mehr als wahre Überzeugung. Was hinzutreten muss, ist bekanntlich umstritten. Aber man könnte es hinreichend vage als eine Art Wahrheitsgarantie umreißen, und der Streit geht dann um die angemessene genauerer Beschreibung dieser Garantie. In diesen Streit brauchen wir uns jetzt aber nicht einzumischen. Denn was immer man genau unter dieser Garantie verstehen soll, es ist klar, dass Bewusstseinsinhalte die denkbar beste Garantie liefern; wenn der Inhalt mit der Überzeugung identisch ist, so ist kein Keil mehr zwischen beide zu treiben und die Wahrheitsgarantie für die Überzeugung perfekt.

(7) Was schließlich die allgemeine Leib-Seele-Problematik angeht, so verhält sich, so weit ich sehe, die Explikation (B) neutral dazu. Das Bewusstsein mag für eine Reduktion von Psychischem auf Physisches besondere Probleme aufwerfen (ich für meinen Teil sehe das nicht und bleibe hart gesottener Typ-Typ-Identitätstheoretiker – aber das steht auf einem anderen Blatt; s. Spohn, 1997). Aber wenn das so ist, dann verschärft sich die Problemlage nicht durch (B). Zwar ist es korrekt zu sagen, dass (B) Bewusstseinsinhalte durch eine ihnen wesentliche Eigenschaft auszeichnet – nichts anderes in dieser Welt hat auch diese wesentliche Eigenschaft – und dass diese wesentliche Eigenschaft ihrerseits wieder eine mentale ist, nämlich die entsprechende Überzeugung. Das heißt aber nicht, dass (B) die einzige wesentliche Eigenschaft von Bewusstseinsinhalten angibt, ihr Wesen also erschöpft. Durch nichts ist so weit ausgeschlossen, dass beider Wesen, das der Bewusstseinsinhalte wie das der damit identischen Überzeugungen, in einer bestimmten materiellen Konstruktion besteht. Auch wenn, um einen banalen Vergleich zu wählen, Wasser wesentlich auf bestimmte Weise aus Wasser- und Sauerstoff zusammengesetzt ist, so verbietet das ja nicht, nach dem subatomaren Wesen von Wasser wie von Wasser- und Sauerstoff zu suchen.

Insofern diente mein Beitrag, wie eingangs gesagt, zur Zuspitzung der Diskussionslage; Mittelstraß' pragmatischer Dualismus wird davon zunächst nicht tangiert.

Literaturverzeichnis

Benkewitz, Wolfgang, 2004, *Wahrnehmen, Glauben und Gegenstände. Eine historisch-systematische Untersuchung*, Heidelberg: Synchron.

Block, Ned, 1994, »Consciousness«, in: Guttenplan, S. (Hrsg.), *A Companion to the Philosophy of Mind*, Oxford: Blackwell, S. 210–219.

Burge, Tyler (1995), »Zwei Arten von Bewußtsein«, in: Metzinger, 1995, S. 583–594.

Carrier, Martin/Mittelstraß, Jürgen, 1989, *Geist, Gehirn, Verhalten. Das Leib-Seele-Problem und die Philosophie der Psychologie*, Berlin: de Gruyter. [Engl. Übersetzung und Überarbeitung: *Mind, Brain, Behavior. The Mind-Body Problem and the Philosophy of Psychology*, Berlin/New York: de Gruyter, 1995].

Hintikka, Jaakko, 1962, *Knowledge and Belief*, Ithaca, N.Y: Cornell University Press.

Kemmerling, Andreas, 1998, »Eine Handvoll Bemerkungen zur begrifflichen Übersichtlichkeit von ›Bewußtsein‹«, in: Esken, Frank/Heckmann, Heinz-Dieter (Hrsg.), *Bewußtsein und Repräsentation*, Paderborn: Schöningh, S. 55–71.

Kripke, Saul A., 1972, »Naming and Necessity«, in: Davidson, D./Harman, G. (Hrsg.), *Semantics of Natural Language*, Dordrecht: Reidel, S. 253–355; [erw. Buchausgabe: Oxford: Blackwell, 1980; dt. Übersetzung davon: *Name und Notwendigkeit*, Frankfurt/M: Suhrkamp, 1981].

Lewis, David, 1969, *Convention: A Philosophical Study*, Cambridge, Mass: Harvard University Press. [Dt. Übersetzung: *Konventionen. Eine sprachphilosophische Abhandlung*, Berlin: de Gruyter, 1975].

Metzinger, Thomas (Hrsg.), 1995, *Bewußtsein. Beiträge aus der Gegenwartsphilosophie*, Paderborn: Schöningh.

Metzinger, Thomas, 2003, »Phänomenale Transparenz und kognitive Selbstbezugnahme«, in: Haas-Spohn, U. (Hrsg.), *Intentionalität zwischen Subjektivität und Weltbezug*, Paderborn: Mentis, S. 411–459.

Pollock, John L., 1986, *Contemporary Theories of Knowledge*, Totowa, NJ: Rowman & Littlefield.

Rosenthal, David M., 1986, »Two Concepts of Consciousness«, in: *Philosophical Studies*, 49, S. 329–359.

Spohn, Wolfgang, 1997, »The Character of Color Predicates: A Materialist View«, in: Künne, W./Newen, A./Anduschus, M. (Hrsg.), *Direct Reference, Indexicality and Propositional Attitudes*, Stanford: CSLI, S. 351–379.

Spohn, Wolfgang, 1999, »Two Coherence Principles«, *Erkenntnis*, 50, S. 155–175.

Spohn, Wolfgang, 2000, »Über die Struktur theoretischer Gründe«, in: Mittelstraß, J. (Hrsg.), *Die Zukunft des Wissens: Vorträge und Kolloquien des 18. Deutschen Kongresses für Philosophie*, Berlin: Akademie-Verlag, S. 163–176.

Tugendhat, Ernst, 1979, *Selbstbewußtsein und Selbstbestimmung*, Frankfurt a. M.: Suhrkamp.

Geist und Natur
Bemerkungen zu ihren normativen Grundlagen

Friedrich Kambartel

Über das Verständnis der geistigen Erscheinungen unseres Lebens und ihre Beziehungen zu den naturartigen oder naturwissenschaftlich erforschbaren Beständen hat sich seit langem ein immer dichteres Begriffs- und Argumentationsgestrüpp gelegt.[1] Auf der Seite der Technik- und Naturwissenschaften sind daran vor allem die Gehirnphysiologie, die Computerwissenschaften, die Biophysik und -chemie, die Molekularbiologie und Genetik, schließlich die ganze Gruppe der so genannten Kognitionswissenschaften, aber auch die Evolutionstheorie beteiligt. Auch die innerphilosophische Spekulation und Analyse, unter dem Titel *Philosophie des Geistes* betrieben, steht dem an Komplexität der Diskussionslagen nicht nach. Hier treten Naturalismus und Antinaturalismus, Materialismus und Dualismus, computerorientierte Ansätze, Funktionalisten, Intentionalisten und Bewusstseinsphilosophen und allerlei weitere Großperspektiven auf.

Ich möchte im Folgenden, gewissermaßen an dieser unübersichtlichen Situation vorbei, einen Vorschlag zur begrifflichen Neuordnung (eines Teiles) der Verhältnisse vorlegen, einen Vorschlag, mit dessen Grundzügen ich mich seit einiger Zeit beschäftige, ohne doch schon zu einem abgeschlossenen Gedankenprodukt gelangt zu sein. Die Leser mögen das Ganze daher vorläufig als eine Art Gedankenexperiment betrachten. Wenn es um ein Etikett geht, so könnte man vielleicht von einer pragmatisch-normativen Annäherung sprechen, meinetwegen auch von *normativem Pragmatismus*, der meines Wissens in der Philosophie des Geistes, auch im angelsächsischen Pragmatismus, abgesehen von Robert B. Brandoms Ansätzen, noch nicht versucht worden ist. Meine noch sehr tentative Einstellung bezieht sich dabei auf die Ausführung, nicht auf meine am ehesten von Kant und Wittgenstein beeinflusste begriffliche Grundperspektive, die ich in der Tat für die einzig sinnvolle halte.

Ausgangspunkt meiner Überlegungen sind zwei uns vertraute Bestände unserer praktischen Lebenswelt: Wir können nämlich bei Zuständen, Vorgängen, Ereignissen unseres Lebens unterscheiden zwischen Fällen, in denen uns dies alles *zustößt* (zum einen) – und (auf der anderen Seite) Situationen, in denen wir selbst die Urheber sind; indem wir etwas *tun* oder (durch unser Tun) *veranlassen*. Kurz: Wir können unterscheiden zwischen unseren eigenen *Handlungen* und (den) *Widerfahrnissen*, von denen wir *betroffen* sind. Wir erfahren, verstehen uns als *Subjekt* von *Handlungen* ebenso wie als *Subjekt*, das von *Widerfahrnissen* betroffen ist (im Unter-

---

1 Orientierung verdanken wir auch hier Jürgen Mittelstraß; vgl. Carrier/Mittelstraß, 1989.

schied zum Stein, der nicht handelt, wenn er ins Rollen kommt, und der beim Aufprall auf den Boden nicht das Subjekt eines Widerfahrnisses ist).

Ich gehe also davon aus, dass wir selbst und nicht etwa die besondere kausale Einwirkung eines (unseres) Willens unsere Handlungen hervorbringt, auch nicht die Kausalität von Gründen oder gar ihrer unterstellten gehirnphysiologischen Substrate. Das ist im Kern die Kantische Einsicht der Handlungskausalität aus Freiheit, die Wittgenstein in den Philosophischen Untersuchungen auf die kurze Formel gebracht hat: »Der Wille muß das Handeln selber sein«.

(Nebenbei bemerkt: Einen starken Willen hat demnach diejenige Person, die in der Regel ihre kundgegebenen oder sonst ersichtlichen Handlungsabsichten *ausführt* oder sich nach Kräften darum *bemüht*.)

Es gehört, heißt das alles insbesondere, zu unserem *Begriff* des Handelns, dass wir über Handlungen *verfügen*, sie tun oder lassen können.

Dass wir selbst *Betroffene* oder *Urheber* von Erscheinungen unserer praktischen Lebenswelt sind, macht deren ebenso unbestreitbare wie unverlierbare *Subjektivität* aus: In diesem Sinn ist die praktische Lebenswelt für jede und jeden von uns ihre besondere Welt. Es spricht im übrigen vieles dafür, dass nicht nur wir Menschen, sondern auch eine Reihe höherer Tiere eine subjektive Welt in diesem Sinne besitzen. Ich möchte solche Tiere nicht schon deswegen, und daher natürlich auch uns Menschen nicht schon deswegen, *geistige* Wesen nennen.

Teil der begrifflich-praktischen Situation, in der wir uns als Handlungssubjekte vorfinden, ist es ferner, dass wir uns *gegenseitig* als Subjekte von Handlungen verstehen (und dabei wiederum i. a. auch manche höhere Tiere ein Stück weit einschließen). Dass dem so ist (das gegenseitige Begreifen als Autoren von Handlungen), bildet die Grundlage für die Einrichtung *vereinbarten* Handelns zwischen Menschen; indem nämlich menschliches Handeln durch gemeinsame Handlungsorientierungen *beschränkt* wird, deren Geltung oder praktische Anerkennung selbst durch ein bestimmtes Handeln der Beteiligten zustande kommt oder aufrechterhalten wird. Ich möchte, bezogen auf solche Situationen, von *Normen* und *Normativität* reden, in einem sehr allgemeinen Sinne der Worte.

Der von mir vorgeschlagene Weg zu einem Verständnis der geistigen Erscheinungen, aber auch des (in der Philosophie des Geistes derzeit dominierenden) wissenschaftlichen Naturverständnisses geht nun von der so skizzierten praktischen Grundsituation aus. Wenn Sie mir auf diesem Wege folgen, beherzigen wir für den Beginn und die Orientierung unseres Unternehmens also zwei Grundsätze: »Am Anfang war die Tat« (wie es Goethes Kantianer Faust formuliert) und »It is norms all the way down«, mit einem Diktum von Robert B. Brandom.

Was wir das Geistige, die geistigen Erscheinungen in unserem Leben, nennen, erwächst nach meinem Vorschlag also aus einer besonderen Art von Handlungsnormen:

Normen einer ersten Art sind zunächst allgemein akzeptierte Orientierungen für unser bereits *gegebenes Handeln*. Hier sind also die Handlungen, welche den Normen unterliegen, bereits unabhängig von diesen verfügbar. Verkehrsregeln etwa sind i. a. von dieser Art. Die Fahr- oder Gehbewegungen, die sie regeln, sind uns vorab schon vertraut, insbesondere als praktische Fähigkeiten erwerbbar. Dasselbe gilt für Vorschriften, welche für bestimmte Handlungen Strafen festlegen, oder für die Vereinbarung reihum zu erfüllender Pflichten in einer Hausgemeinschaft. – Normen dieser Art heißen in der Philosophie i. a. *regulativ*.

Anders liegen die Verhältnisse, wenn Normen bestimmte Handlungen überhaupt erst *konstituieren*. Hier entstehen die Handlungen (oder Handlungsmöglichkeiten), auf welche sich die Normen, sie orientierend, beziehen, gewissermaßen durch diese Normen und zugleich mit ihnen.

Dies ist etwa bei Spielregeln der Fall, welche ein spielinternes Handeln zugleich begrenzen und erschaffen (die *Rochade* im Schach); oder bei den vielfältigen Vertragskonstruktionen des Bürgerlichen Rechts, die durch bestimmte ausgezeichnete Handlungen, etwa festgelegte Zustimmungsgesten, in Kraft gesetzt werden und damit diese Gesten zu rechtsintern folgenreichen *neuen*, institutionellen Handlungen werden lassen.

Für den Aufbau, die Entwicklung einer geistigen Sphäre ist ein konstituierter Bereich unserer Praxis wesentlich, den ich das *symbolische Handeln* nennen möchte. Dazu gehören insbesondere *sprachliche* Handlungen; und ich möchte die bei symbolischen Handlungen gegebene besondere Situation zunächst an einem künstlich vereinfachten sprachlichen Beispiel erläutern:

Wir stellen uns dazu vor, dass jemand den Gebrauch eines Farbprädikates, z. B. »ocker« (im Sinne von »ockerfarben«), an Hand von Beispielen und Gegenbeispielen für einen korrekten Gebrauch in Feststellungen (etwa: »Dies ist ocker, jenes nicht«) erwirbt. Auch terminologische Regeln, welche den Gebrauch von »ocker« mit dem Gebrauch anderer Farbworte intern verbinden (z. B. x ist ocker $\Rightarrow$ x ist bräunlich), könnten dabei eine Rolle spielen (als gebrauchsbestimmend gelernt werden). Der Kürze halber möchte ich den Umgang mit dem Laut- oder Schriftzeichen »ocker« entsprechend den üblichen sprachlichen Orientierungen dieses Umgangs, die *ocker-Grammatik* nennen (in Anlehnung an eine Ausdrucksweise Wittgensteins).

Bei der ocker-Grammatik geht es uns nicht lediglich um die Einhaltung von Einschränkungen und Regeln bei der Produktion eines bestimmten Lautes oder einer besonderen Schriftfigur, wie etwa bei der regulativen Regel, erst nach Sonnenaufgang Trompete zu üben. Vielmehr sind elementare Feststellungen, die wir mit dem Wort »ocker« treffen, konstituierte *neue* Handlungen, die sich zur ocker-Grammatik so verhalten wie ein Zug mit dem Turm zu den Regeln des Schachspieles, insbesondere für den Turm. Mit den sprachlichen Ausdrücken spielen wir allerdings in der Regel nicht, oder dies doch nicht nur. Eine Feststellung, die das Wort »ocker«

benutzt, soll uns etwa über eine bestimmte Situation *informieren*, sagen wir: über die Farbe einer bestimmten Felsformation, was wiederum unserer örtlichen Orientierung im Gebirge dienen mag.

Indem die (lautlichen oder figürlichen) Trägerhandlungen des sprachlichen Handelns in neue Handlungen eingehen, werden sie selbst oder ihre Resultate zu *Zeichen* (engl. *symbols*).

Die sprachlichen Handlungen sind nur der wichtigste Fall einer allgemeineren Gruppe von Handlungen, die (im Anschluss an den engl. Gebrauch von *symbol* und an Bildungen wie *symbolic logic*) *symbolische Handlungen* heißen sollen. Zu diesen Handlungen gehören nicht nur die sprachlichen Handlungen, sondern insbesondere auch der operativ geregelte Umgang mit Kalkülmarken, z. B. in der mathematischen, insbesondere arithmetischen Praxis.

Einen weiteren, verbreiteten Fall symbolischen Handelns bildet der institutionell geregelte Gebrauch bestimmter Gegenstände oder Figuren, häufig so, dass diese selbst bereits Produkte institutionell geregelten Handelns sind. Ein Beispiel sind das Geld und seine durch Gewohnheit und Recht geformten Verwendungen. Aber auch Handlungen, die keine realen Spuren hinterlassen, können eine symbolische Funktion übernehmen, wie der Handschlag beim Vertragsabschluß oder das Jawort bei der Heirat.

Symbolische Handlungen bilden weitgehend das Gerüst des institutionellen Zusammenhangs menschlicher Gesellschaften.

Der Gebrauch von Sätzen der Art »Dies ist ocker(farben)«, »Dies ist nicht ocker(farben)« lässt sich nun in zweierlei Weise betrachten: als etwas, das mit dem Wort »ocker« geschieht, bei dem es auf dieses Wort ankommt; zum anderen aber als ein Handeln, das sich genau so gut auch mit einem anderen Ausdruck ausführen lässt, wenn dafür eine gleichartige Vereinbarung getroffen würde, z. B. mit dem italienischen Ausdruck für »ockerfarben«: »ocra«.

Grundsätzlich gibt es, heißt das, keine natürlichen oder sonst wie privilegierten Laute oder Schriftzeichen als Träger einer Farbunterscheidungspraxis. Nur unsere expliziten oder impliziten normativen Vereinbarungen lassen *bestimmte* Handlungen die hier erörterte Rolle spielen, machen sie zu *Trägern* eines Handelns, das sich auch mit *anderen* Trägerhandlungen vollziehen lässt; sofern wir diese denselben Vereinbarungen unterwerfen. Die Ersetzbarkeit der Trägerhandlung ist der uns vertraute konventionale Aspekt der Sprache. Sprachliche *Konventionalität* ist so zugleich verbunden mit einer *normativen* oder pragmatischen Art der *Abstraktion*. Die Normen, die wir hier für unser Handeln zu beachten haben, treten abstrakt in einer Form zutage, die sie nicht mehr lediglich als Regeln für die Ausführbarkeit *bestimmter* Trägerhandlungen oder als konstitutiv für *bestimmte* symbolische Handlungen erscheinen lässt.

Wenn wir die unterschiedlichen Trägerhandlungen in den Blick nehmen, tun wir *Verschiedenes*, führen *verschiedene* symbolische, in unserem Beispiel: sprachliche, Handlungen aus. Wenn wir andererseits auf den intern normativ geregelten Handlungs*sinn* achten, tun wir mit verschiedenen Trägerhandlungen *dasselbe*, führen dieselbe Handlung aus.

Diese (gegenüber den mit bestimmten Trägerhandlungen verbundenen symbolischen Handlungen) *neue* Handlung möchte ich *mental* nennen.

Die mentalen Handlungen finden dann nicht gewissermaßen *im Geiste*, *im Denken* oder gar *im Kopfe* statt, sondern schlicht vor unseren Augen. Sie bedürfen einer normalen, sinnlich zugänglichen Handlung (sei dies z. B. eine Schriftfigur, ein Laut oder eine Geste) zu ihrer Ausführung. Diese ist gleichsam ihre *materiale*, nämlich *pragmatisch-materiale*, Basis. Und dennoch müssen wir für unser mental verstandenes Tun von dieser Materie gerade *absehen*. Wer nickt, »ja« sagt, unterschreibt usf. vollzieht im Rahmen entsprechender Vereinbarungen *mental* dasselbe, stimmt etwa zu; muss für ein *mentales* Verständnis seines Handelns (gerade) sehen, dass die intendierte Zustimmungshandlung *als solche* grundsätzlich nicht an einen bestimmten Handlungsträger der illustrierten Art gebunden ist. Wir unterscheiden also hier: das leibliche Senken des Kopfes; das Nicken mit seinem symbolischen Sinn; schließlich die mentale Zustimmungshandlung, das Zustimmen *als solches* (das auf verschiedene Weise symbolisch ausgeführt werden kann).

Insbesondere ist damit nicht unsere Vorstellung oder unser Bewusstsein (was immer das auch ist) der Ort des geistigen Handelns. Die mentalen Handlungen werden genau so vorgestellt oder vergegenwärtigt wie das Essen eines Apfels, wenn ich mir *in der Vorstellung* überlege, ihn zu essen. Es gibt keine Sonderfunktion der bildhaft so genannten *inneren* Zustände oder Vorgänge im Zusammenhang mit dem Mentalen.

Durch *pragmatische* Abstraktion trennt sich gleichsam der normative Gehalt des Handelns von der Handlung, die ihn jeweils vereinbarungsgemäß mit sich führt. In dieser *abstrakten* Form könnten wir ihn den *geistigen* Gehalt nennen. – Der so verstandene geistige Gehalt unterscheidet sich also nicht nur von der Handlungs*regularität*, sondern auch von *konstitutiven* Handlungsregeln, die an eine *bestimmte* Trägerhandlung symbolischen Handelns gebunden sind.

Von *Abstraktion* ist in der klassischen Erkenntnistheorie vor allem auch dann die Rede, wenn wir in bestimmten Einzelfällen das Typische, Generische, Allgemeine wahrnehmen, es von den besonderen Beispielen *abstrahieren*. Logiker dagegen betrachten die Abstraktion als den Übergang zu einer *Redeweise*, die auf Äquivalenzrelationen gegründet ist. So führt uns etwa die arithmetische Gleichheit zwischen Ziffern oder Zahlausdrücken zur *abstrakten* Rede von Zahlen. – Die *normative* oder pragmatische Abstraktion steht eher der *logischen* Abstraktion nahe; wenn auch so, dass wir die logischen Verhältnisse *pragmatisch* wenden müssen.

Nicht jede von einer bestimmten Handlung getragene *neue* Handlung, die durch Vereinbarung, etwa durch ein Regelsystem, konstituiert wird, gibt allerdings Anlass zu einer mentalen Handlung in unserem Sinne. Dass beim Fußballspiel die (regelgerechte) Beförderung des Balls in eines der beiden Tore als eine neue Handlung, nämlich das Erzielen (»Schießen«) eines Tores (engl. *scoring*) gilt, lässt sich von der leiblich-räumlich definierten Trägerhandlung mit dem Ball nicht trennen; wenn wir nicht ein anderes Spiel spielen wollen. Auch nach unserem Alltagsverständnis ist schließlich das Toreschießen beim Fußball keine *geistige* Handlung. Wir würden diese sportliche Handlung auch nicht als *sprachliche* Handlung verstehen im Sinne des Sprechens einer bestimmten Sprache etwa.

Wenigstens tendenziell ein geistiges Handeln ist der übliche Umgang mit *Geld*. Zur Erläuterung können wir uns auf den elementaren Gebrauch von Geld als allgemeines Tauschmittel beschränken: Zwar ist dieser Gebrauch, durch Gewohnheit oder gesellschaftliche Garantie jeweils etwa auf bestimmte Güter (z. B. Muscheln oder Gold) oder künstlich hergestellte Tauschmarken (wie Papierzertifikate und Münzen) beschränkt; jedoch ist den am Geldverkehr Beteiligten i. a. klar, dass die allgemeine Tauschfunktion des Geldes mit ganz verschiedenen Trägern, d. h. den entsprechenden Trägerhandlungen, aktualisiert werden kann; zumal seit sie nicht mehr an einen bestimmten realen Tauschwert eines Geldgutes geknüpft ist und beim Buchgeld des bargeldlosen Zahlungsverkehrs auch noch von den normalen Geld*dingen* gelöst wird. – Am ehesten erscheint Geldgebrauch als ein Zwischending zwischen dem allgemeineren institutionellen und dem mentalen Handeln.

Sie werden es vielleicht bemerkt haben: ich habe zwar bestimmte Beispiele und ganze Gruppen oder Bereiche symbolischen Handelns genannt, sie jedoch nicht durch eine Art von Definition miteinander verbunden. Dies kann ich erst jetzt nachholen: *Symbolische Handlungen* möchte ich solche, an bestimmte Trägerhandlungen gebundene konstituierte Handlungen nennen, die einer normativen Abstraktion, d. h. eines Überganges zu einem entsprechenden mentalen Handeln fähig sind. Kurz: Symbolische Handlungen lassen sich *mental entwickeln*.

Wir könnten das *sprachliche* Handeln mit dem *symbolischen* Handeln, oder gar unserer mentalen Tätigkeit gleichsetzen. Das würde einen sehr *allgemeinen* Begriff der Sprache bedeuten. Damit wären allerdings sinnvolle Unterscheidungen zunächst verschüttet. Ich neige daher einer anderen Rekonstruktion unseres Sprachbegriffs zu: nämlich *sprachlich i. e.S.* dasjenige symbolische Handeln zu nennen, das wesentlich mit der *Repräsentation externer* Bedingungen seiner korrekten Aktualisierung verbunden ist. – So gehört es etwa zur Konstitution einer Aufforderung, etwa »Tür zu!«, die Situation ihrer korrekten Befolgung und gegebenenfalls deren Resultat identifizieren zu können.

Angesichts der notorischen Schwierigkeiten, die ein sprachlicher Repräsentationsbegriff philosophisch bereitet, möchte ich hier eine längere Zwischenbemerkung einfügen:

Eine Feststellung etwa ist mit den Situationen ihres korrekten Primärgebrauches auf Grund einer allgemein getroffenen, normativen Vereinbarung verbunden. Wenn wir den vereinbarten Gebrauch kennen, können wir uns diese Situationen, wenn die Feststellung getroffen wird, vergegenwärtigen. Ich will diesen Übergang von einem Vorkommen der Feststellung zu (vergegenwärtigten) Situationen ihrer korrekten Verwendung den *sprachpragmatischen Grundschluss* nennen. Wer nicht weiß, wie der Feststellungssatz gebraucht wird, kann diesen Schluss nicht ziehen.

Der sprachpragmatische Grundschluss ermöglicht zunächst den *primären* Gebrauch konstativer Sätze. D.h. der Proponent eines solchen Satzes bemüht sich hier um einen korrekten Situationsbezug. Hat der Adressat selbst einen Zugang zu der Situation, auf die sich der konstative Satzgebrauch bezieht, so kann er den Zusammenhang, die Richtigkeit des Satzgebrauches *unmittelbar kontrollieren.* Sonst wird er, im primären Fall, in seinem Reden und Handeln im allgemeinen auf das Bestehen der Bedingungen eines korrekten Feststellungsgebrauchs *vertrauen.*

Auf den Primärgebrauch stützen sich verschiedene weitere, *sekundäre* Gebrauchsweisen eines Feststellungssatzes: Dazu gehört z. B. der *täuschende* Gebrauch. Dabei soll sich der Adressat der Feststellung etwa auf die Richtigkeit eines absichtlich falschen Gebrauches verlassen. Dies setzt voraus, dass der Adressat *irrtümlich* den pragmatischen Grundschluss zieht. – Entsprechendes gilt für die *Erwähnung* von konstativ gebrauchten Sätzen, z. B. in einem Grammatikbuch. Auch hier erscheinen uns die Sätze konstativ sinnvoll, weil wir mit ihrem bloßen Vorkommen Situationen ihrer korrekten Verwendung verbinden können.

Der Fall liegt hier nicht wesentlich anders als in der Logik; wo etwa der Schluss von *a und b* auf *a*, auf Grund des argumentativen Sinnes des *und*, auch dann gezogen werden kann, wenn *a und b* nicht in eine tatsächliche Argumentation als Behauptung eingebettet ist.

Die Sprache *repräsentiert* stets die Bedingungen ihres korrekten Gebrauchs; d. h. wir *wissen*, wenn wir ihre Sätze verstehen, welches die Bedingungen ihrer *möglichen* korrekten Äußerung sind.

Soweit sich symbolisches Handeln, wie beim Schachspiel oder bei arithmetischen Operationen, an rein *interne* Regeln knüpft, erhalten wir beim Übergang zum mentalen Handeln eine Form des Geistes, die ich *operative Intelligenz* nennen möchte. Diese muss sich nicht auf *formale* Operationen (auf »*formale* Intelligenz«) beschränken.

Bei den operativen Handlungen müssen wir drei Ebenen unterscheiden:

1. den *konkreten* (geregelten) Umgang mit Gegenständen wie Marken, Zeichen, Figuren (z. B. Zahl- und Rechenzeichen, Schachfiguren und Schachbrett);

2. die *operativen Strukturen*, welche sich durch pragmatische Abstraktion von den sie realisierenden, konkreten operativen Gegenständen und Handlungen ergeben;

schließlich

3. die Ebene der maschinellen Implementierung, d. h. die Simulation der operativen Handlungen und Strukturen durch physikalisch-technische (kausale oder statistische) Prozesse.

Wenn wir im zweiten Fall von *abstrakten operativen Strukturen* reden, so meinen wir nicht die Gegenstände der so genannten Strukturmathematik. Diese nämlich sind *relational*, nicht *pragmatisch-normativ* verstanden.

Es ist hier im übrigen wichtig, das operative Handeln (und seine strukturelle Orientierung) von verschiedenen *Aussagen über* solches Handeln zu unterscheiden, wie sie etwa den Kern der Mathematik *als Theorie* ausmachen. Die metaoperativen Aussagen gehören, als sprachlich geformte Erscheinungen, zur *sprachlichen* Form des Geistes. (Wir müssen daher etwa unterscheiden zwischen einer *praktischen* Form der Arithmetik, und den Sätzen über Zahlen, die eine *theoretische* Arithmetik darstellen.)

Die Gebilde der operativen Intelligenz (und ihre symbolischen Träger) repräsentieren nicht, oder allenfalls bestimmte *interne* Vollzugsbedingungen. Kalküle insbesondere repräsentieren also nichts; was wir von ihnen i. a. auch nicht erwarten, wenn wir nicht an einen reich ausgestatteten Platonischen Himmel glauben. Sie gehören also i. a. nicht zur Sprache im engeren Sinne. – Die Grenzen zwischen operativem Geist und Sprache sind allerdings fließend.

(Auch *Geld* repräsentiert im übrigen nichts, auch als reine Geldmarke keinen realen Güternutzen. Das unterscheidet auch den institutionellen Geldgebrauch vom *sprachlichen* Handeln i. e.S. Auch dass Geld an einen bestimmten, institutionell geformten Praxisrahmen (Kauf, Kreditwesen, usf.) geknüpft ist, hebt es von der vergleichsweise unbestimmten Verwendbarkeit des größten Teils der Sprache und des operativen Symbolgebrauches ab.)

Damit ist der Kern meiner Überlegungen zu einem Verständnis geistiger Praxis entwickelt. Ich möchte noch einige zusätzliche Bemerkungen anschließen:

1. Unsere semantischen Terminologien lassen es fast durchweg unbestimmt, ob sie mit der Bindung an einen bestimmten symbolischen Handlungsrahmen (eine bestimmte Sprache) oder aber pragmatisch abstrakt, also mental gemeint sind. Denken Sie etwa an Ausdrücke wie *Bedeutung* oder *Gebrauch*.
2. Handeln, normative Vereinbarung, Konventionalität und Abstraktion sind wesentliche Bedingungen des Geistigen, keine seiner Formen. Auch pragmatische Intentionalität ist nicht schon *eo ipso* etwas Geistiges im vorgeschlagenen Sinne.
3. Wenn wir den normativen und abstrakten Charakter bestimmter von uns konstituierter Handlungen als den Kern des Geistigen ansehen, dann liegt, im nächsten Schritt, ein *allgemeiner* Begriff des Geistigen nahe: Darunter könnten wir alles dasjenige fassen, das nur auf der Grundlage des *mentalen* Handelns

verstehbar ist (d. h. nur unter Rückgriff auf Elemente *mentalen* Handelns z. B. als Praxis oder Gegenstandskonstitution etabliert werden kann).

4. Die ganze Maschinerie der modernen erkenntnistheoretischen und sprachphilosophischen Semantik, die einen prominenten Platz in der gegenwärtigen Philosophie des Geistes einnimmt, muss, wenn sie denn einen nicht-metaphysischen Sinn machen soll, in das pragmatische Verständnis des Geistes, also in das Verständnis geistigen Handelns eingehängt werden. Ähnliches gilt etwa für denkpsychologische oder bewusstseinsphilosophische Begriffsbildungen und die institutionellen *Gegenstände* des im Deutschen Idealismus so genannten »objektiven Geistes«.

Der skizzierte Begriff des Geistigen gestattet es nicht, *Empfindungen* als eine wesentliche geistige Erscheinung zu verstehen, d. h. die zugehörigen sprachlichen Ausdrücke als mental zu deklarieren. Dieser Begriff begrenzt daher auch die in der analytischen Philosophie gängige, etwas uferlose Rede von *mentalen Termen*, was mir nützlich erscheint.

Empfindungen sind zunächst Widerfahrnisse, die sich in unserem *Verhalten* in spezifischer Weise *ausdrücken*. Häufig drückt unser Empfindungsverhalten zugleich ein in die Empfindung eingearbeitetes *Urteil* aus: d. h. Empfindungen betreffen uns in verschiedener Weise als *angenehm*, *unangenehm* oder *neutral*.

Der Ausdruck, sagen wir: einer Schmerzempfindung, ist nicht bereits der Schmerz oder gewissermaßen ein Teil von ihm. Das wäre der Irrtum des Behaviorismus. Der Schmerz besteht auch nicht aus seinem charakteristischem Ausdruck im Verhalten und zusätzlich bestimmten physiologischen Vorgängen oder Zuständen; welche dann etwa, für bestimmte Spielarten des Naturalismus, das entsprechende Verhalten kausal hervorrufen. Die Schmerzen stoßen uns ja als ein *leibliches Widerfahrnis* zu und nehmen damit an der *Subjektivität* unseres Betroffenseins teil. Dies gilt nicht für einen Beobachter oder Betrachter unserer Schmerzen. Dieser kann unsere Empfindungen nur über unser Ausdrucksverhalten identifizieren; mag er dann auch, empathisch, auf unser Schmerzverhalten mit eigenen, etwa seelischen Empfindungen reagieren. Das Verhalten ist so ein *Kriterium* der *intersubjektiven* Zuschreibung von Empfindungen.

Es gibt *leibliche* Empfindungen: die uns an unserem *Leibe* widerfahren, wie bestimmte leibliche Schmerzen, oder etwa Berührgefühle. Demgegenüber sprechen wir andererseits von *seelischen* Empfindungen, etwa Gefühlen wie Furcht, oder Gestimmtheiten wie Seelenruhe. Es ist nicht einfach, zu sagen, was *seelische* Empfindungen genauer sind; und auch ich kann hier nur sehr vorläufige Gedanken notieren:

Zunächst sind auch seelische Empfindungen Empfindungen in dem Sinne, dass sie uns widerfahren und sich in unserem Verhalten ausdrücken. Dazu kommt, dass sie von charakteristischen leiblichen Empfindungen begleitet sein, sich auch in ihnen ausdrücken können. – Was aber macht sie nicht nur zu Empfindungen, sondern zu *seelischen* Empfindungen im besonderen?

Meine experimentelle Antwort auf diese Frage ist, zunächst etwas groß und sicher missverständlich formuliert: Mit den seelischen Empfindungen empfinden wir unsere *praktische Lebenswelt*, in bestimmten Aspekten oder Momenten – oder auch im Ganzen: unsere praktische Lebenswelt, d. h. vor allem die Situationen, in denen wir uns als Subjekte von Handlungen und als von Widerfahrnissen Betroffene vorfinden. Was sich in unserer Lebenswelt auch außerhalb unseres Leibes zuträgt, verbindet sich für uns nämlich häufig mit bestimmten zusätzlichen Widerfahrnissen, die mit den leiblichen Empfindungen die skizzierte Grammatik der Empfindungen teilen; sich jedoch nicht an Orte oder Teile unseres Leibes knüpfen, vielmehr i. a. an das leibexterne Inventar der Situationen, Zustände, Ereignisse, Dinge unserer Welt; wie dies etwa bei Empfindungen des Ärgers, der Befriedigung oder der Angst der Fall ist. Dabei sind allerlei gemischte Fälle, Mischungen zwischen leiblichen und seelischen Empfindungen, möglich; denken Sie z. B. an Situationen der Erschöpfung oder Gelöstheit.

Besondere seelische Empfindungen betreffen unser Verhältnis zur praktischen Lebenswelt *im ganzen*, wie die Melancholie, die daher zurecht auch »*Welt*schmerz« hieß. Das Seelische an den seelischen Empfindungen ist also kein *innerer* Vorgang oder Zustand unserer so genannten »Seele«, sondern eine Weise, wie wir mit unseren Handlungen und Widerfahrnissen die (missverständlich so genannte »äußere«) praktische Welt empfindend erfahren.

Ich kann mich hier nicht in eine Phänomenologie der Empfindungen vertiefen. Wichtiger erscheint es mir, einen weiteren terminologischen Schritt anzufügen:

Die Fähigkeit, leibliche und seelische Empfindungen zu haben (zu *erfahren*), möchte ich *sensitiv* nennen. Sensitivität in diesem Sinne zuzuschreiben, unterstellt 1.) den Subjektivitätsaspekt der Betroffenheit von Empfindungswiderfahrnissen, die einen leiblichen oder praktisch-weltlichen Ort oder Anlass haben oder welthaft sind, und 2.) einen intersubjektiv zugänglichen Ausdruck im Verhalten, wie wir ihn von menschlichen Empfindungen kennen.

Es bedarf hier zunächst nicht der Fähigkeit einer sprachlichen Artikulation des Empfundenen. Und die Subjektivität des Betroffenseins ist im vorgeschlagenen Rahmen nicht schon ein hinreichendes Merkmal des Geistigen.

Die höheren Tiere sind offenbar sensitive Wesen in diesem Sinne, wie wir Menschen auch. Die traditionelle Philosophie hat für sie in diesem Sinne eine sensitive Seele, d. h. eben die entsprechenden Empfindungswiderfahrnisse unterstellt. Das schließt nicht aus, bestimmten Tieren auch geistige Fähigkeiten zuzusprechen. Menschenaffen sind nach den neueren Experimenten in der Lage, die menschliche Sprache bis zu einem bestimmten Niveau zu erlernen; ja sie mögen sogar eigene elementare symbolische Kommunikationssysteme besitzen. Und auch für Delphine,

Wale und bestimmte Vogelarten weisen zumindest Indizien in dieser Richtung. Ob es bei sprachfähigen Tieren geistiges Handeln in dem von mir vorgeschlagenen Sinne gibt, hängt davon ab, inwieweit diese Tiere sich von bestimmten Trägerhandlungen symbolischen Handelns lösen und den notwendigen Abstraktionsschritt hin zu mentalen Handlungen verstehen und vollziehen können.

Der hier vorgeschlagene Begriff des Geistes löst insbesondere die Opposition von dualistischen und monistischen Verständnissen des Geistigen auf. Zum einen steht die normativ-praktische Grundlage der geistigen Erscheinungen jenseits jeder *materialistischen* oder *naturalistischen* Vorstellung. Aber auch ein monistisch oder dualistisch verstandenes *Fürsichbestehen des Geistes* scheitert nach unseren Unterscheidungen daran, dass die Grundlage der pragmatischen Abstraktion mit den Trägern symbolischen Handelns eine natürliche Seite hat. Handlungen sind in einer eingeschränkten Betrachtung auch natürliche, nämlich natürlich-leibliche, Vorkommnisse; und sie sind als Kompetenz an das Vorliegen bestimmter natürlicher, z. B. gehirnphysiologischer, Bedingungen geknüpft.

Mit Bedacht rede ich im letzten Satz von gehirnphysiologischen *Bedingungen*. Die Diskussionen über Zusammenhänge zwischen einer naturalen und einer nicht-naturalen Seite des menschlichen Handelns sind nach meinen Erfahrungen und Lektüren bisher allzu sehr durch das Problem einer eventuellen naturalen *Verursachung* des Handelns bestimmt. Die Gehirnforschung hat aber bisher nur Erkenntnisse über naturale *Bedingungen* für die Möglichkeit bestimmter Handlungen zutage gefördert, stützt also deterministische Ansätze empirisch nicht. Wenn B eine *Bedingung* dafür ist, h zu tun; dann kann selbstverständlich das Fehlen von B, z. B. durch eine Läsion des Gehirns, die *Ursache* für die Unmöglichkeit, h zu tun, sein. Diese Kausalität führt allerdings offensichtlich nicht zu deterministischen Konsequenzen. Ein Ergebnis, das nicht den Verlust einer Kompetenz (oder die Unmöglichkeit ihres Erwerbs), vielmehr eine einzelne, z. B. eine mentale, Handlung wie das Geben einer Zustimmung, kausal erklären wollte, ist dagegen begrifflich absurd. (Ein solches Ergebnis würde bestenfalls nicht die Handlung, sondern ein entsprechendes Zwangsverhalten zum Gegenstand haben.) Die kausalen, konditionalen und begrifflich-logischen Verhältnisse zwischen der Natur- und der Praxisseite unserer Existenz genauer zu bearbeiten, ist eine Aufgabe, die ich im Rahmen dieser Überlegungen nicht leisten kann. (Sie anzugehen, ist nach meinem Urteil dringend geboten: Viele einschlägige Texte unterscheiden eben schon nicht hinreichend z. B. zwischen Bedingungs- und Kausalbeziehungen.)

Dagegen möchte ich zum Schluss noch auf einen sehr grundsätzlichen Punkt eingehen. Das wird dann auch erst den Naturteil unseres Themas rechtfertigen.

***

Empirische Wissenschaften werden immer noch gern vor allem als deduktiv organisierte *Satzsysteme* verstanden, die einer empirischen Bestätigung oder Widerlegung fähig sind. Hierbei stehen Vorstellungen aus der Mathematik und dem Logischen Empirismus des 20. Jahrhunderts Pate. – Realistischer ist es wohl, etwa die Naturwissenschaften und ihre gegenwärtige Basiswissenschaft, die Physik, als eine technisch hoch gerüstete, komplex organisierte *Tätigkeit* zu betrachten; bei deren Anleitung und Ergebnisdarstellung natürlich auch Satzsysteme und operative Intelligenz (vor allem Mathematik) eine wesentliche Rolle spielen.

Diese wissenschaftliche Forschungs- und Darstellungspraxis vollzieht sich offenbar nicht chaotisch, von Zufällen und individuellen Einfällen bestimmt. Das heißt, sie gehorcht in verschiedener Hinsicht *Normen*. Das sind nicht nur die *allgemeinen* methodischen Normen wissenschaftlicher Forschung und Darstellung, etwa die Intersubjektivitätsansprüche, welche an Prüfung, Begründung und Geltung wissenschaftlicher Behauptungen gestellt werden, oder die Erfahrungsbindung der Sinnkriterien für die sprachlichen Mittel empirischer Wissenschaften. Es geht hier vor allem um die mit *notwendiger Geltung* versehenen Teile naturwissenschaftlicher Theorien, insbesondere die notwendige Geltung bestimmter physikalischer Gesetze.

Die Diskussion um die notwendige Geltung von Naturgesetzen oder Prinzipien physikalischer Naturerfahrung ist unabgeschlossen und seit dem langen Streit zwischen Empiristen und Kantianern in der Wissenschaftstheorie gleichsam liegen geblieben. Eine Lösung des Problems ist hier auch deswegen weiter dringlich, weil ein nur auf beobachtete Regelmäßigkeiten gestützter, sozusagen Hume'scher Kausalbegriff nach dem Urteil beider Parteien des Streites nicht möglich erscheint.

Sieht man die langen Versuche, hier einen ontologischen oder epistemischen Weg zur Modalität der notwendigen Geltung zu finden, als gescheitert an, so bleibt noch der *normative* Weg, den bereits Kant beschritten hat und den neuerdings Brandom wieder gegangen ist. – Wenn wir uns auf die physikalische Empirie und Theoriebildung konzentrieren, so kommen vor allem drei Arten von spezifischen Normen in Frage:

1. Normen der *Begriffsbildung*;
2. *technische* Normen der gerätegestützten Empirie, insbes. Messung;
3. Normen der *Darstellung*.

Im ersten Falle, also bei den *begrifflichen Normen*, geht es etwa darum, physikalische Grundbegriffe semantisch und praktisch mit der Geltung bestimmter fundamentaler Prinzipien zu verbinden. Ein Beispiel ist der in der theoretischen Mechanik immer wieder diskutierte Vorschlag, den Impulssatz als Vorschrift für die Messung oder Berechnung von Massen zu lesen. Dass die physikalischen Grundbegriffe ihren Sinn aus der *normativen* Geltung bestimmter physikalischer Prinzipien und der normativen Organisation ihres Zusammenhanges mit der empirischen Forschungspraxis gewinnen, erscheint mir unbestreitbar.

Die zweite Gruppe von Normen sind *technische Normen*, welche die Konstruktion und den korrekten Einsatz von Geräten leiten, die bei physikalischen Beobachtungen und Experimenten verwendet werden. Grundlegende Messgeräte wie Massenwaagen oder Uhren werden offenbar nicht auf der Wiese gepflückt, sondern inzwischen i. a. als Produkte einer genau normierten Industrieproduktion von den wissenschaftlichen Forschungsinstituten gekauft.

Darstellungsnormen oder -muster schließlich dienen dazu, Einzelfeststellungen (so genannten »empirischen Daten«) einen Platz in einem allgemeinen geordneten Rahmen zu geben, zu dem in der Physik auch die sprachlichen und operativen Mittel der Mathematik gehören.

Die Trennung der skizzierten Ebenen spezieller normativer Orientierung in der Physik dient hier nur der Unterscheidung und Illustration. Im tatsächlichen wissenschaftlichen Betrieb bilden diese Ebenen Momente eines komplexen Ganzen, welches die Naturforschung im Rücken und ohne Kehrtwendung nicht vor Augen hat.

In die beschriebene normative Orientierung der naturwissenschaftlichen Praxis gehen in vielfältiger Weise *mentale Handlungen*, vor allem *begriffliches* Denken, ein, für das Verständnis der genannten Normen ebenso wie als Bereiche ihrer Anwendung. In diesem Sinne sind die Naturwissenschaften selbst eine *geistige* Hervorbringung des Menschen und nur auf der Grundlage *menschlicher Freiheit* und *Normativität* zu verstehen. Auch das, was uns als *Natur* in diesem Rahmen entgegentritt, der Bestand der Ergebnisse naturwissenschaftlicher Forschung, ist daher gewissermaßen geistig getränkt, mit mentaler Tätigkeit und ihren Produkten durchsetzt. Diese Einsicht halte ich für den Kern der Kantischen Kritik der Naturwissenschaften. Dies gilt dann auch für die so genannten Neurowissenschaften, die sich schließlich fast durchweg als naturwissenschaftliche Disziplinen oder doch als physikalisch fundiert verstehen. Ein neurowissenschaftliches Ergebnis, das der menschlichen Freiheit die Basis entziehen würde, würde die Bedingungen seiner Möglichkeit und damit sich selbst in Frage stellen. Das gleiche lässt sich dann auch für den Versuch eines naturwissenschaftlich gestützten Materialismus sagen.

Literaturverzeichnis

Carrier, Martin/Mittelstraß, Jürgen, 1989, *Geist, Gehirn, Verhalten. Das Leib-Seele-Problem und die Philosophie der Psychologie*, Berlin/New York: Walter de Gruyter.

Kultur: Technik oder Kunst? Überlegungen zur kulturalistischen Weiterung des Konstruktivismus

Annemarie Gethmann-Siefert

Seit Heidegger durch seinen Hinweis, in der Ausweglosigkeit einer Seinsvergessenheit wachse durch die Kunst das *Rettende*, die moderne Technik als wesentliches Element menschlicher Kultur gründlich diffamiert hat, ist in der Philosophie einiges geschehen. Nicht nur kam über die *Rehabilitierung der praktischen Philosophie* eine lange vernachlässigte philosophische Disziplin, die Ethik, wieder zu Ehren. Zuvor hat eine Rehabilitierung des Handlungsbegriffs durch den konstruktivistischen Ansatz der Philosophie zu einer radikalen und bis heute in hohem Maße (produktiv) irritierenden Um-Gründung der theoretischen Philosophie geführt. Wo immer die Debatte um die Möglichkeiten, Chancen und Grenzen der modernen Technik sich aus der Heideggerschen Grundannahme speiste, die Technik sei als *Gestell* sowohl Ermöglichung als auch ursprünglicher noch Verstellung menschlichen Weltvollzuges, lieferte sie eine bestenfalls halbherzige Rechtfertigung der unverzichtbaren Möglichkeiten, die durch die Technik dem menschlichen Handeln und der Humanisierung der Kultur eröffnet werden.

Die radikalere Auseinandersetzung mit der modernen Technik in der *Ethik der Verantwortung* (H. Jonas) führt zu einer letztlich nicht mehr philosophisch legitimierten Inhibierung technischen Handelns, weil technische Neuerungen insgesamt als Verfehlung jener durch die Schöpfung ursprünglich in die Welt gelegten letztgültigen Handlungsintentionen gewertet werden. Hier zeitigt die Restriktion der praktischen Philosophie auf Ethik ausgesprochen unphilosophische bzw. besser: philosophisch nicht vertretbare Folgen.[1]

---

1 Dies wird insbesondere in den anwendungsbezogenen Reflexionen deutlich, die Jonas auf der Basis der *Ethik der Verantwortung* (Jonas, 1979) entwickelt hat. Durch die *Philosophische Biologie* (vgl. Jonas, 1997), die den Freiheitsbegriff als Kategorie der Handlungstheorie auf die Erklärung der Natur erweitert, bereitet Jonas den folgenschweren Irrtum der *Ethik der Verantwortung* vor: Menschliches Handeln gewinnt seine Orientierung durch *contemplatio* des eigentlich (nun nicht vom Menschen, sondern von einer überlegenen Intelligenz) mit der Welt intendierten Zwecks und Zieles. In den kleinen Studien zu Problemen der Medizinethik oder der Technikethik (vgl. Jonas, 2000) zeigt sich die Konsequenz: Handeln gefährdet den (Schöpfungs-)Zweck. Erlaubt, wenngleich nicht unproblematisch, ist allenfalls ein Weiterfahren auf eingefahrenen Wegen. Ein utopischer Zukunftsentwurf, der die eigenmächtige Kulturgestaltung durch den Menschen rechtfertigt, ist in jedem Fall von Übel (vgl. dazu A. Gethmann-Siefert, 1996).

Die von H. Jonas in einer Reihe kleinerer Abhandlungen auf eine Ethik der Technik (wie der Medizin) ausgeweitete, letztlich anthropologisch fundierte *Ethik der Verantwortung* verdeutlicht die Konsequenzen der von Heidegger eröffneten gegenläufigen Konstellation – hier Technik als Gestell, da Kunst als das *Rettende*. Denn auch in Heideggers Deutung ist das die Welt verändernde Handeln letztlich nicht das grundlegende und, weil Gestalt gebende, zukunftsträchtige Moment menschlicher Kultur. Die Reflexion auf das für den Menschen (»für uns«) gesollte Zukunftsträchtige entspringt nicht der aktiven Auseinandersetzung mit dem geschichtlich Möglichen und dem menschlich Erwünschten, sondern *verdankt* sich der Erwartung eines schicksalhaften Zuspiels der Erlösung aus der Situation mitverschuldeter Seinsvergessenheit. Bezeichnenderweise ereignet sich dieses *Zuspiel* eines besseren Geschicks im Kunstwerk. Dieses ist als Kulmination menschlicher Kultur allerdings wiederum ein Phänomen, das uns zu Kontemplation, zur Ansicht und zur Versenkung in eine Welt-Gestaltung in unpragmatischer Absicht aufruft und damit überspielt, dass es selbst intentionalem Handeln, nämlich der künstlerischen Gestaltung, entspringt. Kulturelle Spielräume, die uns die Kunst eröffnet, sind wesensmäßig darum frei von der Gefahr der Verstellung, weil und solange sie *nicht* zum Veränderungshandeln motivieren. Die Kunst als das *Rettende* gewährt Einsicht in das Andere der unverstellten Möglichkeit, die der Mensch im Handeln und der dem handelnden Zugriff zu Grunde liegenden Deutung der Welt (für Heidegger in der Auslegung des Seins als »Wille zur Macht«) bereits seit Beginn philosophischer Selbstverständigung zu verspielen begonnen hat.

Man möchte nun meinen, dass mit der skizzierten Konstellation eine längst vergessene Kontroverse und Gegenstellung beschrieben ist, wären nicht jene Weiterführungen des konstruktivistischen Ansatzes, die in der gegenwärtigen Diskussion über den von J. Mittelstraß sowohl anthropologisch als auch in der Auseinandersetzung mit den Möglichkeiten des Wissens und der Wissenschaft fundierten *Mut zur Technik* hinausgehen. Einerseits ist dies der von P. Janich geforderte *methodische Kulturalismus*, andererseits die Kulturtheorie, die O. Schwemmer auf der Basis einer Reihe von Veröffentlichungen in der anthropologischen Studie über *Die kulturelle Existenz des Menschen* (Schwemmer, 1997) als die Weiterführung des konstruktivistischen Ansatzes der Anthropologie vorlegt.

Im *methodischen Kulturalismus* wird – mit dem Ziel der Grundlegung der Wissenschaften durch den Begriff des Handelns – das poietische Handeln (in gewohnter Weise) als Grundlage des Wissens analysiert. Der Zwang zur Wissenschaft ergibt sich aus der infolge Störanfälligkeit und Störungsaktualität akuten Vergewisserungsnotwendigkeit. Fundiert aber das *poietische* Handeln im Sinne des *Kulturalismus* nicht nur Technik und Wissenschaft als Teilbereiche menschlicher Lebenswelt und damit Kultur, so wird der Kulturbegriff auf typische Weise verengt.

Programmgemäß wird durch den *Kulturalismus* nämlich nicht nur die Ermöglichung technischen Handelns durch wohlbegründetes Wissen zum einsichtigen Fundament einer Wissenschaft und Wissenschaftstheorie *hochstilisiert*. Die Frage, was wir von dem, was wir tun können, tun sollen, soll dem Anspruch entsprechend zumindest methodisch mit abgedeckt und -gesichert sein. Demzufolge bleibt die praktische und politische Dimension der menschlichen Kultur formal, i. e. in ihrer Zwecksetzungsstruktur, dem technischen und abgeleiteten wissenschaftlichen Operieren kompatibel. Wieweit dadurch aber die Dimension des Handelns (des Praktischen und seiner Rechtfertigung) insgesamt fundiert werden kann, ist zumindest diskussionsbedürftig.[2]

Als immanente Kritik bietet sich zunächst eine alternative Deutung des Poietischen an. Die Kulturtheorie, die O. Schwemmer in Auseinandersetzung, Assimilation und moderater Weiterführung der Überlegungen Cassirers vorlegt, sieht nicht im technischen Herstellen von Artefakten, sondern im künstlerischen Gestalten den für kulturelles Handeln exemplarischen Grundvollzug. Ganz im Sinne des Heideggerschen Verweises auf das *Rettende* wird in dieser Deutung des poietischen Handelns ein alternativer Kulturbegriff leitend, nämlich die Deutung der Kultur *als* Kunst. Kultur ist das Ensemble symbolischer Formen, kulturelles Handeln die Performanz im Sinne der Selbstdarstellung und Verständigung durch Symbolismen. Die merkwürdige (aber für den hermeneutischen Zug gegenwärtigen Philosophierens und die damit verbundene Ästhetisierung charakteristische) Vorliebe für die Kunst als die Form der Hochkultur verdeckt eine eigentümliche Anämie des Kulturbegriffs. Menschliche Kultur als Einheit eines durch praktisch orientierendes Wissen geleiteten gesellschaftlichen Handelns gerinnt zur Kulturdeskription, und dadurch wird Kultur im Modus ihrer Betrachtbarkeit, eben als Ensemble symbolischer Formen, nicht als Resultat menschlichen Handelns aufgefasst.

Wird einerseits Handeln in wissenschaftstheoretischer Absicht unter dem Label *Kultur* auf technisches Handeln restringiert, die Praxis auf technisch-praktische Operationen (im kantischen Sinn) und ihre Zweckorganisationen, so verdünnt sich andererseits die praktische Dimension der Kultur im Sinne einer bewußtseinstheoretischen Rekonstruktion der Kultur (in der auch Sprache nicht mehr als Form des Handelns, sondern als höchste Version der symbolisch-performativen Selbstvergewisserung auftaucht). Hier wird Handeln im Modus seiner deskriptiven Rekonstruierbarkeit analysiert und diese theoretisch-sprachphilosophische Gegebenheitsweise als *Kultur* im Vollsinn ausgegeben. Weder in der einen noch in der anderen Version des *Kulturalismus* wird es möglich, die eigentlich virulente Frage nach der technischen Kultur, aber auch nach der Kultur als menschlichem Lebensraum

---

2 Eine Kritik am Anspruch Janichs, durch die Analyse des Poietischen Handeln und damit Kultur hinlänglich und umfassend zu bestimmen, hat z. B. C. F. Gethmann (1992) vorgelegt.

schlechthin zu stellen und zu beantworten, nämlich die Frage, was sollen wir tun, um an einer zureichenden Antwort auf die Frage »Was ist der Mensch?« nicht sowohl vorbeizuhandeln als auch vorbeizudenken.[3]

Da beide *Kulturalismen* Hinweise für die Vollständigkeit des unterstellten Kulturbegriffs geben, ist es ein Gebot argumentativer Fairness zu prüfen, wie der Kulturbegriff in Richtung auf eine Integration des zugrunde liegenden Konzepts der Praxis erweitert werden könnte. Das geschieht bei Janich durch eine Integration der Ökonomie, bei Schwemmer durch den Anspruch, mit der Vollständigkeit symbolischer Formen als dem Ensemble kultureller Performanz eine vollständige Erschließung der ***kulturellen Existenz*** zu erreichen. Hier wird die Bewusstseinstheorie durch eine anthropologische Fundierung der Strukturierung von Symbolisationsformen erweitert, die Kultur nicht nur deuten, sondern realiter konstituieren (sollen). Es fragt sich, ob auf diese Weise die *Leonardo-Welt*,[4] die durch beide analysierten Formen des poietischen Handelns konstituiert ist, zumindest in der Weise zur Lebenswelt werden kann, dass sie diese strukturell umfassend erschließt. Die Vermutung, die der folgenden Überlegung zu Grunde liegt, ist allerdings, dass dies womöglich nicht gelingt und die Lebenswelt – zur *Leonardo-Welt* hochstilisiert – ihre praktische Grundlage einbüßt.

Leben *in* der Leonardo-Welt?

Der Vorschlag, eine eigene lebensweltliche Fundierung der Ethik wie der Politik qua Institutionenlehre zu rekonstruieren, wird obsolet, wenn die Analyse poietischen Handelns selbst schon Praxis im umfassenden Sinn erschließt. Davon gehen sowohl P. Janich in seiner Konzeption des Kulturalismus als auch O. Schwemmer in seiner anthropologisch fundierten Kulturphilosophie aus. In beiden Fällen wird die Welt des poietischen Handelns in jenem Doppelsinn analysiert, den sie in Leonardos Werk ohne Zweifel hatte, nämlich im Sinn des technisch-praktischen Handelns, das im künstlerischen Gestaltungshandeln kulminiert. Die Einsicht in Funktionszusammenhänge ist hier ebenso die Grundlage für den wissensfundierten technischen Umgang wie den bewußtseinskonstitutiven Gestaltungsprozess der Kunst. So gesehen lassen sich Janichs wie Schwemmers Konzept als Erweiterung der *Leo-*

3 Schwierigkeiten des zugrunde gelegten Handlungsbegriffs hat Th. Engel in seiner Magisterarbeit herausgestellt. Engel setzt sich mit der Konzeption des Handelns als Grundlage der Anthropologie auseinander und kritisiert, ausgehend von Kamlahs Überlegungen sowohl den Gehlenschen Biologismus, den Plessnerschen Intellektualismus der Handlungskonzeption als auch die beiden Versionen einer Kulturbestimmung des Handelns bei O. Schwemmer und P. Janich als letztlich unzureichend (Engel, 2003).

4 Vgl. dazu Mittelstraß, 1992, sowie ders., 2002.

nardo-Welt zu *Kultur überhaupt* deuten und provozieren die Gretchenfrage: Lässt sich in der *Leonardo-Welt* leben?

Beide Deutungen von Kultur müssten diese Frage bejahen. Auch der Begründungsversuch läuft parallel. Hinsichtlich der Frage, wie sich in der *Leonardo-Welt* leben lässt, d. h. wie die Sphäre des *Praktischen* (Ökonomie, Ethik, Politik) zu rekonstruieren wäre, ergänzen sich die genannten Ansätze nämlich in der Weise, dass mit *Geld* und *Kultur* qua Performance bzw. Kunst die symbolischen Formen untersucht werden, die Ökonomie wie Ethik und Politik, damit die integrative Sphäre des Praktischen erschließen sollen.

Janich führt in seinen Überlegungen zur *Struktur technischer Innovationen*[5] diese Erweiterung poietischen Handelns exemplarisch an der Analyse der Bedeutung des Geldes durch. »Von der Poiesis zur Praxis« gelangt man in der Erschließung der Parallelen zwischen »technischem Handeln im engeren, poietischen Sinne und einem weiteren im praktischen Sinne« (vgl. Janich, 1998, S. 165 ff). Der jeweils wissensbegleitete Akkumulationsprozess technischer Errungenschaften entwickelt und erschließt sich in auffälliger Parallele zur »Differenziertheit der Fortsetzung, die das Geldwesen in der Bildung von Institutionen kennt« (ebd., S. 166). »Der Geldverkehr ist wie das technische (Artefakte herstellende) Handeln ein nach Zwecken organisiertes Kulturphänomen« (ebd., S. 167) – wie dieses sowohl durch *Generalität* wie *Universalität*, d. h. situations- und personeninvariante Verwendbarkeit gekennzeichnet. »Kumulativer Fortschritt« (ebd., S. 168), Innovation des Mitteleinsatzes zu neuen Zwecken – diese »Aufzählung von Parallelen beansprucht [...], im Rahmen einer Theorie der Lebenswelt der Zweckrationalität menschlichen Handels eine vermeintliche Beschränkung auf die Poiesis zu nehmen«, und zwar dadurch, dass die »strukturelle Ähnlichkeit... [der] sozialen Technikwissenschaften« mit der genuinen Technikwissenschaft »kulturalistisch sichtbar« gemacht wird (ebd., S. 169).

Dadurch will Janich, eine Formulierung von Paul Lorenzen aufgreifend, den Übergang von einer Legitimation der »Wissenschaft als Mittel zur Stützung von Praxen« (ebd., S. 171) zu einer allgemeinen »Kulturkritik« (ebd., S. 170) eröffnen. Nicht die Wissenschaftler oder die Wissenschaftstheorie, sondern »jeder Mensch« (ebd., S. 171) muss sich gestützt »auf die praktisch bewährten Errungenschaften einer Kultur« mit diesen Umständen der »vorgefundenen Kulturwelt«, die er nicht durch Handeln setzt, sondern die ihm zum Widerfahrnis werden, kritisch auseinandersetzen. Eine solche kritische Form praktischer Bewährung will Janich »nach Analogie des Technikmodells über Zweckrationalität, Fortsetzbarkeit, Unumkehrbarkeit und damit Kumulativität« in ihrer Rechtfertigung wie möglichen Fragwürdigkeit erschließen. Für die »technischen« unter den Sozialwissenschaften lässt sich

5 Janich, 1998.

auf diese Weise eine Institutionentheorie entwickeln, die zumindest den Anspruch einer »kritischen« Theorie aufrechterhält.[6]

Genau genommen fungieren *Geld* und *Geldverkehr* als institutionalisierte Form des Umgangs mit Gütern (Artefakten) und Naturgütern im Sinne von Trouvaillen, damit als jene *symbolische Form*, die die Hochstilisierung der pragmatischen Sphäre durch die funktionelle Regelung erlaubt, die Aristoteles als ein Moment des umgreifenden lebensweltlichen Ortes des Technisch-Poietischen konzipiert hatte. Die Analyse des *Geldverkehrs* liefert die symbolisch-pragmatische Erschließung der Ökonomie. Ohne Zweifel gewinnt die Lebenswelt qua *Überlebenswelt* hier ihre funktionale Struktur in dem doppelten Sinn einer methodischen Erschließung nachhaltiger Bewirtschaftung, i. e. der auf Dauer gestellten pragmatischen Sicherung. Zugleich ist der *Geldverkehr* aber nicht nur methodisch-strukturelle Erschließung, sondern auch Bedingung pragmatischer Sicherung selbst. Nur in der abstrakten Form des *Wertes* (M. Weber) ist die verderbliche, nicht jederzeit gleichermaßen ungestört erhältliche Ware auf Dauer zugänglich zu halten. Damit ist der Ansatz der *Theorie des Geldes*, den Janich in seiner Analyse vorlegt, in der Tat ein Übergang von der Poiesis zur Praxis. Nur ist die Praxis selbst nicht Praxis überhaupt, sondern Ökonomie, ein möglicher Ansatz, die Überlebenswelt eines biologischen Wesens diesem selbst dauerhaft, kontinuierlich und zugleich mit einer Möglichkeit der Güteragglomeration im Sinne des Immer-alles-im-Überfluß-Erreichens zugänglich zu halten. Die Theorie des Geldes ist eine Theorie jener symbolischen Ware/Warenwelt, die die Basis der Überlebenswelt ist: eine Theorie der Ökonomik (hier verstanden als Grundlage der Wissenschaft *Ökonomie*).[7] Die erreichte Bestimmung der Praxis leistet daher keine umfassende, sondern eine partiale Erschließung des *Praktischen*. Die Ausweitung dieser *Hochstilisierung* ökonomischen Umgangs zum praktischen Wissen impliziert zwar eine Konzeption der Institution, nicht aber gleichzeitig eine Legitimation institutionenkritischer Ansätze, wie Janich beansprucht.

Sind unsere moralischen Überzeugungen analog zu verstehen zur Münze und zum abstrakteren *Schein*, mit denen wir – von allen Beteiligten als äquivalent akzeptiert – unsere Waren tauschen? Diese Frage ist rhetorisch. Denn die positive Antwort auf diese Frage impliziert eine Konzeption des *Moralischen* als Organisationsform des Miteinander-Umgehens, die allenfalls im festgestellten Rahmen einer *gültigen* Gesamtweltanschauung wohlbegründet sein könnte. Wenn das Gesamtgefüge moralischer Überzeugungen einer Gemeinschaft als Axiomensystem (als vorab-allgemein-akzeptiert) vorausgesetzt wird, gelingt die moralische Interaktion im

6 Der gebotenen Kürze halber kann der unstrittige Teil der kulturalistischen Wende des vorab pragmatisch-linguistischen Ansatzes nicht diskutiert werden. Interessant für die Globalisierung sind diese exemplarischen Konzepte der Zweck-Mittel-Relationierungen, durch die Janich den Brückenschlag vom *pragmatic* zum *culturalistic turn* vornimmt.

7 Vgl. dazu Kolmar.

Sinne des Geldverkehrs. Aufforderungen klagen als *Münze* genau jene Lieferungen ein, die als *passend*, wertäquivalent (als *sich gehörend* im Sinne des *man tut*) akzeptiert, ausgehändigt werden können. Die *großen Scheine* (im Doppelsinn der Deutung und Be-Deutung einer Reihe solcher geteilter moralischer Überzeugungen) lassen sich dann in eine Abfolge adäquater (wertäquivalenter) Handlungsreaktionen auf moralische Imperative auflösen und durch pünktliche Ablieferung einlösen.

Wie aber, wenn dies System – wie in der moralischen Interaktion nicht selten – nicht funktioniert? Spätestens vor der Anforderung einer Konfliktlösung versagt diese *symbolische* Erschließung in und an der Praxis des Miteinander-Handelns bzw. Auskommen-Müssens. Konfliktbeseitigung ist in diesem institutionellen Kontext nur durch Zwang, Gewalt, nicht durch Diskurs zu erreichen, da für den Diskurs keine gleichermaßen wohlgelungene Funktionalität unterstellt werden kann (zumindest durch die gegebene Theorie technisch-sozialer Praxis nicht gegeben wurde). Ein Diskurs um Konfliktlösungen würde den Gesamtrahmen aufs Spiel setzen und damit die Funktionalität riskieren. D.h. für das Modell von Praxis: Moralisch-gelingende Interaktion lässt sich in dieser symbolischen Interaktion plausibel *darstellen*, aber nur verbildlichend. Ein ethischer Diskurs, also ein notwendiges Element der moralisch-praktischen Lebenswelt, lässt das Bild zerbrechen. Im Sinn der Hegelschen These vom *Ende* der Kunst ist auch die skizzierte Theorie des Geldes als Konzept technisch-sozialer Praxis, als strukturelle Erschließung der Funktion der moralisch-praktischen Aspekte der Lebenswelt *zu Ende*, weil partial. Sie wird aufgelöst, muss in eine auch den Diskurs umfassende *Symbolisierung* aufgehoben werden.

Nimmt man die zweite Sphäre des Praktischen, die Aristoteles neben die Ökonomie setzt, die Sphäre des Politischen, so ergibt sich ein strukturell analoges Bild. Institutionen lassen sich als bewusst auf Dauergeltung gestellte, bindende und – was das faktisch geltende Recht betrifft – zwingende Handlungsorientierung mit dem Anspruch auf allgemeine Akzeptanz definieren. Soweit lässt sich die Funktionalität dieser Strukturen der Gemeinschaft – damit der allgemein gültigen und in dieser Allgemeingültigkeit politisch konstitutiven *symbolischen Form* von Interaktion mit den Elementen struktureller Funktionalität im Sinne der Theorie des Geldes darstellen. Die Dimension des Konflikts unterschiedlicher Weiterungen der Rechts- und Institutionen*setzung* ist nicht abgedeckt und zerstört wiederum das *Bild*. Hier geht es nicht um den Tausch von Imperativen und Folge-Handlung, sondern um die Infragestellung bzw. Einklagung dieser *Nachfolge*. Wiederum liefern nur Zwang, Gewalt die Einlösegarantie, und wiederum ist diese theorie-immanent plausible Reaktion *praktisch* – hier politisch – inakzeptabel. Das *Bild*, die symbolische Form, erweist sich als *partiale Erschließung* und ist an ihr *Ende* gelangt, sobald die kritische Infragestellung geltenden Rechts und eingespielter Handlungsgewohnheiten in der Lebenswelt, sobald die mögliche Veränderungskapazität kulturellen Handelns in den Blick gerät.

Das Fazit ist zwingend: Diese Form der strukturellen Erschließung stellt die funktionierende Interaktion dar, erschließt aber nicht ihre pragmatisch-praktische – hier letztlich anthropologische – *Basis*, nämlich die Selbstvergewisserung über *Geltung* von gesetzten, faktisch geltenden, akzeptierten Normierungen. Praktische Philosophie qua Ethik oder Politik verkommt zur Soziologie: zur Beschreibung faktisch akzeptierter und dadurch funktionierender Handlungsnormen im Systemganzen. Eine Systemtheorie im Sinne Luhmanns wäre die adäquate wissenschaftliche Grundlage dieses Verständnisses des Praktischen. Auch hier nämlich wird die Debatte um die Akzeptabilität von Normen auf die der Systemfunktionalität (Reduktion von Komplexität) zurückgeschnitten. Soll praktische Philosophie *Philosophie* bleiben, so sollte eine andere Fundamentalpraxis gesucht werden.

Auch hier hilft die Diskussion im Rahmen der *Kulturalismen* weiter, denn Schwemmer versteht seinen Vorschlag, Kultur insgesamt als »symbolische Form«, Kunst als deren Kulmination zu analysieren, als das notwendige Pendant. Auch hier geht es um eine – zwar alternative – Erschließung der *Leonardo-Welt* als *Lebenswelt*, nicht in ihren Konsequenzen für unsere Lebenswelt (wie z. B. bei Mittelstraß in seiner Analyse der Technik und der Begründung von Technikkritik). Die Formen kultureller *Performanz*, deren sich der Mensch in der Interaktion und in der Ausbildung von Selbstverständnissen wie Handlungsmustern bedient, liefern jene (Plessnersche) Zwischenwelt, die Verständigung und Selbstverständigung ermöglicht. Schwemmer meint, so eine Reduktion der Analyse auf *Bewusstsein* umgehen zu können und statt dessen die Formen sprachlicher Präsenz der leiblichen Existenz zu erschließen, also den von Janich geforderten *linguistic turn* im Sinne des *culturalistic turn* zu vollziehen. So hört es sich zwar kompliziert an, ist aber konsequent, wenn er behauptet,

> daß Kultur eben darin besteht, die Innenwelt des Menschen aus seiner selbst geschaffenen Außenwelt, als die Innenseite der Außenwelt, zu bilden und die Außenwelt als Präsentation, als faßbare Gegenwart der Innenwelt, als die Außenseite der Innenwelt, aufzubauen.[8]

Kultur wird damit als ganze zur »symbolischen Existenzform« des Menschen und damit zugleich zum interaktiven Spielraum der Freiheit.

In ähnlicher Weise, wie es B. Recki in ihrer Einführung in Cassirers Philosophie der symbolischen Formen versucht,[9] integriert auch Schwemmer eine *Ethik* (d. h.

---

8 Schwemmer, 1997, S. 30; zum Folgenden vgl. S. 32 f.

9 B. Recki, 2004. Vgl. hier bes. die Extrapolation des *Ethos* der Freiheit, das Recki entwickelt, um aus der Philosophie der symbolischen Formen eine Ethik, eine Konzeption von Moral und Politik zu entwickeln. Das »kommunikative Element jedes kulturellen Werkes« qua bewussten Werkes (S. 177) im Rahmen eines »agonalen Charakters der Kultur« lässt Kultur als ganze zur Krise werden, »die stets aufs neue *bewältigt* werden muss« (S. 178). Die Tragödie als Schlüssel menschlichen endlichen Daseins wird hier in eine »Lebenskunst« überführt, die die rein theoretische Einstellung zur

nicht nur die Basis gelingenden oder erhofften, durch Kommunikation fundierten gemeinschaftlichen Handelns, sondern auch die der möglichen Konfliktlösung) in seine Konzeption der »kulturellen« qua symbolischer Existenz. Das »animal symbolicum« entwickelt nicht nur die symbolischen Formen der Welt-, sondern auch der Selbstdeutung, damit der Selbstdeutung im Handeln. Formelprägung und Formelwandlung, die Tendenz zur »Sicherung der einmal gewonnenen Orientierungen« und die Tendenz, »ein gewisses Maß an Erneuerung«, aber eben nur ein gewisses Maß in der »Beharrung« zuzulassen (Schwemmer, 1997, S. 179), definieren die moralischen Maßstäbe.

Bezeichnender- und entlarvenderweise bestimmt Schwemmer diese als das, »worüber man nicht mehr mit sich handeln läßt – bzw. handeln lassen sollte«, nämlich die kulturell vermittelte »persönliche Identität der Menschen« (ebd., S. 180). Dadurch wird der moralische Diskurs, also letztlich Ethik als praktische Disziplin, wieder zu einem Geschäft der Beschreibung des Zusammenspiels jenes »Konflikts der Proteste« (ebd., S. 184), gegen den die »an Symbolen festgemachte Identität« kulturell verteidigt werden muss.

Offensichtlich versteht auch Schwemmer seine Analyse der Kultur, die der Bestimmung der »kulturellen Existenz des Menschen zu Grunde liegt«, als Theorie, die zugleich die »aufklärende Explikation unseres Selbstverständnisses in praktischer Perspektive« sein kann und soll.[10] Über Janich hinausgehend ergibt sich dadurch die Möglichkeit, Kultur insgesamt unter der kritischen Frage der Ermöglichung von Freiheit zu prüfen – allerdings ohne durch die Theorie der symbolischen Formen eine Bestimmung der Kultur im Sinne eines *Handlungsspielraums* zu gewinnen.[11]

Es zeigt sich, dass auch für Schwemmers Kulturtheorie kein Zwecksetzungsdiskurs für die Gestaltung der Kultur als Endlichkeitsbewältigung – wie er selbst es fordert – konstitutiv ist. Kultur als ganze ist jene gehobene Form der Überlebenswelt, die – im Gegensatz zur Welt des homo faber – nun das durch die Schaffung von Zwischen- oder Eigenwelten gekennzeichnete *animal symbolicum* (eine Form des *homo intellectualis*) als die seinem Selbstbewusstsein zugute kommende *Lebenswelt* realisiert. Kultur ist die Form der Deutungen, die sich in Höchstform leiblich realisieren, d. h. in den Symbolen anschaulich verleiblichter Geistigkeit (Kunstwerken).

Kultur (die »ästhetische«) überwinden soll. Recki endet mit der provokanten These, es gehe bei Cassirer letztlich um eine »Philosophie der symbolischen Normen«, um jene Verwirklichung der Freiheit, die wir nicht besitzen, sondern schaffen müssen (vgl. S. 185).

10 Es geht bei Schwemmer wie in der Cassirer-Interpretation Reckis um die »Realisierung der Idee der Menschheit« im Prozess kultureller Selbstverwirklichung – also um eine Selbstverständigung und Einigung darüber, was Kultur praktisch zu erbringen hätte, nicht aber um die Angabe zielführender Diskurse, um diese Ermöglichung von Freiheit gegen Verstellungen auch zu erreichen.

11 Vgl. dazu B. Recki, 2004, S. 186, 206; zum Folgenden vgl. S. 207 sowie die Berufung auf Schmied, 2002, S. 147.

In diesem ästhetisierend-deskriptiven Zugriff der Kulturerschließung erscheint Kultur nicht als reale, durch Handeln konstituierte Welt, sondern wird zu quasi objektiv erscheinenden *Strukturen* petrifiziert. Kultur wird zur Konserve. Letztlich demonstrieren beide Ansätze des Kulturalismus Leistungssinn und Grenze der Restriktion der Lebenswelt auf die Welt poietischen Handelns, die *Leonardo-Welt.*

Kultur als Handlungsspielraum

Eine zureichende Bestimmung von Kultur auf der Basis einer Analyse menschlichen Miteinander-Handelns findet sich weder in der Analyse des *poietischen Handelns* als Grundlage technischen und wissenschaftlichen Handelns, noch in der Version des Poietischen, die sich zum symbolischen Handeln spekulativ verdünnt hat. Beide Versionen verlieren die für den konstruktivistischen Ansatz grundlegende Konzeption der Anthropologie (W. Kamlah) aus dem Blick, in der der Mensch ebenso wie sein Handeln aus der Situation des Sich-Verstehend-Verwirklichen-Müssens begriffen wird. Kamlah legt unter noch merklicher Beeinflussung von Heideggers Deutung der Existenz durch die Gegenläufigkeit von Entwurf und Geworfenheit den Menschen nicht als ein Wesen aus, das sich selbst lediglich zu verstehen sucht, sondern sieht ihn durch Handlung und Widerfahrnis bestimmt. In diesem Ansatz liegt m.E. eine noch nicht zureichend genutzte (vor allem durch Kamlah selbst nicht hinreichend weit entwickelte) Chance, einen adäquaten Begriff von Kultur zu gewinnen. Der Mensch bestimmt sich und gewinnt eine Antwort auf die ihn umtreibende Frage »Was ist der Mensch?« aus einer Analyse seines Tuns und der situativen Bedingungen dieses Tuns. *Implicite* legt diese Selbstbestimmung zugleich die Bedeutung von Kultur durch eine Analyse geschichtlichen Handelns fest.

In der anthropologischen Analyse der Auseinandersetzung mit der Welt und des Aufbaus einer Interaktionsgemeinschaft, die die Bedingungen menschlicher Existenz und damit sein Selbstverständnis als handelndes Wesen konstituiert, wird ein weiter gefasster Begriff von Praxis unterstellt. Die philosophische Reflexion auf menschliches Handeln erschließt das Praktische sowohl im Sinne des Poietischen, als auch im Sinne einer Ethik und nachfolgend im Sinne einer Theorie der Institutionen, einer Theorie des Politischen und der Ökonomie.

Kamlah selbst hat diese Reflexion explizit durch eine Verknüpfung von Anthropologie und Ethik angestoßen, die institutionellen Weiterungen nur angedeutet und in einigen inhaltlichen Überlegungen ausgeführt.[12] Dennoch reizt Kamlahs

12 Diese werden allerdings nur in Form einer Auseinandersetzung mit heteronomen Formen der Institutionalisierung durchgeführt durch Anleihen bei der religiösen und theologischen Deutung des Menschen und seines Handelns, die dem ursprünglichen Konzept einer Analyse der Handlungs*frei-*

Versuch zu einer Umformulierung jener kantischen Fragen, die in einer Bestimmung des Menschen *aufgehoben* sind, in der Weise, dass eine Konzeption des Handelns und damit verknüpft ein Begriff der Kultur gewonnen wird, der die *condition humaine* – Handlung und Widerfahrnis – zureichend thematisiert. Es geht um die Frage, was und auf welche Weise wir (auf der Basis jenes Handelns, das uns im Sinne der Überlebenssicherung aufgenötigt ist) *wissen* können, was wir *tun sollen*, um die Überlebenssicherung in einer Sicherung *menschlichen* Überlebens zu vollenden. Es kann nicht um biologische Arterhaltung, d. h. Sicherungsgarantien für die Gattung gehen (so wie letztlich in Jonas' *Ethik der Verantwortung*). Damit wäre eine Teilantwort auf die Frage, »Was ist der Mensch?« zur Wesensdefinition *hochstilisiert*. Der Mensch *ist* der *homo faber*, derjenige, der sich durch Kultur im Sinne des notwendig technikgestützten pragmatischen Handelns zugleich mit dem nötigen Wissen versieht (versehen kann), um funktionell zu handeln (und dem – so Janichs Auslegung des Widerfahrnischarakters – dies Handeln auch misslingen kann). Kants Frage, was wir hoffen dürfen, wäre damit ebenso wie mit dem Verweis auf die genialisch hochstilisierte Widerspiegelung menschlicher Möglichkeiten von den Museumswänden, der Kinoleinwand und der Bühne mit imaginierter Weltkulisse unzureichend beantwortet. Der Mensch muss zwar, will aber nicht *nur* handeln, um zu überleben; und er kann sich nicht mit einem fiktiven Bild seiner selbst außerhalb aller Handlungswirklichkeit seiner Kultur abspeisen lassen. Was also sollen wir *tun* im Blick darauf, dass wir nicht nur hoffen dürfen, sondern hoffen müssen, um nicht allein zu überleben, sondern menschlich zu überleben?

Die Antwort bleibt *kulturalistisch*: Wir verwirklichen uns im Schaffen einer Kultur. Eine solche *Kultur* als Lebensraum des Menschen könnte, sollte aber auch jene Elemente enthalten und verwirklichen, die in der Auseinandersetzung mit der Technik (so J. Mittelstraß) unter der Frage mitpräsent bleiben, in welche Richtung wir unsere Welt und damit uns selbst gestalten sollen und für wen Kultur qua Handlungsresultat zur *Lebenswelt* wird.

Diese Dimension von Praxis qua Kultur wäre dem bisherigen *Kulturalismus* zu integrieren, beschränkt sich doch menschliche Kultur nicht auf die Einrichtung einer Überlebenswelt – sei sie auch im Sinne der doppelten Gestaltung von Technik und Kunst konzipiert –, sondern auf die Institutionalisierung *menschlicher* Überlebensmöglichkeiten. Die praktische Dimension, der Umgang mit der Technik, führt nicht allein auf die Dynamik der Akkumulation technischer Möglichkeiten durch Wissensakkumulation, sondern zugleich auf die Frage nach den Folgen solcher Möglichkeiten für die eigene Existenz. Nur in dieser Frage wird die Chance, die Technik eröffnet, zugleich in ihrem Widerfahrnischarakter mitbedacht. Technik

---

heit nicht entsprechen. Dadurch wird die Dimension der Institutionalisierung und der Legitimität der Einschränkung freien Handelns nur sehr unzureichend berücksichtigt.

als Lebensentlastung kann letztlich nur sinnvoll genutzt werden, wenn man die Freistellung und die gewonnene Zeit für sich oder besser für uns, d. h. im Füreinander der Gestaltung einer kultürlichen Lebenswelt nutzt. Beide Dimensionen separat dargestellt finden sich in der neuen Version des methodischen Kulturalismus und der konstruktivistischen Reintellektualisierung des Handelns durch symbolische Formen; in ihrem Zusammenspiel dargestellt fehlt bislang eine plausible und konsequente Form der Weiterführung jener in Kamlahs Anthropologie geforderten Einheit von Selbstverständnis und Handlungsorientierung.

Ein nächster Schritt ist durch den Rückblick auf das bereits Geleistete möglich und nötig. Es müsste gezeigt werden, wie die praktische Dimension des Kulturbegriffs sowohl den *methodischen Kulturalismus* als auch den Sinn der *symbolischen Formen* zu erschließen erlaubt. Letztere müssten sich nämlich auf Handeln und Handelnkönnen beziehen lassen, sollen sie nicht in der Separatwelt schön gestalteter Alltäglichkeit enden, soll Philosophie nicht zur musealen Kulturbeschreibung und -bewahrung degenerieren.

Die *pragmatische* oder – wie Janich weiterführt – *kulturalistische* Wende des *linguistic turn* liefert die Basis der Bestimmung von Kultur. Die praktischen Konsequenzen dieser poietischen Kultur, die so genannten Momente des »objektiven Geistes« (Hegel), nämlich die symbolischen Formen und die Institutionen werden allerdings bislang allenfalls in einer bewusstseinstheoretischen Reformulierung des *linguistic turn* entwickelt.[13] In beiden Fällen ist die Wende zur Poiesis, die so genannte »kulturalistische Wende«, praktisch unterbestimmt. Wie sich die Regelung außertechnischen, außerwissenschaftlichen Zusammenlebens in den lebensweltlichen durch natürliche Bedingungen ungestörten und durch Handlungsgewohnheiten konfliktfreien Interaktionen bestimmen lässt, ist durch diesen methodischen Ansatz nicht zu bestimmen. Eine solche Form der Interaktion ist weder die pragmatische Bewältigung von Störungen noch das Spiel mit *symbolischen Formen*. – Das

13 Janich erhebt diesen Vorwurf allerdings nicht gegen Schwemmer, sondern gegen C. F. Gethmann. Gethmann geht in seinen Überlegungen zur Ethik von »prädiskursiven Konsensen« aus und bleibt durch die »Bezugnahme auf den Idealtyp des Diskurses [...] wieder allein der *sprachlich- argumentativen* Seite verpflichtet«. Den »poietischen, eigenen Erfolgskriterien und Gelingensformen verpflichteten Aspekt [lässt er] zumindest unthematisiert«. Dies kritisiert Janich als eine »diskurstheoretisch aufrechterhaltene Sprachfixierung«, die durch eine »Erweiterung bzw. Ersetzung des prädiskursiven durch den präaktiven Konsens« überwunden werden soll. (Janich, 1998, S. 160–162) Pragmatisch gesehen ist dieser »präaktive Konsens« ein Schlüssel zum genuinen Entwicklungsprozess von Technik bzw. Wissenschaft; praktisch gesehen lässt sich – dies soll im Folgenden zumindest skizziert werden – diese Akkumulation technischen Könnens und begleitenden Wissens aber auch im Sinne des Widerfahrnisses, im Sinne einer nicht revidierbaren Überfremdung nochmals in Frage stellen. Hier wäre die prädiskursive Grundlage eben nicht allein *präaktiv* im Sinne des schon zuvor pragmatisch Bewährten, sondern *prädiskursiv* im Sinne eines Einverständnisses zu »solidarischer Widerfahrnisbewältigung« (Kamlah).

gilt a forteriori für die Bewältigung nicht technischer, sondern verständnisgenerierter Störungen und praktischer Konflikte.

Kultur – anthropologisch

Es legen sich prinzipiell zwei Wege der Integration des *Kulturalismus* und damit des Poietischen durch einen Begriff der Praxis nahe. So hat z. B. C. F. Gethmann versucht, eine lebensweltliche Basis für die Bereiche der Kultur zu finden, die Aristoteles als den Kernbereich des genuin (nicht allein des technisch und erkenntnistheoretisch) Praktischen bestimmt hat. Gethmann schlägt vor, die lebensweltliche Handlung interaktiver Konfliktbewältigung, das »Streitschlichten«, der Handlungsnormierung durch Ethik und Recht, aber auch der Institutionenlehre zugrundezulegen.[14] Diese *Operation* impliziert zwecksetzende Handlungen wie diskursive Verständigung über Zwecke. Zugleich impliziert die pragmatische Fundierung konfliktarmer bzw. gewaltfreier Einigung bei letztlich auf Zweckdivergenz beruhendem Streit um legitime Mittel zu ebensolchen Zwecken ein Selbstbewusstsein, das sich a) erheben lassen muss (in symbolischen Formen beispielsweise) und b) in Institutionen, also pragmatischen Festsetzungen, bereits handlungswirksam geworden ist. Gegebenenfalls ließe sich sogar die *Theorie des Geldes*, die Janich als Übergang von der technischen Praxis zur gesellschaftlichen Formation auf der Basis kumulierenden technischen Könnens und Wissens vorschwebt, als Form institutionalisierter (symbolischer) Ökonomie durch eine Ökonomik (im aristotelischen Sinne), eine Lehre nachhaltiger (Über-)Lebenssicherung und ihrer legitimen Mittel, unterfangen.[15]

Hier soll diese Frage nicht weiter verfolgt werden, sondern statt dessen die anthropologische Implikation der Bestimmung des Praktischen. Es geht um die Frage, ob eine Differenzierung der anthropologischen Basis einen weitergehenden und damit die Dimension des Praktischen zureichend erschließenden Kulturbegriff fundiert.

---

14 Vgl. dazu z. B. Gethmann, 1992.

15 Ansatzweise lassen sich diese Überlegungen aus einer Reihe von Publikationen herausfiltern. Ein integriertes *kulturalistisches Gesamtkonzept*, das das praktisch-kulturalistische Handeln *hochstilisierte* zu einer Wissenschaft der rationalen Normensetzung (Ethik) und -durchsetzung (Institutionenlehre) steht aus. Diese Überlegungen können daher hier nur kurz angedeutet werden.

Widerfahrnisbewältigung durch Handeln

Eine solche Erweiterung hat Kamlah in seinem anthropologischen Konzept vorgezeichnet. Sie ist auch in den bisher analysierten Überlegungen implizit oder explizit weitergeführt worden. Beide *Kulturalismen* fußen auf der Analyse typischer Formen der Widerfahrnisbewältigung, die jeweils eine Weiterung der Kamlah'schen Bestimmung von *Widerfahrnis* geltend machen, aber ergänzungsbedürftig bleiben.

Parallel müsste sich – soll der *Kulturalismus* in der beanspruchten Weise umfassend – im Heidegger'schen Sinn fundamental – sein, auch der Bereich zwischenmenschlicher Interaktion als Basis sowohl der technischen Reaktion auf die Naturvorgaben menschlicher Existenz als auch der *Installation* bewusstseins-, hier sprach-verständigungs-tragender Institutionen erschließen lassen.

Analog zur skizzierten Erweiterung des Handlungsbegriffs im Sinne der lebensweltlichen Fundierung von Ethik und Politik durch das Modell interaktiver Konfliktbewältigung (Streit schlichten) legen sich drei Differenzierungen der Bestimmung möglicher Widerfahrnisse nahe, die eine plausible Bestimmung von Kultur als interaktiver Widerfahrnisbewältigung ermöglichen. Eine so erweiterte Bestimmung der Kultur als Naturbewältigung und Handlungsspielraum, also als Widerfahrnisbewältigung im weiten Sinn, geht handlungstheoretisch von der aristotelischen Entgegensetzung von technischem und naturwüchsigem, technisch-poietischem, also Herstellungs- und praktischem Handeln aus.

Im Sinne Janichs soll die Analyse der transkulturellen Invarianz technischer Entwicklung zugleich die »Klärung technischen Mittelwissens« und die Auseinandersetzung mit »Problemen des Setzens und Rechtfertigens von Zwecken« fundieren. Dies versucht Janich über eine weitergehende Analyse transkultureller Zweckrationalität bzw. der quasi zwangsläufigen Entwicklungsrichtung technischer Innovationen, die ***»fortsetzbar und unumkehrbar«***, daher ***»nicht beliebig disponibel«***, ergo »kumulativ« sind (Janich, 1998, S. 150). Diese transkulturelle Invarianz technischer Entwicklung basiert großenteils auf ihrer »bleibenden, ja kulturinvarianten« Zweckmäßigkeit, weil die Zwecke »ihrerseits [...] quasi-naturwüchsig vorhandene, in Zivilisationsgemeinschaften bleibend zu bewältigende Aufgaben« darstellen (ebd., S. 151). Vorgängig zu aller handlungstheoretischen wie technikgeschichtlichen Rekonstruktion *trägt* dieser anthropologische Grund der Zwangsläufigkeit technischen Handelns und der Zwangsläufigkeit der *Kumulation* von Handlungsfortschritten aus der Perspektive des Individuums gesehen dessen Existenz als eine dem eigenen Handeln vorgegebene, die Bahnen möglichen Handelns vorzeichnende Quasi-Naturwüchsigkeit. Daher ist auch die Tradition des Herstellungshandelns, insofern sie auf der anthropologischen Konstante zwingender Naturbewältigung und Kultivierungsabsicht beruht, eine erste Form des handlungsgenerierten Widerfahrnisses. Sie ist von einer dem jeweiligen Individualhandeln entzogenen

Sachdynamik kultureller Zwecksetzung getragen, kann aber prinzipiell revidiert werden.

Zunächst erscheint die Kultur des *homo faber* im kulturalistischen Ansatz Janichs geeignet, eine Differenzierung der von Kamlah vorgeschlagenen (in der gegenwärtigen Diskussion zu wenig präsenten) Anthropologie vorzunehmen. Janich greift Kamlahs Gegensetzung von Handlung und Widerfahrnis auf und entwickelt eine Differenzierung des Widerfahrnisbegriffs als Gegenpol zu poietischem Handeln. Hier werden Technik und Wissen als rationale, damit wohlbegründete Form naturaler Widerfahrnisbewältigung – im Sinne der technischen Sozialwissenschaft auch als ökonomische Widerfahrnisbewältigung – charakterisiert.

Der *homo intellectualis* der Kunst-Kultur, d. h. Schwemmers Charakteristik der kulturellen Existenz des Menschen, ermöglicht ansatzweise weitere Differenzierungen *kultureller Widerfahrnisse*. Mit Janich ist gegen Schwemmer festzuhalten, dass nicht nur Wissenschaft, sondern Kultur »*durch (nicht ausschließlich sprachliches) Handeln* von Menschen hervorgebracht wird und deshalb auch nach Kriterien der Zweckrationalität beurteilt werden kann«.[16] Will man nicht ausschließlich die »Struktur technischer Innovationen«, sondern weiter greifend Handlungsinnovationen als Motor der Kulturentwicklung auf analoge Weise rational rekonstruieren, so muss sich zeigen lassen, auf welche *Widerfahrnisse* (natur- oder handlungsgeneriert) handelnd reagiert wird bzw. nach diskursiver Einigung reagiert werden soll.

Fasst man Kultur als praktische Reaktion auf Widerfahrnisse auf, so definiert sie sich als Naturbewältigung und Handlungs-Spielraum-Eröffnung. Die Naturbedrohung wird durch Technik und Wissenschaft einschließlich der Ökonomie erschließbar. Handlungswiderfahrnisse: in Institutionen als Reaktion auf die Bedrohung durch Konflikt, sind nicht in derselben Weise vorgegeben und unhintergehbar wie Naturvorgaben, gleichwohl aber als *Gewohnheit*, als nicht-selbstgesetzte und -selbstverantwortete Institutionalisierung von Handlungsregelungen nach zwei Seiten zu analysieren. Einmal sind sie auf Dauer gestellte (im Sinne der ökonomischen Bedeutung des Geldverkehrs) funktionelle Handlungsnormierungen, die sich durch ihre Funktionalität rechtfertigen. Durch diese Form der Legitimität gewinnen sie zum anderen einen gewissen *Zwangscharakter* in dem Sinne, dass einmal gewonnene kulturelle Bastionen sowohl der Naturbewältigung als auch der Handlungsregelung nicht ohne Not aufgegeben werden können. Dies gilt für Recht, Ökonomik, Ethik, Politik gleichermaßen.

Eine weitere Form des Widerfahrnisses ist die von Schwemmer bedachte Bedrohung durch Vergessen. Hier wird die Tradition praktischer Orientierung gewissermaßen *theoretisch* repräsentiert. Kunst und Geschichte, die Institutionalisierung des Nicht-Vergessens einmal gewonnener Selbstvergewisserung, verselbständigen

16 P. Janich, 1998, S. 135.

sich. Ohne den Rückbezug auf Praxis verlieren beide ihre Basis. Wird Kunst als *symbolische Form* zum Kulturersatz, so degeneriert sie zum *Museum* einmal erreichten geschichtlichen Selbstbewusstseins.

Zieht man in dieser Weise mögliche Widerfahrnisse nach Natur- und Kulturwiderfahrnissen, nach durch Handeln oder ohne Handeln zustande gekommenen Ereignissen, insofern sie die menschliche Existenz betreffen, auseinander, so lassen sich auch die Reaktionen auf Widerfahrnisse differenzierter fassen. Die Form des Umgangs mit lebensweltlichen Widerfahrnissen fordert unterschiedliche Formen der Kritik. Ansatz und Legitimation der Kritik müssen sich durch unterschiedliche Verfahren und Maßgaben rechtfertigen, je nachdem, ob rationale Akkumulationen des technischen Handelns als Naturbewältigung in ihrer Rechtfertigung diskutiert, ob rechtliche (durch Sanktionen bewährte) Handlungsgewohnheiten als Widerfahrnis übernommen und kritisiert, ob politische Institutionen reformiert oder die Gerechtigkeit, nicht allein die Funktionalität und Nachhaltigkeit der Bewirtschaftung in Frage gestellt werden sollen.

Literaturverzeichnis

Engel, Thomas, 2003, *Normative Implikationen philosophischer Anthropologie unter handlungstheoretischen Aspekten vor dem Hintergrund einer kritischen Theorie der Gesellschaft*, (MS. Magisterarbeit).

Gethmann, Carl Friedrich, 1992, »Universelle praktische Geltungsansprüche. Zur philosophischen Bedeutung der kulturellen Genese moralischer Überzeugungen«, in: Janich, P. (Hrsg.), *Entwicklungen der methodischen Philosophie*, Frankfurt a. M.: Suhrkamp, S. 148 – 175.

Gethmann-Siefert, Annemarie, 1996, »Metaphysische Voraussetzungen und praktische Konsequenzen des ›Prinzips Verantwortung'«, in: Beckmann, J. P. (Hrsg.), *Fragen und Probleme einer medizinischen Ethik*, Berlin: de Gruyter, S. 145 – 205.

Janich, Peter, 1998, »Die Struktur technischer Innovationen«, in: Hartmann, D./Janich, P. (Hrsg.), *Die kulturalistische Wende. Zur Orientierung des philosophischen Selbstverständnisses*, Frankfurt a. M.: Suhrkamp, S. 129 – 177.

Jonas, Hans, 1979, *Das Prinzip Verantwortung. Versuch einer Ethik für die technologische Zivilisation*, Frankfurt a. M.: Insel.

Jonas, Hans, 1997, *Das Prinzip Leben. Ansätze zu einer philosophischen Biologie*, Frankfurt a. M.: Suhrkamp.

Jonas, Hans, 2000, *Technik, Medizin und Ethik. Zur Praxis des Prinzips Verantwortung*, 5. Aufl., Frankfurt a. M.: Suhrkamp.

Kolmar, Martin: »Medizin und Ökonomie. Theoretische Überlegungen«, in: Gethmann-Siefert, A./Thiele, F. (Hrsg.), *Effizienzdenken und moralische Verpflichtung im Gesundheitswesen*, Bad Neuenahr-Ahrweiler: Europäische Akademie GmbH. (in Vorb.)

Mittelstraß, Jürgen, 1992, *Leonardo-Welt. Über Wissenschaft, Forschung und Verantwortung*, Frankfurt a. M.: Suhrkamp.

Mittelstraß, Jürgen, 2002, »Das Maß des Fortschritts. Mensch und Wissenschaft in der Leonardo-Welt«, in: *Frankfurter Allgemeine Zeitung (FAZ)* vom 1.2.2002, S. 8.
Recki, Birgit, 2004, *Kultur als Praxis. Eine Einführung in Ernst Cassirers Philosophie der symbolischen Formen*, Berlin: Akademie-Verlag.
Schmied, P. A., 2002, »Endlichkeit und Angst. Heidegger und Cassirer 1929 in Davos«, in: Kaegi, D./Rudolf, E. (Hrsg.), *Cassirer – Heidegger*, Hamburg: Meiner, S. 130 – 155.
Schwemmer, Oswald, 1997, *Die kulturelle Existenz des Menschen*, Berlin: Akademie-Verlag.

Begründungsrationalität und Logik

Peter Schroeder-Heister

1. Aufklärung, Logik, Begründung

In seinem wegweisenden Werk *Neuzeit und Aufklärung* betont Jürgen Mittelstraß die fundamentale Rolle der Logik für aufgeklärtes Denken. »Der logische Aufbau begründenden Sprechens [...] stellt [...] den handwerklichen Teil aufgeklärten Denkens dar« (Mittelstraß, 1970, S. 377). »[...] jegliches Philosophieren [hat] mit Logik anzufangen [...], und zwar [...] nicht als etwas, das andere machen, sondern als etwas, das immer auch zur eigenen Arbeit gehört« (ebd., S. 379). Es freut natürlich den Logiker, insbesondere denjenigen, der über Grundlagenfragen der Logik nachdenkt, dass er sich als einen Träger von Aufklärung verstehen kann. Wenn diese Wertschätzung der Logik zudem noch in die institutionelle Konzeption und personelle Ausrichtung einer großen philosophischen Arbeitsgruppe eingeht, deren Ziel nicht etwa der Aufbau einer Denkschule des Meisters ist, sondern vielmehr der vorurteilsfreie Erwerb und die methodisch strenge Verarbeitung und Darstellung von Wissen in enzyklopädischer Breite, dann wird daraus auch ein persönlicher Glücksfall – so für den Autor dieses Beitrags.

Aufklärung hat nach Mittelstraß insofern mit Logik zu tun, als diese der Kanon *begründender Rede* ist und weil für ihn die Orientierung am Begriff der *Begründung* zentrales Charakteristikum von Aufklärung ist. »Über Begründungszusammenhänge entscheidet ja nicht ›inhaltliches' Denken, sondern ›formales' Denken, also Logik, sofern diese in der Lehre von der (logischen) Implikation eine Theorie von Begründungszusammenhängen liefert.« (Ebd., S. 379). Die Verbindung von Begründungsorientierung mit Aufklärung zieht sich als roter Faden durch Mittelstraß' Werk. Als Beispiele führt er Platons Idee des λόγον διδόναι für die antike Aufklärung und Leibnizens *principium reddendae rationis* für die neuzeitliche Aufklärung an (Mittelstraß, 1984, S. 118). Diese »*Begründungsrationalität*« (ebd., S. 121 und passim) verteidigt er u. a. gegen den Fundamentalismus Dinglers, den Fallibilismus Poppers und den Strukturalismus in der analytischen Wissenschaftstheorie.

Welche Rolle kann die Logik in einem Disput über die Angemessenheit des Begründungsbegriffs für rationales und damit insbesondere wissenschaftliches Argumentieren spielen? Sollte man von ihr nicht Neutralität in Bezug auf derartige Kontroversen erwarten? Ist sie nicht zumindest indifferent gegenüber der Unterscheidung *Begründung vs. Widerlegung*? Eine logische Schlusskette, die von A zu B führt, formal

$$A \Rightarrow B,$$

kann als sowohl als Begründung von B aufgefasst werden, vorausgesetzt, A ist begründet, als auch als Widerlegung von A, vorausgesetzt, B ist widerlegt. Man kann, wenn man $A \Rightarrow B$ als Begründung von B auffasst, natürlich weiterfragen, wie man A begründet – eine Frage, die schließlich zum Problem des *Begründungsanfangs* führt. Umgekehrt kann man, wenn man $A \Rightarrow B$ als Widerlegung von A auffasst, weiterfragen, wie man B widerlegt, eine Frage, die schließlich zum Problem des *Widerlegungsanfangs* führt.[1] Formal gesehen scheint die Logik hier neutral zu sein: Logik ist nur das Vehikel, das Begründung überträgt (hier von A auf B) bzw. Widerlegung zurücküberträgt (hier von B auf A). Das fundamentale erkenntnistheoretische Problem des Deduktions*anfangs* (bei einer Begründung) bzw. des Deduktions*endes* (bei einer Widerlegung) hat mit dem *logischen Zusammenhang* von Aussagen nichts zu tun.

Mittelstraß meint allerdings, dass Logik hier nicht neutral ist oder jedenfalls nicht neutral sein sollte. Er fordert, dass

> Schlußweisen selbst allererst auf ihre methodische Durchsichtigkeit hin, das Maß der Begründungsleistung, die schon hinter diesen elementaren Schritten steht, geprüft werden. [...] Die Bewährung im Formalen [...] bedeutet daher auch nichts anderes als die Rechtfertigung einzelner methodischer Schritte durch den methodischen (logischen) Aufbau dieser Schritte selbst. Wo eine solche Rechtfertigung, intersubjektiv kontrollierbar, gelingt, darf die Maxime, jederzeit selbst zu denken, als befolgt betrachtet werden [...]. (Mittelstraß, 1970, S. 378).

Das heißt, dass nach Mittelstraß logische Schritte und damit die verwendete Logik gerechtfertigt werden im Hinblick auf ihre Begründungsleistung. Begründungsrationalität geht in die Rechtfertigung logischer Schlussweisen wesentlich ein.

Im folgenden möchte ich argumentieren, dass man die *beweistheoretische Semantik*, wie ich sie verstehe (und favorisiere), als Einlösung dieser Idee auffassen kann. Gleichzeitig möchte ich durch ein Dualisierungsargument aber auch zeigen, dass man eine gleichwertige Semantik auf einem *epistemischen Widerlegungsbegriff* aufbauen kann. Dies könnte man zum Anlass nehmen, den Widerlegungsbegriff ebenso wie den Begründungsbegriff in das erkenntnistheoretische Boot zu nehmen und den Begriff des methodisch erworbenen *Wissens* und damit die epistemologische Orientierung, sei sie nun begründungs- oder widerlegungsbasiert, zur Grundlage einer Konzeption von Aufklärung zu machen.

1 In der Popper'schen Wissenschaftstheorie ist dies das Basisproblem, d. h. das Problem der Anerkennung von Basissätzen als letzten Widerlegungsinstanzen.

2. Beweistheoretische Semantik

Beweis ist der formale Terminus für *Begründung.* Beweise sind Begründungen in einer formalen Sprache. Ich möchte sie unterscheiden von Ableitungen (Derivationen) oder *formalen Beweisen* als bloßen Zeichenketten, die durch Anwendungen von Regeln generiert werden. Diese Unterscheidung wird häufig nicht gemacht. Schuld daran ist vor allem das syntaktische Selbstmissverständnis der mathematisch-logischen Beweistheorie im Gefolge von Hilberts Programm, in dem es darum ging, mathematisches Schließen dadurch zu rechtfertigen, dass man die Widerspruchsfreiheit eines formalen Kodifikats dieses Schließens nachzuweisen versuchte. Dass man dabei die Formalisierung mathematischer Schlussweisen in den Vordergrund rückte, ist nicht das Problem. Wenn man den Begriff der Begründung in der Mathematik präzise analysieren will, kommt man nicht umhin, Mathematik entsprechend den Standards der mathematischen Logik zu formalisieren. Das Problem war vielmehr, dass man sich weniger für die Form der verwendeten Beweise interessierte, sondern nur die *globale Widerspruchsfreiheit* des verwendeten Formalismus im Auge hatte. Eine beweistheoretische Semantik im philosophischen Sinne formalisiert dagegen mathematische Schlussweisen so, dass die Struktur *inhaltlicher* Beweise *in ihren einzelnen Beweisschritten* möglichst adäquat wiedergegeben wird, so dass man einzelne Schritte als sinnvolle Begründungsschritte innerhalb einer Argumentationskette verstehen kann. Ein formaler Beweis soll also eine formale Repräsentation eines Arguments sein.

Gerhard Gentzens *Kalkül des natürlichen Schließens* (Gentzen, 1934) war als ein solcher Formalismus intendiert. Er sollte, wie sein Name sagt, das *natürliche* Schließen in Form eines Kalküls wiedergeben. Gentzen strukturiert seine Schlussregeln in solche, die ein logisches Zeichen *einführen*, die also eine Aussage, die ein Zeichen als Hauptoperator enthält, aus Aussagen begründen, die es noch nicht enthalten, und *Beseitigungsregeln*, welche die Konsequenzen einer Aussage *mit* einem logischen Zeichen durch die Teilaussagen dieser Aussage, die dieses Zeichen nicht enthalten, beschreiben. Diesen beiden Aspekten kann man, wie Michael Dummett ausgearbeitet hat, zwei zentrale Funktionen der Verwendung von Behauptungen zuordnen: Die Funktion, eine Behauptung zu rechtfertigen aus ihren elementaren *Behauptbarkeitsbedingungen* (Einführungsregeln), und die Funktion, *Verpflichtungen* einzugehen, die durch die elementaren Konsequenzen dieser Behauptung beschrieben werden (Beseitigungsregeln).

Eine beweistheoretische Semantik gibt Herleitungen im natürlichen Schließen eine Semantik, die auf dem Begriff des Beweises im Gegensatz zum Begriff der Wahrheit als Grundbegriff aufbaut, die also die einzelnen Schritte aus ihrer Funktion heraus, zu inhaltlichen Beweisen beizutragen, validiert. Eine solche beweistheoretische Semantik wurde im Anschluss an Gentzen in der schwedischen beweistheoretischen Tradition, die mit den Namen Dag Prawitz (vgl. Prawitz, 1973, 2005) und Per Martin-Löf verknüpft ist, entwickelt.[2] Ihre Erweiterung zu einer weit über den engeren logisch-semantischen Bereich hinausgehenden sprachphilosophischen Theorie erhielt sie bei Dummett (vgl. Dummett, 1991). Die frühen Arbeiten Paul Lorenzens zur operativen Logik (Lorenzen, 1955) lassen sich ebenfalls in diese Tradition einordnen, obgleich sie von Lorenzen nicht in dieser Weise intendiert waren. Erweiterungen zu einer umfassenden Theorie der Mathematik haben sie in Martin-Löfs Typentheorie erfahren (vgl. Martin-Löf, 1984, Sommaruga, 2000). Neueres allgemeinphilosophisches Interesse haben sie durch die inferentialistische Konzeption Robert Brandoms (vgl. Brandom, 2000) gewonnen. Ich möchte hier nur ihre Grundideen skizzieren und erläutern, wie sie die Idee, formale Beweisschritte als Begründungsschritte einsichtig zu machen, einlöst. Ein detaillierter technischer Überblick findet sich an anderer Stelle (Schroeder-Heister, 2005).

Die *erste Grundidee* der beweistheoretischen Semantik ist die Unterscheidung zwischen *kanonischen* und *nichtkanonischen* Beweisen. Kanonische Beweise sind Träger *direkten* oder *unmittelbaren Wissens*. Für sie ist charakteristisch, dass sie erstens annahmenfrei sind und zweitens eine Einführungsregel im letzten Schritt verwenden. Dass sie annahmenfrei sind, bedeutet, dass sie nicht auf etwas zurückgreifen, für das ein direkter Beweis erst noch geliefert werden muss, sie also nicht unter einem *Wissensvorbehalt* stehen. Dass sie eine Einführungsregel im letzten Schritt verwenden, bedeutet, dass sie eine Behauptung unmittelbar aufgrund der Bedeutung des Hauptoperators der Behauptung einführen. Da sich Bedeutungswissen nach Ansicht der beweistheoretischen Semantik in Einführungsregeln manifestiert, ist ein kanonischer Beweis die *unmittelbare* Versicherung der Gültigkeit einer Behauptung.

Die *zweite Grundidee* der beweistheoretischen Semantik ist das Postulat, dass sich Beweise, die nicht kanonisch sind, mit Hilfe eines konstruktiven Verfahrens in kanonische Beweise überführen lassen. Ein Beweis, der *mittelbar* Wissen repräsentieren soll, leistet dies aufgrund der Tatsache, dass er prinzipiell in einen Beweis *umgeformt* werden kann, der *unmittelbar* Wissen repräsentiert. Dummett nennt dies die »Fundamentalannahme« der beweistheoretischen Semantik (vgl. Dummett, 1991, S. 254). Man kann sie als Explikation der Idee auffassen, dass Wissen nur dann vorliegt, wenn es sich immer wieder in Form einer unmittelbaren Begründung manifestieren kann, d. h. wenn der Träger dieses Wissens im Prinzip in der Lage ist, dieses Wissen als unmittelbares Wissen zu reproduzieren. Unter Rückgriff auf Mittelstraß' Unterscheidung zwischen Wissen und Information (vgl. z. B. Mittelstraß, 1992) könnte man diese Idee auch so erläutern: Mittelbares Wissen geht insofern über Information hinaus, als der Wissensträger in der Lage sein muss, eine Begrün-

2 Der *Terminus* »beweistheoretische Semantik« wurde in Schroeder-Heister, 1991, vorgeschlagen.

dung zu liefern, d. h. aus dem mittelbaren Wissen unmittelbares (d. h. *aktuell* begründetes) Wissen zu machen, während dies bei bloßer Information, die ebenfalls mittelbar ist, nicht erwartet wird.

Die konstruktiven Umformungsverfahren, welche die beweistheoretische Semantik hier in Betracht zieht, sind nicht einfach beliebige konstruktive Funktionen, sondern konkrete Reduktionsverfahren, die Beweise schrittweise in neue Beweise transformieren. Das Insistieren auf *Beweisreduktionssystemen* unterscheidet die beweistheoretische Semantik von anderen Varianten konstruktiver Logik, die den Begriff des konstruktiven Verfahrens nicht näher spezifizieren oder ihn durch den Begriff der berechenbaren Funktion als hinreichend spezifiziert ansehen. Dies gilt auch für Lorenzens operative Logik, die den in die Definition des Zulässigkeitsbegriffs eingehenden Begriff des konstruktiven Verfahrens nicht weiter erläutert.

Die *dritte Grundidee* der beweistheoretischen Semantik ist die Rückführung von hypothetischen Beweisen auf konstruktive Umformungen kanonischer Beweise. Ein hypothetischer Beweis von B aus A, den man in der Form

A
Π
B

schreiben kann, wird dann als gültig angesehen, wenn man nach Ersetzung der Annahme A durch einen kanonischen Beweis

Π_1
A

von A den resultierenden Beweis

Π_1
A
Π
B

in einen kanonischen Beweis von B umformen kann. Dies entspricht der Idee, dass eine Annahme A ein *Platzhalter* für einen kanonischen Beweis ist: Wenn man B unter der Annahme A behauptet, und dies als hypothetisches *Wissen* versteht, dann muss man in der Lage sein, unmittelbares (nichthypothetisches) Wissen für B zu präsentieren, sofern solches für A geliefert wird. Entsprechend wird *logische Konsequenz* als der zentrale Begriff, den eine Semantik erläutern soll, verstanden: B folgt logisch aus A, wenn hypothetisches Wissen von B, gegeben A, vorliegt, d. h. wenn ein kanonischer (d. h. unmittelbares Wissen repräsentierender) Beweis von A einen solchen von B ergibt auf der Grundlage von Umformungen des Wissens, das in A vorhanden ist.

Schlussketten in der beweistheoretischen Semantik transportieren also Wissen, und zwar derart, dass mittelbares Wissen jederzeit (prinzipiell) aktualisiert werden kann, vorausgesetzt, dieses ist für die Prämissen der Schlusskette schon aktualisiert. Dies kann man als Ausarbeitung der Mittelstraß'schen Forderung verstehen, dass deduktiv-logische Schritte in Bezug auf die Begründungsleistung, die sie erbringen, gerechtfertigt werden müssen. Die Begründungsleistung eines einzelnen Schritts liegt *per definitionem* darin, dass er Wissen über seine Konklusion aus solchem über seine Prämissen liefert. Die beweistheoretische Semantik löst damit zugleich die erkenntnistheoretische Paradoxie des logischen Schließens, wonach einerseits eine Begründungskette Wissen liefern soll, das vorher nicht vorhanden war, andererseits *logisches* Schließen nicht gehaltserweiternd sein kann. Logische Schlüsse arbeiten in gewisser Weise das Wissen aus, das *implizit* oder *potentiell* durch die Prämissen gegeben ist.[3]

Das formale System der Logik, das man auf diese Weise erhält, ist nicht die klassische, sondern die konstruktive (oder intuitionistische) Logik. Die konstruktive Logik ist die Logik des Beweisens oder Begründens. Insofern geht die beweistheoretische Semantik mit der Auszeichnung der konstruktiven Logik in der Wissenschaftstheorie der Erlanger Schule konform, in deren Kontext ja auch Mittelstraß' Aufklärungs- und Begründungsbegriff entwickelt worden ist. Andererseits ist die *innere* semantische Verbindung von Begründen und logischem Schließens in der Erlanger Schule nie angemessen geklärt worden. Lorenzen selbst hat seine operative Logik, die wesentliche Grundideen der beweistheoretischen Semantik enthält, verlassen zugunsten einer (von Kuno Lorenz im Detail ausgearbeiteten) Dialogsemantik, die den Bezug zur Begründungsrationalität eher verschleiert (vgl. Lorenzen/Lorenz, 1978). In der Dialogsemantik wird die Gültigkeit einer Aussage unter Bezug auf die Verfügbarkeit einer Gewinnstrategie beschrieben. Wissen bedeutet danach also, eine Gewinnstrategie für geeignete Dialogspiele zu haben. Der Begriff der Gewinnstrategie ist jedoch ein *globaler* Begriff, der sich auf Dialoge beliebiger Form bezieht. Es ist nicht so, dass im Rahmen einer *semantischen* Erklärung eine Gewinnstrategie für komplexe Aussagen unter Rückgriff auf Gewinnstrategien für weniger komplexe Aussagen erklärt wird. Der Zusammenhang zwischen Gewinnstrategien für zusammengesetzte Aussagen mit solchen für Teilaussagen ist allenfalls ein *nachträglich* bewiesenes Resultat, das nicht in die semantische Definition eingeht, während sich die eigentliche semantische Erklärung der logischen Operatoren auf der Ebene konkreter Dialoge abspielt. In der beweistheoretischen Semantik wird hingegen die Begründung zusammengesetzter Aussagen in direkte semantische Beziehung zur Begründung von Teilaussagen gebracht.

3 Dummett hat diese 1934 von Cohen und Nagel (1993, Kap. 9) beschriebene Paradoxie als einen Ausgangspunkt seiner Überlegungen zur Rechtfertigung des logischen Schließens gewählt (Dummett, 1978, S. 297).

3. Begründungen und Widerlegungen: Das Dualisierungsargument

Die beweistheoretische Semantik erscheint als die natürliche Logikkonzeption der Begründungsrationalität, da sie, grob gesprochen, ein logisches Argument $A \Rightarrow B$, das von A zu B führt, dadurch rechtfertigt, dass es eine Begründung von A in eine Begründung von B zu transferieren gestattet. Nun kann man jedoch leicht zeigen, dass sich die Konstruktion der beweistheoretischen Semantik so dualisieren lässt, dass sie zu einer widerlegungstheoretischen Semantik wird, ohne dass sich an ihrer formalen Struktur etwas ändert. Das ist analog zur bekannten Dualisierungseigenschaft der klassischen zweiwertigen Logik: Wenn man dort *wahr* durch *falsch* und gleichzeitig jeden zweistelligen Junktor durch seinen dualen Junktor (z. B. $\wedge$ durch $\vee$ und $\rightarrow$ durch $-\!\!<$) ersetzt, dann erhält man einen Folgerungsbegriff, der auf dem Begriff der Übertragung der Falschheit statt dem der Wahrheit aufbaut. Es gilt dann: B folgt aus A wahrheitslogisch in dem Sinne, dass jede Belegung, die A wahr macht, auch B wahr macht, genau dann, wenn B* aus A* falschheitslogisch in dem Sinne folgt, dass jede Belegung, die A* falsch macht, auch B* falsch macht, wobei * diejenige Operation ist, die Junktoren (und allgemeiner auch andere logische Operatoren) durch ihre dualen Junktoren ersetzt.

Für die beweistheoretische Semantik hat die korrespondierende widerlegungstheoretische Semantik folgende Gestalt. Man definiert den Begriff der *kanonischen Widerlegung* einer Aussage A in Analogie zum Begriff des kanonischen Beweises der entsprechenden dualen Aussage A* und kann dann einen entsprechenden Gültigkeitsbegriff definieren, der auf dem Begriff des (konstruktiven) Verfahrens beruht, kanonische Widerlegungen in kanonische Widerlegungen zu überführen. Z. B. lautet die widerlegungssemantische Klausel für die Aussagen $A \vee B$ und $A -\!\!< B$ (die zu $A \wedge B$ bzw. $A \rightarrow B$ dual sind) wie folgt: Eine Argumentstruktur

$$\frac{\begin{array}{cc}\Delta_1 & \Delta_2 \\ A & B\end{array}}{A \vee B}$$

ist widerlegungssemantisch gültig (d. h. eine gültige Widerlegung von $A \vee B$), wenn Δ_1 *und* Δ_2 gültige *Widerlegungen* von A bzw. B sind, und eine Argumentstruktur

$$\frac{\begin{array}{c}A \\ \Delta \\ B\end{array}}{A -\!\!< B}$$

ist widerlegungssemantisch gültig (d. h. eine gültige Widerlegung von $A -\!\!< B$), falls für jede gültige kanonische *Widerlegung*

$$\begin{array}{c}\Delta_1 \\ A\end{array}$$

von A die Argumentstruktur

$$\begin{array}{l} \Delta_1 \\ A \\ \Delta \\ B \end{array}$$

sich (nach einem konstruktiven Verfahren) in eine kanonische gültige *Widerlegung* von B umformen lässt. $A \vee B$ und $A -\!\!< B$ werden also statt durch ihre *Behauptbarkeitsbedingungen* durch ihre *Bestreitbarkeitsbedingungen* erklärt. $A \vee B$ ist (kanonisch) widerlegt, wenn *beide* Teilaussagen A und B widerlegt sind, und $A -\!\!< B$ ist (kanonisch) widerlegt, wenn sich aus einer Widerlegung von A eine Widerlegung von B gewinnen lässt. Entsprechend erhält man einen Folgerungsbegriff, wonach B aus A *widerlegungslogisch* genau dann folgt, wenn, B* aus A* (für Dualisierungen von B bzw. A) *begründungslogisch* folgt. In der technischen Ausarbeitung dieser Dualität kann man formale Systeme heranziehen, die zum Kalkül des natürlichen Schließens insofern dual sind, als sie nur eine Prämisse, aber mehrere Konklusionen haben können (sozusagen natürliches Schließen auf den Kopf stellen).[4]

Das kann man auch wie folgt ausdrücken: Fasst man die beweistheoretische Semantik als zunächst uninterpretierten Formalismus auf mit Grundbegriffen wie *kanonischer Beweis*, *Beweis*, *konstruktives Umformungsverfahren* usw. sowie mit Bezeichnungen für logische Operatoren, dann lässt sich dieser Formalismus sowohl begründungstheoretisch als auch widerlegungstheoretisch interpretieren. Der semantische Formalismus selbst gibt keine Interpretation vor, auch wenn er in der Regel begründungstheoretisch formuliert wird und als solcher auch intendiert ist. Es lässt sich sogar zeigen, dass man in diesem Formalismus die jeweils duale Interpretation verständlich machen kann: Im begründungstheoretischen System kann man Widerlegungen als Begründungen von negierten Aussagen, und im widerlegungstheoretischen System Begründungen als Widerlegungen von negierten Aussagen auffassen.

Dieses hier nur kurz angedeutete Resultat zeigt, dass sich die aus der klassischen Logik gewohnte Dualisierung auch im Bereich der konstruktiven Semantik durchführen lässt. Die beweistheoretische Semantik, obzwar ein willkommenes Instrument der Begründungsrationalität, ist nicht auf diese abonniert. Sie kann auch als Instrument einer geeignet verstandenen Widerlegungsrationalität verwendet werden.

---

4 Gisbert Hasenjaeger (unveröffentlicht) hat einen solchen Kalkül anschaulich als Mobile-Kalkül bezeichnet. Die klassische Referenz ist Shoesmith/Smiley, 1978. Im Rahmen graphentheoretischer Repräsentationen des logischen Schließens haben solche Ideen erneutes Interesse erfahren. Die Dualität von beweistheoretischer Semantik und Widerlegungssemantik soll an anderer Stelle im einzelnen ausgeführt werden.

4. Metaphysische vs. erkenntnistheoretische Grundlegung der Logik

Ein solches Ergebnis lädt zu Spekulationen ein, ob sich aus der Dualisierung der logischen Semantik nicht auch gewisse Perspektiven für die philosophische Konzeption einer Widerlegungsrationalität ergeben, die zur widerlegungstheoretischen Semantik passt. Eine Widerlegungsrationalität als die zur Begründungsrationalität duale Konzeption wäre wie die Begründungsrationalität ein *erkenntnistheoretischer* Ansatz. Sie würde Widerlegung als den (diesmal primären) Modus von Erkenntnisgewinnung verstehen. Wissen wäre in erster Linie negatives Wissen, d. h. Wissen, dass etwas nicht der Fall ist, wobei das, was nicht der Fall ist, selbst negativ sein kann, so dass es in diesem indirekten Sinne auch positives Wissen gibt.

Widerlegungsrationalität würde sich ihres Wissens argumentativ versichern durch einzelne Schritte, die als solche zu diesem Wissen beitragen. Logische Konsequenz im Sinne der Widerlegungssemantik würde dieses (negative) Wissen *transportieren*, indem sie es von den Prämissen auf die Konklusion überträgt, ganz so wie logische Konsequenz in der begründungs- oder beweistheoretischen Semantik positives Wissen transportiert. Kennzeichen beider Formen von Rationalität ist der Bezug auf durch schrittweise Argumentation verbürgte Gewinnung von Wissen. Sie unterscheiden sich daher grundsätzlich von der vorherrschenden klassischen Auffassung der Logik, die ich eine *metaphysische* Auffassung nennen möchte, weil sie von *Wahrheit* als einer semantischen Eigenschaft von Aussagen ausgeht, die besteht oder nicht besteht, unabhängig von subjektivem Zutun, und in diesem Sinne eine objektive nichtphysische (eben metaphysische) Eigenschaft ist. Die Opposition, welche die beweistheoretische Semantik eröffnet, sei es in ihrer begründungstheoretischen oder in ihrer widerlegungstheoretischen Variante, ist die zwischen einer *metaphysischen Semantik*, die den klassischen Wahrheitsbegriff als Ausgangspunkt nimmt, und einer erkenntnistheoretischen oder *epistemischen Semantik*, die auf einen sich in Begründungs- oder Widerlegungsakten manifestierenden Wissensbegriff als Basis zurückgreift. Formal schlägt sich das darin wieder, dass Begründungs- und Widerlegungssemantik beide zu einer konstruktiven Logik führen. Sowohl begründungs- als auch widerlegungstheoretische Semantik greifen in der Deutung der Implikation bzw. ihres dualen Junktors und damit in der Deutung des Begriffs der logischen Konsequenz auf den Begriff des konstruktiven Verfahrens zurück.

Könnte es nicht sein, dass diejenigen Intentionen, die der begründungsrationale Ansatz verfolgt, gerade die Bestimmungen sind, welche der Begründungs- und der Widerlegungslogik im hier skizzierten Sinne gemeinsam sind, nämlich die erkenntnistheoretische und zugleich metaphysikkritische Orientierung? Mittelstraß versteht unter Aufklärung vernünftige Selbständigkeit, worunter im theoretischen Bereich der auf Argumentation und Erfahrung beruhende intersubjektive Aufbau von Wissen gehört (vgl. Mittelstraß, 1980, 1996). Liegt diese nicht auch vor bei einem Ansatz, der sowohl Begründung als auch Widerlegung zu erkenntnistheoretischen Grundbegriffen macht? Bei rationalen Argumenten ginge es dann um den methodisch kontrollierten Erwerb und die systematische Sicherung und Darstellung von positivem oder negativem Wissen unter Verwendung von deduktiven Verfahren, die sich unter Bezug auf solchen Wissensgewinn legitimieren lassen, *ohne Rückgriff auf einen metaphysischen Zusammenhang objektiver Wissensinhalte.* Dahinter stünde eine einheitliche Rationalität, von der Begründungs- und Widerlegungsrationalität Teilaspekte wären.

Ob sich auf diese Weise der Fallibilismus Poppers vereinnahmen lässt, ist fraglich und kann hier nicht erörtert werden.[5] In jedem Fall ergäbe sich eine befriedigende Interpretation von negativen Aussagen. Auch in strikt begründungstheoretischen Ansätzen kommt man ja nicht umhin, auch negative Aussagen als etwas, das zu begründen ist, zuzulassen. Begründungen von negativen Aussagen sind jedoch nichts anderes als Widerlegungen. Die Konzeption einer einheitlichen, auf Begründung und Widerlegung ausgerichteten Rationalität würde solchen Aussagen einen plausibleren Sinn als bisher verleihen. In der frühen Erlanger Schule hat es rudimentär solche Ansätze gegeben, indem man z. B. vom *Zu-* und *Absprechen* von Prädikatoren sprach und damit auf der Prädikationsebene verschiedene Akte unterschied (vgl. Kamlah/Lorenzen, 1967). Der Zusammenhang zwischen Begründung und Widerlegung ist jedoch nie systematisch für Begründungs- und Widerlegungs*zusammenhänge*, die komplexe Aussagen einschließen, ausgearbeitet worden. Die Vernachlässigung des Zusammenhangs zwischen Negation und Bestreitung (bzw. Widerlegung) ist symptomatisch für konstruktive Logikkonzeptionen, in denen die Negation *indirekt* über ihre Konsequenzen – die Behauptung einer negierten Aussage hat Absurdität zur Folge – gedeutet wird.

Solche Überlegungen könnten dazu anregen, über die Rolle negativen Wissens und seiner Rechtfertigung im Rahmen einer *epistemischen Grundorientierung*, für die sich Jürgen Mittelstraß in seinem Werk so engagiert hat, neu nachzudenken.

5 Poppers Philosophie bezieht sich explizit auf eine metaphysische Welt objektiver Gedankeninhalte (vgl. Popper, 1972). Wieweit diese Konzeption wesentlich für seine Grundgedanken ist, ist ein schwieriges und weitreichendes Problem; Poppers eigene Aussagen sind hier nicht eindeutig. Man müsste berücksichtigen, dass Popper Erkenntnistheorie, wenn er sie kritisiert, mit Subjektivismus assoziiert, seine anti-epistemologischen Äußerungen also als Stellungnahmen gegen Subjektivismus und Anti-Realismus zu verstehen sind (vgl. Popper, 1963). Auch müsste man Poppers Philosophie der deduktiven Logik heranziehen, die in eigentümlicher Weise kalkültheoretischen Begründungen nahe steht und gerade nicht, wie man erwarten würde, klassisch-wahrheitsfunktionalen Erwägungen (vgl. Schroeder-Heister, 2004).

Literaturverzeichnis

Brandom, Robert B., 2000, *Articulating Reasons. An Introduction to Inferentialism*, Cambridge Mass.: Harvard University Press.

Cohen, Morris R./Nagel, Ernest, 1993, *An Introduction to Logic*, Indianapolis: Hackett [teilweiser Neudruck von: *An Introduction to Logic and Scientific Method*, New York: Harcourt, Brace, and Co., 1934].

Dummett, Michael, 1978, »The justification of deduction«, in: ders., *Truth and Other Engmas*, London: Duckworth, S. 290 – 318 [Neudruck von: *The justification of deduction*, London: British Academy, 1973].

Dummett, Michael, 1991, *The Logical Basis of Metaphysics*, London: Duckworth.

Gentzen, Gerhard, 1934, »Untersuchungen über das logische Schließen«, in: *Mathematische Zeitschrift*, 39, S. 176 – 210, 405 – 431.

Kamlah, Wilhelm/Lorenzen, Paul, 1967. *Logische Propädeutik oder Vorschule des vernünftigen Redens*, Mannheim: Bibliographisches Institut.

Lorenzen, Paul, 1955, *Einführung in die operative Logik und Mathematik*, Berlin: Springer.

Lorenzen, Paul/Lorenz, Kuno, 1978, *Dialogische Logik*, Darmstadt: Wiss. Buchgesellschaft.

Martin-Löf, Per, 1984, *Intuitionistic Type Theory*, Napoli: Bibliopolis.

Mittelstraß, Jürgen, 1970, *Neuzeit und Aufklärung. Studien zur Entstehung der neuzeitlichen Wissenschaft und Philosophie*, Berlin: Walter de Gruyter.

Mittelstraß, Jürgen, 1980, »Aufklärung«, in: ders. (Hrsg.), *Enzyklopädie Philosophie und Wissenschaftstheorie*, Band 1, Mannheim: Bibliographisches Institut, S. 213 – 218.

Mittelstraß, Jürgen, 1984, »Forschung, Begründung, Rekonstruktion. Wege aus dem Begründungsstreit«, in: Schnädelbach, Herbert (Hrsg.), *Rationalität. Philosophische Beiträge*, Frankfurt: Suhrkamp, S. 117 – 140.

Mittelstraß, Jürgen, 1992, »Der Verlust des Wissens«, in: ders., *Leonardo-Welt. Über Wissenschaft, Forschung und Verantwortung*, Frankfurt: Suhrkamp, S. 221 – 244.

Mittelstraß, Jürgen, 1996, »Wissen«, in: ders. (Hrsg.), *Enzyklopädie Philosophie und Wissenschaftstheorie*, Band 4, Stuttgart: Metzler, S. 717 – 719.

Popper, Karl R., 1963, »On the sources of knowledge and ignorance«, in: ders., *Conjectures and Refutations. The Growth of Scientific Knowledge*, London: Routledge and Kegan Paul, S. 3 – 30.

Popper, Karl R., 1972, *Objective Knowledge. An Evolutionary Approach*, Oxford: Clarendon Press [deutsch: *Objektive Erkenntnis. Ein evolutionärer Entwurf*, Hamburg: Hoffmann und Campe, 1973].

Prawitz, Dag, 1973, »On the idea of a general proof theory«, in: *Synthese*, 27, S. 63 – 77.

Prawitz, Dag, 2005, »Meaning approached via proofs«, in: Kahle, Reinhard/Schroeder-Heister, Peter (Hrsg.), *Proof-Theoretic Semantics*, Themenheft von *Synthese*, Dordrecht: Kluwer.

Schroeder-Heister, Peter, 1991, »Uniform proof-theoretic semantics for logical constants«, in: *Journal of Symbolic Logic*, 56, S. 1142.

Schroeder-Heister, Peter, 2004, »Popper's structuralist theory of logic«, in: Jarvie, Ian/Milford, Karl/Miller, David (Hrsg.), *Karl Popper. A Centenary Assessment*, Wien.

Schroeder-Heister, Peter, 2005, »Validity Concepts in Proof-Theoretic Semantics«, in: Kahle, Reinhard/Schroeder-Heister, Peter (Hrsg.), *Proof-Theoretic Semantics*, Themenheft von *Synthese*, Dordrecht: Kluwer.

Shoesmith, D. J./Smiley, T. J., 1978, *Multiple-Conclusion Logic*, Cambridge: Cambridge University Press.

Sommaruga, Giovanni, 2000, *History and Philosophy of Constructive Type Theory*, Dordrecht: Kluwer.

Lebenswelt und erkenntnistheoretische Fundierung

David Hyder

Spätestens seit der Veröffentlichung 1937 der ersten Fassung von Husserls *Krisis*-Schrift[1] sehen nicht wenige Philosophen eine zentrale Aufgabe ihrer Zunft darin, die vorwissenschaftliche *Lebenswelt* vor dem Einfall der Naturwissenschaft zu bewahren. Die Verteidigungsstrategien sind so vielfältig wie die Diagnosen des genauen Problems. Handelt es sich hier wirklich um das Verhältnis zwischen zwei Welten? Zwei Sprechweisen? Zwei Arten der Bezugnahme auf oder des Umgangs mit ein und derselben Welt? Selbst der Spezialist gerät schnell in Schwierigkeiten. Dabei ist diese Sorge keineswegs eine bloß philosophische. Dass die Naturwissenschaft unser Selbstverständnis als lebensweltlich agierende, denkende und empfindende Wesen nicht akzeptiert, ja sogar leugnet, erfährt jeder bei der Einlieferung ins moderne, biowissenschaftliche Krankenhaus. Die aktuelle Beschäftigung mit so genannten Alternativen zur naturwissenschaftlichen Weltsicht – Homöopathie, Anthroposophie, Makrobiotik, die Anti-Impf-Bewegung – drückt dieses allgemein empfundene Unbehagen am deutlichsten aus, auch wenn ihre Charakterisierung des Problems aus philosophischer Sicht naiv erscheint. Seitens der Befürworter der Alternativmedizin wird offen behauptet, dass die moderne Naturwissenschaft die Natur »beleidige« (die moderne Wissenschaft sei »technisch« und begreife nicht die wahre Natur), bzw. dass sie trotz ihrer Effektivität nicht »alles beweisen« könne.

Die Absurdität solcher Behauptungen ist aus diagnostischer Sicht kaum von Belang. Die Tatsache, dass sie aufgestellt werden, deutet auf die reelle Existenz der von Husserl beschriebenen Sinnkrise hin. Dabei bleiben ihre Wurzeln unklar. Liegen sie im alten Argwohn der Unaufgeklärten angesichts der philosophischen Wahrheit, so wie ihn Sokrates und Gallilei schon kannten? Oder haben wir es tatsächlich mit einer neuen Erscheinung zu tun? Gegen die erste These spricht schon die Sachlage, dass solcher Argwohn zwar auf die mangelnde naturwissenschaftliche Kenntnis in der Allgemeinbildung zurückzuführen ist, dieses allgemeine Unwissen jedoch durch eine weitere, philosophische Verformung seinen eigentümlichen modernen Charakter gewinnt. Dieser besteht im wesentlichen darin, dass eine *alternative*, nicht-wissenschaftliche Welt als gleichberechtigt angesehen wird, obgleich ihre behauptete Autonomie durch die Wissenschaft als bedroht empfunden wird. Dass die Mehrheit die Bedeutung der Wissenschaft nicht versteht, ist kein Novum – somit kann dieses Unwissen nicht allein der Grund dafür sein, dass Husserls Sinnkrise im letzten Jahrhundert entstand, und immer noch vorhanden ist. Statt dessen können

1 Husserl, 1962.

wir sie als Folge zweier wissenschaftlicher Entwicklungen des vorletzten Jahrhunderts ansehen: (1) als Folge der Entwicklung der Mikrophysik, (2) als Folge zeitgenössischer philosophischer Anstrengungen, den ontologischen Bestand der klassischen Metaphysik in normative Regeln zu verwandeln.[2]

Während die post-cartesische Tradition den referenziellen Grund von wissenschaftlichen Aussagen mittels eines Erfahrungsbegriffes einzulösen versucht hat, der den unbeobachtbaren Entitäten der neuen Physik eine unmittelbare, phänomenale Referenzebene vorschob, gerieten solche Ansätze durch philosophische und physikalische Veränderungen Ende des 19. Jahrhunderts zunehmend unter Druck. Die neukantianische Kritik an Kants Anschauungsbegriff mündete in eine Erkenntnistheorie, die den apriorischen Teil des menschlichen Denkvermögens auf sein begrifflich-logisches Vermögen beschränkte und demnach der rein phänomenalen, bewussten Anschauung ihre Funktion als erkenntnistheoretische Fundierungsebene absprach. Zugleich deuteten die Neukantianer Kants Kategorienlehre als eine strikt *normative* Wissenschaft um. Die Rolle der Erkenntnistheorie durfte nicht mit einer psychologischen Untersuchung der Denkgesetze im Sinne der Psychologie oder Sinnesphysiologie verwechselt werden. Philosophische Denkgesetze drücken nicht das *Wie* des menschlichen Denkens, sondern ein *Soll* aus. Nicht zuletzt führten konkrete Entwicklungen in den Naturwissenschaften zu einer grundsätzlich realistischen Auffassung der Mikrowelt, die die herrschende, neo-kantische und phänomenale Interpretation physikalischer Aussagen, z. B. den Phänomenalismus der so genannten *Energetiker*, besiegte. Dank dieser drei Faktoren wurde die doppelte Rolle des kantischen Erfahrungsbegriffes – wonach die phänomenale Erfahrung den referenziellen Boden und zugleich die Quelle der Normativität darstellte – endgültig aufgegeben.[3]

Dieser groben historischen Analyse zufolge entstand die von Husserl diagnostizierte Krise an der Jahrhundertwende eben deshalb, weil die phänomenale Sichtweise jeglicher erkenntnistheoretischer *Funktion* entbehrte. Diese philosophische Position, die sich längst eigenständig gemacht hatte, war faktisch und theoretisch überholt. Allerdings war sie auch, um die Terminologie Husserls zu übernehmen, schon längst *sedimentiert*: sie galt – und gilt – nicht als eine philosophische Theorie, sondern als eine Art Selbstverständlichkeit. Dennoch setzte sich der philosophische Versuch, eine phänomenale Begründung der Naturwissenschaft zu entwerfen vielerorts fort, unter anderem in der Wissenschaftstheorie des Wiener Kreises und in der Phänomenologie Husserls. Solche Versuche bedienten sich einer neuen Rechtfer-

2 Freilich lässt sich die damit entstandene philosophische Position auf Kant zurückführen, dabei ist jeder Versuch, die Kantische Theorie als eine normative Erkenntnistheorie zu deuten, in gewissem Maße anachronistisch.

3 Zur doppelten Rolle des Kantischen Erfahrungsbegriffes, cf. Mittelstraß, 1991, S. 130 – 133.

tigungsstrategie, die vom Intentionalitätsbegriff ausging. Die erkenntnistheoretische Legitimation der phänomenalen Welt wäre demnach weder in ontologischen Argumenten wie bei Descartes, noch im klassischen Kantianismus zu suchen, sondern in einem Appell an unsere Fähigkeit, eindeutige propositionale Urteile zu fassen, trotz unserer wissenschaftlichen, d. h. real-ontologischen Ignoranz. Das Argument ist bedeutungstheoretisch-tranzendental: ohne eine vorwissenschaftliche Semantik wäre es unmöglich, wissenschaftlichen Aussagen einen konkreten Sinn beizulegen. Sie haben aber einen Sinn, also muss es eine vortheoretische Welt geben.

Tatsächlich wurde der Grundstein einer solchen Deutung des klassischen Phänomenalismus schon in ihrer Geburtsstunde gelegt, nämlich in Descartes' Unterscheidung zwischen von uns *unmittelbar wahrgenommenem* und *mittelbar erkanntem* Sein, da Descartes die Existenz zweier Substanzen durch eine Verdopplung des intentionalen Bezugs beweist, auch wenn dieser Schritt zum Teil verdeckt bleibt. Auf den ersten Blick beruht Descartes' Beweis auf einer ontologischen Unterscheidung, nämlich dass veränderliche Eigenschaften nicht zur substanziellen Natur eines Wesens gehören können. Descartes zufolge kann dasselbe Stück Wachs sich qualitativ so sehr verändern, dass wir auf eine substanzielle Veränderung zu schließen geneigt sind. Dabei wissen wir zugleich, dass wir es mit derselben raum-zeitlich situierten Materie zu tun haben, und wir werden dadurch dazu veranlasst, die von uns wahrgenommenen Veränderungen als mentale Veränderungen zu interpretieren. Die Welt ist demnach doppelseitig, und jede ihrer Seiten stellt ihren eigenen Prioritätsanspruch: Die Welt der ausgedehnten Materie geht der Welt der Qualia insoweit voraus, als jene diese veranlasst – sie beansprucht eine *aitiologische* Priorität. Dagegen beziehen wir uns unmittelbar auf die zweite, qualitative Welt, indes die Eigenschaften der ausgedehnten Materie nur indirekt, durch Kognition, begreiflich sind – die qualitative Welt ist *epistemisch* vorrangig.

Dennoch offenbart sich diese Charakterisierung der cartesischen Argumentation bei näherer Betrachtung als unbefriedigend, was sich schon im Vergleich zu seinen scholastischen Vorgängern zeigt. Denn schon Aristoteles hatte behauptet, dass sich die ontologische Priorität der Substanz in einer epistemologischen Priorität der Wahrnehmung widerspiegele, was wiederum den besonderen Kausalstatus der Kognition fordere. Einen Gegenstand zu erkennen, heißt, im kausalen Gleichgewicht mit der erkannten Substanz zu stehen – erkennen ist keine *Aisthesis*, sondern eine durch die Tätigkeit des aktiven Intellektes zustande gebrachte Identifikation von passivem Intellekt und erkannter Form. Die Erkenntiskette verläuft rückwärts entlang der Kausalkette. Einmal vollstreckt, sichert sie die kausale und intellektuelle Balance zwischen Gegenstand und Intellekt. Die aristotelische Theorie unterscheidet genauso streng zwischen der Kognition der Substanz eines Wesens (was bei Descartes seiner ausgedehnten, materiellen Form entspräche) und der Wahrnehmung seiner Akzidenzen. Worin besteht also der wesentliche Unterschied zur cartesischen Auffassung?

Eine vorläufige Antwort wäre diese: Descartes habe ja nicht allein das spiegelbildliche Verhältnis zwischen Wahrnehmungs- und Kausalkette von Aristoteles übernommen, er habe sie weiterhin durchtrennt und beide Hälften schleifenartig gebunden. Qualitative Wahrnehmungen werden zwar von materiellen Gegenständen *veranlasst*, sie sind aber zugleich Modifikationen einer rein geistigen Substanz. Diese Antwort ist zwar richtig, dennoch bleibt auch sie unvollständig, indem sie noch nicht den epistemologischen Ausgangspunkt der cartesischen Argumentation berücksichtigt, und es ist genau an dieser Stelle, dass sich die intentionalistische Deutung anknüpfen lässt. Die von Descartes zuerst eingeführte kausale Abgeschlossenheit (englisch: *causal closure*) des Mentalen manifestiert sich in der von uns unmittelbar erkannten Möglichkeit, dass wir uns systematisch über die Außenwelt irren könnten. Indem wir wissen, dass wir uns systematisch und durchgängig irren können, wissen wir zugleich, dass die mentale Welt autonom ist. Deshalb steht für Descartes die skeptische Frage am Anfang seiner *Meditationen*: die bloße Möglichkeit, diese Frage *zu verstehen*, bietet eine notwendige und hinreichende Evidenz dafür, dass die Außen- und Innenwelten kausal autonom sind.

Aber wieso ist es die Möglichkeit, die Frage zu verstehen – statt sie zu stellen, oder sogar zu beantworten – die hier im Mittelpunkt steht? Die Frage bloß zu stellen, bedeutet nicht, dass wir ihr einen eigentlichen Sinn beilegen können. Dabei ist es für die Zwecke des Descartes zuerst nicht entscheidend, wie sie am Ende beantwortet wird. Ihm ist vor allem wichtig, dass er einen Keil zwischen das mittelbar und das unmittelbar Erkannte treiben kann, und die skeptische Frage – Könnte es nicht sein, dass wir über alles, was nicht unmittelbar wahrgenommen wird, irren? – setzt eben diese Distinktion voraus, wenn sie überhaupt verständlich sein sollte. Wir sollten annehmen, dass wir unserer Wahrnehmungen in einem doppelten Sinne *gewiss* sind: sie sind uns be*wusst*, und dieses Bewusstsein ist zugleich echtes *Wissen* und nicht bloß tierische Empfindung. Andererseits supponiert die cartesische Theorie, dass manche dieser gewissen Bewusstseinszustände auf etwas hinweisen, d. h. sie haben Zeichencharakter, und sind deshalb möglicherweise irreführend. Diese doppelte Annahme vorausgesetzt, lässt sich erstmals die skeptische Frage stellen, ob die mit Zeichencharakter behafteten Bewusstseinszustände uns Wissen vermitteln, das unserem unmittelbaren Bewusstsein ihrer bloßen Existenz vergleichbar ist. Wenn diese Frage – egal wie man sie beantwortet – uns sinnvoll erscheint, haben wir schon den entscheidenden Schritt gemacht. Ihn *nicht* zu machen, hieße dagegen, wenigstens dieses zu behaupten: Der Begriff des Bewusstseins ist vom Begriff des Wissens wesentlich verschieden. Ich *weiß* nicht, dass ich mentale Zustände habe, auch wenn ich mir ihrer *bewusst* bin. Und obgleich ich wohl weiß, dass das *Wachs* rot ist, ist dieses Wissen nicht unfehlbar, ja vielleicht setzt der eigentliche Wissensbegriff diese Fehlerhaftigkeit voraus.

Es ist eben diese intentionalistische Argumentation, die von Husserl instrumentalisiert wird, um den unter Druck geratenen phänomenalen Erfahrungsbegriff zu rehabilitieren. Die wesentliche Innovation von Husserls Ansatz besteht darin, die Existenz der Lebenswelt als logische Voraussetzung der Sinnhaftigkeit naturwissenschaftlicher Aussagen einzufordern. Die Möglichkeit eines solchen Vorgehens ist, wie bereits gezeigt, schon bei Descartes angelegt, und genau so wird seitens der britischen Empiristen sowie bei Kant eine phänomenale Erfahrungsebene verlangt. Husserl verzichtet jedoch auf die psychologischen Theorien, die allen diesen Ansätzen gemein sind, um sich direkt auf die bedeutungstheoretische Ebene zu begeben. Während im klassischen Modell die Struktur des Geistes erst festgelegt und beschrieben wird, um damit zu erklären, warum sich sichere Erkenntnisse auf subjektive Erfahrung, z. B. Sinnesdaten bzw. Anschauungen und ihre kategorialen Bestimmungen, beschränken müssen, werden mittels der phänomenologischen *epoché* jegliche Fragen über den Realitätsbezug wissenschaftlicher Aussagen zugunsten einer Untersuchung ihrer Sinnesvoraussetzungen beiseite gelegt. Husserl verweist auf ein scheinbar unwiderlegbares Merkmal der naturwissenschaftlichen Entwicklung, nämlich dass die *theoretischen* Erkenntnisse einer wissenschaftlichen Epoche aus der Sicht ihrer Nachfolger als Selbstverständlichkeiten gelten. Sie stellen das unhinterfragte Sediment, mittels dessen neue wissenschaftliche Theorien erst eine bestimmte Bedeutung gewinnen können. Die Geometrie z. B. wird von der Newton'schen Physik nicht als wissenschaftliches Produkt verstanden, sondern bloß als eine formalisierte Beschreibung schon vorhandener räumlicher Verhältnisse. Im allgemeinen betrachtet die aktuelle Wissenschaft ihre (wahren) Vorläufer als Quellen von bloß faktischen Aussagen über die physische Realität – insoweit setzt sie stillschweigend deren Aussagen als sinnvoll voraus.

Das Eigentümliche an der Entwicklung der abendländischen Wissenschaft besteht darin, dass sie Erscheinungswelten induziert, indem sie vorangegangene philosophische, aber auch naturwissenschaftliche, Ontologien untergräbt, diesen aber zugleich eine naive Selbstevidenz fast als Wiedergutmachung einräumt. Damit wird sie ständig von Hilfswissenschaften begleitet, die darauf zielen, eine Brücke zwischen den jetzt geltenden wissenschaftlichen Ontologien (die künftig renoviert werden müssen) und den überholten Ontologien, die den Anspruch auf Selbstevidenz, beziehungsweise den Status des *Zu-Erklärenden* erheben, zu schlagen. Freilich müssen sich diese Begriffe nicht immer decken: sowohl die mentale Welt des Descartes als auch die der klassischen Physik stellen überholte wissenschaftliche Ontologien dar, die es jetzt zu erklären gilt, ohne sie dadurch zu eliminieren. Indem z. B. darauf hingewiesen wird, dass alle quantenmechanischen Größen mittels klassischer Größen definiert werden müssen, behält man die Gültigkeit der klassischen Physik für die so genannte *Makro-Welt* bei, wobei ihr das Recht auf ontologische Gültigkeit abgesprochen wird. Damit ist selbstredend nicht gemeint, dass die klassische Physik für jedermann zugänglich ist, da ihre Größen nicht unmittelbar gegeben sind. Wohl aber, dass diese in einem gewissem Sinne als *phänomenal* zu verstehen sind, während die Quantenmechanik eine höhere und verborgene Realität darstellt.

Husserls Argumentation zufolge, muss die Kette von Theorien in eine vorwissenschaftliche Weltbeschreibung münden, wenn wir sie rückwärts verfolgen. Denn wie sonst könnten die wissenschaftlichen Aussagen von heute sinnvoll sein? Ihr Sinn weist einen parasitären Bezug zu demjenigen ihrer Ahnen auf, also muss es eine historische Phase gegeben haben, in der der Sinn wissenschaftlicher Aussagen nicht von der Wahrheit vorangegangenen *Theorien* abhing, sondern sich auf eine unmittelbare Lebenswelt bezog. Es werden weder theoretische Kenntnisse über die Ontologie dieser Lebenswelt, noch die genaue Psychologie der Denker, die sie bewohnten, von dieser induktiven Argumentation verlangt, da sie auf rein bedeutungstheoretischen Überlegungen fußt. Zugleich ist es für die Logik des Regresses unerheblich, ob die Lebenswelt als *phänomenal* oder *reell* zu verstehen sei. Husserls Argument, das im übrigen bei Autoren wie Carnap, Weyl, Russell und Wittgenstein[4] zum selben Zeitpunkt (wenn auch ohne die historische Komponente) vorzufinden ist, greift die implizite *intentionalistische* Argumentation des cartesischen *cogito* auf, mit der Folge, dass Descartes' Philosophie bei Husserl eine doppelte Rolle spielt. Erstens bietet Descartes das Grundmodell für das Argument der semantischen Unmittelbarkeit an, d. h. dass die Bedeutung uns immanent ist. Zweitens dient der von Descartes ausgezeichnete nicht-mathematische *Rest* der aristotelischen Ontologie als Paradigma der vortheoretischen *Welt*.

Dieser Deutung zufolge, bildet der cartesische Dualismus die Wurzel eines erkenntnistheoretischen Stammbaumes, dessen Grundstruktur den heutigen Wissenschaftsbegriff noch prägt, und zwar auch dort, wo kein Dualismus im klassischen Sinne vorzuliegen scheint. Und es ist eben diese intentionalistische Deutung des klassischen Phänomenalismus, die im 20. Jahrhundert von Husserl und anderen eingesetzt wurde, um den klassischen Erfahrungsbegriff zu retten, nachdem am Ende des 19. Jahrhunderts ihm seine erkenntnistheoretische Funktion verloren ging. Auch die Versuche vieler modernen Wissenschaftstheoretiker akzeptieren dieses Grundmuster, indem sie die Begründung des modernen wissenschaftlichen Wahrheitsanspruchs in einer Zurückführung des theoretischen Vokabulars auf erkenntnistheoretisch sichere *Selbstevidenzen* (Husserl) oder Erfahrungen (Russell, Carnap, Quine, van Frassen) sehen. Auch dort, wo sie sich als Wissenschafts*kritik* stilisieren, nehmen sie unbewusst die oben erwähnte Rolle von *Hilfswissenschaften*, eben *Ancillae* der Naturwissenschaft an.

Aus wissenschaftshistorischer Perspektive ist die Entstehung dieser Sichtweise leicht zu erklären: Da die Ontologie der letzten Wissenschaftsstufe sich technisch und sprachlich verfestigt hat, und in diesem Sinne auch umgangssprachlich geworden ist, hat ihre Ontologie fast immer den Charakter einer phänomenalen Realität.

4 Cf. Hyder, 2002, zur Rolle des *sense-truth regress* beim frühen Wittgenstein und seinem Verhältnis zum späteren Regelfolgen-Argument.

Der elektrische *Strom* von heute ist uns unmittelbar zugänglich, wobei das Wort *Strom* und die damit gebundenen Vorstellungen eine Sedimentierung vorangegangener elektrodynamischer Theorien darstellt. Umgekehrt muss der Übergang von der alten zur neuen Ontologie, da er ja nicht beliebig, sondern durch gezieltes Experimentieren und rationale Debatte bewerkstelligt wurde, zum Teil reduktiv sein. Die bekannten Phänomene müssen *gerettet werden*, sonst findet kein Übergang statt. Auch dort, wo absolute Diskontinuitäten postuliert werden, wie bei Thomas Kuhn, wird die Frage nach dem phänomenalen Bindungsglied explizit thematisiert.[5] Und damit ist man nur ein Schritt davon entfernt, diese Geschichte als eine Geschichte des rationalen Werdegangs vom wissenschaftlichen Einzeldenker zu deuten. D.h. die Zurückführung der Bedeutung auf frühere *historische* Phasen wird in Analogie zur Reduktion von theoretischen Aussagen auf Sinnesdaten konzipiert – mit dem Unterschied, dass der Entstehungsprozess nicht in einem Bewusstsein stattfindet, sondern in einer Kultur oder Tradition, die zumeist als *abendländisch* bezeichnet wird. Die klassischen Wissenschaftstheorien des 19. und 20. Jahrhunderts – Helmholtz, Mach, Russell, Carnap, Husserl – besitzen alle diese Struktur. Weiterhin setzten sie das cartesisch Gegebene als Ausgangspunkt: die moderne Wissenschaft beginnt mit der Entdeckung der unmittelbar gegebenen phänomenalen Welt, und die wissenschaftstheoretische Rechtfertigung aktueller wissenschaftlicher Aussagen mündet in Aussagen über die unmittelbare Erfahrung, also in lebensweltliche Aussagen bzw. Protokollsätze.

Diese Überlagerung der historischen Entwicklung mit dem individuellen Werdegang ist für Husserls *Krisis*-Schrift konstitutiv. Die im Titel erwähnte *Krisis* kann berechtigterweise als Folge der unvollkommenen Deckung jener zwei Entwicklungsgeschichten angesehen werden. Die theoretischen Begriffe der modernen Wissenschaften sollten bis zu ihren phänomenologischen Wurzeln zurückverfolgt werden können – dies war schon immer ein Ziel der Phänomenologie, aber es stellt sich heraus, dass das Projekt schon deswegen nicht durchgeführt werden kann, weil die Bedeutungsschichten, die dem modernen theoretischen Vokabular zugrunde liegen, eben nicht vom Einzeldenker gelegt wurden. Dennoch *muss* der moderne Begriffsapparat für eine solche Reduktion empfänglich sein, schon allein deshalb, weil er tatsächlich durch eine solche Schichtung entstand. Und zumindest dieser Teil der Argumentation der *Krisis* bleibt meines Erachtens gültig: unter der Annahme, dass die Bedeutungsentwicklung eine minimale Kontinuität aufweist (was nicht mehr bedeuten muss, als dass jede Generation die Sprache ihrer Eltern mehr oder minder verstanden hat) muss die Geschichte wissenschaftlicher Begriffe Einsicht in ihre heutige Bedeutung gewähren. Fragwürdig dagegen ist die zweite, sowohl von Husserl, als auch seinen Zeitgenossen und vielen heutigen Philosophen gemachte An-

5 Z. B. mit Rekurs auf die theoretische Unabhängigkeit von Messdaten (Kuhn, 1961).

nahme, nämlich dass eine solche historische Untersuchung uns einer phänomenalen Welt näher bringt. Woher stammt diese Überzeugung?

Die Antwort auf diese Frage wird schon durch die Selbstidentifikation der modernen Philosophie als *post-cartesisch* klar. Die moderne wissenschaftliche Weltanschauung beginnt mit Descartes, wie wir gesehen haben, in einem doppelten Sinne: zuerst kündigen die Arbeiten Descartes' und Galileis eine neue, mathematisierende Epoche an. Zugleich erhebt Descartes den Anspruch, diesen neuen Wissenschaften ein sicheres Fundament gegeben zu haben. Allein diese Zusammenkunft würde ausreichen, die oben skizzierte Verbindung zwischen wissenschaftshistorischer Bedeutungsanalyse und dem Begriff eines phänomenalen Ursprungs zu rechtfertigen. Descartes hätte zum ersten Mal die unmittelbaren Phänomene ausgemacht, und er hätte gleichzeitig ihren physischen Motor bestimmt, auch wenn diese Bestimmung z.T. fehlerhaft gewesen wäre. Es entstand eine Lücke zwischen Wissenschafts- und Lebenswelten, die es von jetzt an zu schließen galt.

Damit wird die besondere Stellung des cartesischen Weltbildes im wissenschaftlichen Selbstverständnis eindeutig ausgezeichnet: es ist sowohl der historische Ausgangspunkt der naturwissenschaftlichen Entwicklung, als auch die Quelle der ihr immanenten Erfahrungsbasis – oder besser gesagt, die Quelle der Erkenntnistheorie, die eine solche Basis postuliert. Eine solche Auffassung der Moderne sieht sich immer dazu genötigt, die scholastische Wissenschaft, die Descartes und Galilei aufgehoben haben, als eine Theorie der Phänomene zu deuten,[6] während ihr moderner Ersatz erstmals in die Welt dahinter eingedrungen ist. Der grundsätzliche Fehler des Aristoteles wäre demnach nicht, dass er sich mit den Phänomenen beschäftigte, sondern dass er nicht erkennen konnte, dass sie *bloß* Phänomene waren. Aber selbst wenn man es bei dieser simplen Charakterisierung der aristotelischen Philosophie belässt, sollte man einwenden, dass ihr Verhältnis zu ihren mechanistischen Nachfolgern sehr wohl ein Verhältnis zwischen *wissenschaftlichen Theorien* darstellt – denn wie sonst hätte Galilei von den zwei *Weltsystemen* reden können? Die aristotelische Ontologie ist keineswegs eine lebensweltliche, auch wenn manche ihrer Kategorien in der Frühmoderne als Sinnesmodalitäten gedeutet wurden. Husserl ist sich dessen bewusst, sonst würde er nicht von einer hypothetischen, *vorantiken* Lebenswelt fantasieren, in der zum ersten Mal wissenschaftliche Gegenstände durch Axiomatisierung ins Leben gerufen wurden. Hier sollte nicht in Frage gestellt werden, dass es solche Entwicklungen in der Geschichte der Wissenschaft gegeben hat, und ebenso wenig dass die galileische Physik eine Epoche machende Entwicklung darstellt. Fraglich ist nur, inwiefern der Begriff einer vortheoretischen Erfahrungswelt hier Erklärungsarbeit leistet? Und wenn er sie nicht leistet – wenn wir z. B. den

---

6 Z. B. in den Arbeiten des franco-amerikanischen Anthropologen und Wissenschaftstheoretikers Scott Atran (Atran, 1993).

Übergang von der aristotelischen zur galileischen Physik als eine Reorganisation schon existierender wissenschaftlicher Kategorien auslegen (in etwa, die Zurückführung der Veränderung auf Bewegung, und dementsprechend der qualitativen auf die quantitativen und ortsbezogenen Kategorien) – wieso sollten wir das daran gebundene erkenntnistheoretische Bild akzeptieren?

Die Antwort auf diese Fragen lässt sich unmittelbar aus der oben gegebenen Analyse der Bedingungen des cartesischen Argumentes ablesen. Die Scheidung von Wissenschafts- und Lebenswelten wird durch einen Zweifel veranlasst. Seine bloße Möglichkeit weist diese Kluft auf. Und er kann nur dann als sinnvoll erscheinen, wenn angenommen wird, dass die Evidenz der Wahrnehmung die der Kognition, die Evidenz des Alltäglichen die des Mathematisch-Formalen in einer bestimmten Weise übersteigt. Zu einer *Ent*scheidung beider Welten könnte es nur dann kommen, wenn man die semantische Priorität des alltäglichen Wissens, auch wenn dieses als Produkt eines vorangegangenen Wissenschaftssystems verstanden wird, leugnet. Gegen eine solche Leugnung spricht die erkenntnistheoretische Forderung einer Erfahrungsbasis. Was die Wissenschaft *erklären soll*, ist nicht bloß die Welt, sondern die Welt der Erfahrung. In dem Maße, in dem man den vorangegangenen Zustand des naturwissenschaftlichen Wissens als Erfahrungswissen versteht, wird man die Entwicklungsgeschichte der Naturwissenschaft als eine Kette von *Welten* interpretieren. Das *naive* Wissen von gestern verhält sich zur neuen Theorie wie die phänomenale Welt zur galileischen Physik. Die Notwendigkeit, eine *vortheoretische* Welt zu postulieren, ergibt sich also aus der Überzeugung, dass die Referenz wissenschaftlicher Begriffe von den nicht-wissenschaftlichen abhängt. In der Sprache Freges ausgedrückt: der nichtwissenschaftliche Sinn bestimmt die wissenschaftliche Bedeutung. Und dies ist bis zu einem gewissen Grad richtig: wissenschaftliche Begriffe hängen mit nicht-wissenschaftlichen *zusammen*. Leider folgt daraus nicht, dass sie von diesen *abhängig* sind.

Dass es eine Welt gibt, die uns erscheint, und dass ihre Erscheinung den Prüfstein für unsere theoretische Bemühungen liefern soll – das alles soll dahingestellt sein. Aber unsere Frage war eine andere. Es ist nicht die Frage, ob es Erscheinungen *in* der Welt gibt, sondern ob sie eine Welt für sich bilden, d. h. einen semantischen Bereich, der sich von der wissenschaftlichen Realität in dem Maße unterscheidet, dass er als erkenntnistheoretischer Boden der ganzen theoretischen Entwicklung dienen könnte? Diese Annahme schien insoweit bestätigt zu sein, solange wir uns die Geschichte der Wissenschaft als eine Reihe von an sich autonomen Welten vorstellten, in denen die jeweiligen Forscher eine Art *unmittelbares* Wissen ihrer intentionalen Gegenstände hatten. Das Grundmodell bot Descartes an, indem er zwischen dem sinnlich-unmittelbaren und dem mathematisch-intellektuellen Zugang zur Welt unterschied und beiden dieser Zugangsweisen ihren jeweiligen eigenen Vorrang einräumte: das mathematische Wissen sei übersinnlich aber letzten Endes objektiv, während die Wahrnehmung sinnessicher aber subjektiv sei.[7] Um den Ansprüchen beider Wissensarten gerecht zu sein, führte Descartes den Substanzdualismus ein. Die moderne, transzendentale Variante dieser Denkweise sieht die Lebenswelt durch ihre Funktion als Sinnesfundament legitimiert. Wenn wir uns die Wissenschaftsgeschichte als eine Reihe von Welten vorstellen, die sich nacheinander ersetzen, erscheint die Existenz einer ursprünglichen Erfahrungswelt als wissenschaftstheoretische Voraussetzung. Auch wenn die heutige wissenschaftliche Welt das kausale Untergestell der Erfahrungswelt bilden soll, bleibt letztere aus bedeutungstheoretischen Gründen existenziell unangetastet. An diese Welt knüpfen sich die für uns Menschen wesentlichen Wertbegriffe an.

Folgt aus der Existenz von Erscheinungen die Existenz einer solchen, humanen Lebenswelt? Nein. Jene Inferenz setzt stillschweigend voraus, dass die Bedeutung heutiger wissenschaftlicher Begriffe von den Bedeutungen ihrer Vorgänger abhängig ist. Weiterhin muss angenommen werden, dass historische Wissenschaftler wussten, worauf sie sich bezogen, auch wenn wir aus heutiger Sicht ihre Aussagen als falsch bzw. unvollständig ansehen müssen. Diese bedeutungstheoretische These fußt auf unserer Überzeugung, dass wenigstens *wir* wissen, wovon wir reden. Und da unsere Stellung historischen Wissenschaftlern gegenüber dem Verhältnis künftiger Generationen zu uns analog ist, schließen wir, dass ihre Sprache ihre eigene, eindeutige semantische Basis haben musste. Zwar liefert die Wissenschaftsgeschichte keine Gründe, die eine solche These untermauern können, dennoch sind die Wurzeln dieser Sichtweise wissenschaftshistorischer Natur, indem sie nicht durch bloße erkenntnistheoretische Reflexion, z. B. durch eine moderne Rezitation der *Meditationes* im erkenntnistheoretischen Einführungskurs, entstehen. Maßgebend für ihre Plausibilität ist die von uns empfundene Spannung zwischen diachronischen und synchronischen Bedeutungsbegriffen, d. h. zwischen dem Glauben, dass der *Sinn* unserer Sprache auf eine historisch festgelegte Normierung zurückgeht, also auf eine Sprechweise, die jeder wissenschaftliche Tätigkeit vorausgeht, und einer referenziellen Bedeutungstheorie, die der *Bedeutung* einen realen Gegenstand zuordnet. Diese Unterscheidung gab es nämlich für Aristoteles nicht, wohl aber für Descartes, auch wenn er die historisch normierte Sprache der scholastischen Philosophie mit einer Sprache über mentale Substanzmodalitäten verwechselte. Wir erleben diese Spannung indem wir vom unendlichen wissenschaftlichen Fortschritt zutiefst überzeugt sind, während wir an der intentionalen Autonomie des Sprechers oder der Sprechergemeinschaft festhalten.

Heißt das aber nicht, dass wir auf jener Autonomie insistieren können, ja sogar sollen? Dies würde in etwa bedeuten, sich für eine moderne Variante der kantischen

7 Descartes hätte bekanntlich das Paar objektiv/subjektiv an dieser Stelle im umgekehrten Sinne verwendet – hier werden sie in ihrer modernen Bedeutung gebraucht.

Naturphilosophie zu entscheiden, wonach wenigstens ein Kern des vorwissenschaftlichen Sprachgebrauches sowie eine Palette vorwissenschaftlicher normierender Handlungen als erkenntnistheoretische Voraussetzungen der wissenschaftlichen Tätigkeit verlangt und demzufolge als uneliminierbare lebensweltliche Komponente dieser Tätigkeit fungieren würden. Tatsächlich lässt sich diese These wissenschaftstheoretisch vertreten, aber nur insoweit, als man solchen apriorischen Wissensgrundlagen jeglichen Wahrheitsanspruch abspricht. Somit kann man z. B. die Geometrie als eine lebensweltlich normierte Messkunst umdeuten, deren Fertigkeit von der Physik vorausgesetzt wird – jedoch nur insoweit, als man den Inhalt geometrischer Sätze als Konventionen statt faktischer Aussagen begreift. Die Aussichten im praktischen Bereich sind dagegen etwas düsterer. Wenn der Begriff einer autonomen Lebenswelt dazu dienen sollte, die Gültigkeit unserer alltäglichen, menschlichen Aussagen, einschließlich der als *wahr* verstandenen ethischen Aussagen, vom Einfall der naturwissenschaftlichen Ontologien zu schützen, besteht nach der obigen Analyse kein Grund, ihren Wahrheitsanspruch als unantastbar anzusehen.

Literaturverzeichnis

Atran, Scott, 1993, *Cognitive Foundations of Natural History: Towards an Anthropology of Science*, Cambridge: Cambridge University Press.

Husserl, Edmund, 1939, »Die Frage nach dem Ursprung der Geometrie als intentional-historisches Problem«, in: *Revue Internationale de Philosophie*, 2, S. 203 – 225.

Husserl, Edmund, 1962, *Die Krisis der europäischen Wissenschaften und die transzendentale Phänomenologie*, Den Haag: Martinus Nijhoff.

Hyder, David, 2002, *The Mechanics of Meaning: Propositional Content and the logical Space of Wittgenstein's Tractatus*, Berlin: de Gruyter.

Kuhn, Thomas S., 1961, »The Function of Measurement in modern physical Science«, in: *Isis*, 52, Nr. 168, S. 161 – 193.

Mittelstraß, Jürgen, 1991, »Das lebensweltliche Apriori«, in: Gethmann, C. F. (Hrsg.), *Lebenswelt und Wissenschaft: Studien zum Verhältnis von Phänomenologie und Wissenschaft*, Bonn: Bouvier, S. 114 – 142.

»Wer im Mythos lebt...« – Eine Miszelle

Wolfram Hogrebe

»Wer im Mythos lebt, weiß das nicht.«

Mit diesem Satz leitet Jürgen Mittelstraß die *Schlussbemerkung* seines Vortrages *Über philosophische Sprache* ein, den er u. a. im Januar 1999 an der Universität Bonn gehalten hat.[1]

Und er lässt unmittelbar den Satz folgen: »Wüßte er es, hätte er ihn schon verlassen.«

Der Leser versteht diese Sätze gewiss in unbekümmerter Spontaneität: »im Mythos leben« und »wissen, daß man im Mythos lebt« sind hiernach miteinander unverträglich. Wenn der Leser aber innehält, wird er nicht umhin kommen, sich zu fragen: Was genau weiß der nicht, der im Mythos lebt? Und was heißt es überhaupt: im Mythos leben? Und schließlich: Lebt nicht jede Zeit in ihrer Weise in einem Mythos? Wenn ja, in welchem leben wir?

Gewiss leben wir nicht in einem so überaus farbigem Mythos wie die Griechen Homers. Aber auch ihnen fehlt ja nicht ein Wissen um ihren Mythos schlechthin. Denn man kann dem Personal von Homers *Ilias* und *Odyssee* ja nicht einfach unterstellen, sie wüssten nicht, was sie tun, wenn sie Zeus, Hera, Athene, Poseidon oder Tethys in prekären Situationen um Hilfe bitten. Was also weiß das Personal Homers nicht, welches Wissen wäre mit ihrem Leben im Mythos nach der These von Jürgen Mittelstraß unverträglich? Nun, sie wissen natürlich nicht, dass ihre Götterwelt Bestandteil eines durch Erzählung überlieferten Weltbildes ist, das uns, d. h. von außen besehen, einfach als narrative Fiktion erscheint. Wüssten sie genau das, wäre in der Tat diese Götterwelt keine Berufungsinstanz mehr für sie. Man bittet Fiktionen in prekären Situationen nicht um Hilfe. Für Xenophanes, also approximativ dreihundert Jahre nach Homer und immer noch ein halbes Jahrtausend vor Christus, ist das mythische Personal Homers in der Tat bereits Personal eines historisch deklassierten *Mythos*. Titanen, Giganten und Kentauren sind für ihn explizit Erfindungen der Alten.[2]

Wie konnte es aber dazu kommen, dass die Griechen der homerischen Welt nicht wussten, dass sie Ficta als Facta behandelten?

Wenn wir eine These von Bruno Snell[3] zu Rate ziehen dürfen, erklärt sich das einfach so, dass die Sprache des autonomen Geistes noch nicht entwickelt war. Man

1 Mittelstraß, 2002, S. 30.
2 Diels, 1906, S. 45.
3 Cf. Snell, 1993.

konnte einfach noch nicht formulieren, dass man sich zu beherrschen hat oder diese oder jene Entscheidung fällen muss. Bis die Griechen die Grundfunktion des Geistes als Regulierungsinstanz selbständigen Verhaltens als erste erkannt hatten, regulierten eben Götter das menschliche Verhalten. Sie waren planende und bewirkende Instanzen von Denken, Fühlen und Wollen, ja des gesamten menschlichen und kosmischen Schicksals. Man darf das so zusammenfassen: Wer wie die Griechen im Mythos lebt, weiß das deshalb nicht, weil die Form eines reflexiven Wissens zwar vorhanden, aber expressiv nur über Bilder und Geschichten darstellbar ist. Die Göttersprache *ergänzt* hier noch die Expressivität der Menschensprache.

In dieser Form leben wir natürlich nicht mehr im Mythos. Das für uns als real anerkannte nicht Gewußte kann nicht mehr durch Geschichten repräsentiert werden. Und doch fördern Untersuchungen zur Komplexität unserer reflexiven Verfassung zunehmend Einsichten über kognitive Schranken zu Tage,[4] die in der Tradition Kants als Vernunftgrenzen angesehen werden können. Es gibt sozusagen *mythoide* Ränder der Vernunft, um die man wissen kann, ohne sie jedoch je abschütteln zu können, es sei denn um den Preis eines *intellectual selfsurrender*.

Im folgenden möchte ich im Ausgang von einem Beispiel, wenn auch noch nicht hinreichend klar, verdeutlichen, dass einer Bemerkung Sigmund Freuds, der zufolge »die mythenbildenden Kräfte der Menschheit nicht erloschen sind«[5], ein tieferer Sinn zukommt, und zwar über das von ihm Absehbare hinaus. Es scheint tatsächlich so zu sein, dass es *mythoide* semantische Bestände gibt, sogar im Recht, um die man auch sehr wohl weiß, ohne jedoch aus ihnen heraustreten zu können. Bestürzenderweise gibt es jedoch zunehmend Tendenzen in unserer Zeit, die genau das blindlings versuchen. Tendenzen also, die der gelegentlichen Bemerkung Kants korrelieren, dass der Mensch »selbst, so viel an ihm ist, an der Zerstörung seiner eigenen Gattung arbeitet«.[6]

***

In dem Artikel *Nachricht vom Ende der Gewissheit* von Uwe Volkmann[7] wird in der Diskussion um den ersten Satz des Grundgesetzes der Bundesrepublik Deutschland »Die Würde des Menschen ist unantastbar« erstmals eine wirkungsgeschichtliche Aufarbeitung geboten, die in mancherlei Hinsicht bemerkenswert ist.

4 Cf. z. B. Chaitin, 1999.
5 Freud, 1973, S. 203. Mit dieser Bemerkung schließt sich Freud an dieser Stelle C.G. Jung an.
6 Kant, *Kritik der Urteilskraft* B 390, A 385. Cf. zu dieser seltsam bitteren Bemerkung Wieland, 2003, S. 67.
7 Volkmann, 2003, S. 8.

Der Autor erinnert zunächst daran, dass es den Vätern des Grundgesetzes offenbar von Anfang an bewusst war, dass der Begriff der Würde im juristischen Sinne nicht präzise übersetzbar ist.

Man erachtete den Begriff der Würde aber auch gar nicht als übersetzungsbedürftig. Jeder verstand, was gemeint war, ohne sich darüber erklären zu wollen oder zu müssen. »Dem entsprach es«, schreibt Volkmann, »daß man den Begriff selbst zunächst einer Definition für überflüssig befand, er war gefühlsmäßig, aus sich heraus verständlich, ohne daß es einer Interpretation, überhaupt einer juristischen Übersetzung bedurfte. Von einer ›nicht interpretierten These‹ sprach Theodor Heuss im Parlamentarischen Rat, [...].«[8]

***

Man könnte diesen Befund auch so formulieren: Man akzeptierte die überpositive Bedeutung des Würdebegriffs, seine *mythoide* Überschüssigkeit, um es mit der Erinnerung an eine Vergangenheit aushalten zu können, die die Würde des Menschen mit Füßen getreten hatte.

***

Die wichtigsten Ausführungen zum Begriff der Würde des Menschen stammen natürlich von Kant. Aber auch sie sind offenbar nicht restlos juristisch *positivierbar*. Für Kant ist die Autonomie des Menschen Grund seines absoluten oder inneren Wertes, der jenseits aller Äquivalente liegt und so über jeden Preis erhaben ist. Diese Autonomie oder Freiheit ist Grund der Würde des Menschen.

Menschen sind also Wesen, die selbstbestimmt handeln können, sich selber das Gesetz, strikt allgemeinheitsfähig orientiert zu sein, ebenso wohl geben können wie sie eben diesem selbst gegebenen Gesetz unbedingt verpflichtet sind. Gerade darin besteht ihre Freiheit.

Obwohl dieser Kontext begrifflich klar expliziert werden kann, sieht sich auch Kant dennoch außerstande zu erklären, warum das so ist.[9]

Man könne zwar zeigen, dass Freiheit »notwendige Voraussetzung der Vernunft« ist,[10] aber mehr, so auch Kants Meinung, lässt sich hier in einem anspruchsvollen Sinn nicht *erklären*. Unsere Begabung zur und Verpflichtung auf Allgemeinheitsfähigkeit bleibt auch für Kant singuläres *Faktum der Vernunft*, das wir nicht

8 Ibid.
9 Vgl. Kant, *Grundlegung zur Metaphysik der Sitten* BA 120 (Kant, 1968a, S. 96).
10 Ibid.

weiter aus empirischen noch »aus vorhergehenden Datis der Vernunft«[11] ableiten oder begreifen können. Was wir auf diese Weise allenfalls noch begreifen, ist »seine Unbegreiflichkeit«.[12]

Wenn das die Basis der Würde des Menschen sein soll, dann ist es natürlich klar, dass mit diesem Begriff juristisch geradezu zwangsläufig ein *Positivierungsdefizit* einhergehen muss. Der Mensch ist sich selbst nach Kantischem Design und von den Grundlagen seines Ranges und Wertes her gesehen letztlich ein begriffenes Dogma, das wir auch als Vernunft*programm* bezeichnen können, in das wir a limine hineingestellt sind. Man könnte das hier auch so formulieren: *Wir sind uns selbst mythoid.* Und wahrscheinlich, unbegriffen noch immer, muss das auch so sein. Die Rechtfertigung des Vernunftprogramms ergibt sich jedenfalls allein aus sich selbst und der Unmöglichkeit, es außerhalb seiner anzugreifen, da in diesem Fall eine Verteidigung per tu-quoque-Argument natürlich immer erfolgreich ist. Es »bleibt«, so auch Kant, »nichts übrig, als *Verteidigung*...«[13]

***

Die Formel vom *Faktum der Vernunft* ist in der Kant-Forschung natürlich häufig kritisch diskutiert worden. Phantasiereiche Autoren wie Hartmut und Gernot Böhme vergleichen Kants Rede vom Faktum der Vernunft mit einem »tief ins Nichts geschlagenen Nagel«.[14]

Tiefergehende Interpreten machen darauf aufmerksam, dass Kants Begriff vom Faktum der Vernunft seinem Begriff des moralischen Gefühls korrespondiert: Die Faktizität unserer Vernunft bekundet sich im Gefühl, im Konflikt zwischen unserer Neigung und dem, was wohl *eigentlich* zu tun ist, letzterem verpflichtet zu sein.[15]

Man darf das auch so verstehen, dass Kant uns unter dem Titel *Faktum der Vernunft* bloß einen *Wink* im Sinne Freges gibt, uns die Präsenz der Vernunft des Menschen nicht wie einen über den Wassern, sprich: über unseren Körpern schwebenden Geist vorzustellen, sondern als performativen Inbegriff unseres gefühlsbasierten Wollens und Handelns. Das Spezifische der Vernunft und des menschlichen Geistes ist gerade dies, dass Vernunft und Geist erxerzit im Wie unseres Wollens und Handelns als rationale und moralische Wesen *instantiiert* (was immer das hier heißen mag) sind und nicht abgetrennt davon existieren. Freiheit und Autonomie sind *Pro-*

11 Kant, *Kritik der praktischen Vernunft* A 56 (Kant, 1968b, S. 141).

12 Kant, *Grundlegung zur Metaphysik der Sitten* BA 128 (Kant, 1968a, S. 128).

13 Kant, *Grundlegung zur Metaphysik der Sitten* BA 121 (Kant, 1968a, S. 96).

14 Böhme, H./Böhme, G., 1983, S. 347.

15 Cf. Henrich, 1960, S. 77 – 115. Dieser in meinen Augen korrekten Sicht kommt auch die kontextsensitive Interpretation der Ethik Kants entgegen, die Josef Simon jüngst vorgelegt hat, entgegen (Vgl. Simon, 2003, S. 163 ff.).

dukte unseres Denkens, nicht der Physik. So sagte es auch Kant: »Alle Menschen *denken* sich dem Willen nach als frei.«[16]

***

In diesem Sinne kommt uns Würde gerade als performativen Vernunftwesen zu und nicht insofern, als wir als rationale Wesen an Moralität bloß irgendwie *teilhaben*, so dass dann gefragt werden kann, wie diese Teilhabe zu verstehen ist und ab wann sie besteht.

Denn dann in der Tat bestünde, wie Neil Roughly prägnant formuliert hat, »die Gefahr, daß der Begriff der Würde lediglich die Funktion erfüllt, die Illusion eines begründeten Übergangs vom Sein (rationaler Handlungsfähigkeit) zum Sollen (den moralischen Pflichten) rhetorisch herzustellen.«[17] Wir *sind*, um es wieder anders auszudrücken, als Sinnenwesen *intrinsisch* auch Vernunftwesen, wir *sind* nicht teils sinnlich, teils vernünftig, obwohl wir uns so *thematisieren* können, und, je nach Kontext, auch zweckmäßigerweise sollten.

Wir existieren als sich selbst explizierende und sich eben dadurch *generierende* Vernunftwesen und als solche bringen wir uns spontan von der Mimik bis zur Kunst, in allem was wir tun und wie wir uns verhalten, zum Ausdruck. Die Vernunftnatur des Menschen hat ihr Kreditiv daher nur in sich selbst. Sie existiert, wie Kant häufig sagt, »indem sie sich selbst schafft.«[18]

Dieser Aspekt der Autokreativität und Autosemantik der Vernunft ist bis heute nicht recht verstanden worden und doch hängt an ihm alles, was die Würde des Menschen betrifft. Aber auch nach Kant bleibt diese Grundstruktur des Geistes zuletzt ein Rätsel, das unerforschlich ist. So ist im Selbstverständnis des Menschen ein *real unknown* anerkannt, mit dem keine sonstige Wissenschaft, sondern nur die Philosophie auf rechte Weise umgehen kann.

Volkmann fragt sich in seinem FAZ-Artikel weiter, welche Funktion der Begriff der Menschenwürde heutzutage überhaupt noch haben kann. Im rechtlichen Sinne spielte sie noch eine labile Rolle in den Debatten um die Zulässigkeit der *Abtreibung*, auch in Debatten um die Zulässigkeit von Medienformaten wie *Peep-Show* oder *Big Brother* und schließlich emphatisch in den Debatten um die Zulässigkeit bestimmter gentechnischer Praktiken.

Aber in diesen Debatten zeigte es sich, dass das normative Potential des Begriffs, das sich nicht zuletzt seiner Unbestimmtheit verdankt, im Schwinden begriffen ist. Das dokumentiert sich auch in der Neukommentierung des Artikel 1 I GG

16 Kant, *Grundlegung zur Metaphysik der Sitten* BA 113 (Kant, 1968a, S. 91).

17 Cf. Roughley, 1996, S. 786.

18 Cf. Kant, 1936, S. 93 et passim.

durch Matthias Herdegen, wie insbesondere wiederum Ernst-Wolfgang Böckenfördes Kritik kontrastreich deutlich machte.[19]

Volkmann sieht hier schließlich zwei Möglichkeiten, mit diesem Befund fertig zu werden.

Entweder man interpretiert die Unbestimmtheit des Würdegriffs positiv etwa im Sinne einer regulativen Idee, die im Sinne Kants gewissermaßen *naturgemäß* nicht vollständig positiviert werden kann.

Oder man interpretiert diese Unbestimmtheit negativ in dem Sinne, dass der Würdebegriff im Grunde genommen nur noch eine normative Attrappe darstellt, die aus den rechtlichen Diskursen herausgehalten werden sollte.

Eine Tendenz zu dieser letzten Deutung kommt dem heutigen Zeitgeist ersichtlich entgegen, z. B. in der häufig empfohlenen Entkoppelung von Lebens- und Würdeschutz. Es scheint jedenfalls alles darauf hinzudeuten, dass die glanzvolle Karriere des Würdebegriffs von Pico della Mirandola bis zu Kant in unserer Zeit an eine Ende kommt. Die normative Semantik des Würdebegriffs, bei Pico noch nach dem Vorbild der Gottesebenbildlichkeit modelliert, bei Kant säkular auf Autonomie und Freiheit allein gegründet, scheint, so die Meinung unseres Zeitgeistes, verbrannt zu sein.

Offenbar liegt das auch daran, dass die Basis des Würdebegriffs ebenfalls im Begriffe ist weg zu brechen. Auch die Begriffe der Autonomie der Vernunft bzw. der Willensfreiheit kommen unter Druck. Hirnforscher interpretieren Experimente nach dem Muster von Benjamin Libet so, dass das Gehirn via Bereitschaftspotential determinierend bereits *entschieden* hat, bevor die explizite Entscheidung von uns *gefällt* wird.[20] Selbst wenn gegen eine so weitgehende Deutung dieser Hirnbefunde sehr gute Argumente angeführt werden können[21], ziehen doch manche, wie z. B. Gerhard Roth, hieraus fröhlich den Schluss, dass von einer Willensfreiheit im prägnanten Sinne keine Rede sein könne, so dass Verantwortungs- und Schuldzuweisungen, d. h. das gesamte Strafrecht unter Legitimationsdruck kommen.

***

Auch der Gerechtigkeitsbegriff zeigt, wenn man die Diskussion der letzten Jahre überschlägt, deutliche Anzeichen einer semantischen und normativen Erosion. Zwar ist er wohl noch unverzichtbar, aber es werden schon Substitute erwogen, die keine *mythoiden* Konnotationen mehr aufweisen.

---

19 Cf. Böckenförde, 2003.

20 Cf. zuletzt Roth, 2003, S. 31.

21 Cf. schlagend Olivier, 2003, S. 3.

So gibt Avishai Margalit zu bedenken[22], ob es nicht zulange, wenn Gesellschaften *dezent* eingerichtet sind, d. h. ein Leben in Anstand und habitueller Würde ermöglichen. Ist diese Forderung erfüllt, benötigt man nach dieser Konzeption den emphatischen Begriff der Gerechtigkeit eigentlich nicht mehr. Auch die Rückzüge von universalistischen Moraltheorien gehören hierher. So wird ein einheitlicher Gerechtigkeitsbegriff mit allerdings durchaus unterschiedlichen Argumenten bei Autoren des Kommunitarismus wie Alasdair MacIntyre[23] und Michael Walzer[24] preisgegeben.

Es scheint, als könne man darüber hinaus insgesamt eine Tendenz zur Erosion des normativen und epistemischen Grundvokabulars feststellen, nicht nur die Begriffe Freiheit, Menschenwürde, Gerechtigkeit, auch Wissen, Wahrheit und Bedeutung lassen sich ja nicht *in kleiner Münze* einlösen, es lässt sich für sie kein *set garantierender* Kriterien angeben, allenfalls *autorisierende* (N. Rescher). Daher werden diese Grundbegriffe von einigen tatsächlich als *mythoid* bezeichnet[25], mit W. V. O. Quine als *kulturelle Voraussetzungen* gefasst oder schließlich als alteuropäische *Pathosformeln*, die nur noch archivarisch verwaltet zu werden brauchen.

Auch Volkmann fragt sich gegen Ende seiner Ausführungen zur Verfallsgeschichte des Begriffs der Menschenwürde einigermaßen ratlos: »Wenn sich all dies aber auflöst – was trägt eigentlich dann noch?«[26]

***

Die Frage ist berechtigt, die Antwort müsste dann allerdings auch konsequent lauten: was trägt, ist gerade die Anerkennung unseres Nichtwissens. Dieser paradox klingende Umstand ist allerdings schon länger bekannt. Er besteht darin, dass in der Tat der Explizierbarkeit unserer Grundbegrifflichkeit Grenzen gesetzt sind. Aber, und das ist die Pointe, wohl gesetzt sein müssen, weil sonst die Einheit des Explikationsfeldes kollabieren würde. Die Energie, die das *Mobile* unserer Explikationen beweglich hält, ist nie Teil desselben. So bleibt immer ein Überschuss, der sich semantisch nicht auflösen lässt, aber gerade dadurch die Explikate zusammenhält.

Am deutlichsten hat schon Friedrich Schlegel diesen Sachverhalt formuliert: »das Köstlichste, was der Mensch hat [...] hängt, wie jeder leicht wissen kann, irgendwo zuletzt an einem solchen Punkte, der im Dunkeln gelassen werden muß,

22 Cf. Margalit, 1999.
23 C. MacIntyre, 1989.
24 Cf. Walzer, 1983.
25 Cf. Wiesing, 2003, S. 41 – 42.
26 Volkmann, 2003, S. 8.

dafür aber auch das Ganze trägt und hält, und diese Kraft verlieren würde, wo man ihn in Verstand auflösen wollte.«[27]

Nun ist Schlegels Formulierung hier insofern missverständlich, als sie suggeriert, dass man *im Dunkeln lassen kann* und, wie er sogar schreibt, gelegentlich *muss*. Das aber klingt beinahe wie eine Verpflichtung zum Obskurantismus, und das wäre natürlich völlig absurd. So weit *geklärt* werden kann, wird und muss *geklärt* werden. Das Phänomen, um das es hier in Wahrheit geht und um das es trotz seiner missverständlichen Formulierung auch Schlegel geht, ist gerade keine Sache des Beliebens. Es geht vielmehr um eine unvermeidliche Explikationsgrenze, die, dann allerdings wieder *mit* Schlegel, *das Ganze trägt*. Wenn man das verallgemeinert, wird man sagen dürfen, dass das gesamte semantische Feld unserer Selbstexplikation in Alltag und Wissenschaft etwas außer sich hat, das nicht in ihm zur Klärung gebracht werden kann und das wir dennoch als Kraftquelle in Anspruch nehmen. Es sorgt dafür, dass der Zusammenhalt unserer Explikate gewahrt bleibt.

***

Man kann sich das leicht an einem Beispiel verdeutlichen. Wenn wir versuchen, gewisse völlig alltägliche Ausdrücke wie *tolpatschig*, *elegant*, *graziös*, die gewiss jeder versteht, zu definieren, wird es uns nie gelingen, eine vollständige Definition zu liefern. Dass aber jede gegebene, bloß mehr oder weniger gelungene Explikation als Explikation *ein und desselben* Wortes wie *tolpatschig* etc. erkennbar bleibt, dafür sorgt das nicht-explizierbare Vollbild der Bedeutung dieses Wortes. Man sagt dann, dass dieses Bedeutungsvollbild gerade das ist, was unsere *Intuition* der Bedeutung dieses Wortes ist oder das, was uns im Verständnis einer Wortbedeutung *vorschwebt*.

Bei solchen Metaphern muss man es hier wohl belassen. Auch der Begriff der Intuition ist erkenntnistheoretisch nicht belastbar. Er kann nicht dazu verwendet werden, Ansprüche auf irgendein privilegiertes Wissen zu stützen. Wir brauchen ihn lediglich, hier aber notwendig, um den Anschluss an ein letztlich Nichtexplizierbares zu halten, das aber zugleich als Norm für unsere Explikationsbemühungen fungiert. Explikationen, die sich aus dem Intervall, das durch unsere Intuition gedeckt ist, herausbewegen, weisen wir ab und zwar in der Regel mit Bemerkungen wie: das trifft nicht den Kern der Sache, das geht an der Sache vorbei, das trifft das Wesen der Sache nicht. Und das sagen wir, ohne dass wir dieses *Wesen* je explizit machen könnten.

Es bleibt immer ein im Wissen nicht Gewusstes, an dem wir aber orientiert bleiben, und das wie ein anonymes Reglement unsere semantischen Explikationsbemühungen *dirigiert* und ihr *Kontinuativ* ist.

27 Schlegel, 1967, S. 370.

***

Sachlich hat das bereits Platon, später Cusanus klar erkannt, ebenso Kant und auch Schelling, nicht jedoch Hegel. Für ihn war es einfach unerträglich, mit einem epistemisch nicht auflösbarem *Rest* zu rechnen, der nicht begrifflich transparent gemacht werden kann. Sein System entwirft daher die Vision einer riesigen semantischen Verbrennungsmaschine, die die Gehalte aller Grundbegriffe am Ende zur Schlacke werden lässt, so dass der sich final restlos begreifende Geist kollabiert.

Von einem solchen Ende her gedacht, hätte er aber auch die Karriere seiner Selbstexplikation eigentlich gar nicht starten können. Natürlich war auch Hegel die Energiequelle der Arbeit des Geistes nicht entgangen. So heißt es einmal bei ihm: »Der Geist arbeitet sich nur so lange in den Gegenständen herum, solange noch ein Geheimes, Nichtoffenbares darin ist.«[28] Aber Hegel vermied es, dieses Nichtoffenbare da zuzulassen, wo der Geist schließlich sich selbst Gegenstand ist. Sich selbst, so Hegel, ist der Geist an keiner Stelle opak.

Genau das bestreitet Schelling. Er ist der Theoretiker eines Geistes, der seiner Voraussetzungen nie vollständig Herr werden kann, auch nicht darf, weil er sonst sofort erstürbe. Wir sind wohl erst heute dabei, Grenzen des Wissens nicht sowohl als seine Beschränkungsformen zu verstehen, sondern auch als seine Möglichkeitsbedingungen.

***

Wenn wir von hier aus auf die konstatierte Erosion des moralischen und epistemischen Grundvokabulars zurückblicken, wird man zu folgender Diagnose gedrängt: Die Anerkennung eines im Wissen nicht Gewussten hat heute zugunsten eines szientistischen Übersetzungsdiktats keinen Kredit mehr. Die Folge ist eine zunehmende Fragmentierung des semantischen Feldes, in dem präzisierte Begriffsinseln ihre Beziehung untereinander zu verlieren drohen. Das *Ganze* des Feldes schickt sich an, sich zu verflüchtigen. Der Geist unserer Zeit verliert Kontakt zu seinem *Kontinuativ*, d. h. jener Quelle seines Zusammenhaltes, die als ein nicht Gewusstes im Wissen wirksam ist.

Wenn aber diese zusammenhanglosen Begriffsinseln keine Beziehung mehr untereinander unterhalten können, treten sie sich zwangsläufig *feindlich* gegenüber, da es den Rückbezug auf die identitätsspendende Quelle nicht mehr gibt. Das semantische Feld, obwohl an jeder Stelle konsistent, *verflockt* und wird in sich aggressiv.

28 Hegel, 1955, S. 578.

***

Nun kann man die Dynamik der menschlichen Expressivität natürlich nicht *dekretieren*, sie ereignet sich einfach.

Aber man kann die Arbeit an der reflexiven Erinnerung einfordern, die die Voraussetzungen dieser Dynamik, aus der sich unsere *vernünftige Selbständigkeit*[29] speist, ans Licht holt, selbst wenn diese letztlich als ein *real unknown* kognitiv undurchdringlich bleiben.

***

Wenn sich unsere *vernünftige Selbständigkeit* im Ausweisungsspiel begründeten Argumentierens bewährt, im nachvollziehbaren und geprüften Knüpfen von Distinktionsnetzen, dann machen wir Gebrauch von elementaren Distinktionen, die *kategorial* heißen mögen, wenn es zu einem Paar von ihnen keinen Oberbegriff mehr gibt. Solche kategorialen Distinktionen sind paarweise solche wie *formal-material, subjektiv-objektiv, intern-extern, type-token, intensional-extensional, materiell-geistig, Funktion-Gegenstand, Sinn-Bedeutung* etc. Mit Hilfe solcher begrifflichen Instrumente, die im weiten Sinne mit dem übereinkommen, was Kant *Reflexionsbegriffe* nannte, ordnen wir die Räume unserer Verständigung über beliebige Gegenstände. Solche elementaren Distinktionen sind einfach erforderlich, um sich begriffliche Klarheit zu verschaffen.

Hierbei ist es aber eine häufig vergessene Frage, in welchem Raum wir solche Distinktionen vornehmen. Nennen wir diesen Raum die Distinktionsdimension. Wenn wir diese näher charakterisieren wollen, kommen wir in ein Dilemma. Die Distinktionsdimension wird zwar von jeder Distinktion in Anspruch genommen, aber diese lässt sich eben deshalb gegen nichts mehr distinguieren. Sie bleibt der völlig diaphane Hintergrund aller semantischen Kontraste, der selber gegen nichts mehr kontrastierbar ist.

Hier endet das Verstehen und dennoch benötigt jedes Verstehen diese Distinktionsdimension. Sie ist ungefähr das, was Philosophen wie Heidegger als *Seyn* bezeichnet haben, Denker wie Niklas Luhmann im Anschluss an George Spencer-Brown *the unmarked space* und andere wieder anders.

Diese Distinktionsdimension ist für uns konstruktiv nicht erreichbar, da jeder begrifflich konstruktive Schritt sie schon in Anspruch nimmt. Methodisch gesehen kann sie nur spekulativ vergegenwärtigt werden und dazu kann natürlich niemand gezwungen werden. Man verbaut sich jedenfalls den Zugang dazu, wenn man sich durch Rückgang auf das *Leben* jene kategorialen Distinktionen gleichsam natur-

29 Cf. Mittelstraß, 1970, S. 2.

wüchsig *einspielen* lässt. Aber auch das Leben und seine handwerklichen Elementarpraxen nehmen diese Distinktionsdimension schon in Anspruch.

***

Das konstruktive Selbstbewusstsein hat Friedrich Kambartel einmal in die schöne Formel gebracht: »Der Weg, den wir erst bahnen, es gab ihn vorher nicht.«[30]

Dem ist natürlich zuzustimmen. In der Tat, den Weg gab es vorher nicht. Aber sehr wohl das halbwegs wegfähige Gelände. Ist es morastig, müssen wir den Weg mit Absicherungen durch Brücken und Pfähle *bahnen*, aber wir können nicht *bahnen*, wo es das Gelände nicht zulässt. Jedes *Gelände* fordert also eigene Anstrengungen unserer begrifflichen *Bahnungskunst*. Sie lässt sich provozieren durch den begrifflichen Morast vor mir, der konstruktiv bewältigt sein will. Aber sie weiß auch, dass schon die Einschätzung des Geländes zur Vorbereitung unserer konstruktiven Bemühungen von Qualifikationsmitteln Gebrauch machen muss, die sich einsichtig wieder nur in der Distinktionsdimension ausweisen lassen.

Woher bezieht Kambartel z. B. das elementare Verständnis von Ausdrücken wie *richtig* und *falsch*? Eine Antwort wäre: Aus der vortheoretischen Erfahrung des Lebens und unserer Handlungserfahrung. »Mit dem Erwerb von Handlungen lernen wir nämlich zugleich einen Gebrauch der Ausdrücke ›richtig‹ und ›falsch‹.«[31] Das ist sehr schwer verständlich. Handlungen *erwirbt* man nicht. Man könnte eher von *Einübung* sprechen, aber auch das ist unzureichend. Hier geht es um Formen des Existierens, die durch einen Rückgriff auf quasi unproblematische Lebensvollzüge theoretisch unterbelichtet bleiben. Man könnte in einer Revision Diltheys, obwohl die Dinge hier historisch wegen seines Rückgriffs auf *Strukturen* der Lebensvollzüge intrikater liegen, vermuten, dass ein Rückgang auf das Leben die Metaphysik nur verschleiert, aber nicht überflüssig macht. Rückgriffe auf das Leben sollten sich philosophisch in Deutschland immer gesondert ausweisen.

Es genügt auch nicht, den Hobbesschen Gesellschaftsvertrag durch einen Sprachvertrag zu ersetzen, der zu einem orthosprachlichen Leviathan führt. Das Nicht-Verstehen ragt über die Vagheitszonen so elementar in jede prädikative Handlung hinein, dass man sich Metaphysik schon eingehandelt hat, wenn man auch nur ein Wort sagt.[32] Aber das müssen wir hier beiseite lassen.

***

30 Kambartel, 1997, S. 14.

31 Kambartel, 1997, S. 1.

32 Cf. Hogrebe, 1989, S. 40 ff.

Diese Rolle des Nicht-Wissens ist bislang von der Erkenntnistheorie vernachlässigt worden.[33] Erst in letzter Zeit scheint sich hier eine Wende abzuzeichnen. So hat Timothy Williamson[34] jüngst eine Studie vorgelegt, die im Ausgang von Fitch[35] zeigt, dass jedem Punkt unseres kontingenten Nicht-Wissens ein Punkt eines notwendigen Nicht-Wissens korrespondiert. Wenn ich nicht weiß, dass p, dann kann ich auch darum nicht wissen. Das hat nichts mit der Frage zu tun, dass ich nicht weiß, *ob* p. Nur wenn ich nicht einmal Anschluss an das habe, was ich nicht weiß, dann habe ich natürlich auch kein Wissen um diese Nicht-Habe. Damit werden Fragen virulent, die die Bedeutung des Nichtwissens für die Möglichkeit des Wissens dringlich machen. Wir beginnen jedenfalls erst im Ansatz tiefere Grenzen unseres Wissens zu verstehen. Obwohl das Theorem von Fitch nicht konstruktiv gültig ist[36], zeichnet sich wissenschaftsgeschichtlich umgekehrt die Einsicht ab, dass ein forcierter Pragmazentrismus ein nützliches Studium der Grenzen des Wissens verhindert. Das ändert sich jetzt.

Rezente Publikationen zur expressiven Unvollständigkeit zeigen, dass diese Unvollständigkeit »nicht als Mangel gewertet werden darf, sondern als Indiz für Komplexität.«[37] Hier wird ein ganz neues Kapitel der Erkenntnistheorie aufgeschlagen, das auch für ein neues Design der Metaphysik von Belang ist.[38]

***

Die Verhältnisse lassen sich abschließend als Korollar zu dem eingangs zitierten Satz von Jürgen Mittelstraß vielleicht so zusammenfassen: Wir haben den Übergang vollzogen von denen, die im Mythos leben und das nicht wissen, zu denen, die aus Voraussetzungen des Nichtwissens im Wissen leben.

Literaturverzeichnis

Beeh, Volker, 2003, *Die halbe Wahrheit. Tarskis Definition und Tarskis Theorem*, Paderborn: mentis.

Böckenförde, Ernst-Wolfgang, 2003, »Die Würde des Menschen war unantastbar«, in: *FAZ* vom 03.09.2003, S. 1.

Böhme, Hartmut/Böhme, Gernot, 1983, *Das Andere der Vernunft*, Frankfurt/M.: Suhrkamp.

---

33 Eine Ausnahme ist hier Niklas Luhmann und die an ihn anschließenden Diskussionen. Cf. u. a. Luhmann, 1992. Ferner: Japp, 1999.

34 Williamson, 2000.

35 Fitch, 1963.

36 Cf. Williamson, 2000, S. 275.

37 Beeh, 2003, S. 98.

38 Cf. hierzu Bromand, 2001.

Bromand, Joachim, 2001, *Philosophie der semantischen Paradoxien*, Paderborn: mentis.

Chaitin, Gregory J., 1999, *The Unknowable*, Singapore etc.: Springer.

Diels, Hermann, 1906, *Fragmente der Vorsokratiker*, Bd. 1, Berlin: Weidmann.

Fitch, F. B., 1963, »A logical Analysis of some Value Concepts«, in: *Journal of Symbolic Logic*, 28, S. 135 – 142.

Freud, Sigmund, 1973, »Psychoanalytische Bemerkungen zu einem autobiographisch beschriebenen Fall von Paranoia (Dementia paranoides) (1911), Nachtrag«, in: *Freud-Studienausgabe*, Bd. VII., Zwang, Paranoia und Perversion, Mitscherlich, Alexander (Hrsg.), Frankfurt/M.: S. Fischer, S. 133 – 203.

Hegel, G. W. F., 1955, *Ästhetik*, Bd. I, F. Bassenge (Hrsg.), Frankfurt/M: Europa Verlag.

Henrich, Dieter, 1960, »Der Begriff der sittlichen Einsicht und Kants Lehre vom Faktum der Vernunft«, in: ders. (Hrsg.), *Die Gegenwart der Griechen im neueren Denken (Festschrift für Hans Georg Gadamer)*, Tübingen: Mohr, S. 77 – 115.

Hogrebe, Wolfram, 1989, *Prädikation und Genesis*, Frankfurt/M.: Suhrkamp.

Japp, Klaus P., 1999, »Die Unterscheidung von Nichtwissen«, in: *ITAS TA-Datenbank-Nachrichten*, 8, Nr. 3/4, S. 25 – 32 [http://www.itas.fzk.de/deu/tadn/tadn993/japp99a.pdf (Stand: 02.04.2002)].

Kambartel, Friedrich, 1997, *Wahrheit und Begründung*, Erlangen/Jena: Palm & Enke.

Kant, Immanuel, 1936, »Opus postumum«, in: *Kant's gesammelte Schriften*, Bd. XXI., Kant's handschriftlicher Nachlaß, Bd. VIII., Opus postumum. 1. Hälfte (Convolut I bis VI), Preußische Akademie der Wissenschaften (Hrsg.), Berlin/Leipzig: Walter de Gruyter & Co.

Kant, Immanuel, 1968a, »Grundlegung zur Metaphysik der Sitten«, in: *Werke*, Bd. VIII, Weischedel, W. (Hrsg.), Frankfurt/M.: Suhrkamp, S. 7 – 102.

Kant, Immanuel, 1968b, »Kritik der praktischen Vernunft«, in: *Werke*, Bd. VIII, Weischedel, W. (Hrsg.), Frankfurt/M.: Suhrkamp, S. 103 – 302.

Luhmann, Niklas, 1992, »Ökologie des Nichtwissens«, in: ders. (Hrsg.), *Beobachtungen der Moderne*, Opladen: Westdeutscher Verlag, S. 149 – 220.

MacIntyre, Alasdaire, 1989, *Whose Justice? Which Rationality?*, Notre Dame: University of Notre Dame Press.

Margalit, Avishai, 1999, *Politik der Würde, Über Achtung und Verachtung*, Frankfurt/M.: Fischer-Taschenbuch-Verlag.

Mittelstraß, Jürgen, 1970, *Neuzeit und Aufklärung*, Berlin/New York: de Gruyter.

Mittelstraß, Jürgen, 2000, Über philosophische Sprache, Bonn: Bouvier Verlag.

Reinhard Olivier, »Wonach sollen wir suchen«, in: *FAZ* vom 13.12.2003, S. 3.

Roth, Gerhard, 2003, »Wir sind determiniert«, in: *FAZ* vom 11.07.2003, S. 31.

Roughley, Neil, 1996, »Würde«, in: Mittelstraß, Jürgen, *Enzyklopädie Philosophie und Wissenschaftstheorie*, Bd. 4, Stuttgart/Weimar: Metzler, S. 784 – 787.

Schlegel, Friedrich, 1967, *Über das Unverständliche*, in: *Kritische Friedrich Schlegel Ausgabe*, 2. Bd., 1. Abt., ed. E. Behler (Hrsg.), München/Paderborn/Wien: Schöningh, S. 362 – 372.

Simon, Josef, 2003, *Kant. Die fremde Vernunft und die Sprache der Philosophie*, Berlin/New York: de Gruyter.

Snell, Bruno, 1993, *Die Entdeckung des Geistes*, Göttingen (7. Aufl.): Vandenhoeck & Ruprecht.

Volkmann, Uwe, 2003, »Nachricht vom Ende der Gewißheit«, in: *FAZ* vom 24.11.2003, S. 8.

Walzer, Michael, 1983, *Spheres of Justice*, New York: Basic Books.

Wieland, Wolfgang, 2003, *Bioethik als Herausforderung*, Bonn: Bouvier Verlag.

Wiesing, Lambert, 2003, »Das Modell als Mythos«, in: Dierksmeier, Claus (Hrsg.), *Die Ausnahme denken (Festschrift für K. M. Kodalle)*, Bd. 1, Würzburg: Königshausen und Neumann, S. 41 – 48.

Williamson, Timothy, 2000, *Knowledge and its Limits*, Oxford: Oxford University Press.

Orientierung – Unterscheidung – Vergegenwärtigung. Zur Unverzichtbarkeit nicht-propositionaler Erkenntnis für die Philosophie

Gottfried Gabriel

Jürgen Mittelstraß ist erklärtermaßen ein Vertreter des Propositionalismus in der Philosophie, d. h. er ist der Auffassung, »daß die Sprache der Philosophie [...] *apophantisch* ist« (Mittelstraß, 1982, S. 171 – 172). Der Propositionalismus läuft auf eine Gleichsetzung von Wahrheit und Erkenntnis hinaus, nämlich auf die Reduktion der Erkenntnis auf *propositionale*, d. h. aussageartige Erkenntnis. Die Möglichkeit anderer, nicht-propositionaler Formen der Erkenntnis wird bestritten. Der Propositionalismus folgt damit der logischen Tradition, die seit Aristoteles – über Kant bis zu Frege – den Begriff der Erkenntnis am Begriff des Wissens festmacht und Wissen dabei als begründeten wahren Glauben versteht, d. h. als begründeten Glauben, dass bestimmte *Behauptungen*, *Aussagen* oder *Urteile* wahr sind. Die apophantische Sprache stellt die Philosophie hinsichtlich ihrer Darstellungsform auf die Seite der Wissenschaften und unterscheidet sie von der Dichtung im Sinne fiktionaler ästhetischer Rede: »Gegensatz apophantischer Rede ist die ästhetische Rede, wozu insbesondere auch Formen der fiktionalen Rede gehören.« (ebd., S. 172) Mit Kant ergreift Mittelstraß darüber hinaus Partei für die »prosaische« Philosophie, die es vermeidet, in Bildern und Metaphern zu reden. Hiervon abzuweichen, erscheint danach nur gerechtfertigt, solange noch keine »logische Lehrart« gefunden sei (Mittelstraß, 2004), man sich also, so wird man erläuternd hinzufügen dürfen, im Felde der *Heuristik* bewege. Der historische Ort dieser Ausführungen Kants (in *Von einem neuerdings erhobenen vornehmen Ton in der Philosophie*, letzter Abschnitt) ist seine Kritik an den gegenaufklärerischen »Schwärmern«, die vermeinten, sich über die kritische Vernunft und deren apophantischen Logos poetisch erheben zu können. In ästhetischen Zusammenhängen äußert sich Kant auch anders. So billigt er in der *Kritik der Urteilskraft* (§ 59) der »indirekten Darstellung« von Vernunftbegriffen durch deren bildliche Veranschaulichung nicht nur eine Erkenntnisfunktion zu, sondern fordert sogar dazu auf, diesem Verfahren »eine tiefere Untersuchung« zu widmen. Insbesondere ist sich Kant bewusst, dass gerade den kategorialen Grundbegriffen der Philosophie (so führt er selbst *Substanz* als Beispiel an) eine »direkte Anschauung« fehlt, so dass zu deren Bestimmung – sprachlicher *Ausdrucks*-Not gehorchend – auf Metaphern zurückgegriffen werden muss. Da das Fehlen der Anschauung hier ein prinzipielles, unüberwindbares Problem darstellt, lässt sich diese Situation nicht als eine *bloß* heuristische beschreiben, die man dereinst durch logische Begriffsbildung hinter sich lassen könnte.

In der gegenwärtigen Auseinandersetzung sind es weniger Schwärmer als vielmehr postmoderne Kritiker an den Orientierungsleistungen der Vernunft, die mit Nietzsche behaupten, propositionale Wahrheit ließe sich in ein »bewegliches Heer von Metaphern« auflösen (Nietzsche, 1966, S. 314), oder im Anschluss an Heideggers Spätphilosophie von einer »Dominanz des Dichterischen« sprechen (Mittelstraß, 2000, S. 25). Gegen den »rhetorischen Glanz« der philosophischen Sprache (ebd., S. 15) und gegen die »Umarmung der Philosophie von der Dichtung« (ebd., S. 28) erhebt Mittelstraß »begriffliche Klarheit« zur »kompromißlosen Maxime« des Denkens (ebd., S. 16). Mit Mittelstraß weiß ich mich darin einig, dass es gilt, sich gegen eine pauschale Erkenntniskritik von rhetorisch-poetischer Seite zur Wehr zu setzen. Im Unterschied zu seinem Bestreben, rhetorische und poetische Sprach- und Darstellungsformen aus der Philosophie zu verbannen, versuche ich gerade umgekehrt, deren kognitiven Wert zu verteidigen und im Sinne einer Erweiterung des Erkenntnisbegriffs fruchtbar zu machen (Gabriel, 1997).

An dieser Stelle besteht ein alter Streit zwischen uns beiden, ohne dass es wirklich einmal zu einer diskursiven Auseinandersetzung gekommen wäre. Das Versäumte nachzuholen und *alte Rechnungen* zu begleichen, liefert der Rahmen einer Festschrift einen willkommenen Anlass, der es auch erlauben sollte, persönliche Erinnerungen wachzurufen. Der Standardkommentar zu diversen Verteidigungen ästhetischer und rhetorischer Erkenntnisformen meinerseits beschränkte sich stets auf das *abwiegelnde* Zugeständnis, dass diese ihren Platz (allenfalls) in einer *Heuristik* der Erkenntnis finden könnten. Dabei erschiene eine solche Charakterisierung keineswegs gänzlich unangemessen, wenn mit ihr nicht gleichzeitig die Einschätzung einherginge, es mit bloß vorbereitenden und vorläufigen Formen der Erkenntnisvermittlung zu tun zu haben. In Mittelstraßens Kommentaren zum Status fiktionaler und ästhetischer Sprachformen fällt vor allem die Depotenzierung der kognitiven Rolle der Dichtung auf. Dies ist um so erstaunlicher, als es unter *alten* Kollegen und Freunden bekannt ist, dass der *junge* Mittelstraß nicht nur Gedichte veröffentlicht hat, sondern mehrere Dramen noch heute in einer Schublade verwahrt. Verdankt sich die Distanz zu den Dichtern etwa ähnlichen Motiven wie bei Platon, auf dessen Abgrenzung der Philosophie vom Mythos Mittelstraß gerne Bezug nimmt (vgl. Mittelstraß, 2000, S. 28–30), nämlich von der eigenen dichterischen *Vergangenheit* überdeutlich abzurücken? Eine solche *Unterstellung* lässt sich freilich nur ins Gästebuch schreiben, argumentieren kann man auf solcher Grundlage nicht. Gut kantianisch ist hier zwischen der Genese einer Position und ihrer Geltung zu unterscheiden.

Die Konsequenz des Propositionalismus ist meistens, dass als Ort der Erkenntnis allein die positiven Wissenschaften angesehen werden. Einer solchen szientistischen Verkürzung des Wissensbegriffs hat Mittelstraß freilich stets widersprochen, indem er darauf aufmerksam gemacht hat, dass das natur- und gesellschaftswissenschaftliche *Verfügungswissen* eines *Orientierungswissens* bedarf, das die Tendenz der Verselbständigung positiven Wissens kritisch mit Blick auf *vernünftige* Zwecksetzungen bedenkt, um so den »Orientierungsdefiziten technischer Kulturen« zu begegnen (vgl. z. B. Mittelstraß, 1982, S. 15–17). In dieser kritischen Funktion sieht Mittelstraß die Geisteswissenschaften allgemein (Mittelstraß, 2003, S. 19–20) und die Philosophie insbesondere, deren Sache er geradezu als die »Entwicklung und Durchsetzung eines vernunftorientierten Denkens« bestimmt (Mittelstraß, 1982, S. 166). Den Geisteswissenschaften in hervorgehobenem Maße die Funktion der Orientierung zuzuweisen, bedeute aber nicht, Verfügungswissen und Orientierungswissen im Sinne einer Arbeitsteilung disziplinär aufzuteilen und etwa eine »Identifikation von Geisteswissenschaft und Orientierungswissenschaft« vorzunehmen (Mittelstraß, 1992, S. 305).

Vom Szientismus unterscheidet sich dieses Denken vor allem dadurch, dass der Begründungsbegriff nicht auf empirisches und formales Wissen eingeschränkt bleibt, sondern auch für ein praktisches Wissen in Anspruch genommen wird, das über bloße Zweckrationalität hinausgeht. Im Sinne des Konstruktivismus, dessen praktische Philosophie aus einer kritischen Rekonstruktion kantischer und hegelscher Positionen erwachsen ist, verfolgt Mittelstraß eine Erweiterung des Wissensbegriffs, allerdings in den Grenzen propositionaler Vernunft. Erweitert wird der *Umfang* des Wissensbegriffs, nicht aber seine inhaltliche Festlegung auf die Form der Propositionalität. Wissen erstreckt sich nicht nur auf empirische Fakten und logisch-mathematische Formen, sondern auch auf praktische Normen. Der Übergang ist, was die Sprachformen anbelangt, ein Übergang von *Aussage*sätzen zu *Sollens*sätzen, der Wissens- bzw. Erkenntnisbegriff bleibt aber an Geltungsansprüche und damit an die Begründung von *Sätzen* gebunden. (Diese Erweiterung im Praktischen unter Beschränkung auf propositionale Geltung ist im übrigen dem Konstruktivismus von Mittelstraß mit der Kritischen Theorie von J. Habermas und dem Pragmatismus von R. Brandom gemeinsam.)

Obwohl Mittelstraß philosophische Wissensbildung an Propositionalität gebunden sein lässt, scheint sie auch für ihn nicht vollständig darin aufzugehen, zumindest nicht in dem Sinne, dass philosophisches Wissen, einmal gewonnen, sozusagen getrost nach Hause getragen und sicher – nämlich propositional schwarz auf weiß – bewahrt werden könne. Propositionalität wäre danach eine notwendige, aber keine hinreichende Bedingung philosophischer Wissensbildung. Nachdrücklich wird betont, dass die Philosophie im Unterschied zu den Fachwissenschaften kein »Lehrbuchwissen« ausgebildet habe, »das allgemein als philosophisches Wissen gelten könnte« (Mittelstraß, 1982, S. 162). Der Grund ist, dass philosophisches Wissen in seiner Orientierungsfunktion immer im Werden, auf dem Wege ist und niemals als abgeschlossen gelten darf. Dieses wichtige und richtige Zugeständnis gilt es in seinen Konsequenzen für den philosophischen Diskurs zu bedenken. Mittelstraß selbst hat solche Konsequenzen in seinen Überlegungen zur *offenen* Darstellungsform des Dialogs angedeutet, ohne sie allerdings letztlich zu ziehen.

Die hier zu erörternde Frage des epistemischen Status der Philosophie gehört in den bereits angedeuteten allgemeineren Rahmen der Frage nach der Möglichkeit nicht-propositionaler Erkenntnis und des Bemühens, eine Einschränkung des Erkenntnisbegriffs auf propositionales Wissens zu überwinden (vgl. Gabriel, 1991; Schildknecht, 2002). Dieses Bemühen führt zu einem Pluralismus der Erkenntnisformen, einem Pluralismus, der allerdings nicht relativistischen, sondern komplementaristischen Zuschnitts ist. Er impliziert, dass es *unterschiedliche* Weisen kognitiver Welterschließung gibt. Erwachsen ist diese Position ursprünglich aus der Einschätzung, dass die Erkenntnisleistungen von Kunst und Literatur nicht gewürdigt werden können, wenn der Erkenntnisbegriff auf den propositionalen Wahrheitsbegriff beschränkt bleibt. Einen besonders wichtigen Beleg dafür, dass der apophantische Logos nicht der einzige Ort kognitiver Orientierung ist, liefert denn auch die ästhetische Erkenntnis. Überdies lässt sich aber auch zeigen, dass selbst die Wissenschaften nicht ohne nicht-propositionale Erkenntnisse auskommen. Zu nennen ist das Unterscheidungswissen, insbesondere die Rolle kategorialer Unterscheidungen.

Ein vor-propositionales Unterscheidungswissen elementarer Art wird auch von Mittelstraß (im Rahmen konstruktivistischer Begriffslehre) als Ergebnis »einer exemplarischen Einübung von Unterscheidungen« ausdrücklich anerkannt und als notwendige Voraussetzung propositionalen Wissens in Anspruch genommen (vgl. Mittelstraß, 1974, S. 70–71). Kategoriale Unterscheidungen, auf die es in der Philosophie in besonderem Maße ankommt, lassen sich auf diese Weise aber nicht ohne weiteres gewinnen. Aufgeworfen ist damit die Frage, wie die Einsicht in solche Unterscheidungen zu vermitteln ist. Da es sich nicht um die Begründung von Behauptungen handeln kann, die erst auf der Grundlage vorausgegangener Unterscheidungen möglich sein sollen, wird es bereits hier notwendig, nach nicht-propositionalen Darstellungsformen Ausschau zu halten. Eine Andeutung in die richtige Richtung findet sich, wenn z. B. mit Blick auf kategoriale noologische Termini (wie *Denken*, *Wille*, *Zuneigung*) darauf verwiesen wird, dass deren Bedeutungen durch *indirekte* statt durch *direkte* exemplarische Bestimmungen expliziert werden könnten, indem »fingierte Handlungssituationen in Form von ›Geschichten‹ erzählt oder in Form von ›exemplarischen Dialogen‹ vergegenwärtigt werden«.[1] Hier ist der für die weiteren Überlegungen zentrale Begriff der Vergegenwärtigung angesprochen, und Mittelstraß fügt sogar hinzu:

> Auch von dem *konkretisierenden* Charakter, den literarische Texte wie der Roman und das Drama gegenüber allgemeinen Handlungszusammenhängen haben, kann dann

1 Die Indirektheit solcher Bestimmungen entspricht derjenigen indirekter Darstellungen bei Kant (s. o.). In beiden Fällen lässt sich nicht auf Gegenstände in der Anschauung hinweisen.

ebenso Gebrauch gemacht werden, wie von der besonderen Form des ›Gleichnisses‹, das in der theologischen Hermeneutik schon immer eine zentrale Stellung eingenommen hat: hier wird der Leser unmittelbar aufgerufen, die erzählte Geschichte nicht als Deskription ›historischer‹ Zusammenhänge aufzufassen, sondern als Aufforderung, die dieser Geschichte zugrunde liegenden handlungsrelevanten Unterscheidungen selber handelnd zu realisieren (z. B. ›barmherzig‹ zu sein). (Mittelstraß, 1974, S. 188 – 190)

Es verdient in diesem Zusammenhang Erwähnung, dass das Verfahren indirekter Exemplifikationen durch Geschichten bereits bei P. Lorenzen (1969, S. 50 – 51) genannt wird. Lorenzen führt dazu in einem unveröffentlichten Brief an Oskar Becker (vom 15.10.1963) aus:

Es ist rührend, welch[e] Mühe Sie sich trotzdem noch mit mir geben, mir die Notwendigkeit lyrischen Sprachgebrauchs für die ›große‹ Philosophie nachzuweisen. Daß in der Philosophie einige Grundbegriffe nur durch Beispiele (z. B. durch das Erzählen wahrer oder erdichteter Geschichten) eingeführt werden können, das sehe ich ein. Eine Sammlung von Beispielen für die Verwendung eines Begriffs, und vor allem eine Sammlung von Gegenbeispielen (die nach Möglichkeit Mißverständnisse vermeiden sollen) würde ich aber noch keine ›Lyrik‹ nennen.[2]

Lorenzen nimmt hier Bezug auf briefliche Darlegungen Beckers, deren Tendenz sich aus veröffentlichten Texten erschließen lässt. Beeinflusst von Heidegger und unter Berufung auf Schelling betont Becker »die ›ent-deckerische‹ Fähigkeit des Ästhetischen in den letzten metaphysischen Fragen« (Becker, 1963, S. 24).[3] Auch wenn man ihm nicht darin folgen mag, die Kunst als Organon der Philosophie anzuerkennen, und mit Lorenzen am Unterschied zwischen *Lyrik* und exemplarischer Vergegenwärtigung festhält, so darf letztere doch als literarisches Verfahren gelten, das das Verständnis von *Grundbegriffen* und damit Einsichten nicht-propositionaler Art zu vermitteln vermag.

Mit dem Übergang von der direkten Exemplifikation (durch Hinweis *auf* Beispiele oder Nennung *von* Beispielen) zur indirekten Exemplifikation tritt im Konstruktivismus neben den apophantischen Logos der vergegenwärtigende Mythos, wenn auch eher zögerlich im Gestus eines Zugeständnisses, unter gleichzeitiger Depotenzierung der Rolle der Kunst.[4] Immerhin wird damit aber die nicht-propositio-

2 Das Original des Briefes befindet sich im Nachlass Oskar Beckers im Philosophischen Archiv der Universität Konstanz unter der Signatur OB 5 – 1 – 23. Den Hinweis auf diesen Brief verdanke ich Frau Dr. Brigitte Parakenings.

3 Der Bezug auf Heideggers Wahrheitsverständnis geht in der hier zitierten späteren Ausgabe etwas verloren, weil der Bindestrich im Ausdruck ›ent-deckerisch‹ als Trennungsstrich erscheint. Ich folge der Erstveröffentlichung (Becker, 1929, S. 38).

4 Von F. Koppe (1977, S. 81 – 92) wurde dieser Gedanke für die Dichtungstheorie fruchtbar gemacht. Im Ausgang von Heidegger, Schapp und Wittgenstein hat Th. Rentsch (2003, S. 77 – 80) die Rolle der Vergegenwärtigungen von Lebenssituationen auch für die Philosophie, insbesondere für die philosophische Anthropologie, reklamiert. Vgl. auch Schmitz (1990, S. 65 – 79), der zwi-

nale Vergegenwärtigung als Methode der Philosophie anerkannt. Nicht-propositional ist sie in dem Sinne, dass ihre sprachliche Form nicht aussagender, sondern beschreibender oder erzählender Art ist.

Eine angemessene Einschätzung des Verhältnisses von Unterscheidungswissen und Orientierungswissen bleibt verstellt, wenn man Unterscheidungen lediglich eine vorbereitende Funktion für die *eigentliche*, nämlich apophantische Wissensbildung zuweist. Dieser Auffassung liegt das verbreitete wissenschaftstheoretische Missverständnis zugrunde, dass Definitionen lediglich Begriffe (Termini) bestimmen, die benutzt werden, um Aussagen mit Wahrheitsanspruch zu formulieren. Genauer betrachtet stellt sich das Verhältnis zwischen Aussagen und Definitionen häufig gerade umgekehrt dar. Aussagen sind wahr oder falsch *in Abhängigkeit von* zuvor getroffenen definitorischen Festlegungen. In besonderem Maße hat dies Konsequenzen für die Philosophie, die es weder mit formalen Ableitungen noch mit empirischen Prüfungen zu tun hat. Schon Kant (1968, S. 479–480; KrV B, S. 758–760) hatte gesehen, dass in der Philosophie Definitionen nicht – wie in der Mathematik – am Anfang, sondern am Ende stehen. In der Philosophie vollzieht sich die Wissensbildung insbesondere in Form von kategorialen Unterscheidungen, d. h. das philosophische Orientierungswissen *besteht* wesentlich aus Unterscheidungswissen. Auch da, wo dieses Wissen sich in Form von apophantischen Äußerungen über Sachverhalte artikuliert, sind eigentlich normative Festlegungen von Unterscheidungen gemeint. Trotz der Form von Behauptungssätzen hat man es – sprechakttheoretisch gesehen – nicht mit Behauptungen zu tun. Daher sollte man den apophantischen Charakter der Philosophie nicht überbetonen. Wohl geht es in ihr wesentlich um Begründungen, diese erstrecken sich aber weniger auf Behauptungen als vielmehr auf Unterscheidungen. Wesens*aussagen* in der Philosophie sind meistens verkappte Wesens*definitionen*, die ihrerseits normative Unterscheidungen formulieren.

Wenn somit der philosophische Diskurs eher in der Begründung von Unterscheidungen als in der Begründung von Behauptungen besteht, so hat dies auch Folgen für den in Ansatz zu bringenden Begründungsbegriff, der dementsprechend nicht mehr *be*weisender, sondern eher *auf*weisender Art ist. Damit rückt die Frage nach der Darstellungsform in den Blick. Eine aufweisende Argumentation lässt sich als appellativ verdeutlichend beschreiben. Die Anerkennung einer Unterscheidung kann nicht erzwungen, sondern nur ansinnend näher gebracht werden. (Daher ist auch im Konstruktivismus stets von Unterscheidungs- und Wortgebrauchs*vorschlägen* die Rede, die gleichwohl sofort umgesetzt werden. Die weitere Argumentation erfolgt dabei unter dem Vorbehalt, dass diese Vorschläge auch angenommen wer-

schen *prosaischen* und *poetischen* Vergegenwärtigungen (oder *Explikationen*) von Situationen unterscheidet (ebd., 72–73).

den.) Philosophische Einsichten laufen darauf hinaus, die Dinge *im Lichte* kategorialer Unterscheidungen neu zu sehen bzw. sehen zu lassen, also eine neue grundlegende Sichtweise zu gewinnen bzw. zu vermitteln. Wenn man Philosophie im Sinne eines *schwächeren* Begründungsbegriffs *Wissens*bildung oder zumindest *Einsichten* zubilligt, dann kommt man nicht umhin, für sie die Form nicht-propositionaler Erkenntnis in Anspruch zu nehmen. Nicht dass propositionale Erkenntnisse keine Rolle spielen würden, Sichtweisen gehen aber nicht in einzelnen Propositionen auf, sie betreffen – wie die Gestaltwahrnehmung zeigt – Ganzheiten. So kann die Einsicht in eine Unterscheidung, z. B. in die Unterscheidung zwischen propositionaler und nicht-propositionaler Erkenntnis, die gesamte Sichtweise *umkippen* lassen.

Die hier gebrauchten Vokabeln sind unschwer als solche zu erkennen, die auch verwendet werden, um ästhetische Wahrnehmungen zu beschreiben. Sie lassen sich aber auch auf die Beschreibung von so genannten Paradigmenwechseln in den Naturwissenschaften übertragen. Damit haben wir ein Indiz dafür, dass die Philosophie methodologisch eine eigentümliche Zwischenstellung zwischen Kunst und Wissenschaft einnimmt, eine Zwischenstellung, die zu einer Auseinandersetzung mit ihren Darstellungsformen herausfordert. Auf diesen Punkt, also auf die Frage nach dem Status philosophischer Erkenntnis, konzentrieren sich die folgenden Überlegungen. Von ästhetischer Erkenntnis wird dabei lediglich vergleichend die Rede sein.

Philosophie lässt sich, so meint auch Mittelstraß, »anders als andere Disziplinen von ihrer Darstellungs- und Vermittlungsform nicht trennen« (Mittelstraß, 1986, S. 242). Dieses für ihn aber nicht deshalb, weil sich die Philosophie anderer Erkenntnisformen bediente als die Wissenschaften, sondern weil philosophisches Wissen als Orientierungswissen kein materiales Wissen, sondern »eine besondere Sicht der Dinge« darstellte, die als »Vernunftperspektive« bestimmt wird (Mittelstraß, 1986, S. 247). Das philosophische Orientierungsbemühen ist danach geradezu vernunftzentriert, sein Ziel ist eine »vernunftorientierte Lebensform« (ebd.). Da Vernunft aber nicht »demonstrierbar« ist, bleibt die Frage, welche Darstellungsform ihrer Vermittlung angemessen ist. Hier folgt Mittelstraß der platonisch-sokratischen Auffassung, dass dialogische Vernunft »auch nur in Dialogen *darstellbar*« sei (ebd.), weil diese sich von vornherein gegen ein dogmatisches Gerinnen von Lehrmeinungen durch ihre *offene* Form sperren. Im Unterschied zu Darstellungsformen wie Lehrbuch und Traktat erbringe der platonische Dialog eine »exemplarische ›Vergegenwärtigungsleistung‹« (ebd.; ferner Mittelstraß, 1982, S. 155), die darin bestehe, das Bemühen der Dialogpartner um die Gewinnung eines gemeinsamen praktischen Wissens in vernunftgemäßer Perspektive, literarisch zu vermitteln.

Zumindest im Fall des Dialogs erkennt Mittelstraß also die Bedeutung der literarischen Form für die Philosophie an. Wenn er im Dialog das philosophische Begründungsbemühen in seinem apophantischen Geltungsanspruch und gleichwohl »offenen« Ausgang exemplarisch »vergegenwärtigt« sieht, so gesteht er damit zu, dass sich der apophantische Logos einer nicht-apophantischen Darstellungsform bedient, um sich seiner selbst in seiner Eigentümlichkeit zu vergewissern. Streng genommen haben wir es in Platons Dialogen sogar mit fiktionaler Rede zu tun, da es sich ja nicht um wirkliche Gespräche realer Personen, sondern um inszenierte Dialoge zwischen Figuren handelt. Selbst der Sokrates in den Dialogen ist nicht mit dem historischen Sokrates referentiell identifizierbar.

Damit ist eine Bresche für die Anerkennung nicht-propositionaler Darstellungsformen geschlagen, allerdings eine sehr schmale: Erstens bleibt es bei der Anerkennung der Dialogform. Zweitens wird die Dialogform auf die Vergegenwärtigung *vernünftiger* Orientierungsbemühungen eingeschränkt, die Mittelstraß letztlich als einzige philosophische Wissensbildung anerkennt. Drittens ist zwar die Form der Vergegenwärtigung nicht-propositional, nicht aber der vergegenwärtigte Inhalt. So wird der apophantische Charakter der Philosophie nicht in Frage gestellt, und es ist wohl davon auszugehen, dass das im Dialog dargestellte Begründungsbemühen einzig im Aufstellen und Bestreiten von Behauptungen seitens der Dialogpartner gesehen wird. Gegen eine solche Deutung ist einzuwenden, dass das von Sokrates praktizierte Verfahren der Dihairesis, das die Grundlage der platonischen *Dialektik* darstellt, gerade dazu dient, ein Unterscheidungswissen zu gewinnen. Insofern können uns die platonischen Dialoge eher als historischer Beleg für die systematische These dienen, dass philosophische Einsicht *nicht* auf propositionales Wissen reduzierbar ist.[5]

Entgegen der paradigmatischen Auszeichnung des Dialogs ist von einer größeren Vielfalt kognitiv relevanter Darstellungsformen in der Philosophie auszugehen (vgl. Schildknecht, 1990; Gabriel, 1991, S. 20–88). Solche kommen nicht in den Blick oder werden gar, wie die Meditation und die Autobiographie, ausdrücklich zurückgewiesen (vgl. Mittelstraß, 1982, S. 152, 173). Während Mittelstraß die Dialogform in gewissem Sinne überbewertet, unterschätzt er insbesondere die Form der Meditation. So vergegenwärtigen die platonischen Dialoge zwar die Offenheit von Orientierungsbemühungen in dem Sinne, dass sie nicht zu einem Abschluss kommen, sondern offen enden, allerdings nicht soweit, dass sie *offenen Gesprächen* zwischen gleichberechtigten Partnern genügen. Auch wenn es sich um *herrschaftsfreie* Diskurse handelt, weil Autorität und Meinungen nicht dogmatisch durchgesetzt werden, symmetrische Verhältnisse werden nicht vergegenwärtigt. Die argumentative Dominanz des Sokrates ist nicht zu übersehen. Gleichwohl billigt Mittelstraß dem platonischen Dialog die Ausbildung vernünftiger Subjektivität zu.

5 Mit Blick auf den nicht-propositionalen Charakter von praktischem Wissen hat dies bereits Wieland (1982) für Platon geltend gemacht.

Hierin unterscheide dieser sich von der Meditation, »in der mit der Preisgabe eigener Ansprüche auch das Subjekt verschwindet« (Mittelstraß, 1986, S. 248; vgl. Mittelstraß, 1982, S. 149–150). Dies trifft nun gewiss nicht auf Descartes' *Meditationen* zu, in denen die literarische Form der Meditation, die gedankliche Einkehr mit lebenspraktischer Umkehr verbindet, erkenntnistheoretisch gewendet erscheint (vgl. Oksenberg Rorty, 1986). Inszeniert wird die Besinnung eines exemplarischen Subjekts auf das, was es wirklich weiß, und der sich anschließende Prozess eines Findens unbezweifelbarer Wahrheiten. Ähnlich wie in Platons Dialogen geht es darum, in einer fingierten Denkbewegung die ernsthafte Suche nach Wahrheit zu vergegenwärtigen, nun freilich nicht im Dia-, sondern im Monolog (vgl. ausführlicher Gabriel, 2003).

Ungeachtet seiner eigenen Festlegungen der Philosophie auf die propositionale Begründung rationaler Orientierungen, ringt sich Mittelstraß immer wieder zu Andeutungen und Zugeständnissen durch, in denen er über eine solche Engführung hinausgeht:

> Und ein Dialog erlaubt schließlich ohne Bruch der literarischen Form [...] den Einsatz literarischer Mittel wie Situationsbeschreibungen (die natürlich für die Darstellung philosophischen Wissens als Dialogwissen wesentlich sind), Ironie und mythische Erzählungen. (Mittelstraß, 1982, S. 155)

Letztere dienen insbesondere »der Vergegenwärtigung dessen, was in einer systematisch kontrollierten Form noch nicht zur Verfügung steht«, z. B. Auffassungen »über die Seele und deren Unsterblichkeit« (ebd.). Damit wird eingeräumt, dass die Sprache der Philosophie nicht auf die Begründung von Behauptungen eingeschränkt werden kann, sondern dass auch solche Aspekte der *conditio humana* einzubeziehen sind, die noch oder überhaupt nicht in apophantischer Rede einholbar sind. Die Situation des Menschen ist von der Art, dass sie nicht allein durch Vernunft vollständig bestimmt sein kann. Dementsprechend kann Orientierungswissen nicht nur darin bestehen, dem Verfügungswissen durch eine vernünftige zweckgebundene Orientierung die Richtung zu weisen. Zu einer vernünftigen Orientierung des Menschen gehört auch, sich die Grenzen rationaler Verfügbarkeit bewusst zu machen und sich auf die *Un*verfügbarkeiten des Lebens angemessen einzustellen. Wenn die Philosophie ihrer Orientierungsfunktion gerecht werden will, muss sie auch hier *offen* bleiben und sich gegebenenfalls anderer Darstellungsformen als der apophantischen Rede bedienen. Sofern ihre Sprache dann die Form von nicht-propositionalen Vergegenwärtigungen von Situationen, Lebensgefühlen und Stimmungen annimmt, berührt sie sich zwangsläufig mit Literatur und Kunst. Berührungs-Ängste sind hier unangebracht. Vielmehr sollte sich die Philosophie angesichts der Komplexität der *conditio humana* die Vergegenwärtigungsleistungen von Kunst und Literatur *dienstbar* machen, um sich eine umfassende Kenntnis zu verschaffen. Ohne diese gibt es auch keine begründeten Orientierungen.

Gewiss könnte man die angesprochene Verbindung auch so ausdrücken, dass ästhetische Vergegenwärtigungsleistungen zur Situations*heuristik* von Orientierungsbemühungen gehören. Da Orientierungen aber, wie Mittelstraß betont, stets im Werden begriffen sind, ist hier eine Trennung zwischen Entdeckungs- und Begründungszusammenhang wenig sinnvoll. Zumindest wird eine solche Heuristik nicht bloß als hilfreiche Hinführung, sondern als notwendige hermeneutische Voraussetzung anzuerkennen sein. Verlässliche Orientierungen sind nur möglich, wenn man sich auskennt, d. h. mit Lebenssituationen bekannt ist. Da dieses Kennen nicht auf propositionales Erkennen reduzierbar ist, ist nicht-propositionale Erkenntnis für die Philosophie unverzichtbar. Falls es jemand vorzieht, vorsichtiger von Kenntnis statt von *Er*kenntnis zu sprechen, so ändert dies nichts am kognitiven Wert nicht-propositionaler Vergegenwärtigungen.

In *Über philosophische Sprache* gesteht Mittelstraß am Schluss, dass er es gelegentlich liebe, »die philosophischen Dinge mal zu streicheln, mal zu zwicken« (Mittelstraß, 2000, S. 31). Mit meiner hoffentlich begründeten Aufforderung, die Beschränkung der Philosophie auf den apophantischen Logos aufzugeben, habe ich den Philosophen Mittelstraß vermutlich mehr gezwickt als gestreichelt; aber der Dialog bleibt offen.

Literaturverzeichnis

Becker, Oskar, 1929, »Von der Hinfälligkeit des Schönen und der Abenteuerlichkeit des Künstlers«, in: *Festschrift Edmund Husserl zum 70. Geburtstag gewidmet*, Halle: Max Niemeyer, S. 27–52.

Becker, Oskar, 1963, *Dasein und Dawesen. Gesammelte philosophische Aufsätze*, Pfullingen: Neske.

Gabriel, Gottfried, 1991, *Zwischen Logik und Literatur. Erkenntnisformen von Dichtung, Philosophie und Wissenschaft*, Stuttgart: Metzler.

Gabriel, Gottfried, 1997, *Logik und Rhetorik der Erkenntis. Zum Verhältnis von wissenschaftlicher und ästhetischer Weltauffassung*, Paderborn: Schöningh.

Gabriel, Gottfried, 2003, »Zwischen Wissenschaft und Dichtung. Nicht-propositionale Vergegenwärtigungen in der Philosophie«, in: *Deutsche Zeitschrift für Philosophie*, 51, S. 415–425.

Kant, Immanuel, 1968, »Kritik der reinen Vernunft (2. Aufl. 1787)«, in: *Kants Werke*. Akademie-Textausgabe. Unveränderter photomechanischer Abdruck des Textes der von der Preußischen Akademie der Wissenschaften 1902 begonnenen Ausgabe von Kants gesammelten Schriften, Bd. 3, Preußische Akademie der Wissenschaften (Hrsg.), Berlin: Walter de Gruyter.

Koppe, Franz, 1977, *Sprache und Bedürfnis. Zur sprachphilosophischen Grundlage der Geisteswissenschaften*, Stuttgart-Bad Cannstatt: Frommann-Holzboog.

Lorenzen, Paul, 1969, *Normative Logic and Ethics*, Mannheim: Bibliographisches Institut.

Mittelstraß, Jürgen 1974, *Die Möglichkeit von Wissenschaft*, Frankfurt a. M.: Suhrkamp.
Mittelstraß, Jürgen, 1982, *Wissenschaft als Lebensform. Reden über philosophische Orientierungen in Wissenschaft und Universität*, Frankfurt a. M.: Suhrkamp.
Mittelstraß, Jürgen, 1986, »Das philosophische Lehrgespräch«, in: Rehfus, Wulff D./Becker, Horst (Hrsg.), *Handbuch des Philosophie-Unterrichts*, Düsseldorf: Pädagogischer Verlag Schwann-Bagel, S. 242 – 249.
Mittelstraß, Jürgen, 1992, *Leonardo-Welt. Über Wissenschaft, Forschung und Verantwortung*, Frankfurt a. M.: Suhrkamp.
Mittelstraß, Jürgen, 2000, *Über philosophische Sprache*, Bonn: Bouvier.
Mittelstraß, Jürgen, 2003, *Die Geisteswissenschaften und die Zukunft der Universität*, Köln: Otto Schmidt.
Mittelstraß, Jürgen, 2004, »Brauchen Gedanken Bilder?«, in: Hogrebe, Wolfram (Hrsg.), *Grenzen und Grenzüberschreitungen*. XIX Deutscher Kongress für Philosophie, Berlin: Akademie Verlag, S. 854 – 862.
Nietzsche, Friedrich, 1966, »Über Wahrheit und Lüge im außermoralischen Sinn«, in: *Werke*, Bd. 3, Schlechta, Karl (Hrsg.), München: Carl Hanser, S. 309 – 322.
Oksenberg Rorty, Amélie, 1986, »The Structure of Descartes' *Meditations*«, in: Oksenberg Rorty, A. (Hrsg.), *Essays on Descartes' »Meditations«*, Berkeley/Los Angeles: University of California Press, S. 1 – 20.
Rentsch, Thomas, 2003, *Heidegger und Wittgenstein. Existential- und Sprachanalysen zu den Grundlagen philosophischer Anthropologie*, 2. Aufl., Stuttgart: Klett-Cotta.
Schildknecht, Christiane, 1990, *Philosophische Masken. Literarische Formen der Philosophie bei Platon, Descartes, Wolff und Lichtenberg*, Stuttgart: Metzler.
Schildknecht, Christiane, 2002, *Sense and Self. Perspectives on Nonpropositionality*, Paderborn: mentis.
Schmitz, Hermann, 1990, *Der Unerschöpfliche Gegenstand. Grundzüge der Philosophie*, Bonn: Bouvier.
Wieland, Wolfgang, 1982, *Platon und die Formen des Wissens*, Göttingen: Vandenhoeck & Ruprecht.

Transdisziplinarität – Eine Herausforderung für die Wissenschaftstheorie

Stephan Hartmann

1. Einleitung

Die zeitgenössische Wissenschaftstheorie leidet unter ähnlichen Problemen wie die Wissenschaften, mit denen sie sich befasst. So nimmt auch in der Wissenschaftstheorie die Spezialisierung stark zu, und bei vielen der behandelten Fragestellungen geht es einzig um Detailprobleme, die sich aus einem sich verselbständigenden Diskussionszusammenhang entwickelt haben, wobei der Bezug zur jeweiligen Ausgangsfrage und die größere philosophische Perspektive leicht aus den Augen verloren wird.

Vom Zunehmen der Spezialisierung in der Wissenschaftstheorie kann man sich leicht durch einen Blick in die einschlägigen Fachzeitschriften überzeugen. Welcher »normale« Wissenschaftstheoretiker kann schon den verwickelten Debatten zum *unit-of-selection*-Problem – einem vieldiskutierten Thema in der Philosophie der Biologie – oder zum Problem der Lokalisierbarkeit in der relativistischen Quantenfeldtheorie – einem Thema in der Philosophie der Physik – folgen? Letzteres wurde übrigens ausführlich in der an alle Wissenschaftstheoretiker gerichteten Zeitschrift *Philosophy of Science* behandelt, und nicht etwa in der spezialisierteren Zeitschrift *Studies in History and Philosophy of Modern Physics*. Die mit der zunehmenden Spezialisierung einhergehenden Probleme sind inzwischen auch von der amerikanischen *Philosophy of Science Association* (*PSA*) erkannt worden. So konstatierte etwa der bedeutende Physik-Philosoph John Earman in seiner *Presidential Address* auf der PSA-Tagung im Jahr 2002 die zunehmende hochgradige Spezialisierung seiner Disziplin. Earman rief sogleich dazu auf, die jeweiligen Fragen allgemeinverständlicher zu diskutieren und deren philosophischen Kern deutlicher hervortreten zu lassen, was ihm selbst allerdings im weiteren Verlauf seiner Ansprache nur partiell gelang (vgl. Earman, 2004). So überraschte Earman seine verblüfften Zuhörer im Hauptteil seines Vortrages mit einer Salve hochtechnischer Exkurse in die Feinheiten der gegenwärtigen Philosophie der Physik, denen zu folgen selbst manchem ausgewiesenen Kollegen aus der Philosophie der Physik nicht immer möglich war... Es bleibt offenbar noch viel zu tun.

In der allgemeinen Wissenschaftstheorie stehen die Dinge ähnlich. Auch die hier diskutierten Fragestellungen verselbständigen sich zunehmend. So gibt es inzwischen etwa zur Bestätigungstheorie zahlreiche Arbeiten, die allein damit befasst sind, artifizielle Probleme in der Tradition von Goodmans *new riddle of induction* zu klären. Der Kontakt zur Wissenschaft mit ihren methodologischen und konzeptuellen Problemen wird hier nicht gesucht – wohl auch deshalb, weil die Wissenschaft weder von der Problemlösung profitieren wird, noch zu ihr beitragen kann.

Beide Tendenzen – zunehmende Spezialisierung und Verselbständigung – wirken in unterschiedliche Richtungen. Während einige Bereiche der Wissenschaftstheorie zu sehr mit den Detail-Analysen eines wissenschaftlichen Teilgebietes beschäftigt sind (wie die erwähnten Arbeiten aus der Philosophie der Physik), haben sich andere Bereiche (wie die Bestätigungstheorie) zu weit von der Wissenschaft entfernt und sind zu sehr mit sich selbst beschäftigt. Und so bleiben viele spannende Fragen unbehandelt, während Fragestellungen von zuweilen bestenfalls sekundärer Relevanz für die Wissenschaft im Vordergrund wissenschaftstheoretischen Interesses stehen.

Wissenschaft und die sie kritisch begleitende Wissenschaftstheorie müssen den richtigen Abstand voneinander haben. Dieser Abstand sollte weder zu groß, noch zu klein sein. So ergeben sich Problemstellungen, die auf der einen Seite spezifisch genug sind, um für die Wissenschaft relevant zu sein, und die auf der anderen Seite allgemein genug sind, um mit dem für die Philosophie typischen *Blick aufs Ganze* (in diesem Fall: der Wissenschaft) im Einklang zu sein. Im weiteren soll dieses Vorgehen am Beispiel der Einteilung der Wissenschaft in Disziplinen illustriert werden.

2. Problemstellung

Die Wissenschaftstheorie nimmt die Einteilung der Wissenschaft in Disziplinen als gegeben hin. Das drückt sich bereits in den Namen der diversen Teilbereiche der Wissenschaftstheorie aus. So gibt es inzwischen neben der Philosophie der Physik und der Biologie weitere wohl etablierte Subdisziplinen, die sich in philosophischer Absicht mit einer speziellen Wissenschaft befassen (etwa mit den Wirtschaftswissenschaften oder mit der Psychologie). Ein Denken innerhalb dieser Subdisziplinen der Wissenschaftstheorie blockiert den Blick auf die *Dynamik wissenschaftlicher Disziplinen*, und die Institutionalisierung wissenschaftstheoretischer Teilbereiche (etwa durch Lehrstühle für Spezialdisziplinen wie die Philosophie der Wirtschaftswissenschaften) zementiert die althergebrachte disziplinäre Aufteilung der Wissenschaft noch.

Diese Aufteilung hat sicher ihre Vorteile. Es bleibt dabei jedoch unberücksichtigt, dass wissenschaftliche Disziplinen aus guten Gründen kommen und gehen (wenn auch auf einer vergleichsweise großen Zeitskala), und dass sich zuweilen zwischen bestehenden Disziplinen allerlei Neues auftut. Hier ist insbesondere das Zunehmen inter-, multi- und transdisziplinärer Forschungsprogramme in den letzten Jahren zu erwähnen. Während sich z. B. Wissenschaftssoziologen dieser Entwicklung bereits angenommen haben, schweigen Wissenschaftstheoretiker – von wenigen Ausnahmen abgesehen – noch immer. Einer, der sich intensiv mit dem Thema Transdisziplinarität befasst hat, ist Jürgen Mittelstraß, an dessen Arbeiten ich anschließe (vgl. z. B. Mittelstraß, 1992, 1997, 1998).

Und tatsächlich werfen die neuen Organisationsformen der Wissenschaft zahlreiche wissenschaftstheoretische Fragen auf. In diesem Beitrag möchte ich exemplarisch einige dieser Fragen herausstellen und zeigen, wie sie sich zu bekannten Diskussionszusammenhängen in der Wissenschaftstheorie verhalten. Transdisziplinarität stellt, so versuche ich zu zeigen, eine Herausforderung für die Wissenschaftstheorie dar, indem sie uns zwingt, eine Reihe von bekannten Problemen und Positionen in einem neuen Licht zu sehen. Zuvor soll jedoch kurz ausgeführt werden, was Transdisziplinarität ist und was für ein Zunehmen transdisziplinärer Forschung spricht.

3. Warum Transdisziplinarität?

Im Gegensatz zu inter- und multidisziplinären Forschungsprogrammen, bei denen die einzelnen Disziplinen eine bedeutende Rolle im Forschungsprozess spielen, sind transdisziplinäre Forschungsprogramme thematisch zwischen den Disziplinen angesiedelt. Ihre erfolgreiche Bearbeitung erfordert Kompetenzen in mehr als einer Disziplin. Ein einschlägiges Beispiel sind die jüngsten Entwicklungen auf dem Gebiet der Nanotechnologie. Die in diesem Zusammenhang untersuchten Strukturen fallen in die Domäne von drei naturwissenschaftlichen Disziplinen; Physiker, Chemiker und Biologen bemühen sich gemeinsam um das Verständnis und die Herstellung von Objekten, deren Ausdehnung in der Größenordnung von Nanometern liegt. Man denke etwa an die Aufsehen erregenden Studien zu Fullerenen und die nicht weniger bedeutsame Herstellung mikroskopischer Schläuche aus einigen wenigen Kohlenstoffatomen, aber auch an zahlreiche biologisch wichtige Makromoleküle. Ein weiteres Beispiel für ein transdisziplinäres Forschungsprogramm ist die Umweltwissenschaft, deren Probleme uns – wie Mittelstraß treffend formuliert – leider nicht den Gefallen tun, sich in eine Disziplin einzuordnen.

Ein Blick in Zeitschriften wie *Nature, Science* oder *New Scientist* zeigt, dass inter-, multi- und transdisziplinäre Forschungsprogramme derzeit stark von der Politik gefördert werden. So wird in den USA z. B. darüber nachgedacht, die wissenschaftlichen Aktivitäten in den kommenden Jahren in vier Schwerpunktprogrammen zu bündeln. Diese sind: Biotechnologie, Informationswissenschaft, Nanotechnologie und Kognitionswissenschaft (Schummer, 2005). Das hat gute Gründe. Während die einzelnen Disziplinen vielleicht schon alle sie betreffenden interessanten Fragen beantwortet haben (John Horgan, 1997, spricht in diesem Zusammenhang gar schon vom »Ende der Wissenschaft«) und nun nur noch an (auch im Hinblick auf Anwendungen) uninteressanten Details gearbeitet wird, versprechen transdisziplinäre Forschungsprogramme gänzlich neue aufregende Wissenschaft, wobei mögliche Anwendungen nie aus den Augen gelassen werden. Letzteres bestätigt sich auch bei den vier genannten amerikanischen Schwerpunktprogrammen.

Neben diesen praktischen Gründen gibt es aber auch eine Reihe von theoretischen Gründen, die wissenschaftliche Forschung in Zukunft noch stärker transdisziplinär auszurichten. So ist unsere Einteilung der Wissenschaft in Disziplinen mehr oder weniger kontingent, viele drängende Probleme, wie die bereits erwähnten Umweltprobleme, richten sich nicht nach dieser Einteilung. Auch die Zuordnung bestimmter Phänomene zu einer Disziplin ist mit Willkür behaftet, wie Mittelstraß' Beispiel der Wärme illustriert. Ist die Wärme nun ein Gegenstand der Physik oder der Chemie? Wie sich zeigt, war sie im Verlauf der Wissenschaftsgeschichte immer abwechselnd einer der beiden Disziplinen für eine gewisse Zeit zugeordnet.

Es scheint also viel dafür zu sprechen, transdisziplinäre Forschung zu betreiben und zu fördern. Wie steht es aber mit der Wirklichkeit der Transdisziplinarität? Welche Beispiele für erfolgreiche transdisziplinäre Forschung gibt es? Inwieweit, so möchte man fragen, ist etwa die mit den vier amerikanischen Schwerpunktprogrammen verbundene Forschung tatsächlich transdisziplinär ausgerichtet? Skeptiker mögen vermuten, dass das attraktive Etikett »Transdisziplinarität« nur von findigen Forschern dazu verwendet wird, um große Summen von Forschungsgeldern zu akquirieren und anschließend jeder für sich innerhalb des eigenen disziplinären Kontextes weiterzuforschen wie zuvor.

Um zu klären, inwiefern diese Vermutung zutrifft, muss die Wissenschaft selbst zum Untersuchungsgegenstand werden. Eine der einschlägigen Disziplinen, die sich in den letzten Jahren herausgebildet haben, um derartige Fragestellungen zu behandeln, ist die Szientometrie. Was also ist die szientometrische Evidenz für Transdisziplinarität? Zu dieser Frage gibt es bislang nur wenige Untersuchungen, so dass es noch zu früh ist, um eine allgemeine Schlussfolgerung zu ziehen. Joachim Schummer, 2004, kommt in Bezug auf die Nanotechnologie zu einem eher ernüchternden Ergebnis. Jeder forscht, so Schummer, weiter wie zuvor, und die Zusammenarbeit zwischen Forschern mit verschiedenen disziplinären Hintergründen besteht oft nur auf dem Papier. Braun/Schubert, 2003, äußern ebenfalls wenig Hoffnung in Bezug auf das Zunehmen wahrhaft transdisziplinärer Forschung.

Hier sollte es mehr Fallstudien und größer angelegte szientometrische Untersuchungen geben. Ein Anfang ist jedoch gemacht, und selbst wenn die Aussichten auf mehr wahrhaftige Transdisziplinarität bisher eher trübe sind, ist aufgrund der großen öffentlichen Förderung davon auszugehen, dass Transdisziplinarität zunehmend zur Wirklichkeit wird. Inwieweit die traditionellen Disziplinen dann weiterhin Bestand haben werden oder ob sich die Wissenschaft komplett neu organisiert, wird sich zeigen (für einige Spekulationen dazu siehe Hartmann/Mittelstraß, 2000). Im weiteren wird daher davon ausgegangen, dass der Trend in Richtung auf mehr Inter-, Multi- und Transdisziplinarität stabil ist, und es soll gefragt werden, welche wissenschaftstheoretischen Fragen sich dann stellen. Freilich ist es zu früh, hier abschließende Antworten zu erwarten.

4. Wissenschaftstheoretische Fragen

Eine wissenschaftstheoretische Analyse transdisziplinärer Forschung muss mit einer Unterscheidung beginnen, da verschiedene Spielarten der Wissenschaftstheorie in unterschiedlicher Weise auf die Herausforderungen durch die Transdisziplinarität reagieren werden. Konkret gilt es, zwischen der empirischen (oder naturalisierten) und der normativen Wissenschaftstheorie zu unterscheiden. Für beide Spielarten der Wissenschaftstheorie ergibt sich offenbar ein neuer Untersuchungsgegenstand, und beide werden versuchen, methodologische Fragen der Transdisziplinarität zu reflektieren und grundlagenrelevante Fragestellungen zu adressieren. Es zeigt sich jedoch, dass weder die empirische noch Varianten einer normativen Wissenschaftstheorie der Transdisziplinarität auf angemessene Weise gerecht zu werden vermögen.

4.1 Empirische und normative Wissenschaftstheorie

Vertreter der empirischen Wissenschaftstheorie werden versuchen, die neuen Forschungsmethoden und Forschungskonstellationen zu beschreiben und – wenn möglich – zu erklären. Allerdings fehlt es der empirischen Wissenschaftstheorie an normativen Standards, mit deren Hilfe z. B. Forschungsstrategien kritisch reflektiert bzw. entwickelt werden können. Die bloße Abbildung der wissenschaftlichen Praxis (evtl. gewürzt mit dem einen oder anderen Vergleich mit anderen Forschungsgebieten) ist jedoch zu wenig, wenn es um gänzlich neue Probleme und um noch nicht ausgefeilte und begründete Forschungsstrategien geht.

In dieser Hinsicht sind normative Wissenschaftstheorien (wie der Bayesianismus, der Falsifikationismus oder der Erlangener bzw. Konstanzer Konstruktivismus) in einer besseren Position. Diese Ansätze stellen ausgefeilte und begründete wissenschaftliche Methodologien bereit, und so kann innerhalb dieser Ansätze danach gefragt werden, ob sich eine möglicherweise abzeichnende Entwicklung zu mehr Transdisziplinarität hin vor dem Hintergrund der jeweils akzeptierten Normen zu begrüßen oder zu erwidern ist. Die normative Wissenschaftstheorie wird des weiteren zur Etablierung von lokalen Methodologien (d. h. von Methodologien, die auf konkretere Probleme zielen) beizutragen versuchen. Hier zeigen sich jedoch die Grenzen des normativen Ansatzes in der Methodologie. Wie können lokale Methodologien entwickelt werden? Die Normen, die etwa der Bayesianismus oder der Falsifikationismus formulieren, erweisen sich als zu allgemein, um für lokale Methodologien relevant zu sein. So zeigt sich, dass sich zu viele Details der wissenschaftlichen Praxis als wichtig erweisen, wenn es etwa um die Akzeptanz einer bestimmten wissenschaftlichen Annahme geht. Die normative Wissenschaftstheorie ignoriert diese Details jedoch üblicherweise einfach. Dieser Punkt soll am Beispiel des Bayesianismus erläutert werden.

Der Bayesianismus stellt, ähnlich wie der Falsifikationismus, eine *globale* Methodologie dar. So wird etwa gefragt, unter welchen (wahrscheinlichkeitstheoretisch explizierten und mit Hilfe von sog. *Dutch-book*-Argumenten begründeten) Bedingungen eine wissenschaftliche Hypothese durch eine Evidenz (z. B. das Ergebnis eines Experimentes) bestätigt wird. Der Bayesianismus ist eine universelle Theorie, die auf alle wissenschaftlichen Hypothesen anwendbar ist. Der Preis für diese Allgemeinheit ist jedoch, dass Beschränkungen der wissenschaftlichen Praxis nicht gebührend berücksichtigt sind. So wird etwa üblicherweise angenommen, dass die verwendeten Messinstrumente vollkommen zuverlässig sind. Das sind sie aber im allgemeinen nicht, und so stellt sich die Frage, inwiefern der Bayesianismus auf derartige Situationen überhaupt anwendbar ist. Dies ist offenbar nur dann möglich, wenn empirische Faktoren mit einbezogen werden. In Bovens/Hartmann, 2002, wird gezeigt, wie auf diese Weise eine Bestätigungstheorie für nicht vollkommen zuverlässige Messinstrumente mit Hilfe von Methoden aus der Künstlichen Intelligenz (v.a. der Theorie Bayesianischer Netzwerke) formuliert werden kann.

Aus diesen Überlegungen folgt, dass die wissenschaftstheoretische Analyse transdisziplinärer Forschungsprogramme (und viele andere Fragestellungen in der Wissenschaftstheorie) normative und empirische Elemente erfordert. Im weiteren soll diese These anhand eines Beispiels – der Methodologie transdisziplinärer Forschungsprogramme – etwas ausführlicher illustriert werden.

4.2 Zur Methodologie transdisziplinärer Forschungsprogramme

Inter-, multi- und transdisziplinäre Forschung ist nicht einfach. Die beteiligten Wissenschaftler haben unterschiedliche disziplinäre Hintergründe, sie verwenden ihre eigenen Spezial-Methodologien und ihre eigene Fachsprache. Falls auch noch, wie von manchen Politikern intendiert, Nicht-Wissenschaftler in die Forschung miteinbezogen werden, kompliziert sich die Situation noch zusätzlich und das gemeinsame Problemlösen wird sich schwierig gestalten. Wie kann ein solches Unternehmen dennoch erfolgreich sein? Wie ist die Forschungsarbeit zu organisieren? Zur Beantwortung dieser (und anderer) Fragen muss eine Methodologie für inter-, multi- und transdisziplinäre Forschungsprogramme entwickelt werden. Im weiteren beschränke ich mich auf einige Bemerkungen zur transdisziplinären Forschung. Wie wird eine solche Methodologie aussehen?

Eine solche Methodologie existiert bislang noch nicht, und so stellt sich die Frage, wie sie entwickelt werden kann. Eine nahe liegende Möglichkeit besteht darin, alles den beteiligten Wissenschaftlern zu überlassen, die ihre Arbeit ja schließlich am besten kennen und damit vielleicht auch die beste methodische Kompetenz mitbringen. Dies mag für den vorliegenden Fall nicht zutreffen, da sich die Wissenschaftler auf etwas für sie methodisch Neues einlassen. Warum also nicht Wissenschaftstheoretiker in die Diskussion einbeziehen, die sich ohnehin hauptberuflich mit methodologischen Fragen befassen? Die Situation ist allerdings auch für den Wissenschaftstheoretiker neu.

An dieser Stelle ist es sinnvoll, auf die Unterscheidung zwischen lokalen und globalen (oder globaleren) Methodologien zurückzugreifen. Der wissenschaftlich informierte Wissenschaftstheoretiker kann einen reichen Fundus an Methoden aus den verschiedensten Wissenschaften einbringen und auf diese Weise vielleicht dazu beitragen, ein konkretes wissenschaftliches Problem zu lösen. Damit trägt er zur Entwicklung lokaler Methodologien bei. Diese Kompetenz ist nicht zu unterschätzen, da es oft der Import von Methoden aus einer anderen Disziplin ist, der zu wissenschaftlichem Fortschritt geführt hat. Und hier hat der nicht an einen bestimmten Rahmen gebundene Wissenschaftstheoretiker vielleicht Vorteile gegenüber dem Fachwissenschaftler.

Interessanter wird es, wenn es um globalere Methodologien geht. Wie kann z. B. die Bestätigungstheorie angepasst werden, um für Episoden transdisziplinärer Forschung relevant zu sein? Da dazu bislang keine Ansätze existieren (und rein apriorische Methodologien wenig Aussicht auf Erfolg haben), scheint mir eine Behandlung dieser Frage nur dann möglich zu sein, wenn Wissenschaftler und Wissenschaftstheoretiker zusammen an der Aufgabe arbeiten und dabei empirische und normative Aspekte verbinden. Dabei bringt jeder seine eigenen Kompetenzen ein. Während der Wissenschaftler die Sachprobleme genau kennt, wird der Wissenschaftstheoretiker versuchen, eine Methodologie aus der wissenschaftlichen Praxis zu entwickeln und durch Einbettung in einen Rahmen wie den Bayesianismus zu begründen. Das erfordert eine Reihe von *feedback loops,* da die wissenschaftliche Praxis jeweils vom Wissenschaftstheoretiker auf der Grundlage vorläufiger Modelle zu bewerten ist, und die Verwendung moderner Modellierungstechniken. Im Rahmen des Bayesianismus kann dies mit Hilfe der bereits erwähnten Bayesianischen Netzwerke geschehen. In Bovens/Hartmann, 2003, wird eine flexible Methodologie entwickelt, wie diese Methode auf philosophisch interessante Fragen angewendet werden kann.

In transdisziplinären Forschungszusammenhängen treten dabei zusätzliche Komplikationen auf, die damit zu tun haben, dass verschiedene Wissenschaftler an der Forschung beteiligt sind und keiner von diesen eine umfassende Kompetenz auf allen relevanten Gebieten hat. So repräsentiert die Wahrscheinlichkeitsverteilung, aus der der Bayesianer seine Folgerungen zieht, nicht mehr notwendigerweise die Glaubensgrade eines einzigen Subjektes, sondern die der gesamten Gruppe. Die sozialen Mechanismen, die dazu führen, dass sich die Gruppe auf bestimmte Wahrscheinlichkeiten einigt (bzw. dass eine Wahrscheinlichkeitsverteilung rekonstruiert werden kann, die mit den Handlungen der Wissenschaftler im Einklang steht), müssen von Soziologen untersucht werden.

5. Ausblick

Dieser Aufsatz ist eine Einladung an Wissenschaftstheoretiker, sich mit den neuen Organisationsformen der Wissenschaft zu befassen. Es besteht kein Zweifel, dass Inter-, Multi- und Transdisziplinarität Anlass zu weitreichenden methodologischen und grundlagenrelevanten Fragestellungen geben. In erster Linie gilt es hier, eine Methodologie transdisziplinärer Forschungsprogramme zu entwickeln. Darüber hinaus müssen bestehende Theorien der Erklärung und der Bestätigung weiterentwickelt werden, um die Spezifika transdisziplinärer Forschung zu berücksichtigen. Und schließlich gilt es, die metaphysischen Implikationen (und möglichen Voraussetzungen) transdisziplinärer Forschungsprogramme zu untersuchen. All das wird nur dann gelingen, wenn sich die Wissenschaftstheorie selbst mehr für andere Disziplinen öffnet. Disziplinen wie die Wissenschaftsgeschichte, Szientometrie, Soziologie, Psychologie, Kognitionswissenschaft sollten in weitaus engeren Kontakt zur Wissenschaftstheorie stehen, als das bislang der Fall ist. Kurzum: Wissenschaftstheoretiker sollten selbst transdisziplinär zu denken beginnen.

Danksagung

Ich danke Roland Wagner-Döbler für wertvolle Hinweise.

Literaturverzeichnis

Bovens, L./Hartmann, S., 2002, »Bayesian Networks and the Problem of Unreliable Instruments«, in: *Philosophy of Science*, 69, S. 29 – 72.

Bovens, L./Hartmann, S., 2003, *Bayesian Epistemology*, Oxford: Oxford University Press.

Braun, T./Schubert, A., 2003, »A Quantitative View on the Coming Age of Interdisciplinarity in the Sciences«, in: *Scientometrics*, 58, S. 183–189.

Earman, J., 2004, »Laws, Symmetry, and Symmetry Breaking; Invariance, Conservation Principles, and Objectivity«, erscheint in: *Philosophy of Science (Proceedings)*.

Hartmann, S./Mittelstraß, J., 2000, »Physik ist Grundlage der Technik und Teil der Kultur«, in: Deutsche Physikalische Gesellschaft (Hrsg.), *Physik: Themen, Bedeutung und Perspektiven physikalischer Forschung*, Bonn: DPG, S. 185–188. [Englische Übersetzung: »Physics is a Part of Culture and the Basis of Technology«, in: Deutsche Physikalische Gesellschaft (Hrsg.), *Physics – Physics Research: Topics, Significance and Prospects*, Bonn: DPG 2002, S. 195–198.]

Horgan, J., 1997, *An den Grenzen des Wissens*, München: Luchterhand Literaturverlag.

Mittelstraß, J., 1992, *Leonardo-Welt*, Frankfurt: Suhrkamp.

Mittelstraß, J., 1997, *Der Flug der Eule*, Frankfurt: Suhrkamp.

Mittelstraß, J., 1998, *Die Häuser des Wissens*, Frankfurt: Suhrkamp.

Schummer, J., 2004, »Multidisciplinarity, Interdisciplinarity, and Research Collaboration in Nanoscience and Nanotechnology«, in: Scientometrics, 59, S. 425–465.

Schummer, J., 2005, *Interdisciplinarity Issues in Nanoscale Research*, erscheint in: D. Baird et al. (Hrsg.), *Discovering the Nanoscale*, Amsterdam: IOS Press.

Am Horizont die Mendel-Welt

Reinhard Mocek

> Wir haben doch mit der Doppelhelix etwas gewonnen, nämlich die Möglichkeit, das Leben von seiner inneren Schönheit her zu verstehen.
>
> Ernst Peter Fischer

Ich weiß noch sehr gut, wie überrascht ich war, als ich 1981 auf meinen Artikel in der *Deutschen Zeitschrift für Philosophie* (Mocek, 1981) eine Zuschrift aus Konstanz in den Händen hielt. Gewiss, dieser Artikel schlug gegenüber älteren Veröffentlichungen zu vergleichbaren Themen neue Töne an. Da wurde nichts mehr bekämpft, sondern um Zusammenarbeit geworben. Der Schlusssatz damals lautete:

> Wissenschaftsforschung ist ein Stück Bewältigung der Zukunft – und das friedlich und auf dem Wege der Zusammenarbeit zu leisten, findet zunehmend Sympathie und Zustimmung all derer, die ihre wissenschaftliche Arbeit der Wohlfahrt der Menschheit verschrieben haben.[1]

Und der Brief aus Konstanz war gleichen Sinnes. Nach Jahren gegenseitiger Ausgrenzungen schien auch in Philosophie und Gesellschaftswissenschaft etwas möglich zu werden, was sich seinerzeit in der weltpolitischen Szenerie als Politik des Dialogs abzuzeichnen begann. Ich habe Mittelstraß sofort nach Halle in das zehn Jahre später abgewickelte Interdisziplinäre Zentrum für Wissenschaftstheorie und Wissenschaftsgeschichte zum Vortrag eingeladen und hatte das Glück, im Jahr darauf in Konstanz sprechen zu können. Selbstredend war die Dialogpolitik auf höchster politischer Ebene die Voraussetzung für diese neuen innerwissenschaftlichen Entwicklungen. Der Kalte Krieg, der das geistige Leben der beiden Weltsysteme so durchgreifend beeinflusst hatte, begann sein bedrohliches Aussehen zu verlieren. Natürlich war dieses zarte Pflänzchen *Dialog* sorgsam zu hüten; und es bedurfte schon einiger Mühe, diese Vortragsreihe durch westdeutsche Philosophen in Halle auch nach Mittelstraß weiterzuführen. Doch was einmal angelaufen war, konnte so schnell nicht mehr rückgängig gemacht werden. Die Politik des Dialogs und der Verständigung blieb das Motto der DDR-wissenschaftstheoretischen Arbeit in den achtziger Jahren; mit Jürgen Mittelstraß hatte sie ihren Anfang genommen.

Es wäre jedoch weit übertrieben, zu behaupten, dass wir die gleiche wissenschaftstheoretische Sprache gesprochen hätten. Dialog war zunächst das Kennenlernen der Grundpositionen der jeweils anderen Seite. In einer ganzen Reihe von

1 Mocek, 1981, S. 198.

Grundbegriffen herrschte eine weitgehende Rezeptionsnot. So hatte der in der DDR-Wissenschaftstheorie bereits Mitte der siebziger Jahre einsetzende Trend, den Wissenschaftsbegriff auf die politökonomische Theorie der Arbeit zu projizieren,[2] in der BRD-Wissenschaftstheorie kaum ein Pendant. Wohl bildete die mit dem Starnberger Kreis um Gernot Böhme wiederauflebende Besinnung auf die von John D. Bernal historisch aufgearbeitete marxistische Betrachtung der sozialen Funktion der Wissenschaft so etwas wie ein stillschweigendes Band der Verständigung zwischen dieser relativ späten Geburt der westdeutschen mit der ostdeutschen Wissenschaftsforschung. Doch dieses als Finalisierungsprojekt der Wissenschaft bezeichnete Konzept stand außerhalb der akademischen Szenerie in der Bundesrepublik und wurde von Teilen dieser zunächst heftig angegriffen.[3] Standen dem Dialog mit den Starnbergern eher Deutungsfragen im Wege, so ließ sich mit den traditionellen akademischen Schulen in der Bundesrepublik auf der Basis von Marx' allgemeiner Arbeit, Tätigkeitsaspekt und Wissenschaft als Produktivkraft schon gar nicht reden. Was übrig blieb, das war der ständig anwachsende Katalog der durch den Wissenschafts- und Technikfortschritt entstandenen Risiken für Natur und Gesellschaft, für Gesundheit und Fortexistenz der Menschheit. Die Wissenschaftstheorie in Ost und West musste sich verstärkt auf Wertfragen einlassen, auf die alte und ewig neue Themenpalette der Verantwortung des Wissenschaftlers. Hier bot sich natürlich die normativ basierte Wissenschaftstheorie der Erlanger Schule besonders an – und Jürgen Mittelstraß als Repräsentant dieser Schule in besonderem Maße.[4]

Damit hat mich der lange Einleitungsbogen an die Einlasstür zu einer der anregendsten philosophischen Wortschöpfungen der letzten Jahre geführt – zur Leonardo-Welt im Verständnis von Jürgen Mittelstraß, mit der er eine *normativ* untersetzte Beschreibung der wissenschaftlich-technischen Weltgestaltung und des darauf fußenden Menschenbildes einer fünfhundertjährigen Ära der Menschheitsgeschichte vorgelegt hat.[5] Noch war dieser Begriff im Werk von Mittelstraß nicht geboren, als unser Dialog begann; die Analysen jedoch umspannten bereits diesen historischen Großraum. Der Renaissance-Heros Leonardo da Vinci stand am Beginn eines aus dem Stolz über die Schöpferkraft des Menschen hervorgehenden neuen Selbstbildes der Menschenwelt, die als Werk des Menschen aufschien und diesem allmählich das Bewusstsein vermittelte, sich in seinem eigenen Werk zu begegnen, ja, gar Teil dessen zu sein. Damit war ein breites Tor zu einer Selbstdeutung des Menschen aufgestoßen, die nicht nur dem Rückblick ein völlig neues Gesicht verlieh, sondern auch das in unseren Tagen so nötige Nachdenken über den nunmehrigen Weg-

2 Laitko, 1979.

3 In scharfer Form auf einer Tagung des Arbeitskreises *Wissenschaftsforschung in der BRD* 1976; siehe Hübner u. a., 1976.

4 Programmatisch vorgetragen in Kambartel/Mittelstraß, 1973.

5 Mittelstraß, 1992.

abschnitt grundlegend verändert hat. Diese Leonardo-Welt wurde zum Symbol des inneren Maßes des Menschen, aber auch zum Abbild seiner nach außen gerichteten schöpferischen Potentiale. Doch sie blieb kein Gegenstand der Bewunderung. Skepsis begleitete den selbstischen Geist des Menschen schon bald nach Leonardos Tagen. Ein knappes Jahrhundert nur dauerte es, bis ein anderer Großer warnend seine Stimme erhob:

> O Mensch, warum will dir die Welt zu eng werden? Du willst sie allein haben; und hättest du sie, so hättest du doch nicht Raum [...] Ach Mensch! O Mensch! Warum tanzest du mit dem Teufel, der dein Feind ist? [...] Hast du doch nur ein schmales Steglein, darauf du tanzest; unter dem Stege ist die Hölle. Siehst du nicht, wie hoch und gefährlich du gehst? Du tanzest zwischen Himmel und Hölle.[6]

Heute scheint die Leonardo-Welt ganz in diesem Sinne Jakob Böhmes diabolisch geworden zu sein als gigantische Naturbeherrschung einerseits, als »Welt der Zerstörung und des Inhumanen« andererseits. Das »schmale Steglein« beginnt zu wanken und man muss befürchten, dass es die Last des Tanzes der infolge der genutzten Wissenschaft zerrissenen Ansprüche von Mensch und Gesellschaft und der damit ursächlich verbundenen Divergenz in dieser Welt zwischen Armseligkeit hie und unermesslichem Reichtum da bald nicht mehr tragen kann. Die Gefahren aktueller wissenschaftsinduzierter Produktivität – das stellte Mittelstraß längst schon in den Mittelpunkt seiner Überlegungen – sind nicht nur dem momentanen Rausch der geschäftlichen Nutzung der Erkenntniskräfte des Menschen geschuldet. Sondern ein über Jahrhunderte gewachsenes Selbstverständnis des Menschen ist aus den Fugen geraten. Es ist nicht mehr bewusstes, kontrolliert vorgetragenes Menschenwerk, das diesem Tanz die Noten vorgibt, sondern die Leonardo-Welt »beginnt sich an die Stelle des Menschen zu setzen«, ja, sich gegen ihn zu richten.[7] Höchste Zeit also, sich von ihr zu verabschieden? Leicht gesagt, denn unser Zeitalter ist vom leonardischen Geist zutiefst geprägt; zudem ist eine vernünftige und zugleich bewahrende Alternative nicht in Sicht. Jedoch die Angst um die Folgen dieses Zustandes, auf die Masse der Weltbewohner umgelegt, ist viel geringer, als man angesichts der Hiobsbotschaften annehmen müsste. Denn vor den ökologischen Kollaps der Leonardo-Welt haben die Götter die soziale und ökonomische Spaltung der Menschheit gesetzt, deren Folgeprobleme sich in einer ganz unmittelbaren Existenznot für einen Großteil der heute lebenden Menschen vor allem in der so genannten Dritten oder Vierten Welt spiegeln. Für sie steht der ökonomisch bedingte Tod längst schon vor dem ökologisch angezeigten. Und was diese Ärmsten der Armen aufzugeben hätten, wenn die Feuerwalze kommender Ökokrisen hereinbricht, wäre ein jetzt schon menschenunwürdiges Dasein. Was danach kommt, entzieht sich jeglicher Beschrei-

6 Böhme, 1974, S. 98.

7 Mittelstraß, 1992, S. 198.

bungsmöglichkeit. Hingegen leben die Akteure der Spaßgesellschaft, die Tänzerinnen und Tänzer auf dem Steglein ums goldene Kalb, wie die im Wohlstand schwimmende Überflussgesellschaft im Kristallpalast der Verdrängung! Gewiss werden sie es sein, die eine Chance zum Überleben haben. Es ist eigentlich müßig, angesichts dieser lapidaren Feststellung darauf hinzuweisen, dass sich hier das politische Grundproblem unserer Tage zeigt. Hinter Mittelstraß' Forderung, mittels Wissenschaft »die Zukunft der Leonardo-Welt zu sichern«,[8] verbirgt sich die weltumspannende Aufgabe international abgestimmter Politik.

Selbstredend kann sich keine Philosophie auf das Schwarzmalen einlassen. Und die Leonardo-Welt wäre ein schlechtes Bild, würde sie das unterstützen. Nicht als bloße neue Umschreibung des Aktualzustandes der ökologischen Krise gewinnt dieser Gedanke von Mittelstraß seine ordnende Kraft, sondern vor allem aus dem Grunde, weil er diese Situation der industriell geprägten Lebenswelt als Resultat einer spezifischen Aufeinanderbezogenheit von Natur und Gesellschaft deutet. Hier vollzieht sich über die Jahrhunderte hinweg, was man länger schon als einen Stoffwechselprozess interpretiert hat. Soziale Natur und natürlich geprägte Ding- und Lebenswelt stehen in dieser Sicht als neue komplexe Resultate der Evolution vor uns; unaufdröselbar, endgültig. Diese Evolution ist von der Art, dass sie zum gestaltenden Eingreifen buchstäblich einlädt. Sie ist dirigierbar, aber nicht aufzukündigen; eine sich selbst überlassene Natur gibt es heutzutage auch dort nicht mehr, wo man durch den Augenschein annehmen könnte, dies sei der Fall. Die urlaubsattraktiven grünen Wälder Deutschlands sind nichts anderes als »artenverarmte Biorohstoffplantagen«.[9] Nimmt man diesem Ausspruch Hubert Markls seine der Verdeutlichung geschuldete negative Tendenz, dann bleibt unterm Strich stehen, dass menschlich gestaltete und ökonomisch genutzte Natur keinen Widerspruch bilden muss, Ökologie und Ökonomie vereinbar sein können, wenngleich der Teufel stets im Detail zu stecken scheint. Die neuen Verschandelungen der Lebenswelt durch die riesigen Ungetüme der Rotoren in den durch ihren Namen geschönten *Windparks* sind ein inzwischen überall sinnenfällig gewordenes Zeichen für so manche der jüngeren *ökologischen* Sünden. Auch mehren sich Beispiele, wo ökologische Maßnahmen ohne hinreichende Prüfung der Ökosysteme, in die sie platziert werden, neue hoch dimensionierte Gefahren heraufbeschwören. So hat der Bau der Jahrhundertwerke im nordeuropäischen Raum – die Brücke über den Großen Belt von Seeland nach Fünen und die Brücke über den Öresund von Kopenhagen nach Malmö – den für die Ostsee lebenswichtigen Zustrom sauerstoffreichen Salzwassers aus der Nordsee empfindlich gestört. Die gewaltigen Betonfundamente verwirbeln das einströmende Wasser und entziehen ihm dadurch einen Großteil des Sauer-

8 Mittelstraß, 1997, S. 76.
9 Dies und eine Fülle weiterer schlagender Beispiele in Markl, 1989, S. 102.

stoffs. Die Ostsee droht nun – auch angesichts der weiterhin ungebremsten Ableitung von industriellen und landwirtschaftlichen Abwässern aus den Anliegerstaaten – zu ersticken. Das ist das jüngste ökologisch konzipierte Bauwerk mit fatalen ökologischen Auswirkungen. Nicht selten, so kann es scheinen, wird Teufel mit Belzebub ausgetrieben.

Ziehen wir eine Zwischenbilanz, dann sind die Gefahren der Leonardo-Welt in erster Linie Resultate ihrer eigenen Struktur. Man denke nur an die Zeit der kleinen und mittleren Maschinerie. Da wurde die Natur ausgenutzt, ohne dass sie auszubluten drohte. Mit dem Übergang der menschlichen Produktionskunst zur großen Maschinerie seit der zweiten Hälfte des 19. Jahrhunderts änderte sich jedoch die Reichweite der Gefahren der Leonardo-Welt grundlegend. Spätestens jetzt mehrten sich die Anzeichen, dass die Gefahrenpotentiale der Leonardo-Welt gar nicht so sehr die Natur betreffen, sondern in erster Linie den Menschen selbst. Die Frage, ob der wissenschaftliche und technische Fortschritt zugleich und notwendig auch sozialen Fortschritt gebiert, wird zunehmend skeptisch betrachtet. In den Hochzeiten des Manchester-Kapitalismus litt die Natur wie die arbeitende Menschenwelt. Wo die Natur geschunden ist, ist es auch der Mensch. Eine öde Welt bedingt eine öde Seele, wie es Adorno später zusammenfasste. Marx und Engels, die sonst so Nüchternen, träumten von einem dereinstigen »Wieder-Eins-Sein« des Menschen mit der Natur, das eingeleitet werden könne durch die gewaltigen Fortschritte der Naturwissenschaft, die uns in den Stand setzen werden, »auch die entfernteren natürlichen Nebenwirkungen wenigstens unsrer gewöhnlichsten Produktionshandlungen kennen und damit beherrschen zu lernen.«[10] Die wissenschaftliche Ermittlung der kausalen Gesamtheit *Mensch-Natur* und die Erforschung neuer Gestaltungsmöglichkeiten dieses Grundverhältnisses allen menschlichen Daseins war für sie der Weg und zugleich die Garantie für einen humanen Umgang mit den ständig auftretenden Spannungen im Stoffwechselprozess von Natur und Gesellschaft. Dies zu erkennen und für eine gerechtere Verteilung der sozialen Erträge und Lasten zu sorgen, ist inzwischen zu einer Grundformel sozialökologischer Politik geworden.

Ökologisches Denken ist also zutiefst auf den Menschen gerichtetes Denken, kein Naturschutz an sich. Das ist die zwingende Logik der Komponenten der Leonardo-Welt, des Stoffwechselkonzeptes vorne an. Die Hochgewichtung der Rolle der Forschung bei den Überlegungen zu ihrer Erhaltung bedarf keiner besonderen Begründung, jedoch in Zeiten verknappter Haushalte der besonderen Hervorhebung.[11] Dabei geht es um Klarsicht über die tatsächlichen Zusammenhänge natürlicher und sozialer Vorgänge und um machbare Strategien. Ein weltweit akzep-

10 Engels, 1962, S. 453.
11 Mittelstraß, 2001, S. 107 u. a. a. O.

tiertes und durchsetzbares Handlungsprogramm, das aus der Klage wider die frevlerischen Untaten der technisch ausgerüsteten Menschheit zu koordinierten Taten führt, steht jedoch trotz beachtlicher Ansätze noch am Anfang. Aber auch das den Produktionshandlungen zugeschriebene Strafregister ist zu prüfen, sind doch etliche der Fernwirkungen bislang hypothetischer Natur. Fraglos ist es stets besser, das Ausmaß der Befürchtungen etwas weiter als zu eng zu beschreiben. Ängstlich geworden sind sicher auch die Anwälte des wissenschaftlich-technischen Fortschritts, die so manche Anklage durchgehen lassen, obgleich sie auf tönernen Füßen steht. Dass die Klimaschwankungen in unseren Tagen auf die überbordenden Eingriffe der industriellen Lebenswelt in den energetischen Naturhaushalt zurückgehen, wird allgemein anerkannt. Das Abschmelzen der Gletscher und des arktischen wie antarktischen Eises habe dieselben Ursachen, die, so liest man allenthalben, letztlich in der industriell bedingten Aufheizung der erdnahen Atmosphäre liegen. Was aber hat wohl vor rund einer Million von Jahren das Abschmelzen der gigantischen Eispanzer des späten Pleistozän bewirkt? Dort, wo heute Leipzig liegt, bedeckte eine rund 400 Meter mächtige Eisschicht die spätere Lebenswelt der Sachsen. Welch eine Relation zu den Gletschern der Alpen! Aber, eine Beruhigungspille darf das nicht sein. Die Tendenz ist bedrohlich und die Folgen des zu erwartenden Anstiegs des Meeresspiegels sind nicht auszudenken. Doch unabhängig von diesen Besonderheiten der Wechselbeziehung von Natur und Gesellschaft wird die Bedrohung vor allem dort sichtbar, wo Folgen schon rein rechnerisch beängstigende Ausmaße annehmen werden. Ganz vorne an steht die Sicherung der Versorgung der Weltbevölkerung angesichts der explodierenden Bevölkerungszahlen. Es ist nicht übertrieben, wenn man feststellt, dass hier jegliches (humanistische) Konzept fehlt. Das gilt auch für andere Bereiche, denken wir nur an die Erschöpfung der natürlichen Energiequellen sowie der für den Menschen nutzbaren Wasservorräte, an die List der abertausend Schädlinge, um den Insektiziden und sonstigen Bekämpfungsmitteln genetisch ständig neue Schnippchen zu schlagen, an neue Krankheiten, an selbst geschaffene Probleme etwa der Verstädterung der Gesellschaften mit entsprechenden neuen Gefährdungen von Mensch und Natur und vieles mehr. Die Leonardo-Welt ist in der Tat ein zerbrechliches Gebilde geworden. Kluge Gedanken zu ihrer Rettung sind gefragt.

Die Frage ist, ob hier philosophische Lageberichte und Handlungskonzepte etwas bewirken können. Als der greise Husserl 1935 den Verlust des Sinnfundaments der modernen Naturwissenschaft beklagte, stieß er eher auf Kopfschütteln als auf tatbereite Rezeption.[12] Diese Zeiten haben sich grundlegend geändert; eine beliebige Verwertung von Naturwissen ohne Rücksicht auf Sinn- und Lebensverluste wird seither und von allen Strömungen der geistigen Kultur der Moderne kritisch

12 Husserl, 1982, S. 52.

reflektiert.[13] Die aktuale Welt der entwickelten Industrienationen hat sich auf das Deutungsmuster *Ökologie* misslaunig zwar, aber einsichtsgetrieben einzulassen begonnen. Selbst die *Interessen der Natur* sind mittlerweile erkannt und letztlich als soziale Interessen definiert.[14] Von einer Erneuerung der ökologischen Politik und ihrem Vordringen bis in die von Mittelstraß aufgelisteten Wissenschafts-, Forschungs-, Legitimations- und Verantwortungsstrukturen kann leider noch nicht die Rede sein. Überhaupt bildet die Gedankenvielfalt der Philosophen und Sozialtheoretiker zum Fragenkomplex der ökologisch neu zu gestaltenden Lebenswelt selbst wieder ein Problem – die Politik findet darin eben wegen dieser Vielfalt wenig Verlässliches. Es wäre verdienstvoll, einmal das Kompatible dieser Konzepte herauszukristallisieren, um ein Minimum an übereinstimmenden handlungsorientierenden Empfehlungen für die Politik auf den Tisch legen zu können.

Doch bleiben wir noch bei der philosophischen Seite der Sache. Ein auf den ersten Blick brauchbares Angebot für ökologisches Nachdenken besteht darin, über das *innere menschliche Maß* zu befinden als eine Art Ratgeber in letzter Instanz gerade zu diesem Problemkomplex. Mittelstraß lässt sogar den Gedanken des Zweifels an der Kraft dieses menschlichen Maßes zu; es sei in diesem Komplex vom Erkennen über das Wirtschaften, Bauen und Zerstören nicht mehr zu sehen, ist uns aller Wahrscheinlichkeit nach mit dem Fortschreiten entschwunden, zumindest, wenn man fragt, wohin die Reise geht: »Im Raumschiff Erde, das in eine unbestimmte Zukunft treibt, ist der Autopilot eingeschaltet.«[15] Dieses innere menschliche Maß bedarf also der Prüfung. Suchen wir nach Kriterien, müssten diese in der Sachlogik der Leonardo-Welt eingebunden sein, in der der Mensch Teil seines eigenen Werkes ist. Das innere Maß des Menschen wäre dann selbst geschaffen und, nimmt man ein Fortschreiten, eine Entwicklung der faktischen Gemengelage dieser Welt an, keineswegs unveränderlich. Von da ist es nicht weit zu einer Betrachtung, die das Konstante des maßgebenden Menschseins als eine natürliche Mitgift anerkennt, nach der der Mensch physisch und psychisch aufgebaut ist.[16] In der Tat hat der Mensch diesen Pfad zur Selbstdeutung zu beschreiten begonnen, was angesichts des Siegeszuges der modernen Genetik nicht überrascht, gibt diese doch den rationalen

---

13 Dies meint die sozialen Voraussetzungen von Naturerkenntnis in einem transzendentalphilosophischen Sinne als »Sichbesinnen des Erkennenden auf sich selbst und sein erkennendes Leben« (Husserl, 1982, S. 108).

14 Siehe dazu Böhme/Schramm, 1985, S. 155–157. Stichpunkte dazu: »Sozial konstituierte Natur, gesellschaftlich organisierter Stoffwechsel, sozial bedingte Naturzustände, Reproduktion der Natur durch Reproduktionsarbeit, Ökogefüge als Ensemble sozial konstituierter und selbst organisierter Natur etc.« (S. 156).

15 Mittelstraß, 1992, S. 200.

16 Meyer-Abich, 1997, bezeichnet als eine solche Mitgift die »erkenntnisleitenden Gefühle«, wobei die Frage, welche dieser Gefühle »die richtigen« sind, zu den allerschwierigsten Fragen überhaupt gehöre (S. 213).

Wegweiser dahin deutlich genug an. Objektiv befindet sich der *moderne Mensch* bereits in dieser neuen Welt; man könnte sie, wie Mittelstraß es mit der Leonardo-Welt vorgedacht hat, ebenso auf einen passablen Begriff bringen, wenn sich eine herausragende historische Persönlichkeit als Pate anbietet, was tatsächlich der Fall ist. Ich würde diese moderne Welt, in der sich der Mensch nicht nur seinen Produktionen, sondern auch der Versuchung, seine biotische Struktur zum Gesetz seines Handelns zu erheben, ausgesetzt sieht und genetischen Visionen zu folgen geneigt ist, die *Mendel-Welt* nennen.[17]

Wohlgemerkt – es geht hier nicht um die Ersetzung eines Deutungsmusters durch ein anderes, um ein und dasselbe Phänomen zu erfassen. Sondern diese Mendel-Welt hat *de facto* die Selbstbetrachtung des modernen Menschen, die in eben dieser Leonardo-Welt gipfelte, wie es scheint, in einem wesentlichen Punkte weitergeführt zum Selbstbild des Menschen heute. Der Versuch einer Definition könnte so aussehen: *Die Mendel-Welt ist ein* aus der Leonardo-Welt hervorgehendes, ihre Grundzüge auf die Spitze treibendes *Deutungsmodell der Beziehung von Mensch und Natur,* in dem *der Mensch seinem eigenen Bauplan auf die Spur gekommen ist und nunmehr gänzlich neue Wege der Selbstschöpfung, der Selbstreproduktion und Selbstdefinition* einzuschlagen und damit *sich und die ganze kreatürliche Welt nach eigenem Ermessen zu gestalten beginnt.* Also, um in Mittelstraß' Begriffswelt zu bleiben, diese neue Mendel-Welt ist eine logische Konsequenz der auf Naturaneignung, Selbsterkenntnis und Schaffung einer ganz neuen, technischen Wirklichkeit ausgehenden Leonardo-Welt, mithin deren Fortführung, nicht aber Negation.

Dabei geht es in erster Linie um die völlig neuen Möglichkeiten, dem Stoffwechsel zwischen Natur und Gesellschaft eine neue Komponente einzufügen, die sich aus der Nutzung der biologischen Einsichten in den molekularen Grundaufbau des Lebens ergibt. Daraus wird nicht nur ein neues Selbstgefühl des Menschen resultieren, sondern es besteht nunmehr die Chance, mit dieser neuen Qualität des Stoffwechsels die physischen Nöte der Menschheit zu lindern, wenn nicht gar zu lösen. Die objektive Befindlichkeit des Lebens in dieser Mendel-Welt wirft bereits ihre Schatten voraus, eng verknüpft mit ihren Verheißungen. Doch in diesen ist die moderne Welt schon mittendrin! Die *tatsächliche Anbindung der Gegenwartswelt in ihrem Projektieren an eben diese Naturausstattung des Menschen* wie allen kreatürlichen Lebens erfolgt stetig. Und das ist keineswegs eine bloße neue Form der Umsetzung biologischen Wissens in wissensgetragene Produktionsvorgänge. Sondern mit

17 Der Brünner Abt Johann Gregor Mendel (1822 – 1884), der Gründervater der Genetik, würde sich gewiss, wäre er dazu in der Lage, gegen diesen Begriff verwahren, denn philosophische Erwägungen eines solchen Ausmaßes lagen ihm völlig fern. Aber die von ihm mit auf den Weg gebrachte Deutung auch des menschlichen Lebens als in diskreten Erbanlagen kodierte Weitergabe fester Entwicklungsmuster hat das moderne Eigenbild vom Menschen so maßgeblich beeinflusst, dass kein anderer Name die Grundidee dieser *Mendel-Welt* treffender zum Ausdruck bringen würde.

der Nutzung dieses neuen Wissens besteht die Möglichkeit, nach und nach eine ganze Gesellschaft technologisch, in mancher Hinsicht auch sozial und ökonomisch umzugestalten. Es geht also auch um die *Anbindung des neuen Wissens an die soziale Ausstattung des modernen Menschen in einer sich verändernden, wissenschaftlich gestalteten Welt.* Und da sind es mehrere Ebenen, die im Vergleich mit der Leonardo-Welt sich schwergewichtig in den Vordergrund drängen.

Erstens wären die vielen neuen Möglichkeiten einer auf die Genetik als eine der wesentlichsten neuen Produktionsgebiete zielenden Mendel-Welt aufzulisten. Man ist sich einig, dass die nächste große Revolution in der Geschichte der Produktivkräfte, so diese überhaupt weitergeführt wird und nicht in den Gesetzeswerken der zivilisierten Welt stecken bleibt, allein auf diesem Felde stattfinden wird. Ihre Verhinderung wäre der erste Fall in der Geschichte der Menschheit, wo diese auf eine solche Kraft verzichten würde. Ist das realistisch? Es ist kaum anzunehmen, dass sich hier eine Rücksteuerung durchsetzen wird. Selbst das heutzutage noch weltweit abgelehnte Klonen von Menschen wird irgendwo realisiert werden[18] – jedoch bei der zu erwartenden Sensation eines solchen Vorgangs zum einen, der allgemeinen wirtschaftlichen Interesselosigkeit an der Ausbreitung einer solchen Technologie zum anderen ist das Ende abzusehen. Die Selektion des gentechnisch Nützlichen vom Sensationellen, aber Unnützen wird fraglos so manche unendliche Debatte über die ethische Problematik des Klonens von Menschen recht bald beenden. Also – die Ächtung bestimmter Anwendungsformen nach ihrem Stapellauf ist die realistische Perspektive. Insofern geht es gar nicht so sehr um Akzeptanz oder Ablehnung, sondern um Akzeptanz mit nachfolgender Selektion des Überbordenden und Gefährlichen. Auch andere heute noch problematisch erscheinende Anwendungen genetischer Produktionen werden dieser Selektion unterzogen sein. So reduziert sich die Angst vor der Mendel-Welt auf eine letztlich ökonomische Frage, hinter der auch die perspektivische Sicht auf künftige Probleme der expandierenden Menschheit steht. Hier allerdings stehen gewaltige Veränderungen ins Haus. Diese Form des Stoffwechsels von Mensch und Natur zwingt zu gänzlich neuen produktiven Eingriffen und wird die Natur verändern – es bleibt zu hoffen, dass er die menschliche Natur als klugen Lenker der eigenen Geschicke nur insoweit verändert, als er lernend sein Dasein auf dem Erdball gestalten wird, aber sein Humanwesen, die Fähigkeit zum überlegten Einsatz seiner Wesenskräfte, davon unberührt bleibt.

Doch den revolutionären Ansprüchen der Mendel-Welt steht eine breite Phalanx des Zweifels gegenüber. Von dem nunmehr schon zwanzig Jahre alten Versprechen der grünen Gentechnik, die Welternährungsfrage zu lösen, sei nicht viel zu sehen. Und die rote Gentechnik – die letztlich auf die Erbanlagen des Menschen zielt

18 In seriösen Publikationsorganen ist von »mindestens sechs Klonbabies« die Rede, die bereits auf der Welt sein sollen; allerdings liegen keine beweisenden DNA-Tests vor. Nach Hollricher, 2003, S. 16.

– habe eher das Vertrauen in die humane Kraft der Wissenschaft untergraben und das abschreckende Bild einer Frankenstein-Welt errichtet. Tatsächlich ist der produktiv abrufbare Ertrag bisheriger Grundlagenforschung der roten Gentechnik längst nicht so, dass man schon von einer beherrschenden Rolle dieser Anwendungsmöglichkeiten sprechen kann. Da steht es mit der grünen Gentechnik schon besser. Gentechnik gegen Hunger ist längst nicht mehr nur eine pure Losung, wenngleich großflächige Erfolge noch immer auf sich warten lassen. Immerhin hat der so genannte *gelbe Reis* aus dem Labor von Ingo Potrykus, der das bislang weitgehend fehlende Vitamin A in der Nahrung der meisten asiatischen Völker ersetzen könnte, eine gute Perspektive.[19] Auch die Bemühungen, den für die Bananenkulturen in aller Welt tödlichen Pilz Mycosphaerella fijiensis gentechnisch mit der Suche nach Resistenzgenen in der wilden Banane zu überlisten, ist Erfolg versprechend. Das wäre dann, neben dem gelben Reis, ein wirklich für Millionen von Menschen nicht nur Nutzen bringender, sondern ökonomisch überlebenswichtiger Beitrag der Gentechnik. Der Streit um die Gefahren des Anbaus transgener[20] Pflanzen müsste sich damit eigentlich von selbst erledigt haben, denn zur Zeit wachsen sie auf über 50 Millionen Hektar allein in den Industrieländern. Da ist nichts mehr zurückzuholen, wenngleich Greenpeace unlängst im thüringischen Friemar die Aussaat von gentechnisch verändertem Weizen noch verhindern konnte. Die Verbreitung transgener Pflanzen ist jedoch nun, da die Schwelle übertreten ist, weder politisch noch biologisch aufzuhalten. Transgene breiten sich sogar dort aus, wo man sie in die Chloroplasten von Pflanzen eingesetzt hat. Bei vielen Grünpflanzen ist es offensichtlich so, dass Chloroplastengene in das Kerngenom gelangen und dann auf natürlichen Wegen, durch die Witterung wie durch Insekten, weit über das Anbaugebiet hinausgelangen. Die Zielstellung dieser künftigen mit Transgenen arbeitenden Landwirtschaft besteht vor allem in der Herstellung gesünderer Lebensmittel; beispielsweise von Tomaten mit einem höheren, wie man annimmt Krebs vorbeugenden Lycopin-Gehalt, von zuckerlosen Zuckerrüben mit süßen, aber kalorienfreien Fruktanen, von Weizen ohne Allergene. Auch die meisten Ölfrüchte bieten sich für transgene Verbesserungen durch Anhebung des Gehalts an ungesättigten Fettsäuren an; schließlich ist die Steigerung der medikamentösen Ausbeute aus transgenen Pflanzen zu nennen. Eine glänzende Perspektive – glaubt man den Insidern – hat die humangenomische Grundlagenforschung im Ausgange des im internationalen Maßstab durchgeführten Humangenomprojektes (HGP). Liest man die Liste der Vorhaben, dann wird deutlich, dass die viel geschmähte und in den

19 Dieses und die nachfolgenden Beispiele entnahm ich dem Überblick von Karin Hollricher, 2003, S. 14–20.

20 Transgen bedeutet, dass im Saatgut eine Veränderung der Erbinformation vorgenommen worden ist.

Ethikdebatten im Vordergrund stehende Manipulation des menschlichen Genoms dort nicht stattfindet. Die von James Watson unlängst in einem Spiegelinterview vertretene Ansicht, man sollte doch versuchen, auch den Menschen genetisch zu verändern, ist im Grunde eine Außenseiterposition. Die aktuellen Vorhaben – greifen wir nur einige Punkte heraus – sind entgegen dieser Ideale Watsons vor allem gesundheitspolitischer Natur. Die Genkartierung von relativ abgeschlossenen Bevölkerungsgruppen in Japan, Nigeria, China und den USA dient der Aufstellung vergleichender Haplotyp-Karten, aus denen hervorgeht, welche Gene für welche Krankheiten verantwortlich oder zumindest mitverantwortlich sind. Die Proteomforschung katalogisiert die schätzungsweise eine Million Eiweiße des menschlichen Körpers. Auf diesen und anderen Wegen werden Grundlagen geschaffen, um die nach dem HGP anstehende Frage zu klären, wie die Gene in die Funktionsvielfalt der Zellen eingebunden sind. Denn erst dann, wenn der superkomplexe Stoffwechsel einer einzigen Zelle ermittelt ist, weiß man, was mit den inzwischen in großer Zahl und aus den verschiedensten Tierstämmen auflaufenden Genomsequenzen alles in heilender Absicht anzustellen ist.

Die neuen Möglichkeiten der Mendel-Welt sind also keineswegs die puren Verlängerungen der Gefahren der Leonardo-Welt. Sondern hier winken Humanproblemlösungen großen Stils. Doch wenn man weiß, dass hinter alldem das große Geld wartet – vielleicht sagt man besser lauert –, dann wird die Doppelspurigkeit der sozialen Anwendungsfelder doch zu einem unübersehbaren Vorsichtszeichen. Natürlich kann man den beiden Biochemikern Metin Colpa und Carsten Henco keinen Vorwurf machen, als sie sich mit einer DNA-Aufreinigungsidee eine Millionenfinanzierung erwarben und die Firma QIAGEN gründeten, die inzwischen jeden Tag eine Million Euro erwirtschaftet. Jedoch birgt die Vermarktungschance zweifellos besondere Gefahren für eine Umsetzung der Gentechnik mit Augenmaß in sich.

Das führt zum *zweiten* Punkt dieses neuen Antlitzes der Mendel-Welt gegenüber der Leonardo-Welt – die Neugestaltung der Eigentumsfrage. Gewiss ein ungeliebter Begriff, wenn er ins Verhör genommen wird, da er zum beliebtesten Objekt des Funktionierens der marktwirtschaftlichen Welt gehört. Gleichwohl stimmen neuere Tendenzen bedenklich; ein Bedenken, das nicht nur die traditionelle sozialistische Sicht auf das (kapitalistische) Eigentum an den wichtigsten Produktionsmitteln aufhorchen lässt, sondern auch die Verhimmelung dieses sozialen Verhältnisses zutiefst verstört. Gemeint ist die Tatsache, dass sich vor allem im Gefolge der neuen Informationstechniken, nun auch zunehmend im Bereich der Gentechniken, eine *fortschreitende Privatisierung von öffentlichem Eigentum* vollzieht. Bisher als frei nutzbare Natur geltende Bereiche, wozu auch die Genpotentiale ausgesuchten tierischen und pflanzlichen Lebens bis hin zur Patentierung von Genen relativ abgeschieden lebender Menschengruppen zu rechnen sind, werden in privat verfügbares Eigentum verwandelt, wobei die privat Verfügenden in aller Regel identisch sind mit

Chemie- und Pharmakonzernen. Der Kampf um das Eigentum an genetischen Ressourcen sowie der monopolartige Besitz ganzer Organismengruppen, so sie für neue Produktionen wichtig sind, bestimmen im Grunde genommen die moderne Genetikdebatte, allerdings unter der Decke, weil die ethischen Debatten öffentlichkeitswirksamer sind. Das fügt sich ergänzend in die schon mit der Informationsgesellschaft vollzogene Umschichtung des wirklich profitablen Eigentums ein. Immaterielles Eigentum an Forschungsergebnissen, an Computersoftware, an Datenbanken, ja selbst Kenntnisse über Kaufkonzeptionen bestimmen mehr und mehr das Bild des großen Geschäfts und entkleiden fortschreitend den Gedanken der sozialen Marktwirtschaft eben gerade dieses ihres sozialen Attributes. Die Gemeinwohlpflichtigkeit dieser neuen privaten Eigentumsformen – eigentlich eine Forderung des Grundgesetzes – steht in den Sternen. Eine Herausforderung für die Philosophie, sollte man meinen, aber ganz sicher ein Kennzeichen der Eigentumsgestaltung in der Mendel-Welt.

Damit ist *drittens* die Verantwortungsfrage berührt. Verantwortung der Forschung, der Wissenschaft, der Politik, schließlich aller Institutionen, die an der Gestaltung des öffentlichen Lebens beteiligt sind, wird völlig zu Recht eingefordert. Über allem aber steht die Verantwortung des machtgewaltigen Eigentums an den Produktionsmitteln des neuen technologischen Zuschnitts. Die Potentiale des Eigentums an Informationen und Genressourcen in all ihrer Milliardenschwere sind unermesslich und hinsichtlich ihrer Folgen unkalkulierbar. Die demokratischen Gesellschaften stehen hier vor einer großen neuen Herausforderung. Das gilt auch für die internationale Problemlage – ein weites Feld, das hier nicht ausführlicher berührt werden kann. Diese realökonomische wie politische Seite von Verantwortung darf nicht unter den Tisch fallen; es ist durchaus so, dass sie gegenüber der von Wissenschaftlern und Technikern angemahnten Verantwortung ziemlich weit hinten angesiedelt ist.

Wie es gelingt, zum Herren der eigenen Vergesellschaftung zu werden, ist eine Zentralfrage auch der Mendel-Welt. Da Vergesellschaftung stets den bewussten Umgang mit allem, was menschliches Dasein prägt, voraussetzt, wächst die reflexive Funktion des Wissens um die Wissensgesellschaft. Das betrifft nicht nur die möglichen Abwege und realen Gefahren, sondern auch die Öffnung gesellschaftlicher Horizonte für neue Mittel und Wege. Die bislang in der Menschheitsgeschichte nachweisbaren Formen einer Einheit von Mensch und Natur legen die Einsicht nahe, dass diese mit jeder neuen Form des Stoffwechsels von Mensch und Natur auseinander bricht, um auf neue Weise wieder angeeignet zu werden; produktiv, kognitiv, aber auch ästhetisch. Wie einleitend in dem versöhnlichen Motto vorgestellt, ergründet diese Einheit, so sie Wirklichkeit wird, gänzlich neue Welten unserer ästhetischen Beziehung zur Natur. Und damit weist heutige Naturerkenntnis auf eine Anfangserfahrung der Leonardo-Welt zurück. Das Weltgesetz der Harmonie stand damals zur Debatte, und nirgendwo hatte es eine sicherere Basis als in der mathematischen Naturerkenntnis. Eine bestimmte Zahlenfolge und ihr Vielfaches kehrt in den Planetenentfernungen und ihren Umlaufzeiten, im Gefüge der Kristalle und im Aufbau der musikalischen Harmonien, aber auch in den Eigenarten des pflanzlichen Wachstums und im Aufbau der Zellgewebe wieder wie in allen schönen Kunstwerken, in den griechischen Bauten und Skulpturen, Gemälden und Tonschöpfungen. Und vor allem spiegele der schöne ebenmäßige Menschenleib diese naturgesetzliche Proportionalität, von Titius-Bode später auf die Zahlenbeziehung 1: 1,618 gebracht, etwas handlicher umgeformt in der Zahlenbeziehung 5:8 »als dem Maßverhältnis der Teile einer harmonischen Gestaltung.«[21] In vergleichbarer Weise erscheint uns nun in der Harmonie des Aufbaus der Grundstruktur unseres Seins, in der Desoxyribonukleinsäure, das Grundglied allen Lebens, als einfaches und doch unübertrefflich harmonisch gebautes Stückchen Chemie. So prosaisch das klingt, so ist es doch faszinierend zu wissen, dass auch die moderne, sagen wir die Mendel-Welt, über ihren eigenen goldenen Schnitt verfügt. Die DNA bleibt uns als letzte Bezugsgröße zum Verständnis wenigstens unseres physischen Seins erhalten. Der Mensch erkennt sein harmonisches Grundbedürfnis im Alphabet jeder seiner Zellen. Wie wohltuend, wenigstens das sicher zu wissen. Bleibt zum Schluss übrig, von Wissenschaft und Politik eine segensreiche Perspektive einzufordern.

Literaturverzeichnis

Böhme, Gernot/Schramm, Engelbert (Hrsg.), 1985, *Soziale Naturwissenschaft. Wege zu einer Erweiterung der Ökologie*, Frankfurt am Main: Fischer Verlag.

Böhme, Jakob, 1974, *Aurora oder Morgenröte im Aufgang*. Ausgewählte Texte, Bartsch, Gerhard (Hrsg.), Leipzig: Reclam.

Düwell, Marcus/Steigleder, Klaus (Hrsg.), *2003, Bioethik. Eine Einführung*, Frankfurt am Main: Suhrkamp.

Engels, Friedrich, 1962, »Anteil der Arbeit an der Menschwerdung des Affen« (1896), in: *Marx-Engels-Werke*, Bd. 20, Berlin: Dietz, S. 444–455.

Francé, Raoul H., 1926, *Harmonie in der Natur*, Stuttgart: Franckh'sche Verlagshandlung.

Hollricher, Karin, 2003, »50 Jahre Doppelhelix. DNA mal Zwanzig«, in: *Laborjournal*, Heft 5, S. 14–20.

Hübner, Kurt/Lobkowicz, Nikolaus/Lübbe, Hermann/Radnitzky, Gerhard (Hrsg.), 1976, *Die politische Herausforderung der Wissenschaft. Gegen eine ideologisch verplante Forschung*, Reinbek bei Hamburg: Rowohlt.

Husserl, Edmund, 1982, *Die Krisis der europäischen Wissenschaften und die transzendentale Phänomenologie. Eine Einleitung in die phänomenologische Philosophie*, Ströker, Elisabeth (Hrsg.), Hamburg: Meiner.

21 France, 1926, S. 38.

Kambartel, Friedrich/Mittelstraß, Jürgen (Hrsg.), 1973, *Zum normativen Fundament der Wissenschaft*, Frankfurt am Main: Athenäum.

Laitko, Hubert, 1979, *Wissenschaft als allgemeine Arbeit*, Berlin: Akademie-Verlag.

Markl, Hubert, 1989, *Wissenschaft: Zur Rede gestellt. Über die Verantwortung der Forschung*, München/Zürich: Piper.

Meyer-Abich, Klaus Michael, 1997, *Praktische Naturphilosophie. Erinnerungen an einen vergessenen Traum*, München: C.H. Beck.

Mittelstraß, Jürgen, 1992, *Leonardo-Welt. Über Wissenschaft, Forschung und Verantwortung*, Frankfurt am Main: Suhrkamp.

Mittelstraß, Jürgen, 1997, »Erfüllt die Naturforschung ihren Auftrag?«, in: *Nova Acta Leopoldina*, NF 76, Nr. 303, S. 63 – 77.

Mittelstraß, Jürgen, 2001, *Wissen und Grenzen. Philosophische Studien*, Frankfurt am Main: Suhrkamp.

Mocek, Reinhard, 1981, »Wissenschaftstheorie im Kontext bürgerlicher Weltanschauung«, in: *Deutsche Zeitschrift für Philosophie*, 29, S. 183 – 198.

Presse- und Informationsamt der Bundesregierung (Hrsg.), 1990, *Das Embryonenschutzgesetz*, Bayreuth: Neubert Verlag.

Philosophische Probleme strafrechtlicher Zurechnung

Gottfried Seebaß

1. Philosophie und Rechtswissenschaft

Auch wenn *Philosophie* sich nicht in *Wissenschaftstheorie* erschöpft, ist sie doch von jeher eng mit dieser verbunden. Die kritische Reflexion auf die begrifflichen und methodischen Grundlagen menschlicher Wissensgewinnung ist die Voraussetzung jedes sinnvollen Versuchs, sich durch *Wissen (epistēmē)* im weitesten Sinne, das Tatsachenkenntnis ebenso einschließt wie das Verstehen der und Sich-Verstehen auf die Dinge der Welt, theoretisch wie praktisch zu orientieren. Einzelwissenschaftliche Spezialisierung und disziplinäre Differenzierung können diesen Zusammenhang manchmal verstellen. Sachlich aufheben lässt er sich nicht. Philosophische Orientierungsansprüche ohne Rücksicht auf die Wissenschaften sind leer, wissenschaftliche Bestrebungen ohne Philosophie sind blind, weil »auch nach der institutionellen Trennung der Wissenschaften von der Philosophie die Analyse wissenschaftlichen Wissens im Medium von Theorie und Begründung eine philosophische Aufgabe bleibt«.[1]

Das gilt auch und zuallererst für die *praktische Philosophie*, also diejenige philosophische Teildisziplin, die das menschliche Handeln ins Zentrum stellt. Sie muss die Befunde einschlägiger *empirischer Wissenschaften* zur Kenntnis nehmen und diese ihrerseits auf ihre begrifflichen und methodischen Grundlagen hin befragen: Psychologie und Sozialwissenschaften vor allem, aber partiell auch Geschichtswissenschaft und Biologie. Einschlägig sind jedoch auch Wissenschaften, die primär nicht empirisch, sondern *normativ* ausgerichtet sind, allen voran die *Jurisprudenz*, speziell im Bereich des Strafrechts. Denn hier geht es nicht nur um die systematische Analyse, Formulierung und Auslegung grundlegender sozialer Normen, die festlegen, was in einer Gesellschaft einklagbar verwirklicht werden soll, sondern auch um die Klärung und rechtsrelevante Normierung von Bedingungen, unter denen Menschen überhaupt normengeleitet und zurechenbar handeln können.

Damit schließt sich das Strafrecht, als Theorie wie als soziale Praxis, direkt an Grundfragen an, die auch die praktische Philosophie, beginnend mit Platon und Aristoteles,[2] seit langem beschäftigen. Philosophie und Rechtswissenschaft teilen

---

1 Mittelstraß, 1980, Sp. 5.

2 Beide Philosophen haben sich auch durchaus konkret mit Fragen rechtlicher Zurechnung auseinandergesetzt und grundlegende Unterscheidungen eingeführt, die ihre Bedeutung für das Strafrecht bis heute nicht verloren haben, insbesondere im Blick auf *Zwang* und *Unwissenheit* als Schuldaus-

insoweit ihr Themenfeld. Doch sie befassen sich mit ihm auf verschiedene Weisen, die es nicht aus den Augen zu verlieren gilt und die geeignet sind, die Notwendigkeit des Zusammenspiels von philosophischen und einzelwissenschaftlichen Fragestellungen beispielhaft zu verdeutlichen. Der Jurist hat vor dem Philosophen den unbestreitbaren Vorteil, dass er es mit der *konkreten Fülle* menschlichen Handelns zu tun bekommt, so wie sie das Leben liefert. Das Leben aber ist immer im Fluss und wesentlich reicher, differenzierter und komplizierter als das, was sich der Philosoph an seinem Schreibtisch ausdenken oder in seinen Büchern lesen kann. Außerdem hat der Jurist es mit einer fest umrissenen Menge *geltender Normen* zu tun, muss sich also nicht, wie der Philosoph, immer auch mit der irritierenden Frage herumschlagen, was »Normen« überhaupt sind und ob etwas, das normative Geltung beansprucht, für uns verbindlich ist, und wenn ja, warum.

Diese Unsicherheit und prinzipielle Offenheit aber markiert zugleich eine Differenz in der Zugangsweise, die dem Philosophen, der sich dem normengeleiteten Handeln zuwendet, seinerseits einen bedeutenden Vorteil verschafft. Er kann die Phänomene, die ihm – vermittelt vielleicht durch den Erfahrungsreichtum des Rechts – konkret zugänglich werden, *unvoreingenommen* betrachten und die Aussagen, die er über sie macht, und das begriffliche und theoretische Instrumentarium, das er dabei verwendet, so wählen bzw. konstruieren, wie es *sachlich* am angemessensten ist. Natürlich kann auch die Rechtswissenschaft sich darum bemühen. Sie besitzt aber nicht die gleiche konzeptionelle Freiheit. Ihre Begriffe und Theoreme müssen so gefasst werden, dass sie zu einer möglichst einfachen, praktikablen Systematisierung eines Rechtsgebiets führen, abhängig von den formulierten Gesetzen und einer etablierten Rechtspraxis.

Formal befindet sich die *Jurisprudenz* in einer ähnlichen Situation wie die *Theologie*. Beide Disziplinen gehen von unhinterfragten kanonischen Texten aus, denen sie theoretisch gerecht werden müssen. Ist es im einen Fall das geoffenbarte Wort Gottes, ergänzt eventuell durch kirchliche Lehrentscheidungen, ist es im anderen Falle der gleichsam »geoffenbarte Wille des Gesetzgebers«, ergänzt durch die Rechtsprechung und die herrschende Kommentierung. Deshalb gibt es in der Rechtswissenschaft, wie in der Theologie, auch die positive Rede von einer *Dogmatik*, die den substantiellen, verbindlichen Gehalt des Rechts (ähnlich wie den des Glaubens) systematisch zusammenzufassen sucht. In der *Philosophie* dagegen ist »Dogmatik« zumeist ein Schimpfwort für Positionen, die unfähig oder unwillig sind, herrschende Meinungen sachlich zu hinterfragen.

schließungsmerkmale. Vgl. vor allem Platon, *Nomoi* 860c–872c, sowie Aristoteles, *Ethica Nicomachea* III, 1–7; V, 10: 1135a15–1136a9; *Ethica Eudemica* II, 8–9; *Magna Moralia* I, 14–16.

2. Strafrechtliche Ungereimtheiten

Gesetze und Gerichtsurteile sind von Zeitdruck, Kompromisszwängen und anderen praktischen Erfordernissen mitbestimmt und nicht immer der Weisheit letzter Schluss. Auch das deutsche Strafrecht enthält Beispiele, die für Philosophen irritierend sind. Unser Strafrecht ist, anders als das Zivilrecht, von jeher an die Bedingung gebunden, dass strafbar nur Personen sein können, denen ihr Tun schuldhaft *zuzurechnen* ist. Sachlich scheint deshalb klar, dass man vor jedem Urteil drei getrennte Fragen beantworten muss:

(1) Was ist *geschehen* (»Tatbestand«)?

(2) War das Geschehen strafrechtlich *verboten* bzw. das Gegenteil *geboten* (»Rechtswidrigkeit«)?

(3) Ist die Person dafür *verantwortlich* (»Handlung«, »Schuld«)?

Nur wenn die erste Frage hinreichend spezifiziert und die zweite und dritte affirmativ beantwortet werden, kann ein Angeklagter verurteilt werden.

Die deutschen Strafgesetze konzentrieren sich auf den *Tatbestand* und bringen dessen Verboten- bzw. Gebotensein dadurch zum Ausdruck, *dass* sie ihn ins Gesetzbuch aufnehmen und mit Strafe bedrohen.[3] Implizit geht dabei auch der Verantwortlichkeitsvorbehalt ein. Dieser gilt als so selbstverständlich, dass er nicht eigens statuiert werden muss, sondern nur gelegentlich miterwähnt wird (z. B. in den Schuldausschließungs- bzw. Strafzumessungsvorschriften von §§ 19–21. 35. 46 StGB). Strafrechtlich verantwortlich kann jemand nur für sein *äußeres Verhalten* und dessen Folgen sein, unterschieden von bloßen Gedanken und Absichten. Zudem muss er es *handelnd* und *schuldhaft* ausgeführt haben, also z. B. nicht als willenlos oder wider Willen Gestoßener oder Getriebener. Dies alles muss zur Tatbestandsmäßigkeit und Rechtswidrigkeit systematisch hinzukommen.

So weit, so gut und sachlich nachvollziehbar. Nun finden sich aber im deutschen Strafgesetzbuch manche Bestimmungen, die davon offenbar abweichen. Ein Beispiel liefert der Vollrauschparagraph (§ 323a StGB). Denn dieser spricht ausdrücklich von Taten im Zustand der *Schuldunfähigkeit*, scheint das verantwortungsentscheidende dritte Kriterium also entweder gänzlich aufzugeben oder massiv abzuschwächen.[4] Ist unser Strafrecht also doch *kein* reines Schuldstrafrecht? Die strafrechtliche Dogmatik muss (wie die theologische) mit einer kanonischen Unge-

---

3 Vgl. stellvertretend für viele andere Kommentatoren Baumann/Weber, 1985, S. 26. Dass nicht *ausdrücklich* von Verboten und Geboten die Rede ist, heißt keineswegs, dass solche *nicht* den Gesetzen zugrunde liegen oder dass der Gesetzgeber meinte, strafrechtliche Gebote und Verbote seien sanktionistisch zu explizieren (vgl. dazu S. 365, Anm. 10).

4 Absatz (1) von § 323a StGB lautet: »Wer sich vorsätzlich oder fahrlässig durch alkoholische Getränke oder andere berauschende Mittel in einen Rausch versetzt, wird mit Freiheitsstrafe bis zu fünf Jahren oder mit Geldstrafe bestraft, wenn er in diesem Zustand eine rechtswidrige Tat begeht

reimtheit wie dieser zurechtkommen und tut sich notorisch schwer damit. Die Philosophie dagegen ist frei, sie sachlich aufzulösen und den Gesetzgeber zur Korrektur aufzufordern.

Ein zweites Beispiel ist die Definition des Diebstahls als Wegnahme einer fremden beweglichen Sache »in der Absicht«, sich diese »rechtswidrig zuzueignen« (§ 242 StGB). Hier sieht es sogar so aus, als werde die Tatbestandsfrage, mit der Rechtswidrigkeitsfrage *vermischt* und *tautologisch* erklärt, verboten und mit Strafe bedroht sei eben diejenige Form der Zueignung fremder Sachen, die verboten sei. Zudem wird mit dem Kriterium der »Absichtlichkeit« ein Tatbestandsmerkmal eingeführt, das eigentlich ein Handlungs- oder Schuldmerkmal darstellt.[5] Denn die Frage, ob etwas absichtlich getan wurde, richtet sich nicht auf das *Was* des Tuns, sondern darauf, *wie* jemand zu Werke ging, nämlich mit welcher Wissens- und Willenseinstellung.

Genauer betrachtet erweisen sich beide Beispiele, als nicht so systemwidrig, wie es die Formulierungen nahe legen. Sie zeigen aber, dass es ratsam ist, die Dinge nicht nur aus der Binnenperspektive des Rechts zu betrachten, sondern *sachlich* zu hinterfragen. Dabei kann die Philosophie einer wissenschaftstheoretisch reflektierten Jurisprudenz helfen und exemplarisch verdeutlichen, wie »Wissenschaft wieder zu einem philosophischen Thema und Philosophie wieder zu einem Element wissenschaftlichen Selbstverständnisses« werden kann.[6] Das soll im folgenden anhand von einigen Problemen geschehen, die die Zurechnung normengeleiteten Handelns aufwirft.

3. Sachverhalte als Objekte von Normen

Beginnen wir mit einem Blick auf die *Normen.* Normen gibt es natürlich nicht nur im Recht, sondern auch in der Moral und in diversen anderen Lebensbereichen. Wissenschaft, Technik und Kunst, Spiel und Sport, Mode und Etikette, religiöse Riten und profane, alltägliche Umgangsformen sind durchweg normativ mitgeprägt,

---

und ihretwegen nicht bestraft werden kann, weil er infolge des Rausches schuldunfähig war oder weil dies nicht auszuschließen ist.«

5 Die so genannte »finale Handlungslehre« von Hans Welzel hat dem Rechnung zu tragen versucht und den strafrechtlichen Handlungsbegriff einschlägig spezifiziert. Sie hat sich nicht durchgesetzt, weil die Verpflichtung, in allen Handlungen, die faktisch mit Strafe bedroht sind, einen Aspekt der »Absichtlichkeit« oder »Finalität« nachzuweisen, entweder gar nicht erfüllt werden kann oder doch nur über umständliche, impraktikable Hilfskonstruktionen (näheres bei Baumann/Weber, 1985, S. 204 ff.). Tatsächlich gibt es auch unabhängig von solchen Bedenken, die zunächst nur rechtsdogmatische sind und sachlich vielleicht kein Gewicht besitzen, gute Gründe, nicht *jedes* Handeln als absichtlich aufzufassen.

6 Mittelstraß, 1980, Sp. 6.

implizit oder explizit. Gemeinsam ist ihnen der Anspruch, dass etwas Bestimmtes *sein soll*, unterschieden von der Feststellung, dass es *ist* oder *nicht ist*. Doch worauf beziehen sich Normen?

Teilweise geht es um *direkt* ausgeführte Verhaltensweisen. Man darf nicht lügen oder soll unter bestimmten Umständen schweigen, aufstehen und grüßen. Im deutschen Strafrecht entsprechen dem die so genannten »reinen Tätigkeitsdelikte« wie Meineid und strafbare sexuelle Handlungen, unterschieden von »Erfolgsdelikten« wie Betrug, Beleidigung oder Totschlag, die *indirekt* herbeigeführte Verhaltensfolgen betreffen. Oft sind es *nur* die Folgen, die normativ von Interesse sind. Verboten z. B. ist die Beleidigung oder Tötung eines anderen, gleichgültig auf welchem Wege. Nur sofern sie bestimmte Folgen haben, kommen die Tätigkeiten ins Spiel. Das ist natürlich oft der Fall, denn kein Verhalten ist absolut folgenlos. Meist haben wir es mit *folgekomplexen Handlungen* zu tun, die sich aus *Basishandlungen* und *Folgen* zusammensetzen. Auch scheinbar basale Handlungen erweisen sich oft als folgekomplex, z. B. das Lügen. Gleichgültig aber, ob die Normierung sich nur auf die Folgen oder auf komplette (folgekomplexe oder basale) Handlungen richtet und ob sie als Gebot, Verbot oder Erlaubnis auftritt: immer geht es um mögliche *Sachverhalte*, die unter bestimmten, handlungsrelevanten Bedingungen wirklich (*Tatsachen*, *Tatbestände*) sein bzw. wirklich werden können. Sachverhalte also sind das formale Objekt von Normen, rechtlicher wie außerrechtlicher. Sie ermöglichen diverse speziellere Normierungsformen, von denen vier besonders bemerkenswert sind.

Erstens sind *negative Sachverhalte* in Rechnung zu stellen. Sie sind das Objekt von *Verboten*. Denn dass etwas verboten ist, heißt nichts anderes, als dass es geboten ist, es nicht eintreten zu lassen. *Unterlassungen* und *aktive Interventionen* sind deshalb formal vollkommen gleichrangig. Oft sogar lässt sich ein und derselbe normierte Tatbestand mühelos umformulieren. (Wenn es rituell geboten ist, vor Gericht aufzustehen, ist es verboten, sitzen zu bleiben, und umgekehrt). Manche »Liberalisten« möchten das gerne verdrängen, um ihre inhaltliche Ablehnung von Geboten zur Herstellung von Verteilungsgerechtigkeit und korrespondierenden »Leistungsrechten« scheinformal zu bemänteln.[7] Eine sachgerechte handlungs- und normentheoretische Analyse durchkreuzt diesen ideologisch interessierten Schachzug.

Zweitens können Normen auch *probabilistische Sachverhalte* betreffen. Handlungen haben ja nicht nur Folgen, deren Eintritt oder Nichteintritt (kausal, logisch, normativ oder anderswie) determiniert durch sie sind, sondern eröffnen auch Chancen und Risiken mit mehr oder weniger wahrscheinlichem, aber nicht sicherem Ausgang. Die wenigsten Handlungsfolgen sogar sind absolut sicher, sondern werden nur pragmatisch wie sichere behandelt. Ansonsten bleibt es bei bloßen Wahrscheinlichkeiten. Ein Spielbank- oder Lottobetreiber verpflichtet sich nicht zur Zah-

7 Näheres dazu bei Seebaß, 1996, S. 770 ff.

lung eines bestimmten Gewinns, wohl aber zur Bereitstellung bestimmter Gewinnchancen. Ein Kernkraftbetreiber, der die Sicherheitsbestimmungen verletzt, erhöht das Risiko atomarer Verseuchung, auch wenn eine solche zufällig nicht eintritt. Fahrlässigkeits- und Gefährdungsdelikte haben diese Struktur,[8] werden aber nicht immer konsequent auf die Herbeiführung des Risikozustands *selbst* bezogen, sondern vom faktisch unglücklichen *Ausgang* abhängig gemacht, im Recht wie in der Moral. Doch soll das blinde Glück den Rücksichtslosen oder Leichtsinnigen normativ besser stellen? Bei »lässlichen« Sünden mag eine solche Lässigkeit weise sein, doch nicht bei gravierenden Risikoüberschreitungen. Denn ein befriedetes Zusammenleben beruht darauf, dass wir uns nicht nur von möglichen schlechten *Absichten* anderer, sondern auch von deren *Achtlosigkeit* unbedroht fühlen können. Die handlungstheoretische Analyse stellt die Dinge klar und zeigt, dass es hier (z. B. im Umweltbereich) normativ viel zu verbessern gibt.

Drittens können Normen *komplexe Inhalte* haben, die sich aus mehreren Teilsachverhalten zusammensetzen. Kritisch ist hier vor allem die konditionale Form der Zusammensetzung. Nicht alle Sätze der Form »wenn p, muss/soll q geschehen« sind *hypothetische Imperative* im Sinne Kants, bei denen der normative Anspruch *relativ* bleibt auf vorausgesetzte Wünsche und Absichten. Der professorale Rat »Wenn Sie die Klausur bestehen wollen, müssen Sie täglich büffeln« lässt offen, ob der Student die Maxime übernimmt, ihre Forderung steht unter Vorbehalt. Ähnliches gilt für den Satz »Wenn der Bundespräsident das Gesetz unterzeichnet, müssen wir höhere Steuern zahlen«. Wir sind zwar nicht frei, ein erlassenes Gesetz für uns abzulehnen, bis dahin aber ist seine Geltung eine nur hypothetische. Dagegen enthält der scheinbar gleich strukturierte Satz »Wenn die Ampel Rot zeigt, muss man stehen bleiben« kein hypothetisches, vorbehaltliches Verbot, sondern untersagt das Weitergehen bei Rot *kategorisch*. Eine bedingte Norm, die relativ ist auf bestimmte Fakten, ist prinzipiell verschieden von einer Norm, die ein Bedingungsverhältnis zum Inhalt hat. Die strikte Trennung von Normierung und Normgehalt klärt die Verhältnisse und hilft, Verwirrungen zu vermeiden.

Manche normierten Sachverhalte sind allerdings, viertens, ihrerseits *normativ*. Nicht alle Folgen unseres Tuns sind kausale Folgen. Der Pfiff des Schiedsrichters wird kausal von ihm hervorgebracht, aber der »Abpfiff«, den er bedeutet, ist eine normative Folge, die den Spielern kategorisch verbietet weiterzumachen. Entsprechendes gilt für moralische oder rechtliche Handlungsfolgen und Rechtstatsachen. Auf dieser Basis lassen sich auch die Verwirrungen um die »Rechtswidrigkeit« als Tatbestandsmerkmal des Diebstahls (S. 362) auflösen. Tautologisch und unsystematisch ist sie nur, wenn sie strafrechtlich interpretiert wird, nicht jedoch eigentumsrechtlich. Der Dieb verletzt das Eigentumsrecht eines anderen und ist deshalb,

8 Ausführlich dazu Seebaß, 1994, S. 375–411.

im Gegensatz zum zahlenden Käufer, strafbar. Die strikte Trennung von Tatbestandsmäßigkeit und Rechtswidrigkeit bleibt also gültig, wie eine handlungs- und normentheoretische Analyse zeigt.

4. Begründung und Sinn normativer Ansprüche

Warum aber sind Normen überhaupt gültig und worin besteht die Normierung? Diese besonders schwierigen Fragen können hier nur gestreift werden. Die Begründung sozialer Normen, rechtlicher wie moralischer, ist seit der Sophistik eine der großen Streitfragen der praktischen und politischen Philosophie. Manche Philosophen rechnen mit *objektiv* gegebenen normativen Tatsachen, die uns aus »reiner Vernunft« oder durch einen Prozess fortschreitender Aufklärung über das »gemeinsame Gute«,[9] einsichtig werden. Andere greifen auf *subjektive* Basisinteressen oder moralische Gefühle (potentiell) aller Menschen gegenüber bestimmten Sachverhalten zurück. Wie tragfähig all diese Ansätze sind, mag hier dahingestellt bleiben. Einfacher und plausibler jedenfalls erscheint die Annahme, dass Normen nicht *vorgegeben*, sondern von Personen *gemacht* sind und stets in deren *Wollen* gründen. In der religiösen Moral ist dies ein göttlicher Wille, in der profanen Moral und im Recht der Wille konkreter Menschen. Da diese sich immer in bestimmten historischen und soziokulturellen Situationen befinden, sind ihre Normierungen restringiert. Besonders deutlich ist das z. B. bei adressierten Verboten von Eltern und Vorgesetzten, sowie bei Regeln, die sich Verbände oder Individuen selber geben. Staatliche Verordnungen und Gesetze sind allgemeiner. Aber auch sie sind regional eingeschränkt und änderbar, abhängig vom Willen der Legislative und Exekutive, d. h. in Demokratien (der Idee nach) vom vereinigten Willen aller Bürger. Nur dieser soll im folgenden die Antwort auf die Frage nach dem *Warum* der Normgeltung liefern.

Worin besteht nun aber der allen Normen gemeinsame Anspruch, dass etwas sein soll? Da unsere Strafgesetze davon nicht reden, sondern nur Tatbestandsbeschreibungen mit angehängten Sanktionen enthalten, könnte man meinen, mehr als dies sei mit der Rede vom *Sollen* (*Müssen*, *Gebotensein* etc.) auch nicht gemeint. In der Rechtswissenschaft hat dies Kelsen vertreten, aber auch manche Philosophen haben mit der Idee geliebäugelt, beginnend mit Hobbes.[10] Sie erscheint attraktiv, weil sie Normativität auf Faktizität zu reduzieren verspricht und die Aussicht eröffnet, normative Disziplinen wie Jurisprudenz und Moral, die scheinbar nicht ins naturwissenschaftliche Modell passen, zu »naturalisieren«. »Du *sollst* nicht morden«

---

9 Vgl. Mittelstraß, 1970, S. 43 ff.

10 Ausführliche Textbelege und eine kritische Diskussion dieses Explikationsvorschlags findet man in Seebaß, 2003, S. 155 – 198.

heißt dann z. B. nur: »Wenn du mordest, *wirst* du, falls du erwischt wirst und das Justizwesen funktioniert, lebenslang ins Gefängnis wandern«. Näher betrachtet erweist sich dieses normentheoretische Ei des Kolumbus freilich als allzu simplistisch und inadäquat, auch für das Strafrecht selbst und allemal für viele andere Normbereiche. Strafen und Belohnungen erfüllen ihre Funktion bei der Förderung oder Erzwingung normenkonformen Verhaltens, setzen Normen und Sollensansprüche aber voraus und können nicht einfach an ihre Stelle treten.

Der *Sinn* des Sollens liegt im Wollen. Etwas zu wollen, heißt im Kern zu wünschen, ein Sachverhalt möge wirklich sein bzw. wirklich werden.[11] Ob er es ist oder werden wird, zeigt die Welt bzw. der Glaube des Wollenden oder Wünschenden über die Welt. Der spezifische Sinn des Wünschens, unterschieden vom Glauben, zeigt sich im Diskrepanzfall. Während der Glaube sich dann nach der Welt zu richten hat, muss sich die Welt nach dem Wünschen richten. Sie wird am Maßstab der vom Wünschenden herangetragenen kontrafaktischen optativischen Einstellung gemessen, nicht umgekehrt wie beim assertorischen Glauben. Damit *fordert* er aber bereits, dass die Welt anders ist (oder wird) als sie (voraussehbar) ist. Diese Forderung richtet sich primär an den Wünschenden oder Wollenden selbst. Er ist gefordert, Sorge für relevante Änderungen zu tragen, d. h. unter geeigneten Umständen *tätig* zu werden. Das ist im Einzelfall so, ebenso aber bei generellen willensfundierten Regeln und Normen. Im demokratischen Idealfall ist auch die scheinbar fremde Forderung des Gesetzgebers gewissermaßen die eigene. Meist allerdings fallen Normgeber und Normadressaten auseinander. Doch auch von *anderen* etwas zu fordern, heißt nur zu wollen und im Diskrepanzfalle *selber* Sorge zu tragen, dass sie der Forderung nachkommen.

5. Normative Verhaltenskontrolle

Normen, rechtliche wie moralische, dienen der *sozialen Verhaltenskontrolle.* Keine Gesellschaft, kein sozialer Verband kommt ohne Kontrolle aus. Deshalb gibt es Kontrollmechanismen auch bei Tieren. *Normative* Kontrolle ist eine spezifisch humane, voraussetzungsvolle Form der Kontrolle. Die Adressaten müssen die Normen kennen, ihren Sinn und Inhalt begreifen. Sie müssen über Besonnenheit, Voraussicht und praktische Rationalität verfügen. Sie müssen ihr Handeln willentlich kontrollieren können und frei sein, den Willen auszubilden, der der Norm entspricht. Zu *faktisch* normenkonformem Handeln kommt es, wenn sie *bereit* sind, der Norm zu folgen. Das aber ist oft nicht der Fall, und auch Bereitwillige sind nicht immer

11 Ausführlich dazu Seebaß, 1993, Kapp. III – IV.

fähig, normengeleitet zu handeln. Deshalb verlässt die Gesellschaft sich auch nicht auf Normen allein, sondern bedient sich vor allem zweier stützender Maßnahmen.

Erstens errichtet sie *objektive Hindernisse*, die Normenverletzungen unmöglich machen oder erschweren. So werden Gewalttäter, die sich als normativ unansprechbar erweisen und eine dauerhafte Bedrohung sind, dauerhaft weggesperrt. Und gegen Diebstahl schützt neben der Strafdrohung auch die Verwendung von Türen und Schlössern.

Zweitens wird die *subjektive Disponiertheit* zu normenkonformem Verhalten durch Erziehung und andere sozialisatorische Praktiken gefördert. Diese sorgen dafür, dass bestimmte Verhaltensweisen *habituiert* oder *automatisiert* werden. Der normative Hintergrund kann dabei völlig entschwinden. Zahllose Verhaltensmuster, die unser tägliches Leben bestimmen, erfolgen nach einer Lernphase unbewusst und entlasten uns so von der Mühe ständiger aufmerksamer Kontrolle. Informelle Alltagspraktiken wie Grüßen und Bitten sind weitgehend habituiert. Aber auch formelle, rechtlich geregelte Verhaltensweisen, wie das Rechtsfahren im Straßenverkehr und die Abstandnahme von Diebstählen, beruhen selten auf einer bewussten Entscheidung zur Normenerfüllung. Ohne Formen der nichtintentionalen, sozialisatorisch vermittelten Verhaltensfixierung wäre ein regelhaftes Zusammenleben, zumal in komplexen Gesellschaften, unvorstellbar.

All diese Maßnahmen aber sind *nicht unbegrenzt* wirksam bzw. im Interesse einer manipulationsfreien Lebensführung nicht durchgängig *wünschenswert*. Normenverletzungen bleiben in praxi unvermeidlich. Nehmen sie überhand, verlieren die Normen zwar nicht ihre Gültigkeit, wohl aber ihre soziale *Signifikanz*, was über kurz oder lang auch die Autorität der normgebenden Instanz untergraben muss und das normative Kontrollsystem aushöhlt. (Wie rasch das gehen kann, zeigen nicht eingehaltene private Lebensregeln und »gute Vorsätze«.) Um der Aushöhlung vorzubeugen, überwachen sich die Beteiligten wechselseitig und reagieren auf Normenverletzungen. In der Alltagsmoral geschieht das informell, im Recht formell und durch spezielle Institutionen.[12] Bei weniger gravierenden Verletzungen, die korrigierbar sind, können die Reaktionen sich auf *restitutive* und *kompensatorische Maßnahmen* beschränken. Bei gravierenden, nicht oder nur partiell korrigierbaren Verletzungen kommen *Sanktionen* hinzu. In der Alltagsmoral sind dies z. B. Tadel, Empörung, Beziehungsabbruch oder soziale Ächtung; im Recht sind es Bußen und Strafen oder gezielte spezialpräventive Hinderungs- oder Erziehungsmaßnahmen.

12 Dazu gehören Polizei und Justiz, aber auch die Finanzbehörden, Gewerbeaufsicht, Standesverbände, TÜV etc. Ihre Bedeutung liegt primär bei der *Applizierung* geeigneter Reaktionen. Die *Überwachung* dagegen erfolgt auch hier größtenteils informell durch alle Beteiligten, da die Institutionen damit hoffnungslos überfordert wären und ein »Überwachungsstaat« für eine freie Gesellschaft ausscheidet. Vor allem das Eigeninteresse der negativ Betroffenen wirkt darauf hin, dass Normenverletzungen nicht unentdeckt bleiben und korrigiert werden.

Auch dabei gibt es Grenzen der Wirksamkeit, Praktikabilität und Wünschbarkeit. Lückenlos ist normative Kontrolle nie, zumal im Strafrecht.[13] Sie bleibt verbesserungsbedürftig, hat sich partiell aber bewährt.

6. Zurechenbarkeit und Haftbarkeit

Vorausgesetzt allerdings werden *verantwortlich* Handelnde (S. 361). Doch wie weit sind Menschen »verantwortlich« und in welchem Sinne? Zwei Formen sollte man unterscheiden. *Haftbar* können Menschen auch für ein Verhalten oder Verhaltensfolgen sein, für die sie nichts können. Eltern haften für ihre Kinder, auch wenn sie selbst gar nicht gehandelt haben. Warenhersteller müssen verdeckte Mängel beseitigen, obwohl sie sie nicht gewollt und sich vielleicht alle erdenkliche Mühe gegeben haben, sie zu vermeiden. Haftpflichtversicherungen sollen solche Risiken abdecken. Haftbarkeit ist eine Form der Verantwortlichkeit, die von intentionaler Handlungssteuerung unabhängig ist und dazu dient, Zuständigkeiten zu verteilen und einen praktikablen Lastenausgleich zu ermöglichen. Im *Zivilrecht* ist ein schwacher Verantwortungsbegriff wie dieser deshalb auch angemessen.

Fragwürdig wird er im *Strafrecht* und in der *Moral*. Besonders deutlich ist das, wenn die normative Ansprechbarkeit und Kontrollfähigkeit generell fehlt. »In Leyden«, so wird berichtet,[14] »wurde 1595 ein Hund verhaftet, der ein Kind gebissen hatte. Da er die Tat nicht leugnete, wurde von einer Folterung abgesehen, doch wurde er vom Scharfrichter gehenkt«. Tierprozesse erscheinen uns als ein irrationaler, barbarischer Atavismus. Doch worin genau besteht er? Die bloße Tatsache der Übertragung des Strafrechts auf Tiere kann nicht entscheidend sein. Denn was dessen Anwendung hier *generell* ausschließt, ist *manchmal* ja auch bei Menschen gegeben. Auch diese verfügen nicht durchweg über die Fähigkeit, ihr Verhalten intentional an Normen auszurichten. Sanktionsdrohungen aber, positive wie negative, setzen solche Personen voraus (S. 366 f.). Andernfalls wäre die Sanktionierung prospektiv witzlos bzw. ihre Applikation nach der Tat unverdient, da diese nicht *zurechenbar* wäre.

Dennoch ist dies weithin gelebte Praxis. Menschen werden für Handlungserfolge gelobt und belohnt, obwohl ihr persönlicher Anteil unklar ist oder sie lediglich Glück gehabt haben. Andere, ebenso unverdient vom Glück Benachteiligte, werden wegen ihrer negativen Erfolge abgestraft und getadelt. Im englischen Strafrecht gibt es bis heute die nicht schuldgebundene »strict liability«, und auch das

---

13 Empirische Untersuchungen haben die begrenzte Wirksamkeit gängiger Strafpraktiken demonstriert und zugleich Zweifel aufkommen lassen, inwieweit gewöhnliche Menschen überhaupt durch Sanktionen zweckrational steuerbar sind. Vgl. z. B. Bundesministerien des Innern und der Justiz (Hrsg.), 2001, S. 381–383.

14 Rensch, 1973, S. 246.

deutsche Strafrecht enthält, wenn man genauer hinsieht, diverse Elemente der bloßen Haftbarkeit *ohne* Zurechenbarkeit. Der Vollrauschparagraph und zufallsbeeinflußte »Erfolgsdelikte« zeigen das (S. 361 f., 363 f.,), ebenso die pauschale Behandlung der »Vermeidbarkeit des Verbotsirrtums« (S. 375). In der Gerichtspraxis macht man, ähnlich wie in der Alltagsmoral, aus Zeitnot und unüberwindlichen Wissenslücken nicht allzu viel Federlesens bei der Ermittlung partikularer persönlicher Täterschaft. So weit entfernt vom Atavismus der Tierprozesse sind auch wir offenbar nicht.

Sind Recht und Moral also insoweit sinnwidrig und irrational? Nicht unbedingt. Epistemische Abstriche sind *pragmatisch* unvermeidlich und legitim, bleiben allerdings eine permanente Quelle von Irrtum und Ungerechtigkeit und daher prinzipiell unverwünscht. Soziologen wiederum machen geltend, auch unverdiente Sanktionierungen hätten Sinn, weil sie als rein *symbolische Akte* die Normgeltung bekräftigten und die Gesellschaft stabilisierten. Das mag so sein, bleibt aber ungerecht und dürfte bei breiterer Anwendung auch unter Stabilitätsgesichtspunkten bald kontraproduktiv werden. Wirklich systemkonform sind Elemente der bloßen Haftbarkeit nur, wenn man sie als reine Verteilungsmechanismen auffasst, denen die Funktion zukommt, den Sanktionsdruck auf *früheres* normengeleitetes Handeln zu erhöhen. Wer weiß, dass der bloße Besitz von Heroin strafbar ist, nicht nur der aktive Erwerb, wird schon im Vorfeld größere Sorgfalt walten lassen, um den Eintritt dieser Sachlage auszuschließen. Dabei allerdings (oder zu einem relevanten, noch früher gelegenen Zeitpunkt) *muss* er normativ ansprechbar sein und zurechenbar handeln können. Zurechenbarkeit also bleibt die Bedingung sinnvoller normativer Kontrolle.

7. Kriterien der Zurechenbarkeit

Wann aber kann man Personen für etwas nicht nur haftbar machen, sondern es ihnen als Täter zurechnen? Darüber wird von jeher kontrovers diskutiert. Weitgehend unstrittig ist die Relevanz der von Aristoteles erstmals klar unterschiedenen Kriterien der *Wissentlichkeit*, *Zwangfreiheit* und *Urheberschaft.*[15] Hinzukommen die Kriterien der *Willentlichkeit* und *Willensfreiheit*, die in der späteren Antike dominant wurden.[16] Strittig dagegen sind der genaue Inhalt dieser Kriterien und ihre Reich-

---

15 Vgl. zu letzterer allgemein *Physica* VIII, 2–6, und speziell *Ethica Nicomachea* III, 1–3, wo die Zwangfreiheit (als zweites zentrales Kriterium neben dem Wissen) auch dadurch expliziert wird, dass die betreffende Handlung »in uns« ihren Anfang hat und dass es »bei uns steht«, sie auszuführen oder zu unterlassen. Die in der Literatur umstrittene Frage, ob und inwieweit Aristoteles' Urheberschaftsbegriff indeterministische Implikationen hat, kann offen bleiben.

16 Das heißt nicht, dass sie zuvor vollkommen ignoriert wurden. Die in der neueren Literatur verbreitete These jedenfalls, dass die klassische griechische Philosophie noch keinen Begriff von »Willens-

weite. Ein großes Problem, das vor allem im politischen, ökonomischen und ökologischen Bereich Bedeutung hat, ist die Frage der Zurechenbarkeit von Handlungen, an denen *mehrere Personen* beteiligt sind. Doch wenn es nicht nur um Haftbarkeit geht, führt sie auf *Individuen* als zurechenbare Akteure zurück.[17] Auch diese allerdings werfen genug Probleme auf.

Zunächst sind Basishandlungen und Folgen zu unterscheiden (S. 363). Nur Sachverhalte, die als Folgen zurechenbarer Handlungen wirklich werden, sind ihrerseits zurechenbar, aber auch sie nicht alle. Tatsachen, die auf den *blinden Zufall* zurückgehen, scheiden ebenso aus wie solche, die unabhängig vom Handeln *festliegen*. Wer eine Münze wirft, kann sich ihr Fallen, nicht aber den Umstand zurechnen, dass sie auf Zahl fällt. Dass das Meer am Tidehöhepunkt wieder zurückgeht und die Sandburg eines Kindes nicht einreißt, mag zwar dessen Willen entsprechen, geht aber kaum auf sein in dieser Absicht unternommenes Gegenpusten zurück. Besonders *groß* allerdings muss der Beitrag der Handlung nicht sein, wie der auslösende Knopfdruck bei einer Explosion zeigt, wohl aber *signifikant*. Pragmatisch vereinfacht kann man sagen, dass sie unter den konkret gegebenen Umständen notwendig und hinreichend für den Eintritt der Folge sein muss. Nur darf man drei gravierende Vorbehalte dabei nicht aus den Augen verlieren. Erstens sind die konkreten Umstände niemals komplett und genau *bekannt*, so dass man bei der Zurechnung immer verallgemeinern und pauschalieren muss. Zweitens sind auch bekannte Bedingungsverhältnisse selten *absolut* notwendig oder hinreichend, sondern zumeist *probabilistisch* eingeschränkt (S. 363 f.). Drittens hängt die Zurechenbarkeit nicht nur von den Folgebeziehungen ab, sondern auch von der *Wissens-* und *Willenslage* des Handelnden.

Beschränken wir uns hier vorerst auf Basishandlungen, losgelöst von den Folgen. Wann kann man jemandem, der seinen Finger krümmt oder dies unterlässt, beides persönlich zurechnen? Die nächstliegende Antwort der philosophischen Tradition wie unserer Alltagsauffassung lautet, dass dies genau dann der Fall ist, wenn er es *freiwillig* oder *aus freiem Willen* tut. Doch was genau heißt das? Diese Frage führt in ein Dickicht von kontroversen Problemen. Schon das Problem, worin der *Wille* besteht, hat Philosophen wie Juristen und Psychologen oft verwirrt,[18] lässt sich jedoch in der skizzierten Form (S. 366) lösen. Problematisch bleiben dann insbesondere (1) der *Zusammenhang* zwischen Wollen und Tun, (2) ihre *Freiheit* und (3) der *aktive Anteil* der Person. Jede dieser Fragen führt ihrerseits in zahlreiche Teil-

freiheit« oder nicht einmal einen vom »Willen« besessen habe, sondern beide römischem bzw. jüdisch-christlichem Denken entstammten, ist historisch unhaltbar, sachlich wie auch terminologisch gesehen.

17 Vgl. Seebaß, 2001, S. 79–99.

18 Vgl. Mittelstraß, 1987, S. 33–48; Seebaß, 1993, S. 45 ff.

probleme, die zu den schwierigsten der praktischen Philosophie und der Humanwissenschaften gehören. Nur wenige davon können hier angesprochen werden.

8. Willentlichkeit und Willensfreiheit

Normalerweise gehen wir davon aus, dass ein Verhalten nur dann *willentlich* sein kann, wenn es vom Willen *verursacht* wurde. Mein Finger krümmt sich nicht »einfach so« oder reflexhaft, sondern *weil* ich dies wollte. Nur dann liegt eine handlungshafte, willentlich ausgeführte Fingerkrümmung vor. Unterlassungen, bei denen keine manifeste Verhaltensänderung eintritt, sind durch ihre Willensbedingtheit als Handlungen auszuweisen, z. B. ein unterdrücktes Husten oder bewusstes Untenlassen des Arms bei einer Abstimmung. Von außen lassen sie sich daher oft nicht von bloßer, nicht willentlicher Bewegungslosigkeit unterscheiden. Dann mag es zu Fehldeutungen kommen. Der Betreffende selbst aber weiß, ob er mit Willen gehandelt hat oder nicht.

Die kausale Handlungsauffassung hat auch in der Philosophie stets dominiert. Doch Nietzsche vor allem, aber keineswegs nur er, war anderer Meinung.[19] Er hat den relevanten Kausalzusammenhang abgelehnt und mit ihm die Zurechnung überhaupt. Das bewusste Wollen sei vielmehr, ähnlich wie manche Träume, nur ein *epiphänomenales* Nebenprodukt physiologischer Prozesse, die unbewusst und unkontrollierbar in unserem physiologischen Inneren ablaufen und die wahren Ursachen unseres Verhaltens sind. Epiphänomenalistische Deutungen – kausale, aber auch rein korrelative – erscheinen vielen Philosophen attraktiv, weil sie eine Einwirkung des Mentalen aufs Physische für unverständlich halten. Neuere psychologische und neurowissenschaftliche Experimente (insbesondere die bekannten von Libet) wurden sogar als empirische Belege für Nietzsches spekulative Hypothese aufgefasst. Wirklich bewiesen ist sie nicht. Doch schon die Vorstellung, dass sie zutreffen könnte, ist mehr als irritierend. Denn damit würde nicht nur das traditionelle Konzept der normativen Verhaltenskontrolle hinfällig, sondern auch unser Selbstverständnis als *rationale aktive* Wesen. Bis zum etwaigen Beweis des Gegenteils sollte diese Extremform des Irrationalismus deshalb ausscheiden.

Doch auch wenn die kausale Relevanz *anerkannt* wird, *genügt* sie? Muss ein willensverursachtes Verhalten, nicht auch noch vom Willen *abhängen*, so dass es auch hätte unterbleiben können, wenn der Akteur dies gewollt hätte? Manche Philoso-

---

19 Vgl. etwa F. Nietzsche, *Morgenröte*, Buch II, §§ 116. 124; *Götzen-Dämmerung: »Die vier großen Irrtümer«*, §§ 3 – 5; Nietzsche, 1988a, S. 651 – 652; 1988b, S. 308. Nietzsches Thesen sind vor allem durch die Psychoanalyse weitergeführt und popularisiert worden. Aber auch in der neueren »Philosophie des Geistes« finden sich Nachfolger, wie z. B. Birnbacher, 1990, S. 59 – 79.

phen und viele Theologen in der Nachfolge Augustins haben diese Zusatzbedingung vermeiden wollen und z.T. mit ingeniösen, sachlich allerdings kaum überzeugenden Argumenten zu zeigen versucht, dass Handlungen *auch* willentlich, frei und zurechenbar bleiben können, wenn gegenteiliges Wollen *nichts* ändert.[20] Im allgemeinen aber gilt die *doppelte* Möglichkeit, Handlungen oder Unterlassungen willensabhängig auszuführen, als weitere notwendige Zurechenbarkeitsbedingung.

Auch sie genügt jedoch nicht. Denn wenn der willensabhängig Handelnde *keine Möglichkeit* hat, ein gegenteiliges Wollen zu entwickeln, *kann* er dann anders handeln? Persönlich zuzurechnen ist ihm sein Handeln dann sicher nicht. Besonders deutlich ist das bei pathologisch erzwungenen oder direkt manipulierten Willenshaltungen (Drogeneinfluss, Hypnose). Relevant sind jedoch auch Formen indirekter Willensbeeinflussung (Folter, Erpressung, Notlagen). Damit stoßen wir auf das Problem der *Willensfreiheit*, verstanden als Freiheit der *Willensbildung*. Diese variiert stark nach Personen und Situationen. Ein gewisses Maß an Willensfreiheit aber ist notwendig für Zurechenbarkeit und sinnvolle normative Ansprache. Wenn Gesetz und Moral z. B. von uns verlangen, aufwallenden Zorn zu unterdrücken und auch anhaltende provokante Sticheleien eines anderen nicht mit einem Faustschlag in dessen Gesicht zu beantworten, so hat das offenbar nur Sinn, wenn wir (unter normalen Umständen wenigstens) nicht gehindert sind, diesen Unterlassungswillen auch auszubilden.

Wann aber ist Willensfreiheit gegeben? Eine notwendige Bedingung, möchte man denken, ist auch hier die doppelte Möglichkeit, *so oder anders* zu wollen. Doch ist das auf der Stufe des Wollens tatsächlich unabdingbar? Das führt zur Frage, ob ein »freier« Willensbildungsprozess (vollständig[21]) *determiniert* verlaufen kann. Angenommen, in einem futuristisch-totalitären Staat würden gerichtsnotorische Schläger (oder generalpräventiv sogar alle Bürger) durch einen neurochirurgischen Ein-

---

20 Philosophische Belege liefern die jüngere Stoa (exemplifiziert durch das Hundebild, SVF II, 975) und in der Neuzeit z. B. Hobbes. Ein ingeniöses Gedankenexperiment von H. Frankfurt (1988, S. 1–10), das in jüngerer Zeit ausgiebig diskutiert wurde, ist in der Theologie schon von Origenes und Molina vorweggenommen worden. Augustin wiederum (*De libero arbitrio* III, 14–41; *De civitate Dei* V, 9–10) hat mit einem ingeniösen formalen Argument zu zeigen versucht, dass *jedes* Wollen »frei« ist, das sich zwangfrei im Handeln manifestieren kann, auch wenn es selbst und die ihm entsprechende Handlung alternativlos (durch Gottes Vorsehung) determiniert ist.
All diese Beweisversuche überzeugen nicht. Allenfalls unter der Annahme, dass *jedes* Wollen und nachfolgende Tun und *nur dieses* jeweils dem »inneren Wesens« des Akteurs entspringt, könnte der Gedanke plausibel werden, dass das Fehlen einer realen Handlungsalternative *keine* Hinderung und Freiheitsbeschränkung für ihn darstellt. Diese Prämisse aber bleibt ohne metaphysische Vorgaben (z. B. den Glauben an einen durchgängig dafür sorgenden gütigen Gott) unverständlich.

21 Dieser Zusatz ist wichtig, denn natürlich ist damit zu rechnen, dass einzelne *Schritte* in willensbildenden Überlegungen und diverse *Faktoren*, die in sie eingehen, determiniert sind. Entscheidend ist nur, ob dies für *alle* von ihnen gilt und ob das Ergebnis, insbesondere der definitive Entschluss oder die Entscheidung zum Handeln, *vollständig* durch sie festgelegt ist.

griff so programmiert, dass sie den erwünschten Unterlassungswillen zwangsläufig ausbilden. Ihre faktische Normenkonformität wäre damit (durch eine objektive Hinderungsmaßnahme, S. 367) sichergestellt. Aber sie würden nicht willensfrei und zurechenbar handeln. Viele Philosophen und Theologen (in der Nachfolge Augustins, S. 372, Anm. 20) haben allerdings geltend gemacht, dies treffe zwar auf externe, manipulative oder anderswie »unnatürliche« Eingriffe zu, sonst aber nicht. Doch sind determinierende genetische Anlagen und Umwelteinflüsse nicht ebenfalls *extern* für uns und *endogene* pathologische Willensfixierungen für die *Personen* nicht auch nur »von außen kommende« passive Widerfahrnisse? Nur ein Wollen offenbar, das in einem prägnanten Sinne *das unsere* ist, könnte auch als ein alternativlos fixiertes *frei* genannt werden und *uns* als zurechenbar Handelnde ausweisen. Aber wann ist ein Wollen »das unsere«?

Manche Philosophen (wie Kant und Schopenhauer[22]) haben sich dieser Frage mit der These entledigen wollen, die faktische, lückenlos determinierte Willensentwicklung *zeige* eben, wer wir sind. Doch dieser Gewaltstreich, der jedes Wollen zu einem persönlichen Wesensmerkmal erklärt, kann unabhängig von metaphysischen Zusatzannahmen (S. 372, Anm. 20) kaum befriedigen. Und der Gedanke, dass wir nur *sukzessive* und *passiv registrierend* etwas über uns selbst erfahren, erscheint befremdlich. Denn wir erleben uns ja, partiell zumindest, auch als *aktiv* Wollende und Handelnde. Darauf vor allem gründet sich das Bewusstsein, dass etwas, das wir wollen und willensabhängig tun, wirklich »das unsere« ist. Aktivität aber schließt Determiniertheit offenbar aus. Gewiss, theoretisch könnte dies auch eine subjektive (z. B. epiphänomenale) Täuschung sein. Dann eben wäre die Idee der Zurechnung objektiv hinfällig. Doch obwohl diese Möglichkeit prinzipiell offen bleibt und der positive Begriff einer originären, nicht determinierten Willensbildung schwer explizierbar ist, liegt die Beweislast hier sicher bei denen, die sich über das gewöhnliche Selbstverständnis hinwegsetzen.

9. Wissensabhängige Zurechnung von Folgen

Gehen wir also davon aus, dass ein Mensch, der sich aktiv und willensfrei für ein basales Verhalten entschieden hat und dieses willentlich produziert, eine zurechenbare Basishandlung ausführt. Wie steht es nun mit den *Folgen*, die daraus entspringen und zu denen sein Tun einen signifikanten Beitrag leistet? Wann kann man sagen, dass er damit auch eine zurechenbare folgekomplexe Handlung oder Unterlassung

22 Vgl. I. Kant, *Kritik der reinen Vernunft*, B 566 ff.; Schopenhauer, 1977, S. 87 ff., 133 f. Dass beide dies nur für den »empirischen Charakter« geltend gemacht haben, nicht für den »intelligiblen«, ändert in der uns interessierenden Hinsicht nichts.

ausführt? Offenkundig spielt Wissen eine entscheidende Rolle. Wer *weiß*, dass sein Handeln eine bestimmte Folge hat, die ohne sein Zutun nicht einträte, und mit dieser Absicht handelt, führt sie aktiv herbei und hat sie sich *zuzurechnen*. Auch probabilistische Zusammenhänge (S. 363 f.) sind davon betroffen. Wer auf der Autobahn zu dicht auffährt oder es fahrlässig unterlassen hat, seine Bremsen zu überprüfen, muss sich gegebenenfalls einen daraus entspringenden Unfall zurechnen lassen. Unterhalb einer gewissen Schwelle entfällt die Zurechnung. Selbst wenn ein Abergläubiger in der irrigen Absicht handelt, seinen Intimfeind durch einen Fluch zu Tode zu bringen, und dieser per Zufall wirklich stirbt, kann man ihm schwerlich versuchten oder vollendeten Mord vorwerfen. Ebenso wenig sind die DDR-Grenztruppen dafür zu loben, dass sie mit der Anlage des Todesstreifens bedrohten Tierarten das Leben sicherten.

Anders allerdings als die Zurechenbarkeit von beabsichtigten *Mitteln* und *Zwecken* wird die von unbeabsichtigten, ebenso sicher vorausgesehenen *Folgen* und *Nebenfolgen* oft in Zweifel gezogen. Diese würden ja nicht aktiv und mit Willen herbeigeführt, sondern nur billigend oder bedauernd »in Kauf genommen«. (Die katholische Moraltheologie hat daraus sogar ein differentielles Entschuldigungsprinzip ableiten wollen.) Doch das ist weitgehend Verbalkosmetik, da beide Fälle strukturell gleich sind.[23] Zynisch wäre es, würde ein kaltblütiger Amokschütze etwa darauf plädieren, er habe seinem Opfer nur ein Loch in den Kopf schießen wollen, dessen Tod jedoch nicht gewollt, sondern »bedauernd in Kauf genommen«.

Das Strafrecht erkennt solche Entschuldigungen denn auch nicht an. Manche Rechtstheoretiker gehen dabei so weit, das Wissen *allein* zum Kriterium zu machen und die Gewolltheit der Folgen entweder ganz auszuklammern oder sie aus Folgewissen und Willentlichkeit der Basishandlungen zu erschließen. Doch wie schon Aristoteles richtig bemerkte,[24] werden rational zwingende Schlüsse aus erkannten Handlungszusammenhängen faktisch nicht immer gezogen. Wie die Willensbildung verläuft, bleibt vor allem bei raschen Handlungsentschlüssen und für externe Beobachter oft undurchsichtig. Insofern ist die Zurechnung unsicher. Will man erkannte Folgen trotz nicht erwiesener Willentlichkeit persönlich zurechnen, kann sich der Schuldvorwurf streng genommen nur darauf richten, dass die Person es

23 Beide Mal handelt es sich ja (ex hypothesi) um *notwendige Bedingungen* eines Zwecks, die *bedingt mitgewollt* werden. Auch die moralische Differenz zwischen Billigung und Bedauern ist strukturell invariant, kann bei Mitteln also genauso auftreten wie bei Folgen und Nebenfolgen. Der Hauptgrund für die handlungstheoretische Missdeutung liegt offenbar in der mangelnden Bereitschaft, der situativen Gebundenheit menschlichen Handelns durchgängig Rechnung zu tragen: die innerweltliche Notwendigkeit ergriffener *Mittel* wird anerkannt, von *anderen* Folgebeziehungen aber glaubt man sich persönlich distanzieren zu können.

24 *Ethica Nicomachea* VII, 5; *Magna Moralia* II, 6.

möglicherweise unterlassen hat, der Generalverpflichtung zu rationalen Überlegungen vor dem Eintritt ins Handeln hinreichend nachzukommen.

10. Nicht wissensabhängige Zurechnung

Wie aber steht es umgekehrt? Sind *unbekannte* und deshalb (a fortiori) auch nicht gewollte Handlungsfolgen prinzipiell *unzurechenbar*? In vielen Fällen sicherlich. Schließlich hat jede Handlung zahllose faktische Folgen, von denen die Handelnden nichts wissen können und brauchen. Auch Normverletzungen können unzurechenbar sein, wenn der Täter von ihnen nichts wusste. Das antike Musterbeispiel von Ödipus' tragischem Vatermord illustriert beide Aspekte.

Das deutsche Strafrecht trägt ihnen durch die Entschuldigungsgründe des »Verbots-« und »Tatbestandsirrtums« Rechnung, erkennt allerdings nur *unvermeidbare*, nicht *vermeidbare* Wissensdefizite als solche an. Sachlich erscheint das wohlbegründet. Die Frage ist nur, *wie weit* die Vermeidbarkeit reicht und *worauf* sich die nicht wissensabhängige Zurechnung stützt. Zumutbarkeitsgrenzen bei der Verpflichtung zu relevanter Informationsbeschaffung sind pragmatisch unvermeidbar. Zweifellos muss ich mich, wenn ich zum Telefon greife, nicht zuvor vergewissern, ob ich einem anderen durch meine Leitungsblockade womöglich Schaden zufüge, selbst wenn ich dies theoretisch könnte. Zweifelhaft bleibt jedoch, ob die Rechtspraxis hier immer weit genug geht.

Ein Beispiel liefert der alte Grundsatz, dass Gesetzesunkenntnis nicht vor Strafe schützt. Schon Hobbes hat aber zu Recht betont,[25] sinnvolle Gesetze müssten den Adressaten bekannt gemacht und von diesen aufgefasst werden, weshalb sie z. B. für Kinder, Geisteskranke und Tiere nicht gälten. Der Rechtsgrundsatz beruht offenbar auf der Konstruktion, dass veröffentlichte Gesetze normalen Erwachsenen, wenn sie nur wollten, jederzeit einsehbar wären. Die soziale Wirklichkeit aber sieht anders aus. Gewiss, die Verbote von Tötung, Körperverletzung und Diebstahl sind allgemein einsehbar und Bestandteil unserer Erziehung. Doch welcher normale Bürger kennt schon die spezielleren Bestimmungen des Strafgesetzbuchs oder wäre fähig, sie selbst zu studieren und ohne juristischen Beistand richtig zu interpretieren? Um pauschal von vermeidbaren Verbotsirrtümern ausgehen zu können, wäre offenbar wesentlich mehr Erziehungs- und Vermittlungsarbeit zu leisten als jetzt. Einmal mehr entsteht der Verdacht (S. 368 f.), dass auch wir nicht so weit von der atavistischen Praxis der Tierprozesse entfernt sind, wie es das offizielle Lippenbekenntnis zum Schuldstrafrecht hinstellt.

---

25 Vgl. *De cive, cap.* 14, § 14 f.; *Leviathan*, ch. 26 f.

Ein zweites Bedenken ist dies. Sinnvoll zurechenbar können nicht die unwissentlich ausgeführten Handlungen sein, sondern nur die Unterlassungen, die vermeidbar zur Unkenntnis führten. Doch kann man diese tatsächlich zurechnen? Die bloße Tatsache, dass das zurechnungsentscheidende Verhalten *früher* liegt als das normierte Verhalten und seine Folgen, kann kein gravierender Einwand sein. Andernfalls könnten sich z. B. auch ein bezahlter Gunkiller oder Briefbomber damit herausreden, dass sie zu dem Zeitpunkt, als ihre Opfer starben, nicht mehr aktiv waren. Auch der problematische Vollrauschparagraph (S. 361 f.) wird so schuldstrafrechtlich verständlich. Man muss die Strafbarkeit nur auf die vorsätzliche oder fahrlässige Herbeiführung eines schuldunfähigen Rauschzustands und das damit heraufbeschworene oder sogar (wie bei der »actio libera in causa«) absichtlich herbeigeführte Ergebnis beziehen. Entsprechendes gilt für den fahrlässig oder vorsätzlich produzierten Verbots- und Tatbestandsirrtum.

Kritisch ist erst die Frage, ob die Risiken und ihr Zusammenhang mit der vorausgegangenen Unterlassungshandlung *bekannt* waren und *diese* zurechenbar ausgeführt wurde. Denn viele Verhaltensweisen, die später unverschuldete Normenverletzungen heraufbeschwören, erfüllen diese Bedingungen offenbar nicht. Der achtlose Autofahrer hat die schleichende Ermüdung, die ihn steuerungsunfähig werden lässt, vielleicht nicht wahrgenommen. Die zechenden Pokerspieler haben friedlich begonnen und sind unbemerkt in einen Trunkenheitszustand hineingeraten, in dem die Messer bei allen locker sitzen. Kann man sie dennoch, unserer Rechtspraxis folgend, *sinnvoll* strafen? Aus Sicht der philosophischen Handlungstheorie wäre nur zweierlei denkbar. Entweder man gibt den Schuldvorbehalt auf und straft nach *bloßen* Haftungskriterien, prinzipiell also nicht anders als den zitierten Leydener Hund (S. 368). Oder man geht *noch weiter* zurück und sieht die Schuld darin, dass die Betreffenden, obwohl sie dies konnten und die nötige Lebenserfahrung besaßen, keine Vorkehrungen getroffen haben, die auch ein unbemerktes Hinübergleiten in einen Zustand der normativen Steuerungsunfähigkeit ausschließen.

11. Schluss

Die Zurechnung normengeleiteten Handelns steht exemplarisch für einen Themenbereich, in dem sich *Philosophie* und *Rechtswissenschaft* wechselseitig befruchten können. Die in der Moralphilosophie oft übersehene prinzipielle Begrenztheit der normativen Ansprechbarkeit und rationalen Steuerungsfähigkeit wird durch den Erfahrungsreichtum des Rechts, insbesondere im Bereich der Unterlassungs- und Fahrlässigkeitsdelikte, unübersehbar und zwingt zur Abkehr von allzu optimistischen Fortschrittserwartungen. Umgekehrt kann die Philosophie für die Jurisprudenz so etwas wie deren handlungs- und normentheoretisches Gewissen sein. Sie zwingt dazu, nicht aus den Augen zu verlieren, in welchem Maße das Recht, ganz besonders das Strafrecht, von Voraussetzungen über die theoretische wie praktische Überlegungsfähigkeit und die Freiheit der Normadressaten abhängt und welche Folgelasten mit der Bindung ans Schuldprinzip und ein konsequentes Verkündungsgebot für Gesetze verbunden sind. Auch die Präzisierungs- und Verbesserungsbedürftigkeit bestehender Normen und Sanktionierungspraktiken können aus der kanonisch wie dogmatisch ungebundenen philosophischen Distanz heraus deutlicher werden als aus der juristischen Binnenperspektive. Auf eine disziplinäre Aufgabentrennung kommt es dabei nicht an. Im Gegenteil, gerade hier sollte sie transdisziplinär überwunden werden. Denn das Recht geht, wie die Moral, nicht nur Experten und Spezialisten an, sondern alle Mitglieder unseres Gemeinwesens, und verweist als solches auf den »rationalen Diskurs aller, die die Probleme sehen und Sachverstand im Umgang mit ihnen besitzen«.[26]

Literaturverzeichnis

Baumann, Jürgen / Weber, Ulrich, 1985, *Strafrecht. Allgemeiner Teil*, 9. Aufl., Bielefeld: Gieseking.

Birnbacher; Dieter, 1990, »Das ontologische Leib-Seele-Problem und seine epiphänomenalistische Lösung«, in: Bühler, Karl-Ernst (Hrsg.): *Aspekte des Leib-Seele-Problems*, Würzburg: Königshausen und Neumann, S. 59–79.

Bundesministerien des Innern und der Justiz (Hrsg.), 2001, *Erster Periodischer Sicherheitsbericht*, http://www.bmi.bund.de/Annex/de_23471/Download_Langfassung.pdf (Stand: 01.05.2004).

Frankfurt, Harry G., 1988, *The importance of what we care about*, Cambridge: Cambridge University Press.

Mittelstraß, Jürgen, 1970, *Neuzeit und Aufklärung*, Berlin: de Gruyter.

Mittelstraß, Jürgen, 1980, »Vorwort«, in: *Enzyklopädie Philosophie und Wissenschaftstheorie*, Bd. I, Mannheim: Bibliographisches Institut, Sp. 5–10.

Mittelstraß, Jürgen, 1987, »Der arme Wille: Zur Leidensgeschichte des Willens in der Philosophie«, in: Heckhausen, Heinz / Gollwitzer, Peter / Weinert Franz E. (Hrsg.), *Jenseits des Rubikon: Der Wille in den Humanwissenschaften*, Berlin/Heidelberg: Springer, S. 33–48.

Mittelstraß, Jürgen, 1992, *Leonardo-Welt. Über Wissenschaft, Forschung und Verantwortung*, Frankfurt a. M.: Suhrkamp.

Nietzsche, Friedrich, 1988a, »Nachgelassene Fragmente 1882–1884«, in: *Sämtliche Werke. Kritische Studienausgabe*, Bd. 10, Colli, Giorgio / Montinari, Mazzino (Hrsg.), 2. durchgesehene Auflage, München: Deutscher Taschenbuch Verlag, Berlin/New York: de Gruyter.

26 Mittelstraß, 1992, S. 112.

Nietzsche, Friedrich, 1988b, »Nachgelassene Fragmente 1887 – 1889, in: *Sämtliche Werke. Kritische Studienausgabe*, Bd. 13, Colli, Giorgio / Montinari, Mazzino (Hrsg.), 2. durchgesehene Auflage, München: Deutscher Taschenbuch Verlag, Berlin / New York: de Gruyter.

B. Rensch, 1973, *Gedächtnis, Begriffsbildung und Planhandlungen bei Tieren*, Berlin: Parey.

Schopenhauer, Arthur, 1977, »Preisschrift über die Freiheit des Willens«, in: *Arthur Schopenhauer, Zürcher Ausgabe. Werke in zehn Bänden*, Bd. 6, Hübscher, Angelika / Schmölders, Claudia / Senn, Fritz / Hoffmans, Gerd (Hrsg.), Zürich: Diogenes, S. 41 – 142.

Seebaß, Gottfried, 1993, *Wollen*, Frankfurt: Klostermann.

Seebaß, Gottfried, 1994 »Handlungstheoretische Aspekte der Fahrlässigkeit«, in: *Jahrbuch für Recht und Ethik*, 2, S. 375 – 411.

Seebaß, Gottfried, 1996, »Der Wert der Freiheit«, in: *Deutsche Zeitschrift für Philosophie*, 44, S. 759 – 775.

Seebaß, Gottfried, 2001, »Kollektive Verantwortung und individuelle Verhaltenskontrolle«, in: Wieland, Josef (Hrsg.), *Die moralische Verantwortung kollektiver Akteure*, Heidelberg: Physica-Verlag, S. 79 – 99.

Seebaß, Gottfried, 2003, »Die sanktionistische Theorie des Sollens«, in: Leist, Anton (Hrsg.), *Moral als Vertrag?*, Berlin: de Gruyter, S. 155 – 198.

Erlebter Determinismus

Hubert Schleichert

In der Ostergeschichte berichtet das Evangelium des Matthäus im 26. Kapitel darüber, wie Petrus seinen Meister verleugnet.[1] Es ist eine sehr dramatische Erzählung. Die Dramatik entsteht durch die logische Struktur: Jesus, der seiner Gefangennahme entgegensieht, prognostiziert dem Petrus dessen Verrat in der kommenden Nacht. Petrus bezweifelt die Prognose. Jesus präzisiert die Prognose und gibt einen genauen Termin für ihr Eintreffen. Die Prognose trifft ein, die Vorhersage ist verifiziert, und »Petrus weinte bitterlich«.

Die Geschichte hat viele Künstler inspiriert. Dem Petrus wird sein eigenes Verhalten prognostiziert, seine eigene Willenshandlung. Petrus weist die Prognose zurück, er hält sich für einen freien Akteur, der Herr über seine eigenen Willenshandlungen ist. Aber er irrt sich. Sobald er sich entscheiden muss, nämlich wenn die Magd ihn als »einen von denen« identifiziert, hat er nur noch Angst.[2] Erst wenn der Hahn kräht, erinnert sich Petrus an die Prognose, die inzwischen eingetroffen ist, und er weint.[3] Die eindringlichste musikalische Bearbeitung der Geschichte ist in der Matthäuspassion von J. S. Bach zu finden.

Die Geschichte spielt in einer determinierten Welt. Willensentscheidungen, die regelmäßig und mit Sicherheit vorhersagbar sind, (wie dies von einem Gottessohn vorausgesetzt werden kann), nennen wir determiniert. Determinismus bedeutet nicht, dass fremde Mächte auf Petrus einwirken und ihn zur Verleugnung zwingen; immer ist es Petrus selbst, der will und handelt. Aber wie er wollen und handeln

---

1 Matthäus, Kapitel 26, 31-75:
Jesus sprach zu Petrus: Wahrlich, ich sage dir: In dieser Nacht, ehe der Hahn kräht, wirst du mich dreimal verleugnen. Petrus sprach zu ihm: Und wenn ich mit dir sterben müsste, will ich dich nicht verleugnen [...]
Petrus aber saß draußen im Hof; da trat eine Magd zu ihm und sprach: Und du warst auch mit dem Jesus aus Galiläa. Er leugnete aber vor ihnen allen und sprach: Ich weiß nicht, was du sagst. Als er aber hinausging in die Torhalle, sah ihn eine andere und sprach zu denen, die da waren: Dieser war auch mit dem Jesus von Nazareth. Und er leugnete abermals und schwor dazu: Ich kenne den Menschen nicht. Und nach einer kleinen Weile traten hinzu, die da standen, und sprachen zu Petrus: Wahrhaftig, du bist auch einer von denen, denn deine Sprache verrät dich. Da fing er an, sich zu verfluchen und zu schwören: Ich kenne den Menschen nicht.
Und alsbald krähte der Hahn. Da dachte Petrus an das Wort, das Jesus zu ihm gesagt hatte: Ehe der Hahn kräht, wirst du mich dreimal verleugnen. Und er ging hinaus und weinte bitterlich.

2 Dargestellt etwa auf dem Bild *Die Verleugnung des Petrus* von Gerard van Honthorst (1592 – 1656) in der National Gallery in London.

3 Ein Bild *S. Pietro dopo il rinnegamento* von Il Guercino (1591 – 1666) in der Basilica di S. Pietro in Perugia zeigt die Verzweiflung des Petrus besonders drastisch.

wird, ist im Prinzip vollständig vorhersehbar, und Jesus sieht es auch tatsächlich vorher.

Warum und worüber weinte Petrus? Spürt Petrus beim Krähen des Hahnes den Determinismus?

Sicherlich hängt die objektive Geltung bzw. Nicht-Geltung des Determinismus nicht davon ab, ob jemand Prognosen macht oder nicht. Aber würden wir ohne Prognosen überhaupt bemerken, ob die Welt bzw. unser Wollen, determiniert ist? Was wäre für uns anders, je nachdem ob der Determinismus wahr bzw. falsch ist? Worin bestünde der erlebbare Unterschied?

Es scheint Autoren zu geben, nach denen der Mensch *fühlt, spürt, empfindet*, dass er *frei* ist, d. h. dass der Determinismus falsch ist. Descartes dürfte das gemeint haben, als er schrieb, dass wir uns unserer »Freiheit bewußt sind, und daß es nichts gibt, das wir evidenter und vollkommener begreifen«.[4] Andere Autoren bestreiten solche Gefühle entschieden; so etwa Leibniz, der gegen Descartes betonte »Wir können unsere Unabhängigkeit nicht fühlen«.[5] Die meisten Philosophen schweigen diesbezüglich aber völlig. Irgendeine verlässliche Aussage lässt sich so nicht gewinnen. Wenn mein Wollen determiniert sein sollte, so scheint das für mich ebenso wenig verlässlich zu spüren zu sein, wie wenn es nicht determiniert ist. Dabei *ist* mein Wollen doch entweder determiniert oder es ist es nicht.

Nachdem strittig ist, ob unsere Willensentscheidungen frei oder determiniert sind, und nachdem offenbar weder der gewöhnliche Mensch noch die Philosophen diese Frage eindeutig durch persönliche Gefühle entscheiden können, liegt eine veränderte Fragestellung nahe: was empfindet ein Mensch, der an den Determinismus *glaubt*, der *überzeugter Determinist* ist. Wie steht es um seine *Befindlichkeit*, sein Lebensgefühl? Das ist allerdings eine empirische und keine systematische Frage, und es gibt darauf keine präzisen Antworten. Echte Selbstzeugnisse von überzeugten Deterministen über ihre subjektive Befindlichkeit sind in der Literatur ebenso selten zu finden, wie solche von Indeterministen. Öfter dagegen findet man Meinungen darüber, wie *andere* sich fühlen sollten bzw. nicht fühlen sollten.

Notorisch ist der Vorwurf, ein geglaubter Determinismus sei lähmend für das Handeln. Im 4. Jahrhundert v.d.Z. polemisiert der chinesische Philosoph Mo Di gegen die Meinung, es gäbe ein Schicksal, und behauptet, Schicksalsgläubigkeit führe zu Inaktivität, außerdem fühle sich der Determinist nicht für Misserfolge seiner Handlungen verantwortlich und sage, »es war eben Schicksal«.[6] Andererseits liest man oft, islamische Krieger seien besonders tapfer, weil sie an das Kismet glauben, den Determinismus. Aber vielleicht ist das keine ganz korrekte Wiedergabe der

4 Princ. I 39 u. 41.

5 Theod. II § 50.

6 Mo Ti, 1957, hierin die 3 Kapitel »Gegen die Schicksalsgläubigkeit«.

islamischen Position. Schließlich wird gerne Nietzsches Formel *amor fati* zitiert, mit der er eine bestimmte Lebenshaltung bezeichnet. In einer oft zitierten Briefstelle beschreibt er seine persönliche Erlebnislage (während der berühmten Lou-Affäre, 1882):

> Übrigens bin ich von einer fatalistischen ›Gottergebenheit‹ – ich nenne es amor fati –, daß ich einem Löwen in den Rachen laufen würde, geschweige denn...[7]

Dass es solche Stimmungslagen gibt, ist unbezweifelbar; jeder erlebt wahrscheinlich manchmal, dass die Dinge unerwartete Wendungen nehmen, so dass man etwa kommentiert: Was geschehen musste, das geschah eben. Der marxistische Determinist Plechanow meinte unter Bezug auf Gestalten wie Napoleon oder Mohammed:

> Menschen, die die Willensfreiheit verneinten, übertrafen häufig alle ihre Zeitgenossen durch die Kraft ihres eigenen Willens und stellten an diesen die größten Anforderungen.[8]

Öfter kommt die Position vor, dass das Determinismusproblem uns *praktisch* nichts angehe. Der Determinismus möge aus theoretischen Gründen noch so plausibel sein; für das menschliche Handeln habe er keine praktischen Konsequenzen. Jemand kann im Prinzip fest an den Determinismus glauben, aber da man daraus keine weiteren Folgerungen herleiten kann, bleibt sein Glauben folgenlos. Das ist früher gerne unter dem Namen der Göttin *Fortuna* behandelt worden. Machiavelli, der sich mit den Wechselfällen der Fortuna theoretisch und praktisch auseinandersetzt, formuliert das wie folgt:

> Ich behaupte, daß es unumstößlich wahr ist, und die ganze Geschichte bezeugt es, daß die Menschen das Schicksal unterstützen, nicht aber sich ihm widersetzen können. Sie können seine Fäden zusammenweben, nicht sie zerreißen. Sie dürfen sich indes nie selbst aufgeben. Da sie die Zwecke der Göttin nicht kennen und Fortuna auf krummen und unbekannten Pfaden wandelt, so sollen sie immer hoffen und hoffend in keiner Lage, in keiner Not noch Mühsal sich selbst aufgeben.[9]

Das heißt, wir können und sollen nur so handeln, als hinge alles nur von diesem Handeln ab. Verlässliche Prognosen sind uns ohnehin nicht möglich. »Man stellt sich nicht unter eine baufällige Mauer«, sagt der Konfuzianer Menzius, »wenn man das Schicksal versteht«.[10] Der Wenn-Teil ist nicht ganz klar, er scheint etwa zu bedeuten: wenn man begriffen hat, was es mit dem Schicksal auf sich hat und vernünftig lebt. Dem widerspricht nicht, wenn rund dreihundert Jahre später ein anderer Konfuzianer, Wang Chong, schreibt: »ist es jemandes Schicksal, erschlagen zu wer-

---

7 Nietzsche, 1984, S. 1181.
8 Plechanow, 1958, S. 14.
9 Discorsi II 29.
10 Mencius, 1970, VII A2.

den, dann wird er etwa dazu veranlaßt werden, unter einer baufälligen Mauer zu stehen«.[11] Wang Chong war Determinist.

Am überzeugendsten scheinen systematische Ansätze bezüglich des Problemfeldes *Schuld* und *Reue* zu sein. Der metaphysisch-theologische Begriff der Schuld ist für den Deterministen bedeutungslos, wie es besonders provokant von Nietzsche formuliert wird:

> Niemand ist für seine Taten verantwortlich, niemand für sein Wesen; richten ist soviel als ungerecht sein. Dies gilt auch, wenn das Individuum über sich selbst richtet.[12]

Daraus folgt, dass Reue und Selbstquälerei über eine schlechte eigene Entscheidung unsinnig sind, dass also ein vernünftiger Mensch derlei nicht empfinden sollte. In den Worten eines anderen berühmten Deterministen, Spinoza:

> Reue ist Unlust, begleitet von der Idee einer Tat, die wir aus freiem Entschluß des Geistes getan zu haben glauben. – Reue ist keine Tugend oder entspringt nicht der Vernunft; vielmehr ist der, welcher eine Tat bereut, doppelt elend oder unvermögend.[13]

Konsequenterweise kann der Determinist auch niemandem (metaphysisch begründete) Vorwürfe wegen irgendwelcher Taten machen. So ergibt sich aus der Annahme des Determinismus eine systematische Konsequenz für Spinozas Ethik:

> Die Liebe und der Haß gegen einen Gegenstand, den wir uns als frei vorstellen, müssen [...] stärker sein als die Liebe und der Haß gegen einen notwendigen Gegenstand.[...] Hieraus folgt, daß die Menschen, weil sie sich für frei halten, stärkere Liebe und stärkeren Hass gegeneinander hegen als gegen andere Dinge.[14]
> Insofern der Geist alle Dinge als notwendig erkennt, hat er ein größere Macht über die Affekte oder leidet er weniger von ihnen.[15]

Spinozas Ethik ist freilich sehr intellektualistisch. Immerhin könnte man sagen: Wenn bzw. insoweit eine theoretische Einsicht in die Determiniertheit der Welt sich als praktikabel erweist, wird das Zusammenleben der Menschen dadurch ein wenig friedvoller. Dies meinte jedenfalls Spinoza:

> Wer richtig erkannt hat, dass alles aus der Notwendigkeit der göttlichen Natur erfolgt und nach ewigen Gesetzen und Regeln der Natur geschieht, der wird sicherlich nichts finden, was Hass, Spott oder Verachtung verdient, noch wird er jemanden bemitleiden, sondern er wird streben, soweit die menschliche Tugend das vermag, gut zu handeln, wie man sagt, und sich des Lebens zu erfreuen.[16]

---

11 Wang Chong, 1962, S. 432.

12 Nietzsche, 1980, S. 64, = Menschl./Allzumenschl. I.39.

13 Ethik III Def.27 (Spinoza, 1977, S. 412/413–414/415) und IV Prop. 54 (Spinoza, 1977, S. 550/551).

14 Ethik III, Prop. 49 und Scholium dazu (Spinoza, 1977, S. 358/359).

15 Ethik V, Prop. 6 (Spinoza, 1977, S. 634/635).

16 Ethik IV, Prop. 50, Scholium (Spinoza, 1977, S. 544/545).

Von besonderem Interesse ist der *religiöse* Determinismus, weil er mit festem Glauben geglaubt wird. Kein Quantensprung wird jemals geschehen, kein Sperling vom Dach fallen und kein Haar auf meinem Haupt gekrümmt werden, ohne dass der allwissende Gott das nicht immer schon vorher gewusst hat. Das sagt sich leicht, weil es uns normalerweise gleichgültig ist, wie viele Sperlinge vom Dach fallen und wie viele Haare uns gekrümmt werden. Dass vorhersehbar ist, wie der Friseur mit meinen Haaren umgehen wird, ist nicht weiter beunruhigend, es gibt Wichtigeres, nämlich die ewige Seligkeit bzw. Verdammnis. Dieses Thema steht im Zentrum der *Prädestinationslehre* des heiligen Augustinus (und seines großen Nachfolgers J. Calvin). Gott hat jeden Einzelnen zur ewigen Seligkeit oder zum Braten in der Hölle prädestiniert. Die Prädestination ist für diese Theologie eine Glaubenswahrheit, die durch die hl. Schrift an vielen Stellen eindeutig bezeugt wird. Aber niemand (außer Gott selbst) kann individuelle Prognosen über die Prädestination zur Seligkeit bzw. zur Verdammnis machen. Der Gläubige weiß, *dass* alles prädestiniert ist, aber er weiß niemals, was *ihm persönlich* vorbestimmt ist.

Auch in diesem Determinismus laufen die Ereignisse ohne Eingriffe von außen ab; es ist immer der Mensch selbst, der handelt. Wie wird der Mensch selig? Augustinus antwortet: durch den Glauben und die Gnade Gottes. Der Mensch kann sich für oder gegen den Glauben entscheiden, aber wie er sich entscheidet, ist prädestiniert. Am Ende der Tage werden die Guten »ihren Lohn nach den Verdiensten ihres eigenen guten Willens erlangen, aber auch den guten Willen haben sie durch die Gnade Gottes erlangt«.[17] Denn Gott, sagt Paulus, »erbarmt sich, wessen er will und verstockt, wen er will«.[18]

Dass Gott mein Tun und Denken vorher weiß, bedeutet nicht, dass ich nicht *handle*. Alles, was in der realen Welt geschieht, geschieht durch meine Entscheidungen und Taten. Ich bin nicht Zuschauer meines Schicksals, sondern Spieler. Aber Gott kennt das Stück schon längst, er weiß, wie es ausgeht. Wie könnte ein Mensch reagieren, der an die Prädestination glaubt, d. h. der glaubt, *dass* sein Leben determiniert ist, aber nicht weiß, *wie* es determiniert ist? Dass ein solcher Glaube Auswirkungen auf das Denken und Fühlen haben kann, darauf weist bereits Augustinus hin. »Unser Herz und unsere Gedanken stehen nicht in unserer Macht«, zitiert Augustinus voll Zustimmung den Kirchenvater Ambrosius, und fügt hinzu, »gewiss hat Ambrosius dies nicht nur in der hl. Schrift gelesen, sondern – man wird dies bei diesem heiligen Mann zweifellos annehmen müssen – er hat es auch in seinem Herzen verspürt«.[19]

17 Augustinus, 1955, S. 46.
18 Röm 9,18.
19 Augustinus, 1955, S. 379–381.

Aber in welche Richtung solche Herzenserlebnisse gehen könnten, sagt Augustinus nicht. Nachdem Ambrosius und Augustinus für sich selbst zweifellos mit der ewigen Seligkeit rechneten, nicht mit der Verdammnis, werden ihre Gefühle gegenüber dem Determinismus wohl positiv gewesen sein. Die Aussicht auf ewige Seligkeit, gleichviel ob durch freien Willen und eigenes Verdienst, oder durch Gottes Gnade und Prädestination, ist sicher angenehmer als die Erwartung der Hölle.

Aber fragen wir allgemeiner: welches könnten bzw. sollten die Reaktionen sein, die sich *systematisch*, aus dem Wesen der Prädestination, herleiten lassen? Welches also wären die Reaktionen, die ein rational argumentierender Mensch daraus ziehen müsste? Tatsächlich musste sich bereits Augustinus auf seine alten Tage (er war schon 75) mit dem Einwand herumschlagen, dass die Predigt der Prädestination die Gläubigen verstöre und ihnen die Freude am Streben nach Tugend raube oder sie gar zur Verzweiflung treibe. Augustinus berichtet etwa von einem Mönch, der sich nicht mehr ordentlich an die Mönchsregeln hielt und erklärte: »Wie immer ich jetzt bin, ich werde einmal so sein, wie ich nach Gottes Vorherwissen sein werde«.[20] Augustinus sagt bezüglich dieses Klosterbruders: »Gewiss hat er die Wahrheit gesagt, er machte aber durch diese Wahrheit keine Fortschritte zum Guten«.[21] Der Mönch war, genau wie Augustinus, Determinist. Welche *Fortschritte* der Mönch aufgrund seines Wissens, dass Gott alles prädestiniert hat, hätte machen können, sagt Augustinus leider nicht, und es ist schwer, darauf eine systematisch begründete Antwort zu finden.

Augustinus plagte sich sehr mit der Frage, ob und wie man die Prädestinationslehre dem weniger intelligenten Volk mit seiner langsamen Fassungskraft verkündigen solle. Er sagt, dass Gottes Vorherwissen, das an sich niemand bestreiten könne,

> Lügen gestraft wird, falls man den Leuten sagt: ›Ihr mögt laufen oder ruhen, es wird mit euch doch das geschehen, was Gott von euch vorhergewusst hat.‹ Es ist aber Sache eines betrügerischen oder unkundigen Arztes, auch ein brauchbares Arzneimittel so anzuwenden, dass es entweder keinen Nutzen oder sogar Schaden stiftet. Man muss vielmehr sagen ›lauft so, dass ihr es erreicht und dass ihr gerade durch euer Laufen erfahrt, ihr seid vorauserkannt, dass ihr in gehöriger Weise lauft.‹[22]

Was die Wendung vom »Lügen strafen« (*redargui videtur*) im Zusammenhang mit Gottes Vorherwissen bedeuten soll, bleibt unklar. Aber wie Augustinus sich auch dreht und windet, am Ende scheint immer dasselbe herauszukommen: Zwar ist alles prädestiniert, aber am besten kümmert man sich nicht weiter darum und bemüht sich wie bisher um ein frommes Leben, so als hinge alles nur von einem selbst ab. Die Frage, was ein Mensch empfinden würde und wie er sich benehmen sollte,

20 ebd., S. 391.
21 ebd.
22 ebd., S. 425.

wenn er ganz sicher wüsste, wozu er prädestiniert ist, zur Seligkeit oder zur Hölle, behandelt Augustinus nicht. Ein solches Wissen ist dem Menschen ohnehin nicht zugänglich, also ist die Frage, wie ein Mensch auf dieses Wissen reagieren könnte oder sollte, nicht dringlich. Erst in der Petrus-Geschichte wird die Problematik voll erkennbar. Denn Petrus erfährt nicht bloß die Wahrheit des Determinismus, sondern auch noch eine ganz persönliche, konkrete Prognose.

Aber Augustinus ist nicht ganz geheuer, wenn er überlegt, wie seine Schäflein wohl auf die Lehre von der göttlichen Prädestination reagieren können. Er stellt sich wiederholt der Frage, ob man eine solche Lehre überhaupt *verkündigen* solle, und wenn ja, auf welche Weise? Wird nicht durch das Verkündigen der Prädestination »den Zuhörern mehr Hoffnungslosigkeit als Ermunterung gebracht?«[23] Man muss die Wahrheit zwar aussprechen, betont Augustinus mehrfach, aber in einer passenden Form:

> Es sollte mich wundern, falls ein Schwacher im christlichen Volk es irgendwie in Geduld anhören kann, wenn man den Leuten sagt: ›Und wenn ihr, die ihr gehorcht, prädestiniert seid, verworfen zu werden, wird euch die Kraft zum Gehorchen entzogen werden, so dass ihr zu gehorchen aufhört.‹ Denn dies behaupten, ist das wohl etwas anderes, als lästern oder gewissermaßen Böses prophezeien? Vielmehr, falls es gut scheint, oder nötig ist, auch über jene, die nicht ausharren, ein Wort zu sagen, – warum sagt man es nicht [...] fürs erste so, dass man dies nicht mit Bezug auf eben jene, die im Volke zuhören sagt, sondern mit Bezug auf andere; d. h. man soll nicht sagen: ›wenn ihr, die ihr gehorcht, prädestiniert seid, verworfen zu werden‹, sondern: ›Wenn einige, die gehorchen usw.‹, also in der dritten, nicht in der zweiten Person des Wortes.[24]

Es ist schon merkwürdig, dass hier die Grammatik eine Rolle spielt. Die andere, direktere Redeweise sei zwar völlig korrekt, aber nicht »der Fassungskraft der menschlichen Schwachheit angepasst«.[25] Man hat also den Eindruck, dass die Prädestination im allgemeinen, aber ohne zu deutliche Anwendung auf das Individuum, verkündet werden soll, und zwar mit einer typischen Asymmetrie: Den zur Seligkeit Prädestinierten empfiehlt Augustinus Bescheidenheit – sie müssen wissen, dass die Seligkeit nicht ihr eigenes Verdienst ist. Über die zur Hölle Prädestinierten redet er lieber nur in der dritten Person. Denn weil die Menschen lieber Positives als Negatives hören, soll man dem die Ausdrucksweise anpassen.

Ein Drogentherapeut, der zugleich Determinist ist, mag seinem Patienten sagen: »Vielleicht ist es gerade dir vorbestimmt, die Drogensucht zu überwinden.« Aber er wird sich hüten, dem Patienten zu sagen: »Vielleicht ist es dir vorbestimmt, vor die Hunde zu gehen, und dann wirst du eben vor die Hunde gehen.« Nicht als ob der Therapeut besonders begierig darauf sein dürfte, seinem Patienten das deter-

---

23 ebd., S. 405.
24 ebd., S. 429.
25 ebd.

ministische Weltbild zu explizieren. Aber es könnte sein, dass mancher Patient von selbst auf dieses Problem stößt. In der Biographie von Friedrich dem Großen steht über seinen Vater Friedrich Wilhelm zu lesen:

> Das Dogma von der Prädestination erschien ihm staatsgefährlich, weil es die Verantwortlichkeit der Untertanen aufhob. Er verbot den Pastoren, es vor den Soldaten zu predigen, weil er fürchtete, sie würden sich für die Desertion vorherbestimmt halten und in der Tat ausrücken.[26]

Augustinus gibt keine befriedigende theoretische Antwort; er macht statt dessen aus den theoretischen Einwänden Aufforderungen, Ermahnungen. Man solle nicht sagen, dass, wer jetzt noch sündigt oder noch nicht gläubig sei, dies eben sei, weil er noch keine Gnade empfangen habe. Man solle vielmehr predigen, dass der Sünder sich *bessern* solle.[27] Der Kirchenvater verkündet also die Prädestination und sagt anschließend: *kümmert Euch nicht weiter darum!* In das gleiche Horn stößt auch der fromme Leibniz:

> Alles Zukünftige ist ohne Zweifel bestimmt, allein da wir dieses Bestimmte und das Vorgesehene und Beschlossene nicht kennen, so sollen wir unsere Pflicht der von Gott gegebenen Vernunft gemäß erfüllen nach den Regeln, die Er uns vorgeschrieben hat. Dann sollen wir ruhig im Gemüte sein und Gott die Sorge für den Erfolg überlassen.[28]

Grundsätzlich ist dies aber keine sehr befriedigende Antwort. Deshalb sei die Frage nochmals gestellt, diesmal in einer verschärften Form: Wie würde sich das Leben eines Menschen gestalten, der *weiß*, dass der Determinismus wahr ist, also der es nicht bloß als Glaubens- oder Ideologiewahrheit annimmt, sondern der es am eigenen Leib *erfahren* hat. Das ist der Fall des Petrus. Ihm wird seine eigene Willenshandlung prognostiziert, und aus dem Eintreffen der Prognose über seine eigenen Willenshandlungen muss er auf die Determiniertheit ebendieses seines Willens schließen. (Indeterminierte Ereignisse lassen sich nicht vorhersagen). Wie würde unser Leben aussehen, wenn uns *ad oculos* demonstriert wird, dass der Determinismus wahr ist und dass unser Wollen nicht frei? Würde sich unsere Lebenshaltung, unser Denken und Fühlen verändern? Man könnte sagen, dies sei eine empirische, psychologische Frage: wie würde ein Mensch sich verhalten, dem der Determinismus so überdeutlich demonstriert wird? Aber ein solcher Fall kommt in unserer Welt nicht vor; die Petrus-Geschichte ist ein Extremfall, sie setzt einen allwissenden Gottessohn voraus. Also sollte man die Frage vielleicht besser als *systematische* stellen: Wie würde sich das Denken und Fühlen eines *logisch* denkenden, *rational* argumentierenden Menschen ändern, wenn er genau wüsste, dass der Determinismus richtig ist?

---

26 Gaxotte, 1977, S. 17.

27 Augustinus, 1955, S. 427.

28 Theodizee, Abh. II, § 58.

Bleiben wir einen Augenblick in der Welt der Fiktionen. Ein Mensch erhält Prognosen über sein eigenes künftiges Verhalten, und diese Prognosen treffen regelmäßig ein. In unserer realen Welt kommt das nicht vor, wohl aber in der Dichtung. Prognosen, die sich erfüllen, gehören zum Standardrepertoire der schönen Literatur. In einer kaum überschaubaren Anzahl von Werken aus allen Kulturkreisen werden Weissagungen, Visionen, Orakel, zukunftsweisende Träume[29] und derlei mehr benützt. Die Dichter schildern dann, wie sich Menschen verhalten, nachdem sie eine Prognose erhalten haben. Manche versuchen zu fliehen, wie Ödipus oder die Hauptfigur in Lessings nachgelassenem Tragödienfragment *Der Horoskop*. Hier wird einem Mann per Horoskop vorhergesagt, dass er seinen Vater ermorden werde. Der Mann ist darüber so verzweifelt, dass er sich erschießen will. Der Schuss geht aber daneben und trifft den Vater.

Oskar Wilde erzählt eine andere Variante in der kleinen Erzählung *Lord Arthur Saviles Verbrechen*. Dem Lord prophezeit ein Handleser, dass er ein Mörder werden werde. Der Lord ist verlobt, und aus Pflichtgefühl gegenüber der Braut beschließt er, so schnell wie möglich einen Mord zu begehen, damit das nicht während der Ehe geschehen muss. Er versucht einen Giftmord, der misslingt, und beschafft sich eine Höllenmaschine, die auch nicht funktioniert, bis er endlich zufällig wieder den Handleser trifft und ihn in die Themse wirft. Dessen Tod wird sofort als Selbstmord gedeutet. Der Lord lebt dann in glücklicher Ehe, und das einzige, worüber er nie etwas kommen lässt, ist die Chiromantie.

Am berühmtesten ist die Geschichte von Ödipus. Am Anfang macht ein Orakel eine Prognose für den König Laios: sein Sohn wird ihn ermorden. Der König setzt daraufhin den neugeborenen Sohn aus, um die Prognose zu falsifizieren. Das Kind wird aufgelesen, von anderen Eltern angenommen und großgezogen, sie nennen es Ödipus. Dem Ödipus gibt das Orakel die Prognose, dass er seinen Vater töten und seine Mutter heiraten wird. Um die Prognose zu falsifizieren, zieht Ödipus von seinen vermeintlichen Eltern fort, und gerade dadurch trifft er (ohne es zu ahnen) auf seinen Vater und erschlägt ihn. In weiterer Folge heiratet er seine Mutter Iokaste. Sämtliche Orakelsprüche waren also korrekte Prognosen. Dabei greifen keine Götter ein – alles geschieht durch das Entscheiden und Handeln der Menschen.

Man kann sich nun fragen: Was muss Ödipus wohl empfunden haben, nachdem er bemerkt hat, dass das Orakel richtig war, dass er also in einer determinierten Welt lebt, in der seine Entscheidungen und Handlungen tatsächlich vorhersagbar sind? Wie reagiert Ödipus nach der Vorstellung der Dichter, sobald ihm klar wird, wie determiniert sein eigenes Tun und Trachten ist? Aber die Dichter kommen mit dem Problem nicht zurecht. Der Ödipus des Sophokles reflektiert nicht über den Determinismus und beschuldigt wie selbstverständlich nur sich selbst. Ebenso der

29 Frenzel, 1992, S. 802–830.

Ödipus des Seneca, der nicht weiter über das *fatum* nachdenkt, während der Chorus nur allgemein feststellt, dass kein Mensch seinem Schicksal entgehe.[30] Auch Hofmannsthals Ödipus denkt nicht über Schicksal und Determinismus nach.[31] Jean Cocteau gibt seinem Ödipus-Drama von 1932 den Titel *La machine infernale*. Aber das infernalische Geschehen darin läuft ab, ohne dass die Akteure Reflexionen anstellen. Es gibt nur eine kurze Stelle, wo der (noch) erfolgreiche König Ödipus sich als Indeterminist zu erkennen gibt. Das ist, *bevor* das tragische Verhängnis sich enthüllt:

Ödipus: Es wäre nicht das erstemal, dass das Orakel gegen mich wütet und dass meine Kühnheit es zunichte macht.

Teresias: Glauben Sie, dass Sie das Problem des freien Willens in einer Minute gelöst haben? Die Macht benebelt Sie.

Aber nachdem sich die Illusion des Indeterminismus herausgestellt hat, erfährt man die Gedanken des Ödipus nicht mehr.

Nur im Ödipus-Drama von Voltaire gibt es einige reflektorische Ansätze. Bevor die schrecklichen Prognosen sich alle verifiziert haben, äußern sich sowohl Ödipus[32] als auch die Königin Iocaste[33] despektierlich über betrügerische Orakel. Am Ende der Tragödie wird dann die Schuldfrage aufgerollt. Iocaste sagt zu Ödipus, sein Vatermord sei *unwillentlich* geschehen, worauf Ödipus erwidert »Darauf kommt es nicht an – er ist geschehen«.[34] Ödipus nimmt die Strafe auf sich, aber er beklagt sich vorher »ich war das Instrument und der Sklave einer höheren Macht«.[35] Die Königin Iocaste geht noch einen Schritt weiter. Bevor sie sich umbringt, erklärt sie: »Ich habe in diesem schrecklichen Schicksal die Götter, die mich zum Verbrechen zwangen, *schamrot* werden lassen.«[36]

Das ist freilich das altbekannte Theodizee-Problem, mit dem wir uns hier nicht befassen wollen. Nehmen wir also an, dass Ödipus Agnostiker war. Auch dann stellt sich die Frage: macht es für Ödipus irgendeinen Unterschied, ob sein Geschick determiniert ist, und ob das Orakel ihm die Prognosen macht, oder nicht?

Vermutlich bewertet jedermann sein Leben und seine Taten genau gleich, ob ihnen nun Orakelsprüche vorhergegangen sind oder nicht. Hätte das Orakel dem Ödipus ein erfolgreiches, freudevolles Leben vorhergesagt, so hätte ihn die Determiniertheit seines Wollens und Handelns kaum irritiert. Gibt es irgendein Argument dafür, mit unangenehmen Prognosen anders umzugehen als mit guten? Wir freuen

30 Seneca, *Oedipus*, V. 980 – 1020.
31 H. v. Hofmannsthal, Ödipus und die Sphinx.
32 Voltaire, *Oedipe* (1718), 5.Akt, 2. Szene.
33 ebd. 4. Akt, 1. Szene.
34 ebd. 4. Akt, 3. Szene.
35 ebd. 5. Akt, 4. Szene.
36 ebd. 5. Akt, 6. Szene (Schlusswort des Dramas).

uns über Erfolge und kränken uns über Misserfolge, gleichviel ob sie prophezeit werden oder nicht.

Man könnte einwenden, der Fall des Ödipus sei kein gutes Beispiel. Zwar geschieht hier alles durch das Handeln der Personen – Götter greifen nicht ein –, aber die Personen gehen von falschen Informationen aus, sie werden quasi vom Schicksal betrogen. Hätten sie besseres Wissen, so würden sie sich anders entscheiden. Deshalb sei zum Schluss nochmals auf die Erzählung aus der Hl. Schrift zurückgekommen, in der keinerlei Tricks oder Betrügereien im Spiel sind. Jesus macht dem Petrus eine Prognose, eine sehr konkrete Prognose; und Petrus glaubt sie nicht. Er, der Handelnde, weiß, dass er nicht so schändlich entscheiden wird. Aber die Prognose trifft ein. Es ist an sich schon klar, dass ein Gottessohn alles vorherweiß; aber dem Petrus wird das konkret demonstriert. Die Prognose trifft ein, wie Popper es verlangt, und Petrus *weinte bitterlich.*

Warum weinte er, *worüber* weinte er so bitterlich? Weinte er, weil er die Wahrheit des Determinismus einsehen musste? Vermutlich nicht deswegen. Denn hätte Petrus auch geweint, wenn sein Meister ihm vorhergesagt hätte: Du wirst mich *niemals* verleugnen, und *diese* Vorhersage wäre eingetroffen? Es ist sicher, dass Petrus sich dann rückblickend sehr gefreut hätte, was auch immer die Prädestination lehrt. Er hätte dem prädestinierenden Gott gedankt, aber gefreut hätte er sich doch. Nur leider hatte er seinen Meister eben verraten, und nun weinte er. Er weinte einfach, weil er etwas getan hatte, das seinen eigenen Wünschen und Werten, seiner Selbstinterpretation widersprach. Er weinte, weil ihm die ganze Sache höchst peinlich war. Er hätte auch ohne vorhergegangene Prophezeiung geweint.

Es ist also folgendes zu vermuten: der Determinismus, auch wenn er augenfällig ist, stört die Menschen nicht an sich, sondern nur dort, wo ihnen eine Handlung prophezeit wird, die ihnen *unangenehm* ist, wegen der sie sich schämen, die ihrem eigenen Wertesystem widerspricht, die mit ihrer eigenen Selbstachtung unverträglich ist. Wenn man den Leuten dagegen eine Handlung prophezeit, mit der sie ohnehin einverstanden sind, so irritiert das niemanden. Man vergleiche die zwei Fälle von Prophezeiung für einen Prüfungskandidaten: a) Du wirst fleißig lernen und die Prüfung bestehen; b) du wirst fleißig lernen und bei der Prüfung durchfallen. Die Reaktion auf die beiden Prognosen wird vermutlich sehr verschieden sein.

So stellt sich am Ende nochmals die Frage nach dem bitterlichen Weinen des Apostels. Petrus empfindet Reue. Aber Spinoza definiert Reue wie erwähnt als: »Unlust, begleitet von der Idee einer Tat, die wir aus freiem Entschluss des Geistes getan zu haben glauben«.[37] Nachdem Petrus überdeutlich erkennen musste, dass sein Entschluss determiniert war, und nicht frei, hätte er nicht weinen müssen. Oder weinte Petrus gerade darüber, dass sein Willen *determiniert* war? Am ehesten ist zu ver-

37 Ethik III Def.27 (Spinoza, 1977, S. 412/413).

muten, dass Petrus einfach weinte, weil er über den Verrat an Jesus unglücklich war, sozusagen Determinismus hin oder Indeterminismus her. Vermutlich kam ihm die Idee des Determinismus gar nicht in den Sinn, vermutlich empfand er sich (entgegen seinem besseren theoretischen Wissen) nicht als determiniert.

Literaturverzeichnis

Aurelius Augustinus, 1955, »Schriften gegen die Semipelagianer«, in: Sankt Augustinus, der Lehrer der Gnade, Bd. VII, Kopp, S./Zumkeller, A. (Hrsg.), Würzburg: Augustinus Verl.

Frenzel, Elisabeth, 1992, *Motive der Weltliteratur*, 4. Aufl., Stuttgart: Kröner.

Gaxotte, Pierre, 1977, *Friedrich der Große*, Frankfurt/M/Berlin: Ullstein.

Machiavelli, Niccolò, 1990, *Discorsi*, in: N. Machiavelli, Politische Schriften, Herausg.H. Münkler, Frankfurt/M: Fischer.

Mencius, 1970, in: *Mencius Translated with an Introduction*, Lau, Dim C. (Hrsg.), Harmondsworth: Penguin books 1970.

Mo Ti, 1957, »Gegen den Krieg«, in: Mo Ti: *Schriften*, Bd. 2, Schmid-Glintzer, Helwig (Hrsg.), Köln/Düsseldorf: Diederichs.

Nietzsche, Friedrich, 1984, »Jenseits von Gut und Böse. Zur Genealogie der Moral«, in: *Werke*, Bd. 3, Schlechta, Karl (Hrsg.), Frankfurt/M/Berlin/Wien: Ullstein.

Nietzsche, Friedrich, 1988, »Menschliches, Allzumenschliches: I und II«, in: *Sämtliche Werke. Kritische Studienausgabe*, Bd.2, Colli, Giorgio/Montinari, Mazzino (Hrsg.), 2., durchgesehene Auflage, München: Deutscher Taschenbuch Verlag/Berlin/New York: de Gruyter.

Plechanow, Georgij V., 1958, *Über die Rolle der Persönlichkeit in der Geschichte*, Stuttgart: Reclam.

Spinoza, Benedictus de, 1977, *Die Ethik*, Stern, Jakob (Hrsg.), Stuttgart: Ph. Reclam.

Wang Chong, 1962, »Censures on Mencius (Tse'e Mèng), Book IX, Chapter I«, in: *Lun-Heng, Philosophical Essays of Wang Ch'ung*, Bd. 1, Forke, A. (Hrsg.), 2nd edition, New York: Paragon.

Ist das Wahre das Ganze? Methodologische Probleme Integrierter Forschung

Carl Friedrich Gethmann

Konzeptionen der Integrierten Forschung, zu denen hier unter anderen die Global-Change-Forschung[1], die Syndrom-Forschung[2], die Erdsystem-Forschung[3] und das Management komplexer Systeme[4] gerechnet werden, stellen ein florierendes Forschungsfeld dar, das von hoch reputierten Wissenschaftlern mit Enthusiasmus betrieben wird. Wer angesichts dieses Umstands methodologische Kritik übt, gilt leicht als Spielverderber.[5] Deswegen sei zu Beginn betont, dass die folgenden Überlegungen nicht von dem Versuch bestimmt sind, die Fortentwicklung des wissenschaftlichen Selbstverständnisses zu behindern, sondern daran erinnern sollen, dass Wissenschaften grundsätzlich einem aufklärerischen Programm verpflichtet sind.[6] Dieser Erinnerung bedürfte es freilich nicht, wenn nicht die Sorge bestünde, dass sich der aufklärerische Auftrag der Wissenschaften im Zusammenhang mit Projekten Integrierter Forschung in sein Gegenteil verkehren könnte. Dabei ist zunächst anzuerkennen, dass die Entstehung dieses Forschungsfeldes die Unzufriedenheit mit der traditionellen naturwissenschaftlichen Methodologie zum Ausdruck bringt, die sich angesichts erkannter oder vermuteter Handlungszwänge als grundsätzlich unzulänglich zu erweisen scheint. Sie erscheint unzulänglich, um angesichts der Bedrohung der globalen Umwelt und der mit dieser Bedrohung verbundenen sozialen Probleme eine adäquate Problemanalyse zu liefern, und erst recht, um zu angemessenen Lösungsstrategien beizutragen. Dabei wird häufig der Grund für die Unzulänglichkeiten in einem *Reduktionismus* naturwissenschaftlicher Methodologien gesehen, der durch einen *Holismus* zu überwinden sei. Durch derartige holistische Vorstellungen rückt das Projekt der Integrierten Forschung allerdings in die Nähe

---

1 Vgl. z. B. Wissenschaftlicher Beirat der Bundesregierung für Globale Umweltveränderungen, 1996; Nationales Komitee für die Global Change Forschung, 1997.

2 Vgl. u. a. Schellnhuber et al., 1997; Schellnhuber et al., 2001; Graßl, 2001; Jaeger, 2001.

3 Vgl. z. B. Schellnhuber/Wenzel, 1998; Petschel-Held et al., 1999; Claußen, 2001; Ehlers/Krafft, 2001.

4 Ludwig, 2000; Schellnhuber, 2001.

5 Dies ist nicht die erste kritische Stimme gegenüber dem Programm der Integrierten Forschung; vgl. etwa den Beitrag von A. Grunwald zum Problem der Qualitätskontrolle (Grunwald, 2001); ferner die Kritik von P. Janich an den ungeklärten epistemologischen Vorstellungen, die mit der Verwendung des Modellbegriffs in der Integrierten Forschung verbunden sind (Janich, 2002).

6 Zum *praktischen Sinn* der Wissenschaften gemäß dem Baconschen Prinzip vgl. Gethmann, 2003.

alternativer Wissenschaftsphilosophien, die ihre Rechtfertigung aus ähnlichen Defizitanalysen beziehen, von denen auch die Integrierte Forschung ausgeht.[7]

Die folgenden Überlegungen haben das Ziel, die Projekte Integrativer Forschung von solchen alternativen wissenschaftsphilosophischen Positionen zu unterscheiden und in Verbindung damit die Vertreter der Integrativen Forschung aufzufordern, bei der Inanspruchnahme holistischer Argumentationsfiguren skeptischer zu sein. Besonders kritisch werden dabei die wissenschaftshistorischen und wissenschaftsphilosophischen Thesen betrachtet, die zugespitzt auf die Behauptung hinauslaufen, es sei gerade die *moderne* Wissenschaft gewesen, die aufgrund des ihr immanenten Ausbeutungsanspruchs gegenüber Mensch und Natur die *ökologische Krise* herbeigeführt habe. Deswegen sei eine Rückwendung von der modernen Physik zu einer prä- oder postmodernen Meta-Physik zu fordern. Das Thema der Meta-Physik ist bekanntlich (in Ultrakurzfassung) *das Ganze*. Dass nur das Ganze das Wahre sei, ist in der Tat die holistische Position der Meta-Physik, die sie in ihrer abendländischen Aufgipfelung bei Hegel erfahren hat.

Die mit dem holistisch-metaphysischen Charakter gegebenen Probleme sind sowohl theoretischer als auch praktischer Art. Ein *theoretisches* Problem liegt darin, dass durch den Übergang vom Labor zum Erd-System die Reproduzierbarkeit prätendierter Erkenntnisse nicht mehr gegeben ist. Mit Quasi-Objekten wie Syndromen und Transekten lassen sich keine Experimente durchführen. Zu den *praktischen* Problemen gehört, dass prätendierte Erkenntnisse holistischer Art besonders ideologieanfällig sind, d. h. dass sie sich dafür eignen, dass unter dem Schleier der Oberflächengrammatik einer wissenschaftlichen Rede partikularistische Politik betrieben wird.

1. Forschungspragmatischer Holismus

Viele Wissenschaftler verbinden ihre Forderung nach einer Wende zu einem Integrativen Forschungsverständnis mit einem affirmativen Hinweis auf den *Holismus*. So schreibt E. Ehlers unter der Überschrift *Transekte als Hilfsmittel für integrativ-holistische Umweltforschung*:

> Wer die wissenschaftstheoretische und wissenschaftshistorische Diskussion der letzten Jahre verfolgt, wird erkennen, daß ein unverkennbarer Trend zugunsten integrativ-holistischer Wissenschaftskonzepte zu konstatieren ist.[8]

---

7 Als Beispiel für eine solche alternative Wissenschaftsphilosophie sei K.-M. Meyer-Abichs »ganzheitliches Denken der Natur« genannt (zur holistischen Wissenschaftskonzeption vgl. v.a. Meyer-Abich, 1988, und Meyer-Abich, 1997).

8 Ehlers 2001, S. 131.

Der Holismus ist ein wissenschaftstheoretisches Programm, das im 20. Jahrhundert im Anschluss an Duhem und Quine entwickelt wurde.[9] Dabei kann man zunächst zwischen einem semantischen (bedeutungstheoretischen) und einem epistemischen (wahrheitstheoretischen) Holismus unterscheiden.

(a) Nach der These des *semantischen Holismus* lässt sich die Bedeutung eines subsententialen Ausdrucks (etwa eines Worts) nicht (vollständig) bestimmen, ohne die semantische Funktion dieses Ausdrucks in dem Satz (der Aussage, der Behauptung, der Äußerung, ...), in der der Ausdruck vorkommt, mit einzubeziehen. Die Bedeutung eines Satzes (einer Aussage, einer Behauptung, einer Äußerung, ...) lässt sich wiederum nicht bestimmen ohne die semantische Funktion des Satzes im gesamten Text (der gesamten Theorie, der gesamten Sprache, ...) mit einzubeziehen. Aus dieser Überlegung ergibt sich, dass der eigentliche Bedeutungsträger die gesamte (Wissenschafts-) Sprache ist.

(b) Analog behauptet der *epistemische Holismus*, dass man über die Wahrheit/Falschheit eines Satzes nur befinden kann, wenn sein epistemischer Beitrag zum gesamten Kontext (mit-) berücksichtigt wird. Im nicht übertragenen Sinne können wahr/falsch daher nur ganze Kontexte (ganze Theorien, ganze Sprachen, ...) sein.

Die Kritik am semantischen und epistemischen Holismus[10] läuft darauf hinaus, dass der Holismus zu einem Verlust des kritischen Potentials der Wissenschaft und damit zu semantischer bzw. epistemischer Beliebigkeit führt. Wenn nämlich die holistische Argumentation triftig wäre, dann wären, was den semantischen Aspekt der Sprache betrifft, Bedeutungsklärungen – etwa anlässlich von Missverständnissen aufgrund semantischer Ambiguitäten oder von anderen Verständigungsstörungen – angesichts der unbestimmten Offenheit von Kontexten, Theorien, Sprachen o.ä. nicht möglich. Die Sprache verfügt jedoch über Potentiale semantischer Arbeit trotz des Umstands, dass das *Netz der Bedeutung* immer auf irgendwelche weiteren Knoten hinführen kann. Semantische Potentiale, angefangen von ostensiven Bedeutungseinführungen bis zu prädikativen Bedeutungsklärungen sind daher in der Umgangssprache ausnahmslos und sehr häufig auch in Wissenschaftssprachen partielle Charakterisierungen. Nur in kommunikativen Sonderfällen sind vollständige Charakterisierungen im Sinne von Explizitdefinitionen notwendig.

Semantische Potentiale zum Zweck der Bedeutungsklärung funktionieren (wenigstens manchmal), weil es in konkreten Kommunikationssituationen fast immer genügt, *einige Ränder* zu schärfen, d. h. weil Sprecher und Hörer in der Regel auf

9 Zur Geschichte des Holismus in der Wissenschaftstheorie des zwanzigsten Jahrhunderts vgl. v.a. Koppelberg, 1987; zur aktuellen systematischen Diskussion Esfeld, 2002.

10 Die hier in kompakter Form ausgeführte Kritik am Holismus folgt im wesentlichen der sprachphilosophischen Kritik M. Dummetts; vgl. Dummett, 1978, und Dummett, 1993; sie weist starke Affinitäten zur Wissenschaftstheorie der Erlanger Schule auf; vgl. Gethmann, 1987.

große Felder des semantisch Unproblematischen setzen können.[11] Anders formuliert: Über die *ganze* Sprache müssten wir uns nur verständigen, wenn wir uns in jeder Hinsicht nicht oder miss-verstehen würden. Genau dann aber wäre Verständigung nicht mehr möglich, weil alle Instrumente der Verständigung ja Teil der nicht funktionierenden Sprache wären.

Analog ist bezüglich des epistemischen Holismus zu argumentieren. Die Wahrheit einer *ganzen* Theorie müssten wir nur dann begründen, wenn *alle* Elemente der Theorie zur Debatte stünden; genau dann wäre aber ein Begründen nicht mehr möglich.

Die Antwort auf die holistischen Herausforderungen lautet also: Wenn wir unterstellen, dass Verständigung und Begründung möglich sind, müssen wir unterstellen, dass teilweise Verständigung und Begründung schon gelungen sind. Sowohl in semantischer wie in epistemischer Perspektive bedeutet das, dass letztlich Wissenschaften nur möglich sind, weil sie auf lebensweltlich-vorwissenschaftliche Verständigungen und Zwecksetzungen rekurrieren können, die somit Grundlage wissenschaftlichen Wissens sind, wenn sie auch andererseits durch wissenschaftliche Einsichten kritisierbar bleiben müssen.[12] Wenn wir andererseits unterstellten, dass keine Verständigung und Begründung gelungen ist, dann würden sowohl die Fundamente als auch die Instrumente fehlen, um das Geschäft der Verständigung und Begründung in Angriff nehmen zu können. In anderer Ausdrucksweise: Die Antworten auf die berechtigten Einwände gegen den semantischen und epistemischen Atomismus bestehen nicht in entsprechenden Holismen, sondern sie führen auf einen semantischen bzw. epistemischen *Molekularismus* (M. Dummett)[13], demgemäß Verständigung und Begründung zwar immer relativ zu Sektoren gelungener kognitiver Bemühungen funktionieren, aber nicht beliebig sind.

Diese Überlegungen sollen als Hintergrund dienen, um nun die dritte Form des Holismus zu behandeln, die häufig für die Rechtfertigung der Forderung nach Integrierter Forschung herhalten muss. Die Begründung für die Forderung nach Integrierter Forschung liegt nämlich nicht primär in den Formen wissenschaftlicher Systematisierung (wie Begriffen, Aussagen und Theorien), auch nicht in der Frage ihrer Kontrolle (durch Definition, Begründung oder Beweis), sondern in ihrem pragmatischen Einsatz zu außerwissenschaftlichen Zwecken. Aus diesem Grunde soll im Folgenden von einem *(forschungs-)pragmatischen Holismus* gesprochen werden. Er hat es nicht mit der Bedeutung von sprachlichen Segmenten und auch nicht mit deren Wahrheit, sondern mit der Frage zu tun, ob die Aussagen, Theorien, ...

11 Die Metapher des Schärfens der Ränder geht zurück auf Wittgenstein, 1960, § 71.

12 Zu dieser Konzeption der Fundierung des Wissens vgl. Gethmann, 1987.

13 Dummett, 1993b (zuerst veröffentlicht 1974) und öfter.

mögliche Antworten auf die durch die Handlungssitutation von Menschen aufgeworfenen Fragen sind. Jede Frage ermöglicht Antworten und jede Antwort wirft neue Fragen auf. Also müssten wir – so die holistische Argumentation, das ganze Netz von Fragen und Antworten zur Verfügung haben, wenn wir die Einschlägigkeit einer Frage und die Triftigkeit einer Antwort pragmatisch richtig einschätzen wollen. Somit müsste das gesamte System von Fragen und Antworten erforscht sein. Das neuzeitliche Kausalitätsverständnis, das den Naturwissenschaften zugrunde liegt, sei jedoch auf eine solche System-Forschung nicht angelegt. Es untersuche Mikro-Kausalitäten und nicht komplexe Makro-Kausalitäten. Somit sei die Kausalanalyse zugunsten der Systemanalyse aufzugeben.

Der Einwand gegenüber dieser holistischen Argumentation verläuft analog zu dem Einwand gegen den semantischen und epistemischen Holismus. Die Skepsis gegenüber der Untersuchung von Mikro-Kausalitäten kann nicht dazu führen, von der Uneinschlägigkeit aller Fragen und der Nichttriftigkeit aller Antworten auszugehen. Denn in genau diesem Falle wäre Forschung nicht mehr möglich.

Sowohl der semantische wie der epistemische und auch der pragmatische Holismus werfen nicht-holistischen Ansätzen Reduktionismus vor. Analog lässt sich von semantischem, epistemischem und pragmatischem Reduktionismus sprechen. *Reduktionismus* ist jedoch nur dann ein berechtigter Vorwurf, wenn Bezüge geleugnet werden, deren Existenz manifest ist, etwa dadurch, dass auch der Reduktionist sie durch explizite Behauptungen oder wenigstens Präsuppositionen solcher anerkennt. Der Holismus diagnostiziert jedoch nicht die Leugnung bestimmter Bezüge, sondern die Beschränkung semantischer, epistemischer und pragmatischer Fragestellungen auf bestimmte Sprachsegmente. Selbstverständlich lässt sich gegenüber jedem Sprachsegment der Einwand erheben, es stelle ja lediglich einen Ausschnitt des Ganzen dar. Andererseits kann das Ganze nicht Gegenstand semantischer Verständigung, epistemischer Begründung und pragmatischer Zwecksetzung sein. So wie ein semantischer Holismus Verständigung unmöglich macht, ein epistemischer Holismus Begründungen ausschließt, ist ein pragmatischer Holismus mit dem zweckvollen Einsatz von Wissen unverträglich.

Auch bezüglich des pragmatischen Holismus wäre als Gegenkonzeption ein pragmatischer Molekularismus zu erwägen. Das heißt, dass auch die Verständigung über Zwecke des Wissenseinsatzes unterstellt, dass es bereits vorwissenschaftlich-lebensweltlich gelungene Zwecksetzungen gibt. Damit ist nicht behauptet, dass a priori festläge, was die gelungenen Felder solcher Zwecksetzungen wären. Somit ist grundsätzlich von einer letzten Hypothetizität aller Verständigung und Wahrheitsfindung und dementsprechend auch aller gesellschaftlichen Problemlösung auszugehen. Wissenschaft funktioniert immer nur, soweit und solange bestimmte semantische, epistemische und pragmatische Unterstellungen in Kraft sind, die nicht zugleich semantisch, epistemisch und pragmatisch zur Debatte stehen können.

Auch wenn Sprachsegmente eben nur Segmente des Ganzen sind, kann es kein sinnvolles Projekt sein, das *Ganze* zum Thema der Forschung zu machen.

2. Der Mensch: Teil der Natur?

Zur Begründung des Programms Integrierter Forschung wird häufig der Topos herangezogen, dass der Mensch Teil der Natur sei, und es deswegen immer zu einer reduktionistischen Verkürzung führe, wenn die Wissenschaft nur Segmente der Natur untersuche. Auch dieser Reduktionismusvorwurf wird häufig mit der wissenschaftshistorischen *Short Story* verbunden, dass der Mensch sich seit der Renaissance in einer Art wahnhafter Selbstüberhebung aus der Einbettung in seine natürliche Umgebung herausgelöst und mit den Mitteln von Technik und Wissenschaft eine Ausbeutungshaltung gegenüber Natur und Mitmenschen eingenommen habe, deren *Quittung* nun die ökologische Krise sei. Diese Krise müsse durch einen Öko- (auch: Kosmo-, Physeo-, …) zentrismus überwunden werden. Dieser Holismus stellt kein einheitliches wissenschaftsphilosophisches Konzept dar, sondern ist häufig stark versetzt mit religiösen und anderen weltanschaulichen Vorstellungen, was sich unter anderem daran zeigt, dass häufig an die Stelle von *Welt* der Begriff von *Schöpfung* tritt; entsprechend werden leidensfähige Lebewesen als *Mitgeschöpfe* bezeichnet und an die Stelle von Endlichkeit oder Kontingenz tritt die *Geschöpflichkeit*. Man kann daher von einem *metaphysischen* Holismus sprechen. Es ist unübersehbar, dass der (forschungs-) pragmatische Holismus, auf den sich das Programm der Integrierten Forschung zunächst gründet, eine starke Tendenz hat, sich mit diesem metaphysischen Holismus zu amalgamieren.

Gegenüber dem metaphysischen Holismus ist darauf hinzuweisen, dass auch die Kategorie der Ganzheit eine vom Menschen der Realität entgegen getragene Deutungskategorie ist. »Der Mensch ist Teil der Natur«, sagt der Mensch (und nicht die Natur). Auch das Deutungsmuster von Teil/Ganzem ist (wie das von Element/Klasse, Ereignis/Zustand und andere von derart fundamentaler Bedeutung) ein Instrument der menschlichen Welt und Selbstdeutung und als solches nicht von Haus aus natürlicher, objektiver usw. als andere Instrumente auch. Dass der Mensch Teil der Natur sei, ist nicht eine unschuldige Beschreibung eines schlichten Sachverhalts, sondern eine inhalts- und voraussetzungsreiche (Selbst-)Deutung: Daher entlastet die Kategorie von Teil/Ganzem auch nicht den Menschen, sein Welt- und Selbstverhältnis zu gestalten. D.h. aber, dass das Ganze nur durch eine Zergliederung (Analyse) und kontrollierte Zusammensetzung (Synthese) zu erfassen ist. Der Mensch kann sich und sein Verhältnis zu seiner natürlichen Umgebung nicht aus einer Art neutraler Vogelperspektive beschreiben. Vielmehr muss er sich deutend und gestaltend in ein Verhältnis zur Natur *setzen* (z. B. als deren *Teil*). Subtrahiert man das

Deutungs- und Gestaltungselement von der Teil-Ganzes-Kategorie, dann bleibt sie ohne jede kognitive und operative Orientierungsfunktion. Die kognitive und operative Unhintergehbarkeit des Menschen, der sich im übrigen nicht einfach nur in eine Natur einbetten kann, sondern sich auch mit ihr auseinandersetzen, ja gegen sie wehren muss, ist maßgebend dafür, dass dem Menschen eine Auseinandersetzung mit der Frage nach dem rechten Maß im Umgang mit der Natur nicht erspart werden kann.[14] Wäre das nicht so, gäbe es gar kein Problem mit der Umweltpolitik; man bräuchte ja nur dem Imperativ zu folgen, das der Natur (und damit auch dem Menschen als ihrem Teil) Gemäße zu tun – leider sagt uns die Natur jedoch nicht, was das ihr Gemäße ist.

Auch Integrative Forschung kann demzufolge nicht umhin, *analytisch* zu verfahren. Sie muss ihren Gegenstand so zerlegen, dass er methodisch handhabbar wird, und die auf diese Weise entstehenden verschiedenen Perspektiven zu einer Gesamtsicht zusammenfassen. Wenn auch die Integrierte Forschung vielleicht mit einer anderen Analyse ansetzte als traditionelle neuzeitliche Wissenschaft (wogegen prinzipiell nichts spräche), müsste auch diese alternative Analyse gerechtfertigt werden und sich am kognitiven Erfolg bewähren. Die noch immer gültigen Bestimmungsparameter einer Wissenschaft, die auf die *Zweite Analytik* des Aristoteles zurückgehen, verlangen, dass sich für eine wissenschaftliche Disziplin ein Materialobjekt, ein Verfahren (*objectum formale quo*) und die es bestimmenden Erkenntnisinteressen (*objectum formale quod*) angeben lassen. So kommt denn auch Integrative Forschung nicht darum herum, bestimmte Teile des Ganzen als seine eigentlichen Gegenstände auszuwählen und damit andere zurückzustellen (a); Perspektiven der Gegenstandsbetrachtung auszuwählen (und andere zurückzustellen) (b); Erkenntnisinteressen auszuwählen (und andere zurückzustellen) (c). Damit aber sind bereits die erheblichen Probleme angesprochen, die mit einem dem Projekt Integrativer Forschung zugrunde liegenden Holismus zusammenhängen:

(a) Integrative Forschung beansprucht, als ihr *Materialobjekt das Ganze* zu betrachten:

> Die Gesamtheit der global relevanten Module beziehungsweise Sektoren ist der Focus für die Forschung zum Globalen Wandel – oder sollte es zumindest sein.[15]

Demgegenüber ist darauf hinzuweisen, dass Integrative Forschung nicht umhin kann, Teile des Ganzen als Gegenstand der Forschung auszuwählen und damit andere zurückzustellen. Das Ganze kann allenfalls die Rolle eines Limes oder einer regulativen Idee spielen, nicht Gegenstand sein. Da das Ganze sich nicht fassen lässt, bedarf es gewisser *Ersatz-Entitäten*, die irgendwie für das Ganze stehen. Dass es sie überhaupt gibt, bezeugt, dass die Abgrenzung von Gegen-

14 Vgl. Gethmann/Mittelstraß, 1992.

15 Simonis, 2002, S. 109.

standsbereichen unvermeidlich ist. In der Diskussion um Integrative Forschung sind solche *Quasi-Gegenstände*, die im übrigen mit typischen Überkomplexitätsproblemen behaftet sind, die Syndrome und Transsekte. Zu Recht ist bemerkt worden, dass es sich bei ihnen um Hilfskonstruktionen[16] handelt. Wenn es jedoch Konstruktionen sind, dann werfen sie auch entsprechende Willkürprobleme auf. Warum wählt man gerade diese Quasi-Gegenstände und nicht andere, warum wählt man gerade diese Transsekte und nicht andere; diese Fragen bleiben durchweg unbeantwortet.

Hinsichtlich des Begriffs des Syndroms[17] ist zu bemerken, dass er aus der ärztlichen Diagnostik stammt und dort ein (bewährtes) Instrument der Phänomen-Beschreibung *vor* der Kausalanalyse darstellt. Die Leistungsfähigkeit des Begriffs liegt also in der Ordnung der Phänomene, nicht dagegen in ihrer Erklärung. Soweit man daran festhält, dass eine ärztliche Therapie möglichst in einer Intervention in einen Kausal- oder Konditionalzusammenhang besteht, bleibt der Begriff des Syndroms ohne jeden operativen Witz. Dass alles mit allem zusammenhängt, gehört gegebenenfalls zur Beschreibung eines Problems, nicht zu seiner Lösung. Analog liegt die Leistungsfähigkeit der *Syndrom-Logik* vor allem in der phänomenalen Problemordnung, wohingegen zweifelhaft ist, ob Syndrome *primäre Forschungsgegenstände* werden können.

(b) Integrative Forschung kann nicht umhin, *Perspektiven der Gegenstandbetrachtung* auszuwählen und andere zurückzustellen. Gegenstand wissenschaftlicher Arbeit ist immer ein verfahrensbestimmter Ausschnitt der Realität. Damit werden zunächst Methodenfragen der einfachen Art, also Fragen des adäquaten Gegenstandszugangs aufgeworfen. Vor allem aber wird die Frage der Qualitätssicherung Integrativer Forschung unabweisbar. Die Fragen der Qualitätssicherung hängen eng mit der Lösung der Methodenfrage und damit der Kontrolle der Forschungsergebnisse zusammen. Kontrollprinzipien wie die Prinzipien der Reproduzierbarkeit und Beweisbarkeit, schließlich die regulative Idee der Wahrheit, können nicht vermieden werden.[18]

In diesem Zusammenhang wird gelegentlich darauf hingewiesen, dass sich die klassischen Methodenfragen nicht stellen lassen, weil die moderne Wissenschaft durch Nicht-Linearität, Probabilität und Über-Komplexität gekennzeichnet sei.[19] Diese Phänomene sind jedoch durchaus Kennzeichen vieler fortgeschrittener wissenschaftlicher Disziplinen, sie stellen keine spezifischen Kennzeichen In-

16 Ehlers, 2001, S. 127.

17 Er ist erstmals durch das Gutachten des Wissenschaftlichen Beirats für Globale Umweltveränderungen der Bundesregierung, 1996, in die Politikberatung eingeflossen und dadurch einer breiteren Öffentlichkeit bekannt geworden.

18 Grunwald, 2001, S. 38–45.

19 So Schellnhuber et al., 2001, u. a.

tegrativer Forschung dar. Es kann andererseits nicht ein Kennzeichen einer besonders avancierten wissenschaftlichen Unternehmung sein, kraft dessen sich diese Ergebnisse der intersubjektiven Kontrolle entziehen dürften.

(c) Auch Integrative Forschung kann nicht umhin, *Erkenntnisinteressen* auszuwählen und andere dabei zurückzustellen. Kognitive Beliebigkeit ist dabei vor allem deshalb auszuschließen, weil sie zu operativer Beliebigkeit und damit zu ideologischer Indienstnahme von Wissenschaften für außerwissenschaftliche Zwecke Anreize setzt.

Insgesamt steht der forschungspragmatische Holismus in der Gefahr, die auf seiner Basis durchgeführten Forschungen den rationalen Instrumenten der Beurteilung, die ihrerseits nicht beliebig zur Disposition stehen dürfen, zu entziehen. Man wird verschiedenen Programmen Integrativer Forschung daher einen latent anti-aufklärerischen Zug vorhalten müssen.

3. Integrative Forschung und Politik

Aus dem Aufklärungsprogramm neuzeitlicher Wissenschaft ergibt sich eine Reihe von Unterscheidungen, die im Aufklärungsinteresse verteidigt werden müssen. Zu ihnen gehören die Unterscheidungen von Physik und Metaphysik, empirischen und theoretischen Wahrheiten, Erklären und Verstehen, analytischen und synthetischen Aussagen. Die abschließenden Überlegungen konzentrieren sich auf eine weitere Unterscheidung, die im Rahmen von Projekten Integrativer Forschung nivelliert wird, nach manchen Konzeptionen sogar ausdrücklich nivelliert werden soll, nämlich derjenigen zwischen *deskriptiven* und *präskriptiven Geltungsansprüchen*. Wird diese Unterscheidung aufgegeben, gerät Wissenschaft in Gefahr, mehr oder weniger unmerklich aus einer Forschungsstrategie in eine politische Konzeption hinüber zu gleiten. Das Verhältnis von Integrativer Forschung und Politik ist daher in hohem Maße klärungsbedürftig.

Zunächst scheint weitgehend Einigkeit zu bestehen, dass der Zweck des Unternehmens *Integrative Forschung* nicht einfach eine Verbesserung der kognitiven Lage ist, sondern einer operativen Ausrichtung unterworfen ist.

> Das Integrationspostulat folgt aus der Notwendigkeit, zu *integriertem und kohärentem politischen Handeln* [...] zu kommen.[20]

Bereits die Wendung von der »Bereitstellung von Handlungswissen«[21] zeigt jedoch die Verlegenheit an, die für Reflexionen auf die Grundlagen Integrativer Forschung kennzeichnend ist. Integrative Forschung soll demgemäß nicht einfach Forschungs-

20 Grunwald, 2001, S. 25.

21 Grunwald, 2001, S. 25.

ergebnisse produzieren, sondern diese Forschungsergebnisse sollen eine bestimmte politische Praxis stützen, wenn nicht sogar hervorbringen. Der Übergang von erkenntnisorientierter zu handlungsorientierter Forschung wird sogar gerne als der entscheidende Fortschritt Integrativer Forschung gegenüber traditioneller Forschung angesehen. Bezüglich des Verhältnisses von wissenschaftlichem Wissen und politischem Handeln sind jedoch kritische Fragen zu stellen, vor allem die folgenden:

(a) Kann wissenschaftliches Wissen überhaupt politisches Handeln stützen?
(b) Besteht eine eindeutige Beziehung zwischen wissenschaftlichem Wissen und bestimmtem politischen Handeln?
(c) Ist nur eine Politik legitim, für die es eine Art *wissenschaftlicher Stützung* gibt?

(a) Bezüglich einer adäquaten Interpretation des Verhältnisses von Wissen und Handeln ist nach wie vor die Konzeption des praktischen Syllogismus hilfreich. Aus ihm ergibt sich, dass eine Aufforderung eine korrekte Konklusion aus einer deskriptiven und einer präskriptiven Prämisse sein kann. Das von R. M. Hare eingeführte klassische Beispiel lautet[22]:

   Hill ist der größte Supermarkt von Hattingen.
   Geh zum größten Supermarkt von Hattingen!
   Also: Geh zu Hill!

   In diesem Sinne kann gesagt werden, dass eine deskriptive Prämisse eine präskriptive Konklusion *stützt*. Es ist jedoch zu beachten, dass eine deskriptive Prämisse niemals allein für eine präskriptive Konklusion einstehen kann. Ein entsprechender Schluss würde immer zu einer Unterbestimmung der Konklusion führen; er wird in der Philosophie als *naturalistischer Fehlschluss* geführt.[23] Integrative Forschung, auch wenn sie trotz der angesprochenen methodologischen Probleme gelingen sollte, ist grundsätzlich deskriptiver Natur. Die *Integration* von *Sozialwissenschaften* verändert diese Situation methodologisch nicht. Ohne die Investition präskriptiver Prämissen, die beispielsweise aus der Ethik oder Politik stammen können, sind keine präskriptiven Konklusionen denkbar.

(b) Somit ist die Frage zu verneinen, ob es eine eindeutige Beziehung zwischen wissenschaftlichem Wissen und politischem Handeln geben kann. Die häufig mehr oder weniger explizit in Anspruch genommene Unterstellung, nur eine bestimmte (Umwelt-) Politik sei mit den Ergebnissen Integrativer Forschung in Einklang, trägt die Gefahr der Ideologisierung von Wissenschaft, aber auch die einer inadäquaten *Szientifizierung* des Politischen in sich. In diesem Zusammenhang darf der Hinweis erlaubt sein, dass sich auch das untergegangene Pro-

22 Das Beispiel ist aus Hare, 1972, S. 55, entnommen.
23 Vgl. Wimmer, 1984.

jekt des *Wissenschaftlichen Sozialismus* der Vermischung der Sphären des Deskriptiven und Präskriptiven verdankte.

Durch diese Hinweise ist keineswegs gesagt, dass das präskriptive Element notwendig dezisionistisch oder irrational oder auch nur als un-wissenschaftlich interpretiert werden müsste. Die Rechtfertigung von Präskriptionen ist jedoch anderen Rationalitätsstandards verpflichtet, als die Beschreibungen und Erklärungen der Wissenschaften.[24] Sie gehört in den Rahmen ethischer und politischer Reflexion, die keineswegs durch die *Integration* von Sozialwissenschaften abgearbeitet wird.

(c) Aus der Uneindeutigkeit des Verhältnisses von wissenschaftlichem Wissen und politischem Handeln ergibt sich auch, dass keineswegs nur *ein* politisches Handeln legitim sein kann, für das es eine wissenschaftliche *Stütze* (im Sinne von (a)) gibt. Die Basis politischen Handelns reicht nicht nur über diese oder jene wissenschaftliche Beschreibung und Erklärung hinaus, sie reicht über den Bereich der Beschreibung und Erklärung grundsätzlich hinaus.

Zusammenfassend ist festzuhalten, dass mit dem Begriff der *Integration* eine forschungspragmatische Konzeption vertreten werden sollte, die ihre Rechtfertigung weder aus einer holistischen Hintergrundphilosophie noch aus einem irgendwie geartetem Konzept von Einheitswissenschaft[25] zu beziehen versucht. Vielmehr sollte es darum gehen, ungerechtfertigte Reduktionismen aufzuheben und in übergeordnete Fragestellungen zu überführen. Die Vorstellung, dass durch integrative Prozesse dieser Art schließlich *das Ganze* in den Blick genommen werden könnte, ist aus grundsätzlichen methodologischen Gründen aufzugeben. Der Begriff des Ganzen ist lediglich eine regulative Idee, durch die die Wissenschaften immer wieder auf die Begrenztheit menschlicher Erkenntnisbemühungen aufmerksam gemacht werden, die aber nicht so etwas wie einen Mega-Gegenstand vorgibt.

Mit diesem *bescheidenen* Begriff der Integration ist mitgegeben, dass Wissenschaft auch bis auf weiteres disziplinär organisiert sein wird. Es ist zweifellos richtig, dass durch interdisziplinäre Arbeit ungerechtfertigte Sektoralisierungen aufgehoben werden sollen. Mit *Interdisziplinarität* ist jedoch keine neue kognitive Kompetenz bezeichnet, die es erlaubt das metaphysische *Ganze* zu erkennen, sondern ein Verfahren der sozialen Organisation disziplinärer Kompetenzen. Dass Wissenschaft im übrigen externen Zwecken folgt, ist bezüglich des Kosmos der Disziplinen eher der Normalfall. So sollen die medizinischen Disziplinen der Gesundheit, die ökonomischen der Wirtschaftlichkeit, die technischen der Effektivität und die juristischen der Gerechtigkeit dienen. Dass Wissenschaften insoweit handlungsbezogen sind, ist eine Selbstverständlichkeit. Etwas anderes ist es jedoch, Wissenschaften auf partiku-

---

24 Gethmann/Sander, 1999.

25 Zur Kritik von einheitswissenschaftlichen Projekten vgl. Gethmann, 1990.

läre politische Zwecksetzungen zu beziehen. Integrative Forschung sollte nicht mit dem Anspruch auftreten, der Gesellschaft die Grundlagen des politisch richtigen Handelns zu liefern. Vielmehr sollte sie sich als ein Ensemble der Selbstorganisation wissenschaftlicher Disziplinen verstehen, durch dessen Bildung versucht wird, politische Zielsetzungen im beschriebenen Sinne zu *stützen*. Allerdings ist selbstkritisch zu fragen, ob die wissenschaftlichen Disziplinen im Sinne eines bescheidenen Konzepts von Interdisziplinarität hinreichend integrationsbereit und integrationsfähig sind. Diese Frage ist nicht nur von Disziplin zu Disziplin sondern auch von Wissenschaftler zu Wissenschaftler unterschiedlich zu beantworten. Pauschalierend gesprochen sind Naturwissenschaftler eher mehr, Sozialwissenschaftler eher weniger und Geisteswissenschaftler eher gar nicht interdisziplinaritätsbereit.

Mit der Wendung von der *Stützung* des politischen Handelns durch wissenschaftliches Wissen ist auch angedeutet, dass wissenschaftliches Wissen nicht an die Stelle politischen Handelns treten kann. Es ist nicht Sache der Wissenschaften, einen politischen Weg zu gehen, sondern dazu beizutragen, ihn zu ermöglichen.[26] Wissenschaftliche Politikberatung ist denn auch etwas anderes als verwissenschaftlichte Politik. Nicht die Wissenschaft entscheidet, ob der Weg vom Wissen zum Handeln überhaupt gangbar ist. Das bedeutet schließlich auch, dass nicht die Wissenschaft selbst der Richter hinsichtlich der operativen Erfolgskontrolle Integrativer Forschung sein kann. Diese Feststellung hat für den Wissenschaftler auch einen tröstlichen Aspekt: Wenn der Weg vom Wissen zum Handeln nicht gegangen wird, muss nicht unbedingt das Wissen dafür verantwortlich sein.

Literaturverzeichnis

Claussen, Martin, 2001, »Earth System Models«, in: Ehlers, Eckart/Krafft, Thomas (Hrsg.) *Understanding the Earth System. Compartments, Processes and Interactions,* Berlin/Heidelberg: Springer, S. 148 – 162.

Dummett, Michael, 1978, *Truth and Other Enigmas,* London: Duckworth.

Dummett, Michael, 1993a, *The seas of language,* Oxford: University Press.

Dummett, Michael, 1993b »What is a theory of meaning?«, in: ders., *The seas of language,* Oxford: University Press, S. 1 – 33.

Ehlers, Eckhart/Krafft, Thomas, 2001, »Understanding the Earth System. From Global Change Research to Earth System Science«, in: Ehlers, Eckart/Krafft, Thomas (Hrsg.), *Understanding the Earth System. Compartments, Processes and Interactions,* Berlin/Heidelberg: Springer, S. 3 – 16.

Ehlers, Eckart, 2001, »Transekte – Möglichkeiten und Grenzen integrativer Umweltforschung – Das Beispiel AQUA/GLOWA«, in: Coenen, Reinhard (Hrsg.), *Integrative For-*

26 Diesem Grundgedanken ist auch der von J. Mittelstraß geprägte Begriff der *Transdisziplinarität* (Mittelstraß, 1998) verpflichtet.

schung zum globalen Wandel. Herausforderungen und Probleme, Frankfurt am Main: Campus, S. 123- 140.

Esfeld, Michael, 2002, *Holismus in der Philosophie des Geistes und der Philosophie der Physik,* Frankfurt am Main: Suhrkamp.

Gethmann, Carl Friedrich, 1987, »Letztbegründung vs. lebensweltliche Fundierung des Wissens und Handelns«, in: Forum für Philosophie Bad Homburg (Hrsg.), *Philosophie und Begründung,* Frankfurt am Main: Suhrkamp, S. 268 – 302.

Gethmann, Carl Friedrich, 1990, »Einheit der Lebenswelt – Vielheit der Wissenschaften«, in: Akademie der Wissenschaften zu Berlin (Hrsg.), *Einheit der Wissenschaften. Forschungsberichte,* 4, Berlin: de Gruyter, S. 349 – 371.

Gethmann, Carl Friedrich, 2003, »Wissen als Macht. Wissenschaftsphilosophische Überlegungen«, in: Emmermann, Rolf/Balling, Rudolf/Hasinger, Günther (Hrsg.), *An den Fronten der Forschung: Kosmos – Erde – Leben,* Stuttgart: Hirzel, S. 238 – 245.

Gethmann, Carl Friedrich/Mittelstraß, Jürgen, 1992, »Maße für die Umwelt«, in: *Gaia,* 1, S. 16 – 25.

Gethmann, Carl Friedrich/Sander, Thorsten, 1999, »Rechtfertigungsdiskurse«, in: Grunwald, A./Saupe, S. (Hrsg.), *Ethik in der Technikgestaltung. Praktische Relevanz und Legitimation,* Berlin/Heidelberg: Springer, S. 117 – 151.

Graßl, Hartmut, 2001, »Der Syndromansatz als Mittel, vernetzte Hemmnisse nachhaltiger Entwicklung zu überwinden«, in: Coenen, Reinhard (Hrsg.), *Integrative Forschung zum globalen Wandel. Herausforderungen und Probleme,* Frankfurt am Main: Campus, S. 97 – 104.

Grunwald, Armin, 2001, »Integrative Forschung zu globalen Wandel. Herausforderungen und Probleme«, in: Coenen, Reinhard (Hrsg.), *Integrative Forschung zum globalen Wandel. Herausforderungen und Probleme,* Frankfurt am Main: Campus, S. 23 – 48.

Hare, Richard M., 1972, *Die Sprache der Moral,* Frankfurt am Main: Suhrkamp [Englische Originalversion: *The Language of Morals,* London: Clarendon, 1952]

Jaeger, Carlo C., 2001, »Regenwürmer. Ein Vortrag über Syndrome in der Global Change-Forschung«, in: Coenen, Reinhard (Hrsg.), *Integrative Forschung zum globalen Wandel. Herausforderungen und Probleme,* Frankfurt am Main: Campus, S. 105 – 116.

Janich, Peter, 2002, »Modelle und Modelliertes. Zwecke und Methoden«, in: Gethmann, Carl Friedrich/Lingner, Stefan (Hrsg.) *Integrative Modellierung zum Globalen Wandel,* Berlin/Heidelberg: Springer, S. 15 – 31.

Koppelberg, Dirk, 1987, *Die Aufhebung der analytischen Philosophie. Quine als Synthese von Carnap und Neurath,* Frankfurt am Main: Suhrkamp.

Ludwig, Björn, 2000, *Management komplexer Systeme. Der Umgang mit Komplexität bei unvollkommener Information: Methoden, Prinzipien, Potentiale,* Berlin: Sigma.

Meyer-Abich, Klaus-Michael, 1988: *Wissenschaft für die Zukunft. Holistisches Denken in ökologischer und gesellschaftlicher Verantwortung,* München: Beck.

Meyer-Abich, Klaus-Michael, 1997, »Mit-Wissenschaft: Erkenntnisideal einer Wissenschaft für die Zukunft«, in: ders. (Hrsg.), *Vom Baum der Erkenntnis zum Baum des Lebens. Ganzheitliches Denken der Natur in Wissenschaft und Wirtschaft,* München: Beck.

Mittelstraß, Jürgen 1998, »Interdisziplinarität oder Transdisziplinarität?«, in: ders., *Die Häuser des Wissens. Wissenschaftstheoretische Studien,* Frankfurt am Main: Suhrkamp, S. 29 – 48.

Nationales Komitee für die Global Change Forschung, 1997, *Eckwerte für eine kohärente nationale Forschungsstrategie zum Globalen Wandel*, Bonn.

Petschel-Held, Gerhard/Block, Arthur/Cassel-Gintz, Martin/Kropp, Jürgen/Lüdeke, Matthias K. B./Moldenhauer, Oliver/Reusswig, Fritz/Schellnhuber, Hans-Joachim, 1999, »Syndromes of Global Change. A Qualitative Modelling Approach to Assist Global Environmental Management«, in: *Environmental Modelling and Assessment*, 4, S. 295–314.

Schellnhuber, Hans-Joachim, 2001, »Earth System Analysis and Management«, in: Ehlers, Eckart/Krafft, Thomas (Hrsg.), *Understanding the Earth System. Compartments, Processes and Interactions*, Berlin/Heidelberg: Springer, S. 17–56.

Schellnhuber, Hans-Joachim/Block, Arthur/Cassel-Gintz, Martin/Kropp, Jürgen/Lammel, Gerhard/Lass, Wiebke/Lienenkamp, Roger/Loose, Carsten/Lüdeke, Matthias/Moldenhauer, Oliver/Petschel-Held, Gerhard/Plöchl, Matthias/Reusswig, Fritz, 1997, »Syndromes of Global Change«, in: *Gaia* 6, S. 19–34.

Schellnhuber, Hans-Joachim/Block, Arthur/Held, Hermann/Lüdeke, Matthias K.B./Moldenhauer, Oliver/Petschel-Held, Gerhard, 2001, »Syndrome & Co. Qualitative und semi-quantitative Ansätze in der Forschung zum Globalen Wandel«, in: Coenen, Reinhard (Hrsg.), *Integrative Forschung zum globalen Wandel. Herausforderungen und Probleme*, Frankfurt am Main: Campus, S. 51–96.

Schellnhuber, Hans-Joachim/Wenzel, Volker (Hrsg.), 1998, *Earth System Analysis. Integrated Science for Sustainability*, Heidelberg/Berlin: Springer.

Simonis, Udo E., 2002, »Integrative Modellierung zum Globalen Wandel«, in: Gethmann, Carl Friedrich/Lingner, Stefan (Hrsg.), *Integrative Modellierung zum Globalen Wandel*, Berlin/Heidelberg: Springer, S. 107–111.

Wimmer, Reiner, 1984, »Naturalismus (ethisch)«, in Mittelstraß, Jürgen (Hrsg.), *Enzyklopädie Philosophie und Wissenschaftstheorie*, Bd. 2, Mannheim: Bibliographisches Institut, Sp. 965–966.

Wittgenstein, Ludwig, 1960, »Philosophische Untersuchungen«, in: *Ludwig Wittgenstein. Schriften*. Bd. 1, Frankfurt am Main: Suhrkamp.

Wissenschaftlicher Beirat der Bundesregierung für Globale Umweltveränderungen (Hrsg.), 1996, *Welt im Wandel. Herausforderungen für die deutsche Wissenschaft*, http://www.wbgu.de/wbgu-jg1996.pdf (Stand: 01.05.2004).

Vom Nutzen und Nachteil der Geisteswissenschaften

Dieter Teichert

> Glaubt es mir: wenn die Menschen in der wissenschaftlichen Fabrik arbeiten und nutzbar werden sollen, bevor sie reif sind, so ist in Kurzem die Wissenschaft ebenso ruiniert wie die allzuzeitig in dieser Fabrik verwendeten Sklaven. Ich bedaure, dass man schon nötig hat, sich des sprachlichen Jargons der Sklavenhalter und Arbeitgeber zur Bezeichnung solcher Verhältnisse zu bedienen, die an sich frei von Utilitäten, enthoben der Lebensnot gedacht werden sollten; aber unwillkürlich drängen sich die Worte ›Fabrik‹, ›Arbeitsmarkt‹, ›Angebot‹, ›Nutzbarmachung‹ – und wie all die Hilfszeitwörter des Egoismus lauten – auf die Lippen, wenn man die jüngste Generation der Gelehrten schildern will.
> *F. Nietzsche*

> Wer sich nicht an Ideen orientiert, hat gar keine Orientierung.
> *J. Mittelstraß*

I. »Positives«: Fakten und Zahlen

Nachdem in den 1970er Jahren der Geist aus den Geisteswissenschaften »ausgetrieben« wurde[1] und nachdem die Wissenschaftlichkeit der Geisteswissenschaften unsicher geworden ist[2], scheint zweifelhaft zu sein, ob es so etwas wie die Geisteswissenschaften überhaupt (noch) gibt. Beides – sowohl der Geist als auch die Wissenschaft – mag zwar an den deutschen Universitäten immer noch vorkommen. Glaubte man aber den häufig artikulierten Polemiken, so gehen Geist und Wissenschaft keine produktive Verbindung in Form der Geisteswissenschaft mehr ein.

Angesichts der unklaren und verworrenen Verhältnisse empfiehlt sich ein Blick auf die so genannten »harten« Fakten. Die Dokumentationen des Statistischen Bundesamtes, der Deutschen Forschungsgemeinschaft, der Max-Planck-Gesellschaft und des Bundesministeriums für Bildung [sic!] und Forschung lassen keine Einigkeit darüber erkennen, ob es überhaupt Geisteswissenschaften gibt.[3]

---

1 Kittler, 1980.

2 Mittelstraß, 1989; Mittelstraß, 1998; Mittelstraß, 2001a, S. 180 – 182.

3 Die verwendeten Daten basieren auf den Angaben in den home pages folgender Institutionen (Stand 05.01.2004): Statistisches Bundesamt: (http://www.destatis.de), Deutsche Forschungsgemeinschaft (http://www.dfg.de), der Max-Planck-Gesellschaft (http://www.mpg.de) und des Bundesministeriums für Bildung und Forschung (http://www.bmbf.de).

Das Statistische Bundesamt unterscheidet: (1) Sprach- und Kulturwissenschaften, (2) Rechts-, Wirtschafts- und Sozialwissenschaften, (3) Kunst und Kunstwissenschaften. Die Geisteswissenschaften tauchen hier nicht auf. In einem weiten Sinn, der an die Hegelsche Konzeption des objektiven und absoluten Geistes anknüpft, bilden alle diese Disziplinen die Geisteswissenschaften. Die heutigen Wirtschafts- und Sozialwissenschaftler werden dies als geschmacklose Zumutung empfinden und Wert darauf legen, dass sie nichts mit den idealismuskontaminierten Geisteswissenschaften zu tun haben.

Die DFG verwendet den Terminus *Geisteswissenschaften* als Titel eines Komplexes von Geistes- und Sozialwissenschaften. Diesen untergliedert sie in (i) Gesellschaftswissenschaften, (ii) Geschichts- und Kunstwissenschaften, (iii) Sprach- und Literaturwissenschaften, (iv) Psychologie, Pädagogik, Philosophie, Theologie. Es bleibt gewissermaßen dem individuellen Geschmack überlassen, ob man sich als Geistes- oder Sozialwissenschaftler bezeichnen will.

Die Max-Planck-Gesellschaft hat eine Geisteswissenschaftliche Sektion, die sich in drei Abteilungen aufgliedert: (I.) Kulturwissenschaften, (II.) Rechtswissenschaften, (III.) Sozial- und Verhaltenswissenschaften. Selbst die Sozialwissenschaftler müssen es sich hier gefallen lassen, als Geisteswissenschaftler geführt zu werden.

Alle diese Klassifikationen können keine tiefer gehenden Einsichten vermitteln. Sie bestätigen, was man ohnedies vermutet: Geisteswissenschaften haben es mit Kultur, Geschichte, Gesellschaft, Sprache und Literatur zu tun. Das ist nicht falsch, aber es ist auch nicht besonders erhellend. Erhellend sind zunächst einige Zahlen.

In der Bundesrepublik hat sich die *Anzahl der Studierenden* seit Beginn der 1970er Jahre bekanntlich dramatisch erhöht: 1970/71 gab es in Deutschland 422 000 Studierende; 2002/03 waren es 1 939 233. Besonders auffallend sind in den Jahren 1992/93 bis 2002/03 die überdurchschnittlichen Steigerungsraten in den Sprach- und Literaturwissenschaften (19,2 %) sowie den Rechts-, Wirtschafts- und Sozialwissenschaften (17,7 %) im Vergleich zur Steigerung der Gesamtstudentenschaft (5,2 %): ein deutlicher Indikator für die besonders starke Belastung dieser Fachgruppe.

Die Zahlen des *Hochschulpersonals* für die Jahre 1998 und 2002 ergeben folgendes Bild:

	1993	**1998**	**2002**
Hochschulpersonal insgesamt	538 917 = 100 %	519 400 = 100 %	540 500 = 100 %
davon			
im nichtwissenschaftlichen Bereich	263 133 = 48,8 %	266 100 = 51,2 %	271 200 = 50,2 %
im wissenschaftlichen Bereich	239 410 = 44,4 %	215 800 = 41,6 %	231 400 = 42,8 %
Professoren und Professorinnen	36 374 = 6,7 %	37 500 = 7,2 %	37 900 = 7,0 %

Der Anteil der Professoren und Professorinnen an den Hochschulen stellt mit etwa 6,7 % (1993), 7,2 % (1998) und 7,0 % (2002) eine überraschend kleine Größe dar. Erstaunlich ist dieser geringe Anteil in Anbetracht der Tatsache, dass die Medien und die Hochschulpolitik mitunter den Eindruck erwecken, die aktuelle Misere sei allein den faulen Professoren und den Langzeitstudenten zu verdanken. Auch innerhalb der Professorenschaft gibt es schwarze Schafe. Diese stellen aber sicherlich eine geringe Minderheit innerhalb einer Berufsgruppe dar, die im Regelfall Selbstausbeutung betreibt und deren Mitglieder zu einem erheblichen Teil *workaholics* sind.

Die markantesten Zahlen hinsichtlich der Steigerungsraten des Personals sind von 1993 auf 1998 der minimale Zuwachs im nichtwissenschaftlichen Personal (1,1 %) und die Schrumpfung im wissenschaftlichen Bereich (-9,9 %). Für 1998 – 2002 sind Zuwächse in der Professorenschaft äußerst gering (1,1 %).

Angesichts der absoluten Größenverhältnisse beim Hochschulpersonal muss man sich darüber wundern, wie es überhaupt möglich ist, dass die Hochschulen bei den großen Anzahlen von Studierenden und den geringen Anzahlen von Professoren zumindest dem äußeren Anschein nach immer noch funktionieren. Die zentralen Aufgaben der Universitäten – Forschen und Lehren (inklusive Beraten, Korrigieren und Prüfen) – werden durch die nicht habilitierten Wissenschaftler und die Professoren wahrgenommen. Dabei haben die Professoren in einem für Außenstehende kaum vorstellbaren Ausmaß Gremienarbeit zu leisten (akademische Selbstverwaltung), deren tieferer Sinn angesichts einer bloß noch scheinbaren Autonomie der Universitäten nicht mehr erkennbar ist.

Die genannten Zahlen für das Personal sind im Zusammenhang mit den großen Zuwächsen bei den Studierenden zu sehen (1992 bis 2002: 19,2 % in den Sprach- und Literaturwissenschaften). Tatsächlich ist es erstaunlich, dass das nichtwissenschaftliche Personal fast konstant umfangreicher ist als die Mitarbeiterzahlen im wissenschaftlichen Bereich. Gerade in Anbetracht des PC-bedingten Wegfalls eines Großteils klassischer Sekretariatsarbeiten ist dies eine Merkwürdigkeit. Die Hochschulpolitik greift zur Lösung aktueller Probleme auf das Mittel der Erhöhung des Lehrdeputats der Professoren zurück. Eine Maßnahme, die nichts anderes als eine schleichende Verringerung des Anteils der Professorenschaft am Hochschulpersonal darstellt. In Anbetracht der genannten Zahlen ist eine Erhöhung des Unterrichtsvolumens für den einzelnen Hochschullehrer zwar eine Belastung, für die Kohorten des in Warteschleifen auf Professuren wartenden Nachwuchses eine Existenzbedrohung, für die durch die Haushaltskrisen zittrig gewordenen öffentlichen Hände aber kein wirksames Therapeutikum. Das Verhältnis zwischen der Anzahl von Studierenden und den Ausgaben für die Geisteswissenschaften fällt erwartbar »günstig« aus: die Geisteswissenschaften sind billig. Sie bilden über die Hälfte der Studierenden aus, ohne auch nur annährend die Hälfte der Finanzmittel zu beanspruchen.

Hinsichtlich der von den Geisteswissenschaften bei der *Deutschen Forschungsgemeinschaft* (DFG) eingeworbene Mittel haben sich die Verhältnisse im Vergleich zu der von J. Mittelstraß (1998) diagnostizierten Lage verändert: die Geisteswissenschaften kümmern sich aktiver um ihre Finanzierung. Die DFG bewilligte 15,8 % ihrer der Forschungsmittel für die Geisteswissenschaften. Die DFG fördert die Forschungsarbeit in Form von Sonderforschungsbereichen, Graduiertenkollegien und Forschergruppen.

Mittelstraß hatte den schwachen Anteil der Geisteswissenschaften an den *Sonderforschungsbereichen* festgestellt. Hier haben sich die Verhältnisse zunächst weiter rückläufig entwickelt. 1997 gab es insgesamt 256 Sonderforschungsbereiche, davon 27 in den Geisteswissenschaften (ca. 10,5 %); 2002 gab es insgesamt 312 Sonderforschungsbereiche; von den Geisteswissenschaften wurden 39 betrieben (12,5 %).

Anders stellen sich die Verhältnisse bei den *Graduiertenkollegien* dar. Hier haben die Geisteswissenschaften eine starke Aktivität entwickelt: 1997 gab es insgesamt 311 Graduiertenkollegien, 88 in den Geisteswissenschaften (ca. 28 %). 2002 bestanden insgesamt 276 Graduiertenkollegien, davon entfielen 79 auf die Geisteswissenschaften (ca. 29 %).

In den *Forschergruppen* sind die Geisteswissenschaften wieder unter die 20 %-Linie gefallen: 1997 insgesamt 83 Forschergruppen, davon 14 Geisteswissenschaften (ca. 17 %); 2002 insgesamt 160 Forschergruppen, davon 28 Geisteswissenschaften (17,5 %).

Das vergleichsweise aktive Profil der Geisteswissenschaften in der DFG bezüglich der Graduiertenkollegien und Forschergruppen wird bei der *Max-Planck-Gesellschaft* allerdings nicht bestätigt. Wie bereits Mittelstraß beklagte, schneiden die Geisteswissenschaften schlecht ab. Sie bilden mit 18 Instituten die kleinste der drei Sektionen. Dabei ist zu beachten, dass die Geisteswissenschaftliche Sektion der MPG unterteilt ist in (i) Kulturwissenschaften, (ii) Rechtswissenschaften sowie (iii) Sozial- und Verhaltenswissenschaften. Die Kulturwissenschaften entsprechen den im engeren Sinn geisteswissenschaftlichen Fächern und auf diese entfallen tatsächlich nur vier Institute: (1) Bibliotheca Hertziana – MPI für Kunstgeschichte/Rom, (2) MPI für Geschichte/Göttingen, (3) Kunsthistorisches Institut Florenz, (4) MPI für Wissenschaftsgeschichte/Berlin). Auf der Ebene der Spitzeninstitutionen der Forschung sind die Geisteswissenschaften schwach repräsentiert.

II. Geisteswissenschaften: Was ist das?

Zu den zahlreichen Unklarheiten, die die Geisteswissenschaften umgeben, gehört nicht nur die Frage, was sie von den anderen Wissenschaften unterscheidet. Bereits auf die simple historische Frage nach dem Zeitpunkt ihrer Entstehung, findet man in der einschlägigen Literatur keine eindeutige und unkontroverse Antwort. Fest steht, dass der Ausdruck *Geisteswissenschaft(en)* seit dem Ende des 18. Jahrhunderts vereinzelt gebraucht wird. Dabei hat er allerdings noch im frühen 19. Jahrhundert eine andere Bedeutung als die später maßgebliche: es handelt sich um ein Synonym zu *Philosophie* oder zu einem Teilbereich der Metaphysik.[4] Seit der Mitte des 19. Jahrhunderts ist der Begriff der Geisteswissenschaften dann ein wichtiger Bestandteil der Theorie der Wissenschaften.[5]

In vielen Aufsätzen und Handbüchern findet man immer noch die falsche Behauptung, die Verwendung des Terminus *Geisteswissenschaften* sei auf die Übersetzung von J. St. Mills *System of Logic, Ratiocinative and Inductive* durch J. H. Schiel zurückzuführen. Das ist insofern unzutreffend als die einschlägige Unterscheidung bereits zuvor formuliert worden war.[6] A. L. Kym schreibt 1854:

> In zwei Hälfte spaltet sich uns die Welt. Die eine bildet die Natur, die andere die Geschichte oder der Geist. Befasst sich [...] das menschliche Denken mit der Natur, so entstehen die Naturwissenschaften; befasst es sich mit der Geschichte oder dem Geiste, so entstehen die Geisteswissenschaften.[7]

Diese Formulierung enthält mit der *Opposition von Natur/Naturwissenschaft und Geist/Geisteswissenschaft* einen Kontrast, der bis zu den Debatten der zweiten Hälfte des 20. Jahrhunderts bestimmend bleibt. In diesen Diskussionen werden zwei Kulturen – die Welt der Naturwissenschaften und die der Geisteswissenschaften – einander gegenübergestellt (C. P. Snow[8]) oder die naturwissenschaftliche Methode des Erklärens von der geisteswissenschaftlichen Methode des Verstehens unterschieden (H.-G. Gadamer[9]). Kyms Bestimmung der Geisteswissenschaften als Beschäftigung mit »der Geschichte oder dem Geiste« ist für das 19. und 20. Jahrhundert insgesamt bezeichnend. Die Vorstellung, dass die Formen sowohl des Lebens, Arbeitens und Handelns als auch des Denkens, Erkennens, Sprechens historisch veränderlich sind, bildet die Grundlage der Geisteswissenschaften, die sich als Erforschung der Strukturen und Weisen dieses historischen Wandels etablieren. Dabei spielen der Sache nach die Hegelschen Konzeptionen des absoluten und objektiven Geistes eine Rolle, wobei der Kontrast beider nach dem Zusammenbruch des Deutschen Idealismus an Bedeutung verliert. Hegel teilt das Gebiet der Wissenschaft in Logik, Naturphilosophie und Philosophie des Geistes ein, wobei der *Begriff des Geistes* zwei Unterbegriffe kennt: der *objektive Geist* konstituiert Recht, Moralität und Sittlichkeit (Familie, Gesellschaft, Staat); der *absolute Geist* umfasst Kunst, Reli-

4 Oken, 1817, Innenseite des Umschlags.
5 Vgl. Dierse, 2003.
6 Köhnke, 1986, S. 137.
7 Kym, 1854, S. 12.
8 Snow, 1967.
9 Gadamer, 1990; Gadamer, 1999.

gion und Philosophie.[10] Dem Begriff des objektiven Geistes entsprechen weitgehend diejenigen Fächer, die normative Grundlagen und Orientierungen vermitteln und traditionell der *Praktischen Philosophie* oder den *moral sciences* zugeordnet sind. Nach dem Geltungsverlust des Idealismus wird dieses Feld durch die Sozialwissenschaften und die Geschichtswissenschaft bearbeitet. Der Verlust eines die historische Entwicklung strukturierenden Gesamtrahmens, den die idealistische Metaphysik bereit stellte, wird entweder durch den Rekurs auf eine positivistische Wissenschaftskonzeption oder durch einen umfassenden Historismus beantwortet.

Für die Geisteswissenschaften als einer spezifisch deutschen Wissenschaftsformation stellen die Geschichte und die Philologie die maßgeblichen Paradigmen dar. Beide gelten als die geisteswissenschaftlichen Kerndisziplinen. Angesichts des festen Platzes beider Fächer im heutigen Universitätssystem wird oft übersehen, dass keine dieser Disziplinen vor dem 19. Jahrhundert eine regelrechte Universitätswissenschaft war.

II.1. Klassischer und neuzeitlicher Wissenschaftsbegriff

Die Wissenschaftskonzeption des Aristoteles steht im Zusammenhang mit einer Unterscheidung von drei Formen des Wissens: (1) *theoretisches Wissen*, (2) *praktisches Wissen* und (3) *Herstellungswissen*. In der bekannten Dichotomie von Theoretischer Philosophie und Praktischer Philosophie bilden das Herstellungswissen und das praktische Wissen die beiden Kategorien der Praktischen Philosophie. Philosophie und Wissenschaften werden als weitgehend identisch behandelt. Sie sind als *Erkenntnis des Allgemeinen durch Gründe und Ursachen* charakterisiert. Nach Aristoteles sind die Gegenstände der Wissenschaft (episteme) unveränderlich (EN VI, 2, 1139a6–8). Wissenschaftliches Wissen hat es mit Allgemeinem und Notwendigem zu tun, es basiert auf Gründen und ist aus ersten Prinzipien hergeleitet. Die Wissenschaft nimmt nun zwar die ersten Prinzipien in Anspruch (EN VI,6, 1140b31–35). Sie begründet oder leitet diese aber nicht ihrerseits ab. Die Erfassung der ersten Prinzipien ist die Sache der Vernunft. Die Philosophie ist insofern die oberste Wissenschaft als sie mit den allgemeinsten und grundlegenden Prinzipien befasst ist (Met. 982a2–3, 982a19–982b7). Im Bereich der veränderlichen Dinge sind demgegenüber das Herstellen (*poiesis, techne*) und das Handeln (*praxis*) zentrale Kategorien (EN II,4, 1140 a 1–3), in deren Fall auch von einem Wissen die Rede ist, das sich allerdings als praktisches Wissen von demjenigen der Theorie/Wissenschaft unterscheidet. Der Begriff des praktischen Wissens ist im wesentlichen durch die

10 Hegel (1999), S. 63 f.

Kenntnis von Regeln und Normen bestimmt, inklusive der ihre Anwendung ermöglichenden Urteilsfähigkeit.

Geschichte als Wissenschaft ist für den Aristoteliker ein Unding: Empirisches Wissen im Sinn der Erfassung konkreter Einzeldinge gehört nicht zur Philosophie/ Wissenschaft. Die Befassung mit Individuellem als Individuellem stellt nach Aristoteles kein konstitutives Moment der Wissenschaft dar. Beschreibung und Kenntnis des Einzelnen ist die Domäne der Historie. Dabei ist entgegen dem heutigen Sprachgebrauch Historie (von griech. *historía*) nicht ausschließlich auf diachrone historische Prozesse bezogen, sondern ganz allgemein als Beobachtung, Beschreibung, Sammlung empirischer Kenntnisse von Einzeldingen konzipiert.[11] Exemplarisch hierfür ist der traditionelle Begriff der Naturgeschichte. Noch bei Kant umfasst historische Erkenntnis »Geschichte, Erdbeschreibung, gelehrte Sprachkenntnis, Humanistik« und alles, »was die Naturkunde von empirischer Erkenntniß darbietet«.[12] Nicht jedes Wissen und nicht jede Zusammenstellung von (Er-)Kenntnissen ist wissenschaftliches Wissen.

II.2. Geschichten und Geschichte

In der klassischen Wissenschaftskonzeption haben die Geisteswissenschaften keinen Platz. Neben den Transformationen des Wissenschaftsbegriffs sind Entwicklungen von entscheidender Bedeutung, die außerhalb des Bereichs der Wissenschaften stattfinden. Zu denken ist dabei in erster Linie an die von R. Koselleck herausgestellten Faktoren.[13] Seit dem 18. Jahrhundert bildet sich ein spezifisch modernes Konzept einer *Welt- und Universalgeschichte*. Koselleck spricht von der Geschichte als *Kollektivsingular*, womit eine alle partikulären Zustands- und Ereignisfolgen umfassende Gesamtgeschichte gemeint ist. An die Stelle einer Vielzahl von regional begrenzten Geschichtsmodellen tritt das Konzept einer umfassenden, totalen Geschichte.

Man kann einwenden, dass die Konzeption einer umfassenden Weltgeschichte nichts Neues ist, da die christlichen Modelle einer Menschheitsgeschichte ebenfalls allumfassend sind: Sie beginnen etwa mit der Erschaffung Adams und Evas und enden mit dem Jüngsten Gericht. Der spezifische Unterschied der modernen Geschichtskonzeption zu diesen älteren Modellen besteht darin, dass die Geschichte als ein *prinzipiell unabschließbarer, offener Prozess* gedacht ist, dessen Dynamik wesentlich von den Menschen bestimmt ist. In traditionalen Kulturen sagen Mythos, Ge-

11 Kambartel, 1976, S. 61 – 86.

12 Kant, 1968, S. 28.

13 Koselleck, 1979.

dächtnis und ritualisierte Erinnerung den Menschen, was sie von der Zukunft zu erwarten haben. In der dynamischen Moderne ist diese Begrenzung des Erwartungshorizonts durch die Tradition getilgt. Die Zukunft ist prinzipiell offen, Gegenstand von Projekten, die über das bislang Mögliche hinausgreifen. Einheit und Geschlossenheit der Geschichte sind dahin. Diese Veränderungen, die maßgeblich mit der Revolution von 1789 verbunden sind, bilden die Voraussetzung für eine immer zunehmende Beschleunigung des *Wandels von Normen und Werten*. Der neuzeitliche Geschichtsbegriff ist die Bedingung eines spezifisch modernen, historischen und politischen Bewusstseins und einer entsprechenden Praxis. Er ist die Grundlage einer genuin modernen Vorstellung von Zukunft und damit für das planende Handeln.

Weshalb sollten sich die Individuen der Moderne angesichts eines offenen Zukunftshorizonts aber noch um die vergangene Geschichte kümmern? – Ein wichtiges Motiv besteht darin, dass die Vergegenwärtigung der Vergangenheit ein Gegengewicht zu einer zunehmenden Beschleunigung und Dynamik der Lebensverhältnisse darstellt. Spätestens seit 1789 sind in Europa und Amerika traditionelle Überzeugungen, Institutionen und Normen/Werte unablässiger Veränderung unterworfen. Zudem werden durch technische Neuerungen die Lebensverhältnisse grundlegend umgestaltet: industrielle Produktion, Transport und Kommunikation beschleunigen sich. Partielle Desorientierung und Destabilisierung sind das Resultat. Vielfach wird der Versuch gemacht, den Geltungsverlust der Tradition abzufedern, indem die Geschichte im Medium der Wissenschaften und der Kultur (Printmedien, Theater, bildende Künste) vergegenwärtigt wird. In diesem Zusammenhang spielen die historischen Geisteswissenschaften eine wesentliche Rolle.

Der Hinweis auf die Veränderungen der Kultur erläutert die Entstehung der Geisteswissenschaften aus externer Perspektive. Die Geisteswissenschaften setzen aber voraus, dass das Wissen von Geschichte, Sprache, Kulturformen, Weisen des Arbeitens, Handelns und Lebens ein spezifisch *wissenschaftliches* Wissen ist. Dieses Wissen wird in einem Prozess wissenschaftlicher *Forschung* gewonnen und es ist in *Theorieform* darstellbar. Eine solche Konzeption geisteswissenschaftlichen Wissens existierte weder für Aristoteles noch für Kant. Das bedeutet natürlich nicht, dass Aristoteles oder Kant behauptet hätten, es gäbe kein historisches (oder literaturgeschichtliches etc.) Wissen. Historisches Wissen und Reflexion auf dieses in rudimentären Formen ist ein elementares Element menschlicher Erkenntnisbildung. Das Aufkommen der Geschichte als eigenständiger Universitätswissenschaft ist hingegen ein spätes Phänomen.

II.3. Das Dilemma der Geisteswissenschaften

Der Wissenschaftscharakter der Geisteswissenschaften stellt ein Problem dar, das die gesamte Geschichte der Theoriediskussion begleitet. Das ist früh bei einem der prominentesten Wissenschaftstheoretiker der Geisteswissenschaften zu beobachten: »Empirischer Art, wie sie [unsere Wissenschaft] ist, muß sie möglichst exakt zu sein suchen, und exakt ist sie in dem Maße, als sie für die einzelne Aufgabe [...] aus dem kritisch verifizierten Material in möglichst gesicherter Schlußfolgerung ihre Ergebnisse zieht.«[14]

Exaktheit und *Verifizierung* der Forschungsarbeit kennzeichnen die Historie als empirische Wissenschaft. Auf der Grundlage der tradierten Relikte und Quellen entwirft der Historiker ein zutreffendes Bild der Vergangenheit. Lücken in der Darstellung sind nicht als Fehler anzusehen: »Immer oder fast immer liegen nur Einzelheiten aus den einstigen Wirklichkeiten [...] vor. Jedes historische Material ist lückenhaft [...]; die Schärfe in der Bezeichnung der Lücken und der möglichen Fehler ist das Maß für die Sicherheit der Forschung.«[15]

Forschung ist das entscheidende Stichwort. Die Auswertung der Quellen erfolgt mittels präziser quellenkritischer Verfahren. Der Historiker rekonstruiert nicht nur historische Gegenstände im Sinn einer quellenkritisch abgesicherten Darstellung von aufeinander folgenden Handlungen und Ereignissen. Er interpretiert diese Handlungen und Ereignisse auch, indem er sie auf »sittliche Mächte« und Ideen bezieht.[16] Die wissenschaftliche Forschungsarbeit beinhaltet somit ein *Verstehen* und *Interpretieren*. Durch diese Faktoren gewinnt die Historie erst ihren vollen Umfang, der die Erklärung aufgrund der Triebkräfte geschichtlicher Veränderung enthält.[17]

Zentral ist die (prekäre) Verbindung einer wissenschaftlichen Unparteilichkeit des Geschichtswissenschaftlers mit der Bezugnahme auf Ideen, Werte und Normen. Droysen relativiert das Postulat der Unparteilichkeit zugunsten einer Auffassung, die die Standortgebundenheit des Historikers nicht als Hindernis, sondern als Bedingung historischer Erkenntnis begreift. Zwischen einer verwerflichen Parteilichkeit und unabdingbarer Perspektivenabhängigkeit soll unterschieden werden.[18] Der Historiker kann keinen Anspruch auf vollkommene Objektivität erheben, weil er in dem umfassenden Wirkungszusammenhang der Geschichte steht und diesen nicht von außen betrachten kann: »Das, was war, interessiert uns nicht darum, weil es war, sondern weil es in gewissem Sinn noch ist, indem es noch wirkt, weil es in dem

14 Droysen, 1960, S. 185.
15 Droysen, 1960, S. 338.
16 Droysen, 1960, S. 180–187, 202–264.
17 vgl. Droysen, 1960, S. 183.
18 Die Analyse und Legitimierung der perspektivischen Brechung historischer Darstellungen geht zurück auf: J.M. Chladenius, 1742; Vgl. auch Kosselleck, 1975, S. 696–698.

ganzen Zusammenhang der Dinge steht, welche wir die geschichtliche, d. h. sittliche Welt [...] nennen.«[19] Der Standpunkt innerhalb dieses Wirkungszusammenhangs ermöglicht es dem Historiker, die Relevanz einzelner Gegenstände zu erkennen. Droysen wendet sich gegen die Vorstellung einer im missverstandenen Sinn objektiven Geschichtswissenschaft. »Ich will nicht mehr, aber auch nicht weniger zu haben scheinen, als die relative Wahrheit meines Standpunktes [...]«[20]

Die beiden Momente – Verwissenschaftlichung und Aktualitätsbezug – bilden die Elemente seiner bekannten Definition der historischen Methode: »Das Wesen der historischen Methode ist *forschend zu verstehen*.«[21] Das Verstehen soll den Gegenwartsbezug der Historie verbürgen und diese als Moment gegenwärtiger Praxis ausweisen.[22] Droysen ist überzeugt, dass die historische Forschung einer Orientierung in der jeweiligen Gegenwart dient und dass diese Aufgabe nur durch die Verbindung von positivem Tatsachenwissen und Verstehen/Interpretieren erreicht wird. Wie aber passen die *relative Wahrheit* des eigenen Standpunkts und die überprüfbare Wahrheit begründeter wissenschaftlicher Aussagen zusammen? – *Verwissenschaftlichung* (»Forschen«) und *Gegenwartsbezug* (»Verstehen«) können nicht ohne Schwierigkeiten zusammengebracht werden: als empirischer Wissenschaftler ist der Historiker an der Frage der Begründbarkeit, an der Verifizierbarkeit/Falsifizierbarkeit von Aussagen, also an ihrem Wahrheitsgehalt interessiert. An diesem bemisst sich die Qualität der Forschung und ihrer Ergebnisse. Die Relevanz der gegebenenfalls wahren Aussagen und ihre Interpretation ist von dem *positivistischen* Aspekt der Historie zu unterscheiden. Das zeigt sich daran, dass Historiker, die im Hinblick auf das Faktenwissen übereinstimmen, hinsichtlich der Interpretation der Fakten kontroverse Standpunkte vertreten können.

Der bei Droysen festzustellende Doppelaspekt der Historie als empirische Wissenschaft einerseits und als Interpretation und aktualitätsbezogene Traditionsaneignung andererseits charakterisiert die Geisteswissenschaften bis heute. Die Versuche einer systematischen Begründung (H.v. Helmholtz, W. Windelband, W. Dilthey, E. Rothacker, E. Cassirer, H.-G. Gadamer) müssen als gescheitert gelten, wenn man von einer solchen Begründung erwartet, dass sie nicht nur den Bereich der wahrheitsfähigen Tatsachenbehauptungen, sondern auch die Dimension der standortabhängigen Relevanz und der Interpretation durch eine Logik der Forschung erfasst.[23] Eine tragfähige wissenschaftstheoretische Begründung der Geisteswissenschaften in diesem Sinn kann nicht gelingen.

---

19 Droysen, 1960, S. 275.
20 Droysen, 1960, S. 287.
21 Droysen, 1960, S. 328; kursiv im Original gesperrt.
22 Rüsen, 1969, S. 110.
23 Zu einigen markanten Positionen der Theoriebildung vgl. Teichert, 1991.

Trotz zahlreicher unbestrittener Leistungen der Geisteswissenschaften wurde bereits im 19. Jahrhundert energisch Kritik geübt. Die wohl bekannteste Polemik stammt von F. Nietzsche, der in seiner zweiten *Unzeitgemäßen Betrachtung* mit dem Titel *Vom Nutzen und Nachteil der Historie für das Leben* ein vernichtendes Urteil über die historische Bildung und die historischen Wissenschaften gefällt hat: »[...] es giebt einen Grad von Schlaflosigkeit, von Wiederkäuen, von historischem Sinne, bei dem das Lebendige zu Schaden kommt und zuletzt zu Grunde geht, sei es nun ein Mensch oder ein Volk oder eine Cultur.«[24] Nietzsches Kritik richtet sich weder auf die Methoden und Standards der historischen Forschung noch auf die Form der Darstellung der Forschungsresultate. Nietzsche hat primär nicht die Historie als Wissenschaft im engeren Sinn im Visier, sondern die historische Bildung und die Geschichtsauffassung einer Kultur insgesamt. Allerdings wird meist vergessen, dass Nietzsche sich selbst durchaus als Historiker versteht. Er greift nicht das historische Denken als solches an, sondern die Oberflächlichkeit des Geschichtsverständnisses seiner Zeit. Nietzsche betont, dass das Historische für eine Kultur notwendig ist. Aber er verwirft die historische Bildung seiner Zeit als die »historische Krankheit«[25] einer »dekorativen Cultur«.[26] Die Polemik Nietzsches, die dank ihrer aphoristischen Knappheit und unsystematischen Vehemenz große Wirkung entfaltete, rückt die Frage nach der Funktion und Relevanz des historischen Wissens in den Mittelpunkt: Wozu braucht eine Gesellschaft historische Wissenschaften? Was ist die Funktion, die die Geisteswissenschaften erfüllen?

III. Funktionsbestimmungen: Kompensation, Aufklärung/Reflexion oder Orientierung?

Unstrittig ist der Umstand, dass die Geisteswissenschaften keinen unmittelbar greifbaren Anwendungsbezug durch Produktion eines *Verfügungswissens* haben. Wo anders geredet wird, handelt es sich um Propaganda oder den Versuch, einem auf Anwendung geschrumpften Wissenschaftsverständnis die Geisteswissenschaften trotz allem schmackhaft zu machen. Die Vermittlung eines *Bildungswissens* wird ihnen zwar zugebilligt, dieses erscheint den Kritikern jedoch in der modernen und postmodernen Welt weitgehend verzichtbar. Im wesentlichen werden drei Funktionen diskutiert: Kompensation, Reflexion/Aufklärung, Orientierung.

(1) *Kompensation*: Die Kompensationstheorie behauptet, dass die Moderne durch die Liquidation der Tradition geprägt ist (J. Ritter, H. Lübbe, O. Mar-

24 Nietzsche, 1988, S. 250 (im Original gesperrt).

25 A. a. O., S. 329 (im Original gesperrt).

26 A. a. O., S. 334.

quard).[27] Der Traditionsverlust und die mit ihm verbundene Dominanz eines an zweckrationalen Kalkülen orientierten Denkens ist die Ursache einer sich mit zunehmender Geschwindigkeit ausbreitenden kulturellen Verarmung. Die post-traditionale Gesellschaft ist eine gesichtslose, nach technokratischen Prinzipien gestaltete Wüste. Die Funktion der Geisteswissenschaften besteht nach der Kompensationsthese darin, den unvermeidbaren Traditionsverlust zu kompensieren. »Die Modernisierung wirkt als Desorientierung; sie wird – modern – kompensiert durch die Ermunterung von Traditionen, mit denen man sich identifizieren kann: also etwa der Tradition des Christentums, der Tradition des Humanismus, der Tradition der Aufklärung usf.«[28]

(2) *Reflexion und Aufklärung*: Vertreter einer Reflexions- und Aufklärungsthese erkennen in der Arbeit der Geisteswissenschaften einen wesentlichen Beitrag zur Selbstverständigung und Selbstaufklärung moderner Gesellschaften. Sie leisten diesen Beitrag gerade nicht durch Kompensation eines Traditionsverlusts der eigenen Kultur. Als historische Wissenschaften wenden sich die Geisteswissenschaften grundsätzlich der Geschichte *aller* Kulturen zu, sie sind *universalistisch*, nicht partikularistisch. In der Konfrontation mit dem Fremden und nicht in der Vergegenwärtigung des Eigenen schärft sich das Bewusstsein für die kulturelle Identität: »[...] die geisteswissenschaftliche Reflexion kann uns helfen, gegenüber Einstellungen, die uns entweder nicht bewußt waren oder uns selbstverständlich schienen, Distanz zu gewinnen. Die geisteswissenschaftliche Reflexion führt also zu einem Gewinn an Freiheit.«[29]

Die Reflexionsleistung der Geisteswissenschaften ist aber nicht nur auf die *Vergangenheit* gerichtet, sondern ist *gegenwarts- und zukunftsbezogen*. Insofern die moderne Kultur einen Schwerpunkt ihrer wissenschaftlichen Aktivität auf die Produktion von Verfügungswissen legt, sind die Geisteswissenschaften gerade deshalb notwendig, weil sie eine Reflexion über Ziele und Zwecke des Handelns einschließlich der Anwendung von Verfügungswissen durchführen können. »Die Geisteswissenschaften sind der ›Ort‹, an dem sich moderne Gesellschaften ein Wissen von sich selbst in Wissenschaftsform verschaffen.«[30]

(3) *Orientierung*: Eine Verstärkung der Reflexionsthese führt dazu, dass die Geisteswissenschaften als Orientierungswissenschaften bestimmt werden. In Anbetracht der Tatsache, dass das in den Naturwissenschaften und Technologien bereitgestellte Verfügungswissen ein Wissen darüber vermittelt, was der Fall ist und was man tun kann, nicht aber darüber, was vernünftigerweise der Fall sein soll und wie

27 Lübbe, 1978; Ritter, 1974; Kompensation, 1988.
28 Marquard, 1986, S. 106.
29 Tugendhat, 1992, S. 460.
30 Mittelstraß, 1991, S. 39.

man handeln soll, wird den Geisteswissenschaften die Funktion zugewiesen, das hier erforderte Orientierungswissen zu produzieren. Die Geisteswissenschaften als Orientierungswissenschaften beerben den idealistischen Bildungsgedanken und werden durch die Aufgabe bestimmt, eine Lenkungsfunktion in der modernen Gesellschaft zu übernehmen. Neben dem Bildungsaspekt können auch traditionelle Konzeptionen wie die Aristotelische *Phronesis*, der Gemeinsinn (*sensus communis*) und die Urteilskraft als orientierungsvermittelnde Fähigkeiten angeführt werden. In Gadamers Konzeption der Geisteswissenschaften sind sie zentral, ohne dass jedoch der Terminus »Orientierung« von Gadamer selbst gebraucht wird.

Weder die Konzeption der Geisteswissenschaften als Kompensationswissenschaften noch die der Orientierungswissenschaften überzeugen. J. Mittelstraß spricht von einer »unglückliche[n] Alternative«.[31] Unglücklich ist die Alternative erstens, weil die Kompensationsthese die Geisteswissenschaften nicht mehr als Wissenschaften begreift. Die bloße Vergegenwärtigung von Vergangenheit in einer zunehmend beschleunigten Gegenwart wird schließlich auch in anderen Bereichen als dem der Wissenschaften geleistet, und dort möglicherweise effizienter. Zu denken wäre dabei an historische Romane, TV-Dokumentationen, Spielfilme mit historischen Stoffen etc. Die Kompensationstheorie unterfordert die Geisteswissenschaften und sie trägt ihrem Wissenschaftscharakter nicht Rechnung.[32] Unglücklich ist die Alternative zweitens, weil die Geisteswissenschaften überfordert sind, wenn ihnen Orientierung als spezifische Leistung zugeschrieben wird. Mittelstraß macht auf ein politisches Interesse aufmerksam, das häufig hinter der Rede von den Geisteswissenschaften als Orientierungsspezialisten steht.[33]

Zwar können die Geisteswissenschaften einen Beitrag zur Orientierung der modernen Gesellschaften leisten, aber sie sind keine speziellen Orientierungswissenschaften. Unbestritten ist der Befund, dass die moderne Welt Orientierungsprobleme hat. Unbestritten ist zudem, dass Orientierungsprobleme nicht durch Produktion von *Verfügungs- oder Faktenwissen* gelöst werden. Unbestritten ist darüber hinaus, dass die Wissenschaften einen Beitrag zur Lösung dieser Probleme leisten können, indem Orientierungswissen bereit gestellt wird. Orientierungswissen wird dabei verstanden als ein Wissen von gerechtfertigten Zielen, Zwecken des Handelns. Orientierungswissen beantwortet die Frage, was man tun *soll*, im Gegensatz zu der in den Bereich des Verfügungswissens fallenden Frage, was man (auch technikgestützt) tun *kann*. Mittelstraß traut den Geisteswissenschaften zu, dass sie Antworten auf Orientierungsfragen formulieren. Aber sie sind weder für alle Orientierungsfragen zuständig, noch ist die Formulierung von Orientierungswissen die

31 Mittelstraß, 1997, S. 17.

32 Schnädelbach, 1988.

33 Mittelstraß, 1997, S. 20.

einzige Aufgabe der Geisteswissenschaften. Es handelt sich um einen partiellen Aspekt ihrer Arbeit, nicht um ihr Wesen.

Einleuchtend ist das, wenn man an den Bereich von aktuellen Problemen denkt, der durch die Entwicklungen der Biowissenschaften entstanden ist. Die Biowissenschaften produzieren immer mehr Verfügungswissen. Der Bereich des Möglichen weitet sich aus, ohne dass die Antworten auf die Fragen danach, ob das Mögliche realisiert werden soll/darf, mitgeliefert werden. Dass die Geisteswissenschaften hinsichtlich der tangierten Interessen, Normen und Werte (Menschenwürde, Personenstatus) etwas zu sagen haben, steht außer Frage. Aber eine Kompetenz zur Lösung der Orientierungsprobleme gibt es nicht in arbeitsteiliger Form. Vielmehr bedarf es eines Zusammenwirkens der unterschiedlichen wissenschaftlichen und außerwissenschaftlichen Gruppen und eines argumentierenden Streits der Interessen, damit eine begründete Antwort auf die Frage gegeben werden kann, ob technisch Machbares auch getan werde soll. Nicht nur für die Produktion von Verfügungswissen sind Zeit und finanzielle Ressourcen aufzuwenden. Auch für die Produktion des komplementären Orientierungswissens gilt dies. Und hierüber besteht meist keine Klarheit, vielmehr drängt eine effizienzfixierte öffentliche Meinung auf rasche Antworten. Begründete und gute Antworten auf komplexe Fragen brauchen aber Zeit, Zeit zum Nachdenken. Hierfür hat die schnelllebige Moderne immer weniger Verständnis.[34]

Ein Ungleichgewicht zwischen Verfügungswissen und Orientierungswissen ist nicht zu übersehen. Mittelstraß hat es als ein Paradox formuliert: »Je reicher wir an Information und Wissen sind, desto ärmer scheinen wir an Orientierungskompetenzen zu werden«.[35] Von den Geisteswissenschaften unter gegenwärtigen Bedingungen die Aufhebung dieses Missverhältnisses zu erwarten, hieße, sie zu überfordern. Aber sie leisten einen wesentlichen Beitrag zur Reflexion der Gesellschaft. Und hierin liegt ihre – gegenüber den Naturwissenschaften – spezifische Leistung.

Im Rahmen der von Mittelstraß auf den Orientierungsbegriff hin erweiterten Reflexionsthese findet auch der plausible Kern der Kompensationstheorie Berücksichtigung. Insofern als die Geisteswissenschaften historische Wissenschaften sind, vergegenwärtigen sie auch Aspekte der Vergangenheit, die für die Orientierungen in der Gegenwart wichtig sind. Sie tun dies dank eines durch Fremdwahrnehmung geschärften Selbstverständnisses, dem aktuelle Gegebenheiten erkennbar werden, die sich dem Blick naturwissenschaftlicher Vernunft und ökonomischer, technologischer Zweckrationalität entziehen. Gerade mit Blick auf den aktuellen Boom der Gedächtniskultur erfüllen die Geisteswissenschaften eine wichtige Funktion: ohne

34 Mittelstraß, 2001b, S. 22 f.

35 Mittelstraß, 2002, S. 154; vgl. auch: S. 164.

methodisch disziplinierte Interpretationen ist das kollektive Gedächtnis ideologischen Manipulationen schutzlos ausgeliefert.

Literaturverzeichnis

Bundesministeriums für Bildung und Forschung (Hrsg.), 2002, *Faktenbericht Forschung 2002*, http://www.bmbf.de/pub/faktenbericht_forschung_2002.pdf (Stand: 05.01.2004).

Chladenius, Johann Martin, 1742, *Einleitung zur richtigen Auslegung vernünftiger Reden und Schriften*, Leipzig: Friedrich Lanckischens Erben (Reprint: 1969, Düsseldorf: Stern).

Deutsche Forschungsgemeinschaft (Hrsg.), 2004, *DFG – Im Profil: Zahlen und Fakten*, http://www.dfg.de/dfg_im_profil/zahlen_und_fakten/(Stand: 05.01.2004).

Dierse, Ulrich, 2003, »Das Begriffspaar Naturwissenschaften – Geisteswissenschaften bis zu Dilthey«, in: Kühne-Betram, Gudrun/Lessing, Hans-Ulrich/Steenblock, Volker (Hrsg.), *Kultur verstehen – Zur Geschichte und Theorie der Geisteswissenschaften*, Würzburg: Königshausen&Neumann, S. 15–33.

Droysen, Johann Gustav, 1960, *Historik*, Hübner, Rudolf (Hrsg.), Darmstadt: WBG.

Gadamer, Hans-Georg, 1990, *Wahrheit und Methode*, Tübingen: Mohr Siebeck.

Gadamer, Hans-Georg, 1999, »Wahrheit in den Geisteswissenschaften (1953)«, in: ders., *Gesammelte Werke*, Bd. 2, Tübingen: Mohr Siebeck, S. 37–43.

Hegel, Georg Wilhelm Friedrich, 1999, »Enzyklopädie der philosophischen Wissenschaften im Grundrisse (1830). 1. Die Wissenschaft der Logik. Mit mündlichen Zusätzen«, in: *Werke*, Bd. 8, Moldenhauer, Eva/Michel, Karl (Hrsg.), Frankfurt am Main: Suhrkamp.

Kambartel, Friedrich, 1976, *Erfahrung und Struktur – Bausteine zu einer Kritik von Empirismus und Formalismus*, Frankfurt am Main: Suhrkamp.

Kant, Immanuel, 1917, »Der Streit der Fakultäten«, in: *Kants gesammelte Schriften*, Bd. 7, Preußische Akademie der Wissenschaften (Hrsg.), Berlin: Walter de Gruyter, S. 1–116.

Kittler, Friedrich A., 1980, *Austreibung des Geistes aus den Geisteswissenschaften*, Paderborn: Schöningh.

Köhnke, Klaus Christian, 1986, *Entstehung und Aufstieg des Neukantianismus – Die deutsche Universitätsphilosophie zwischen Idealismus und Positivismus*, Frankfurt am Main: Suhrkamp.

»Kompensation: Materialien zu einer Debatte«, 1988, in: *Kursbuch* 91, S. 13–25.

Koselleck, Reinhart, 1975, »Geschichte, Historie«, in: Brunner, Otto/Conze, Werner/Koselleck, Reinhart (Hrsg.), *Geschichtliche Grundbegriffe*, Bd. 2, Stuttgart: Klett, S. 593–717.

Koselleck, Reinhart, 1979, *Vergangene Zukunft – Zur Semantik geschichtlicher Zeiten*, Frankfurt am Main: Suhrkamp.

Kym, Andreas L., 1854, *Die Weltanschauungen und deren Consequenzen*, Zürich: Hoehr.

Lübbe, Hermann, 1978, »Über den Grund unseres Interesses an historischen Gegenständen. Kulturelle und politische Funktionen der historischen Geisteswissenschaften«, in: Flashar, Hellmut/Lobkowicz, Nikolaus/Pöggeler, Otto (Hrsg.), *Geisteswissenschaften als Aufgabe*, Berlin: Walter de Gruyter, S. 179–193.

Marquard, Odo, 1986, »Über die Unvermeidlichkeit der Geisteswissenschaften«, in: ders., *Apologie des Zufälligen*, Stuttgart: Reclam, S. 98–116.

Max-Planck-Gesellschaft (Hrsg.), 2004, *Max-Planck-Institute, Forschungsstellen und Arbeitsgruppen*, http://www.mpg.de/instituteProjekteEinrichtungen/institutsauswahl/showInst.shtml (Stand: 05.01.2004).

Mill, John Stuart, 1843, *System of Logic, Ratiocinative and Inductive*, Bd. 1 und 2, London: Parker.

Mill, John Stuart, 1862/63, *System der deductiven und inductiven Logik*, Bd. 1 und 2, übersetzt durch Jacob Heinrich Schiel, Braunschweig: Vieweg.

Mittelstraß, Jürgen, 1989, *Die Wahrheit des Irrtums – Über das schwierige Verhältnis der Geisteswissenschaften zur Wahrheit und über ihren eigentümlichen Umgang mit dem Irrtum*, Konstanz: Universitätsverlag Konstanz.

Mittelstraß, Jürgen, 1991, »Die Geisteswissenschaften im System der Wissenschaft«, in: Frühwald, Wolfgang u. a., *Geisteswissenschaften heute. Eine Denkschrift*, Frankfurt am Main: Suhrkamp, S. 15–44.

Mittelstraß, Jürgen, 1997, »Geisteswissenschaftliche Qualifikationen«, in: Bentfeld, Anne/Delabar, Walter (Hrsg.), *Perspektiven der Germanistik*, Opladen: Westdeutscher Verlag, S. 13–31.

Mittelstraß, Jürgen, 1998, »Die unheimlichen Geisteswissenschaften«, in: ders., *Die Häuser des Wissens – Wissenschaftstheoretische Studien*, Frankfurt am Main: Suhrkamp, S. 110–133.

Mittelstraß, Jürgen, 2001a, »Krise und Zukunft der Geisteswissenschaften«, ders., *Wissen und Grenzen – Philosophische Studien*, Frankfurt am Main: Suhrkamp, S. 180–195.

Mittelstraß, Jürgen, 2001b, »Hat Wissenschaft eine Orientierungsfunktion?«, in: ders., *Wissen und Grenzen – Philosophische Studien*, Frankfurt am Main: Suhrkamp, S. 13–32.

Mittelstraß, Jürgen, 2002, »Bildung und ethische Maße«, in: Killius, Nelson/Kluge, Jürgen/Reisch, Linda (Hrsg.): *Die Zukunft der Bildung*, Frankfurt am Main: Suhrkamp, S. 151–170.

Nietzsche, Friedrich, 1988, »Vom Nutzen und Nachteil der Historie für das Leben«, in: ders., *Unzeitgemäße Betrachtungen* (Kritische Studienausgabe, Bd. 1), München/Berlin/New York: dtv und de Gruyter, S. 243–334.

Oken, Lorenz (Hrsg.), 1817, *Isis oder Encyclopädische Zeitung*, Nr. 3 und 5, Jena.

Ritter, Joachim, 1974, »Die Aufgabe der Geisteswissenschaften in der modernen Gesellschaft«, in: ders., *Subjektivität*, Frankfurt am Main: Suhrkamp, S. 105–140.

Rüsen, Jörn, 1969, *Begriffene Geschichte – Genesis und Begründung der Geschichtstheorie J.G. Droysens*, Paderborn: Schöningh.

Schnädelbach, Herbert, 1988, »Kritik der Kompensationstheorie«, in: *Kursbuch*, 91, S. 35–45.

Snow, Charles P., 1967, *Die zwei Kulturen. Literarische und naturwissenschaftliche Intelligenz*, Stuttgart: Klett.

Statistisches Bundesamt (Hrsg.), 2003, *Bericht zur finanziellen Lage der Hochschulen 2003*, http://www.destatis.de/download/d/veroe/fach-voe/gesamtbericht_03.pdf (Stand: 5.01.2004).

Teichert, Dieter, 1991, »Historisierung, Historismus, Hermeneutik«, in: ders., *Erfahrung, Erinnerung, Erkenntnis*, Stuttgart: Metzler, S. 62–81.

Tugendhat, Ernst, 1992, »Die Geisteswissenschaften als Aufklärungswissenschaften«, in: ders., *Philosophische Aufsätze*, Frankfurt am Main: Suhrkamp, S. 453–463.